教育部高等学校电子信息类专业教学指导委员会规划教材

高等学校电子信息类专业系列教材

Principles and Systems of
Photoelectric Display

# 光电显示原理及系统

应根裕　王健　编著
Ying Genyu　Wang Jian

U0293302

清华大学出版社

北京

## 内 容 简 介

本书对光电显示领域的主要显示技术的显示原理、器件结构、制造工艺以及驱动技术做了全面的介绍。鉴于液晶显示技术在光电显示领域中的绝对统治地位，全书用了近一半的篇幅深入全面讲述了液晶显示器(LCD)的材料、工艺和驱动技术。

全书共 13 章，第 1 章是光电显示的视觉基础，对所有光电显示器件都是适用的。第 2 章阴极射线管(CRT)显示是其他光电显示的先驱和参照物。第 3 章～第 6 章对液晶材料的理化特性、无源矩阵 LCD 的工作原理和驱动技术、薄膜晶体管的物理过程以及有源矩阵 LCD 的工作原理和驱动技术做了详细的描述。第 7 章等离子体显示屏(PDP)、第 8 章场致发射显示(FED)和第 11 章电致发光(EL)显示都处于正在退出或已经退出市场阶段，所以只做简略的介绍。第 9 章有机电致发光显示(OLED)是光电显示领域中正在升起的新星，其工作原理的物理过程比较难懂，故做了细致的讲解。第 10 章发光二极管(LED)显示和第 12 章的大屏幕投影显示目前使用很多，所以仍给以较多的篇幅。第 13 章触摸屏已是光电显示器不可分割的一部分，本书对各种触摸屏的工作原理和工艺结构做了全面的介绍。

本书在介绍各种光电显示器的工作原理和驱动技术时，物理学和电子学的起点较高，所以适合作为大专院校有关专业的本科生和研究生的教材，也可作为广大光电显示领域的专业人员的参考书。

**图书在版编目(CIP)数据**

光电显示原理及系统/应根裕，王健编著.--北京：清华大学出版社，2015(2023.12重印)

高等学校电子信息类专业系列教材

ISBN 978-7-302-39597-3

Ⅰ.①光… Ⅱ.①应… ②王… Ⅲ.①显示－光电子技术－高等学校－教材 Ⅳ.①TN27

中国版本图书馆 CIP 数据核字(2015)第 049740 号

责任编辑：盛东亮
封面设计：李召霞
责任校对：李建庄
责任印制：沈　露

出版发行：清华大学出版社
　　　　网　　　址：https://www.tup.com.cn，https://www.wqxuetang.com
　　　　地　　　址：北京清华大学学研大厦 A 座　　　　　　　邮　　编：100084
　　　　社 总 机：010-83470000　　　　　　　　　　　　　　邮　　购：010-62786544
　　　　投稿与读者服务：010-62776969，c-service@tup.tsinghua.edu.cn
　　　　质量反馈：010-62772015，zhiliang@tup.tsinghua.edu.cn
　　　　课件下载：https://www.tup.com.cn，010-83470236
印 装 者：三河市龙大印装有限公司
经　　销：全国新华书店
开　　本：185mm×260mm　　印　张：31.5　　　　字　　数：785 千字
版　　次：2015 年 8 月第 1 版　　　　　　　　　　　印　　次：2023 年 12 月第 9 次印刷
定　　价：79.00 元

产品编号：057265-02

# 序

FOREWORD

我国电子信息产业销售收入总规模在 2013 年已经突破 12 万亿元,行业收入占工业总体比重已经超过 9％。电子信息产业在工业经济中的支撑作用凸显,更加促进了信息化和工业化的高层次深度融合。随着移动互联网、云计算、物联网、大数据和石墨烯等新兴产业的爆发式增长,电子信息产业的发展呈现了新的特点,电子信息产业的人才培养面临着新的挑战。

(1) 随着控制、通信、人机交互和网络互联等新兴电子信息技术的不断发展,传统工业设备融合了大量最新的电子信息技术,它们一起构成了庞大而复杂的系统,派生出大量新兴的电子信息技术应用需求。这些"系统级"的应用需求,迫切要求具有系统级设计能力的电子信息技术人才。

(2) 电子信息系统设备的功能越来越复杂,系统的集成度越来越高。因此,要求未来的设计者应该具备更扎实的理论基础知识和更宽广的专业视野。未来电子信息系统的设计越来越要求软件和硬件的协同规划、协同设计和协同调试。

(3) 新兴电子信息技术的发展依赖于半导体产业的不断推动,半导体厂商为设计者提供了越来越丰富的生态资源,系统集成厂商的全方位配合又加速了这种生态资源的进一步完善。半导体厂商和系统集成厂商所建立的这种生态系统,为未来的设计者提供了更加便捷却又必须依赖的设计资源。

教育部 2012 年颁布了新版《高等学校本科专业目录》,将电子信息类专业进行了整合,为各高校建立系统化的人才培养体系,培养具有扎实理论基础和宽广专业技能的、兼顾"基础"和"系统"的高层次电子信息人才给出了指引。

传统的电子信息学科专业课程体系呈现"自底向上"的特点,这种课程体系偏重对底层元器件的分析与设计,较少涉及系统级的集成与设计。近年来,国内很多高校对电子信息类专业课程体系进行了大力度的改革,这些改革顺应时代潮流,从系统集成的角度,更加科学合理地构建了课程体系。

为了进一步提高普通高校电子信息类专业教育与教学质量,贯彻落实《国家中长期教育改革和发展规划纲要(2010—2020 年)》和《教育部关于全面提高高等教育质量若干意见》(教高【2012】4 号)的精神,教育部高等学校电子信息类专业教学指导委员会开展了"高等学校电子信息类专业课程体系"的立项研究工作,并于 2014 年 5 月启动了《高等学校电子信息类专业系列教材》(教育部高等学校电子信息类专业教学指导委员会规划教材)的建设工作。其目的是为推进高等教育内涵式发展,提高教学水平,满足高等学校对电子信息类专业人才培养、教学改革与课程改革的需要。

本系列教材定位于高等学校电子信息类专业的专业课程,适用于电子信息类的电子信息工程、电子科学与技术、通信工程、微电子科学与工程、光电信息科学与工程、信息工程及其相近专业。经过编审委员会与众多高校多次沟通,初步拟定分批次(2014—2017 年)建设约 100 门课程教材。本系列教材将力求在保证基础的前提下,突出技术的先进性和科学的前沿性,体现创新教学和工程实践教学;将重视系统集成思想在教学中的体现,鼓励推陈出新,采用"自顶向下"的方法编写教材;将注重反映优秀的教学改革成果,推广优秀的教学经验与理念。

为了保证本系列教材的科学性、系统性及编写质量,本系列教材设立顾问委员会及编审委员会。顾问委员会由教指委高级顾问、特约高级顾问和国家级教学名师担任,编审委员会由教育部高等学校电子信息类专业教学指导委员会委员和一线教学名师组成。同时,清华大学出版社为本系列教材配置优秀的编辑团队,力求高水准出版。本系列教材的建设,不仅有众多高校教师参与,也有大量知名的电子信息类企业支持。在此,谨向参与本系列教材策划、组织、编写与出版的广大教师、企业代表及出版人员致以诚挚的感谢,并殷切希望本系列教材在我国高等学校电子信息类专业人才培养与课程体系建设中发挥切实的作用。

吕志伟 教授

# 前 言
## PREFACE

　　光电显示包含的范围是阴极射线管(CRT)显示、一般意义上的各类平板显示和投影显示以及目前正在兴起中的各种可穿戴的光电显示。近几十年来,人们熟知的光电显示器大概是下列几种：CRT 显示器、液晶显示器(LCD)、等离子体显示器(PDP)以及在公共场所到处可见的发光二极管(LED)显示屏。

　　目前,在各类光电显示器中 LCD 是压倒一切的,无处不在。全球现在的手机产量约为 20 亿部(这意味着 20 亿张液晶屏,其中极少数是有机电致发光屏),手机已成为人们,特别是年轻人离不开的工具。老百姓购买电视屏的尺寸是越来越大了,已从 2012 年的平均尺寸 34in 增加到 2014 年的平均尺寸 39.7in,估计 2015 年将是 43in。2K×4K 分辨率的电视机已成为产品主流,日本将在 2016 年试播 4K×8K 的高清信号,人们越来越倾向于坐在家中观看具有视觉上震撼的大尺寸画面。为此,大尺寸 LCD 是首选。

　　有机电致发光显示(OLED)是光电显示中的后起之秀,从理论上讲其显示性能优于 LCD,是 LCD 的强有力的竞争对手。奈何 LCD 早发展了几十年,在性价比上一直压制着 OLED 的使用广度,目前应用于对寿命要求不是特别高的数码相机和少量的智能手机。OLED 要进入大尺寸的电视领域还有成本、寿命等问题需要解决。

　　所以目前光电显示领域的形势是：LCD 在各种的屏尺寸(从 1~100in),各种应用领域都占绝对优势。OLED 已进入中小显示屏,在大尺寸电视领域还处于样机式展示、试销阶段,前景如何还不好说；LED 显示屏,特别是超大尺寸的,发展得越来越好,大型比赛、大型活动和大型展示都离不开 LED 显示屏；CRT 显示器已全面退出市场,在部分家庭中可能还在用 CRT 电视机,但在计算机的显示器领域已被彻底淘汰；PDP 正在退出市场,因为除了中国,其他国家的 PDP 的生产厂,包括该领域的领军企业日本松下都已停止生产 PDP,而国内的 PDP 生产厂也处于严重亏损状态。

　　第 1 章光电显示基础主要讲述显示光学的核心内容,即人眼如何识别、判别光电显示器上的图像,是了解各类光电显示器件的显示性能的共同基础。

　　第 2 章阴极射线管(CRT)显示简要地介绍了 CRT 的结构和工作原理。CRT 显示器曾经是光电显示界的王者,后来出现的光电显示器都是以显示性能上能赶上 CRT 显示器为目标,现行的电视标准也是根据 CRT 性能设立的,是了解其他光电显示器性能的最佳参考物。

　　由于 LCD 的重要性,用第 3~6 章,约 50% 篇幅进行全面深入地介绍。

　　对第 9 章 OLED 显示、第 10 章 LED 显示和第 12 章投影显示提供了一定的篇幅,而对其他的光电显示(PDP、EL、FED)只做必要的讲述。由于触摸屏已成为许多光电显示器,特别是 LCD 和 OLED,不可分割的一部分,在第 13 章单列一章介绍。

　　本书着重介绍各种光电显示器实现电光转换的物理原理和光电显示系统的驱动技术。关于驱动技术,本书不提供过于具体的软件程序,但也不是只停留在给一个驱动框图,略做解释,而是对驱动框图中的主要部件分别做深入的分析,使读者能清晰地了解光电显示器的主要性能在电路上是如何实现的(由于 LCD 使用的广泛性,这部分介绍主要以 LCD 为例进行)。例如,如何实现 γ 校正,如何实现高稳定度高灰度等级,如何实现最佳的过驱动电压等。在 PM-LCD 驱动技术中还介绍了一些算法。

　　我们是以电子系教师的视角编写本书的,所以在物理上有一定深度,还涉及不少电路上的知识。书中包含了截止到 2014 年的有关光电显示领域的最新进展,由于近年来光电显示技术发展太快,所以书中的一些结论、看法和数据在书出版后可能会很快被突破。光电显示技术涉及的知识面很广,如有不妥之处,希望读者予以指正。

　　本书的第 9 章由清华大学电子系的王健编写,其余由清华大学电子系的应根裕编写。

编　者

2015 年 6 月

# 目 录
CONTENTS

# 光电显示基础

本章介绍了显示的概念、光电显示器件的分类、显示器件的主要光电参量以及与显示技术有关的视觉特性。还简要地介绍了光度学中的基本参量以及色度学中和图像显示有关的基本概念。

显示技术包括拍摄物体或景色的光电转换过程,将物体或景色按二维或三维坐标分布的亮度(和色度)信号转变为按时序系列的电信号脉冲,将高密度的电信号利用人眼视觉特性进行编码压缩,将压缩后的电信号放大、调制和传输,在接收端对信号进行符合人眼视觉特性的解压缩以及利用显示器件的电光特性将时序系列的电信号转变为符合人眼生理观看特性的静止(或连续变化)的平面或立体的图像。由此可见,显示技术其实是电子学(包括对电信号的各种处理技术)和光学(包括电光和光电转换的光电子学、物理光学、几何光学、视觉光学、色度学、光度学)的有机结合。所以显示技术包括光电变换、信号传输和处理以及电光转换三个过程。其实广义的显示技术不只限于光电和电光转换,其他如机械钟表显示时间、超声波显示人体内部结构、云室显示宇宙射线、热成像仪显示物体的温度分布、核磁共振显示人体各断层等都属于显示技术范围。因为在各种显示技术中,电光显示占最主要份额,所以本书限于介绍电光显示器件的原理和实现各种电光显示器的驱动电路系统。照例,书名应是"电光显示原理与系统",但习惯上人们将电光显示叫成光电显,故书名按约定俗成称之。

## 1.1 显示和光电显示器

### 1. 显示的概念

显示是指将商品阵列展示,所以显示技术是一种将反映客观外界事物的信息(可以是光学的、电学的、声学的、化学的等),经过变换处理以适当形式显示,供人们观看、分析和利用的一种技术。本章专指电子显示技术,即利用电子学的手段将各种信息通过电光变换,以文字、符号、图形和图像的形式产生视觉形象的技术。

信息、能源和材料是构成现代人类文明最重要的三大支柱,其中信息又占首位。在当今社会中,各种信息的获取、存储、传递、处理、输出变得越来越频繁和重要。大量信息在"信息高速公路"上传递,但是传递不是目的,使用信息才是最终目的,这就需要下载信息。在人机界面中,下载信息有多种方式,如声音输出、打印输出、视觉输出(指图形、图像等)。

人类通过五官感受获得外界信息,以视觉为主,早期占 60%,近期已上升到约 85%,即人类主要靠视觉来了解周围世界。人们通过视觉接收信息方式可以是文字、图表或图像。利用文字阅读每分钟能传达的信息量不过几百字节,而每幅图像的信息量达 $10^5 \sim 10^6$ bit,并且一目了然。所以以图像显示是信息显示的最重要方式。

**2. 显示器的组成和分类**

1) 显示器的组成

显示器也称显示系统,一般由显示器件和驱动电路以及电源组成。显示器件能将接收到的图像信息电信号转化为光学图像,是一种具有电光效应的显像(或显示)器件,有时被称为显示屏(display panel)。一般将包括驱动电路的显示屏称为显示模块。显示模块加上外壳和电源就是显示器。显示器的输出是显示器件再现的图像,这些图像从内容上可以分成数字、符号、图形、视频图像四类。本章下面提及的图像常常是指视频图像,因为传输、显示视频图像技术上最复杂,所以可以认为已包括了数字、符号、图形的显示技术。

有些显示器的驱动电路与起电光转换的显示屏是分不开的,必须在同一工厂中生产(如等离子体显示器,简称 PDP);有些显示器的驱动电路与显示器件是在不同工厂中生产的,如阴极射线管(CRT)显示器。CRT 是在显像管厂生产的,而将显像管加上驱动电路制成电视机或显示器则是在电视机(或显示器)工厂中完成的。

2) 显示器的分类

显示器的分类有多种方式。

(1) 按光学方式分类。按光学方式分类有三种,如图 1.1.1 所示。

图 1.1.1　显示器按光学方式分类

① 标准的直观式,即图像直接显示在显示器件的屏幕上,这是最常见的显示方式。一般的 LCD、PDP、CRT 等显示器都属于这一种,如手机屏、笔记本电脑的显示屏、电视机的荧光屏等。图像质量一般都很好,屏幕尺寸可以从 1～100in。

② 投影式,即把显示器件产生的较小图像源,通过透镜等光学系统放大,投影于屏幕上的方式。投影式又分正(前)投式与背投式两种,如图 1.1.2 所示。观看者与图像源在屏幕的同一侧叫正投式,其优点是光损耗小,较亮,但是使用、安装不方便;图像源在屏幕之后,观看者观看投在屏幕上的透射图像叫作背投式,如 CRT 或 LCD 家用投影电视机。

③ 虚拟成像式,即利用光学系统把来自图像源的像形成于空间的方式。这种情况下,人眼看到的是一个放大了的虚像,与平时通过放大镜观物类似。属于这类显示的是头盔显示器。

图 1.1.2 两种投影式显示屏

（2）按显示原理分类。就显示原理的本质来看，显示器可分为主动发光型显示和非主动发光型显示两大类，如图 1.1.3 所示。主动发光型显示是指利用电能使器件发光，显示文字和图像；而非主动发光型显示是指显示器本身不发光，用电路控制它对外来光的反射率或透射率，借助太阳光、照明光来实现显示的显示器。主动发光型显示器是早已实用化的非平板显示型 CRT 显示器和后来发展起来的平板显示型的等离子体显示（PDP）、电致发光显示（ELD）、发光二极管显示（LED）、有机电致发光显示（OLED）、场致发射显示（FED）等显示器；非主动发光型显示器是 LCD 等。

图 1.1.3 有代表性的光电显示器

（3）按显示图像颜色分类。按显示图像颜色分类有黑白、单色、多色和彩色显示四大类。多色显示也称分区显示，即显示屏上不同区域显示不同颜色，类似于套色的报纸，在早期手机屏中常使用。彩色显示是指屏幕能显示 64、128、256 或更多种颜色的显示器。

（4）按显示内容分类。按显示内容分类有数码、字符、轨迹、图表、图形和图像显示。数码显示可用段式显示器；字符、轨迹、图表和图形显示不要求显示灰度，可用只有黑白或只有高低电平的单色显示；显示图像需要灰度，是各类显示内容中最困难的。显示图像的难度依下列次序递增：低分辨率、中分辨率、高分辨率；黑白、彩色；静止、动态（25 场/s）、普通视频（25 场/s）、逐行扫描视频（50、60 场/s）、高帧频扫描视频（100、120 或 200、240 场/s）；小尺寸、中尺寸、大尺寸。综合所列各种因素可知，显示小尺寸、低分辨率、静态（或准静态）的黑白图像最容易，基本所有类型的显示器都能达到；显示大尺寸、高分辨率、逐行扫描的视频全彩色图像是最困难的，可以说是对显示器质量指标的最严格的检验。一种光电显示器要在显示器市场上占有一定份额必须具备能显示大尺寸全彩色高分辨率视频图像的能力。反之，只要这上述四条有一条达不到，就进入不了显示技术的主流领域。

## 1.2 电视的传像原理

电视系统是把发送端的活动景象的光学信号转变为与它对应的电信号,经过加工、处理后进行电传输(发射电磁波或用电缆),在接收端再把收到的电信号逆变成原来景物的图像。电视系统的基本组成如图 1.2.1 所示,由摄像机、录像机(VTR)、信号发射设备和显示器组成。

图 1.2.1 电视系统的基本组成

### 1. 关于像素的概念

当在电视系统中把它空间图像变换为时序电信号的时候,首先要将图像画面分解为许多小单元,被称为像素(pixel)。任何一幅图像都可以认为是由无数个具有明暗和彩色变化的微小点集合而成,当观察距离足够远时,肉眼便分辨不出这些微小点的存在,画面上明暗和彩色的变化也就变成连续的。像素是组成图像的最小面积单位。在显示器中,像素点的大小可以根据系统设定的观看条件(如观看距离、照明环境)和肉眼所能分辨的最小尺寸而确定。由于人眼在水平方向和垂直方向的分辨率是相同的,所以总是把像素取为小的正方形。显示屏上的总像素数与显示制式有关,对于全高清电视,有效像素数为 $1920 \times 1080 = 2\,073\,600$,约 200 万个。

现代传输图像都用扫描(scanning)方式把与输入图像各个像素相应的光信息转变为时序电信息,按照某种预定的顺序,以极高的速度交替传送出去,在输出端又以同样的顺序将每个像素忠实地再现。也就是不管采取何种顺序和形式选择像素,输入与输出端都必须以完全相同的顺序和形式来操作。

针对目前市场上的主流显示器类型的扫描方式分为逐点扫描与矩阵寻址两大类。在所有光电显示器中,只有 CRT 显示器采用逐点光栅扫描方式(详见 2.3 节),其他光电显示器都采用矩阵寻址方式。

### 2. 用矩阵寻址方式将图像分解和组合

将已被分解的众多图像的像素群看成是一个矩阵。矩阵的规格按显示屏面的大小和显示质量而不同,如 $128 \times 128$、$256 \times 256$、$480 \times 640$、$1920 \times 1080$ 等。在显示图像时,确定阵列上某个位置的像素在什么时候发光,这就是对成千上万个像素的寻址技术,也称选址技术。

图 1.2.2 画出了 $3 \times 3$ 最简单的矩阵显示板示意图。两组等距平行排列的电极分别称为行电极($X_i$)和列电极(或称信号电极 $Y_j$),行电极与列电极相互垂直,在交叉点形成一个个长方形的发光单元像素,这些按矩阵排列的发光单元组成了显示屏。借助 $X_i$ 行和 $Y_j$ 列寻址第 $X_i$ 行与第 $Y_j$ 坐标轴交点上的单元点,并给以亮度信号后,在($X_i$、$Y_j$)点得到包含灰度层次的亮度。通常采用行顺序扫描,即进行"一次一行"的逐行扫描方式寻址。这种方式是一次对第 $X_i$ 行上所有的单元点同时进行寻址,在 $X_i$ 行上的单元点被寻址之后,再移向

下一行，即对第 $X_{i+1}$ 寻址，即扫描电极是从上到下顺序地选取，而信号电极可同时选取一个或多个或对使用列电极施加设定的信号以显示需要的图像。

矩阵寻址显示板有简单矩阵型和有源矩阵型两种。图 1.2.2 所示的矩阵为简单型矩阵，也称为无源矩阵显示板。在图 1.2.2 所示的显示板中，由于许多发光单元都与同一根电极线（行或列）相连，当被寻址的单元上加有信号时，未被寻址的单元通过网格中其他单元在电路上也与信号端有联系，被加上了部分信号电压，特别在单元本身无极性（如液晶材料）的情况下更是如此，这样未被选址的单元也可能发光，产生了所谓的交叉效应，这是我们所不希望的。解决的办法很多，一个办法是对寻址单元和未被寻址单元加不同波形的信号电压，保证只对被寻址单元进行调制，而其他单元处于发光的临界状态之下；第二个有效的办法是使所有的单元都具有很强的非线性，即具有极性，给单元串联一只二极管可做到这一点。或者，让每个单元彼此分离，每个单元都与驱动它的晶体管相连，做到各个单元单独驱动。这种结构的矩阵显示板就是有源矩阵显示板，如图 1.2.3 所示。

图 1.2.2　简单的无源矩阵显示板结构　　　图 1.2.3　简单的有源矩阵显示板的示意图

## 1.3　表征图像质量的主要指标

能显示彩色图像的中屏（40～50in）或大屏（57in 以上）显示器是显示器市场的主流。对这类显示屏的市场统计表明，观众对显示屏上图像最主要的四个参量（分辨率、亮度、视角、彩色饱和度）重视程度的百分比依次为 52.7%、20.1%、17.8%、9.4%。

**1. 分辨率、清晰度、显示容量**

分辨率、清晰度和显示容量都可以表示显示图像的清晰程度。

1）分辨率

图像分辨率分为静态分辨率与动态分辨率两种。显示静态图像时的分辨率为静态分辨率。显示器产品说明书上所示的分辨率和一般书上所指的分辨率都是静态分辨率。显示运动图像时的分辨率是动态分辨率，与显示器的类型和图像运动速度有密切关系。后面将会有详细的讨论。从观众的重视程度可知，分辨率是影响图像质量的最重要指标。通常有屏分辨率与图像分辨率之分。

对于 CRT 显示,屏分辨率以尚能分辨的有效扫描线来表示,一明一暗算两条。如 CRT 屏的最大可分辨的扫描线为 250 条亮线,则称该 CRT 屏的分辨率为 500 电视机(TVL)。对于矩阵寻址平板显示器件,屏分辨率是指屏幕上所呈现的图像像素密度,以水平行结构条数和每条行上的像素的多少来表示,其数据由器件制造商提供,与画面大小和像素间距无关。无论 CRT 显示器的 TVL 还是平板显示器的结构行数(均以 $Z$ 表示)都不能代表显示屏上的图像垂直方向可分辨的线条数,即垂直分辨率 $M$,它们之间的关系为

$$M = K_1 K_2 Z \tag{1.3.1}$$

式中　$K_2$——凯尔系数(0.65~0.67),因为不可能使所有的行扫描线都正好落在图像的色调分界线上;

　　　$K_1$——考虑到隔行扫描对分辨率的负面影响,一般取 0.6~0.7。

显然,对于逐行扫描,$K_1 = 1$。目前常规 CRT 电视的 $Z = 525$ 行,如取 $K_1 = K_2 = 0.7$,则 $M = 257$,即日常在 CRT 电视机上所看到电视图像的垂直分辨率只有不到 260 线,是不高的。只有 $M$ 达到 500 线以上,才会有优良的图像,具有 1250 扫描行的高清晰度电视才能达到这个目标。如果以显示文字、图表为主(如手机屏),则结构行数能达到 180~240 就算是高档的屏。现在智能手机已可观看视频,有的手机屏的结构行数已提高到视网膜分辨率水平。由于正常人眼各个方向达到分辨率是相同的,所以在同一电视系统中,水平分辨率与垂直分辨率相同时图像质量最好。若图像的宽高比为 $A$(一般为 4/3 或 16/9),则图像水平分辨率 $N = AK_1 K_2 Z$。

2) 清晰度

图像清晰度是指人眼主观感觉到的图像细节的程度,与人眼的极限分辨能力有关。人眼的垂直清晰视角约为 15°,极限分辨视角 $\alpha$ 约为 1′,则垂直清晰度 $Q = 15°/\alpha$,取 $\alpha = 1′$ 代入得到 $Q = 15°/(1/60)° = 900$ 线。

此数表明了对于观看时头部不上下摇动的裸眼,显示屏上垂直方向线数超过 900 线(大约可取为 1000 线)是无意的。2006 年 4 月 5 日,信息产业部公布了液晶、等离子数字电视的高清晰度标准为:垂直和水平方向的图像清晰必须均大于 720 线。若有一平板电视其屏分辨率为 1024×768,屏的宽高比为 16:9,采用逐行扫描,则其垂直方向清晰度不超过 768 线。而水平方向清晰度按水平与垂直方向分辨率相同的原则,为 1024/(16/9) = 576 < 720,即该平板电视不符合高清晰电视标准。对于矩阵寻址的平板显示器,当其显示屏格式(设为 1024×768)与信号源的格式(设为 1024×768)完全一致时,式(1.3.1)中的 $K_1$ 可取为 1,这时屏垂直方向的结构行数即为图像垂直方向分辨率。但是在大多数情况下这两种格式经常是不匹配的,必须将图像信号的格式转成显示屏的格式,无论向上还是向下转换,都会使图像分辨率变坏,这时 $K_1$ 必须取小于 1 的某一个值。

3) 显示容量

对于电脑用显示器,经常用显示容量,即用总像素数表示显示屏的分辨能力。在彩色显示时,将 R、G、B 三个子像素合起来表示一个像素。表 1.3.1 给出了常用若干图像系统的显示容量。

表 1.3.1　常用若干图像系统的显示容量

| 用途 | 显示器的制式 | 有效像素数 | | | | 宽高比 |
|---|---|---|---|---|---|---|
| | | 宽 | 高 | 总像素数 | 比① | |
| 电视 | NTSC | 720 | 490 | 352 800 | | 4∶3 |
| | HDTV | 1920 | 1080 | 2 073 600 | 6.75 | 16∶9 |
| | UDTV-1 | 3840 | 2160 | 8 294 400 | 27.00 | 16∶9 |
| 微机 | QVGA | 320 | 240 | 76 800 | 0.25 | 4∶3 |
| | VGA | 640 | 480 | 307 200 | 1.00 | 4∶3 |
| | SVGA | 800 | 600 | 480 000 | 1.56 | 4∶3 |
| | XGA | 1024 | 768 | 786 432 | 2.56 | 4∶3 |
| | SXGA | 1280 | 1024 | 1 310 720 | 4.27 | 5∶4 |
| | UXGA | 1600 | 1200 | 1 920 000 | 6.25 | 4∶3 |
| | QXGA | 2048 | 1536 | 3 145 728 | 10.2 | 4∶3 |
| | GXGA(QSXGA) | 2560 | 2048 | 5 242 880 | 17.1 | 5∶4 |

① 将 VGA 的总像素数取为 1 时的比值。

**2. 亮度(luminance)和明度(brightness)**

在亮度、对比度、灰度、彩色饱和度这几个光学参量中,亮度起着决定性作用,只有在足够亮度下,其他几个光学参量的作用才能体现出来。可以说亮度不足就没有图像质量可言。显示器的亮度指标是指屏上施加 100% 的驱动信号,显示全白屏时的亮度数值,是屏面亮度的最大值,称为峰值亮度或简称为屏的亮度。

对显示屏亮度的要求与观看环境有关。在很暗的环境下,如在电影院中,幕布上的亮度有 $30\sim45\text{cd/m}^2$ 就够了;在家庭室内看电视,要求屏上亮度大于 $100\text{cd/m}^2$;如在公共场所较强环境光下看电视,要求屏的亮度为 $300\sim500\text{cd/m}^2$。由于全白屏的机会是很少的,图像的平均亮度大约只有屏峰值亮度的 $1/3\sim1/4$。这里特别要指出亮度与明度的区别,亮度是光学仪器(如亮度计)的测试值,是一种相对客观的物理量;明度是指人眼感觉到的明暗程度,两者之间不是线性关系。在日常亮度变化范围内,明度大致与亮度的 1/3 次方成比例。即当亮度增加为原来的 9 倍时,人眼感觉到明度只增加了 1 倍。

一般亮度是针对主动发光型显示器的。对于 LCD 这类非主动发光型显示器,如果是内装有背光源的透射型,被视为表观发光型,仍可采用这种亮度单位;如果为不装背光源的反射型,利用周围光反射,则常用与标准白板的反射光量相比较来表示其亮度。在新公布的电视标准中还规定了各类显示屏要达到的亮度均匀性:LCD 显示屏亮度均匀性为 75%;PDP 显示屏亮度均匀性为 80%;CRT 显示屏亮度均匀性为 50%。在一个显示屏上,若亮度自屏中心向屏边缘逐渐地下降,即使下降到屏中心的 40%,人们也不会明显地感觉到全屏亮度的不均匀性。如果相邻两个像素亮度的差异为 2%～3%,人眼就会感觉出来。

**3. 对比度(contrast ratio,简称 CR 或 $C_R$)**

对比度($C$)是指屏面上最大亮度 $L_{max}$ 和最小亮度 $L_{min}$ 之比,即

$$C = L_{max}/L_{min} \tag{1.3.2}$$

对比度又分暗室对比度与亮室对比度。暗室对比度是指环境光在屏面上的垂直照度小于 1lx,这意味着环境光在屏面上产生的亮度与 $L_{min}$ 相比可以忽略不计,即可用式(1.3.2)计

算。如果环境光在屏面上产生的亮度不能忽略，设为 $L_{out}$，则对比度需用下式计算

$$C = (L_{max} + L_{out})/(L_{min} + L_{out}) \qquad (1.3.3)$$

这就是亮室对比度的计算公式。环境光在屏上的照度转化为屏发光亮度 $L_{out}$ 的大小与屏的漫反射率 $\rho$ 有关。如 LCD 屏的漫反射率很低，使得 LCD 的亮室对比度几乎与外光照度关系不大，因此 LCD 电视特别适合在环境光强的公共场所观看。

商家宣传某种显示器对比度达到 500 或 1000 等，这肯定是暗室对比度。暗室对比度的大小与显示屏的工作原理有关。如 LCD 的暗室对比度就相对较低。暗室对比度对于一般室内观看影响不大，但是当大屏幕显示器用于家庭影院，这时环境光较弱，在观看暗画面多的电视电影时，暗室对比度就很重要了。

单独一个亮度指标，从一定意义上讲是没有意义的。观看图像，就是观看图像各处的对比度。在电视传送景物时，并不要求所显示图像上各点的亮度与原景物上各亮度相等。但是一定要求图像上各点间的亮度比值与原景物上各点间亮度比值一一对应。由于人们总是希望在有一定环境照明下观看电视，这时要求图像具有大的对比度，就必须有高的 $L_{max}$。一般当对比度大于 30，图像质量就不错了。如果环境光在屏上的照度转化为屏发光亮度 $L_{out} = 20cd/m^2$，即使 $L_{min} = 0$，则要使对比度达到 30，由式（1.3.3）可知，要求 $L_{max} = 600cd/m^2$。我们说没有高亮度就没有图像对比度是针对亮室下观看条件的。

**4. 灰度（grey）与灰度等级（grey scale level）**

有了高亮度与高对比度不一定能显示出高质量的图像，因为图像的亮度是有层次的。例如，显示人的脸时就需要很多亮度层次。灰度就是表示黑白图像的亮度层次。由于人眼观看图像感觉到的是明度，明度层次与亮度层次是对数关系。明度层次即灰度级，所以灰度层次与亮度层次间的关系也是对数关系。韦伯-费赫涅尔生理学定律指出：人眼感觉到的明度 $B$ 和光刺激强度（即亮度）$L$ 的对数成正比，即

$$B = K \ln L \qquad (1.3.4)$$

式中 $K$——人眼对亮度的感觉系数。

对式（1.3.4）做微分处理，显然有

$$\Delta B = K \Delta L / L \qquad (1.3.5)$$

若人眼能感觉到的最小明度差为 $\Delta B_{min}$，则当 $\Delta B = \Delta B_{min}$ 时，由式（1.3.5）算出的 $\Delta L$ 就是人眼所能分辨的最小亮度差，称为亮度阈值 $\Delta L_{th}$，即

$$\Delta L_{th} = (\Delta B_{min}/K)L = S_0 L \qquad (1.3.6)$$

即人眼所能分辨的最小亮度差与亮度本身成正比。$S_0$ 一般取 0.03。若相邻两个像素平均亮度为 100，其差异为 10，则人眼能够分辨出它们之间的亮度差；若相邻两个像素平均亮度为 1000，而其差异仍为 10，则人眼将不能够分辨出它们之间的亮度差。为了检查电视机调整状态是否合适，电视台会发送一个灰度测试卡，从黑到白共 10 级。相邻两个灰度级之间可分辨的最小亮度差约为 7 级。通常电视机能调出 7~8 个灰度条就满意了。

在 LCD、PDP 数值电视中，对电视信号模拟量用 8bit 数字采样，即将输入模拟量从 0 到最大值量化为 0，1，2，…，255 共 256 个电平等级。如果输入电平与屏显示亮度成正比，则256 个电平等级也表示 256 亮度等级。这表明市售的 LCD、PDP 数值电视图像能显示出256 个不同的亮度层次。但是在大量文献和商家宣传中都称为能显示 256 个灰度，这是错误的提法。按人眼所能分辨的最小亮度差概念，例如当亮度等级从 250 变化到 254，人眼是

感觉不到亮度变化的,即处于同一个灰度级上。相反,当亮度等级从 1 变到 2 时,亮度变化跨度又太大了,损失了许多灰度等级。由上面描述可知,灰度或灰度级与灰度等级(即亮度等级)是两个完全不同的物理概念:灰度的等差级数序列对应的是亮度(或灰度等级)的等比级数排列。

**5. 可视角**

对于主动发光型显示屏,一般无可视角问题,但是 LCD 显示屏有严重的可视角问题。若垂直屏面方向测得屏中心亮度为 $L_0$,偏离垂直方向测量时 LCD 显示屏的亮度会有显著下降,当亮度降到 $L_0$ 的 1/3(也可取 1/2 或 1/10)时的倾角即定义为 LCD 显示屏的可视角。若左右可视角各为 45°,则该 LCD 显示器的水平可视角为 90°。可视角不够大曾是 LCD 显示屏进入电视领域的一个重大障碍,这个问题现在已基本上解决,但是与主动发光型显示屏相比仍是较差的。因为主动发光型显示屏的亮度-可视角曲线,直到 160°仍基本上是平的。

**6. 色域和色域覆盖率**

自然界所能显示的颜色都包含在 CIE 1976 均匀色度图的马蹄形线框中,线框上的颜色都是饱和色。彩色显示器的三基色 R、G、B 是色度图中的三个点。显示器所能显示的颜色都包含在由这三个点所组成的三角形中。显然,三角形越接近马蹄形线框,彩色饱和度就越高。三角形面积与马蹄形所包含面积之比称为色域覆盖率。该比值越大,显示屏可重现的自然界彩色就越多,彩色越鲜艳。电视标准规定,各类显示屏的色域覆盖率应不小于 32%。色域覆盖率的另一种表示方法是以 NTSC 三角形的面积为基准,测定的 R、G、B 三角形的面积与它相除,得到的比值作为色域覆盖率的值,这个比值可能会超过 100%。HDTV 对色域覆盖率要求越来越高,现在有的显示屏采用四基色(红、绿、蓝、黄),四基色在色度图中构成的是四边形,可以扩大色域。

**7. 流明效力**

流明效力是显示器发光效率的一种表达方式,定义为每输入 1W 功率所能产生的流明数。

流明效力与显示屏的工作原理、驱动方式有关。LCD 是电压控制型,工作原理所需的功率是很少的(每平方厘米为微瓦级),但是若加上背光源就不省功率了。在 PDP 显示中驱动电路要消耗大量的功率,OLED 显示屏是电流注入型,也不省功率。

作为显示屏,有两种情况特别要求省功率:

(1) 便携式。如手机应用,显示屏是否省功率会严重影响一次充电后的可使用时间。

(2) 大屏幕显示。一台 40in 的电视功耗是数百瓦,亿万家庭使用时,会影响整个国家的能耗。

市售各类显示屏的流明效力为 1.5～3lm/W。

## 1.4 显示屏色调特性对图像质量的影响

色调(tone)是表现图像中从亮到暗各阶段明暗变化程度。图像如果只能显示黑白两种亮度,则称为二值色图。

色调通常分为模拟色调与数字色调两种。利用计算机制作的或数码相机拍摄的图像只能实现有限的亮度级别数,称为量化色调或数字色调;如果被拍摄物体中从最亮到最暗之间各级亮度都可以连续地表现出来,则称为连续色调或模拟色调。

**1. 色调特性与 γ 值**

色调特性曲线是指被摄物体的亮度(即图像的输入亮度)与显示器屏幕上再现图像亮度之间的关系曲线。图 1.4.1 给出了几种色调特性曲线。图 1.4.1(a)所示为线性刻度坐标,能直观地显示输入图像与输出图像各像素点亮度的对应关系,但这只是亮度计测得的数据,并不是人眼的感觉。图 1.4.1(b)所示为双对数刻度坐标。因为人眼感觉到的图像明度与图像亮度是对数关系,所以在双对数坐标刻度中,只有色调特性曲线的斜率为 1 的直线时,显示屏上才能正确重现输入图像的亮度分布。

(a) 用直角坐标表示      (b) 用双对数坐标表示

图 1.4.1 图像系统的几种色调特性曲线

需要指出的是,所谓正确重现是指亮度分布,而不是绝对值。观看图像中某点亮不亮,都是与背景或前一时刻或相邻像素亮度相比较的,孤立地说该像素亮不亮是无意义的。

图 1.4.1(b)中的直线可表达为

$$L_{\text{OUT}} = KL_{\text{IN}}^{\gamma} \tag{1.4.1}$$

式中    $L_{\text{OUT}}$、$L_{\text{IN}}$——输出与输入图像的亮度;

       $\gamma$——直线的斜率,常称伽马值。

由式(1.4.1)可知,只有当 $\gamma$ 与 $K$ 都等于 1 时(即图中曲线 A),图像的色调与亮度绝对值都被正确重视,但是一般是做不到的。只要电视系统能保证 $\gamma=1$,就算实现了色调重现。

图中曲线 B 的 $\gamma=1$,但是 $K<1$,表示色调传输正确,但是亮度绝对值偏低,这符合实际传输情况,即摄影现场亮度水平高于显示屏上显示图像的亮度。当 $\gamma<1$[如图 1.4.1(b)中曲线 D],表明明亮部分色调变化被压缩,亮部细节出不来,呈现一片惨白状;当 $\gamma>1$[如图 1.4.1(b)中曲线 E],表明暗淡部分色调变化被压缩,暗部细节出不来,呈现一片漆黑状;曲线 C 的 $\gamma$ 不是常数,这是外光强时的情况,暗处细节出不来,图像给人有上浮的感觉。

**2. γ 的校正**

要实现正确的色调重现,必须保证电视系统作为一个整体的情况下,其 $\gamma=1$,它是各分系统 $\gamma$ 值的连乘积。电视系统由摄像、图像处理、传输和接收显示器等子系统组成。不能指望每个子系统的 $\gamma$ 都等于 1,所以总系统的 $\gamma$ 肯定不会等于 1。解决的办法是在某一子系统中增加一个 $\gamma$ 校正电路,将总系统的 $\gamma$ 校正到等于 1。

现在平板电视已替代 CRT 电视,但是电视的发射信号仍然是按 CRT 电视设计的。在 CRT 显示器件子系统中 $\gamma=2.2$,为了使电视系统的总 $\gamma=1$,在电视台中先对图像信号做了 $\gamma$ 校正,校正系数取 2.2 的倒数,为 0.45。所以不管现在使用什么样的电视机,接收到的电视信号都已经经过 $\gamma=0.45$ 预校正。而 PDP、LCD 显示屏子系统的 $\gamma=1$,所以在这类平板电视机中都要加一个 $\gamma$ 约为 2.2 的反 $\gamma$ 校正电路。

只有等到平板电视一统天下,电视台是按平板显示器的 $\gamma$ 特性来传送信号时,反 $\gamma$ 校正电路才可以取消。

**3. 色重现特性对图像质量的影响**

1) 基准白色的选择

所谓基准白色,是指输入显示器件的红、绿、蓝三基色电信号相等时显示屏上所呈现的白色,这就是彩色电视机调整中的调白场。不同电视制式下的基准白色的色温是不一样的。在 NTSC 制式中取标准 C 光源为基准白色(色温为 6770K),非常接近标准的白昼光。在 HDTV 标准中基准白色设定为接近 D65 标准光源(色温为 6500K)。基准白色色温偏低时,白色画面偏黄;色温偏高时,白色画面偏蓝。到底如何选择,不同地域观众爱好不同。对于计算机用彩色显示器,基准白色的色温接近 D93(色温为 9300K),表现为带有淡淡青色的白,因为研究表明,当显示器的基准白色的色温比环境照明的色温高(3000～4000K)时,最符合用眼卫生。

2) 选好记忆色

观众观看显示屏上的彩色图像时,不会与实物的彩色做认真的比较,所以放映的画面彩色只要与实物大致相似即可。但是观众会记住一些颜色,如肤色、蓝天、草地等,称为记忆色。所以在调整彩色显示时,需要用记忆色,特别是用肤色作为调整的参照物。各地域的肤色是很不一样的。

3) 三基色发光材料的余辉特性和发光强度的衰减特性应尽可能一致

彩色 CRT 是利用三基色粉点空间混色产生色彩,如果三基色的发光余辉为几十毫秒,且长短不一样,混色效果会变差。现在已将余晖缩短到 1～2ms,这个问题已不存在了。

发光材料在使用过程中,发光强度都会衰减,不同基色发光材料的衰减特性不一样就会造成彩色显示屏的基准白色的色温在寿命过程中发生逐渐的漂移。

## 1.5 与显示器相关的视觉特性

人类的眼睛是一种多功能的检测器。它可以给大脑提供高分辨率、全彩色立体图像。眼睛能感受光强的有用范围达 11～14 个数量级,即约 $3\times10^{-7}\sim3\times10^4\ \text{cd/m}^2$ 或更大的范围。能实现的聚焦距离是从 75～100mm 到无穷远,它可以在成千上万的独特色调之间检测出微妙的颜色差别,可以在单个的不到 $1\mu\text{s}$ 持续闪光时间中捕获一幅图像。

任何图像通信系统的最终接收者基本上都是人的视觉系统。传递到眼睛的信息,通过眼球视网膜上的视觉细胞变换成为电信号,传送到大脑。大脑把这些信息进行处理,结果就是可以感知到的显示器所表示的明暗、色彩、形状、动作、纵深等。而且还能产生更高层次的情感性认知,如美感、震撼和临场感等。因此,视觉系统做出的图像质量的评价是显示器质量的最重要指标。要正确、有效地设计图像的传输和显示系统,就必须对视觉生理、视觉特性和视觉模型进行研究。电视图像体制的建立、彩色的重现、彩色图像信号的传输,以及图像编码和图像处理技术中都充分利用了人眼的视觉特性。

即使在利用仪器测量对图像质量进行客观评价时,测定亮度、色度等参量也要利用由人类的色觉特性所决定的心理、物理量。因此,深入了解人类的视觉系统构造和特性是十分重要的。

### 1.5.1 视觉生理

视觉生理主要是指视觉信息的产生、传递和处理的机理。

**1. 视觉系统的构造**

视觉信息从人眼到大脑的传递路径如图 1.5.1 所示。外界信息以可见光的形式射入眼帘,通过眼睛的光学系统在视网膜上成像。视网膜内的视觉细胞把光信息转变为电信号传递给视神经。由左右眼引出的视神经在视交叉处把两眼传来的信息进行处理后,传向外侧膝状体,再经视放射线神经连接到左右大脑视觉区域。视网膜上各点和大脑视觉区域的各点保持拓扑对应关系。

图 1.5.1 从眼球到大脑视觉区域的路径

1) 眼球的构造

眼球的构造如图 1.5.2 所示。人眼的形状接近球面,直径约 24mm。光线经过瞳孔射入眼球内,通过晶状体成像于眼球后部内侧的视网膜上。角膜的作用类似照相机的第一组镜片,承担着为了能在视网膜上成像所必需的大部分的眼球作用。位于晶状体表面的虹膜,又称瞳孔,起着照相机中光圈的作用。在较亮水平时减少瞳孔的有效直径,以减少光到达视网膜的总量。减少瞳孔的大小也增加了景深,这类似于使用高焦距比数(简称焦比)的相机。这有利于在较高照明下的易读性。在低光照水平下,为了达到最大的灵敏度,瞳孔直径大小通常约为 8mm。眼睛的焦距大约是 17mm,于是在低光照环境下,焦比约为 $f/2.1$。在高照明水平下,瞳孔直径可能会降到约 2mm,相应的焦比是 $f/8.5$。这表示光的采集能力的变化多达 16 倍。敏感性变化剩下的部分由视网膜内的化学变化实现。瞳孔直径可以随着光线的强弱而自动缩小或扩大,从而提供一种自动增益控制的功能。

晶状体(又称水晶体)的作用与照相机中的透镜相似,是一个曲率可变的凸透镜,由睫状肌的收缩与放松来控制,当该肌肉休息时,眼睛将接近无穷远处的图像聚焦在视网膜上。当睫状肌压缩晶状体时,焦距缩短至 75~100mm。晶状体的后焦距的变化范围是 18.9~22.7mm。

图 1.5.2　眼球的构造

视网膜约占眼球内表面的 2/3，处于眼球后部的内侧面，外界光信息在此成像。在视网膜中心附近有一个向下凹陷部，称为中央凹，该处是视觉最灵敏处。人眼总是把想要看清楚的图像部分成像于此处。视神经分布在视网膜上，视神经从眼球处引出处称为乳头。该处无视觉细胞，故又称为盲点。

2) 视网膜的构造

视网膜起着照相机中胶片的作用，外界物体在此成像，并将光信号转变为电信号。视网膜的构造如图 1.5.3 所示。视网膜是眼睛中最重要的一部分，分为视细胞层、双极细胞层、神经节细胞层，以及水平细胞层和无轴索细胞层等。各层对视觉信息的产生、加工、传递起着不同的作用。

图 1.5.3　视网膜的构造

视细胞层内有锥体细胞和杆体细胞。锥体细胞总数约 700 万个，直径为 $2.5\sim7.5\mu m$，主要分布在视网膜的中央凹处。锥体细胞在感知颜色方面发挥主要作用，是明视觉器官，只在光亮条件下发挥作用，能分辨颜色，并具有高的空间分辨率。杆体细胞总数约 1.2 亿个，直径约为 $2\mu m$，无色感，往往是几十个杆体细胞连接一个双极细胞，所以具有高的感光灵敏度，是暗视觉器官。视网膜上的锥体细胞和杆体细胞的分布如图 1.5.4 所示。由图可知，在视网膜周围部分，锥体细胞很少，而杆体细胞数量大。因此，视网膜周围部分的色彩感知力和空间分辨率很差，但是对光的绝对灵敏度很高，所以该处对检测活动物体和光线亮灭刺激的敏感性是很好的。

视细胞外层含有成千上万个小圆盘，这些小圆盘中含有大量的视色素。不同颜色、不同波长的光照使不同数量、不同类型的视色素分解,当无光照时,在酶的作用下又重新合成。这种分解和合成的过程,在细胞内引起热能变化,也引起电能变化,这就是视觉信息形成的实质。光线经过视细胞转换成电信号,通过双极细胞传送到神经节细胞,再经过许多细长的视神经集中到乳头处,由此处从眼球引出,向大脑延伸。而各个细胞间的横向联系由水平细胞和无轴索细胞来承担。

图 1.5.4  视网膜上锥体细胞和杆体细胞的分布

当外界光线从上方射过来,在到达视细胞之前,要经过视神经及其他各层细胞的散射,造成视网膜外部影像模糊。只有中央凹处,厚度最薄,视细胞可以直接接收光线,从而使中央凹处具有最佳的光学成像质量,这是中央凹处空间分辨率高的主要原因。

3)视觉信息从视觉细胞到大脑细胞的传递

在眼球内,视觉信息在视觉细胞内形成后传给双极细胞,然后再传送给神经节细胞,在这两种细胞之间还插有双向输入输出的水平细胞和无轴索细胞,起着双向反馈调节作用。视觉细胞送出的是与光照强度相关的连续电位,双极细胞和水平细胞输入输出的也是连续电位,但是与视觉细胞送出的电位在形式上不同。无轴索细胞的输出输入是瞬变性的连续电位,而视神经细胞输出的是等幅的 0 和 1 脉冲电位,脉冲频率受光刺激的强度调制。也就是视神经细胞以后的视觉信息都变成了电脉冲的形式。

视觉信息电脉冲送出眼球以后,经过与神经节细胞相连的长长的视神经,到达视神经交叉处,分别把来自右视野的信息与左视野的信息进行整理,并将右视野的信息传送给左侧的外侧膝状体,将左视野的信息传送给右侧的外侧膝状体。外侧膝状体由 6 层结构组成,将由视网膜送来的信号根据信号在视网膜上的位置和信号的性质决定它们分别与哪层相连。然后又经过视放射线送到位于头后部的大脑视区。

大脑中负责信息处理的部位与视网膜上的有关部位之间存在着某种对应关系,但其大小的对应关系却不一致。例如,中央凹在视网膜上只占很小的一片,但在大脑中却要占相当大的一块领域来处理有关信息。

**2. 视觉的基本功能**

1)视觉可感知的光谱范围

光是电磁波,入射到眼睛会引起视觉反应的光波波长大约为 $380\sim780\text{nm}$,称为可见光。具有单一波长的光波,称为单色光。人眼可感觉到的单色光按波长由短到长的顺序为蓝、绿、黄、橙、红等颜色。对于太阳光这类覆盖宽广的波长范围,且能量几乎均匀分布的光线,对人眼不能给予色彩感觉,称为白光,根据强度不一可以形成明暗的轮廓。

2) 视觉的动态范围和视觉适应性

刺激眼睛而不引起疼痛的最强光是晴天的直射日光,照度约为 $10^5$lx;身处暗处,还能分辨出物体的明暗程度是月黑之夜,约为 $10^{-3}$lx,即视觉的动态范围超过 $10^8$。人眼要在这样宽的光强范围内进行有效的工作,是通过以下几个机构来实现的。

(1) 通过改变瞳孔大小来调节入射光量,可调节约 20 倍。

(2) 锥体细胞在暗环境下灵敏度可提高约百倍。

(3) 在更暗的环境下,杆体细胞代替锥体细胞,灵敏度可提高约 $10^4$ 倍。在非常低的照明水平下,在杆状体中会产生能大大增强其敏感性的光化学视网膜紫质,或"视紫红质"。在其最极端的敏感度下,人眼可以检测光源发出的几个光子,量子效率达到约为 10%。

当人们由日光下进入暗室时,首先感到的是一片漆黑,几分钟后才逐步恢复视觉,这就是暗适应性;反之,当光线由暗到亮时,视觉能在较短的时间内恢复清楚,这就是亮适应性。暗适应需要 $20\sim30$min,而亮适应只需 $1\sim2$min。明、暗适应性所需的时间就是锥体细胞、杆体细胞自身灵敏度变化所需的时间。

3) 眼球的运动

为了在视网膜的中央凹处摄入想看见的对象,眼睛必须来回做动作,称其为注视性的眼球运动。

在观看显示器上二维平面对象时,眼球运动主要与跳跃性运动和随从性运动有关,这时双眼做同向运动,称为共同运动。在观看三维立体对象时,还要增加眼球转动方向左右相反的所谓对视、聚散运动。下面介绍眼球的各种运动。

(1) 随从性运动(追踪运动)。随从性运动是指对缓慢运动的观察对象进行自然追踪时视线的连续移动,一般不能自主控制,是下意识的动作。仅依靠随从性运动可以连续追踪对象的动作速度只限于 $(4°\sim5°)$/s 以内。当对象的动作速度更大时,眼球需要加上跳跃性运动才能捕捉到对象。

(2) 跳跃性运动。人眼即使在观察静止的对象时,眼球也是在不断地跳动着:在一处停留时间约为 300ms,跳跃外移的时间约为 30ms,然后再停留 300ms,如此反复做动作。也就是人眼在观看时,不会有完全静止不动的状态。

当观察对象的位置产生变化时,存在 160ms 的延迟时间,以使眼球利用跳跃性运动来适应对象的位置变化。

(3) 辐辏运动。辐辏运动是指双眼在观察不同距离位置的静止对象或活动对象时,双眼向被观察对象集中注视的运动,也是一种下意识的运动。

另外,眼球还有一种无意识的像噪声似的微小运动,称为非随意运动,包括眼球振动的视角约为 15′,频率约为 $30\sim100$Hz 的颤动;眼球偏位角约为 20′,时间范围为 $0.03\sim5$s 的轻弹运动以及偏位角在 5′以下,存在于颤动和轻弹运动之间的漂移运动。

如果上述几种眼球运动全部停止了,人眼将无法感知在视网膜上形成的静止图像,称这种现象为静止视网膜图像消失现象。

4) 人眼的限制

具有非凡能力的人眼也不是没有一些缺点。这些缺点常常给显示器用户造成麻烦。计算机显示器用户常反映眼疲劳和头痛。长时间的观看、戴不正确的眼镜观看屏幕、位置安放不正确显示器的眩光、房间过度的照明以及屏幕太小、聚焦不好或对比度太低都能引起这些问题。人体能源消耗的 25% 以上用于视觉系统,所以很容易理解为什么视觉问题会对舒适和幸福产生重大影响。

许多人需要矫正视力,如近视、远视、老花眼和散光。眼睛通常聚焦在无穷远附近,为了将较近的图像(或物体)聚焦在视网膜上,睫状肌收缩改变晶状体的形状,使其具有较大的折射,这就是眼的调节。因为年龄大时眼的睫状肌的收缩强度降低,所以调节幅度随着年龄迅速降低,如图 1.5.5 所示。通常进入 40 岁后,眼睛需要校正。这导致了"要舒服地阅读或做细活,手臂不够长"这类熟悉的抱怨。对于需要长时间坐在屏前的计算机使用者,为了在正常的显示距离下观看,经常需要使用处方眼镜做专门的纠正。这样才能在合适的距离下使眼部肌肉处于较放松条件下观看,从而大大提高观看的舒服度。

图 1.5.5　视觉舒适距离随年龄而改变

通常称为"色盲"的颜色视觉缺陷者,发生在男性中约占 8%,在女性中占 0.5%。一般为红色和绿色不分,不会发生蓝色和黄色不分。人口中只有约 0.002%~0.003% 的人没有色彩感知(全色盲)。当显示器用颜色编码表达重要信息时,会对色觉缺陷者造成困难。由于每个人眼的光谱灵敏度不同,"正常"的个体对颜色的认知彼此都会略有不同。甚至,一个人的两只眼睛之间也可能会略有不同。除非每次匹配相邻颜色时,都用同一只眼睛。

## 1.5.2　与显示技术有关的视觉特性

显示器上显示的信息是以明暗或色彩的形式分布于平面上,它们与亮度、对比度、视力或空间分辨能力以及色感相关联。大多数情况下,显示器上的信息是随时间变化的,所以又与视觉的时间特性和运动规律有关。电视已能显示立体图像,很多所谓三维显示器均采用由平面图像利用视觉系统的立体视景功能产生立体图像效果的技术,因此,也应该对视觉系统的立体视感机制有所了解。

**1. 亮度的感觉**

亮度是显示器的最重要质量指标之一。眼睛对光线强弱产生的明暗感觉与光线的波长有关;明暗感觉与亮度大小的关系也并非是简单的正比例关系。

1) 视觉曲线

人眼对于不同波长的可见光具有不同的视觉灵敏度。对于等辐射能量的各色可见光,人眼感觉黄绿色最亮,蓝、橙色次之,最暗的是红、紫色。人眼对各种波长的感觉灵敏度可以用视觉曲线(又称为标准比视感度曲线或光谱光效率曲线)来表示,如图 1.5.6 所示。图中的 $V(\lambda)$ 是明视觉曲线,其峰值对应的波长为 555nm。在 380nm 或 780nm 处光的敏感度均只有 555nm 波长光的万分之一以下。视觉曲线就是达到同样亮度时,不同波长所需的辐射

能量 $E(\lambda)$ 的倒数,即 $V(\lambda)=1/E(\lambda)$。在 $V(\lambda)$ 曲线中,取 555nm 处的值为 1。

图 1.5.6　明视觉曲线 $V(\lambda)$ 与暗视觉曲线 $V'(\lambda)$

设某光的辐射分布为 $L_{e\lambda}$,则该光的亮度 $L$ 为

$$L = K_{\mathrm{m}}\int_{380}^{780} V(\lambda)L_{e\lambda}\,\mathrm{d}\lambda \tag{1.5.1}$$

式中　$K_{\mathrm{m}}$——最大视感度,为 683lm/W。

由于视网膜中包含两种不同的视觉细胞,$V(\lambda)$ 只适应于照明水平在 $3.4\mathrm{cd/m^2}$ 以上,锥体细胞起主要作用的明视觉。当在昏暗环境下(照明水平在 $0.034\mathrm{cd/m^2}$ 以下的暗视觉),杆体细胞起主要作用时,视觉曲线应该采用暗视觉曲线 $V'(\lambda)$。$V'(\lambda)$ 的峰值处于约 507nm 处,即与 $V(\lambda)$ 相比,峰值波长向短波方向移动。暗视觉下光的亮度 $L'$ 可用下式计算:

$$L' = K_{\mathrm{m}}'\int_{380}^{780} V'(\lambda)L_{e\lambda}\,\mathrm{d}\lambda \tag{1.5.2}$$

式中　$K_{\mathrm{m}}'$——暗视觉曲线的最大视感度,为 1745lm/W。

称照明水平介于 $0.034\mathrm{cd/m^2}$ 和 $3.4\mathrm{cd/m^2}$ 范围之间的视觉曲线为中间光视觉曲线,不能由明视觉曲线与暗视觉曲线的线性组合来模拟。

2) 明暗感觉与亮度的关系

(1) 明暗度的分辨阈值。能觉察出两个亮度刺激值之间的最小差别量,叫作明暗度的分辨阈值,也可以叫作最小可觉差。实验确认,最小差别量 $\Delta L$ 与背景亮度 $L$ 之比 $\Delta L/L$ 在背景亮度较暗时随 $L$ 增大而迅速地变小,增大到 $30\sim1000\mathrm{cd/m^2}$ 显示器的工作亮度范围内,这个比值大致保持不变,为 $0.01\sim0.02$。这意味着,对于一般显示器,$\Delta L/L=0.01\sim0.02$ 成立。

(2) 明暗度与亮度的关系。理论上可推导出明暗感觉 $Q$ 与亮度 $L$ 的对数成正比,即 $Q\propto\ln L$,这就是韦伯-费希钠法则(Weber-Fechner law)。若将明暗感觉 $Q$ 与亮度 $L$ 关系在显示器的工作亮度范围内的实验值表示成指数形式,有

$$Q = k\sqrt[3]{(L-L_0)} \tag{1.5.3}$$

这就是 Stevens 法则。这意味着,在常用亮度范围内,人眼如感觉到显示的明暗度(明度)增加 1 倍,则显示屏亮度需增加到原来值的 9 倍。

**2. 视觉的图像分辨率**

1) 分辨率

人的视觉分辨能力包括空间分辨率和时间分辨率。空间分辨率就是视力;时间分辨率指人眼对随时间而变化的目标的分辨能力。

当两个发光点互相靠拢到一定程度时,离开发光点为一定距离的观察者就无法把两个发光点区分开来。也就是说,人的眼睛分辨景物细节的能力是有限的,这种分辨两个发光点的能力称为视力($P$),即

$$P = 1/\theta \tag{1.5.4}$$

式中  $\theta$——能分辨的最小视角,单位为分($'$),如视角为 $1'$,即视力为1。

视角是指被观察对象对眼睛所张的视角,视角 $\alpha$ 可用下列公式计算,即

$$\alpha = 3438 \frac{A}{D} \tag{1.5.5}$$

式中  $A$——物体长度;

  $D$——物体至眼睛的距离。

$\alpha$ 视角的单位为分($'$)。

对于一个点还能够辨认的视角约为 $0.5'$,称为最小视认阈;对于可区分两条线间距的最小视角称为微调视力,约为数秒。

上述各种视力还受亮度、观察距离、被观察物与背景之间的对比度等因素影响。

2) 侧抑制

在黑图像与白图像的边缘亮度发生跃变,这时可以看到一种边缘增强的感觉,即视觉上会感觉到边缘的亮侧更亮,而暗侧更暗,如图1.5.7所示。这就是视觉的马赫效应,可以增加图形轮廓的反差,相当于电视图像处理中的勾边技术。视觉的马赫效应是由于视神经的侧抑制作用而产生的。侧抑制是生物神经系统内普遍存在的现象。侧抑制是指刺激某一神经元使其兴奋,若再刺激该神经元附近的神经元时,会发现前者的兴奋对后者的兴奋有抑制作用。

图 1.5.7  视觉的马赫效应

3) 视觉的阈值效应与掩盖效应

视觉阈值是正好可以被看到的刺激(干扰或失真)值,它是一个统计值,在图像质量的主观评价中有广泛的应用。

在亮度有变化的边缘上,该边界"掩盖"了边缘邻近像素的信号感觉,使人眼感觉变得不灵敏,不精确,称这种效应为掩盖效应。边缘的掩盖效应与眼睛的下意识运动有关,与边缘出现的时间长短和运动情况有关。视觉阈值随图像内容的变化而变化,在平坦区阈值低,对失真也较敏感;而在边缘区和纹理区,视觉存在掩盖效应,对失真不敏感。视觉阈值效应和掩盖效应被广泛用来设计图像量化编码器,以提高压缩比,即利用视觉这种特性在图像的边缘区域可以容忍较大的量化误差,从而减少量化级数,并降低数码率。

4) 视野

所谓视野,是指眼球不动时所能见到的范围。如把注视点作为中心,则可见范围的上方约 $65°$;下方约 $75°$;左右方约 $104°$,构成人的视野。在如此宽广的视野中,人眼视角在 $10°$ 以内是视力敏感区,属黄斑视觉范围,对图像颜色及细节的分辨率最强。水平方向 $20°$ 以内,垂直方向 $15°$ 以内是视觉清晰区,能正确识别图形,清晰地看到图像,而不需移动眼球,即不需转动头部。因此,电视机屏幕一般设计成宽高比为 $4∶3$ 或 $16∶9$。在观看电视时应该调整观看距离,将画面的水平视角限制在 $20°$ 以内,并将电视机的置放高度调整在使屏中

心的高度与人眼高度相同。另外,为了增加观看时的临场感,就必须将画面的水平视角设置成大于 20°,迫使头部需要转动。所以大屏幕电视机必须同时兼有更高的分辨率,才能在接近的距离观看以增加临场感,同时使屏上的像素结构看不出来。

5) 人眼的注视特性

人眼的中心视力分辨率强,可以进行图像细节的认识,对中心区存在的失真也较敏感;周边视力分辨率差,对周边失真也不太敏感,但可以检出目标的特征部分,利用检出的目标图像特征来控制眼球的运动,必要时可以再用中心视力去进一步认识图像中感兴趣的那一部分,即周边视力可以认识图像全貌,而中心视力仅能认识图像的一小部分。

此外,人眼的注视特性还有下列特点:

当照度太小时,只有杆体细胞起作用,分辨率很低,不易辨别颜色;当照度太大时,分辨率也会下降;当背景亮度太高以致与物体亮度接近时,由于周围的抑制作用,分辨率会降低;当被观察物体的运动速度增加时,分辨率下降;对彩色细节的分辨率低于对亮度细节的分辨率。

根据上述人眼视力特点,在进行图像信号压缩时,减少静止部分的时间分辨率,减少活动部分的空间分辨率,将色差信号的空间分辨率减半,以及减少边缘部分的分辨率,仍可得到非常高的图像质量。

另外,人在观看景物时,注视点容易集中在图像黑白交界的部分,尤其集中在拐角处、时隐时现处、运动变化处或一些特别不规则的部分。如果观看一个闭合图形,则注视点容易向图形内侧移动。如果图像处理中能利用这些特点,则将会大大压缩传输图像的数据量。

**3. 视觉的时间特性**

各类显示器中是采用逐点或逐行扫描来完成一幅图像的显示,又利用在 1s 内显示多幅相继变化的图像来实现图像内容中的运动过程。所以能这样做,是利用了人眼视觉的时间特性,因为人眼在接收、处理和传递光信息时,是需要时间来完成的。

所以人眼并不是一种完美的记录工具,因为视网膜的反应并不能随闪光开始而立即开始,也不能随闪光停止而立即停止。在断续照明下,这种视觉时滞对我们知觉物体是一种优点而不是缺点。如果我们的眼睛在时间上具有完全的分辨率,在现代交流电的灯光下,就会觉得任何物体都是闪烁的了,现行的电视体制也不能用了。

对于由一个亮的和一个暗的时相组成的一个周期的断续光,当频率低时,观察者看到一系列的闪光;当频率增加时,变为粗闪、细闪;当闪光频率增加到一定程度时,人眼就不再感到是闪光,而感到一种固定的或连续的光。这样一种频率就叫作闪光融合频率或临界闪烁频率(critical fusion frequency,CFF)。

当周期光信号的频率高于 CFF 时,眼睛对这种周期变化光的感觉就像一个恒定的光一样,其视亮度为 $I$,有

$$I = \frac{1}{T} \int_0^T L(t) \mathrm{d}t \tag{1.5.6}$$

式中 $L(t)$——周期变化光的实际亮度,它是时间的函数;

$T$——周期。

眼睛感觉到的亮度是周期性变化光亮度的平均值。

CFF 是人眼对光刺激时间分辨能力的指标,但一般达到 30～55 次/s 即不再有闪烁感

觉。例如,日光灯闪光频率为 100,我们并不感到它是断续的。光的强度对 CFF 是有影响的,与 $\log I$ 成比例,可用下式表示:

$$n = a\log I + b \tag{1.5.7}$$

式中　$n$——临界频率,单位是周/s;

　　　$I$——光的强度;

　　　$a$、$b$——两个参数。

CFF 随光强增加而变高,在光很弱时,CFF 可以低到 5Hz,在高强度下,提高到 50～55Hz,但只要 CFF 大于 60Hz,不管光强如何变化,均能引起融合感觉。在电影放映中,视网膜接受的是断续的刺激,因为在两个图片之间有一个暗的时相。一般放映速度为每秒 24 个图片,在银幕亮度太大时,会产生不愉快的闪烁,所以在每张图片放映中用挡板挡一下,使图片切换频率提高到每秒 48 次,从而完全消除了放映中的闪烁现象。电视机选场频为 50(或 60)Hz 时,人眼就不感到画面是间断的,而是感到图像是连续的、融合的。

### 1.5.3　平板 3D 与人眼生理

平板 3D 成像技术,基本分为戴眼镜式与裸眼式两大类。

戴眼镜式基本分为三大类,其中起步较早效果较差的分色 3D 成像技术,基本已经被淘汰了。现在平板 3D 的主力技术是主动电子快门式(active shutter)3D 技术和偏振光式(pattern retarder)3D 技术。

较成熟的裸眼式 3D 有视差照明式(parallax illumination)和光屏障式(barrier)(又称光栅式,根据所用光栅不同,主要有狭缝光栅和柱状透镜光栅两种)两种,但是分辨率、可视角度和可视距离等方面都还存在很多不足。

新开发出的裸眼式 3D 技术有多层显示 MLD、景深融合技术 DFD、扫描式背光立体显示技术、扫描体积显示和固体体积显示四种,都处于发展中。

裸眼式 3D 技术最大的优势便是摆脱了眼镜的束缚,现在裸眼 3D 显示技术还只能应用在小屏幕的数码产品上。裸眼 3D 显示在大尺寸屏幕上的效果并不理想,近看时会有很明显的垂直阴影,而且 3D 效果也并不是太明显。

当然,数字全息 3D 技术是最完美的 3D 显示技术,但是所要处理的数据量太大,还无法用于 3D 电视中。不过现在有一种集成成像 3D 显示,较之全息 3D 显示数据量相对较小,目前已成为国际上的一种前沿裸眼 3D 显示技术,有可能是未来实现裸眼式真 3D 电视的希望。

#### 1. 两种戴眼镜式 3D 技术优劣的比较

主动电子快门式 3D 使用液晶制成的快门眼镜,两块液晶上交叠地加以不同的电压,使两块镜片交叠地开关。若显示屏以奇场、偶场分别发送左、右眼所看到的图像,同时以场触发信号控制快门眼镜,使在发送奇数场图像时,左镜片开启,右镜片关闭;在发送偶数场图像时,右镜片开启,左镜片关闭,如此反复切换。当切换频率大于 50Hz 时,大脑认为双眼是在同时观看,并且将它们融合成一幅立体图像。

由上述可知,采用主动电子快门式 3D 技术可使现在的广播电视基础设备不需要为了播送 3D 图像进行升级,但是电视图像的垂直分辨率减半。主动电子快门式 3D 的优点在于它的余像少,价格适中,而且不论电视、计算机屏幕还是投影机,只要切换频率能达到要求,就能导入这个技术,因此现在市面上大部分已上市的 3D 电视,包括索尼、松下、三星、康佳等 3D 电视和部分数字电影院,都采用主动电子快门式 3D 技术。

主动电子快门式 3D 技术最严重的缺点是亮度损失严重,戴上这种加入黑膜的 3D 眼镜以后,每只眼睛实际上只能得到观看 2D 电视时约 2/10 的光,因此从主动快门看出去,就好像戴了墨镜看电视一样。我们知道,高亮度是显示高画质的基础,亮度过低时对比度和彩色重显度都会大打折扣,从而影响 3D 图像的质量。主动快门眼镜带有电池和电路,价格较高,也较重。此外对于戴眼镜的观众,由于会很容易看到四周的黑框,观看感觉非常不好。另一个缺点是由于不易避免的双眼间的交叉效应和不同的帧变化间断时间,眼睛和大脑很容易疲劳,严重时长时间观看可能引发呕吐等现象。

偏振光式 3D 眼镜是左右眼分别使用极化方向相互垂直的偏振镜片,即一个镜片用垂直偏振片,另一个镜片用水平偏振片。显示屏发送相应的偏振光图像,使左右双眼分别观看到左视和右视的图像,经大脑融合后形成立体图像。戴线偏振的 3D 眼镜观看 3D 电视时,观看者的头不能倾斜,否则偏振片滤不掉与之正交的偏振光,发生双眼间的图像交叉干扰,使观看不适。中国台湾友达光电采用旋转方向相反的圆偏振片制作偏振式 3D 眼镜,可以解决上述问题。

偏振光式 3D 技术要在电视机上实现,需要的成本较高,并且在观看角度和显示面积上还是有所限制。偏振光式 3D 技术的优势是偏振光眼镜成本非常低,所以电影院中大量使用。

现在大力推广偏振 3D 液晶技术的是友达光电,其产品屏幕尺寸包括从 32~65in;国内仅有 TCL 在试生产偏振式 3D 液晶电视。不过已有报道,索尼、松下意图在今后生产采用 LG 偏振光 3D 电视产品。

这两种 3D 技术性能的全面比较如图 1.5.8 所示。由图 1.5.8 可知,除了分辨率这个指标,偏振光式 3D 技术都优于主动电子快门式 3D 技术。

**2. 人眼立体视觉的生理基础**

我们看到的各种图像、影像(包括电视、计算机图像、电影、广告牌)大多是平面的,但是现实世界是立体的三度(维)空间(3D),如何显示三维立体影像的技术一直在发展着。三维影像系列是用模拟人眼左、右视角拍摄的平面影像经计算机或电视屏幕输出,利用立体眼镜或在屏幕前加一个光栅系统合成具有深度感的真实立体影像,称为 3D 技术。

图 1.5.8 两种戴眼镜式 3D 技术优劣的比较

现代心理学公认有 10 种暗示用来感觉影像的深度。这些暗示又分两大类:生理学上 4 种,心理学上 6 种,但是生理学上的暗示起主要作用。下面介绍这 4 种生理学上的暗示。

**1) 晶状体调节**

晶状体调节是睫状肌伸缩以调节晶状体的焦距。也就是使用单眼观看物体时,这种暗示也是存在的,这就是单眼深度暗示。可是,这种暗示只有在与其他双眼暗示组合在一起,而且物体与眼的距离又在 2m 之内时才是有效的。

2）单眼移动视差

如用单眼观物,当观看位置固定时,则晶状体调节成为对深度的唯一有效暗示。但是当观看运动的景物时,就可以从不同方向观物,眼珠会随着景物位置而移动,形成的单眼移动视差,成为对深度的暗示。人坐在快速运动车上观物即如此。

3）辐辏

当用双眼凝视某一目标物时,若目标很远,则两眼视线基本平行;而当所看目标近时,为了把注视点成像在双眼的中央凹,双眼的眼球会略微向内旋转,使视线在目标处相交。两眼的这种运动叫作辐辏,辐辏给出了一种深度感觉的暗示。两眼至被注视点视线间的夹角 $\alpha$ 称为会聚角或光角(optical angle),人眼离注视点越远,会聚角就越小,如图 1.5.9 所示。当目视 $F$ 点时,双眼视线交于该点,称为注视点。从注视点射来的光分别在双眼视网膜的中央凹 $f$ 和 $f'$ 处成像。会聚角 $\alpha$、瞳距 $p_0$ 和视距 $d$ 之间的关系为

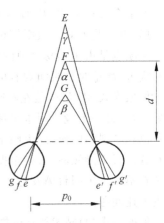

图 1.5.9　双眼辐辏示意图

$$\alpha = p_0/d(弧度) = 57.3 p_0/d(度) \qquad (1.5.8)$$

取瞳距 $p_0 = 65\text{mm}$,当视距 $d$ 由无穷远移近到 3.58m 处,会聚角 $\alpha$ 只变化了 1°;当视距 $d$ 由 25cm 移近到 23.4cm 处,会聚角 $\alpha$ 也变化 1°。由此可知,虽然可以利用会聚角检测距离信息,由于距离远时会聚角随距离改变量变小,所以利用会聚角可检测的距离信息限于在 20m 以内。

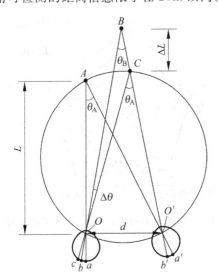

图 1.5.10　双眼视差示意图

4）双眼视差

由于两眼瞳孔在水平方向上有一定距离(瞳距 $p_0$),所以目标物在左右两眼视网膜上的成像是不完全一样的,一般要产生错移。称这种错移或差异为双眼视差。当观看物体上某一点(设为 $A$ 点)时,先由眼球的辐辏将注视点落在 $A$ 点上,由该点发出的光线就聚焦于双眼视网膜的中央凹处,眼内两个中心凹在视网膜上给出了物点的"对应像位置"。来自注视点以外各点的光线并不总能聚焦在两个视网膜的"对应像位置"上,这种效应即双眼视差。图 1.5.10 给出了双眼视差示意图。$O$、$O'$ 为晶状体中心或节点,物点 $A$ 成像在视网膜上中心凹 $a$、$a'$ 处。过 $A$、$O$、$O'$ 作一大圆。大圆上的各物点在两个视网膜上像点都处于"对应像位置",即左眼的像到中心凹的距离与右眼的像到中心凹的距离相等。处于大圆上的各物点不存在双眼视差,如大圆上的 $C$ 点在双眼视网膜中心凹上的像点分别为 $c$、$b'$,而 $\angle cOa$ 与 $\angle b'O'a'$ 是相等的。所以大圆是根据双眼视差给出的等距轨迹,称为单视圆(也称维特-缪勒圆);而来自圆外之点(如 $B$ 点)的光线是绝不可能聚焦在中心凹的两个"对应像位置"上的,因此可以感觉到双眼视差,并且可以识别其距离差别。

其他 6 种心理学上暗示是指视网膜上成像大小、线性透视、面积透视、重叠、阴影和影子。

由上述讨论可知,虽然产生深度暗示的原因有多种,但是人眼产生立体视觉主要是由于非单视圆上之物点在左、右两眼视网膜上成像位置略有差异,即左眼看到的物体稍偏左侧,右眼看到的物体稍偏右侧,这种差异经大脑加工后构成深度暗示,即立体视觉。

立体视觉的产生过程可以看作先由辐辏确定注视点,然后由双眼视差进行精确的深度判断这样两个阶段,才能在较宽的范围内得出正确的立体视觉。

这里要指出视角(visual angle)与会聚角的差别。视角是指被观察物体对单眼所张之角度,视角越大,感觉此物体越大,即可以利用视角来判断物体大小,完全是单眼效应;而会聚角是双眼对注视点的夹角,用于判断物体的远近,完全是双眼效应。

如图 1.5.10 所示,$A$ 和 $B$ 是距离双眼分别为 $L$ 和 $L+\Delta L$ 的两个观察点。$A$ 点在两眼中心凹处的像点分别为 $a$、$a'$;$B$ 点在两眼中心凹处的像点分别为 $b$、$b'$。显然,两眼视网膜上像 $ba$ 和 $b'a'$ 的长度差即双眼视差,用角度表示为 $\Delta\theta=\theta_A-\theta_B$。

$$\Delta\theta = \theta_A - \theta_B = \arctan d/L - \arctan d/(L+\Delta L) \tag{1.5.9}$$

当观察距离足够远时,式(1.5.9)可简化为

$$\Delta\theta = \theta_A - \theta_B = d/L - d/(L+\Delta L) = d\Delta L/(L^2+L\Delta L) \approx d\Delta L/L^2 \tag{1.5.10}$$

当视距 $L$ 分别为 1m、10m、100m 时,最小可觉察深度分别为 0.8mm、8cm、8m。对于中等视距,公认双眼视差信息是深度感的最重要暗示。

## 1.6　光度学与色度学简介

在讨论显示屏光学参量和电光参量时,经常会涉及一些光度学的单位和色度学的概念,本节对此做一简略的介绍。

### 1.6.1　光度学

如果从物理角度来测光,则与一般电磁波的测试类似,以瓦(W)、焦耳(J)等能量单位作为其基本量,涉及的参量有辐射通量、辐射强度、辐射亮度、辐射照度等。但是光度学是联系人眼视觉特性来测光的。人眼只能感受 380~780nm 间的可见光的刺激,并且对不同波长可见光的刺激灵敏度也很不一致,因此光度学中的量都是心理物理量,基本量有光通量、发光强度、亮度、出光度和照度。

**1. 光通量**

光通量是单位时间内的辐射能量曲线 $\Phi e$(单位是瓦)与标准比视觉曲线 $V(\lambda)$ 之积,即

$$\Phi = K_m \int_{380}^{780} \Phi e(\lambda) V(\lambda) \mathrm{d}\lambda \tag{1.6.1}$$

式中　$K_m=683\mathrm{lm/W}$——1W 555nm 黄绿光所能产生的光通量数。

光通量的单位是流明(lm)。光通量乘时间即光量(lm·s)。

光通量是已经经过视觉曲线处理过的量,即已经与视觉系统特性相联系。光度学中其他量都由光通量推出,所以必须牢记,光度学中全部参量都是经过视觉曲线处理过的。只要波长处在可见光的波长范围之外,不管光的辐射通量多么大,其光度学的各种参量都为零。

**2. 发光强度**

光通量的大小只表明光源发出光量的大小,形象地说,光通量只表示光源发出光线的多寡,并未表示出光源向各方向的强度是否一致。为了表示光源发光的方向性,引入发光强度 $I$ 这个量。当测试距离远大于光源尺寸时,发光强度 $I$ 定义为通过单位立体角内的光通量,即

$$I = d\Phi/d\Omega \tag{1.6.2}$$

式中　$\Omega$——立体角;

　　$\Phi$——光通量。

发光强度 $I$ 的单位是坎(德拉)(cd)。

光源各方向的发光强度一般可以用 $I(\theta、\varphi)$ 表示,其中 $\theta$ 是相对于显示屏法线的倾斜角,即方向角;$\varphi$ 是方位角。

**3. 亮度**

测量发光强度时,测试距离较远,总是可以把光源等效为点光源。设有两块大小不一的显示屏,从足够远处测得的发光强度是一样的,显然小显示屏比大显示屏亮。所以只用发光强度这个量还是不够,要表示光源亮不亮必须引入亮度 $L$ 这个量。亮度被定义为单元面积光源的发光强度,即

$$L = dI/dS = d^2\Phi/(d\Omega \cdot dS) \tag{1.6.3}$$

即亮度也可以定义为通过单位光源面积单位立体角内的光通量。$L$ 的单位是 $cd/m^2$,也可称为尼特(nt)。

当光源面积法线与测量方向夹角不为零,而为 $\varphi$ 时,式(1.6.3)应改写成

$$L = d^2\Phi/(d\Omega \cdot dS \cdot \cos\varphi) \tag{1.6.4}$$

当面光源的亮度 $L$ 与 $\theta$、$\varphi$ 无关时,称该面光源为完全扩散面光源或完全散射面光源,也常称为浪伯(Lambert)发射面。对于完全扩散面光源必有

$$I(\theta) = I_0\cos\theta \tag{1.6.5}$$

式中　$I_0$——沿与发光面垂直方向的发光强度;

　　$I(\theta)$——沿与发光面法线方向成 $\theta$ 角的发光强度。

式(1.6.5)也可表述为:沿任意方向亮度都相等的发光面,沿任一方向的发光强度等于沿发光面垂直方向上的发光强度乘以方向余弦。

浪伯发射面即常说的均匀漫射面或余弦漫射面。

浪伯发射面向空间半球面发射的光通量可用下列积分式求出:

$$\Phi = 2\pi I_0 \int_0^{90°} \cos\theta\sin\theta d\theta = \pi I_0 \tag{1.6.6}$$

即浪伯发射面发出的总光通量等于垂直方向发光强度的 $\pi$ 倍。

**4. 出光度**

面光源的发光强度也可以定义为通过单位面积发射出去的光通量,称为出光度 $M$。可以表示为

$$M = d\Phi/dS \tag{1.6.7}$$

出光度 $M$ 的单位是 $lm/m^2$。对于浪伯发光面,可推导出其 $M$ 与 $L$ 之间的关系为

$$M = \pi L \tag{1.6.8}$$

### 5. 照度

照度 $E$ 的定义：照在单位面积上的光通量，即

$$E = d\Phi/dS \qquad (1.6.9)$$

$E$ 的单位是勒克斯(lx)，$1\mathrm{lx}=1\mathrm{lm/m^2}$。

关于照度需要有几点说明：

（1）在式(1.6.9)中的 dS 应该是与入射光方向垂直的面积，如受光面法线与入射光成 $\theta$ 角，则式(1.6.9)应修改为

$$E = d\Phi/(dS \cdot \cos\theta) \qquad (1.6.10)$$

（2）照度 $E$ 与出光度 $M$ 的单位都是 $\mathrm{lm/m^2}$，但是它们之间的物理意义是不同的：出光度是指单位面积上发出的光通量，而照度是指单位面积上接收的光通量。

（3）若受光面是反射率为 $\rho$ 的浪伯面，则该受光面也可看作一个亮度为 $L$ 的发光面。受光面上照度 $E$ 与亮度 $L$ 的关系可作如下推导：

受光面的出光度 $M=\rho E$，由于受光面是浪伯面，$M=\pi L$ 成立，所以有

$$L = \rho E/\pi \qquad (1.6.11)$$

使用式(1.6.11)的前提是受照表面必须是完全漫射面。

式(1.6.11)在计算显示屏的亮室对比度时很有用，这时需要将环境光入射在显示屏上的照度折合成显示屏的视在亮度。测亮度的仪器比较复杂，而大多数显示屏近似可以看作是浪伯面，这时只要测得显示屏上外光引起的照度 $E$，便可以由式(1.6.11)算出由外光引起的显示屏上的视在亮度。为了减少外光的影响，自发光显示器的玻璃表面大都做了抗反射技术处理，一般可取显示屏的 $\rho=0.3$，则可大致估计为 $L_{视在}=0.1E$，即如屏上照度为 $100\mathrm{lx}$，则显示屏视在亮度约为 $10\mathrm{cd/m^2}$。

## 1.6.2 颜色的分类与颜色的三种属性

### 1. 颜色的分类

根据对象的反射光感觉的颜色叫知觉色，知觉色又可根据对象和周围的情况不同分为物体色、光源色、表面色和开口色。

（1）物体色——物体的反射光或透射光的颜色。

（2）光源色——从光源发出的光的颜色。

（3）表面色——由于光投射到不透明物体的表面而产生漫反射所感觉的颜色。

（4）开口色——通过小开口，并未见到发光物体而感觉到的颜色。

CIE 不管对象是光源，还是反射光或透射光，都将物体色(object color)定义为"物体本身所具有的颜色"；将表面色(surface color)定义为"感觉光的漫反射或发光表面所具有的颜色"；将开口色(aperture color)定义为"使人感觉空间的纵深位置关系不明确的颜色"。由此可见，在 CIE 定义中都是以感觉到的颜色属性为基础，而不管这些光刺激是如何产生的。

一般来讲，在自然界中见到物体的各种颜色是由光线在物体上反射和吸收情况不同造成的。阳光下的红花因为只反射红光而吸收其他波段的色光才表现出红颜色。因此，物体的颜色还受到光源光谱的影响。例如，舞台照明光源的光谱不同于日光，所以在日光下好看的演出服装穿到舞台上就不见得好看了。演出服的颜色必须根据舞台照明光谱

专门设计。

### 2. 颜色的三种属性

颜色分两大类：非彩色和彩色。非彩色是指黑色、白色和黑白色之间的各种深浅不同的灰色。灰色是不饱和色，在非彩色显示时，物体的反射率大小决定了物体的亮度，反射率高则接近白色；反射率低则接近墨色，普通白纸的反射率约为85%，标准白板的反射率大于90%，黑纸的反射率小于5%，黑天鹅绒的反射率约为0.05%。

颜色有三种属性：

(1) 色调(hue)。色调决定于物体反射的光线中哪种波长占优势，如红、黄、绿、蓝等。

(2) 饱和度(chroma)。饱和度是指颜色鲜艳的程度，饱和度高则物体呈深色，如深红、深绿等。饱和度高则光波纯；饱和度低则表示光的组成中含白光多。

(3) 明度(lightless)。明度是指刺激物作用于人眼产生的效应，是人眼主观感觉到的物体的明暗程度。而光度学中的亮度(brightness)则有较多的客观成分，是可以用仪器测量的。在常用亮度范围内，明度与亮度是对数或指数关系。可以这么说，人眼感觉的明度对亮度的变化有很强的饱和倾向。

### 3. 颜色的混合

在彩色的再现技术中有两类颜色混合方法：加法混色和减法混色。

1) 同时加色法

每一种可见波长的光产生一定的色调，但反之则不然，同一种色调可由不同波长的光混合组成，或由一定光谱分布的光来生成。例如，日光是白光，由7种彩色光混合组成，也可以由红、绿和蓝三种光以合适比例组成。现将常见的加色结果用简单式子表示出来：

$$\text{红色} + \text{蓝色} = \text{紫色} \qquad \text{红色} + \text{绿色} = \text{黄色}$$
$$\text{蓝色} + \text{绿色} = \text{青白} \qquad \text{红色} + \text{绿色} + \text{蓝色} = \text{白色}$$

2) 继时加色法

继时加色法也叫时间混色，是将两种以上的色光以40～50Hz以上的交替频率作用于视网膜，由于人眼的时间响应特性，会感觉到混合光谱的颜色，在一种液晶投影电视中就是使用这种方法实现彩色再现的。

3) 空间加色法

当不同颜色的发光点互相靠近到人眼不能分辨时，这些发光点便在人眼中产生混色效应。目前，电子显示器几乎都是采用空间加色法实现彩色显示。常用的是靠得很近的能发红、绿、蓝光的荧光粉小点或细条，在LCD中则使用靠得很近的红、绿、蓝三色滤色条实现彩色显示。

以上三种都属于加法混色，加法混色后的明度是各种成分光产生明度的总和。

减法混色是一种减色法，其原色是红、绿、蓝三种颜色的补色：青、品红(紫)、黄。彩色胶片就是用青、品红、黄三种染料按减色法原理构成的。减色法混合的各种结果如图1.6.1所示。在减色法中，混合后的颜色的明度是减少的。

图1.6.1 减法混色

日常生活中调颜料，调油漆就是减法混色。

**4. 人眼对颜色的各种属性的辨别能力**

1）对色调的辨别能力

在饱和度为最大和亮度不变条件下，人眼对494nm青色和585nm黄色特别敏感，只要波长变化1nm就可感觉出来；而对于光谱中部（绿色），特别是从655～760nm的红色区域和从397～430nm的紫色区域，人眼几乎感觉不到色调上的差异。人眼对色调的辨别能力谱如图1.6.2所示。人眼大约可以分辨出128种不同的色调。

2）对饱和度的辨别能力

图1.6.3给出了人眼对饱和度的辨别能力谱。由图可见，对黄色只能区别4级饱和度，而对于红色。则可区别25级饱和度。

图1.6.2 人眼对色调的辨别能力谱　　　　图1.6.3 人眼对饱和度的辨别能力谱

现在可以估算人眼能分辨出的颜色数量。因为人眼可以分辨约130种色调、600种亮度和平均约10种饱和度，连乘结果约为100万种。但是当饱和度明显减少和亮度过大或过小时，人眼对色调的辨别力大大降低，实际上人眼能辨别的颜色数目约为10 000种。

## 1.6.3 色度学中的几个基本概念

**1. 配色方程**

任意色光（$F$）均可以用三种色刺激混合，使三种锥体细胞输出的信号与任意色光（$F$）刺激的效果一样，人眼感受到这两者的颜色应该相同，称为等色，这是三基色混色的基础，可以表示为

$$(F) = R(R) + G(G) + B(B) \tag{1.6.12}$$

式中　（$F$）——待配色光；

　　　　（$R$）、（$G$）、（$B$）——红、绿、蓝三基色的单位量；

　　　　$R$、$G$、$B$——为了达到与（$F$）等色，（$R$）、（$G$）、（$B$）各应取多少份，即$R$、$G$、$B$分别是三基色单位量的倍数。

**2. 混色的格拉斯曼（Glassman）三法则**

在中央凹位置（即锥体细胞对光感起决定性作用的区域）混色（或配色）服从格拉斯曼三法则：

（1）比例法则。若色光（$F_1$）与（$F_2$）等色，则强度都变化$a$倍后仍为等色。也就是若

$(F_1)=(F_2)$,则有 $a(F_1)=a(F_2)$。

(2) 加法法则。若色光 $(F_1)$ 与 $(F_2)$ 等色,色光 $(F_3)$ 与 $(F_4)$ 等色,则它们各自相加后的色光也是等色。也就是若 $(F_1)=(F_2)$,$(F_3)=(F_4)$,则有 $(F_1)+(F_3)=(F_2)+(F_4)$。

(3) 结合法则。把互为等色的两种光的一方,用与该色光相等的其他色光代替后,等色公式仍成立。也就是若 $(F_1)=(F_2)$,当 $(F_2)=(F_3)$ 时,则有 $(F_1)=(F_3)$。

**3. 等能白光**

等能白光是指其在可见光谱范围内辐射能量分光光谱是一条直线,即 $dE(\lambda)/d\lambda=1$。等能白光 $(E_白)$ 实际上并不存在,是色度学中为了简化计算而假想的一种白色光源,它与 5500K 色温的白光相近。显然,等能白光的流明光谱曲线即视觉曲线。晴天中午的日光接近于等能白光。

**4. 规范配色方程中的刺激值**

三个基本刺激色可以有许多不同组合,其单位量 $(R)$、$(G)$、$(B)$ 也可有不同的选取方法,这样配色方程中的系数 $R$、$G$、$B$ 就会有很多种组合。为了规范配色方程中的 $R$、$G$、$B$,在色度学中规定了一条,即不管 $(R)$、$(G)$、$(B)$ 如何选取,都必须保证下列方程成立,即

$$E_白 = 1(R)+1(G)+1(B) \tag{1.6.13}$$

即用三基色各一个单位能组成等能白光。式中单位量 $(R)$、$(G)$、$(B)$ 可以通过实验求出。即用 $(R)$、$(G)$、$(B)$ 去实现等能白光 $E_白$ 时,可实验求得各基色所需的辐射功率比,经视觉曲线处理后得到为配出等能白光 $(R)$、$(G)$、$(B)$ 的光通量比,该比即亮度比 $l_R:l_G:l_B$,($l_R+l_G+l_B=1$)。称 $l_R$、$l_G$、$l_B$ 为亮度系数,取为三基色的单位量。

若某色光 $(F_1)$,用 $(R)$、$(G)$、$(B)$ 对其进行等色处理,求得各基色所需的亮度分别为 $L_R$、$L_G$、$L_B$。将这三个量用相应的三个亮度系数归一化,即 $R_1=L_R/l_R$;$G_1=L_G/l_G$;$B_1=L_B/l_B$,则 $(F_1)$ 的配色方程可以写成

$$(F_1) = R_1(R)+G_1(G)+B_1(B) \tag{1.6.14}$$

式中　$R_1$、$G_1$、$B_1$——三个刺激值,表示配出 $(F_1)$ 色光所需的三基色的份数。

**5. 如何求出具有任意光谱分布的待配色的三个刺激值**

当待配色光具有连续光谱分布时,如何进行配色? 即 $R$、$G$、$B$ 应如何计算?

(1) 用配色方程(1.6.13)对一系列等能单色光配色,可以得到一系列 $R$、$G$、$B$。显然它们是波长 $\lambda$ 的函数,即可写成 $\bar{r}(\lambda)$、$\bar{g}(\lambda)$、$\bar{b}(\lambda)$,称为等色函数。

(2) 将待配色光的光谱细分为 $n$ 个区域,每一小区域 $(\Delta\lambda)$ 中可近似认为是单色光,则由 $n$ 个单色光混合组成的三刺激值分别为

$$R = \sum_1^n a_i \bar{r}(\lambda); \quad G = \sum_1^n a_i \bar{g}(\lambda); \quad B = \sum_1^n a_i \bar{b}(\lambda)$$

式中　$a_i$——第 $i$ 光谱段的能量幅值。

(3) 在极限情况下,三刺激值可改写成积分形式:

$$R = \int P_\lambda \bar{r}(\lambda)d\lambda; \quad G = \int P_\lambda \bar{g}(\lambda)d\lambda; \quad B = \int P_\lambda \bar{b}(\lambda)d\lambda \tag{1.6.15}$$

式中　$P_\lambda$——待配色光的辐射能量分布曲线。

式(1.6.15)表明对于任意分布的待配色光,其三个刺激值可以用待配色光的辐射能量分布函数与等色函数乘积的积分求出。

**6. 当三基色光不是单色光时如何求出三个刺激值**

在实际使用中,三基色光都是具有一定光谱分布的非单色光。以非单色光作为基色光的配色方程中的三刺激值与以单色光作为三基色的配色方程中的三刺激值是有联系的,可以这样求得:

(1) 设作为三基色的三个非单色光为$(F_R)$、$(F_G)$、$(F_B)$。

(2) 用单色光$(R)$、$(G)$、$(B)$作为三基色光,列出非单色光$(F_R)$、$(F_G)$、$(F_B)$的三个配色方程。

(3) 用行列式解此三元一次方程,将$(R)$、$(G)$、$(B)$表示为$(F_R)$、$(F_G)$、$(F_B)$的函数。这就是以$(F_R)$、$(F_G)$、$(F_B)$为三基色光的对$(R)$、$(G)$、$(B)$三个单色光的配色方程,式中的系数就是三个刺激值。

(4) 两组配色方程的刺激值由行列式联系着。

(5) 用$(F_R)$、$(F_G)$、$(F_B)$作为三基色对任意光谱分布配色,需要将1.6.3节中5.小节中的过程再走一遍,得到的刺激值称为等色分布函数。严格的数学推导过程很繁杂,这里只提供了一个转化的思路。

## 1.6.4 CIE 表色体系

表色体系是为了能定量地标定各种色光,并且能用数学方法计算各种色光混合后的定量结果。CIE 是国际照明协会(Commission Internationale de l'Eclairage)的缩写。

**1. 1931 CIE-RGB 色度图**

前面已述,在配色方程中必须先对三基色和其单位量做标准化规定,否则不同的选取会有不同的刺激值。CIE 于 1931 年对三基色做了如下规定:

(1) 用 700nm、546.1nm、453.8nm 作为$(R)$、$(G)$、$(B)$,后两种单色光是汞光谱中两条明亮的线。

(2) 用这三种单色光去配等能白光,流明比(即亮度系数)为

$$l_R : l_G : l_B = 1 : 4.5907 : 0.0601 \qquad (1.6.16)$$

即红基色光的单位$(R)$是 1lm 波长是 700nm 的红光;绿基色光的单位$(G)$是 4.5907lm 波长是 546.1nm 的绿光;蓝基色光的单位$(B)$是 0.0601lm 波长是 453.8nm 的蓝光。三基色都是既有色度又有亮度,但是蓝基色光对亮度的贡献很小。配出颜色光的亮度 $F$ 可表示成

$$F = 1R + 4.5907G + 0.0601B \qquad (1.6.17)$$

根据上述两条规定可以用实验方法求出等色函数$\bar{r}(\lambda)$、$\bar{g}(\lambda)$、$\bar{b}(\lambda)$,如图 1.6.4 所示。

由等色函数与待配色光的辐射能量分布函数,按式(1.6.15)可以求出任意光谱色光$(F)$的刺激值 $R$、$G$、$B$,即

$$(F) = R(R) + G(G) + B(B) \qquad (1.6.18)$$

将色光$(F)$以空间矢量表示,则是一条三维空间曲线,称为光谱色轨迹,曲线上各点到原点的距离表示色光亮度的大小。由于是空间曲线,不便于使用,为此将式(1.6.18)做适当的变换:

$$(F) = (R + G + B)[r(R) + g(G) + b(B)] \qquad (1.6.19)$$

式中

图 1.6.4　1931 CIE-RGB 的等色函数

$$r = \frac{R}{R+G+B}; \quad g = \frac{G}{R+G+B}; \quad b = \frac{B}{R+G+B} \tag{1.6.20}$$

式中 $(R+G+B)$ 只表示混色后色光的亮度，与颜色无关。$r$、$g$、$b$ 决定色光的颜色，称为三基色的相对系数。由于 $r+g+b=1$，所以可以用 $(r,g)$ 平面坐标系统来表示各种彩色的位置，如图 1.6.5 所示。

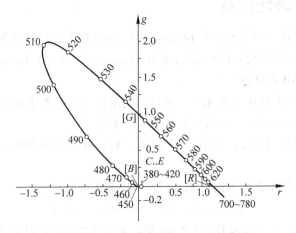

图 1.6.5　1931 CIE-RGB 色度图

在 $r$-$g$ 色度图中，全部单色光的坐标点连起来形成舌形曲线。三基色也在舌形图上：$(R)$ 的坐标是 $(1,0)$，$(G)$ 的坐标是 $(0,1)$，$(B)$ 的坐标是 $(0,0)$。这三点构成一个三角形，三角形内的坐标 $r$、$g$、$b$ 都是正的，表明三角形内各点坐标所代表色光都可以由 $(R)$、$(G)$、$(B)$ 三基色配出。等能白 $E_{白}$ 位于 $r=g=b=1/3$ 处，即三角形的重心处。三基色所能合成的色光坐标都在该三角形内。

**2. XYZ 表色体系**

CIE 在 1931 年规定 RGB 表色体系的同时，也决定要采用 XYZ 表色体系，这是由于 RGB 表色体系中的等色函数 $\bar{r}(\lambda)$、$\bar{g}(\lambda)$、$\bar{b}(\lambda)$ 存在负值，不便于积分计算，故需另找一组 XYZ 表色体系，使其三个等色函数都是正值。在建立 XYZ 表色体系时有下列考虑：

(1) 以 X 代表红基色、Y 代表绿基色、Z 代表蓝基色。X、Y、Z 所构成的色度三角形中心须包含整条光谱轨迹。

（2）为了计算色光的亮度方便，令 $Y$ 的亮度系数 $l_y=1$；$X$、$Z$ 的亮度系数 $l_x=l_z=0$。

（3）当 $X=Y=Z$ 时仍能生成等能白光 $E_白$。

（4）使 $X$、$Y$、$Z$ 构成的三角形尽可能地小。

显然 $X,Y,Z$ 是自然界并不存在的虚构的三个基本色。按上述四条原则可以求出 $X$、$Y$、$Z$ 在 $(r,g)$ 色度图中的坐标，如图 1.6.6 所示。

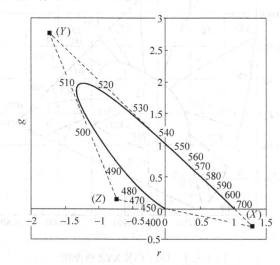

图 1.6.6　在 $r$-$g$ 色度图上 XYZ 表色体系的 $(X)$、$(Y)$、$(Z)$ 的位置

（1）$(X)$、$(Z)$ 连线上各点亮度为零。在 RGB 表色体系中

$$Y = (R+G+B)(r+4.5907g+0.0601b)$$

令 $Y=0$，得

$$r+4.5907g+0.0601b = 0$$

该方程是在 $(r,g)$ 色度图中 $(X)$，$(Y)$ 的连线方程。

（2）按使 $XYZ$ 三角形面积最小原则，另两条直线应与 $(r,g)$ 坐标平面上舌形图相切。其中一条沿着 $540\sim700$nm 光谱轨迹，其方程为

$$r+0.99g-1 = 0$$

这是一条通过 $(X)$、$(Y)$ 两点的直线。

（3）第三条边为 RGB 色度上 503nm 单色光处的切线：

$$1.45r+0.55g+1 = 0$$

（4）联合解上述三条直线方程，求出 $(X)$、$(Y)$、$(Z)$ 在 RGB 色度图上的 $(r,g)$ 坐标分别为 $(1.275,-0.2778)$、$(-1.7392,2.7671)$、$(-0.7431,0.1409)$，如图 1.6.6 所示，可见都在舌形图之外，即这三个基础色光都是虚构的。仿之，令

$$x = \frac{X}{X+Y+Z}; \quad y = \frac{Y}{X+Y+Z}; \quad z = \frac{Z}{X+Y+Z} \tag{1.6.21}$$

利用 $r$、$g$、$b$ 与 $x$、$y$、$z$ 两套坐标之间转换行列式及 RGB 表色体系中的等色函数与 XYZ 表色体系中的等色函数之间的转换行列式（转换行列式具体形式略去）将 $(r,g)$ 平面上的舌形图转化为 $(x,y)$ 平面上的舌形图，如图 1.6.7 所示。

把具有这样等色函数的虚拟观察者，称为 CIE 1931 测色标准观测者。

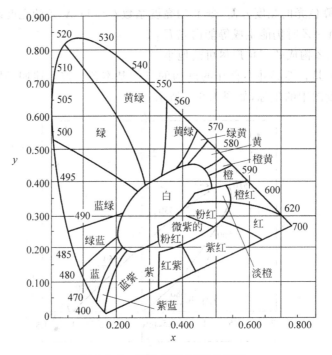

图 1.6.7　1931 CIE-XYZ 色度图

### 3. 均等表色体系

由于人眼对色度改变的灵敏度随色光坐标不同变化很大,利用 XYZ 表色体系去控制配色时所允许的误差存在缺点。因为色度图上色度点间的距离与人眼感觉到的颜色差别不一定相对应。图 1.6.8 给出了等色偏差圆。为了醒目,偏差圆被放大了 10 倍。

图 1.6.8　等色偏差圆

CIE 于 1976 年制定了 CIE 1976 UCS 色度图($u'$-$v'$色度图),对 $x$-$y$ 色度图进行变换,使大小相差很大的偏差椭圆变成相差较小近似的圆形,如图 1.6.9 所示。

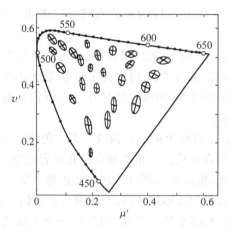

图 1.6.9　CIE 1976 UCS 色度图

两个表色体系色坐标的变换公式为

$$u' = \frac{4x}{-2x+2y+3}; \quad v' = \frac{9y}{-2x+2y+3} \tag{1.6.22}$$

显示器生产厂家喜欢使用($u'$-$v'$)色度图。

**4. 如何使用色度图**

对于大多数读者,色度图是如何得到的,知道大概过程就够了,但是学会正确使用色度图是重要的。下面归纳若干要点(见图 1.6.10):

图 1.6.10　$x$-$y$ 坐标系中的等饱和度线和等主波长线

（1）全部饱和度为 100% 的单色可见光都在舌形光谱轨迹上。舌形图内集合了物理上可实现的全部色光，它们都不是单色光。

（2）短波长色光靠近 $y=0$，即亮度为零的直线。这表明短波长色光能引起色觉，但对亮度贡献极少。

（3）舌形图中心 $C$ 附近有一个白光区域，但以 $C$ 点为最白光。

（4）舌形图右下方的直线（即从紫端到紫色光的连线）是不存在的色光。

（5）连接舌形图边上任意两点，则该直线任意一点所代表的色光都可由直线端点两种单色光按某种比例混合而成。

（6）色度图中任意不在一直线上的三点构成一个三角形。三角形内全部色光都可由三角形顶点色光按一定比例混合而成。三角形顶点色光即彩色显示器三基色的色坐标。三角形面积与舌形面积之比越大，则该显示器可再现的彩色越丰富。

（7）经白光 $C$ 点引一直线交舌形图于两点，该两点代表的色光为互补色。

（8）舌形图内每一种色光都不是单色光，但都有一个主波长（即色调）。假设色光位于 $M$ 点，自 $C$ 点引通过 $M$ 点的直线，交舌形图于 $Q$ 点，则 $Q$ 点所代表的单色光即 $M$ 点所代表色光的主波长。

（9）经过 $C$ 点的一系列半直线都是等主波长线，围绕 $C$ 点的一系列小舌图形是等饱和度曲线，显然越靠近 $C$ 点，其饱和度越低。

（10）饱和度的一个别名是纯度，代表在该色光中主波长光被冲淡的程度。如欲求色坐标为 $(x,y)$ 某色光的纯度，可自坐标为 $(x_0,y_0)$ 的 $C$ 点引一条经 $(x,y)$ 的半直线，交舌形图于主波长点 $(x_\lambda,y_\lambda)$，则被测光的纯度为

$$P_e = \frac{x-x_0}{x_\lambda-x_0} = \frac{y-y_0}{y_\lambda-y_0} \tag{1.6.23}$$

### 5. 色温与相关色温

表示显示器的白场除了使用色度图中的坐标外，还经常使用更为直观的色温这个概念。钢材这类固体加热到高温时，颜色会从暗红变成红、黄、白甚至到蓝白，在色度图上相应颜色坐标的变化轨迹形成一条弧线。同样，高温下黑体的颜色也会变化，在 1931 CIE-XYZ 色度图上其色坐标变化曲线也是弧形曲线，被称为黑体轨迹或普朗克轨迹，如图 1.6.11 所示。

当显示屏白场的色坐标与黑体在某绝对温度 $T_{cp}$ 下的色坐标一致时，则显示屏白场的颜色可以用该黑体的绝对温度 $T_{cp}$ 来表示，被称为色温。

当显示屏白场的色坐标不在普朗克轨迹上，但又相距不远时，可以采用与其最接近的黑体的绝对温度 $T_{cp}$ 来表示，被称为显示屏白场的相关色温（CCT, correlated colour temperature），单位是 K。处于与普朗克轨迹相交短线上的色光都具有相同的相关色温 CCT，即这些短线都是等温线，如图 1.6.12 所示。

色温或相关色温可以用辐射谱计直接测出，也可以由色光的色度坐标利用 McCamy 近似公式计算出来：

$$T_{cp} = 437n^3 + 3061n^2 + 6861n + 5517 \tag{1.6.24}$$

式中 $n = \dfrac{(x-0.3320)}{(0.1858-y)}$，该式的适用范围为 $2000 \sim 20\,000\text{K}$。

### 6. 标准光源

在测量有环境光照明情况下的显示屏的光学和电光参量时经常要用到标准光源，现简

图 1.6.11 在 1931 CIE-XYZ 色度图上的普朗克轨迹

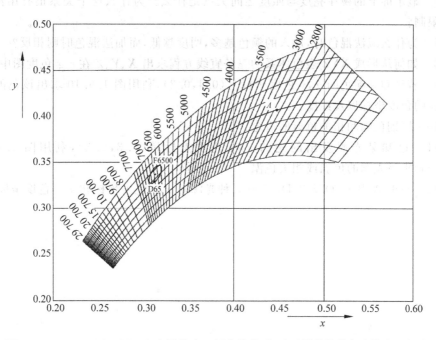

图 1.6.12 1931 ICE-XYZ 色度图的中心部分放大后,显示黑体的普朗克轨迹和相关
色温的等温线

介如下:

(1) A 光源。色温为 2856K 的充气钨丝灯泡,带橙红色,为连续光谱,易复制。

(2) B 光源。A 光源加特定滤光片,产生 $T_{cp}=4874K$ 的辐射谱,模拟中午直射阳光,略带黄色。

(3) C 光源。A 光源加特定滤光片,产生 $T_{cp}=6774K$ 的辐射谱,模拟淡云天的反射光。

（4）D65 光源。高压氙灯加滤光片或荧光灯,产生类似于日光在可见光波段的辐射谱,是彩色电视的标准光源。

（5）D16500 光源。模拟中午太阳直射光谱。

（6）等能白光。在可见光谱内辐射谱是直线,是色度学中为了便于计算而假设的光源,它与日光接近。

## 习题与思考

1.1　列举出 10 种以上你见过或使用过的光电显示器,说明它们分别属于表 1.3.1 中的哪一种光电显示器。

1.2　区分亮度和明度、灰度和灰度等级之间的不同以及它们之间的关系。

1.3　在图像重显系统中为什么存在 $\gamma$ 校正问题? 将来 LCD 和 OLED 电视机一统天下后,还会需要 $\gamma$ 校正吗?

1.4　比较两种平板显示裸眼式 3D(视差照明式和光屏障式)的优缺点。

1.5　设计一种平板显示裸眼式 3D 的方案。

1.6　显示屏上的视在亮度与照度之间关系是什么? 为什么这个关系很有用? 使用时有什么限制?

1.7　为什么减法混色时,加入的颜色越多,明度越低,而加法混色时则相反?

1.8　如何从形成 XYZ 表色体系的三条直线方程求出 $X$、$Y$、$Z$ 在 $r$-$g$ 色度图中的坐标。

1.9　若已知某颜色的 $x,y$ 色度坐标是(0.4,0.2),利用图 1.6.10 求出该色的互补色和主波长的色度坐标以及纯度。

1.10　区别色温和相关色温的概念。

1.11　已知某光源发出的光的 $x,y$ 色度坐标是(0.3,0.3),利用图 1.6.12 和式(1.6.24)求该光源的色温或相关色温。

1.12　写出 A、B、C、D65 和 D16500 五种光源的 $x,y$ 色度坐标和 $u,v$ 色度坐标。

# 第2章 阴极射线管显示

CHAPTER 2

本章介绍阴极射线管的基本原理、彩色 CRT 的实施方法以及 CRT-TV 传像原理。

从 20 世纪 20 年代到 20 世纪末,阴极射线管(cathode ray tube,CRT)曾是电视的核心部件,它彻底改变了通信和娱乐,让人们可以实时观看全球信息。在生产了数十亿只 CRT 以后,随着 LCD 和其他平板显示器的兴起,目前,CRT 已退出了大规模的消费市场。但不可否认,这迷人的技术曾主导过显示行业 70 多年。中国曾经是世界上最大的彩色 CRT 生产国,有近十个生产厂,现在都已关门或转产。由于 CRT 电视曾长期占领过显示市场的各个领域,除了其体积大、质量重外,显示质量是一流的,后来发展起来的光电显示器都以接近或追赶 CRT 的显示性能作为目标,加上现在的广播电视体制是针对 CRT 电视制订的,所以虽然已无工厂生产 CRT 电视或显示器,在使用单位和居民家中这类显示器也将逐渐绝迹,但是作为其他光电显示器的参照物,还是应该对 CRT 有一个基本的了解。

## 2.1 CRT 的基本原理

尽管有过成千上万个的改进设计专利,CRT 的基本原理从 1897 年 Karl Ferdinand Braun 发明以来没有改变:静电或电磁偏转电子,像铅笔那样在荧光屏上快速书写,使人眼看到是一个整体的画面。图 2.1.1 给出了 CRT 显示器的基本部件。在已抽真空的玻璃壳内,热阴极产生自由电子,一组电极控制电子数量,并将它们聚焦到前面的荧光屏上。在示波器中用两对正交的偏振板,而在显像管中使用两对偏转线圈执行偏转快速的电子束。

图 2.1.1 CRT 显示器的基本部件

### 1. 玻璃壳

对于整个 CRT,玻璃壳不仅仅是一个简单的舱。在其里面必须保持 $10^{-9}$ mbar 范围的真空度,在几十年寿命过程中不允许任何微小泄漏。其机械强度不仅必须能承受大气外部压力,而且还能经受住粗心用户的野蛮装卸。此外,它的屏必须能阻挡电子束产生的 X 射线辐射,以保护正面观看的观众。

### 2. 阴极

像 CRT 这种大众产品总是追求最优成本设计。发现最便宜的持久电子源是碱土氧化物阴极。要在 $600℃\sim1000℃$ 范围内从金属表面提取电子,阴极材料逸出功不得超过 $1.2\sim1.8\text{eV}$,钡氧化物符合此要求。这类阴极的结构如图 2.1.2 所示。

图 2.1.2　BaO 阴极的结构

因为 BaO 在空气中不稳定,在生产过程中是以 $BaCO_3$ 的形式喷洒在阴极套管顶部上。CRT 抽真空后,通过加热,$BaCO_3$ 层转化为 BaO 和 $CO_2$,即

$$BaCO_3 \rightarrow BaO + CO_2 \qquad (2.1.1)$$

通过所谓的阴极的激活过程,当套管顶部的 BaO 单层还原成金属钡时,可进一步减少阴极的逸出功。

对于需要高亮度的 CRT,需要更高的电子束电流,这时需要其他类型的阴极,例如浸渍式阴极,通过埋入在多孔钨颗粒中的钡原子不断扩散迁移到发射表面,以保持低的逸出功。它能够提供 2mA 的电流,而 BaO 阴极只能提供 0.3mA 的电流。

### 3. 束形成区

热子通电流加热阴极,在阴极顶部前形成电子云后,需要将这些电子集中、加速和聚焦成束,束的锐部应该落在荧光屏上。可使用不同电位电极组引起的静电力或由载流线圈产生的磁偏转帮助形成这样的精细束。阴极右边的电子枪的束形成区(beam forming region,BFR)决定了电子束的基本特征,如图 2.1.3 所示。有时也称束形成区为发射系统。

图 2.1.3　电子枪的束形成区

正电压 $U_{ACC1}$ 施加在中心有小孔的加速电极 1 上,该电压沿电子枪的轴加速从阴极逸出的电子。通过控制施加在栅极(也称 Wehnelt 极)上的负电压,可容易地控制进入电子枪结构的电子的数量,因此也就是最后在荧光屏上束斑显示的亮度。用光学术语,它是已被后面电子光学主透镜放大了的被聚焦交叉点(crossover)的大小,是电子束的最终形态,因此,也是观察者看到的。它的外貌决定于电极的构成、它们的直径、孔径和加速电压。

### 4. 电子枪的电子光学主透镜

电子枪的电子光学主透镜有三种基本的不同的设计:单透镜、双电位透镜和磁聚焦透镜。

#### 1)单透镜

单透镜如图 2.1.4 所示,具有低到中等性能,成本合理,其聚焦电压范围在 $0\sim600\text{V}$ 之间。将阳极一分为二,中间插入聚焦电极便可实现聚焦性能。其缺点是电子束在进入主镜头前,受到的预聚焦作用较少,与电子光学的概念上的球面像差相对较高。

#### 2)双电位透镜

双电位透镜如图 2.1.5 所示,几乎所有用于高分辨率显示器和电视机的 CRT 都使用双电位透镜。电子束在进入聚焦透镜时,已经经过了预聚焦的压缩,并且主透镜的直径较大,所以不会造成重大的像差。双电位透镜的聚焦电压通常是阳极电压的 $25\%\sim30\%$。

图 2.1.4 单透镜电子枪

图 2.1.5 双电位透镜电子枪

### 3）磁聚焦透镜

低像差和大主透镜直径是磁聚焦透镜的最大优点，如图 2.1.6 所示。然而，其体积大，且功耗高圈限制了其应用。

### 5. 偏转

如前所述，用快速移动的电子束创建图像有两种不同的方法：使用不同电位板之间的静电场的静电偏转和利用荷电粒子在磁场中受到的洛伦兹力的电磁偏转。

#### 1）静电偏转（见图 2.1.7）

质量为 $m$，荷电为 $e$ 的电子动能与经过的加速电位 $U_0$ 之间的关系为

$$(1/2)mv^2 = eU_0 \qquad (2.1.2)$$

由此得到电子的速度为

$$v = \sqrt{\frac{2eU_0}{m}} \qquad (2.1.3)$$

图 2.1.6 磁聚焦透镜电子枪

图 2.1.7 电子束的静电偏转

若偏转板的间距是 $a$，偏转电压是 $U_p$，则产生的偏振电场 $E$ 为

$$U_p = -Ea \qquad (2.1.4)$$

若偏转板的长度是 $b$，偏转板中心到屏的距离是 $L$，则在屏上的偏振距离 $d$ 为

$$d = \frac{Lb}{2a}\frac{U_p}{U_0} \qquad (2.1.5)$$

静电偏转主要用于仪器中的 CRT（如示波器）和一些非常独特的军事应用（如声呐系统或热成像）。

#### 2）电磁偏转

显示器或电视中的 CRT 生成图像的常用方式是利用电子束以速度 $v$ 在均匀磁场 $B$ 中移动时受到的洛伦兹力 $F_L$（见图 2.1.8）：

$$F_L = e[v \times B] \qquad (2.1.6)$$

在长度为 $L$ 的磁场中，偏转角 $\varphi$ 为

图 2.1.8 在垂直磁场中电子束的偏转

$$\sin\varphi = \sqrt{\frac{e_0 LB}{mv}} \tag{2.1.7}$$

将方程(2.1.2)代入得

$$\sin\varphi = \sqrt{\frac{e_0 LB}{2m \sqrt{U_0}}} \tag{2.1.8}$$

在开发偏转磁轭时,设计师必须将不同像差源的影响降到最低。这些像差不仅与偏转角成比例,还与电子束的发散角有关。

主要偏转像差是:慧差$\propto \alpha^2 \varphi$;像散$\propto \alpha\varphi^2$;畸变$\propto \varphi^3$($\alpha$是电子束的发散角)。

**6. 放大倍数与分辨率**

CRT 中电子枪的放大倍数 $K$(见图 2.1.9)由类似于光学中的 Abbe 定律推出:

$$K = \frac{b}{a} \sqrt{\frac{U_K}{U_S}} = \frac{\sin\alpha_K}{\sin\alpha_S} \sqrt{\frac{U_K}{U_S}} \tag{2.1.9}$$

式中　$a$——主透镜到物的距离;

　　　$b$——主透镜到屏的距离;

　　　$U_K$——交叉点的电位;

　　　$U_S$——屏的电位;

　　　$\alpha_K$——阴极方的发散角;

　　　$\alpha_S$——屏方的发散角。

图 2.1.9　从 Abbe 定律推导出电子枪的放大倍数

分辨率的物理限制有三个因素:

1) 阴极的温度

从热阴极表面发射的电子具有热初速,且指向所有的前进方向,因此,形成一个直径约为 $20\sim50\mu m$ 的交叉点,它呈高斯分布,被放大成像在屏幕上。

2) 电子光学透镜的球面像差

电子枪透镜的质量受限于球面像差,后者随电子束的发散角的立方而增加。只有靠近中心的电子束才可以忽略球面像差。较大的电子束直径在屏幕上给出较高的亮度,但同时导致束斑明显的失真和分辨率的降低。

3) 电子在狭窄的束中互相排斥

电子束的直径越小,更多的电子彼此排斥。只有在具有非常高分辨率的 CRT 中此效应才起重要的作用。

在设计高分辨率电子枪时,电子光学模拟需要计算所有这些影响。从选择阴极类型开始,需要优化每一个孔径、距离和透镜的直径,才能最后给出明亮的束斑。为了达到令人满意的结果,主要的设计精力应花在电子束形成区(beam forming region,BFR),后者是指阴极表面与双电位枪预聚焦透镜入口处之间的区域。大批量生产过程中,机械精度必须控制在微米数量级。

**7. 动态聚焦**

很明显,主透镜和屏幕上 $D$ 点之间的距离不同于主透镜和屏中心之间的距离,如图 2.1.10 所示。因此,当电子束扫描全屏时,在静态聚焦电压上增加一个抛物线形电压进行动态聚焦调整是必要的。

图 2.1.10　电子束的不同路径长度和抛物线校正

**8. 荧光屏**

即使最完美的电子束,在它没有击中玻璃壳内表面荧光粉颗粒使其发光前是不可见的。荧光屏上覆盖着颗粒大小为 $5\sim9\mu m$ 的结晶粉末,颗粒大小决定于发光效率和余晖之间的折中。在基本晶体结构中加入特定的掺杂剂可以改变发射光谱的色坐标和优化具体的应用特性,如表 2.1.1 所示。

表 2.1.1　各种荧光粉的型号、颜色、成分和余晖

| 荧光粉 | 颜色 | 色坐标 | | 化学组成 | 余晖 |
| --- | --- | --- | --- | --- | --- |
| | | $x$ | $y$ | | |
| P1 | 黄/绿 | 0.218 | 0.712 | $Zn_2SiO_4:Mn$ | 中 |
| P11 | 蓝 | 0.139 | 0.148 | $ZnS:Ag$ | 中-短 |
| P31 | 绿 | 0.226 | 0.528 | $ZnS:Cu$ | 中-短 |
| P43 | 绿 | 0.333 | 0.556 | $Gd_2O_2S:Tb$ | 中 |
| P45 | 白 | 0.253 | 0.312 | $Y_2O_2S:Tb$ | 中 |
| P56 | 红 | 0.640 | 0.335 | $Y_2O_3:Eu$ | 中 |

**9. 荧光屏蒸铝**

荧光粉是绝缘体,只有在其上蒸一薄层铝,才能将阳极高压加在荧光粉上。此外,也有两个好处:

(1) 防止离子斑。显像管内虽然是高真空,但总会有残余气体,会形成负离子,这些负离子经过偏转磁场时,因其质量远大于电子,基本上不受偏转,而是直接打在荧光屏中央。长期受负离子轰击,荧光粉被溅射而发黑,出现所谓离子斑。

电子束通过铝膜时会损失一部分能量,为了有效地防止出现离子斑,通常选铝层厚度为 $0.1\sim0.2\mu m$,此时电子束的能量传输系数可以达 $80\%$ 以上。

(2) 增加光输出。荧光粉受到电子轰击后,所发出的光线像点光源一样向四周放射。如果没有铝层,向屏幕后方所发射的光线会白白浪费掉,显然这部分光通量多于向屏幕前方的。如果铝膜是镜面,则就可以将这部分光线反射给电视观众。根据测量,荧光屏受电子轰

击面的光输出是朝向观众面光输出的 1.7 倍。当铝层厚度超过 50nm 时,对 500nm 波长光的反射率达 90% 以上。所以只要阳极电压大于 4kV,采用铝膜只会增加亮度。在显像管几万伏高压下,采用铝膜会使亮度成倍地增加。

## 2.2  彩色 CRT

上述的 CRT 只能显示黑白或单色,有多种实现彩色 CRT 的方案,但能进入大量生产的只有荫罩式彩色 CRT。荫罩式彩色 CRT 与单色 CRT 不同之处有三点:①有三个可独立控制电流的电子束;②荧光粉层不是由连续的单一的荧光粉组成,而是由涂敷成点状或带状的三色荧光粉组成,相邻的 RGB 荧光粉点或条组成像素;③紧挨着荧光屏增加一个被称为荫罩的选色系统,它的作用是保证受不同色信号调制的电子束只能轰击发射对应色光的荧光粉点或条上。图 2.2.1 给出了两种荫罩式彩色 CRT:三枪三束管和自会聚管。

(a) 三枪三束管　　　　　(b) 自会聚管

图 2.2.1　荫罩式彩色 CRT 工作原理示意

### 1. 三枪三束管

三枪三束管是美国 RCA 公司于 1949 年研制出来的,其中每一个电子枪相当于黑白显像管中的电子枪,都有自己的发射系统、预聚焦系统与主透镜系统。

三枪三束管正常工作的一个重要条件是三个电子束沿荫罩面扫描时必须始终能会聚在荫罩面上,这样才能使在三束共同穿过同一荫罩孔时,能分别轰击与束对应的一个粉点组的三个基色粉点上。但是如果不采取特殊措施,三束扫描在荫罩面上时必然发生失聚。其原因如下:

(1) 尽管三个电子枪对管轴是对称的,且向管轴有一定倾斜,但由于制造上的公差,达到静会聚都很困难。

(2) 通常荫罩曲率半径大于偏转中心到荫罩中心的距离,即使中心达到了静会聚,随着偏转角的增大,三束的会聚点离荫罩越来越远,如图 2.2.2 所示。

（3）三支电子枪的倾斜虽然相对轴对称,但在圆周方向互相转过 120°,所以各个电子束相对偏转磁场都是不对称的,因此在荫罩面上扫出的三个光栅就产生不同的变形,如图 2.2.3 所示。

图 2.2.2　荫罩曲率半径较大引起的三束失聚

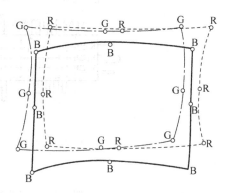

图 2.2.3　品字形排列的三枪发出的三束在共同偏转磁场作用下产生不同畸变的光栅

加上偏转磁场后,为使三束电子束扫描到荫罩面任何点处都保持会聚,必须采取动会聚措施,即在行的动会聚线圈和场的动会聚线圈中加入具有特殊波形的会聚电流。红、绿、蓝每一束的动会聚都需要 4 个调节旋钮,加上静会聚还需 4 个调节旋钮,所以一共要 16 个调节旋钮,可见调节是十分困难和费时的。此外,圆孔形荫罩截获 85% 的电子束,故亮度无法提高。

**2. 自会聚管**

1968 年日本 Sony 公司研制成功单枪三束彩色显像管,大大简化了会聚调节,只需一两个旋钮,对 RCA 的三枪三束彩色显像管构成重大威胁,RCA 公司急起直追,经过六年,终于研制出后来统治彩色显像管领域达 40 余年的精密一列式自会聚彩色显像管,简称自会聚彩色显像管。

自会聚彩色显像管可以完全取消动态会聚电路,只靠偏转磁场本身的特殊分布就可以实现动态会聚,因而调节非常简单,与黑白显像管同样方便。同时由于取消了动会聚线路,节省了约 100 个动会聚元件,使整机成本大幅度降低。自会聚管的主要部件是精密一字形一体化电子枪、条槽形荫罩、垂直粉条球面屏和精密静态环形偏转线圈。在出厂前自会聚管已与偏转线圈配套调准,同时固定成一体。自会聚管的结构示意如图 2.2.4 所示。

下面分别讨论其主要部件的特点:

（1）精密一字形一体化电子枪。自会聚的电子枪采取精密一字形一体化电子枪。"一字形"是指三支电子枪在同一水平面内准确无误地平行排列,"一体化"是指三个电子枪之间的相对位置通过一组单片三孔调制极精确地定位并形成一个整体,如图 2.2.5 所示。

由图 2.2.5 可见,除了三个阴极是独立外,调制极 M 和第一阳极 $A_1$ 均为开三个小孔的膜片;聚焦极 $\phi$ 和第二阳极 $A_2$ 均为带有开三孔膜片的椭圆筒,装配时又以膜孔定位,所以电子束位置精度极高。

主透镜由聚焦极 $\phi$ 和第二阳极 $A_2$ 组成,但对于两根边束,由于聚焦极膜孔和第二阳极

图 2.2.4  自会聚彩色显像管的结构示意

图 2.2.5  自会聚彩色显像管的电子枪结构

膜孔不同轴,使这两根边束在受到聚焦同时还以 55′ 的倾角向轴弯曲,最后与中束会聚于荫罩上,实现静会聚。

(2) 精密绕制的偏转线圈。由于平行排列的三束电子位于同一水平面内,故不必考虑垂直方向的会聚误差。水平方向的静会聚通过上述的偏孔透镜和静会聚磁铁来实现。水平方向的动会聚用特殊的非均匀磁场分布来实现,因此偏转线圈绕组的导线应该精密地按一定位置分布来绕制。

线圈与枪的相对位置需精确调准,即三条电子束组的中心和偏转线圈的磁场中心应完全重合,如果这个关系破坏,会聚将发生变化。在屏幕中心部位靠偏心透镜和静会聚磁铁对准,对于屏幕四周采用上下、左右摆动偏转线圈的方法(在工厂中称为摆头)。这是在一台专门的调整机上进行,一旦调整好,就用树脂黏结剂封好,装电视机时不必再进行调整。

此外,还有由一对二极磁片组成的色纯磁件、由一对四极磁片和一对六极磁片组成的静会磁件、孔条形荫罩和垂直荧光粉条。

彩色 CRT 荫罩的分辨率受限于被称为节距的相邻 RGB 条组之间的距离。对于标准的 TV-CRT,节距是 0.8mm,高分辨率专业的彩色 CRT 的节距能降低到 0.15mm。彩色 CRT 的模拟原理是三原色荧光粉点的空间混色,其色域很好。

很明显,荫罩CRT设计对任何外界磁场的干扰很敏感。因此,彩色CRT需要磁屏蔽形式的保护,使电子束在荧光粉点矩阵上不致误着陆。任何误着陆立即导致颜色混乱。地球上电磁场的变化有时会戏剧性地改变屏幕上的颜色。将偏转角从典型的90°增加到120°可以减少彩色CRT的厚度。

一般家用37in彩色显像管的参数:屏对角线为963.5mm;全长为560.5mm;管径为32.5mm;偏转角为110°;宽高比为4:3;阳极高压为32kV;质量为55.8kg。

## 2.3 CRT电视的传像原理

### 1. 用扫描方式传输图像

CRT传输图像都用扫描方式,即把与输入图像各个像素相应的信息,按照某种预定的顺序,以极高的速度交替传送出去,在输出端又以同样的顺序将每个像素忠实地再现。也就是不管采取何种顺序和形式选择像素,输入与输出端都必须以完全相同的顺序和形式来操作。

扫描(scanning)本来是在阅读横排文字书刊时眼睛的动作,眼睛从页的左上端开始沿着横行顺序直到右下端为止的阅读过程。在电视机和计算机显示器中,也是采用与此类似的顺序和形式进行扫描。将沿着行的地址位置进行的横向移动扫描称为水平扫描。水平扫描形成的线称为水平扫描线。而水平扫描线从上到下顺序逐行下移的过程被称为垂直扫描。水平扫描和垂直扫描同时进行时产生的扫描线群称为光栅(raster),并将这种扫描形式称为光栅扫描。CRT显示采用光栅扫描。利用光栅扫描进行图像的分解和组合过程如图2.3.1所示。

图2.3.1 利用光栅扫描进行图像的分解与合成

### 2. 逐行扫描和隔行扫描

图2.3.1所示的扫描方式是从画面的左上角开始,通过逐行连续的光栅扫描,直到右下角,把构成画面的所有像素信息顺序读取并显示出来,这种方式被称为逐行扫描,主要用于个人计算机的显示器中。

在电视机中大多采用隔行扫描。也就是将一帧图像分成两场,第一场扫描奇数行,第二场扫描偶数行,这就是隔行扫描。具体如图2.3.2(a)所示,从第1行的始点1开始扫描,扫描完第1行1-1′,返回后从第3行的始点3开始扫3-3′。依次地把奇数行扫描完,终点是最后一条奇数行的中点A,这样完成奇数行的扫描。第2场从A′点开始,先扫描完第13行的后半行,到第13′点后,回到第2行的始点2扫第2行,扫描完2-2′,接着扫描4-4′,直至最末一条偶数行。如此将偶数行全部扫描完后,从第 12' 点返回到第 1 行的始点 1,完成全帧图像的扫描。隔行扫描的扫描波形(电压或电流)如图 2.3.2(b)所示。由隔行扫描的特点可知一帧的行数应该是奇数。

(a)隔行扫描光栅　　　　　　　　(b)扫描电流波形

图 2.3.2　13 行隔行扫描光栅及其扫描电流波形

隔行扫描是为了解决传输时通频带宽与清晰度之间的矛盾,可以降低电视机的成本。把 1s 内从上至下扫描画面信息的次数称为场频(field rate),我国是 50Hz,美国、日本为 60Hz。对于隔行扫描,则相应帧频(frame rate)为 25Hz 或 30Hz。如采用 25Hz 的逐行扫描,会有闪烁感,改为 50Hz 场频的隔行扫描就可以基本上消除闪烁感,而又不增加单位时间内传送的信息总量。

但是隔行扫描会产生隔行干扰,其表现形式如下:

(1) 行间闪烁(interline flicker)。行间闪烁是由于相邻扫描线之间相互交替的频率等于帧频所引起的,多发生于显示细小文字或由细线密集形成的图形时。

(2) 虚拟重叠。在 CRT 显示中,当扫描信号受扰动时,会引起奇数场与偶数场的扫描线重叠,使扫描线数变为实际的一半,会偶然感觉有一部分扫描线变粗了。

(3) 锯齿状现象(jagged edge)。当被摄物体沿水平方向移动时,在连续场景中,被摄物的垂直边在不同场的时间内被扫描,因此,再现的影像边缘会出现不整齐的锯齿形状。

(4) 行蠕动。当图像中含有粗的水平条线结构时,会出现粗的扫描结构向上或向下缓慢地移动。

**3. 同步与消隐**

用光栅扫描方式传输图像要求在发送端与接收端的扫描必须同步。当收、发端场频不同步时,图像会上下滚动,并出现场消隐黑带在屏幕向上或向下移动;当收、发端行频不同步时,屏幕上会出现粗细不一、方向不一、疏密不一的歪斜线的水平运动,根本看不清原来图像的样子。

水平扫描和垂直扫描时都有一个回扫过程,分别称为行回扫和场回扫或行逆程和场逆程。回扫线不应出现在被显示的图像中,所以在回扫时应加上消隐信号,使图像信号为黑电平。消隐这个问题只出现在逐点采样的 CRT 显示中,因为电子束的扫描是由场和行扫描电流实现的,回扫时扫描电流有一个突变,而偏转线圈是电感负载,电流不可能突变,必须有一个时间过程,这就形成了行、场的消隐期。而对于平板显示器,由于采用逐行采样,不存在行、场回扫的问题。

称构成实际图像的扫描时间(即扫描周期-消隐期)为有效扫描时间,如图 2.3.3 所示。图中所示为日本、美国的电视体制,消隐期在水平方向占 17%,在垂直方向占 6.5%。因帧周期为 1/30s,含有 525 行,所以行扫描时间为 63.5μs,正程时间为 52.7μs。

图 2.3.3　有效扫描区和消隐期

**4. 黑白全电视信号**

我国黑白电视信号是每秒传送 25 幅(帧)画面,每幅画面 625 行,采用隔行扫描分成两场,每一场为 312.5 行,其中 25 行是场消隐时间,因此,每场的有效信号是 287.5 行。行扫描频率为 15.625kHz,行周期为 64μs,行正程为 52μs,行逆程为 12μs;行消隐脉冲的重复频率也是 15.625kHz,行消隐脉冲宽度为 12μs。为了确保行逆程被完全消隐,所以使行消隐脉冲的前沿比行同步脉冲前沿提前 1.3~1.5μs;场消隐脉冲的重复频率为 50Hz,脉冲宽度为 25H(1H 等于 1 个行周期)。行同步脉冲宽度为 4.7μs 左右;场同步脉冲宽度为 2.5~3H。

全电视信号是指具有图像信号、复合同步脉冲、复合消隐脉冲的电信号,在彩色电视信号中还包括色同步信号。负极性的黑白全电视信号如图 2.3.4 所示。负极性是指信号越高,图像越暗的信号。采用负极性可以抑制干扰信号,因为干扰脉冲经常是大信号,表现为黑点,人眼对黑点的敏感性比亮点小。由图 2.3.4 可知,复合同步脉冲的幅度最大,处于电视信号高度的 75%~100%处,而图像信号的最大幅度为 75%。利用这个特点可以用幅度分离电路方便地将复合同步信号从全电视信号中分离出来。

**5. 亮度的调节**

改变轰击荧光粉的电流就可以改变相应像素的亮度,所以可利用视频信号调节阴极与栅极之间的电压,控制电子束电流,从而实现亮度的调节。视频信号施加在阴极上,栅极接地,被称为阴极调制,这时同步信号应该是正信号;视频信号施加在栅极上,阴极接地,被称为栅极调制,这时同步信号应该是负信号。

调制特性是指电子束流大小随栅极(也称调制极)电压变化的曲线。阴极调制时,曲线陡度比栅极调制时大,这是因为改变阴极电压时,不只是改变阴极和栅极间的电压,还同时改变电子束的加速电压。而在栅极调制时,改变栅压对加速电压是无影响的。电视用的显

图 2.3.4   负极性的黑白全电视信号

像管对图像的清晰度要求并不十分高,故大多采用低加速电压(100～120V)的显像管。此时阴极调制方式比栅极调制方式优点更明显。在计算机用 CRT(称显示管)中用高加速电压(400V),可提高交叉点处的电位,从而减少交叉点尺寸,提高分辨率。这时阴极调制方式的优越性就不明显了,所以显示器电路中多采用栅极调制。

CRT 电视机或显示器中的调节亮度旋钮就是调节调制特性曲线的直流工作点,而对比度旋钮是调节视放级视频信号输出幅度的。只有这两个旋钮调节配合好,才能使画面有最丰富的灰度等级数。一种栅极调制的显示管调制性曲线如图 2.3.5 所示。图中的 $V_M$ 是调制极电压。

图 2.3.5   一种栅极调制的显示管调制性曲线

**6. 彩色 CRT 显示器的电路框图**

CRT 显示器的电路框图如图 2.3.6 所示,主要包括视频电路、偏转电路、高压电路和电源电路等。

图 2.3.6 CRT 显示器电路框图

# 习题与思考

2.1 为什么 CRT 的电子枪必须在真空中工作?

2.2 计算 37in CRT 屏所承受的总压力,说明为什么屏玻璃的厚度一般是 1cm。

2.3 比较静电偏转与电磁偏转的优缺点。

2.4 为什么荧光屏要蒸铝?有什么好处?

2.5 除荫罩式外,设想一种实现彩色或多色 CRT 的方案。

2.6　当圆环形二极、四极和六极磁片对中的两片磁极绕对称轴同向或反向旋转时,磁场将如何变化? 三个电子束将如何运动?

2.7　为什么彩色 CRT 容易受到电磁场干扰?

2.8　为什么 CRT-TV 采用隔行扫描?

2.9　设显示稳定的图像是一个大球,试画出行不同步和场不同步时显示的图像。

2.10　计算 VGA(640×480)体制下,电视信号的最高频率是多少。

| 第 3 章 | |
|---|---|
| CHAPTER 3 | 液晶的性质 |

本章介绍液晶的分子结构、几种最常用的相、主要的物理参数、分子的各种定向及其实施方法以及各种液晶显示器对液晶主要物理参数的要求。

在各种光电显示器中,液晶显示器在所有屏尺寸领域都占据绝对的优势地位,所以本书将用约 50% 的篇幅全面深入地介绍液晶显示器。

## 3.1 液晶的发展过程

### 3.1.1 液晶发现的故事

1888 年,一个年轻的奥地利布拉格大学植物学家 F. Reinitzer 在从事一项实验:从胡萝卜中提取胆固醇,确定它的分子式,并确定与从许多动物细胞中得到的胆固醇是否是相同的化合物。为此目的,他从人类胆结石中提炼出两种物质(我们现在知道的胆甾醇苯甲酸酯、胆甾醇乙酸酯)。这两种有机化合物在室温下都是固体结晶,他想测量它们的熔点。他注意到,胆甾醇苯甲酸酯在 145.5℃熔化,变成混浊不透明黏性液体,但温度不断上升到 178.5℃时就变成清晰和各向同性,成为典型的液态。因为这个原因,称后一温度为清亮点(clearing point),而熔点(melting point)则是固体变成液体的温度,有时也称为凝固点(freezing point)。上述过程是可逆的。测得胆甾醇乙酸酯的熔点为 94.8℃,而清亮点为 114.3℃,并且只有在冷却过程中才出现清亮点。Reinitzer 认为两个熔点异常存在是由于杂质,但在几次尝试和提纯样品后,他观察到的总是相同的现象,无法解释这些现象。于 1988 年 3 月 14 日他给德国一个年轻的物理学家 Otto Lehmann 写了一封 16 页的长信,描写他所观察到的双熔点现象。

O. Lehmann 用偏光显微镜(具有加热工作台)仔细地观察了胆甾醇苯甲酸酯的整个熔化过程,确定了液体晶体的存在。他于 1889 年给 F. Reinitzer 回信写道:"我确认你的以前的观测结果,该物质由一个非常软的晶体组成……不像你建议的那样,它是完全同质的和不包含另一种液体……一个晶体那么软,以至于可被称为液体,使物理学家们大感兴趣。"

1922 年,法国科学家 G. Freidel 提出了液晶分类法。由此产生了液晶三种相(向列相、胆甾相和近晶相)的划分。

限于历史条件,这个发现在当时并未引起大的重视。顺便提及,德国科学家 Karl F. Braun 制作成世界上第一只阴极射线管是在 9 年后的 1897 年。

### 3.1.2　RCA 的先驱角色

直到 20 世纪 60 年代早期,仍然只有少数机构在研究和演示 LC 材料,RCA(美国无线电公司)是其中之一。当时的 RCA 领袖世界电子市场,如音频记录、收音机和彩色电视等的创新发展都是在 RCA 的创造性主席 David Sarnoff 指导下开展的。他还坚持一个 Sarnoff 梦想,认为将来一定会有一种平板电视,可以像一幅画那样挂在墙上。

1962 年 RCA 的 Richard Williams 发现液晶可能用于显示装置的一些电光特性。Williams 将 PAA 置于两块内表面涂有透明氧化物的玻璃之间,玻璃的间隙为 $50\mu m$。电压加在间隙之间,在玻璃表面生成了垂直电场,如果电场足够高(约 1700V/cm,即 8.5V/$50\mu m$),引起分子重新组织,出现如图 3.1.1 所示的类似指纹的图案(后来被称为 Williams Domains)。加上电压,2ms 内出现图案,去掉电压 20ms 内图案消失。加直流、交流都可以,但是使用交流电压时显示稳定性更好,电化学恶化较低。这些现象都是在显微镜下用自然光透射观察的。这就是后来的所谓的液晶的动态散射(DSM)效应。

(a) Williams 畴。左边暗的区域为间隙之间加有一个 1kHz, 2500V/cm 的垂直于玻璃平面的交流电场。并行的畴是显而易见的。右边明亮的区域为玻璃内表面没有透明导电涂层,因此没有施加电场。样品厚度约为 50μm,温度是 125℃

(b) 透射光与电场的定性关系

图 3.1.1　Williams 实验

Williams 在上下班路上向他的好友 Heimeier 介绍他所从事的研究工作。Heimeier 是 RCA 普林斯顿研究所的一个从事微波固体元件研究已两年的年轻技术工作者,即将完成他的博士学位答辩,Williams 的介绍使他发生了浓厚的兴趣。就这样,这位电子学专家改变了自己的专业,进入了有机化学领域,他把电子学应用于有机化学,仅一年就发表了五篇论文。他将染料与向列液晶混合,夹在两片透明导电玻璃基片之间,只施加几伏电压,功率不到几个 $\mu W/cm^2$,液晶盒就由红色变成透明态。Heimeier 想到这不就是平板彩色电视吗?兴奋的小组成员夜以继日地工作,相继发现了动态散射、相变等一系列液晶的电光效应,并且研究出一系列数字、字符显示器件以及液晶钟表、驾驶台显示器等应用产品。RCA 公司领导对有关液晶的发明极为重视,将其列为企业的重大秘密。

Heimeier 和他的团队想要进一步完善和发展液晶应用,特别是向液晶电视屏幕目标迈进。然而,这是不可能的,因为当时新的 p 型扭曲向列(TN)液晶材料和非晶硅技术都尚未出现。并且当时 RCA 的彩色显像管事业正如日中天,RCA 高层管理和产品部门拒绝了液晶显示器,因为在任何情况下他们都不允许分心甚至威胁到现有 CRT 业务。在这种情况下,工作在 RCA 的液晶团队开始渐渐散去。Sarnoff 壁挂电视机的梦想并没有在 RCA 实现。后来日本企业不断利用他们的美国竞争对手的发现,把液晶应用大幅度地引入市场。

### 3.1.3 日本抢得先机

1968 年 RCA 公司向世界公布这些液晶发明。1969 年 2 月日本 NHK 向国内进行了报道,引起日本科技、工业界的极大重视。

在 20 世纪 60 年代初,计算器(当时只有台式)使用氖气管或真空荧光管作为显示单元。这造成了计算器是大型、笨重、昂贵和费电的。1964 年 Sharp 生产的第一个台式计算器使用晶体管和二极管,价格为 545 000 日元,重为 25kg。这是令现代人惊讶的数据。在 1969 年,使用了 CMOS 集成电路,计算器的质量减为 1.4kg,价格降至 99 800 日元。Sharp 公司正在考虑开发袖珍袋式计算器,Tonio Wada——Sharp 的一个化学工程师立即被 RCA 的 1968 年的公告吸引住了。他征求 RCA 的意愿,是否愿意将液晶显示器用于袖珍计算器。但 RCA 不感兴趣,因为他们认为 LCD 的响应时间对应用太慢了。Sharp 的高层支持了 Tonio Wada。于 1970 年组织了由不同专家组成的 20 人队伍研究 LCD。当时他们面临下列几大问题:

(1) 找到一个能在室温工作和显示高对比度的液晶。他们混合 3000 种液晶,合成超过 500 种混合物,终于找到可在 0～40℃ 以 DSM 模式工作的液晶。

(2) 找一个透明但导电的平板。他们发现大阪的国际贸易和工业部门的实验室正致力于氧化铟锡(ITO)。Sharp 派了一名工程师去该实验室学习 ITO 技术。

(3) 最后,他们需要找到一个公司,将为他们提供消费者使用的 CMOS 电路。美国的 RCA 和 Fairchild(仙童)都生产 CMOS 电路商品,但是它们只供军用。最后由东芝公司的 Yasoji 铃木为 Sharp 提供 CMOS LSI。

1973 年 5 月,Sharp 宣布第一个液晶袖珍计算器投产。这是一个革命性的计算器,DSM 液晶和五片 ICs 置于普通玻璃衬底下,它的功耗是当时计算器的 1/9000,是第一个成功的使用液晶显示屏的商用产品。这是日本当时将大规模集成电路与液晶相结合,以“个人电子化”市场为导向,生产袖珍式电子产品的一个成功例子。从此以后,液晶显示大步进入市场应用。

日本人从液晶手表、液晶计算器等低档产品起步,发展到小尺寸无源矩阵黑白电视、非晶硅有源矩阵彩色电视,直到目前多晶硅和氧化物半导体有源矩阵高分辨率彩色液晶显示屏,不但促进了日本微电子工业的惊人发展,还一直领导着世界液晶工业的发展方向,掌握着液晶工业最前端的技术。

经过 40 多年的发展,液晶已形成一门独立的学科。液晶知识涉及多门学科,如化学、电子学、光学、计算机、微电子、精细加工、色度学、照明等。要全面、深入了解液晶显示器件必须对所提及的领域有一定的知识面。

## 3.2 液晶显示的特点

液晶显示器具有其他显示器无可比拟的优点,主要方面有:

(1) 低压、微动耗。工作电压可低至 2～3V。目前实用的 LCD 都属于电场控制型,所以工作电流只有几个微安,功耗只有 $10^{-6}$～$10^{-5}$ W/cm$^2$,这是任何一种其他显示器达不到的,所以特别适用电池或纽扣电池供电的装置,如电子手表、手机、手提电脑等。

（2）液晶本身电阻率高。由于液晶本身电阻率高,接近为绝缘体,在矩阵寻址工作方式下,对液晶层用不着做任何处理,只要在电极上光刻出相应图形即可,所以开口率高。

（3）易于彩色化。液晶一般为无色,采用彩色滤色膜很容易实现彩色。目前,液晶显示器能重现的色域可与 CRT 显示器相媲美。而在别种显示器中,彩色化往往是十分困难的,有时甚至是致命的问题。

（4）屏幕尺寸与信息容量无原理上的限制。液晶显示器的屏幕从小到 1in,大到 40、60、100in 都可以;既可以显示达到视网膜分辨率精美的小图像,也可以显示 2000×4000 像素数的高分辨率大尺寸动态图像。

（5）长寿命。目前实用的 LCD 都是电场控制型的,工作电压低,电流很小,所以只要液晶的配套件,特别是背光源不损坏,液晶本身的工作寿命可达到几万小时。

（6）无辐射、无污染。由于 CRT 显示工作于几万伏高压,所以屏幕上会产生 X 射线辐射,对人体有损害;等离子体显示工作于 $10^5$ Hz 高频大电流下,对周围有电磁辐射。只有 LCD 不会出现上述问题。长时间工作在液晶显示屏前,不必担心显示屏对人身健康有害。

（7）可利用环境光显示。液晶本身不发光,靠调制外界光而达到显示的目的。这是它的缺点,也是它的优点。人类获得的外界信息,70%～80%靠视觉,而在视觉信息中,90%以上是被观察物体对环境光的反射光,所以利用环境光显示更适合于人眼的视觉习惯,不易引起眼疲劳。利用环境光显示还有一个明显的优点,即环境光越强,显示内容越清晰明亮;而用背光源显示时,环境光越强,显示内容的对比度越差,即发生所谓"光冲刷"现象。

LCD 的主要缺点是其工作原理和液晶材料本身特性带来的:

（1）显示的视角小。大部分 LCD 工作原理是依靠液晶分子光学特性的各向异性,即对不同方向的入射光的反射率或折射率是不一样的,所以视角较小,只有 30°～40°。随着视角变大,对比度迅速变坏,甚至发生对比度反转。在与 CRT 显示的竞争中,提高液晶显示的视角一直是液晶界技术人员攻关的主要课题,现在已经解决。采用一系列新工艺和新工作原理可将 LCD 的视角扩大到 120°～140°。当然,这必然会增加制造费用,一般需要在制造工序中增加光刻工序。

（2）响应速度慢。液晶分子的排列在外电场作用下发生改变是大多数 LCD 的工作原理,所以响应速度受材料黏度影响很大,一般为 100～200ms,所以 LCD 一般不适于显示快速运动的画面,尤其在低照度下。响应速度是液晶显示与 CRT 显示竞争中的另一个核心缺点。应液晶电视的需要,现已开发出一些新工艺、新材料和新驱动方法来提高响应速度,现今 LCD 响应速度慢的问题已基本解决。

（3）光的利用率低,只有约 3%。

（4）液晶电视的背光源的寿命(要求数万小时)不够长,影响了 LCD 的整体寿命。但这发生在用冷阴极荧光灯作背光源的情况下,现在大部分液晶 TV 已采用 LED 作背光源,这个问题接近消失。

## 3.3 液晶的分类

George Friedel 是一位晶体学家,他于 1922 年指出,O. Lehmann 确定液晶存在有巨大的价值,但他构思的液晶(liquid crystal)或水晶液(crystalline fluid)这个名称 30 年以来易使人误解,认为这些物质仅仅是水晶材料。应该把液晶理解为是晶体与液体之间的中间相(mesophase)。Friedel 在其论文中指出:"这些材料比只认为是表现出一些意想不到程度流动性的晶体要有趣 100 万倍。"但是液晶这个名称还是流传下来了。以后我们在看到"液晶"这个名称时应正确理解为是"晶体与液体之间的中间相"。Friedel 还确定了 LCs 有三种类型的分子组织:近晶相、向列相和胆甾相。后世一直遵循着他的分类。

### 3.3.1 液晶的形成原因

第一个分类法是根据启动转换到液晶相的机制,有热致(thermotropic)液晶和溶致(lyotropic)液晶两种。大多数已知的液晶是由改变不同物质的温度(特别是,通过提高某些固体的温度或降低某些液体的温度)产生的,称为热致液晶。低于熔点(melting point)温度 $T_{mp}$,热致液晶是固体、晶体和各向异性;当上升温度到高于清亮(clearing point)点温度 $T_{cp}$,即 $T_{cp} > T_{mp}$ 时,它们是清澈的各向同性液体;在 $T_{mp}$ 和 $T_{cp}$ 之间热致液晶是固体与液体之间的中间相-液晶,如图 3.3.1 所示。

图 3.3.1　热致液晶的温度范围在熔点与清亮点之间

Reinitzer 和早期研究者发现的液晶都是热致液晶。热致液晶又分为双变性的(enantiotropic)和单变性的(monotropic)两类。用加热或冷却都能进入液晶态是双变性的,如图 3.3.2(a)所示;只能用加热或冷却一种方法进入液晶态是单变性的,如图 3.3.2(b)和图 3.3.2(c)所示。

另一种使物质进入液体结晶相的基本方法是使用溶剂。溶液的浓度对产生液晶相起主要作用。更具体地说,对于溶致液晶,浓度(其次是温度)是最重要的控制参数;对于热致液晶,温度(其次是压力)是最重要的控制参数。溶致液晶广泛地存在于自然界。例如,将不是液晶的肥皂溶于水,当浓度大于某一最低值时,肥皂分子便形成溶致液晶。因此,研究溶致液晶主要在生物化学、生物物理学和仿生学等领域中。

图 3.3.2　双变性液晶与单变性液晶

液晶显示器只使用热致液晶。

### 3.3.2 液晶分子的形状和分子结构

液晶分子根据几何形状主要可分为棒状分子和碟状分子。

(1) 棒状分子(calamitic molecule):占全部液晶的绝大部分,是目前实用化的液晶材料,有 10 多万种,如图 3.3.3(a)所示。

（2）碟状分子（discotic molecule）：只占全部液晶的小部分，1977年首次被印度学者发现，1990年被用作扩展视角的膜，如图3.3.3(b)所示。

还有一些不经常使用的奇形怪状，如扁平条形的、香蕉形的、回飞棒形的等。

(a) 棒状分子　　　　　(b) 碟状分子

图 3.3.3　液晶分子的形状

图 3.3.3 中的分子是由一个刚性中央部分（核心）加上一些柔性的分支（通常为化学结构彼此不同的边链或侧链）构成。下面为了简化，不再绘出这些链。此外，由于热致棒状分子液晶是最重要的显示用液晶，以后将只探讨热致棒状液晶。

要注意，仔细平衡分子的刚性和柔性部件是产生液晶相的基础。这种分子决不能完全柔性，否则就不能定向有序；也不能完全刚性，否则当温度增加时直接从固体变成液体。液晶分子要获得棒形特征，必须是两个或多个刚性环形单元或环互相内连接成细长形状。一些具有多键的连接基团，如 $-(CH=N)-$、$-N=N-$、$-(CH=CH)n-$、$-CH=N-N=CH-$，能减少旋转的自由度，保证了液晶分子的平面结构。表 3.3.1 中列出了若干有代表性的液晶分子以及其呈现向列相的温度范围。

表 3.3.1　若干有代表性的液晶分子以及其呈现向列相的温度范围

| 首字母缩略词 | 分子结构和全名 | 向列相范围/℃ |
| --- | --- | --- |
| PAA | $CH_3-O-\bigcirc-N=N^+-\bigcirc-O-CH_3$ 　　　　　　　　$O^-$<br>氧化偶氮茴香醚<br>para-azoxyanisole | 116～134 |
| MBBA | $CH_3-O-\bigcirc-CH=N-\bigcirc-C_4H_9$<br>甲氧苯亚甲基　　　　丁苯胺<br>N-(4′-methoxybenzylidene)-4-butylaniline | 22～47 |
| EBBA | $C_2H_5-O-\bigcirc-CH=N-\bigcirc-C_4H_9$<br>乙氧基苄烯　　　　丁苯胺<br>N-(4′-ethoxybenzylidene)-4-butylaniline | 35～77 |
| 5CB | $C_5H_{11}-\bigcirc-\bigcirc-CN$<br>戊烷基　　　氰基联苯<br>4′-(n-pentyl)-4-cyanobiphenyl | 22～35 |
| 6CB | $C_6H_{13}-\bigcirc-\bigcirc-CN$<br>己基　　　氰基联苯<br>4′-(n-hexyl)-4-cyanobiphenyl | 15～29 |
| PCH | $C_5H_{11}-\bigcirc-\bigcirc-CN$<br>戊烷基环己基　　　氰苯<br>4′-(trans-4-n-pentyicyciohexyl)benzonitrile | 30～55 |

在表 3.3.1 中除了最后一个,所有的结构都包含两个苯环。称附加有其他原子群的苯环为苯基,如图 3.3.4(a)所示,表示苯基有几种方法。此外,当存在两个氢原子取代基时,它们的相对位置通常用前缀 ortho、meta 和 para(或者分别为 2、3 和 4)表示,如图 1.5(b)所示。在 LC 分子中,链基团黏附在 para(对位)位置,以确保最细长的形状(通常为几个纳米)。一般来说,一个典型的液晶具有带包含几个环的中央核心的线性结构、连接端和两个终端链。短链不但有助于形成向列状态,而且有助于一个环上的短烷基链和另一个环上的极性取代基组合的电子密度各向异性极化率程度的最大化。

$$C_6H_5- \text{ 或 } \hexagon$$

(a)

$$\overset{2}{1}\text{—}\hexagon \qquad 1\text{—}\hexagon\overset{3}{} \qquad 1\text{—}\hexagon\text{—}4$$

ortho(o-)          meta(m-)          para(p-)

(b)

图 3.3.4 苯基的符号及在一个苯基环中取代基的相对位置和命名法

在表 3.3.1 中的第一个化合物是 Gattermann 的 PAA,它在温度大于 116℃时才呈现向列状态。第二、第三个化合物 MBBA 和 EBBA 同属于被称为 Schiff 基的化合物,它们的一般化学式是

$$R\text{—}O\text{—}\hexagon\text{—}CH\text{=}N\text{—}\hexagon\text{—}R'$$

其中左右的符号 R 和 R′代表末端基团。R 是典型的 $C_nH_{2n+1}$($n$ 为正整数),R′包括 $C_4H_9$、$CH_3COO$ 和 CN。它们在接近室温时呈现向列状态,用它们做实验很方便。不幸的是,它们的化学稳定性差,很容易水解。为了避免这个问题,合成了稳定的化学物质如氰化联二苯(5CB 和 6CB 是两个例子)和它们的衍生品。它们的特点是两个苯基基团直接黏合(联苯)。表 3.3.1 中的最后一个化合物 PCH 是作为环己烷($C_6H_{12}$)环取代芳香环化合物的一个例子。

### 3.3.3　液晶的相

液体是各向同性的,不具有任何形式的有序,其分子在三维方向上可以自由移动,如图 3.3.5 所示。液晶不同于液体,其分子间具有一定程度的定向排列顺序和位置的关系。热致液晶在升温过程中会按序出现近晶相和向列相或胆甾相。

$T_{mp}$ 以上的第一个相是近晶相,是黏性流体,手指感如滑溜的肥皂液。滑溜感说明其层之间容易移动。近晶液晶由于呈现位置和方向两维有序,接近固体。分子肩并肩排列在一系列的层中,它们相互间自由地滑动主要局限在层中。

图 3.3.5 液体中分子无序

定义平行于相邻分子们长轴的平均方向的单位矢量 **n** 为方向矢。在整个媒介中 **n** 不是

定量,而是空间函数,通常以 $n(r)$ 表示方向矢。

近晶相中有三个主要的子类别。其中最著名的是近晶 $A$ 和近晶 $C$。在近晶 $A$ 中,棒形分子的长轴垂直层平面,并带有随机偏差,如图 3.3.6(a)所示。在近晶 $C$ 中,其方向矢与层平面成斜角,如图 3.3.6(b)所示。冷却近晶 $A$ 就转变为近晶 $C$。

(a)                              (b)

图 3.3.6    近晶 $A$ 液晶及近晶 $C$ 液晶中的分子排列

如果使用的材料本质上是手性的或添加了手性材料的成分,近晶相就变成近晶 $C^*$(或手性近晶 $C$ 相)。每层中的分子长轴互相平行,但平行长轴的方向沿圆锥表面逐层转过一个角度,形成如图 3.3.7 所示的螺旋。以后将会讨论到,螺旋结构会使光旋转和产生一些其他特殊的性质。

图 3.3.7    成近晶 $C^*$ 的螺旋结构

再增加温度(但低于清亮点),向列相出现。向列液晶是液晶显示器中最广泛使用的。在向列相中,所有分子只是互相大致平行,只有一维(方向上)有序,位置无序。分子可以沿所有三个方向移动,可以绕分子长轴自由旋转。图 3.3.8 给出了在一任意参考坐标系中向列相分子的排列。有些人拿盒子里的牙签来比喻向列相中的分子组织。牙签可以在盒中沿所有方向自由移动和绕牙签长轴($z$)旋转,但维持着原始取向,因为它们的近邻不允许它沿 $y$、$x$ 轴旋转。

图 3.3.8    向列液晶中的分子排列:分子相互近似地平行,局部的
平均优先方向用单位矢量 $n$(方向矢)来表示

图 3.3.9 所示是一个表示相变与温度关系的示意图。

如果添加了如胆固醇酯这类手性化合物的,向列相变成手性向列或胆甾相液晶。在胆甾液晶中的分子在各层中再排列,如图 3.3.10 所示。层非常薄,在每一层中类似于向列液

图 3.3.9 一个表示相变与温度关系的示意图

晶,分子长轴大致互相平行,并与层平面平行。主要不同之处是每层中的指向矢相对相邻层中的指向矢转过一个角度。因此,指向矢逐层旋转(扭曲)出一条螺旋轨迹,其螺距为可见光波长量级。螺距随温度上升而减少。

图 3.3.10 手性液晶中的层

由于是螺旋结构,胆甾相液晶呈现旋光性和选择性反射。另外,胆甾相液晶也用作扭曲向列和超扭曲向列技术中的添加剂。

## 3.4 液晶的物理特性

本节只讨论向列液晶的一些基本物理性能。要指出的是,向列液晶不像固体那么坚硬,而是易于被外加机械应力、电场和磁场或通过与已正确处理过的表面接触发生再定向、重新排列或变形。因为它们的特定的分子形状和排列,向列液晶呈现各向异性的物理特性。沿其分子长轴方向测量得到的电介质极化率、电导率、磁导率、折射率和黏度不同于沿垂直长轴方向测量得到的。

图 3.4.1 所示的棒形分子的模型对理解向列液晶物理特性很有用。这种理想化的结构是基于氰基联苯,后者是第一个商用的可在室温下工作的向列液晶混合物。核心是完全刚

性的,其内部可移动的电荷可以响应外加电场。核心的一端是柔性的末端链,如碳氢链;核心的另一端是永久偶极子末端基团。

图 3.4.1 呈现向列液晶相材料的分子理想模型

如图 3.4.2 所示,对分子施加一个外部电场。分子的取向将保持固定。分子核心中的自由电荷在外电场作用下,正电荷向电场方向移动,负电荷往相反的方向移动。因此,分子核心变成极化。这种极化不同于固定的永久偶极子末端,它是被外加电场感应的。定义电偶极矩 $p=QL$,其中 $Q(Q=+Q=|-Q|)$ 是电荷大小,$L$ 是从 $-Q$ 到 $+Q$ 的位移矢量,$|L|$ 为正负电荷之间分离的距离。这说明棒形的可极化的分子核心产生了一个较大的平行于分子轴的感应偶极矩 $p_{/\!/}$ 和一个垂直于分子轴的感应偶极矩 $p_\perp$。相应的极化率 $a_{/\!/}$ 和 $a_\perp$ 是单位电场下感应的偶极矩,分别平行和垂直于分子轴。

图 3.4.2 施加一个外电场,或者垂直于,或者平行于图 3.4.1 所示
的理想分子上。结果是核心中的自由电荷极化

这是一个直观的讨论分子极化率的方法,但它的确说明了在单个分子中极化率各向异性是如何产生的。在氰基联苯中,两个互相连接的带有非定域化电子的苯基环提供移动电荷和不对称的分子核心。显然,在其他具有不同化学环结构的核心(如环己烷)中,如电荷移动较少,形成的极化率也较低。

## 3.4.1 液晶分子的序

在向列相中,用两个参数描述分子排列:

(1) 已经引入的指向矢 $n$。它描述了一个特定体积内分子宏观的从优取向。这个特定体积与整个液晶系统相比是小的,但与一个液晶分子相比又是大的。

(2) 有序参数 $S$。它描述整个体积内分子绕着指向矢方向的分布。若 $\theta$ 是极化角(如图 3.4.3 所示,即指向矢与分子长轴之间夹角),则 $S$ 的表达式为

$$S = \frac{1}{2}\langle 3\cos^2\theta - 1 \rangle \tag{3.4.1}$$

式中 $\langle\rangle$——总体平均值。

图 3.4.3　定义极坐标中分子的极化角

对于一个完美有序的状态,所有 $\theta=0$,因此 $S=1$;对于一个完全无序的状态,$\langle\cos^2\theta\rangle=1/3$,所以 $S=0$;对于典型的向列相,分子由于热运动,分子长轴与指向矢不会完全平行,$S$ 的范围为 $0.4\sim0.8$,分子存在一定程度的无序,如图 3.4.4 所示。

(a) $S=1$　　　　(b) $S=0.6$　　　　(c) $S=0$

图 3.4.4　不同 $S$ 值下,液晶分子的排列情况

有序参数 $S$ 与液晶材料、环境温度有关。当温度上升,有序参数下降,液晶显示器的显示质量变坏。当温度接近清亮点温度 $T_{\mathrm{cp}}$ 时,有序参数 $S$ 迅速下降,如图 3.4.5 所示。但是 $S$ 一般不受强电场、强磁场影响。

图 3.4.5　有序参数 $S$ 与温度的关系

## 3.4.2　弹性系数

液晶的层间可以滑动,所以液晶的变形中不存在横向位移,这是与固体变形不同之处。在无外场作用下,向列相液晶处于平衡状态,此时液晶的自由能最小。若由于边界、机械应力和外场引起液晶分子和指向矢排列形变,自由能将会增加,所增加的部分就是使液晶发生形变所需的能量。同时感应出一个反作用力(弹力),形成一个作用在指向矢上反抗指向矢变化的弹性扭矩。

变形和反抗指向矢变化的弹性扭矩的关系用展曲、扭曲和弯曲弹性模量(即 Frank 常数)表示,它们的量纲是单位长度上的能量,即单位长度上的达因数。

向列液晶的变形如图 3.4.6 所示,分三个基本类型:如图 3.4.6(b)所示的展曲(spray),仿佛是一把扇子展开,而扇骨为液晶分子长轴方向;如图 3.4.6(c)所示的扭曲(twist);如图 3.4.6(d)所示的弯曲(bend),液晶分子长轴大体沿弯形方向排列。这三种变形的弹性模量分别为 $k_{11}$、$k_{22}$ 和 $k_{33}$。一般变形是上述三种变形的复合。

(a) 平衡状态  (b) 展曲$k_{11}$

(c) 扭曲$k_{22}$  (d) 弯曲$k_{33}$

图 3.4.6 相列液晶在外机械力作用下分子的排列

如果假设:

(1) 在一定温度下,液晶整个体积中的有序参数 $S$ 恒定,只有指向矢随外电(或其他)场而变化。

(2) 由于液晶不可压缩,可只考虑与曲率形变相对应的展曲、弯曲与扭曲变形。

(3) 遵循胡克定律,在自由能表达式中,只包含指向矢变形的平方项。

则自由能体密度的弹性增量可表达为

$$f_k = \frac{1}{2}[k_{11} \mid \nabla \cdot \boldsymbol{n} \mid^2 + k_{22} \mid \boldsymbol{n} \cdot \nabla \times \boldsymbol{n} \mid^2 + k_{33} \mid \boldsymbol{n} \times \nabla \times \boldsymbol{n} \mid^2] \tag{3.4.2}$$

用式(3.4.2)可以说明向列相液晶中几乎所有的电光和磁光现象。

通过理论推导和实验数据分析将液晶的弹性模量有关信息总结如下:

(1) 弹性模量 $k_{ii}$ 可表达为 $W/a$,其中 $W$ 是分子间相互作用能,约为 0.1eV;$a$ 是分子长度,约为 10Å,所以 $k_{ii} < 10^{-11}$N(牛顿),比普通弹性材料的小得多,这说明向列液晶容易被外力或外电场变形。

(2) $k_{11}$ 的范围为 $(5.0 \sim 9.0) \times 10^{-12}$N,$k_{22}$ 的范围为 $(2.8 \sim 5.3) \times 10^{-12}$N,$k_{33}$ 的范围为 $(4.7 \sim 18.5) \times 10^{-12}$N。

(3) 常用的 $k_{33}/k_{11}$ 和 $k_{22}/k_{11}$ 的数值范围为 $0.8 < k_{33}/k_{11} < 2.1$、$0.4 < k_{22}/k_{11} < 1.0$。

(4) $k_{ii}$ 与温度的关系表现为

$$k_{ii} - S^2(T), \quad i = 1, 2, 3 \tag{3.4.3}$$

（5）弱极化化合物和强极化化合物的混合物的 $k_{11}$ 和 $k_{22}$ 符合加法定理，即

$$k_{混合物} = xk_{弱极化} + (1-x)k_{强极化} \tag{3.4.4}$$

### 3.4.3 黏度

黏度分为运动黏度和动态黏度两种，它们分别用 $v$ 和 $\eta$ 表示，这两个参数的关系为 $v = \eta/\delta$，其中 $\delta$ 是材料密度。然而，由于液晶材料的主要部分的 $\delta$ 值约为 $1\mathrm{N}\times\mathrm{s}^2/\mathrm{mm}^4$，所以通常不用区分 $v$ 和 $\eta$。

黏度是流体的内部摩擦，支配着流体的流速。测量体剪切黏度的一个方法是：两块平行平板之间充满液体，下板固定，上板滑动。测量上板滑动所需的力和上板滑动的速度。剪切黏度等于剪切应力与剪切强度之比。剪切应力等于作用在单位横截面积上的力 $F_x$，剪切强度等于动板速度 $v_x$ 除以两板的间距。向列液晶的动态特性是各向异性的。测量其剪切（或 Miesowicz）黏度 $\eta_1$、$\eta_2$ 和 $\eta_3$ 的装置的示意如图 3.4.7(a)～图 3.4.7(c)所示。

(a) 指向矢 $n$ 垂直平板排列，且平行于 $z$ 方向　(b) 指向矢 $n$ 平行平板排列，且平行于 $x$ 方向　(c) 指向矢 $n$ 平行平板排列，且平行于 $y$ 方向

图 3.4.7　测量剪切黏度的装置：上板在 $x$ 方向受一剪切力 $F_x$，以速度 $v_x$ 滑动，下板固定

由图 3.4.7 可知，$x$ 方向是液晶流动的方向；$z$ 方向，即垂直平板的方向是流体速度梯度的方向。下面先给出 $\eta_1$、$\eta_2$ 和 $\eta_3$ 的定义：

（1）$\eta_1$：指向矢垂直于液晶流和平行于速度的梯度。显然，图 3.4.7(a)用于测量 $\eta_1$。

（2）$\eta_2$：指向矢平行于液晶流和垂直于速度的梯度。显然，图 3.4.7(b)用于测量 $\eta_2$。

（3）$\eta_3$：指向矢垂直于液晶流和垂直于速度的梯度。显然，图 3.4.7(c)用于测量 $\eta_3$。

在液晶显示器中，流体是被包含在两块固定基板之间的间隙中，没有体液体流。对于电-光开关，重要的是液晶内部的微观运动。在显示工程应用中，$\gamma_1$ 是一个重要的旋转黏度系数。$\gamma_1$ 是和相列液晶分子指向矢的转动有关，起着限制相列液晶分子指向矢再定向角速度的作用。要完全描述向列液晶材料的动态运动需要 6 个黏度，这 6 个 Leslie 系数可用动态向列连续介质理论推导得出。$\gamma_1$ 的值直接与 6 个 Leslie 系数中的两个以及上述的三个剪切黏度 $\eta_1$、$\eta_2$ 和 $\eta_3$ 有关。

当向列分子在电场的影响下重新定向时，旋转黏度系数 $\gamma_1$ 对于显示器内液晶的开关特性非常重要。事实上，在液晶显示器中响应时间正比于 $\gamma_1 d^2$，其中 $d$ 是液晶的厚度。商品向列液晶混合物的旋转黏度系数 $\gamma_1$ 的值为 $0.04 \sim 0.45\mathrm{Pa} \cdot \mathrm{s}$。

黏度对液晶的动态行有显著影响。在低温时，黏度增加使分子运动的能力降低是液晶应用最大的限制因素。

液晶材料的黏度和弹性非常重要，它决定了在外电场作用下 LCD 的控制电压大小、透明度曲线的陡度和响应时间等。

### 3.4.4 折射率

在可见光频率(约 $10^{14}$ Hz)的光波作用下,向列液晶材料的折射率值通常是由分子中的电子和组成原子中的电子的极化决定。折射率是一个整体性质,因此分子的有序程度和分子个体的极化率都对观察到的光学各向异性(或双折射,birefringence)有贡献。图 3.4.8 给出了棒形分子整体中一个分子的极化率 $a_{//}$ 和 $a_{\perp}$。对于图 3.4.1 所示的理想化分子,假定平行于分子轴的极化率 $a_{//}$ 大于垂直于分子轴的极化率 $a_{\perp}$,即分子极化率的各向异性为 $a_{//} > a_{\perp}$。

(a) 棒形分子整体,并显示出其中　　(b) 分子整体的平均分子取向用一个
　一个分子的极化率$\alpha_{//}$和$\alpha_{\perp}$　　　长轴平行于指向矢$n$的空椭圆表示

图 3.4.8　棒形分子整体中一个分子的极化率 $a_{//}$ 和 $a_{\perp}$

在图 3.4.8(b)中,空椭圆表示在一个特定的空间区域中整体分子的平均方向,其长轴平行于指向矢 $n$。假设有一极化可见光入射这个空间区域。如果电磁波的电场矢量是在垂直方向(平行于 $z$ 轴),那么光波受到向列液晶材料平行于指向矢 $n$ 的折射率 $n_{//}$。如果电场矢量是在水平方向(平行于 $x$ 轴或 $y$ 轴的方向),那么光波受到向列液晶材料垂直于指向矢 $n$ 的折射率 $n_{\perp}$。向列液晶材料是单轴晶体,其光轴平行于指向矢 $n$。按晶体光学中的定义,非寻常光(extraordinary)的折射率 $n_e = n_{//}$,寻常(ordinary)光的折射率 $n_o = n_{\perp}$。光学单轴介质的双折射由方程(3.4.5)给出

$$\Delta n = n_e - n_o = n_{//} - n_{\perp} \tag{3.4.5}$$

现在考虑分子有序度 $S$ 的影响。如上所述,电子极化率在确定折射率的值中起着主导作用。如果分子完美有序,所有都平行于指向矢 $n$ 排列,那么,$\alpha_{//}$ 只对 $n_{//}$ 有贡献,$\alpha_{\perp}$ 只对 $n_{\perp}$ 有贡献。如果分子完全无序,分子都如图 3.4.4(c)中 $S=0$ 那样随机取向,那么介质的极化率在所有方向将是相同的,等于平均极化率 $\bar{\alpha} = (1/3) \times (\alpha x + \alpha y + \alpha z) = (1/3) \times (\alpha_{//} + 2\alpha_{\perp})$。各个方向的折射率将会相等($n_{//} = n_{\perp}$),材料将是光学各向同性,$\Delta n = 0$。这就说明了为什么在分子无序的情况下,各向异性材料分子仍然可以具有各向同性的物理性质。

在向列液晶材料中,如图 3.4.4(b)所示那样,分子是部分有序,所以无论是 $n_{//}$ 还是 $n_{\perp}$ 都对 $\alpha_{//}$ 和 $\alpha_{\perp}$ 有贡献。这些贡献与有序系数 $S$ 的依赖关系被称为 Vuks 表达式

$$\frac{S\Delta\alpha}{\bar{\alpha}} = \frac{n_{//}^2 - n_{\perp}^2}{\bar{n}^2 - 1} \tag{3.4.6}$$

$S$ 与温度的依赖关系为

$$S = \left(1 - \frac{T}{T_{cp}}\right)^b \tag{3.4.7}$$

如果画 $\log\left(\frac{n_{//}^2 - n_{\perp}^2}{\bar{n}^2 - 1}\right) \sim \log\left(1 - \frac{T}{T_{cp}}\right)$ 曲线,则指数 $b$ 是曲线的斜率,$\frac{\Delta\alpha}{\bar{\alpha}}$ 是曲线的截距。由方

程(3.4.7)可知,当温度达到清亮点时,S=0。

商用向列液晶混合物具有为特定的显示应用定制的物理属性,通常使用的混合物的双折射 $\Delta n$ 为 0.06~0.26。在可以工作于室温的混合物液晶中,具有高度可极化的和高各向异性的核心结构的 5CB 和 8CB 的 $\Delta n$ 值处在该范围的上端。在分子核心中不同的环系统对确定双折射值起重要的作用。例如,烷基氰基联苯 5CB 的 $\Delta n$ 值为 0.194,但相应的具有相同的烷基链长度的烷基苯腈环己烷材料的 $\Delta n$ 值显著的低,为 0.125。

折射率随波长改变,即色散,发生在具有强烈电子吸收的向列材料中。再拿 5CB 作为例子,在 25.2℃ 温度下,对于波长 400nm,$n_{//}=1.59$ 和 $n_{\perp}=1.91$,而对于波长 700nm,$n_{//}=1.53$ 和 $n_{\perp}=1.72$。

## 3.4.5 介电常数

在没有磁场的情况下,材料的介电常数 $\varepsilon$ 为其折射率的平方。因此,介电常数 $\varepsilon$(也称为电介质常数)也取决于有电场存在时材料的感应极化。折射率对约 $10^{14}$ Hz 光学频率的光波是关系重大的参数,因为它可以用来计算光线在材料中的速率和波长,于是在光经过一层材料时引入了光程长度。向列液晶显示器用 kHz 量级交流波形寻址,在这样的频率下,介电常数是最适用的参数。

在液晶显示器中,介电常数是重要的,原因有两个:①它在电-光开关中的作用;②因为其值决定了显示器像素的(变化的)电容。在向列液晶材料中,平行于指向矢 $n$ 的介电常数 $\varepsilon_{//}$ 不同于垂直于指向矢 $n$ 的介电常数 $\varepsilon_{\perp}$,因此介电常数各向异性 $\Delta\varepsilon=\varepsilon_{//}-\varepsilon_{\perp}$ 不是零。

由于液晶分子的一个端部为带有永久偶极子的基团,且其核心基团中含有自由电荷,在外电场作用下,这两部分都会被诱导极化。

设材料的分子带有如图 3.4.1 所示的永久偶极子,则在外电场作用下分子偶极子会部分重新定向,对材料的极化率做出贡献。显然,分子热运动会削弱这部分贡献。以水为例,在各向同性液体中,水分子有很强的永久偶极矩($p=|p|=6.0^{-30}$ cm),这导致水的各向同性介电常数非常高(20℃ 下,$\varepsilon=78.5$)。

在各向异性的向列液晶中,电位移矢量 $\boldsymbol{D}$ 的表达式为

$$\boldsymbol{D} = \varepsilon_{\perp}\,E + \Delta\varepsilon(nE)n$$

称 $\Delta\varepsilon>0$ 的液晶材料为正性或 $p$ 型材料,称 $\Delta\varepsilon<0$ 的液晶材料为负性或 $n$ 型材料。实际上要获得大 $\Delta\varepsilon$ 液晶材料的方法是在分子的一端安置一个如 CN 基团那样沿长轴方向具有强极性基团。表 3.3.1 中的 5CB、6CB 和 PCH 就是这类正性液晶材料。PAA 所带的 $N^{+}-O^{-}$ 基团具有几乎垂直于长轴的强永久偶极矩,是负性液晶材料的例子。在一些混合物中,$\Delta\varepsilon$ 的符号会随外加电场的频率或(和)温度而变化。

当有电磁场作用于液晶材料时,电磁场对自由能的贡献 $f_{em}$ 可表达为

$$f_{em} = -\int \mathcal{E}_0 \boldsymbol{D} \cdot d\mathcal{E} - \int_0^H \boldsymbol{B} \cdot d\boldsymbol{H}$$

$$= -\frac{1}{2}\varepsilon_{\perp}\,\mathcal{E}^2 - \frac{1}{2}\Delta\varepsilon(\boldsymbol{n}\cdot\mathcal{E})^2 - \frac{1}{2}\mu_{\perp}\,H^2 - \frac{1}{2}\Delta\mu(\boldsymbol{n}\cdot\boldsymbol{H})^2 \tag{3.4.8}$$

式中 $\Delta\varepsilon$ 和 $\Delta\mu$——磁导率和磁导率各向异性。

由于在国际单位制中 $\Delta\varepsilon$ 和 $\Delta\mu$ 的数值比是 $1:10^{-7}$,所以与电场对自由能的贡献相比,

磁场的贡献可以忽略。于是,式(3.4.8)简化为

$$f_{em} = f_e = -\frac{1}{2}\varepsilon_\perp \mathscr{E}^2 - \frac{1}{2}\Delta\varepsilon(\boldsymbol{n} \cdot \mathscr{E})^2 \tag{3.4.9}$$

在外电场作用下,分子指向矢再定向的趋向是使系统的自由能变得最小。对于正性液晶($\varepsilon$ 为 2~20),$\Delta\varepsilon > 0$,要使 $f_e$ 为最小,就是使式(3.4.9)右边的第二项为最大,即指向矢 $n$ 平行于电场方向。对于负性液晶($\varepsilon$ 为 $-0.8 \sim -6$),$\Delta\varepsilon < 0$,要使 $f_e$ 为最小,就是使式(3.4.9)右边的第二项为零,即指向矢 $n$ 垂直于电场方向。正性液晶与负性液晶分子分子指向矢再定向的趋向还可直观地用图 3.4.9 来说明。其中,图 3.4.9(a)和图 3.4.9(b)是在具有正介电各向异性($\Delta\varepsilon > 0$)的向列液晶材料内;图 3.4.9(c)和图 3.4.9(d)是在具有负介电各向异性($\Delta\varepsilon < 0$)的向列液晶材料内。

图 3.4.9 电场诱导指向矢再定向

假设外加电场与液晶材料原指向矢成某一倾斜角,对于正性液晶分子,其核心基团中的自由电荷是主要沿分子长轴方向被极化[见图 3.4.9(a)、(b)],$\varepsilon_\parallel$ 最大。在图 3.4.9(a)中,分离的正负电荷在外电场作用下,上部正电荷受到一个向上的拉力,下部负电荷受到一个向下的拉力,即液晶分子受到一个扭矩,迫使液晶分子转向与外电场平行。在图 3.4.9(b)中,虽然外电场方向与图 3.4.9(a)中的相反,但分子受到的扭矩仍是使液晶分子向电场方向再定向。所以外电场作用于正性液晶分子的结果是液晶分子沿电场方向再定向,与外电场的方向无关。对于负性液晶分子,其核心基团中的自由电荷主要沿垂直于分子长轴方向被极化[见图 3.4.9(c)、(d)],$\varepsilon_\perp$ 最大。仿之可得出外电场作用于负性液晶分子的结果是液晶分子沿垂直电场方向再定向,与外电场的方向无关。

液晶的介电各向异性与频率有强烈的依赖关系。使 $\Delta\varepsilon$ 符号发生改变的频率被称为交叉频率(crossover frequency)。通常,交叉频率相当高($>50\text{kHz}$)。低频率的介电各向异性

是几乎不变的。当接近交叉频率时，$\varepsilon_{\parallel}$ 会随频率增加单调减少。然而，当频率甚至增加到几兆赫（分子偶极矩已不能跟随电场的变化）$\varepsilon_{\perp}$ 保持不变。结果是随着频率上升，$\Delta\varepsilon$ 从正变成负。

商用向列液晶混合物的介电各向异性 $\Delta\varepsilon$ 值的范围在室温下为 $-6\sim30$，但现在已发展到 $-10\sim50$。

### 3.4.6 离子输运

虽然液晶是绝缘体，但通常含有一些离子杂质，成为液晶有一些电导率的根本原因。一些易溶的液晶有高离子浓度（即高电导率），但在显示应用中，这是必须避免的。离子杂质是在生产过程中产生的，例如基板受污染或聚合物定向层将离子引入液晶体内。化合物的弱分解和从盒电极注入的电荷也能增加液晶的电导率。向列液晶中典型的离子浓度是 $10^{16}\sim10^{20}/m^3$，通常电导率低于 $10^{-12}/(\Omega\cdot cm)$。离子浓度超过 $10^{20}/m^3$ 会减少显示器寿命和引起图像闪烁和余像。

在液晶中有短期的和长期的两种离子传输机制类型。第一种类型与快速离子有关，其转移和对内部电场的影响导致在显示以 $10\sim40Hz$ 较低频率变化的光时发生闪烁现象和产生灰度误差；第二种类型与慢效果有关，可能源于在数小时使用时外加电压中有超过 $50mV$ 的直流电压。慢效应导致离子的产生和迁移，聚集在定向层的离子产生一个补偿电压，即使在外部直流电压被移去后，这个电压仍然保留着，引起如图 3.4.10 所示的重影。为此，应避免使用直流电压来驱动液晶显示器，只使用零均值的交流驱动电压波形。

(a) 第一次显示的图像　(b) 理想的第二次显示的图像　(c) 带重影的第二次显示的图像

图 3.4.10　重影

### 3.4.7 光学性质和双折射

光波含有电场，原则上也能像外加电场那样使液晶指向矢再定向。然而，在显示中可以忽视这个过程，因为与外加电压所产生的场相比，光场的电场强度和频率分别低得太多和高得太多。为了区别，处理光波的作用采用折射率，而不是介电常数。折射率 $n$ 被定义为光在真空中的速度和在特定材料中的速度之比。

已知折射率 $n$ 和介电常数 $\varepsilon$ 的关系为 $n=\sqrt{\varepsilon}$，由于液晶是介电各向异性，所以其折射率也是各向异性，为了了解双折射和其对光传播的影响，必须再用电场来表示光线。对于在一个特定方向传播的平面波（光），用在垂直传播方向平面内的椭圆描述电场矢量。这个椭圆代表光的偏振（极化）。在这个椭圆变形为直线或圆的地方，就是光波变成线偏振或圆偏振的特殊地方。每个椭圆偏振可以分解为偏振轴互相垂直，且有确定相位关系的两个线偏振波的叠加。

在一个各向同性介质中,这两个线偏振电波传播的相速度 $c/n_{介质}$ 是相同的,如图 3.4.11 所示。图 3.4.11(a)用曲线 i 和 ii 表示两个线偏振态,图 3.4.11(b)用简化符号表示两个线偏振态。注意,在液体内,分子可以自由旋转,平均了分子形状任何的不对称,从而呈现光学各向同性,使有些晶体光学是各向同性的。

(a) 用曲线 i 和 ii 表示的两个线偏振波遭遇相同的折射率,
有相同的相速度,因此,当这两个线偏振波从介质
出来时,相位关系不变

(b) 简化的表示

图 3.4.11　光在各向同性介质中的传播

相比之下,向列液晶是光学性质各向异性的介质,与单轴晶体相对应。将入射光波分解成沿指向矢方向与垂直指向矢方向两个线偏振波时,这两个波遭遇不同的折射率,因此,如图 3.4.12 所示,它们以不同的相速度通过液晶传播。其中,曲线 i 和 ii 表示的两个线偏振波遭遇不同的折射率。在介质末端,这两个偏振光波以不同的相关相位出射。因此,一般的偏振改变了。

图 3.4.12　光在各向异性的单轴介质中传播

假设入射光与指向矢成 $\alpha$ 角,如图 3.4.13 所示。

图 3.4.13　将光波分解成寻常分量和非寻常分量(传播方向 $z$ 与指向矢 $n$ 成任意角度 $\alpha$)

在 $\alpha=90°$ 极限情况下,折射率 $n_e$ 等于 $n_{//}$;在 $\alpha=0°$ 极限情况下,折射率 $n_e$ 等于 $n_{\perp}$。这两个情况分别如图 3.4.14(a)和(b)所示。

因此,在双折射介质中,不同速度的寻常波和非寻常波引起相位差 $\varphi$。在上述两种模式中的介质末端,将形成不同的偏振椭圆。在这种情况下,液晶样品的厚度成为重要的参数,因为只要光线在双折射材料中传播,相移是积累的。如果相位差等于 $2\pi$,波返回原来的偏振态。

(a) $\alpha=0°$

(b) $\alpha=90°$

图 3.4.14 在双折射介质中寻常光与非寻常光

图 3.4.14(b)所示是向列液晶显示应用的重要情况,这里进一步讨论。入射光前进的方向 $z$ 垂直于指向矢 $n$。沿着寻常光轴偏振的波将经历的相位延迟 $\varphi_o=(2\pi/\lambda)n_0 d$,而沿着非寻常光轴偏振的波将经历的相位延迟 $\varphi_e=(2\pi/\lambda)n_e d$,其中 $\lambda$ 是自由空间的波长。相位差 $\Delta\varphi$ 为

$$\Delta\varphi=\frac{2\pi}{\lambda}(n_e-n_o)d \tag{3.4.10}$$

由式(3.4.10)可见,不同颜色(波长)的光将会受到不同的 $\Delta\varphi$。图 3.4.15 给出了振荡方向平行或垂直指向矢的波。在这两种情况下光波经过媒介传播和出射,都保持线偏振不变,但是经历不同的相位延迟。图 3.4.15(c)所示是振荡方向与指向矢形成一个普通角度。

(a) 纯粹寻常光      (b) 纯粹非寻常光      (c) 由寻常光和非寻常光组成的普通光

图 3.4.15 线偏振光以 $\alpha=90°$ 角进入液晶介质

从介质末端出来的寻常和非寻常光波按式(3.4.10)有一个相位差 $\Delta\varphi$。因此,出射波从线偏振变成椭圆偏振。特别当 $d=\lambda/[4(n_e-n_o)]$ 时,$\Delta\varphi$ 等于 $90°$。在这种情况下,如果振动方向与指向矢之间的角度为 $45°$(寻常和非寻常光波的幅度相等),出射光将是圆偏振的。此外,如果 $d=\lambda/[2(n_e-n_o)]$,$\Delta\varphi$ 等于 $180°$。在这种情况下,对于 $\alpha=45°$,出射光仍然是线偏振,但是偏振面旋转 $2\alpha$,即 $90°$。此效应是一些近代显示器运行模式(如后面将会描述的平面场切换和垂直取向)的基础。

### 3.4.8 阈值电压

向列液晶的基本应用情况是液晶夹在两个平行板电极之间,电压加在电极之间,即电场垂直于平行板。在这种情况下,当电场增大到某一值 $\mathscr{E}_C$,液晶分子开始重新定向,称 $\mathscr{E}_C$ 为阈值电场,可表达为

$$\mathscr{E}_C = \left(\frac{\pi}{d}\right)\sqrt{\frac{k_\theta}{|\Delta\varepsilon \cdot \varepsilon_0|}} \tag{3.4.11}$$

式中 $d$——液晶厚度。

$k_{ii}$ 与液晶分子的排列有关。液晶是正性,且分子为扭曲排列时,$k_{ii} = k_{11} + (k_{33} + 2k_{22})/4$。分子排列发生转换的阈值电压 $U_{th}$ 为

$$U_{th} = \pi\sqrt{\frac{k_{11} + \dfrac{k_{33} - 2k_{22}}{4}}{|\Delta\varepsilon \cdot \varepsilon_0|}} \tag{3.4.12}$$

由式(3.4.12)可知,阈值电压与液晶厚度无关,如果 $(k_{33} - 2k_{22})$ 为负值或 $\Delta\varepsilon$ 增加都可以使 $U_{th}$ 降低。

### 3.4.9 小结

总的来说,液晶的性能强烈依赖于温度。对本节小结如下:

(1) 从近晶相到向列相的转变温度 $T_{s-n}$ 和清亮点温度 $T_{cp}$ 确定了所谓的工作温度范围。对于典型应用,向列液晶的工作温度范围应在 $-40\,^\circ\mathrm{C}$ 和 $100\,^\circ\mathrm{C}$ 之间。

(2) 弹性系数和(旋转)黏度对响应时间是重要的,弹性系数对阈值电压也是重要的。

(3) 介电各向异性确定在电场作用下正型或负型液晶的行为。大的 $\Delta\varepsilon$ 可降低阈值电压。

(4) 光学各向异性确定光学行为。

(5) 阈值电压确定低功耗的工作电压范围。

没有一种单体液晶材料能提供正确的物理性质,满足即使是最简单地显示所要求的规格。目前用于液晶显示器的物质是多至 20 种化学上、光化学上和电化学上稳定的聚芳酯的共晶混合物。表 3.4.1 中比较了 5CB(已在表 3.3.1 中介绍过)和 LCD 中使用的一种典型混合物的一些物理参数。

表 3.4.1 5CB 和在 LCD 中使用的一种典型混合物的一些物理参数

| 参 数 | 5CB | 典型混合物 |
|---|---|---|
| $T_{s-n}$(近晶-向列转变) | $30\,^\circ\mathrm{C}$ | $-40\,^\circ\mathrm{C}$ |
| $T_{cp}$(清亮点) | $55\,^\circ\mathrm{C}$ | $80\,^\circ\mathrm{C}$ |
| 光学各向异性 | $\Delta n = n_\parallel - n_\perp$ $= 1.617 - 1.492 = 0.125$ | $\Delta n = n_\parallel - n_\perp$ $= 1.562 - 1.477 = 0.085$ |
| 介电各向异性 | $\Delta\varepsilon = \varepsilon_\parallel - \varepsilon_\perp$ $= 17.5 - 4.8 = 12.7$ | $\Delta\varepsilon = \varepsilon_\parallel - \varepsilon_\perp$ $= 10.5 - 3.5 = 7$ |
| 旋转黏度 | $k_{11} \approx k_{22} \approx k_{33} \approx 10^{-11}\,\mathrm{N}$ | $k_{11} \approx k_{22} \approx k_{33} \approx 10^{-11}\,\mathrm{N}$ |
| 弹性系数 | $\gamma = 150\,\mathrm{mPa \cdot s}$ | $\gamma = 100\,\mathrm{mPa \cdot s}$ |

## 3.5 表面定向性能

液晶许多有趣的和有用的属性源自液晶分子各向异性这样一个事实。分子排列有序也是液晶的特点。然而,在大多数液晶样品中指向矢的方向通常不是恒定的,而是在空间长度为十微米范围内起伏。这样的样品由于指向矢没有良好的定向,被平均化了,不会显示任何宏观的各向异性。为了观察液晶的各向异性,需要打破指向矢定向宏观上的混乱。一个方法是将薄薄的一层向列液晶(对于显示应用为 $2\sim 10\mu m$)夹在两块基板之间,通常是两块玻璃板之间的三明治结构。在基板内表面上涂敷特殊的有机或无机的表面涂层和/或进行处理,将指向矢限制在一个特殊的方向。在液晶显示器中几乎都对棒形向列液晶使用定向层迫使其指向矢在其表面附近择优取向。

液晶和表面之间的相互作用是强大的,即使液晶体内存在指向矢方向梯度,也足以阻止边界处 $n$ 的方向发生改变(强大的锚定)。表面处理结合弹性扭矩确保液晶盒的起始指向矢均匀排列(即在层的平面中没有空间上的变化)。

如图 3.5.1 所示,存在两种基本的几何形式:$n$ 平行于表面的沿面排列(homogeneous)和 $n$ 垂直于表面的垂直排列(homeotropic)。更细致的区分应如图 3.5.2 所示。定义 $\theta$ 为指向矢与表面切线之间的夹角,则 $0°<\theta<10°$,为沿面排列,如图 3.5.2(a)所示;$10°<\theta<80°$,为倾斜排列,如图 3.5.2(b)所示;$80°<\theta<90°$,为垂直排列,如图 3.5.2(c)所示。

图 3.5.1 通过合适的定向层,玻璃板附近向列液晶的定向。在沿面排列中,
指向矢平行于基板,而在垂直排列中,指向矢平垂直基板

图 3.5.2 液晶表面定向的三种基板类型

### 3.5.1 沿面排列

**1. 摩擦定向**

沿面排列最常用的方法是基板表面变形定向法,即将原来光滑的表面变成不光滑,依据液晶在基板表面上弹性变形取最小自由能的原则,使液晶分子成一定排列方向固定下来。实现平面定向的一种简单和广泛使用的方法是摩擦。但是直接摩擦电极表面,分子的锚泊效果不是很好,所以一般在基片表面先涂敷上一层平行定向层,再进行摩擦处理,用这套工艺后,分子平行定向的效果要好得多。

先将一种聚合物(如聚酰亚胺、尼龙或聚乙烯醇)涂层涂敷在玻璃表面作为定向层。由于聚酰亚胺(PI)有高的稳定性,因而目前多用它作为沿面排列定向层。用旋转涂敷法将 PI 均匀地涂在玻璃表面上,在 150℃～250℃ 下烘烤,形成厚度约为 50nm 的定向层。然后用柔软织物(如棉布)沿一个方向反复(约 100 次)摩擦,摩擦力为 5～25kg/cm²。通过这种方式,在表面上创建微沟槽,使附近的液晶分子的指向矢平行于摩擦方向排列,如图 3.5.3 所示。

(a) 摩擦用滚筒

(b) 表面摩擦出沟槽,液晶分子沿沟槽方向排列

图 3.5.3 摩擦定向

靠近玻璃表面已被定向的液晶单层会诱导盒中液晶体长程定向。摩擦定向技术早在 1925 年已出现。对摩擦定向的物理机制,至今并未完全理解。原本以为只是沟槽的形态使液晶分子沿沟槽方向排列定向,然而,现代用原子力显微镜观察,发现情况并非如此。事实上,凹槽的宽度是 600Å 量级,远大于液晶分子的轴向长度(典型为 30Å)。换句话说,在相对很宽的沟槽中液晶分子可以沿任何方向排列。因此,应该把定向和锚定效应归因于表面的应力。

早期的液晶显示器的一个重要问题是它们的寿命不够长,原因是湿气对未密封液晶层的侵蚀。开发不用摩擦定向的技术和能将液晶显示屏与外界隔绝的密封技术一度成为液晶显示器大规模生产的重要一步。然而,在 1977 年新的抗湿液晶合成成功后,制造商放弃了与将液晶与外界隔绝的密封技术,又回到摩擦定向或用印有细小凹槽的环氧基树脂膜定向。

**2. 斜蒸定向**

虽然大规模生产中广泛应用摩擦过的聚合物作为定向层,但并不理想,因为摩擦会给基板带来微粒、杂质和静电,损害薄膜晶体管(TFT)矩阵,降低成品率。有一些非接触的替代方法取得过或大或小的成功。

最早的技术是在与表面法线成一定角度的方向倾斜蒸发定向剂 SiO 等氧化物或 Au、Pt 等金属,如图 3.5.4 所示,层厚为 10～100nm。当蒸镀角度较大(20°≤θ≤45°)时,液晶分子做倾斜排列,如图 3.5.4(a)所示;当蒸镀角很小(5°≤θ≤20°)时,液晶分子做沿面排列,如图 3.5.4(b)所示。但是蒸镀法不适用于大生产,因为对于大面积的基板,如果蒸发源距基板不是足够远,相对基板上各处的蒸镀角会不一样,从而引起各处定向的不均匀,这将意味着需要非常大的蒸发室。所以蒸镀法只用于对小面积基板的实验研究。

另一种只用定向剂而不用摩擦的工艺是先将定向剂溶入液晶中,液晶注入盒内后定向剂在基板表面析出,起定向作用,但效果不是很理想。

**3. 光敏定向**

光敏定向是近年来研究较多的另一种替代方法。在这种技术中,使用对紫外线辐射敏感的特殊聚合物定向膜。根据所使用的聚合物的类型,紫外线会导致聚合物的顺反异构化、降解或交联。这些转变可以提高极化敏感度,于是经偏振紫外光辐照的聚合物膜变成各向

异性,能诱导液晶沿面排列。光敏定向技术问世以来,迟迟未进入大生产。然而,在 2009 年,日本东芝公司宣布其第十代 LCD 生产线将使用光敏定向技术。

图 3.5.4  液晶分子在斜蒸的 SiO 薄膜上的排列方向

## 3.5.2  垂直排列

实现垂直排列有许多不同的方式。一种非常简单的方法是在表面涂卵磷脂、有机硅这类表面活性剂。将一块织物浸泡在卵磷脂的乙醇溶液中,取出织物,擦基板内表面,溶剂蒸发后在玻璃的表面形成卵磷脂单分子层。卵磷脂的一个末端具有亲水性,另一个末端为疏水性,如图 3.5.5(a)所示。其亲水的极化头吸附在玻璃表面,而让疏水尾垂直于表面。当将液晶材料注入盒时,接近表面的液晶分子如图 3.5.5(b)所示,平行于疏水尾排列,达到液晶分子的垂直表面排列。

图 3.5.5  图示采用卵磷脂的垂直排列

该方法首先用于生产 VAN 模式液晶显示器,是将疏水性聚合物层沉积在玻璃上促进垂直排列。在生产中为避免材料浪费,聚合物通常被打印在基板上,但是在实验室里生产较小的研究样品时,完全可以用如旋转或浸渍等生成涂层的传统方法。

用上述方法可使向列相和胆甾相液晶在界面形成垂直排列。对于向列相液晶,用有机金属络合物处理基片也可获得稳定的垂直定向。

### 3.5.3 倾斜排列

**1. 预倾角定向**

用摩擦实现沿面定向时,通常是伴随所谓表面预倾,如图3.5.6(a)所示。液晶指向矢相对于衬底表面的倾斜角取决于定向膜对摩擦的感觉。所以预倾角的值取决于用作定向层的聚合物、摩擦的条件和使用的液晶。摩擦形成的预倾角一般只有$0°\sim10°$。

(a) 摩擦方向对沿面预倾角的效果

(b) 摩擦方向对垂直表面预倾角的效果

图3.5.6 摩擦方向对预倾角的效果

由此可知,摩擦使分子的一端稍微抬起几度,即给了液晶分子一个预倾角,这一方面加速在电场作用下沿面排列液晶的再定向,也避免发生反向倾斜和反向扭曲,防止不同畴的产生。

**2. 中间值倾斜角定向**

在前面的小节中已经描述过,摩擦形成的沿面排列往往会导致表面$0°\sim10°$的小预倾角。同样地,摩擦垂直排列也往往导致相对表面法线$0°\sim10°$的小预倾角,如图3.5.6(b)所示。如何形成相对表面$10°\sim80°$的中间倾斜角?长时间以来,一氧化硅的斜蒸发是唯一能获得大于$20°$预倾角的方法。现在已开发出一些获得中间值倾斜角定向方法。

1) 混合两种不同性质表面活性剂

然而最近,基本上采用在部分空间的平均得到中间预倾角。一个方法是制造两种分别可以用来垂直定向和沿面定向的聚合物溶液。将该溶液旋涂在基板上,溶剂蒸发,两种聚合物从溶液析出并在基板以随意的样式形成小的相分离区域。这种方法成功的关键是选择在溶剂中有不同的溶解度的聚合物,只有这样,它们才能在不同的时候从溶液中析出。通过仔细控制这个过程,有可能制造出纳米结构的表面,其表面上垂直定向和沿面定向材料小块的尺寸在小于$1\mu m$范围内。当然,为了给出从优的方位角排列,必须像标准沿面定向那样摩擦此表面。这类表面对邻近液晶层的影响可用图3.5.7进行卡通式说明。尽管垂直定向和沿面定向的区域非常小,但它们仍然比液晶分子(通常是几纳米到几十纳米)大几个数量级,因此非常像一个表面,液晶分子将以此局部表面定向(根据所在位置做垂直定向或沿面定向)。然而,当离开表面(图3.5.7中的实线)观看时,指向矢的方向在逐渐变化,到图3.5.7中的虚线处,所有的指向矢方向变成一致,与其原来在基板表面上的位置无关。不仅如此,指向矢的角度还在我们感兴趣的$10°\sim80°$之间。因此,可以设想在距离真正的基板表面一定距离的虚线处有一假想的表面,在该表面上的预倾角为中间平均值。预倾角的具体大小在很大程度上取决于沿面定向和垂直定向区域的面积比,当然还有一些其他依赖因素,如它们特有的预倾角、在真实表面锚泊的强度以及控制液晶指向矢扭曲时能量消耗的各向异性的弹性系数。假想表面到真正表面的距离为垂直定向和沿面定向材料个别区域的长度大小量级。因此,如果在几微米厚度的液晶盒中这个假想表面有什么有用的意义的话,它到真正表面的距离最好是亚微米。如果情况并非如此,不同定向区域的尺寸大到与盒的厚度可比拟时,那么等效预倾角的概念就毫无意义,在盒中只是在不同的部分形成一些通常被称为畴的不同的定向区域。这两种极端情况的比较如图 3.5.8 所示。

图 3.5.7　由混合定向或图案定向造成的均匀指向矢的范围

(a) 中间值定向　　　　　　　　(b) 多畴定向

图 3.5.8　盒间隙与混合定向或图案定向材料小块尺寸之比影响所得到的定向类型

2) 图案定向

另一种创建垂直和沿面定向区域的方法通常被称为图案定向。用该方法创建的区域的线尺寸既可以比盒间隙大很多,也可以比盒间隙小很多。为了得到预定的定向,需要在表面形成一些特殊的结构,图案定向适用于任何这类不均匀表面定向。可以在一个垂直或沿面定向层中创建不同方向角定向方向的图案。

用不同性质表面活性剂聚合物很难创建区域界限分明的定向层图案,实现图案定向最有效的方法是光敏定向。

创建图案光敏定向层的基本过程与创建均匀光敏定向层的严格一样,只是在用紫外光曝光时,前者表面上要覆盖一块掩膜板,将表面部分面积挡住,使定向层的这些面积不受紫外光辐照,那里的聚合物也就不会发生结构变化。结果是创建了沿面与垂直定向区域按设计好的图案分布的定向层。以同样的方式,如果改变沿面与垂直定向区域的比例,在假想表面的等效预倾角就可以在 $0°\sim90°$ 之间调节。

## 3.5.4　液晶盒定向的种类

到目前为止,已经描述的液晶可能的定向排列都是毗邻一个表面。然而,"液晶定向"一词有时也适合液晶盒的两个表面,这样就出现液晶体内的指向矢结构。一些典型的盒例子结构如图 3.5.9 所示,并给出它们常用的名字。在图 3.5.9(a) 所示的液晶盒中,两个表面上都是垂直定向,通常被称为 VAN(vertically aligned nematic)盒。这类定向方式在 LCD 制造商(如 Samsung、Sharp 和 Sony)中使用最广泛。在图 3.5.9(b)～(e)所示的液晶盒中, 两个表面上都是沿面定向,但不一定在同一个方向。在图 3.5.9(b)和(c)所示的液晶盒中, 两个表面上的沿面定向分别是反平行的和并行的(在零预倾角时它们就退化了),有时分别 称它们为 Fréedericksz 盒和 π 盒,是电控双折射(ECB)的基础,被其他 LCD 制造商,如 Hitachi and LG,用于平面开关(IPS)模式中。在非退化时,这两种情况加电压的行为表现 略有不同。平行定向的情况[图 3.5.9(c)的 π 盒]较之反平行定向的情况[图 3.5.9(b)的 Fréedericksz 盒]有较高的对称性,并可以形成一种如图 3.5.9(d)所示那样的被称为弯曲态 的替代状态,作为对照的是图 3.5.9(c)中的展曲态。弯曲态是另一类型 LCD 的基础,由 Samsung 公司研发,被称为光学补偿弯曲(optically compensated bend,OCB)模式,其令人 们感兴趣的地方是响应速度很快。在图 3.5.9(e)盒中,两个摩擦方向是相互垂直的。称这 类盒为扭曲向列或 TN。TN 是第一个被开发的液晶模式,如今仍然在许多 LCD 中使用着。 在图 3.5.9(f)盒中显示一种混合定向,其一个表面是垂直定向,另一个表面是沿面定向。 一般称这类盒为混合定向的向列(hybrid-aligned nematic,HAN)盒。

图 3.5.9 常见液晶装置的定向排列类型

## 3.6 液晶显示器对液晶的要求

### 3.6.1 引言

在过去的 20 年里,液晶显示器的应用取得了显著发展。第一批在市场使用的是采用 TN 技术的低信息内容显示器和采用 STN 技术的中高信息内容显示器(尤其是 20 世纪 80 年代末到 90 年代初的笔记本电脑)。它们都是无源矩阵显示。进一步发展是引入能开关大 量弧段的 TFT 液晶显示器。基于 TFTs 和液晶独特的综合性能,在 20 世纪 90 年代初笔记 本电脑被引入市场。这是后面 10 年新液晶发展的动力所在,例如为了电池寿命更长,要求 液晶工作电压更低。长时间以来,认为对比度强烈依赖观察角度是由于液晶分子双折射造 成的一种内在的问题。然而,对 TN 引入光学补偿薄膜,显著改善了对观察角度的依赖性, 但更多的改善是通过 1995—1997 年出现的新的显示技术,如 IPS 模式和 VA 模式。这些新技术使液晶显示器进入较大尺寸显示领域。第一批产品是计算机显示器。下一个重大挑战是液晶显示器应用到电视,主要是需要低于一帧的更快的切换次数、更高的对比度和亮度,以及更大的观察角度。由于不断改进的各种显示组件,第一批大尺寸液晶电视在 2001 年被引入市场。将在下面描述新液晶材料和新液晶混合物不断发展对所有上述这些发展起的决定性作用。

## 3.6.2 显示用液晶的基本要求和物理性质

### 1. 温度范围

商用的液晶必须有一个宽的向列相范围以保证显示的工作温度范围。用于汽车时,工作温度范围大约是 $-40\sim100℃$;用于手机时,工作温度范围大约是 $-20\sim70℃$;室内应用,如计算机显示器或电视,工作温度范围大约是 $0℃\sim50℃$。液晶的清亮点必须至少比器件运行温度上限高 $10℃$。

### 2. 介电各向异性($\Delta\varepsilon$)和弹性系数 $k_{ii}$

为了能够响应外加电场,液晶必须具有介电各向异性($\Delta\varepsilon$)。根据分子结构,介电各向异性可以是正的(分子偶极子平行于分子的长轴)或负的(分子偶极子垂直于分子的长轴)。根据指向矢的变形不同(展曲、扭曲、弯曲)存在三个 $k_{ii}$($i=1,2,3$)。显示器的工作电压是正比于弹性系数与介电各向异性比的平方根,显然,要求高 $\Delta\varepsilon$ 和低 $k_{ii}$。

### 3. 双折射($\Delta n$)

液晶盒的电光效应的基础是双折射($\Delta n$),在开关时,液晶分子重新定向,入射光经过盒产生一个有光程差或光学迟后($d\Delta n$,$d$ 是液晶盒间隙),使显示器的透过率发生 $0\%\sim100\%$ 之间的变化。不同的显示模式要求不同的 $\Delta n$。液晶显示器的开关时间正比于旋转黏度($\gamma_1$)和液晶盒间隙 $d$ 的平方。对于电视应用,低黏度和小间隙是关键性的参数。

在有源矩阵显示器中,用信号脉冲驱动 TFT 对每个像素充电。电压必须持续到下次刷新信号脉冲到来。这段时间跨度叫作一帧时间。在这段时间内的电压的降落情况用电压保持率(voltage holding ratio,VHR)来表征,它被定义为一帧时间结束时与开始时像素上电压之比。高 VHR 是无闪烁图像的先决条件。在无源矩阵驱动的 TN、STN 显示器中,为了避免图像黏滞效应,VHR 不应该如有源矩阵显示器中那么长。因此,有源矩阵与无源矩阵显示需要分别使用不同电阻率的液晶材料。

研究液晶材料的主要目标是合成和鉴定的具有较低黏度,同时保持其至提高其他属性的化合物。根据分子性质,如偶极矩和极化能力,用计算机模拟计算得到的 $\Delta\varepsilon$ 和 $\Delta n$ 值通常与液晶的测量值符合良好。另外,用计算机模拟计算液晶实体的性质,如弹性常数、黏度和熔化点,还处在初级阶段。

单体液晶化合物不能满足显示复杂的要求。通常需要 $10\sim20$ 种化合物的混合物才能满足宽工作温度范围和其他物理性能要求。然而,液晶混合物的熔点不是热力学意义上的相变点,而是有很长的寿命的亚稳态。

液晶分子所有的结构单元(侧链、环、连接基团、末端基团)都对物理性质有贡献。例如,带有极性取代基的苯环对介电各向异性有显著贡献。

此外,芳环比环己烷环对光学各向异性 $\Delta n$ 有更高的贡献。因此,靠经验寻找对具有低 $\Delta n$ 值高极性液晶的限制。其他矛盾的需求是高清亮点和低黏度的共存以及高极化性和低黏度的共存。因此,很难做出具有高清亮点 $T_{cp}$(宽的工作温度范围)和低黏度(快速开关)的液晶或具有高极化性(低运行电压)和低黏度的液晶。然而,对于不同的液晶显示器产品,这些都是关键性的液晶属性。修改极性基团将会产生重大的影响,尤其是对 $\Delta\varepsilon$。如溶解度等的附加属性对实际使用也会起到决定性的作用。此外,液晶必须具有化学、光化学和电化学的稳定性。从经验上看,随着液晶的介电各向异性值增加,VHR 会减少。因此,高 VHR 与高极性组合是另一种常见的矛盾的材料需求。

液晶分子在储存期,尤其是在生产过程中和显示寿命期中在光、热负荷作用下的稳定性是绝对必要的。

### 3.6.3　无源矩阵寻址显示用的向列液晶材料

#### 1. 用于扭曲向列显示的液晶材料

无源矩阵驱动用于低多路传输比的扭曲向列(TN)显示,一般工作于 Gooch-Tarry 曲线的第一最小值(光学迟后 $d\Delta n=0.5\mu m$)或第二最小值(光学迟后 $d\Delta n=1.12\mu m$)。对于典型的约 $6\mu m$ 盒间隙,对应于第一和第二最小值要求液晶混合物的 $\Delta n$ 值分别约为 0.083 和 0.187。

在发展无源矩阵寻址显示用的向列液晶材料过程中有下列历程:

(1) 由于发展了含氰基末端基团的极化单体,使 TN 液晶手表和计算器在 20 世纪 70 年代变成商品。

(2) 引入一个酯基团,$\Delta\varepsilon$ 增加将近 1 倍。通过部分氟化苯并环,不但可以增加 $\Delta\varepsilon$,还会附加地降低熔点和清亮点以及增加 $\gamma_1$。

(3) 选择不同的环结构(苯、环己烯)可以将分子的 $\Delta n$ 修改成一定数量。然而,引入二苯乙炔结构三键连接基团可以对 $\Delta n$ 有更强的影响,这种结构性的修改几乎使 $\Delta n$ 翻倍。

(4) 除了极化单体,用于调整最后混合物的清亮点 $T_{cp}$、$\Delta n$ 和 $\gamma_1$ 的 $\Delta\varepsilon$ 几乎为零的介电中性的单体是必不可少的。中性两环分子具有相对较低的清亮点和低 $\gamma_1$ 值。

(5) 按典型的浓度(质量的 $0.1\% \sim 0.5\%$)在混合物中掺入合适的手性物质,可以防止显示时出现任何反向扭转变形。

#### 2. 用于超扭曲向列(STN)显示的液晶材料

无源矩阵驱动的 STN 显示的典型工作模式是扭曲角 240° 和光学延迟值 $d\Delta n=0.85$,用于中到高多路传输比信息显示。对于 $4 \sim 7\mu m$ 的盒间隙,要求液晶混合物的 $\Delta n$ 值为 $0.12 \sim 0.21$。STN 显示器通常用 Alt-Pleshko 寻址方案来寻址。根据多路传输的 Alt-Pleshko 定律,为了达到最佳对比度,一个确定数量的多路传输行需要一个确定陡度的透明度-电压 $(T-U)$ 曲线。特别是在显示高信息内容时,电光曲线的陡度必定是 TN 显示达不到的。对于已给定的扭转角、预倾角和介电参数 $\Delta\varepsilon/\varepsilon_\perp$ 参数组,增加比率 $k_{33}/k_{11}$ 可以增加透明度-电压曲线的陡度。然而,如果所选择的比率 $k_{33}/k_{11}$ 高于多路传输行所需的数量,会发生限制多路传输能力的滞后回线。由于与 TN 显示相比较,STN 的透明度-电压曲线很陡峭,使 STN 显示,特别是显示高信息内容时,是在两个相当接近电压水平之间进行切换,从而导致切换缓慢。因此,液晶材料具有低 $\gamma_1$ 是特别重要的。

在分子中引进乙烯基团作为连接基团或末端基团可以增加极化的和中性的液晶单体的比率 $k_{33}/k_{11}$。终端乙烯基团对实现低 $\gamma_1$ 更有效。

为了实现快速切换而减少盒间隙时,STN 混合物需要的 $\Delta n$ 相对较高。为了这些应用,可采用二苯乙炔材料。加上氟化,可以减少二苯乙炔材料的熔点和实现宽的向列相。使这些材料具有非常高的 $\Delta n$ 值和低 $\gamma_1$ 的特征。因此,可以很容易地实现呈现非常高的 $\Delta n$ 值的快速开关的液晶混合物。

用于汽车应用、桌面电话和家庭应用的 STN 显示需要 $8\sim15$ 中等的介电各向异性 $\Delta\varepsilon$。然而,随着移动通信在 20 世纪 90 年代的繁荣,液晶混合物必须用低的电池电压工作,甚至在低的温度下工作。要求这些混合物的介电各向异性 $\Delta\varepsilon$ 范围为 $30\sim50$。无源矩阵寻址方案是将高频率脉冲施加在每个像素上,脉冲的绝对值取决于多路传输率。因为介电各向异性 $\Delta\varepsilon$ 具有强烈的温度和频率依赖关系,特别是在较低的温度下 $\Delta\varepsilon$ 变小,可能引起切换不足,导致对比度低,会限制显示器的使用。使用由一个含氰基的末端基团和在氰基团后的苯基环上的两个氟原子组成的液晶分子可以将这些影响减少到最低。

只有在正确调整好间隙与所需的节距比时,STN 显示才会工作。一般来说,对于 240° 扭转角的 STN 显示这个比例大概是 0.53。液晶混合物的螺旋扭力取决于它的物理性质。为了调整到正确的节距值,液晶混合物的每一次修改,都需要确定螺旋扭力和手性掺杂剂浓度。

## 3.6.4 有源矩阵寻址显示用的向列液晶材料

### 1. 扭曲向列显示用的液晶

有源矩阵驱动高分辨率扭曲向列(TFT-TN)显示通常工作在 Gooch-Tarry 曲线的第一个最低点,对应的光学滞后 $d\Delta n$ 的范围是 $0.4\sim0.5$。在 20 世纪 90 年代,间隙为 $6\mu m$ 左右,后来减少到 $3\mu m$,假设所有其他参数都不变,则理论上响应时间可以有 4 倍的改善。这样的间隙减少需要液晶混合物的 $\Delta n$ 值从过去的大约 0.08 增加到先进的混合物的大约 0.15。与无源矩阵驱动显示不同,有源矩阵驱动技术要求在一个宽的温度范围内有高的 VHR 值,以实现无闪烁的图像。从材料的角度来看,这需要液晶具有高电阻率。在液晶中利用氟原子代替含氰基的原子作为端部基团,可以增加极化液晶分子的电阻率。但带氟端部基团的极化双环材料通常显示非常低的清算点,是不适合实际应用的液晶混合物。为 TFT-TN 应用的典型的极化三环材料是 1、2、3-三氟苯衍生物。与适用于无源矩阵应用的含氰基末端基团极化料相比较,这些材料通常具有较低的 $\Delta\varepsilon$ 值。

因为笔记本、上网本和手机是移动应用,必需低功耗,为此采用 $1\sim1.5\text{V}$ 的低开关电压,这需要 $\Delta\varepsilon$ 值为 $12\sim20$ 的液晶混合物。从液晶材料方面看,需要至少包括两个苯基环的极化三环分子,并且环中的氢原子是部分或全部被氟原子代替。其 $\Delta\varepsilon$ 值为 $15\sim25$,$\Delta n$ 值是 $0.13\sim0.22$。

为了减少液晶显示器的开关时间采用小的间隙,为了 $d\Delta n$ 值达到要求,最后的混合物需要更加高的双折射材料。二苯己炔结构不适合,因为它们对 VHR 值将有负面影响。采用由部分被氟化的芳香环组成的结构可以获得具有高 $\Delta n$ 和良好可靠性的材料。大多数这类材料的特点是广泛的向列相范围和 $\Delta n$ 值的范围是 $0.20\sim0.26$。

除了已描述过的极化材料和高 $\Delta n$ 分子,液晶混合物也包含双环和三环中性分子,它们分别具有非常低的 $\gamma_1$ 和高的 $T_{cp}$,用于调节液晶混合物的参数。

为使液晶混合物具有特定的节距,要添加合适的手性掺杂物。降低节距值会使开关更快,但也会增加开关电压和影响的对比度。

### 2. 共面开关和边缘场开关技术用的液晶

共面开关(IPS)和边缘场开关(FFS)显示通常工作在光学延迟 $d\Delta n$ 略高于 0.3,对于标准间隙要求液晶混合物的 $\Delta n$ 的范围是 $0.08\sim0.10$。与 TN 显示相反,IPS 的开口率取决于梳状电极间的距离。因为阈值电压与电极之间的距离是线性相关的,高开口率,即高亮度的显示需要高介电 $\Delta\varepsilon$ 值的混合物,同时高 $\gamma_1$ 会使开关缓慢。因此,这种模式需要 $\Delta\varepsilon$ 与 $\gamma_1$ 关系改进的液晶。在显示器和 TV 应用中,液晶混合物的 $\Delta\varepsilon$ 值通常在 8 左右,更高的值用于手机。到目前为止,只有 IPS 显示使用的正介电的液晶已经商业化。

只使用氟苯基环的构建块不能实现 $\Delta\varepsilon$ 值超过 10 和 $\Delta n$ 值为 $0.08\sim0.09$ 的液晶单体,需要引入合适的极化连接基团,如用一个二氧六环更换一个环己烷环或将二氧六环组与氟苯环和 $CF_2O$ 连接基团组合等。

### 3. 光补偿弯曲模式显示和投影显示用的液晶

光补偿弯曲(OCB)模式显示需要混合物同时具有高 $\Delta n$(一般为 0.15)和高 $\Delta\varepsilon$(约为 15)。投影显示需要快速开关,间隙小于 $2\mu m$。由于背光源功率强,工作温度在 50℃ 左右,比直视液晶电视的高。因此,液晶混合物应具有高 $\Delta n$ 值、高清亮点和高的热及光稳定性。

采用部分氟化三联苯结构可实现 OCB 和投影显示所要求的高 $\Delta n$ 值与高稳定性相结合。通过高度氟化三联苯和四联苯可以进一步提高 $\Delta\varepsilon$。

### 4. 垂直定向技术用的液晶

对于不同的垂直定向(VA)液晶技术,需要液晶材料具有负介电各向异性 $\Delta\varepsilon$,以实现指向矢垂直于电场的取向。具有负 $\Delta\varepsilon$ 材料的共同特征是侧向极化取代基诱导产生的偶极矩垂直于分子的长轴。

标准 TFT 驱动要求工作电压为 6V 或更低。因此,液晶混合物的介电各向异性必须至少为 -3 左右,还要考虑到相应的弹性常数。所需的光学延迟 $d\Delta n$ 稍微高于 $0.3\mu m$。对于目前使用的间隙,要求混合物的 $\Delta n$ 值范围是 $0.08\sim0.11$。VA 模式本质上是快速开关模式,因此主要用于电视应用。然而,面对更高的帧速率以及 3D 应用的需求,需要具有更短开关时间的材料。因此,主要的研究目标是合成和识别低黏度,同时维持其至提高其他属性的化合物。

大多数商用负介电材料是基于 1,2-二氟苯构建块,具有 $-6\sim-7$ 的 $\Delta\varepsilon$ 外推值。对于快速开关的混合物材料,低 $\gamma_1$ 是必需的。通过使用具有三联苯结构的化合物可以同时做到进一步降低黏度和增加光学各向异性 $\Delta n$。这些结合得到具有高外推清亮点、相对低的旋转黏度 $\gamma_1$ 和中等负介电各向异性。

## 习题与思考

3.1　比较液体与液晶在分子排列上有什么不同,说明根据液晶的性质对液晶的分子结构提出了哪些要求。

3.2　为什么说液晶的工作原理决定了液晶显示器的视角范围小和响应速度低?

3.3　有源矩阵 LCD 与无源矩阵 LCD 为什么对液晶的电阻率要求不同?

3.4　偏振光入射液晶层,出来后两种分量为什么会产生光程差?会出现什么现象?

3.5　$+\Delta n$ 与 $-\Delta n$ 的液晶分子在结构上有什么不同?

3.6　如何实现垂直定向？什么液晶显示器需要垂直定向？

3.7　如何利用光敏定向实现 $10°\sim80°$ 的中间预倾角？

3.8　根据图 3.5.9 所示的液晶盒定向排列情况，逐个分析其中液晶的形变类型。

3.9　总结一下，从液晶显示器性能出发对液晶物理参数的具体要求中有哪几对矛盾的要求。

3.10　列表总结各类液晶显示器对液晶物理参数的具体要求。

# 第 4 章

# 常用的无源液晶显示器

本章详细介绍 TN-LCD 和 STN-LCD 的工作原理、制造工艺,对无源液晶显示器的寻址技术和驱动器的结构、原理也做了比较充分的介绍。

1971 年发明的扭曲向列(TN)型电光效应是液晶显示技术发展中的一个重要里程碑。TN 器件与氰化联二苯液晶材料的组合首次提供了一个性能可接受的和长寿命的液晶显示器。最初,TN 装置被用作只有几个字符或数字的低信息内容显示,至今仍然在销售的液晶手表和计算器就是这类低信息内容显示的典型例子。随着显示器市场的发达,渴望显示更多的信息,然而,很快就发现了 TN 器件无法实施多路传输的重大缺点。可以在液晶显示器上显示大量的信息的两种截然不同的技术于 1980 年左右兴起了。一种是使用标准 TN 器件的非晶态薄膜晶体管(TFT);另一种是超扭曲向列(STN)型 LCD,它改变了 TN 器件的几何结构,不用 TFT 也能显示大量信息。

## 4.1  扭曲向列型液晶显示器(TN-LCD)

### 4.1.1  结构和工作原理

扭曲向列型显示器件的结构示意如图 4.1.1 所示,工作原理示意如图 4.1.2 所示。液晶盒的间隙约 $5\mu m$,上下两块玻璃的内表面已镀有 ITO 导电层和定向层,两定向层的沿面指向互相垂直。在上玻璃上方有一块偏振片(又称为起偏器),其偏振方向一般与上玻璃内表面定向层一致。在下玻璃下面也有一块偏振片(又称为析偏器),其偏振方向一般与下玻璃内表面定向层一致(或垂直)。注入的正性向列相液晶被诱导,上下液晶层指向矢之间有一个 $90°$ 的扭转角($\varphi$)。在不加电压的情况下(关态,有时用 OFF 表示),液晶的指向矢从上表面均匀扭曲到下表面,因此得名扭曲向列。入射光经过第一个偏振片后变成偏振光,进入液晶后光的偏振方向随扭曲液晶层旋转,旋转 $90°$ 到达下表面,正好平行于第二偏振片的偏振方向,光线通过液晶盒。

在液晶层上施加一个约 $2\sim3V$ 的小电压(开态,有时用 ON 表示),因为是正性相列液晶,液晶指向矢转向沿电场方向排列,均匀扭曲结构消失。处于开态(ON)的相列液晶不再旋转入射的平面偏振光,入射光被第二偏振片挡住,即关态(OFF)是黑色的。去掉所施加的电场,液晶又恢复均匀扭曲状态,光再次通过液晶盒。通常称这种配置为常白模式。当上下偏振片的偏振方向互相平行时,关态(OFF)状态是黑色的,称这种配置为常黑模式。液晶作为环境光的反射器时,通常采用常白模式,如在手表和计算器这类便携式低功耗器件的应用中。当液晶带背光源作为透射器工作时,通常采用常黑模式,如在手机和计算机中的应用。

图 4.1.1　液晶盒结构的横切面简化示意　　　图 4.1.2　常白模式中 TN 显示的结构和工作原理

## 4.1.2　畴

实用 TN 器件的结构由于存在两种类型的缺陷变得复杂。这些缺陷以不同定向液晶畴之间的边界形式出现。畴表现为一块不同对比度的面积,在偏离轴的方向观看尤其明显。它们除了难看,还可以导致误读显示信息,这在商品中是不可接受的。用于正交沿面定向的两块玻璃板在关态时既可形成右手扭曲的结构,也可形成左手扭曲的结构,即其 $\varphi$ 角可以是 $90°$,也可是 $-90°$。TN 液晶器件分裂成两组畴,畴的典型大小为几毫米。这些畴(被称为反向扭曲畴)在 ON 态仍存在,并且明显可见。对液晶施加电场,在 ON 态也能进一步形成两组大小相似,表现为具有不同对比度面积的畴。它们源于液晶指向矢以两种可能的方向沿外加电场重新定位,形成反向倾斜畴。使用具有约 $200\mu m$ 长螺旋节距的手性向列液晶和玻璃表面小预倾角(约 $1°$)可以消除这两种畴。如果液晶的手性程度和预倾角配合正确,就能实现没有缺陷的显示。

## 4.1.3　关(OFF)态的光学特性

如果光入射处指向矢的方向、光出射处指向矢的方向、起偏器偏振的方向和析偏器偏振的方向这四个方向相互间如图 4.1.3 所示成任意角度,即 TN 显示器处于任意状态,若间隙为 $d$,液晶的双折射为 $\Delta n$ 和扭曲角为 $\varphi$,则可推导出波长为 $\lambda$ 的垂直入射光的透射率 $T_{TN}$ 为

$$T_{TN} = \left\{ \cos\delta\cos(\varphi + \theta - \gamma) + \frac{\sin\delta\sin(\varphi + \theta - \gamma)}{\sqrt{(1 + \alpha^2)}} \right\}^2$$
$$+ \frac{\alpha^2 \sin^2\delta\cos^2(\varphi - \theta - \gamma)}{(1 + \alpha^2)} \tag{4.1.1}$$

式中,$\alpha = \Delta nd\pi/\varphi\lambda$ 和 $\delta = \varphi\sqrt{(1 + \alpha^2)}$。

在方程(4.1.1)中若取 $\varphi = 90°$,$\gamma = \theta = 0$,这就是 TN 液晶扭曲 $90°$,两块偏振片的偏振方向和入射处液晶指向矢互相平行的状态。代入后,方程(4.1.1)变成

$$T_{TN} = \frac{\sin^2\left\{(\pi/2)\sqrt{1+(2\Delta nd/\lambda)^2}\right\}}{1+(2\Delta n - d/\lambda)^2} \tag{4.1.2}$$

这就是标准 TN 器件常黑模式关态的透射率方程,又称为 Gooch-Tarry 方程。透射率随 $(2\Delta nd/\lambda)$ 的增加做振荡性衰减,如图 4.1.4 所示。如果 $2\Delta nd \gg \lambda$,则所有波长的光都通不过液晶盒,这等于大光程差的 TN 盒使所有波长的光都旋转了 $90°$,这就是 Mauguin 条件。Mauguin 条件的标准说法是:只要入射光的波长 $\lambda$ 远小于盒间隙 $d$ 与折射率各向异性 $\Delta n$ 的乘积,则光在通过该液晶盒时其偏振面的扭曲角与波长无关。

图 4.1.3　TN 液晶层的指向矢和偏振片的定向方向　　图 4.1.4　两块偏振片互相平行安置的常黑模式下单色光经过 TN 器件后的强度随 $x$ 的变化($x = 2\Delta nd/\lambda$,是一个无量纲的量)

Gooch 和 Tarry 注意到方程(4.1.2)有一系列透过率最小点,使

$$\sqrt{1+(2\Delta nd/\lambda)^2} = 2m \quad (m \text{ 为正整数})$$

或

$$(\Delta nd/\lambda)^2 = m^2 - 1/4 \tag{4.1.3}$$

可使 $T_{TN}$ 为 0,即透射率最小点。例如,当 $m = 1, 2, \cdots, \Delta nd = 0.87\lambda, 1.94\lambda, \cdots$。

称 $m = 1、2$ 对应的两个透过率最小点为 Gooch-Tarry 最小点。一般设计盒的间隙,使 TN 器件工作在这两个最小点之一上,比传统的(Mauguin)TN 器件更薄,开关速度更快,视角特性更好。工作于第一和第二最小点的 TN 器件已成为标准的商用 TN 器件。

当上下两块偏振片的偏振方向正交,上偏振片的偏振方向与指向矢成 $45°$,$\Delta n = 0.2$,TN 液晶盒的间隙 $d$ 分布取 $1.3\mu m$、$1.8\mu m$、$2.6\mu m$ 和 $4\mu m$,光垂直入射时,透射率是波长的函数,如图 4.1.5 所示。

所以如果入射光为标准日光,由于日光包含的波长范围是 $370 \sim 670 nm$,这时透射率曲

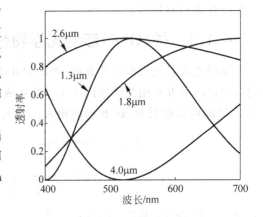

图 4.1.5　不同液晶厚度的盒的透射率与波长的关系

线即使在最小点也不可能为零,如图 4.1.6 所示。

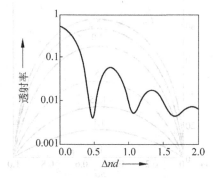

图 4.1.6  日光透过常黑型 TN 液晶盒(90°扭曲)的透射率

## 4.1.4  开(ON)态的光学特性

如果 TN 器件为常黑(normal black,NB)模式或常白(normal white,NW)模式,光垂直入射,工作于第一个最低点处,则透射率随外加电压的变化曲线如图 4.1.7 所示。两种模式的曲线是互补的。可见器件的对比度好,超过 100∶1。数值计算倾斜入射光的透射率相对于盒的法线显示出不对称。这种强烈的不对称是 TN 器件的一个众所周知的弱点,在多路传输和 TFT 驱动传输灰度时,更容易观察到。要理解这种不对称的物理起源是相当简单的。在典型工作电压下,液晶中间(厚度一半)层处指向矢的倾角 $\theta_m$ 在 45°~70°之间,因此,对于一些传播方向接近平行于指向矢的光,液晶失去导向作用和同时失去高对比度。对比度最高的方向与扭曲程度和表面的预倾角的符号有关。大多数 TN 器件会针对使用目的精心挑选对比度最高的方向。

图 4.1.7  TN 盒的透射率随外加电压的
变化曲线
a—常黑模式;b—常白模式

## 4.1.5  TN 液晶显示器的技术参数

下面所述的技术参量虽然以 TN-LCD 为例,但是对所有 LCD 均可适用。

**1. 阈值电压和饱和电压**

如果对上、下界均为沿面排列,且上、下界面分子指向矢又互相平行的向列相液晶盒施加外界面的电场,当外加电压小于临界值 $U_{th}$ 时,液晶中分子指向矢不发生转动。当外加电压大于 $U_{th}$,分子指向矢将转动,趋向于平行于电场方向,随着电压逐渐地增加,转角 $\theta$ 也随着增加。这就是液晶中著名的弗雷德里克兹(Freedericksz)转变。称开始这种转变的临界值 $U_{th}$ 为阈值。液晶盒中液晶分子倾角 $\theta$ 与 $z/d$ 关系(以 $U/U_{th}$ 为参变量)如图 4.1.8 所示。这种无预倾角非扭曲层的 Fréedericksz 阈值以 $U_0$ 表示,即

$$U_0 = \pi \sqrt{(k_{11}/\varepsilon_0 \Delta\varepsilon)} \qquad (4.1.4)$$

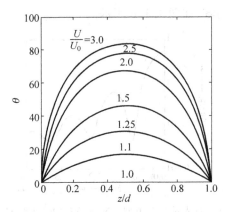

图 4.1.8　液晶盒中液晶分子倾角 $\theta$ 与 $z/d$ 的关系

$d$—液晶盒厚度；$z$—与液晶盒界面的间距；$U_0 = U_{th}$；$U$—外加电压

因为只发生展曲变形，所以 $U_0$ 只与 $k_{11}$ 有关。对于 TN 液晶，发生 Fréedericksz 转变的阈值

$$U_{th} = \pi \sqrt{\frac{k_{11} + (k_{33} - 2k_{22})/4}{\varepsilon_0 \Delta \varepsilon}} \tag{4.1.5}$$

这是因为 TN 液晶发生了展曲、扭曲和弯曲三种变形。

无量纲阈值 $u_{th}$ 定义为

$$u_{th} = \frac{U_{th}}{U_0} = \sqrt{1 + \frac{k_{33} - 2k_{22}}{4k_{11}}} \tag{4.1.6}$$

但是在实用中，经常取透射率曲线中的某些点来表示阈值和饱和值。一般取图 4.1.9(a) 常白模式中曲线饱和值的 90%，即透射率由无外场时的 100% 降到 90% 处的电压 $U_{90}$ 作为阈值电压，透射率下降到 10% 处的电压 $U_{10}$ 为饱和电压 $U_s$，这时 $u_{th} = U_{10}/U_{90}$。对于图 4.1.9(b) 常黑模式中曲线，透射率上升到饱和值 10% 处的电压 $U_{10}$ 为 $U_{th}$，透射率上升到 90% 处的电压 $U_{90}$ 为 $U_s$，这时 $u_{th} = U_{90}/U_{10}$。显然，$u_{th}$ 越接近 1，曲线越陡。

图 4.1.9　TN-LCD 阈值电压和饱和电压的定义

$U_{th}$ 决定了 LCD 的工作电压，对于 TN-LCD，一般为 $0.7 \sim 2\mathrm{V}$；$U_s$ 表征了显示器件获得最大对比度时的外加电压，此值小则省功率。

**2. 陡度 $P$ 和比陡度 $\Delta$ 的定义为**

$$P = \frac{U_s}{U_{th}}, \quad \Delta = \frac{U_{th}}{U_s - U_{th}} = \frac{1}{P - 1} \tag{4.1.7}$$

由于 $U_s > U_{th}$，所以 $P > 1$。曲线越陡，$P$ 越趋近于 1，因此比陡度 $\Delta$ 越大。一般 TN-LCD 的 $P = 1.4 \sim 16$。在无源矩阵 LCD 中，$P$ 值决定了可显示的信息容量，即决定了显示器件的驱动电路的路数，对于 TN 器件，只能实现 8~16 路驱动。

陡度的另一种定义为

$$p_{50} = \frac{U_{50}}{U_{90}} - 1 : p_{10} = \frac{U_{10}}{U_{90}} - 1 \tag{4.1.8}$$

式中　$U_{10}$、$U_{50}$、$U_{90}$——对应于 10%、50%、90% 透光率时的电压。

显然曲线越陡，$p_{50}$ 和 $p_{10}$ 越小，它们与最大可选址线数 $N$ 的关系为

$$N = [(1+p)^2 + 1]^2 / [(1 + p^2)^2 - 1]^2 \tag{4.1.9}$$

当 $p \ll 1$ 时，则有 $N = 1/p^2$。

**3. 对比度和视角**

液晶显示器是被动发光，所以无亮度指标，表征显示效果用液晶显示器的对比度 $C_r$，其定义为

$$C_r = \frac{T_{max}}{T_{min}} \tag{4.1.10}$$

式中　$T_{max}$ 和 $T_{min}$——液晶盒的最大和最小透射率。

由于液晶的有序参数 $S$ 不可能为 1，偏振片的透光和遮光能力也不可能理想，TN-LCD 的对比度只有 5~20，即不可能实现白底黑字的效果，只能达到灰底黑字的显示效果。

液晶显示器件图像的对比度随视角变化很大，对比度随人眼观察角度的变化特性被称为视角特性。图 4.1.10 给出了一种 TN-LCD 的视角特性，它是方向角（即视察倾角）$\theta$ 和方位角 $\varphi$ 的函数，习惯上取液晶盒中心为坐标原点。$z$、$y$ 轴在液晶平面上，用极坐标画出一系

图 4.1.10　TN-LCD 的对比度与视角的关系

列有代表性的等对比度曲线,如 $C_r=2$,这是图像刚可辨的对比度;而 $C_r=5$ 则是图像对比度尚可的值。

TN-LCD 在满足 Maugin 限制时,对入射光无色散现象,即要求 $\Delta nd/\lambda \gg 1$。实际上 TN-LCD 是设计在视角特性好的较小 $\Delta nd$(如 $\Delta nd=0.5\mu m$)情况下,这时若设计不好必出现如图 4.1.4 所示的色散现象。

**4. 响应特性**

TN-LCD 的响应特性如图 4.1.11 所示。一般驱动电压为方波,TN-LCD 加上驱动电压后,测量点的亮度开始变化。测出由亮变暗或由暗变亮的时间,对于能显示灰度的器件也可理解为任何两个灰度之间变化的时间。

图 4.1.11 TN 液晶盒的电光响应曲线

按惯例,与驱动电压增加相对应的 LCD 响应被称为接通或开机(turn-on),而与驱动电压减少相对应的 LCD 响应被称为断开或关机(turn-off)。这种定义对于弧段和低分辨率显示屏是直观的,但对于有源矩阵驱动的高分辨率显示屏,由于有复杂的数据处理过程,情况要复杂得多。

测量点的反射率(或透射率)从 $0\%$ 增加到 $90\%$ 所需要的时间 $t_1$(对于常黑模式)或从 $100\%$ 减少到 $10\%$ 所需要的时间 $t_2$(对于常白模式),同时测出测量点的反射率(或透射率)从 $10\%$ 增加到 $90\%$ 所需要的时间 $T_1$(对于常黑模式)或从 $90\%$ 减少到 $10\%$ 所需要的时间 $T_2$(对于常白模式)。则定义接通时间 $t_{on}$(turn-on time)和断开时间 $t_{off}$(turn-off time)为

对于常黑模式 $t_{on}=t_1$ 和 $t_{off}=t_2$;对于常白模式 $t_{on}=t_2$ 和 $t_{off}=t_1$。

定义上升时间 $t_r$(rise-time)和下降时间 $t_f$(fall time)为

对于常黑模式 $t_r=T_1$ 和 $t_f=T_2$;对于常白模式 $t_r=T_2$ 和 $t_f=T_1$。

无论接通时间 $t_{on}$ 和断开时间 $t_{off}$,还是上升时间 $t_r$ 和下降时间 $t_f$ 都是描写响应时间(也称为开关时间)的。换言之,响应时间和开关时间是一般术语,没有严格定义过。$t_{on}$ 和 $t_r$ 之间的差以及 $t_{off}$ 和 $t_f$ 之间的差被称为延迟时间(delay time)$t_{de}$ 和 $t_{df}$。

液晶显示是基于液晶分子状态的变化,其响应速度必然比原子过程和电子过程慢得多。无论上升过程,还是下降过程,都是外力克服液晶中的阻力使液晶分子状态变化的过程。外加电场使液晶分子完成状态变化所需时间,即上升时间 $t_r$ 可由运动方程得到。若液晶分子

状态只发生扭曲变形,这时分子重心没有位移,$t_r$ 为

$$t_r = \frac{\gamma_1}{\dfrac{\Delta\varepsilon\mathscr{E}^2}{4\pi} - \dfrac{k_{22}\pi^2}{d^2}}$$

(4.1.11)

令式(4.1.11)中 $\mathscr{E}=0$,便得到下降时间

$$t_f = \frac{\gamma_1 d^2}{k_{22}\pi^2}$$

(4.1.12)

对于展曲和弯曲变形,都伴有分子重心的位移,即伴有物质的流动,称为背流(back flow)。考虑了背流因素,$t_r$、$t_f$ 的表达式形式不变,只是 $k_{22}$ 变为 $k_{11}$ 或 $k_{33}$,旋转黏度系数 $\gamma_1$ 用 $\gamma_1$· 代替。在整个电压变化范围内有 $\gamma_1\cdot/\gamma_1\geqslant0.5$。

由式(4.1.11)和式(4.1.12)可知,改善响应特性可采取下列措施:

(1)增加工作电压有效值可降低 $t_r$,但受功耗的限制。

(2)减小液晶层厚度 $d$ 可使 $t_r$、$t_f$ 都变小,但 $d$ 太小,均匀性不易控制会产生彩虹现象。为了避免出现彩虹现象,要求 $\Delta nd>1\mu m$,一般 $\Delta n=0.14\sim0.15$,所以 $d$ 取 $6\sim7\mu m$ 为佳。

(3)采用低黏滞度和高 $\Delta\varepsilon$ 的液晶材料。

典型的 TN 液晶盒 $t_{de}$ 约为几毫秒,$t_r$ 为 $10\sim100ms$,$t_f$ 为 $20\sim200ms$。

## 4.2 超扭曲向列型液晶显示器(STN-LCD)

随着液晶显示技术的发展,要求显示器件的显示容量增大,传统的 TN 显示由于受到液晶材料性能的限制,即使使用多路驱动技术,其扫描线数也不超过 32,而且由于交叉效应的存在使其对比度下降、视角变小。为提高信息显示容量,在 1983 年人们发明了超扭曲向列(STN)显示技术。只要将传统的 TN 液晶分子的扭曲角从 90°增大到 180°~270°,电光曲线的陡度便戏剧性地增大(如图 4.2.1 所示),可以实现 640×480 的黑白及彩色 STN 显示,这种显示器件曾被广泛地用于文字处理机、计算机终端显示及办公室自动化等方面,一度成为高端液晶显示器件的主流产品。在有源矩阵 LCD 普及之前,它是唯一能显示高信息容量的显示器,目前,由于其价格相对较低,还有不少的应用。

图 4.2.1 数值计算不同扭曲角 $\varphi$ 情况下,中间层
指向矢倾角 $\theta_{max}$ 随电压的变化曲线

图 4.2.2(a)给出了常白模式 TN(扭曲角 $\varphi=90°$)液晶盒与 STN(扭曲角 $\varphi=270°$)液晶盒的透射率随驱动电压均方根值(RMS)变化($T/U$)曲线,可见 STN 液晶盒的 $T/U$ 曲线要陡峭得多。图 4.2.2(b)给出了不同扭曲角 $\varphi$ 液晶盒中液晶中间层分子长轴的倾角($\theta_m$)与驱动电压均方根值的函数关系,可见,随着扭曲角 $\varphi$ 的增加,曲线明显变陡峭,当 $\varphi=270°$ 时,陡峭度趋于无穷大。这意味着,工作于 $\varphi=270°$ 的 STN 液晶盒的电光特性曲线十分陡峭。随扭曲角从 180° 增加到 270°,STN-LCD 可驱动的行数从 200 增加到 600 行。一般把工作于 $\varphi=180°\sim360°$ 的 TN 液晶器件称为超扭曲向列液晶器件(STN-LCD),但扭曲角大于 270° 后,$T/U$ 特性曲线呈 S 形,器件会出现滞回现象。

图 4.2.2　常白模式 TN(扭曲角 $\varphi=90°$)液晶盒与 STN(扭曲角 $\varphi=270°$)的透射率/驱动电压(1kHz)曲线以及不同扭曲角下液晶中间层分子的倾角与驱动电压均方根(RMS)值的函数关系

从 1984 年 Scheffer 和 Nehring 提出增大扭曲角和采用双折射可以大大提高 $T/U$ 特性曲线的陡度后,对 STN 模式的研究很活跃,先后开发出多种 STN-LCD 产品,如图 4.2.3 所示。

图 4.2.3　STN-LCD 的几种模式

### 4.2.1 工作原理

从液晶盒的结构上看,STN 液晶盒与 TN 液晶盒似乎差别不大,但它们的工作原理是完全不同的,有以下几点:

(1) TN 液晶盒中液晶分子的扭曲角是 90°,而 STN 液晶盒中液晶分子的扭曲角是 180°以上。

(2) 在 TN 液晶盒中,起偏器的偏振方向(又称偏光轴)与上基板内表面摩擦方向(即液晶分子长轴的排列方向)是一致的,且起偏器的偏振方向与析偏器的偏振方向互相不是垂直就是平行。在 STN 液晶盒中,起偏器的偏振方向与析偏器的偏振方向成任意角,上下基板的摩擦方向也成任意角。当然,要使 STN 液晶盒工作于最佳,这些角度是需要严格设定的。

(3) TN 液晶盒利用液晶分子的旋光特性工作,而 STN 液晶盒由于经过起偏器的入射光的偏振方向与液晶分子成非直角,入射光被分解为正常光和异常光两种,在液晶层中传播时,遭受的折射率 $n$ 不同,在由析偏器出射时两束光有光程差,会发生干涉。所以 STN 液晶盒是利用液晶的双折射特性工作的。

(4) TN 液晶盒工作于黑白模式。STN 液晶盒一般工作于光程差为 $0.8\mu m$ 的状态下,干涉色是黄色或蓝色。

(5) 由于扭曲角增大容易产生条纹畸变,大预倾角可以消除这类畸变,所以 STN 液晶盒采用大预倾角。

图 4.2.4 给出的 STN 液晶盒的结构与传统 TN 液晶盒一样,在两个偏振片之间夹着一个扭曲取向的液晶盒。STN 各显示模式的结构差异是液晶分子的扭曲角、光程差 $\Delta nd$、预倾角 $\theta_0$ 和前后两偏振片的光轴方向 $P_f$、$P_r$ 的不同。为了维持大于 90°的扭曲角,需要使向

图 4.2.4 STN 型液晶显示器件工作原理示意

$\theta$—视角; $\varphi$—扭曲角; $\hat{n}_1$、$\hat{n}_2$—指向矢; $P_f$、$P_r$—两片偏振片的光轴;

$\beta$、$\gamma$—偏振片光轴的方位角; $\xi$—预倾角; $\delta$—光程差

列液晶具有天生的扭曲结构,即是手性向列相。在普通向列液晶中掺入百分之几的旋光材料,整个液晶层便具有左旋性或右旋性的宏观结构,即普通向列液晶变成了手性向列相。扭曲量用螺距 $p$ 来表示。当手性向列液晶填入液晶盒时,由于上下基板的定向作用,上下液晶面上分子指向矢的方向是固定的,使螺距长度比本证值 $p$ 伸长或缩短。由于 $p$ 与掺入的旋光材料的浓度成反比,所以可以通过调节旋光材料的浓度来改变螺距,使之适合不同厚度的液晶盒。只有在 $d/p=\varphi_T/2\pi$ 时($\varphi_T$ 是液晶层总扭曲角),液晶的本证螺距恰好等于由零预倾角液晶盒厚度和液晶表面分子定向决定的螺距。

在 STN 各模式中采用表面分子取向与偏振片偏振方向(光轴)不一致的做法(如图 4.2.4 所示),以便利用分子发生微小变化时将引起强烈的双折射变化,使阈值特性更加陡峭。这种由电压作用引起分子取向的变化和光学双折射效应的巧妙结合是 STN 器件的一大特点,是获得优异显示特性的缘由。

J. J. Schefer 指出,STN 器件在关态时液晶分子的倾角 $\theta$ 与其在液晶层中沿厚度方向的位置 $\xi(\xi=z/d)$ 关系不大,而扭曲角 $\varphi$ 与 $\xi$ 呈线性关系。因此 $\theta(\xi)$ 和 $\varphi(\xi)$ 沿液晶厚度方向的分布可近似表示为

$$\theta(\xi) = \bar{\theta}; \quad \varphi(\xi) = \varphi_T \xi \qquad (4.2.1)$$

式中 $\varphi_T$——总扭曲角;

$\bar{\theta}$——各扭曲层中倾角的平均,即 $\bar{\theta} = \int_0^1 \theta(\xi)d\xi$,由于 $\theta(\xi)$ 沿盒厚方向($z$)满足对称条件 $\theta(\xi) = \theta(1-\xi)$,所以 $\bar{\theta} = (\theta_0 + 2\theta_m)/3$;

$\theta_0$——预倾角;

$\theta_m$——盒中间层的倾角。

于是,各向异性有效折射率 $\Delta n_{eff}$ 可表达为

$$\Delta n_{eff} = \Delta\bar{n} = \Delta n\cos^2\bar{\theta} \qquad (4.2.2)$$

由此可得到 STN 模式的莫根条件

$$\frac{\Delta\bar{n}d}{\lambda} \gg \left|\frac{\varphi_T}{\pi}\right| \qquad (4.2.3)$$

在 STN 器件中,由于液晶表面分子取向和偏振片光轴不一致,入射的线偏振光被分解成平行和垂直于分子长轴的异常光和正常光。在满足式(4.2.3)的条件下,两者将以波导方式传播。由于两者传输速度的不同,在通过析偏器时相互发生干涉。干涉强度取决于光程差 $\Delta nd$、偏振片方位角($P_f$, $P_r$)和扭曲角 $\varphi_T$ 的组合。在三者最佳组合时,分子取向微小变化将引起输出光的较大变化,呈现陡峭的阈值特性,可获得大容量显示。图 4.2.5 给出了液晶分子指向矢和两片偏振片相互之间的角度关系。

综上所述,STN 系列显示器件是利用双折射现象来进行光调制。因此,在输出光中不可避免地出现各种干涉色。利用何种颜色可获得最大视角和最大对比度,对 STN 器件非常重要。基于此,在 STN 系器件中常采用两种模式。一种为"黄模式",即在关态时显示色呈黄色(即背景为黄色),而在开态时呈黑色;另一种被称为"蓝模式",即在关态时显示色呈藏青色(即背景为藏青色),而在开态时几乎成无色(白色)。

两种模式是通过偏振片方位角的不同选择来实现的。这是因为变更偏振片的方位角即改变产生双折射的条件,使干涉色发生变化。通过此即可得到所需的干涉色。例如,在两偏

图 4.2.5　液晶分子指向矢和两片偏振片相互之间的角度关系

振片的方位角 $(\beta,\gamma)$ 取值约为 $(30°,60°)$ 时,即可得到黄色背景。在开态时,白光可以通过液晶,但在通过析偏器时,由于 $\gamma$ 角度大,变暗很多,呈现黑色。由此实现了在黄色背景上显示黑色图形,即"黄模式"。当 $(\beta,\gamma)$ 取值为 $(-30°,30°)$ 时,即可得到藏青色背景。这种设置的两偏振片光轴的夹角较小,因此,在开态几乎呈白色,于是实现了在藏青色背景上显示"白色"图形,即为"蓝模式"。

## 4.2.2　光学特性

　　与 TN 模式相比,STN 的偏振片光轴取向与液晶表面分子指向矢成任意角度,STN 系器件的光学特性不仅受光程差的影响,而且还受偏振片方位角的影响。因此,光程差、两偏振片的方位角和扭曲角是决定 STN 系器件性能的主要参量。通过这些参量的最佳组合,可得到优异的显示特性。它们的光学特性可以用广义几何光学近似分析得到,一些分析结果如图 4.2.6～图 4.2.8 所示。图 4.2.6 所示为对液晶盒施加 ON、OFF 电压时倾角 $\theta$ 和扭曲角 $\varphi$ 沿厚度方向的分布,图中 2.16、1.96 是外加电压 $U_a$ 与阈值电压 $U_{th}$ 的比值,分别表示器件处于开态和关态。关态时 $\theta_m$ 只有 11°,开态 $\theta_m$ 达到 74°。开态时 $\varphi$ 沿厚度方向的分布偏离直线分布,但偏离不多。

图 4.2.6　对液晶盒施加 ON、OFF 电压时倾角　　　图 4.2.7　STN 液晶显示器的透射率和倾
　　　　　$\theta$ 和扭曲角 $\varphi$ 沿厚度方向的分布　　　　　　　　　角随外加电压的变化曲线

　　图 4.2.7 所示是 STN 液晶显示器的透射率和倾角随外加电压的变化曲线。两条垂直直线对应关态和开态,可见电光曲线非常陡峭。两条垂直直线对应的电压差只有 200mV。

图 4.2.8 所示是 270°STN 液晶显示器工作于黄色模式和蓝色模式时透射率的光谱特性的计算值。在 OFF 态时,黄色模式曲线(Y-OFF)的波峰在 520nm 波长附近,所以干涉色为亮带绿的黄色。蓝色模式曲线(B-OFF)的波谷也在 520nm 波长附近,但曲线在短波长部分透射率大,所以干涉色为暗略带蓝紫色。在 ON 态时,黄色模式整条曲线(Y-ON)的透射率都很低,所以呈黑色。蓝色模式整条曲线(B-ON)的透射率都很高,所以呈无色。

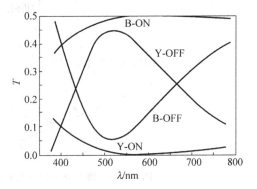

图 4.2.8　270°STN 液晶显示器工作于黄色模式和蓝色模式时透射率的光谱特性计算值

STN 系器件的视角范围大于 TN 系器件,原因是扭曲角大,液晶分子指向矢沿方位角分布范围宽,使液晶分子等效表观长度随视角变化小;倾角大,等效双折射减小。

## 4.2.3　STN 系器件的优缺点

STN 系器件可以采用高至 600 行的驱动电路,可用作计算机的显示屏。不幸的是,STN 不适合用于电视应用。陡峭的 $T/U$ 特征不能提供良好的灰度。由于高的扭曲角,响应时间是 200ms(而 TN 的只有 50ms),因此它不适用显示动画。相邻像素之间的漏电流还造成重影或串扰。此外,早期的 STN-LCD 的画面是黄色的或蓝色的,而不是黑色的和白色的。随后,真正的黑白显示器是通过添加一个扭曲方向相反的 STN 层(双扭曲向列,DSTN)实现的。但 DSTN-LCD 又贵、又厚、又重,在开发出薄膜补偿 STN(film-compensated STN,FSTN)后不久被放弃。FSTN 实现黑白显示简单,只用一个 STN 加一层补偿薄膜。但这种方法对大尺寸面板无效。为了克服这个缺点,Seiko(精工)和 Sharp 发明了被称为三层 STN(triple super twisted nematic,TSTN)的结构。TSTN 结构是 STN 屏被夹在两张薄膜之间。

如今,STN 技术只使用最后这两种类型:FSTN 和 TSTN。

## 4.3　无源液晶显示器的制造工艺

不同的驱动方法和显示模式的制造工艺是有差别的,但其基础工艺是相同的。下面以 TN-LCD 的制造过程来介绍它们的基础工艺。

## 4.3.1　TN-LCD 的制造工艺流程

LCD 一般制造工艺流程分为电极图形蚀刻、定向排列、空盒制作、灌注液晶和封口四个主要步骤,如图 4.3.1 所示。

对被加工零部件的清洗、干燥与对工艺环境的洁净度的要求始终贯穿在各个工序中,其基本原则如下。

1) 工艺环境

TN-LCD 的盒厚只有 $5\sim8\mu m$,而人头发丝的直径是几十微米,空气中能看得见的粉尘

图 4.3.1　液晶显示器件的制造工序

也在十几微米以上,当然还存在着大量看不见的 $10\mu m$ 以下的尘埃。尘埃是影响成品率的最大因素,所以在 LCD 各制造工序环境中必须保证足够高的洁净度。电子工业部对洁净室等级的划分见表 4.3.1。

表 4.3.1　电子工业部洁净室等级的划分

| 洁净室等级 | 洁 净 度 | | 其他环境要求 |
| --- | --- | --- | --- |
| | 粒径/$\mu m$ | 浓度/(粒/升) | |
| 1 级 | ≥0.5 | ≤1 | |
| 10 级 | ≥0.5 | ≤10 | 温度 18℃～27℃ |
| 100 级 | ≥0.5 | ≤100 | 湿度 40%～60% |
| 1000 级 | ≥0.5 | ≤1000 | 噪声≤70dB |
| 10 000 级 | ≥0.5 | ≤10 000 | |

LCD 各类制造工序对洁净度的要求见表 4.3.2。

表 4.3.2　LCD 各类制造工序对洁净度的要求

| 工序名称 | 电极图案形成 | 取向处理 | 基板贴合 | 屏截断 | 液晶注入 | 贴偏振片 |
| --- | --- | --- | --- | --- | --- | --- |
| 洁净度 | 100 级 | 100 级 | 100 级 | 5000 级 | 500 级 | 1000 级 |

2）清洗

清洗的目的是去除残留离子性物质、有机物质以及其他附着在表面的污染异物,以确保液晶电阻率不下降、获得好的膜层质量、无液晶取向不良、无取向劣化以及得到满意的合格率等。一般的清洗方式主要有化学清洗、水清洗、光清洗、超声波清洗(干湿式)、等离子清洗以及激光清洗。有的工艺过程中几种方式串联使用,有的工序使用单一方式。

（1）化学清洗。化学清洗指使用清洗剂、溶剂再辅以加热、超声喷淋等物理措施,利用清洗剂表面活性乳化作用和溶剂的溶解作用,去除污染杂质和油污的工艺,通常与水清洗、超声波清洗、光清洗、喷淋等方式串联使用,是 LCD 制造工艺中最广泛的一种清洗方式。

（2）水清洗。水清洗更多的应用在化学清洗后,以带走前一过程已处理的污染异物杂质。使用的水是 15MΩ 以上的去离子水。

（3）光清洗。光清洗通常使用 254nm 和 185nm 两种波长的紫外光。其中,185nm 波长的紫外光能将空气中的氧气($O_2$)转化成臭氧($O_3$);254nm 的紫外光能量将 $O_3$ 分解成 $O_2$ 和活性氧(O),活性氧与有机物(碳氢化合物)分子发生氧化反应,生成挥发性气体(如 $CO_2$、CO、$H_2O$、NO 等)逸出物质表面,从而彻底清除黏附在物质表面的有机污染物,这就是光清洗原理。在 LCD 清洗中,光清洗一般与化学清洗、水清洗串联使用。

（4）超声波清洗。传统的超声波清洗都需要利用液体做介质,但近几年开发了干式超声,所以现在超声波清洗分为干式和湿式,其原理都是利用空化效应来达到去除附着在基片表面的异物的目的。

（5）等离子清洗。氧化性等离子清洗用于除去光刻胶等有机物;非氧化性等离子清洗用于有机、无机轻微污染表面的清洁,暴露出本底"新鲜"表面。

（6）激光清洗。用于局部选择性清洗。

3）干燥

各种湿法工艺后都需要干燥工艺,常用的方法有烘干法、甩干法、有机溶剂脱水法和风刀吹干法。

（1）烘干法。经过清洗后玻璃片表面主要残留物是水分,可在 110℃～120℃ 温度下将玻璃片烘烤数小时除去水汽。也可用红外烘干法除去水分。

（2）甩干法。将玻璃片装入离心干燥机,借离心力将玻璃片上的小水滴甩掉。同时加热效果更好。

（3）有机溶剂脱水法。利用结构相似的物质互溶原理:水与乙醇、异丙醇等醇类完全互溶,异丙醇等醇类又与氟利昂等有机溶剂互溶,因此按照水—异丙醇—氟利昂的顺序脱水就可以干燥玻璃表面。此法较之上面两种方法费时、费力,成本高,但干燥效果极好,故而广泛用之。出于环保目的,氟利昂已被其他溶剂代替。

（4）风刀吹干法。所谓风刀吹干法,是由数个高压喷嘴把经过净化处理的空气以适当的倾斜角成刀片状吹向玻璃表面,达到迅速干燥目的。此法用于 STN-LCD 清洗与干燥自动生产线上,是一种高效省时的干燥方法。

## 4.3.2 图形蚀刻

将 ITO 透明导电层刻蚀成各种电极图形,需采用半导体工业中常用的光刻工艺,由于 LCD 中线条尺寸大多数大于 $10\mu m$,所以可采用接触式曝光进行光刻。其工艺过程如

图4.3.2所示。

图4.3.2 光刻工艺流程图

1）涂胶

涂胶是在已经充分清洗的ITO玻璃表面涂上一层光刻胶。光刻胶分正性胶和负性胶两种。对于负性胶，在曝光前，这种胶对某些溶剂（如丙酮、丁酮等）是可溶的，曝光后发生光聚合反应，不溶于有机溶剂。曝光、显影后，在ITO基板玻璃表面将得到与光刻掩膜板遮光图案完全相反的图案，故称为负性胶，它主要由聚肉桂酸酯类、聚酯类和聚烃类等组成。对于正性胶，在曝光前对某些溶剂是不可溶的，而曝光后却变成了可溶的。使用这种胶光刻时，能得到与光刻掩膜板遮光图案完全相同的图案，故称为正性胶。

涂胶方法常用旋转涂胶和辊印涂胶，前者不适用于大面积涂胶，但能得到更精密的图案和高的成品率。胶的黏度对涂胶质量影响很大，因为胶的黏度高时，涂层厚，抗蚀性虽然提高，但成品率下降；而胶黏度低时，分辨能力提高，但抗蚀性较差。因此，需根据产品要求的工艺加工精度选取合适的黏度，在光刻胶的抗蚀能力与分辨率两个指标兼顾的情况下，取折中数值。

2）前烘

前烘的目的是使胶内溶剂充分挥发，增强胶膜与ITO表面的黏附性和胶膜的耐磨性。前烘的方式分在恒温干燥箱中烘干和用红外炉烘干两种。后一方式效果好，时间短。

烘干时间和温度决定了烘干程度，胶膜烘干不足将发生掩膜板与胶面黏结，使曝光图形变形；烘干过分，则会使胶膜翘曲硬化，降低其抗蚀能力或造成最后去膜不完全。

3）曝光

曝光是将掩膜板覆盖在已涂好光刻胶的玻璃表面，用紫外光照射，使未被挡除部分的光刻胶感光而改性。

LCD曝光工艺中大量使用铬板作为掩膜板。铬板的制造过程是先在精密光学玻璃表面用磁控溅射方法镀上一层铬或氧化铬，然后通过激光光刻出掩膜图形。铬板具有线条精细、边缘锐利、刻蚀均匀、经久耐用等优点。

一套光刻掩膜板包括上板与下板两张，在生产过程中上、下板必须对准，即外观图形必须重合，为此在设计板时要加入对位标记。

为保证曝光质量，在操作中要注意下列几点：

（1）曝光定位一定要准确，否则后工序无法加工。

（2）光刻掩膜板必须与基板玻璃紧贴，不得留有间隙。

（3）曝光时间适当。曝光时间过短，光刻胶感光不足，化学反应不充分，显影时受光部分(对于正性胶)溶解不彻底,易留底膜;曝光时间过长,不该曝光的边缘处也被微弱曝光,刻蚀后使图形边缘不清,或出现毛刺。

4)显影

对于正性胶,显影就是将感光部分的光刻胶溶去,留下未感光部分的胶膜,从而显示所需要的图形。必须控制好显影时间与温度。若显影不足,则感光部分的光刻胶未完全溶解,留下不易察觉的一薄层光刻胶层,在刻蚀时使部分 ITO 膜残留下来,形成斑纹或小岛;显影过分会发生对未曝光区的钻溶,使图形边缘变皱或浮胶。

5)坚膜

在显影后,必须以适当温度焙烘玻璃,除去水分,使胶膜坚固,并增强胶膜与 ITO 玻璃的黏接性。坚膜不足,在刻蚀时会发生浮胶或严重侧蚀;坚膜过度,则会发生胶膜翘曲和剥落。

6)刻蚀

刻蚀是利用一定比例的酸液把玻璃上裸露的 ITO 层腐蚀掉,而又不损伤受光刻膜层保护的 ITO 层,最终形成 ITO 图形。常用的腐蚀液为 $FeCl:HCl=2:1$ 或 $HCl:H_2O=1:1$,处理温度为 $40\sim50℃$。腐蚀速度对刻蚀质量影响颇大。若腐蚀速度太快,难以控制腐蚀过程是否充分,不是发生过刻蚀,便是 ITO 层未腐蚀干净,导致短路而报废;若腐蚀速度太慢,则腐蚀时间过长,光刻胶抗蚀能力下降,被腐蚀液穿透,从而渗蚀光刻胶膜产生浮胶和边缘侧向腐蚀,使图形变坏。

7)去胶和清洗

去胶是把刻蚀后玻璃上图形部分上的光刻胶用碱液去掉,即在一定温度下用浓度较高的碱液边冲洗,边用滚刷擦洗玻璃,以保证将玻璃上的残胶全部清除。最后用高纯水冲洗玻璃以除去碱液。

在 AM-LCD 制造中更是多次使用光刻工艺,在个别类型中达到 9 次之多。在其他平板显示器件制造中,一般也离不开光刻工艺。

### 4.3.3　定向排列

对于绝大多数 LCD,液晶分子定向排列质量好坏,直接影响 LCD 的成品率和寿命,虽然已有多种定向排列技术,但使用最为广泛的是聚酰亚胺膜的摩擦处理工艺,现以此为例介绍液晶分子定向排列工艺。

1)涂膜

在涂膜前仍需对已光刻好的基板玻璃做进一步清洗,常规的方法是在高效溶剂中做超声波处理,以彻底除去微尘。

聚酰亚胺与 $SiO_2$ 的黏附性并不很好,为了增加聚酰亚胺层与导电玻璃 $SiO_2$ 层之间黏附性,可先涂一层含硅的有机物活性剂,称为耦联剂。但是增加黏附性更有效的方法是采用含硅的聚酰亚胺。

涂膜采用液体涂覆法,即依靠液体的表面张力得到平整、厚度均匀的膜。具体的涂膜方法有三种:旋转涂膜法、浸泡法和凸版印刷法,但是现在 LCD 生产工艺中基本上用凸版印刷法制备定向膜。

凸版印刷法又名柯氏印刷法。其原理如图 4.3.3(a)所示。先将聚酰亚酸溶于有机溶剂 N-甲基乙酰胺或 N-甲基吡咯烷酮,配成有合适黏度的溶液。再将定向材料溶液涂在转印版上,并用刮刀刮平。具有凸版的印刷辊筒先滚过转印版,使凸版吸足定向材料溶液,在滚过板玻璃时,凸版上的溶液便转印在基板上,为保证印刷的均匀性,所用凸版材料与定向溶液间应该有良好的亲和性(如铝材),并且凸版上各个凸块由大量细小的凸粒组成,如图 4.3.3(b)所示。整个涂膜过程与常规印刷过程相似,只是以定向材料溶液代替了油墨。

(a) 凸版印刷法原理　　　　　　(b) 凸版结构示意

图 4.3.3　凸版印刷法

凸版印刷法的优点是可以有选择性地涂膜,如可以在密封处和银点处不涂覆定向层,此外,调整厚度也比较方便。

2) 固化

固化前先要在 80℃～90℃温度下预烘,降低膜的黏度,使膜面平坦化,并将溶剂挥发掉,留下聚酰亚胺酸。

固化的工艺是在约 250℃的温度下静放 1～2h,使聚酰亚胺酸脱水而成聚酰亚胺定向膜。

3) 摩擦处理

用绒布沿定向膜的一个方向摩擦,就可以形成定向层。在摩擦过程中,在"刨"出有机高分子及分子团的同时,使原来无序排列的有机高分子沿摩擦方向重新排列或重新极化,结果便产生对液晶分子沿摩擦方向的锚泊作用。这便是摩擦后取向膜的定向原理,而摩擦后的沟槽是摩擦的结果,对液晶分子定向不起决定性作用。

实践证明,当摩擦沟槽大小与液晶分子尺寸相当时,取向作用最好,所以要严格控制摩擦强度。摩擦强度过大,将造成过多的宽沟漕,对取向作用无效;摩擦强度过小,则又会造成细沟槽的密度下降。

生产中摩擦工艺已全自动化:将基板用真空吸附在传送带上,外敷绒布的滚筒一边旋转,一边左右或前后运动,对基板进行摩擦,加工完后由传送带送走。在摩擦处理后,产生大量粉末,必须对基板再次清洗。

## 4.3.4　空盒制作

制作空盒就是把两片已光刻好的导电基板对叠,利用封接材料黏合并固化,制成间隙为特定厚度的空玻璃盒。在黏合前,上、下基板上分别印上封胶框和导电点胶,通常采用丝网印刷。

1) 丝网印刷密封胶和导电胶

丝网印刷是将丝织物、合成纤维或金属网绷在网框上,用光刻方法制成丝网印版,印版上图文部分的丝网孔为通孔,非图文部分的丝网孔被堵住,印刷时通过刮板挤压,使印刷胶体通过丝网通孔转移到承印物上,形成与原稿一样的图文。在这里承载体是玻璃基板,如印刷封框胶,则印刷胶体是密封胶,印刷图文是要黏合的边框;如印刷导电点,则印刷胶体是导电胶,印刷图文是公共电极的转印点。

2) 喷衬垫料

为了保证黏合后的空盒间隙均匀,要在已丝网印刷过封框胶或导电胶点的 ITO 玻璃上,均匀喷撒一层玻璃纤维或玻璃微粒。喷衬垫料分湿喷与干喷两种。对于塑料衬垫料,干喷时易和静电结团,故多采用湿喷法,即把衬垫料分散在高挥发性有机溶剂中,由喷头喷出,洒落在 ITO 玻璃上,等溶剂挥发后,衬垫料便附在基板玻璃上。在生产中,边框部分用玻璃纤维,定向层部分用塑料衬垫,且塑料小球尺寸比盒厚小约 $0.2\mu m$。

3) 基板贴合

上、下基板贴合就是利用预先设置好的对位标记将它们间的位置对好。早期直接靠人眼观察,对位标记也做得较大。后来采用摄像机通过在电视屏上观察对位。现在借光学系统和计算机已实现了自动对位,对位精度可达 $\pm5\mu m$。

4) 热压固化

上、下基板对好位后,适度加压,同时加热或照射紫外线,使密封胶固化,形成液晶空盒。压力过大会压碎衬垫,从而破坏取向层。温度过高,会影响液晶盒性能;温度过低,则固化时间长,且导电胶的导电性能也较差。

## 4.3.5 灌注液晶和封口

1) 灌注液晶

制作液晶空盒时预留一个小孔用于灌入液晶,如图 4.3.4 所示。但在注入液晶前,必须先对空盒和液晶材料进行真空除气。否则这些水汽和空气会在 LCD 工作时逸出使显示部分性能下降或与电极作用造成部分黑屏。

图 4.3.4　灌注液晶和封口

空盒上的注入液晶小孔的直径很小,通过它排除盒内空气,流阻是很大的,所以抽气时间需要较长。如对空盒加温,可以加速除气。液晶中的气体也不易抽走,但可以适当搅拌以加速去气。在抽气室内将空盒和液晶材料去气后,便可以向空盒灌注液晶了。

灌注液晶有海绵灌和针头注入两种:

(1)海绵灌是使空盒的注入孔与吸满液晶材料的海绵接触,利用液晶盒的毛细管现象缓缓地将液晶吸入盒内,但吸不满,还需要将具有表压力的干燥氮气引入液晶灌注室内,借此压力使液晶灌满液晶盒。此法适用于任何大小液晶封口,不易产生气泡。

(2)针头注入法是利用针头将液晶压入盒内,可节省液晶,但是只适用于小盒产品。

上面灌注液晶方法的缺点是液晶的利用率只有 $50\%\sim80\%$,而且灌注的时间长,如灌注 17in 的屏需要 20 多个小时。从第五代 TFT 生产线起,采用了液晶滴灌(one drop fill, ODF)工艺,使液晶的利用率达到 $100\%$,所需时间缩短为 1h,而且无须封口。

液晶滴灌工艺是在 CF(滤色膜)基板的封框内完成。用由像多个针管组成的点胶机定量大密度地滴下液晶,利用液晶的表面张力渗展充满显示区,然后在真空条件下将 TFT 基板翻转对位叠加压合在 CF 基板上形成液晶盒。

2）封口

封口工艺有下列几种：

（1）在注入孔边缘预先蒸发或电镀上镍、铜等金属，注完液晶后，用锡焊料密封。

（2）在注入孔中插入由铟、锡、铅等组成的合金，擦去注入孔外侧的液晶，然后用密封胶密封。

（3）先用封口胶堵住注入孔，在 -10℃ 下冷冻液晶盒，液晶收缩，吸入少量封口胶，固化之即可密封。注意进胶量不能太少，否则封不好。但太多了会影响外观。此法操作简单、成本低，但盒均匀性差。

（4）让盒受热，液晶膨胀，溢出少许，擦去后点封口胶，再使盒恢复常温，让封口胶少量吸入，再固化，此法成本高但盒均匀性好，故在 STN-LCD 产品生产中常用。

封口胶固化的方法有加热与紫外光照射两种。现在多倾向于使用可用紫外线硬化的丙烯酸类树脂为封口胶，然后用紫外光照射使之硬化。但在照射时应注意，不要让紫外光照射到封口处以外的地方，以防液晶和定向膜劣化。

3）再定向处理

灌注液晶后，盒内液晶取向排列一般达不到要求，可在 80℃ 下保温 30min，使液晶之间相互作用，调整指向矢的排列状态，最后达到液晶盒内液晶分子规则定向排列。

4）切割

在 LCD 生产制作中，为了提高生产效率，一般是在一张大玻璃基板上制作多个 LCD，等完成空盒工艺后，切割分开，再分别灌注液晶。如第五代 TFT-LCD 生产线中的玻璃基板的尺寸是 1000mm×1200mm，一张板上可以同时制作 2 张 30in 或 4 张 25in 或 12 张 15in 面板。各单元间有切割标志，将玻璃板固定在切割机上，刀轮在一定压力下沿切割标记在玻璃上划出一定深度的切口，在背面施压，即可将各单元分开。裂断是在裂片机上完成的。各单元盒周围的切割标志如图 4.3.5 所示。

图 4.3.5　切割标记示意图

## 4.3.6　LCD 制造工艺过程示意

LCD 制造工艺过程示意如图 4.3.6 所示。

图 4.3.6　LCD 制造工艺过程示意

图 4.3.6 （续）

## 4.4 无源液晶显示器的寻址技术

无源液晶显示器可以分成两大类：段式液晶显示器（segmented LCDs）和无源矩阵液晶显示器（passive matrix LCDs,PMLCDs）。前者目前用于单色显示,如简单的计算器、电子表、简单的仪器和气候控制设备。由于其分辨率低,不适合显示高信息内容和图片。无源矩阵显示器是首批进入市场的。由于其简单的制造过程（与有源矩阵显示器相比较）以及所有的配套电路的芯片都可以用标准 CMOS 技术实现（避免了在玻璃基板上直接处理薄膜晶体管）,目前在低值产品中仍在使用,如低档手机、个人数字助理（PDA）、车载显示、逻辑分析仪、示波器、心电检测仪等。

本节的主要目标是描述适合无源液晶显示器的寻址技术。寻址（addressing）意味着将要显示的信息转换成电压脉冲系列去开关各个显示单元（弧段或像素）。有三种主要寻址方法：直接寻址（direct addressing）、无源矩阵寻址（passive-matrix addressing）和有源矩阵寻址（active-matrix addressing）。寻址方法与被驱动的显示器类型密切相关。有源矩阵寻址技术和相关的驱动程序在第 6 章中描述。

### 4.4.1 七弧段显示和直接寻址

第一个数字显示有七个弧段电极并采用直接寻址(也称为静态驱动)方案。七弧段显示屏是由两块基板玻璃组成,玻璃表面上有透明的 ITO 电极图案。基板之间充满了液晶材料。电极排列如图 4.4.1 所示。前板上刻有七个弧段电极(上电极),每个电极有一根连接线引出。背板整块是一个电极(下电极),有一根连接线引出。上、下电极交叉处形成一个弧段。一般来说,显示 $n$ 个弧段需要 $(n+1)$ 条电连接线和 $n$ 个驱动器来驱动每一条弧段。

(a) 上电极      (b) 下电极

图 4.4.1 七弧段 LCD 的电极

为了避免因液晶分子电离而缩短液晶显示器的寿命,施加在弧段上的波形必须无直流分量。因此,使用脉冲驱动电压。图 4.4.2 显示了一种可能的施加在一个弧段上的电压序列。一个占空比为 50% 的方波施加在背板上。为了节省功率,刷新频率 $(1/T)$ 应选择足够低,但又能避免闪烁。同样特性的方波也施加在上电极上。施加在弧段上的电压[图 4.4.2(a)中最下方的波形]是施加在上电极与背板上电压之差。当这两波形反相时,有一个纯电压施加在弧段上。若这个电压大于饱和电压 $U_{SAT}$,那么驱动弧段进入 ON 态。通常,施加在 ON 态弧段上的电压是阈值电压 $U_{th}$ 的 3 倍。当施加在上电极与背板上的电压波形同相时,如图 4.4.2(b)所示,弧段进入 OFF 态。

(a) 弧段处于ON态      (b) 弧段处于OFF态

图 4.4.2 静态驱动用的典型波形

一种适用于七弧段 LCD 简单的驱动电路如图 4.4.3 所示。利用七个异或门(其真值表见图 4.4.3 右侧)按照输入位和时钟信号产生施加于弧段上的电压。

只要显示的数字有限,即使使用缓变 $T/U$ 曲线的 TN-LCD 也能达到合理的高图像对比度。

图 4.4.3　适用于七弧段 LCD 简单的驱动电路

## 4.4.2　无源矩阵 LCD 的寻址

在无源矩阵显示器件中,由行和列电极组成的矩阵中的像素取代弧段,如图 4.4.4 所示。无源矩阵液晶显示器也是由两块基板玻璃组成,基板之间充满液晶,一块基板上的 ITO 电极光刻出 $N$ 条行,另一块基板上的 ITO 电极光刻出 $M$ 条列,结果形成具有 $N \times M$ 个可寻址的被称为像素的交叉点。当每个像素都可被单独寻址时,这种排列将电极连接线的总数由 $(N \times M + 1)$ 条降低到 $(N + M)$ 条。

(a) 正交行列构成的像素矩阵示意　　　　　　　(b) 显示数字2(举例)

图 4.4.4　无源矩阵 LCD

被称为驱动器的集成电路与显示器边缘的行和列电极引线连接,使电压脉冲可发送到各个像素。为此目的,行、列信号总线的每个端部都制作有热压焊点,以便与 LCD 驱动器集成电路芯片贴合。最简单的驱动方式是,由帧周期为 $T$,持续时间为 $T/N$ 的选择脉冲依次扫描也被称为公共电极(common electrode)的每一行。数据(或者称为列、信号或视频)电压并行地同时施加在所有的列上。类似于直接寻址,如果行和列信号反相,则像素处于 ON 态。其原理示意如图 4.4.5 所示。

通常选择扫描频率 $1/T$ 为 $60 \sim 90\,\mathrm{Hz}$,尽管速率可以高到 $200\,\mathrm{Hz}$,但常使用的是 $60$、$72$、

图 4.4.5　用于无源矩阵 LCD 的简单的行和列波形

75 和 85Hz。在使用电网频率(50Hz 或 60Hz)时,要注意防止"拍"引起的闪烁。

可以看到,在一帧时间,像素内被选择的时间是 $T/N$,未被选择的时间是 $(N-1)T/N$。因此,在 $1/N$ 帧时间内电场使液晶分子定向,而在一帧剩下的更长时间内液晶分子自由地恢复到原来的方向。

在一帧时间内液晶材料对信号的响应现象(通常称为帧响应,frame response)以 $T/U$ 曲线示于图 4.4.6 中。其中,曲线 $a$ 对应低温下的慢情况;曲线 $b_1$、$b_2$ 对应高温下的快情况。高温下这种现象更明显,因为低温时液晶的黏度不允许液晶分子明显地改变自己的位置。在高温下液晶弛豫过程更快,由于平均透射率减少,有闪烁的风险。要知道,人眼感受到的光透射率是整个一帧时间内的平均值。

图 4.4.6　单线寻址方式下无源矩阵像素的透射率

总之,在撤去或加上外加电压后,由于 LCD 响应慢(几十毫秒范围),像素的状态不会突然改变。采用合适的扫描频率时,寻址波形的周期小于响应时间。因此,像素的状态取决于施加在像素上电压的均方根(RMS)值,而不是瞬时电压值。这也意味着,施加在 OFF 态像素上的瞬时电压可以超过 LCD 的阈值电压 $U_{th}$,只要其 RMS 电压低于 $U_{th}$。

基于以上考虑,现代无源矩阵 STN-LCD 的寻址技术利用像素 RMS 响应。有几种寻址方法,它们基本不同之处在于扫描行上所采用的方法。它们是单线寻址(single line addressing,SLA)、多路寻址(multiple line addressing,MLA)和分布式多路寻址(distributed MLA,DMLA)。下面将分析这些技术。

### 1. 单线寻址

基于在一段时间内选择一条线和利用像素的 RMS 响应的两个主要寻址技术是所谓 Alt 和 Pleshko (A&P)以及改良的 Alt 和 Pleshko (IA&P)。

对于一个 ON 态像素，A&P 基本版本如图 4.4.7 所示。像往常一样假设一帧时间为 $T$，行数为 $N$。在第一帧内，对指定的行施加最大电压值$+U_R$，持续时间只有一帧的一小部分($T/N$)。在这段时间间隔中，为了激活相关像素，一个反相电压$-U_C$施加在列上。正如已经说过的，同一行的所有像素是并联驱动的。为了获得几乎是零直流的平均像素电压，行和列电压在下一帧反相(帧反转)。由图可知，所有未被选中行上的电压为零。相比之下，列电压相对于行电压同相(OFF 态像素)或反相(ON 态像素)，但它从来不是零。不久将看到，这种特殊的选择使转移到第 $i$ 个像素的平方电压(与能量成正比)不受同一列其他各像素特定配置的影响。要记住，列电压不是只施加在被选择的像素上，而是也施加在同一列的所有像素上。因此，即使在未被选择的一帧时间内，像素也得到少量的能量。

图 4.4.7　采用 A&P 技术时使一个像素进入 ON 态的行和列电压

如果 $U_R \geqslant U_C$，通常被称为 $U_{LCD}$ 的最大的驱动电压等于 $2U_R$，即

$$U_{LCD,A\&P} = 2U_R \tag{4.4.1}$$

采用 IA&P 技术，这个值可以几乎减半，其波形如图 4.4.8 所示。第一帧中的电压(即在 A&P 技术中行电压的极性是正的)与 A&P 技术中的一样。在 IA&P 技术中接下来的帧中的电压(即在 A&P 技术中行电压的极性是负的)是这样的：除了将第一帧中的零电平线上移($U_R - U_C$)数量外，行和列的脉冲波形与 A&P 技术中的一样。在这种情况下 $U_{LCD}$ 减少为

$$U_{LCD,IA\&P} = U_R + U_C \tag{4.4.2}$$

图 4.4.8　采用 IA&P 技术时使一个像素进入 ON 态的行和列电压

为了方便起见，将 TN 液晶的典型的 $T/U$ 曲线重绘在图 4.4.9 中。可见，为了获得一个可以接受的对比度，施加在像素上的 ON 态电压 $U_{ON}$ 必须大于饱和电压 $U_{SAT}$，而 OFF 态电压 $U_{OFF}$ 必须小于阈值电压 $U_{th}$。总之，必须有 $U_{OFF} \leqslant U_{th}$ 和 $U_{ON} \geqslant U_{SAT}$。

现在来求一帧时间内施加在处于 ON 态和 OFF 态像素上的均方根电压。在被选中为 ON 态的 $T/N$ 时间间隔内，像素上的电压为 $U_R + U_C$；在被选中为 OFF 态的 $T/N$ 时间间

隔内,像素上的电压为 $U_R-U_C$;而在其他时间中只有列电压 $U_C$。所以处于 ON 态和 OFF 态像素上的均方根电压分别为

$$\overline{U}_{ON}=\sqrt{\frac{1}{N}\big[(U_R+U_C)^2+(N-1)U_C^2\big]}$$

$$=\sqrt{\frac{1}{N}(U_R^2+2U_RU_C+NU_C^2)} \quad (4.4.3a)$$

$$\overline{U}_{OFF}=\sqrt{\frac{1}{N}\big[(U_R-U_C)^2+(N-1)U_C^2\big]}$$

$$=\sqrt{\frac{1}{N}(U_R^2-2U_RU_C+NU_C^2)} \quad (4.4.3b)$$

图 4.4.9 LCD 的 $T/U$ 曲线

通过比较式(4.4.3a)和式(4.4.3b)可见,行电压的贡献是 $U_R^2$,在未选时间段列电压的贡献是 $NU_C^2$。这些贡献对 ON 态像素和 OFF 态像素都有,ON 态像素和 OFF 态像素上均方根电压的差别在于 $\pm 2U_RU_C$ 项。

**2. 正交函数**

多路寻址技术要用到正交函数,先做简单介绍。

回想一下正交函数的定义:一组函数 $F_i(t)(i=1,2,\cdots,p)$,若在一定时间间隔 $T$ 内任意两个不同函数乘积的积分是 0,而两个相同函数乘积的积分是常数,则 $F_i(t)$ 函数组是正交的。

$$\frac{1}{T}\int_0^T F_i(t)F_j(t)\mathrm{d}t=0 \quad i\neq j \quad (4.4.4a)$$

$$\frac{1}{T}\int_0^T F_i(t)F_j(t)\mathrm{d}t=\mathrm{const} \quad i=j \quad (4.4.4b)$$

在 LCD 寻址技术中常用的有下列三种正交函数。

1) Rademacher 函数

Rademacher 函数是方波,其频率相继地以 2 倍增加。这些波形容易产生,因为它们刚好是一个二进制计数器的输出。

图 4.4.10 给出了前 4 个 Rademacher 函数和相关联的矩阵。可见其矩阵维度是 $4\times 8$。在普遍情况下是 $n\times 2^{(n-1)}$,其中 $n$ 是行数。这意味着,只有 $n=2$ 的 Rademacher 矩阵才是方矩阵。在 LCD 寻址技术中基本上使用方矩阵,所以只使用 $n=2$ 的 Rademacher 矩阵。

图 4.4.10 前 4 个 Rademacher 函数和相关联的矩阵

2) Hadamard 矩阵

一个 $n$ 阶 Hadamard 矩阵 $\boldsymbol{H}_n$ 是方矩阵,矩阵中所有元素都是由 $\boldsymbol{H}_n\boldsymbol{H}_n^T=\boldsymbol{H}_n^T\boldsymbol{H}_n=n\boldsymbol{I}_n$ 定义的 $\pm 1$,其中 $\boldsymbol{H}_n^T$ 是 $\boldsymbol{H}_n$ 的转置矩阵,$\boldsymbol{I}_n$ 是 $n$ 维单位矩阵。一个著名的但仍未被证明的猜想

是对于所有被 4 整除的 $n$，存在 $\boldsymbol{H}_n^{\mathrm{T}}$。Sylvester 给出了一个可能的构建 Hadamard 矩阵的递归方法：

$$\boldsymbol{H}_2 = \begin{bmatrix} +1 & +1 \\ +1 & -1 \end{bmatrix}, \quad \boldsymbol{H}_4 = \begin{bmatrix} +1 & +1 & +1 & +1 \\ +1 & -1 & +1 & -1 \\ +1 & +1 & -1 & -1 \\ +1 & -1 & -1 & +1 \end{bmatrix}, \quad \cdots \quad, \quad \boldsymbol{H}_n = \begin{bmatrix} \boldsymbol{H}_{n/2} & \boldsymbol{H}_{n/2} \\ \boldsymbol{H}_{n/2} & -\boldsymbol{H}_{n/2} \end{bmatrix}$$

一个特殊的 $4\times4$ Hadamard 矩阵广泛应用于 LCD 驱动技术，它被称为二型或步行 (walking) 的 $\boldsymbol{H}_{4,2}$，其对角元素都是 +1，而其他元素都是 −1。这是循环矩阵的一个特殊情况，一旦定义了第一行，后行总是前行的循环移位行。

$$\boldsymbol{H}_{4,2} = \begin{bmatrix} +1 & -1 & -1 & -1 \\ -1 & +1 & -1 & -1 \\ -1 & -1 & +1 & -1 \\ -1 & -1 & -1 & +1 \end{bmatrix}$$

注意，按照正交定义，Hadamard 矩阵任意两个不同的行（或列）是正交的，这意味着它们的点积为零，而任意相同行（或列）的点积是 $n$。

3）Walsh 矩阵

Walsh 矩阵可以来自 Walsh 函数。它们也可以从相同维数的 Hadamard 矩阵获得。图 4.4.11 给出了 4 维 Walsh 矩阵例子和其相关的波形。

$$\boldsymbol{W}_4 = \begin{bmatrix} +1 & +1 & +1 & +1 \\ +1 & +1 & -1 & -1 \\ +1 & -1 & -1 & +1 \\ +1 & -1 & +1 & -1 \end{bmatrix}$$

图 4.4.11  4 维 Walsh 矩阵例子和其相关的波形

为了采用 MLA 技术时减少所需列电压的数量，利用稀疏矩阵。获得稀疏矩阵的一个例子是将 Hadamard 矩阵 $\boldsymbol{H}_4$ 中每一列的一个元素用零替换，同时保持正交性便获得稀疏矩阵。该稀疏矩阵为

$$\boldsymbol{S}_4 = \begin{bmatrix} 0 & +1 & +1 & +1 \\ +1 & -1 & +1 & 0 \\ +1 & +1 & 0 & -1 \\ +1 & 0 & -1 & +1 \end{bmatrix}$$

**3. 多路寻址（MLA）**

T. N. Ruckmongathan 于 1988 年首次提出多路寻址（MLA）技术或多路选择（multiple line selection，MLS）技术。在通用 MLA-$p$ 方法中，将 $N$ 行分成 $N/p$ 个子组，每个子组中有 $p$ 行。图 4.4.12 所示是 MLA-$p$ 方法的概念示意图。在时间等于 $pT/N$ 的时间间隔中，用一组 $p$ 个正交波形寻址一个子组中的各行，而剩下的没有被选择的 $(N-p)$ 行都接地（即置于平均电压 0 V）。

按信号处理理论，可以用这些正交函数的线性组合（加权和）表示一个给定的信号。若

图 4.4.12　LCD 的 $N$ 行被分成 $N/p$ 个子组,每个子组由 $p$ 行组成

要表示的信号是一个特定列上的像素电压序列,则将正交函数应用于这些行,并且原则上,需要对列加权重。实际上,不是对列电压加权重,而是从施加在行线上的电压加或减一个量。

与基于正弦波形的正交函数相比,Rademacher、Hadamard 与 Walsh 函数只包含 $+1$ 或 $-1$ 两个元素。选择 Hadamard 与 Walsh 函数作为正交基集合,因为它们是在数字领域中容易处理的方矩阵。具体来说,矩阵具有正交列(和行),其中选择电压 $+U_R$ 或 $-U_R$ 与矩阵的列元素 $+1$ 或 $-1$ 成正比。因此,称矩阵的每个列为行选图案(row select pattern)(或选择矢量,select vector)。

就列波形而言,定义矢量 $d_{kp+i}=(d_{kp+1},d_{kp+2},\cdots,d_{kp+p})$ 作为第 $k$ 行子组(见图 4.4.12)中的数据图案,图案中与像素的 ON 态或 OFF 态相对应的每个元素是 $+1$ 或 $-1$。可以指出,一列中所有的列电压都是非零的,因此,使用 $(p+1)$Hadamard 与 Walsh 函数。例如,对于 MLA-2 它们是 3,对于 MLA-4 它们是 5,等等。

矩阵表示的主要优势是所需的列信号从一开始就是要被显示的数字数据,可用简单的算法计算。

把矩阵(通常是一个 $n\times n$ 的 Hadamard 或 Walsh 矩阵)表示为 $M(i,j)$。列信号是行选择图案和选定的子组中数据图案之间的点积。施加在列 $j$ 上的电压为

$$C_k(j)=\frac{U_C}{p}\sum_{t=1}^{n}M(i,j)\cdot d_{kp+1} \tag{4.4.5}$$

下面举两个例子说明上述这些概念。

**示例 1**:MLA-2 技术。

在图 4.4.13 中示出了 MLA-2 技术(在第 $k$ 行子群)采用的波形组。为简单起见,只画帧间隔 $2T/N$ 中的行波形。剩余帧间隔 $T(N-2)/N$ 中行波形都是零。行波形明显正交。像 A&P 技术那样,为了使施加在液晶上的平均电压是零,每个后续帧的波形必须反转。

图 4.4.13　在 MLA-2 技术中与两个像素所有可能的状态组合相对应的行和列的电压波形

相关联的矩阵是

$$M(i,j) = \begin{bmatrix} +1 & +1 \\ +1 & -1 \end{bmatrix}$$

对应于所有可能的像素状态组合的数据图案总结在表 4.4.1 的前两列中。

**表 4.4.1　图 4.4.13 中所考虑的 MLA-2 的数据图案和列电压**

|  | $d_{kp+1}$ | $d_{kp+2}$ | $C_k(1)$ | $C_k(2)$ |
|---|---|---|---|---|
| 所有像素 OFF | $+1$ | $+1$ | $+U_C$ | $0$ |
| 第 $kp+1$ 行像素 ON | $-1$ | $+1$ | $0$ | $-U_C$ |
| 第 $kp+2$ 行像素 ON | $+1$ | $-1$ | $0$ | $+U_C$ |
| 所有像素 ON | $-1$ | $-1$ | $-U_C$ | $0$ |

用式(4.4.5)得到

$$C_k(1) = \frac{U_C}{2}\big[M(1,1)d_{kp+1} + M(2,1)d_{kp+2}\big]$$

$$C_k(2) = \frac{U_C}{2}\big[M(1,2)d_{kp+1} + M(2,2)d_{kp+2}\big]$$

从上述方程给出的正交矩阵和数据图案,可以计算 $C_k(1)$ 和 $C_k(2)$ 的值,将这些值放置在表 4.4.1 的最后两列中,与它们相对应的是图 4.4.13 中的行波形。

**示例 2**:MLA-4 技术。

MLA-4 驱动波形的一个例子如图 4.4.14 所示。为了简单起见,在一个缩减的帧间隔 $4T/N$ 中表示第 $k$ 子组的行波形,在其余的帧间隔$(N-4)T/N$ 中它们是零。像 A&P 技术那样,为了使施加在液晶上的平均电压是零,每个后续帧的波形必须反转。此外,为了简单起见,用 1、2、3 和 4 标签所考虑子组中的行。相关矩阵是二型 Hadamard 矩阵,如下式所示:

$$M(i,j) = \begin{bmatrix} +1 & -1 & -1 & -1 \\ -1 & +1 & -1 & -1 \\ -1 & -1 & +1 & -1 \\ -1 & -1 & -1 & +1 \end{bmatrix}$$

对应于所有可能的像素状态组合中 6 组的数据图案总结在表 4.4.2 中的前 4 列中。

图 4.4.14　在 MLA-4 技术中采用的行和 6 个被选择列的波形

表 4.4.2　图 4.4.14 中所考虑的 MLA-4 的数据图案和列电压

| | $d_1$ | $d_2$ | $d_3$ | $d_4$ | $C(1)$ | $C(2)$ | $C(3)$ | $C(4)$ |
|---|---|---|---|---|---|---|---|---|
| 所有像素 OFF | +1 | +1 | +1 | +1 | $-U_c/2$ | $-U_c/2$ | $-U_c/2$ | $-U_c/2$ |
| 行 1 像素 ON | -1 | +1 | +1 | +1 | $-U_c$ | 0 | 0 | 0 |
| 行 1,2 像素 ON | -1 | -1 | +1 | +1 | $-U_c/2$ | $-U_c/2$ | $+U_c/2$ | $+U_c/2$ |
| 行 2,3 像素 ON | +1 | -1 | -1 | +1 | $-U_c/2$ | $U_c/2$ | $-U_c/2$ | $+U_c/2$ |
| 行 1,2,3 像素 ON | -1 | -1 | -1 | +1 | 0 | 0 | 0 | $+U_c$ |
| 所有像素 ON | -1 | -1 | -1 | -1 | $+U_c/2$ | $+U_c/2$ | $+U_c/2$ | $+U_c/2$ |

用式(4.4.5)得到

$$C(1) = \frac{U_c}{4}\left[M(1,1)d_1 + M(2,1)d_2 + M(3,1)d_3 + M(4,1)d_4\right]$$

$$C(2) = \frac{U_C}{4}\big[M(1,2)d_1 + M(2,2)d_2 + M(3,2)d_3 + M(4,2)d_4\big]$$

$$C(3) = \frac{U_C}{4}\big[M(1,3)d_1 + M(2,3)d_2 + M(3,3)d_3 + M(4,3)d_4\big]$$

$$C(4) = \frac{U_C}{4}\big[M(1,4)d_1 + M(2,4)d_2 + M(3,4)d_3 + M(4,4)d_4\big]$$

从上面的方程、给出的行正交矩阵以及被选择的 $d_{1,2,3,4}$ 值,可以计算 $C(1)$、$C(2)$、$C(3)$ 和 $C(4)$ 的值,将这些值放置在表 4.4.2 的最后 4 列中,与它们相对应的是图 4.4.14 中的波形。

从上面两个例子可以总结出求被选中行上各像素列波形的步骤如下:

(1) 选好维数等于 $p$ 的行正交矩阵(一般是 2 或 4)。

(2) 根据显示信号的要求,由每条选中行上的所有像素状态(ON 态为 +1,OFF 态为 -1)组合列出数据图案,依次置于表的前几列。

(3) 将行正交矩阵中第一列与表中第一行的状态分布对应的数据图案求点积,得到 $C(1)$,然后是矩阵中第二列与表中第一行求点积,得到 $C(2)$,依次类推。

(4) 得到的 $p$ 个点积值应该是第一行被选中时,依次施加在各列上的列电压。

(5) 其他行被选中时各列上的列电压可仿之求出。

**4. 对 MLA 的进一步考虑**

如同在 A&P 技术中已用过的方法,现在计算在 MLA 技术中施加在 ON 态和 OFF 态像素上的 RMS $U_{ON}$ 和 $U_{OFF}$。一般来说,不管使用什么样的正交行波形和相关列电压,$U_{ON}$ 和 $U_{OFF}$ 的表达式都是

$$\overline{U}_{ON} = \sqrt{\frac{1}{N}\Big[(p-1)U_R^2 + (U_R + U_C)^2 + \Big(\frac{N}{p} - 1\Big)U_C^2\Big]}$$

$$= \sqrt{\frac{1}{pN}\big[p^2 U_R^2 + 2p U_R U_C + N U_C^2\big]} \tag{4.4.6}$$

$$\overline{U}_{OFF} = \sqrt{\frac{1}{N}\Big[(p-1)U_R^2 + (U_R - U_C)^2 + \Big(\frac{N}{p} - 1\Big)U_C^2\Big]}$$

$$= \sqrt{\frac{1}{pN}\big[p^2 U_R^2 - 2p U_R U_C + N U_C^2\big]} \tag{4.4.7}$$

值得注意的是,对于 $p=1$,式(4.4.6)和式(4.4.7)分别与使用 A&P 技术的式(4.4.3(a))和式(4.4.3(b))一样。这表明 A&P 技术只是 MLA 技术中 $p=1$ 的一种特殊情况。因此,下面从式(4.4.6)和式(4.4.7)出发得到的结果,对 A&P 技术和 MLA 技术都是有效的。MLA 技术与 A&P 和 IA&P 技术相比较的主要优势是降低 $U_{LCD}$,这样就可以使用低压 CMOS 工艺的驱动电路,达到省钱和降低功率消耗的目的,同时又减少串扰。MLA 技术的主要缺点是增加了管理行子组的复杂性和增加列电压电平的数量。尽管如果 $p$ 是 2 的整数幂,MLA 控制器的设计和实现挺简单的,但附加的数字电路(逻辑电路、锁存等)增加了硅集成电路的面积。除此之外,可能更多重要的是,硬件的复杂性和行、列驱动电路的功耗也增加。因此,已经证明在 $p>6$ 的情况下 MLA 技术是不切实际的。

**5. 分布式 MLA**

通常称前面讲述的 MLA 技术为集中式 MLA。在实际中,常使用 MLA 方法的一个变种,被称为分布式 MLA(distributed MLA,DMLA)。在分布式 MLA-$p$ 技术中,将一个帧

周期的时间 $T$ 分为 $p$ 个子周期。第 $i$ 个子波波形分布在第 $i$ 个全部子周期中。图 4.4.15 给出了在图 4.4.14 中已见过的行 1 波形在集中式 MLA 和分布式 MLA 中的不同。可见到波形被分解成 4 个部分，并在相继 4 个子周期中施加在行上。

图 4.4.15 （上部分）原图 4.4.14 中的行 1 波形在集中式 MLA-4 方法中保持不变以及（下部分）原图 4.4.14 中的行 1 波形在分布式 MLA-4 方法中分散在三个子周期中

这样的分布式方案的优势是巨大的，有下列三点：

（1）与单线（也包括集中式 MLA）寻址技术相比较，整体图像质量大大提高了，因为现在刷新率是单线的 $p$ 倍，所以帧响应效果大大降低，如图 4.4.16 所示。因此，闪烁明显少了很多，显示的图像非常稳定。

（2）大多数驱动信号的频谱变得集中在 $p$ 倍帧频左右。这是一个优点，因为 STN-LCDs 电光传输曲线对频率的依赖关系需要窄带驱动信号，以防止产生视觉伪像。

（3）该特性允许无源矩阵液晶显示器使用快速响应液晶混合物，这样不使用 TFT 技术也能显示运动图像。

与集中式 MLA 相比较，分布式 MLA 的缺点是功耗增加 1.5~2 倍（与选择的波形集合有关）。

(a) 在 A&P 技术中

(b) 在分布式 MLA-4 技术中

图 4.4.16　显示电压的时间分布

## 4.4.3　无源矩阵寻址的极限

下面将推导出上述几种驱动技术的一些基本限制。先定义两个有用的电子参数：驱动裕度（drive margin）DM 和偏置率（bias ratio）$r$。

驱动裕度（也称为选择比率，selection ratio）被定义为 ON 态像素电压的 RMS 值与 OFF 态像素电压的 RMS 值的比值，即

$$\mathrm{DM} = \overline{U_{\mathrm{ON}}} / \overline{U_{\mathrm{OFF}}} \tag{4.4.8}$$

按显示的物理性质,很容易理解对比度随驱动裕度而增加。

偏置率被定义为最大行电压与最大列电压之比

$$r = U_R/U_C \qquad (4.4.9)$$

按惯例可假设 $U_R \geqslant U_C$,偏离率接近 1 意味着用于行和列的峰值电压相似。

将式(4.4.6)和式(4.4.7)代入式(4.4.8)获得 DM 与 $p$、$U_R$、$U_C$ 以及 $N$ 的函数关系表达式为

$$DM = \sqrt{\frac{p^2 U_R^2 + 2p U_R U_C + N U_C^2}{p^2 U_R^2 - 2p U_R U_C + N U_C^2}} \qquad (4.4.10)$$

将式(4.4.9)代入式(4.4.10)中得 DM 的另一种表达式,即

$$DM = \sqrt{\frac{p^2 r^2 + 2pr + N}{p^2 r^2 - 2pr + N}} \qquad (4.4.11)$$

**1. 最大驱动裕度**

在式(4.4.11)中求 DM 对 $r$ 的偏导数,让该偏导数等于零,可求得使 DM 为最大的 $r$ 值为

$$r = \frac{\sqrt{N}}{p} \qquad (4.4.12)$$

将式(4.4.12)代入式(4.4.11)中得驱动裕度 DM 的最大值的表达式为

$$DM_{MAX} = \sqrt{\frac{\sqrt{N}+1}{\sqrt{N}-1}} \qquad (4.4.13)$$

上面的方程表明 DM 的最大值与参数 $p$ 无关,这表明它是一个与寻址技术无关的内在属性,只依赖于行数 $N$。可以看到,DM 随 $N$ 的增大而减少,这是一个重要的结论。对于大的 $N$,$DM_{MAX}$ 趋向于 1。换言之,这时 $U_{ON}$ 和 $U_{OFF}$ 趋向于一致,对比度消失。因此,必须有一个可寻址最大数量的限制,以保证可接受的对比度。

例如,如果 $N=100$,$U_{ON}$ 和 $U_{OFF}$ 之间的最大比例只有 $\sqrt{11/9} = 1.106$。也就是说,$U_{ON}$ 和 $U_{OFF}$ 之间的差别不到 11%。为了达到一个合理的对比度,因此电光传输特性必须非常陡峭。由于 TN-LCDs 平缓的 $T/U$ 特性,64 行是其极限。STN-LCDs 的 $T/U$ 特性要陡得多,多路传输的行数增加到 240,如果用双扫描技术可达到 480 行。

给定 $N$,由式(4.4.13)得到参数 DM 最大值 $DM_{MAX}$,再选择驱动技术,便可求出最大化的驱动电压 $U_{LCD}$。为了获得最大化的 $U_{LCD}$ 的表达式,必须先找到电压 $U_R$ 和 $U_C$ 的表达式。应该让 $U_{OFF}$ 取最小值,也就是使 $U_{OFF} = U_{th}$,$U_{OFF}$ 的表达式(4.4.7)变成

$$U_{th} = \frac{1}{\sqrt{N}} \sqrt{p U_R^2 - 2U_R U_C + \frac{N}{p} U_C^2} = \frac{U_C}{\sqrt{N}} \sqrt{pr^2 - 2r + \frac{N}{p}} \qquad (4.4.14)$$

由式(4.4.14)解出 $U_C$,并用式(4.4.12)消去 $r$,得到 $U_C$ 的表达式为

$$U_C = \frac{\sqrt{N}}{\sqrt{2\frac{N}{p} - 2\frac{\sqrt{N}}{p}}} U_{th} = \frac{1}{\sqrt{2}} \frac{\sqrt{p}}{\sqrt{1 - \frac{1}{\sqrt{N}}}} U_{th} \qquad (4.4.15)$$

由 $r$ 的定义式(4.4.12)得到 $U_R$ 的表达式为

$$U_R = r U_C = \frac{1}{\sqrt{2}} \frac{\sqrt{N/p}}{\sqrt{1 - \frac{1}{\sqrt{N}}}} U_{th} \qquad (4.4.16)$$

对于大的 $N$ 值,如 $N \gg 1$,$U_C$ 几乎与 $N$ 无关,而 $U_R$ 随 $N$ 的平方根增加。直觉上可以

理解为增加 $N$，就减少了将能量转移到像素的时间间隔，而能量与电压的平方成正比。

为了减少行电压的振幅 $U_R$，可以利用参数 $p$，即同时驱动的行数大于1。事实上，增加 $p$，$U_R$ 减少而 $U_C$ 增加了。注意，当 $p=\sqrt{N}$ 时，理论上 $U_R=U_C$。

图 4.4.17(a)给出了用 $U_{th}$ 归一化的 $U_R$、$U_C$ 与 $N$ 的函数关系，参变数 $p=1$、2 和 4。图 4.4.17(b)给出了 $U_R$、$U_C$ 与 $p$ 的函数关系，其中 $N=100$。正如预期的那样，当 $p=10$ 时，$U_R=U_C$。

(a) 与$N$的函数关系，$p$=1、2和4　　　　(b) 与$p$的函数关系，$N$=100

图 4.4.17　用 $U_{th}$ 归一化的最大行电压 $U_R$ 和最大列电压 $U_C$

最后，采用基本 A&P 和 MLA-$p$ 技术的 $U_{LCD}$ 的表达式为

$$U_{LCD} = 2U_R = \frac{\sqrt{2N/p}}{\sqrt{1-\dfrac{1}{\sqrt{N}}}}U_{th} \tag{4.4.17}$$

而 IA&P 技术 $U_{LCD}$ 的表达式为

$$U_{LCD} = U_R + U_C = \frac{1}{\sqrt{2}}\frac{\sqrt{N}+1}{\sqrt{1-\dfrac{1}{\sqrt{N}}}}U_{th} \tag{4.4.18}$$

观察到随着行数的增加，$U_{LCD}$ 也增加。然而，IA&P 技术中的 $U_{LCD}$ 低于 A&P 中的，这就解释了为什么 IA&P 是使用最广泛的单行寻址技术（虽然 A&P 技术中行和列波形的电压数量分别是 3 个和 2 个，而 IA&P 技术中行和列波形的电压数量都是 4 个）。

图 4.4.18 给出了在 A&P、IA&P、MLA-2、MLA-4、MLA-6 技术中用 $U_{th}$ 归一化的 $U_{LCD}$ 与 $N$ 的关系。可以看到，IA&P 技术的 $U_{LCD}$ 低于 A&P 的。在 $N>6$ 的情况下，甚至低于 MLA-2 的。

**2. 最低驱动电压**

最低驱动电压在便携式应用中是至关重要的。驱动电压低，可以减少功耗和利用低成本的 CMOS 工艺实现的驱动电路。使最大行电压和列电压相等，即 $U_R=U_C$，也就是 $r=1$ 可将驱动电压降到最低。将 $r=1$ 代入驱动

图 4.4.18　在 A&P、IA&P、MLA-2、MLA-4、MLA-6 技术中用 $U_{th}$ 归一化的最大驱动电压 $U_{LCD}$ 与 $N$ 的关系

裕度表达式(4.4.11)得到

$$DM = \sqrt{\frac{p^2 + 2p + N}{p^2 - 2p + N}} \qquad (4.4.19)$$

让 $\overline{U}_{OFF} = U_{th}$，从式(4.4.7)可推导出 $U_C$ 表达式为

$$U_R = U_C = \sqrt{\frac{pN}{p^2 - 2p + N}} U_{th} \qquad (4.4.20)$$

最后，因为 $U_R = U_C$，对于所有寻址技术，$U_{LCD}$ 是一样的，其表达式为

$$U_{LCD} = 2\sqrt{\frac{pN}{p^2 - 2p + N}} U_{th} \qquad (4.4.21)$$

本节中的主要结果如表 4.4.3 和表 4.4.4 所示。

表 4.4.3　无源矩阵寻址技术主要电参数汇总

| 参　　数 | 最大驱动裕度 | 最低驱动电压 |
|---|---|---|
| $r$ | $\sqrt{N}/p$ | 1 |
| DM | $\sqrt{\dfrac{\sqrt{N}+1}{\sqrt{N}-1}}$ | $\sqrt{\dfrac{p^2+2p+N}{p^2-2p+N}}$ |
| $U_R$ | $\dfrac{U_{th}}{\sqrt{2}}\dfrac{\sqrt{N/p}}{\sqrt{1-1/\sqrt{N}}}$ | $U_{th}\sqrt{\dfrac{pN}{p^2-2p+N}}$ |
| $U_C$ | $\dfrac{U_{th}}{\sqrt{2}}\dfrac{\sqrt{p}}{\sqrt{1-1/\sqrt{N}}}$ | |
| $U_{LCD}$ | $\sqrt{2}U_{th}\dfrac{\sqrt{N/p}}{\sqrt{1-1/\sqrt{N}}}$ MLA-$p$. A&P<br>$\dfrac{U_{th}}{\sqrt{2}}\dfrac{\sqrt{N}+1}{\sqrt{1-1/\sqrt{N}}}$ IA&P | $2U_{th}\sqrt{\dfrac{pN}{p^2-2p+N}}$ |

表 4.4.4　比较不同寻址技术的电参数(取 $U_{th} = 1.3V$ 和 $N = 64$)

| | A&P MLA-1 | IA&P | MLA-2 | MLA-4 | MLA-8 | 单位 |
|---|---|---|---|---|---|---|
| $DM_{max}$ | 1.134 | 1.134 | 1.134 | 1.134 | 1.134 | — |
| $U_R$ | 7.9 | 7.9 | 5.6 | 3.9 | 2.8 | V |
| $U_C$ | 1.0 | 1.0 | 1.4 | 2.0 | 2.8 | V |
| $U_{LCD}$ | 15.7 | 8.8 | 11.1 | 7.9 | 5.6 | V |
| DM | 1.031 | 1.031 | 1.061 | 1.106 | 1.134 | — |
| $U_R = U_C$ | 1.3 | 1.3 | 1.8 | 2.5 | 2.8 | V |
| $U_{LCDmin}$ | 2.6 | 2.6 | 3.7 | 4.9 | 5.6 | V |

## 4.4.4　交叉效应

交叉效应(crosstalk)是由于相邻像素之间以及行和列之间的相互干扰，在显示画面中出现与图像内容有关的可见缺陷。其表现为理论上灰度等级相同像素的亮度出现差异，并

通常产生一个半透明的拖尾添加到原始图形上。随着显示尺寸增加、分辨率提高以及液晶材料的响应变快,交叉效应的恶度加剧。

至少可区别出两种类型影响静态图片的静态交叉效应(static crosstalk):垂直交叉效应(vertical crosstalk)和水平交叉效应(horizontal crosstalk)。

垂直交叉效应(定性示意见图 4.4.19)是由于面板的电特性(寄生电阻和电容)以及 IC 驱动器的性能(行和列驱动器的输出电阻)造成的。

(a) 理想图像　　　　(b) 有垂直交叉效应的图像

图 4.4.19　交叉效应举例

为理解这一现象,在图 4.4.20 中给出了 PM-LCD 面板的电路模型。在形成像素的行和列的每一个交叉处有液晶材料形成的电容。每行和每列还分别产生电阻 $R_R$、$R_C$。它们与 ITO 电阻以及行、列驱动器的输出电阻是串联的,所以这几个电阻就加在一起。通常,驱动器的输出电阻大于 ITO 的。

由此产生的 $RC$ 时间常数引起脉冲驱动电压的延迟,在每个列转变时引起施加的波形畸变。与此相反,不存在列转变时,像素电压实质上不畸变,因为这时只有行 $RC$ 延迟,它对所有像素的延时是相同的。

图 4.4.20　PM-LCD 面板的电路模型

图 4.4.21 给出了行和列电压施加到同一列中的五个相继像素上的行为。其中,右边是理想像素的外观和实际的比较。由于列脉冲的转变,被驱动像素接收的能量偏多(第 4 行)或偏少(第 2 行)。假设第一个和最后两个像素处于 OFF 态(白色),而剩下的第二和第三像素是 ON 态(黑色)。示出了理想的和实际的列波形。为了简单起见,不示出实际的行波形。前面已讲过,它们对所有像素的影响是相同的,因此不会引入亮度差异。

由于第一个列信号时间延迟,第一个后果是减少 ON 态像素的亮度(或增加 OFF 态像素的亮度)。例如,与理想的情况相比,第 2 行从驱动电压收到的能量较少。第二个后果与同一列中的像素由一条信号线驱动相关。施加在一个像素上的电压将影响同一列所有其他的像素(影响它们的 RMS 电压)。这样,在整个列中引入了不均匀性,即垂直交叉效应。当然,随着列电压转变次数增加,垂直交叉效应越显著。换句话说,垂直交叉效应与列驱动波形的高频内容有关。因为液晶参数(如阈值电压)与频率有关,高频内容引起液晶盒响应特性的变化。随着液晶 $T$-$U$ 曲线陡度的上升,垂直交叉效应也越显著。

黑像素和白像素的液晶介电常数之间的差异感应出空间不对称的行和列之间的耦合电容是引起水平交叉效应的原因。这源于与一行中黑/白水平块的宽度有关的视觉伪像。此外,在从一个图片到另一个图片转换时发生的动态交叉效应(dynamic crosstalk)可能会影

图 4.4.21　*RC* 延迟对像素驱动电压的影响

响支持视频流的液晶模块。

为了减少交叉效应,通过显示器制造技术和 IC 驱动程序设计进一步降低了 *RC* 时间常数。一个系统级的解决方案是通过执行线反转驱动技术,即寻址波形的极性周期性反转。其他更复杂的解决方案也已发展到几乎可完全消除交叉效应。总之,这些补偿像素电压畸变的方法是每当发生电压转变时,在列波形上叠加一个校正电压。

为了对交叉效应的影响限制有一个概念,假设在 ON 态与 OFF 态区域内灰色等级均匀分布。对于一个 4K 彩色 STN 显示器,每个 RGB 像素需要显示 16 个级别的灰度等级（4 位）。如果显示器有 80 行,阈值电压 $U_{th}$ 是 1.4 V,由式(4.4.13)可得到最大的 DM 约为 1.12。假设 $U_{OFF}$ 等于 $U_{th}$,然后按 DM 的定义式(4.4.8)求出 $U_{ON}$ 约为 1.57V。因此,两个相邻灰度等级之间的 RMS 电压差别是 $(U_{ON}-U_{OFF})/16 \approx 10\mathrm{mV}$。为了确保相邻灰度等级被识别,交叉效应必须小于这个电压。显然,灰度等级和行数越多,显示器对交叉效应就越敏感。

## 4.4.5　显示灰度

到目前为止,只讨论了像素的完全开启(ON)或完全关闭(OFF)。用这种方式可以显示双电平图像,即图像只由黑色或白色像素组成。然而,为了显示黑白照片或由三原色 RGB 组成的彩色图像,需要显示不同的灰度等级。

从 ON 态和 OFF 态像素出发,有三种生成灰度等级的方法。它们就是空间抖动(spatial dithering,SD)、脉冲宽度调制(pulse width modulation,PWM)以及帧率控制(frame rate control,FRC)技术。正如将看到的,上面的方法简单,但只能用于显示有限数量的灰度等级。要显示更多的灰度等级可以将上述几种方法组合在一起,或需要利用液晶的 *T/U* 特性。由图 4.4.6 看到,光通过像素的透射率是从 OFF 态连续地变化到 ON 态,给出了所有中间灰色色调。换句话说,通过调节施加在液晶上的 RMS 电压,可以改变从黑色到白色的被显示的灰度等级。我们知道,像素电压是由列和行电压的叠加,因此,可以通过两种不同的技术调节 RMS 电压,这就是列脉冲高度调制(column pulse height modulation)

和行脉冲高度调制(row pulse height modulation)。

然而,必须看到,当这些组合被应用于 MLA 技术时,倍频可能导致视觉伪像。为此,极性反转是一种用增加频谱最低频率减少驱动信号带宽的有效的技术。

**1. 空间抖动(SD)技术**

将一个像素分成一组相邻的子像素(可以是黑色的或白色的,但其尺寸必须低于眼睛的分辨率),任意组合子像素的数量就可得到不同的灰度等级。例如,使用 $m$ 个面积相同的子像素,可得到 $m+1$ 个人眼可感知的灰度等级。图 4.4.22 显示了 4 个子像素的所有可能的组合。

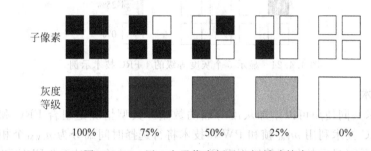

图 4.4.22 用 4 个子像素例示空间抖动技术

**2. 脉冲宽度调制(PWM)技术**

使用 PWM 技术是将每一行的选择时间细分为 $m$ 个相等的时间间隔,可显示 $m+1$ 个灰度等级。例如,将行选择时间分成 4 个子间隔,就可以得到与可能的列波形组相对应的 5 个等效灰度等级,如图 4.4.23 所示。

图 4.4.23 脉冲宽度调制的例子

**3. 帧率控制(FRC)技术**

FRC 技术是将一帧(超帧)时间分割成数个子帧,合适安排每个子帧中各像素的 ON 态和 OFF 态,从而得到像素的灰度等级。具体来说,$m$ 个帧用于显示($m+1$)个灰度等级。图 4.4.24 展示了 5 个灰度等级的情况。STN 液晶显示器广泛利用这种方法,但会增加功耗,因为需要更高的扫描频率。例如,假设要显示 5 个灰度等级,必须将一帧分成 4 个子帧。

因此,为了避免闪烁,扫描频率就必须是常规的 4 倍。

图 4.4.24　显示 5 个灰度等级的 4-FRC 技术示例

### 4. 混合技术

将上述技术共同使用可以增加灰度等级的数量。典型情况是组合 FRC 和 PWM 两种技术。如果 FRC 技术利用 $m_{FRC}$ 帧和 PWM 技术将行选择时间细分为 $n_{PWM}$ 个相等的时间间隔,则综合效果是可显示的灰度等级提升到 $m_{FRC} \times n_{PWM} + 1$ 个。对于 3-FRC 和 16-PWM 的混合技术,灰度等级提升到 49 个。

另一种被称为相位混合方法,是将空间抖动和 FRC 技术组合。这有助于减轻由于在一个超帧中 RMS 不均引起的闪烁。为了得到最佳的光学性能,相位混合方法通常应用于以 RGB 子像素为基础的彩色显示中。

### 5. 列脉冲高度调制

列脉冲高度调制技术是调制列电压的幅度来改变施加在液晶上的 RMS 电压。$N$ 条液晶行一次扫描一行。行电压 $U_R$ 施加在被选择行上,其他($N-1$)行接地(与 A&P 技术类似)。然而,与 A&P 技术不同在于,现在每一列电压值并不局限于 $\pm U_C$,而是可以连续地从 $-U_C$ 跨越到 $+U_C$。

### 6. 行脉冲高度调制

行脉冲高度调制技术是调制行电压波形的幅度来改变施加在液晶上的 RMS 电压。总之,从最高有效位(MSB)到最低有效位(LSB),每经过一个时间间隔行驱动电压幅度减半。相应地生成列信号。将行选择时间等分为 $m$ 个时间间隔,可得到 $2^m$ 个灰度等级。这种方法可以结合 MLA 技术使用。

## 4.5  无源矩阵显示器的驱动器

本节讲述无源矩阵显示器的驱动器。因为无源矩阵显示器的行和列数有限(现在手持设备采用的无源矩阵显示器的最大分辨率是 320 行×240 列,属 Quarter-VGA 级),一般采用单片混合信号集成电路(驱动 IC)。它包含的主要功能有微处理器接口、控制逻辑、显示内存、温度补偿、电压电平的产生/监管以及行和列驱动输出。

### 4.5.1  驱动器的结构

PM-LCDs 可能采用单行或多路寻址方法。CSTN-LCDs 通常采用能提供最好性能的

MLA 技术。因此,除非另有说明,本节只讲述采用 MLA 技术的驱动方法。

无源液晶显示器驱动器的一般框图如图 4.5.1 所示。图中的液晶屏不属于驱动器,驱动器的主要方块有主机接口(host interface)、查询表(look-up table,LUT)/抖动(dither)、显示数据内存、彩色处理、MLA 和灰度生成、控制逻辑(control logic)、时间控制器(timing controller)、一次性可编程(one time programmable,OTP)存储器、振荡器、温度传感器、温度补偿、DC/DC 变换器以及列和行驱动器。值得一提的是,在具体实现时,一些块的功能是分布式配置的,但在这里为了清晰都集中描述。此外,图中不包括供电电源,但是通常需要两个外部电源:一个用于主机接口;另一个用于 DC/DC 变换器和模拟块。前者是可被标准信号接收的电压电平,通常等于 1.8V,后者取决于所利用的硅芯片种类,要稍高一些,如2.8V。现在有采用单一电源的倾向,但这一趋势尚未形成标准。

图 4.5.1　PM-LCD 驱动 IC 的框图(虚线框内)

来自微控制器单元(micro controller unit,MCU)的数据可以是命令或视频信息。它们首先在界面上交接和分别地准备通过控制逻辑部分解释或进入 RAM 存储。视频数据也通过彩色处理技术优化(如伽马校正)。为了同步和产生准确的参考电压,需要单片振荡器和稳定的直流电压产生器。为了产生大于电源电压的像素电压电平,需要高压提升电路。高电压为列和行驱动器的输出提供列和行电压。

在优化实现所有这些功能时,应该同时考虑芯片的大小和成本以及所需外接元件的数量,例如用于电压倍增器的泵电容或吸收大电流尖峰的旁路电容器。减少功耗和交叉效应以及增强对静电损害(electrostatic damage,ESD)的保护也是很重要的课题。最后,终端用户常常希望显示器特性是容易可编程的。

在下面几节中将详细描述 PM-LCD 驱动器的工作原理,按其功能分成五大类:主机接口、电源管理、驱动器管理、图像处理和输出驱动器。

### 4.5.2　主机接口

**1. 接口**

从单片机主机传输图像数据和命令到驱动器,而诊断数据和状态信息(如驱动器的ON/OFF 条件)则从驱动器传输到主机。因此,在单片机和驱动器之间需要双向数据链。为此目的,利用并联或串联类型通信接口。68000 和 8080 单片机是并联型的,串联型的有 3线 9 位(bit)和 4 线的串行外设接口(serial peripheral interface,SPI)。PM-LCD 大多数使用串联型,并联型主要用于 AM-LCD。

**2. 查询表/抖动**

查询表是一个随机存取存储器(RAM),存储了某种映射的所有的可能结果(每种结果对应一组数据),输入信号相当于查询地址,查询表会将与查询地址相对应的一组数据输出。

为了适应内存的字长,数据在被存储到内存之前先在主机的输出接口被重新映射。可能需要两种技术:插入额外的位(bits,比特)和舍入。

如果数据长度小于内存中数据的长度,必须插入额外的位。在这种情况下,输入的数据作为 LUT 的索引值,LUT 根据索引值自动输出与输入数据误差最小,且字长符合内存要求的数据。例如,考虑一个 18 位 RAM 和 8 位视频数据(见图 4.5.2 中第一例)。假设用于红色和绿色各为 3 位,2 位用于蓝色(3R 3G 2B)。将此组数据通过 LUT 重新映射成使用所有 18 位(6R 6G 6B),其他的例子也见图 4.5.2。

bpp:bits per pixel(每个像素值所需要的位数)

图 4.5.2　18 位视频内存中 LUT/抖动的作用示例

相反,当传入的数据字长度大于 RAM 允许的时候,需要减少颜色深度,如图 4.5.2 所示的最后一种情况。为此目的,最简单的解决方案是截断一些位。然而,截断可能导致重大图像显示误差,如出现虚假轮廓。为了限制这类问题出现,已开发出一些舍入(rounding)(抖动)技术,如传统的舍入、误差反馈舍入和动态舍入。

**注意**:抖动是在数字图片处理中的一种应用。一般情况下是指一种使数字图片在降低色深的情况下,呈现最佳展现的技术。例如,将 24 位色深的图像用 8 位色深来展现。

### 4.5.3　电源管理

电源管理部分产生驱动电路需要的所有偏压和基准电压(电流)。特别是对于手持设备,在正常操作中温度会有巨大的变化,所以基准电压相对于温度稳定是至关重要的。因为颜色质量对液晶阈值的绝对值和驱动电压电平准确性的依赖性很强,若基准电压随温度而漂移,彩色图形质量会严重恶化。

**1. 温度补偿电压生成器**

所有的内部基准电压是由一个具有温度补偿的偏置电路产生。通过带隙基准(bandgap reference)电路获得一个与温度无关的直流电压。

带隙基准电压 $U_{BG}$ 标称有零温度系数,它是两个分别具有负和正温度系数的电压,并且通过适当权重之和。这两个电压是正温度系数的热电压 $U_T$ 和负温度系数的基极—发射极电压 $U_{BE}$,它们都与双极型器件指数性的伏安特性有关。

在 CMOS 工艺中利用固有的寄生双极型器件,可以实现带隙基准电路。下面举两个例子说明带隙电压如何产生。

**例 1**:图 4.5.3 中的电路是基于差分放大器产生电压基准。利用运算放大器(OpAmp)的虚地,偏流 $I_{C1}$ 和 $I_{C2}$ 流经 $R_3$ 和 $R_4$ 产生相等的电压降。利用电路理论和二极管电流—电压的半导体公式可求得基准

$$U_{REF} = U_{BE1} + 2U_T \frac{R_1}{R_2} \ln\left(\frac{A_{E2}}{A_{E1}}\right) \tag{4.5.1}$$

式中　$U_T = kT/e$;

$k$ 和 $e$——波尔兹曼常数和电子电荷;

$A_{E1}$ 和 $A_{E2}$——与硅的物理参数有关的常数;

$R_1$、$R_2$——电路中的电阻。

图 4.5.3　采用双极型晶体管的带隙电压基准

**例 2**:图 4.5.4 给出了获得不受温度影响基准电压的另一个电路图,该电路与 MOS 工艺完全兼容,可推导出

$$U_{REF} = U_{BE1} + U_T\left(1 + \frac{R_1}{R_3}\right)\ln\left(\frac{A_{E1}}{A_{E2}}\frac{R_1}{R_2}\right) \tag{4.5.2}$$

用上述电路获得的带隙电压基准随温度的变化曲线如图 4.5.5 所示。其温度漂移特性

约为$(20\sim100)\times10^{-6}$℃。

图 4.5.4  与 MOS 工艺兼容的带隙电压基准电路        图 4.5.5  带隙基准电压随温度的变化曲线

### 2. 温度传感器

电光($T/U$)特性与温度有关。在图 4.5.6(a)中画出了三个不同温度下的 $T/U$ 曲线，$T_1>T_A>T_2$，其中 $T_A$ 是环境温度。由图可知，$U_{th}(U_{SAT})$ 随温度上升而减少，这是因为液晶混合物的黏度随温度上升而降低，需要再定向的能量减少。STN-LCD 的 $U_{th}\sim T$ 的典型曲线见图 4.5.6(b)中实线曲线。

图 4.5.6  三个不同温度下的电光转移曲线，$T_1>T_A>T_2$，虚线为相关联的 $U_{LCD}$ 范围以及阈值电压与温度的关系(实线)，虚线是曲线的一种可能的拟合线段

由式(4.4.17)和式(4.4.18)可知，$U_{LCD}$ 与 $U_{th}$ 成正比，因此为了避免显示器对比度受到温度变化的影响，$U_{LCD}$ 和温度的关系必须遵循 $U_{th}$ 和温度的关系。在系统层面，$U_{LCD}$ 可以用分段直线拟合。这样可简化设计和使存储在 OTP 里的数据最少化。例如，在图 4.5.6(b)中的虚曲线代表一个可能的曲线拟合，后者分为三个部分，在温度 $T_L$ 和 $T_H$ 有两个交叉点。$T_L$ 和 $T_H$ 以及三段线的斜率由模块制造商根据所采用的液晶混合物进行细调，然后存储在 OTP 中。

温度传感器用于监视驱动器的结温，它应该是非常接近显示器的温度。这个信息不仅用于产生 $U_{LCD}$ 的温度线段块，也用于改变帧频以适应显示器混合物的运行条件。

### 3. DC/DC 变换器

在电池供电的便携式设备中,采用低电压外部电源以限制功耗,因此为了产生正、负行和列电压,需要倍增(×2、×3、×4,甚至更多)电源电压。需要使用被称为电荷泵(charge pump)的 DC/DC 变换器。后者只由开关(最初是二极管)和电容器组成。这种无电感的组成易于集成,且电磁干扰(electromagnetic interferences,EMI)相对较低,例如电可擦只读存储器(EEPROM)、心脏起搏器这类低噪声应用以及小型(大至约 8in)液晶显示器中受欢迎。

一个理想输出电压 $U_{out}$ 等于 $3U_{DD}$ 的电压倍增器的简化方案如图 4.5.7 所示。该电路有三级,每级都由一个二极管和一个电容器组成。$C_{IN}$ 模拟发生器的输入电容;$C_{P1}$ 和 $C_{P2}$ 是泵电容(pumping capacitors);$C_B$ 是起存储和滤波功能的块电容(bulk capacitor),对于负载起电压发生器的作用。一个方波振荡器提供一对反相输出,用于驱动泵电容的一端。在经过由振荡器—二极管—电容器系统的充电时间和振荡器的频率决定的瞬态时间后,$C_{P1}$ 被充电到 $U_{DD}-U_D$,$C_{P2}$ 被充电到 $2U_{DD}-2U_D$,$C_{OUT}$ 被充电到 $3U_{DD}-3U_D$,其中 $U_D$ 是二极管上的电压降。输出电压的典型充电曲线如图 4.5.8 所示。

图 4.5.7 三倍压电荷泵的简化原理图

图 4.5.8 电荷泵输出电压 $U_{OUT}$ 的典型上升曲线和方波 $U_{CK}$

最好是不需要外部组件的完全集成的电压倍增器,但这取决于所需的电流驱动能力。事实上,为了获得大输出电流,需要在芯片外接大电容器以避免放电引起输出电压下降过速。

如果块电容的容量足够大,就不需要通过缓冲放大器驱动行/列负载;反之,如果所需电压是由电阻分压器提供,就需要缓冲放大器。按此目的,图 4.5.9 给出了产生 MLA-LCD 所要求的各种电压的可能方法。

该电源生成所需的 6 个电压源:$\pm U_R$、$\pm U_C$ 和 $\pm U_C/2$。$U_{COM}$ 是电压公共端,外部连接到地。其中 4 个——$\pm U_R$ 和 $\pm U_C$,由分别配置在闭环 CP1、CP2、CP3 和 CP4 中的电荷泵提供。每个闭环由一个误差放大器(error amplifier,EA)、一个压控振荡器(voltage

图 4.5.9　采用 MLA-4 技术驱动 LCD 所需的电源

controlled Oscillator, VCO)和一个电荷泵组成。闭环的工作如下：设该闭环生成 $U_R$，由于负载电流大有下降的趋势。然后，$U_R'$ 也减少，误差放大器 EA1 的输出电压增加，后者使压控振荡器 VCO1 的频率提高，结果 CP1 泵对其块电容充电的次数增加，于是 $U_R$ 上升，实现了调节。其他两个电压——$\pm U_C/2$，简单地由电阻分压器得到，由紧随其后的跟随器缓冲。缓冲器 B1 的供电电压是 $+U_C$ 和 $U_{COM}$，而缓冲器 B2 的供电电压是 $U_{COM}$ 和 $-U_C$。两个多路分配器和电阻分压器也在上面提到的反馈环中。它们的作用是通过 $U_{LCD}[\cdots]$ 和 $BR[\cdots]$ 的编码字正确设置行电压 $U_R$ 和式(4.4.9)所定义的偏置率(BR)。最后一个电阻分压器($R5$-$R5$)用于从 $+U_R$ 生成 $-U_R$。

图 4.5.9 中的电源方案采用集中驱动电压缓冲,相反的,在 AM-LCDs 中通常采用分布式缓冲方法。

## 4.5.4 驱动器管理

### 1. 一次性可编程(OTP)存储器

在色彩再现中,液晶矩阵的有效性主要取决于参数,诸如液晶阈值电压的绝对值和驱动电压的精度。因此,必须补偿这些值的任何公差。为了完成此任务,首先在一个专用的非易失性内存块中,永久性地记录这些重要参数(如液晶混合物的特性、伽马曲线数据)的值、基准电压等值以及配置参数。为此目的,要使用带有多熔丝或反熔性的一次性可编程(OTP)存储器。

模块制造商要测量出每一块液晶混合物的上述参数的值,因为它们的参数可能都有点不一样。然后写入 OTP。例如,一个 OTP 的字长可能是 22 位,其中 16 位用于编码有效数据,6 位用于误差修正代码(error correction code,ECC)。

在每个系统复位或通电后,OTP 自动初始化。存储在非易失性内存中的参数被读取,并锁定在位于控制逻辑部分的易失性寄存器中。然后,OTP 关闭以避免电流消耗。在终端用户应用中,有要将存储在 OTP 中的参数升级的可能性。这取决于 OTP 中"保护模式"位的状态。如果该位是低电平,则参数可以升级;如果该位是高电平,则参数不能升级。

### 2. 振荡器(内部时钟发生器,internal clock generator)

包含在驱动器集成电路中的内部振荡器最好完全集成,即无须接外部组件。它生成频率最高的主时钟信号,所有其他的同步信号都是它的分频。

一个张弛振荡器的原理图如图 4.5.10 所示。它由两个电容 $C_1$ 和 $C_2$、两个恒流源 $I_{OSC}$ 和两个 MOS 晶体管 $M_1$ 和 $M_2$ 组成。恒流源用于对电容 $C$ 充电,晶体管 $M_1$ 和 $M_2$ 用于对电容 $C$ 放电,起开关作用。假设其中一个开关(如 $M_1$)为 OFF 态,然后,与之并联的电容电压按 $(I_{OSC}/C_1)t$ 规律线性增加,当电压达到 $M_{1A}$ 的阈值 $U_{th}$,$M_{1A}$ 的漏极电压变为 0,与非门 1 输出高电平,非门 3 和 4 分别输出低电平和高电平。因此,$M_1$ 处于 ON 态,$C_1$ 放电。而 $M_2$ 为 OFF 态,$C_2$ 开始按与 $C_1$ 相同的规律充电。假设工作周期的占空比为 50%,$C_1=C_2=C$,则振荡频率为

$$f_{OSC} = \frac{I_{OSC}}{2CU_{th}} \tag{4.5.3}$$

图 4.5.10 一个张弛振荡器的原理图

由式(4.5.3)可知,可以通过 $I_{OSC}$ 电控 $f_{OSC}$。例如,假设 $U_{th}=0.8\text{V}$,$I_{OSC}=8\mu\text{A}$,$C=1\text{pF}$,则振荡频率是 5MHz。晶体管 $M_{1A}$ 和 $M_{2A}$ 在逻辑上起非门作用,为了提供与 $U_{DD}$ 无关的阈值

电压和限制对 $I_B$ 的交叉导电电流,它们都由同一个电源供电。

电流 $I_{OSC}$ 必须由带如图 4.5.11 所示的带隙电压 $U_{BG}$、一个可调节的电位器和电流镜准确设置。$U_{BG}$ 经过电阻链给出基准电压 $U_{REF}$,再经过一个运算放大器复制到 $R_{ADJ}$ 电阻上,从而生成 $I_{REF}$($I_{REF} = U_{REF} / R_{ADJ}$)。$R_{ADJ}$ 是调谐电阻,在测试过程中用于弥补大规模生产过程中的变化。

图 4.5.11 产生 $I_{OSC}$ 的原理图

参考图 4.5.11,如果 $I_A = k_1 I_{REF}$ 和 $I_B = k_2 I_{REF}$,则 $I_{OSC}$ 的表达式为

$$I_{OSC} = I_A + FF_{SEL} \cdot I_B = I_{REF}(k_1 + k_2 \cdot FF_{SEL})$$

$$= \frac{NR_{SEL}}{N} \frac{U_{BG}}{R_{ADJ}}(k_1 + k_2 \cdot FF_{SEL}) \qquad (4.5.4)$$

式中　$N$——显示的行数;

$NR_{SEL}$——5 位控制字,代表可寻址行的子集(用户只能操作一部分显示行,通常称这种模式为部分显示模式);

$FF_{SEL}$——4 位控制字,代表首选的帧频(如设置闲置模式或允许频率随温度和液晶混合物变化)。

这些都已存储在 OTP 中,并已被模块制造商调好。

总之,上述方程表明,可以根据可寻址的行数和已选的帧频来设置振荡频率。

**3. 控制逻辑**

控制逻辑部分的主要任务是解码输入命令(指令译码器)和采取适当的行动。它管理时间控制器、振荡器、DC/DC 变换器和温度补偿块的初始化阶段。它还包含一个在电源接通时锁存 OTP 参数的易失性寄存器。

## 4.5.5 图像处理

传入的像素数据流先存储在 RAM 中,随后经过完成彩色处理的数据细化的传递路径。

**1. 图像数据内存(RAM)**

每一帧的列数据在显示前被存储在驱动器的一个静态随机存取存储器(视频存储器,Video SRAM)中。实际上,显示器的每个像素被映射在 RAM 中。为了显示彩色图像,RAM 内每个位置必须是一个 C 字,其中 C 是颜色的位数。例如,对于 262K 彩色显示,编

码列数据需要 18 位。对于 $132 \times 162$ 显示,所需的内存的容量是 $N \times M \times C$ 位 $= 132 \times 162 \times 18 = 384\,912$ 位。

当长时间显示同样的图像(在 PM-LCD 应用中常有这种情况)时,RAM 对节能至关重要。在这种情况下,图像数据存储在 RAM 中,不再通过主机处理器传输。

通常情况下,当数据都写在 RAM 中时,可能有几个显示模式,如常规水平、常规垂直、水平镜像和垂直镜像。

**2. 彩色处理**

彩色处理包括伽马扩张、修正非线性电光传递函数以及在原理上用黑/白点调整色彩空间转换,所有这些在数字域中完成。

1) 伽马校正

伽马校正的作用是在一个宽广的亮度范围内确保彩色和图像细节准确重现。要完全理解这个主题必须先参考 CRT 的性能,因为伽马校正最初是用于这类显示器的。如图 4.5.12(a)中曲线 1 所示,CRT 的亮度与输入电压的关系是非线性的,而是大约与输入电压的 2.5 次方成正比。这个指数被称为伽马($\gamma$)。一般来说,任何类型显示器的 $T/U$ 特性都是非线性的,即归一化亮度 $L$ 正比于归一化信号幅度 $x$ 的 $\gamma$ 次幂:$L = x^{\gamma}$,其中 $L$,$x \in (0 \cdots 1)$ 和 $\gamma > 1$。

图 4.5.12 CRT 的亮度 $L$ 与输入电压的关系:(1)实际曲线,$x^{\gamma}$;(2) $\gamma$ 校正曲线,$x^{1/\gamma}$;(3) 理想(线性)的响应,$x$;以及电视广播系统(假定 LCD 是线性的,但需要自己的 $\gamma$ 校正)

因此,在 CRT 显示器中,线性 RGB 数据必须在显示前预先畸变(伽马校正),以补偿电光传输特性的非线性。通过显示器的反电光传输函数 $x^{1/\gamma}$,即图 4.5.12(a)中曲线 2,该修正有效地完成视频信号的压缩,于是整个系统($\gamma$ 校正加上 CRT 显示器电光特性)的电光响应达到理想的直线,见图 4.5.12(a)中曲线 3。输入电压因此被 0.4(即 1/2.5)方提高。在现实中,也因为人的视觉系统(眼睛到大脑的传递函数)是非线性的,这类指数改变为 0.45,以此视频标准规定 CRT 显示器的显示伽马约为 2.2。

在 CRT 电视的早期,直接在摄像机中执行校正。与在每一台电视机中执行校正相比较,这是一个不太昂贵的解决方案,见图 4.5.12(b)。

这意味着,如果现在想要在 LCD 上显示 TV 编码(还有 MPEG 编码)的视频,必须考虑图像灰度校正和引入一个能提升相关的数据电压到 2.2 方($x^{\gamma}$,伽马扩张或反伽马校正)的传递函数。由于存在几种标准,它们定义的 $\gamma$ 压缩函数有稍微不同,使情况进一步复杂。

当然,伽马扩张必须与对传入的图像或视频进行编码的标准相匹配。因此,LCD 驱动器集成电路不能用一个固定的伽马值操作。

除此之外,还有两个主要原因需要可调节 $\gamma$。

首先,一个特定的伽马校正对于液晶的电光特性非线性是必需的。因为这种非线性特性与生产线(液晶混合物、偏振片、背光源等)的制造和处理工艺参数有关。因此,不同的面板有不同的 $T/U$ 曲线和需要不同的伽马值(否则,相邻面板会有略为不同的彩色响应)。实际上,$T/U$ 曲线不是严格的分析函数,但是可作为实验数据近似插值的表达式。

其次,在人们感受灰度和颜色时,环境照明等因素起着重要的作用。如果没有能力调整伽马,则再现的图像在阴影区遭受细节丢失或在亮区发生过饱和的白。

常白液晶显示器的 $T/U$ 曲线是非线性的,如图 4.5.13 所示。由图可知,对应于均匀分布的灰度等级(gray level),$U_{GL}$ 的分布必须是非等分的。一般可以保证摄像的光电变化过程和信号的传输过程都是线性的,为了正确重显图像的亮度,必须对输入信号按图中曲线横坐标的分布进行伽马校正。由于驱动极性反转的需要,还需要负 $U_{GL}$ 曲线。

图 4.5.13　伽马校正曲线

2) 色彩空间转换

色彩空间转换是指把静止图像或视频数据进行编码的色空间[如 PAL、Rec、709(TV) 或 sRGB(WEB)等]中的 RGB 分量转化成能重现彩色图像显示器件的三刺激基值。事实上,如果显示器件的 RGB 基色的色度不同于交换的或传输的基色的色度,那么,准确的色彩再现是不能实现的。一个 3×3 矩阵用于将交换基色的色空间变换为显示器件基色的色空间。由于现在的电视信号是针对 CRT 显示的,传输来的信号已经过 0.4 次方的压缩,为此在用 3×3 矩阵变换之前先要进行伽马扩张,使信号恢复与被摄对象亮度的线性关系。根据交换色空间和显示器件色空间的基色和白色色度可以毫不含糊地定义出 3×3 矩阵。维持颜色的基色,改变白色参考点就可以适当改变矩阵。设 RGB 是 24 位,每个颜色使用 8 位,则白点和黑点是 RGB 输入分别为(0,0,0)和(255,255,255)时显示器的光输出。但这两点的颜色特征与显示器的特征(如背光、液晶盒、滤色膜等)有关。通过电调整每个 RGB 分量的最小和最大值,可以调整这两点。

实际上,在无源显示中,颜色质量不是主要的问题,于是这个任务便大为简化,转换矩阵

$T_{1 \to 2}$ 成为一个简单的对角矩阵。基于上面的考虑,像素细化处理流必须适应不同的环境条件、不同的编码标准以及广泛的显示设备,通过使用一个有限的存储介质(如前所述的 OTP 存储器)可达到上述要求。

图 4.5.14 显示了由一个典型的驱动器 IC 完成的三个细化步骤。在感知域中描述传入的像素数据流($R'$,$G'$,$B'$)。第一次操作是伽马扩张,典型的 $\gamma$ 值是 1.0、1.8、2.2 和 2.5。可能在 OTP 存储器中存储一个定制的 $\gamma$ 值。伽马扩张后,是在物理(强度)域描述像素数据流($R_1$,$G_1$,$B_1$)。现在可以使用 $3 \times 3$ 转换矩阵 $T_{1 \to 2}$ 把源空间($R_1$,$G_1$,$B_1$)的颜色三刺激值转换到目的地空间($R_2$、$G_2$、$B_2$)。在这个步骤中,可以通过对颜色分量添加常数($c_R$,$c_G$,$c_B$)调整黑色点电压。可以通过适当地选择 $T_{1 \to 2}$ 调整白色点电压。最后一步是校正 LCD 电光传递函数(EOTF)的非线性。为此,要使用一个查询表(GAMMA LUT)。在这个 LUT 中储存着逆 LCD $T\text{-}U$ 函数。对于每一个色彩分量可以使用不同的逆 $T\text{-}U$ 函数($EOTF_R^{-1}$,$EOTF_G^{-1}$,$EOTF_B^{-1}$)。输出是细化像素数据流的电压($U_R$,$U_G$,$U_B$),也是施加在 LCD 列上的 RMS 驱动电压,能使像素发出所需的亮度($L_R$,$L_G$,$L_B$)。

图 4.5.14　像素精细处理步骤

**3. MLA 和产生灰度**

这一块的目的是实现一个能锁存视频内存(video RAM)输出,产生 PWM/FRC 控制信号,计算 MLA 波形和把它们提供给模拟列驱动器的列逻辑。由于这些函数是紧密地与列(行)的驱动器相联系的,它们的实现问题将在 4.5.6 节讨论。

**4. 时间控制器(TCON)**

这一块产生的时钟信号用于访问 RAM、MLA 和 PWM/FRC 细化,以及产生 $n$ 行反转。通过选择适当的行和相关联的内存数据使列和行同步操作。这些同步信号都是从芯片上的振荡器信号分频得到。对于 MLA,正交函数在原则上可能储存在一个专用的只读存储器(ROM)中。然而,由于通常需要小数量的矩阵元素(至少到 MLA-4 方法),在时间控制器中管理它们。

## 4.5.6　输出驱动器

输出驱动器扮演的角色是在驱动器 IC 与 LCD 行和列的界面。这些线提供相对大的电容负载,因为驱动它们应该具有足够的电流驱动能力。直接连接在电压生成部分(DC/DC变换器)输出端的模拟缓冲器能完成此任务。因此,输出驱动器的结构大大简化,并最终减少到成为一个多路复用器。

**1. 行驱动器**

如在 4.5.2 节中所述,对于 PM-LCDs,单行和多路寻址方法都是可能的。在前一种情况下,首先考虑 A&P 方法,行驱动器被设计成在三个电压中选择一个简单的多路复用器。正如已经在图 4.5.7 中所示的,被选中的行电压行可以是 $+U_R$(或帧反极性时为 $-U_R$),而没有被选择行的电压是 0V。

用 IA&P 技术的行驱动器必须选择四个电压中的一个,即对于被选择的行,电压是 $(U_R+U_C)$;对于未被选择的行,电压是 $U_C$(在帧反极性时,分别为 0 和 $U_R$)。注意,上述电压曾示于图 4.5.8 中,但波形位移只利用正值 $U_C$,与帧极性反转无关。

IA&P 方法的一个可能的行驱动器架构如图 4.5.15 所示。N 级移位寄存器每次选择一行通过(行选择)开关群 $S_{RS}$。图中,行 1 是被选择行。通过开关 $S_{FP}$,可获得正确帧极性的电压。

图 4.5.15　IA&P 和 Pleshko 方法的行驱动器框图

现在考虑 MLA-$p$ 寻址的情况。在 4.4.2 节中已经看到在这种方法中,每次有 $p$ 行被寻址,行信号来自元素只有两个值的正交矩阵。行(列)驱动器硬件的复杂性取决于寻址波形电压电平的数量,因此,首选扫描波形电压电平数量最小化的矩阵。

在这种情况下,行驱动器也是一个从三个电压中选一个的多路复用器。电压 $+U_R$ 或 $-U_R$ 对应于矩阵被选中列的 $+1$ 或 $-1$,0 电压对应于未选中的行。框图非常简单,可以从下面描述的 MLA 的一个列驱动器推论出来。

**2. 列驱动器**

首先考虑单线寻址。在 A&P 方法中,列驱动器是两个电压($+U_C$ 或 $-U_C$)选一的多路复用器。$+U_C$ 和 $-U_C$ 分别对应于 ON 和 OFF 像素,当帧反转时 $+U_C$ 和 $-U_C$ 分别对应于 OFF 和 ON 像素。使用 IA&P 方法时,列驱动器是四个电压选一的多路复用器。在正帧时,对于 ON 像素选 0,对于 OFF 像素选 $2U_C$;在负帧时(所有波形向上位移 $+U_C$,见图 4.5.8),对于 ON 像素选 $U_R$,对于 OFF 像素选 $(U_R-2U_C)$。

现在考虑 MLA-$p$ 情况。在行选择的子组中,由行选择图案和数据图案之间的点积给出列信号(详见 4.5.2 节)。假设子组中的行数为 $p$,列波形的电压电平数量为 $p+1$。因此,数据位的数量 $x$ 必须不低于 $\log 2(p+1)$。若列数量是 $M$,则移位寄存器和锁存是 $M$ 级,每级有 $x$ 位。在连续地将对应于所有列线的数据移位后,移位寄存器中的内容并联地转移到锁存器,同时施加到列电极,即使点积是按顺序计算的。按这种布局,驱动器的原理图如图 4.5.16 所示。

图 4.5.16 采用 MLA 方法的列驱动器的框图(异或门块的详情见图 4.5.17)

这种解决方案的优点是占芯片的面积小,但功耗高,因为移位寄存器必须工作在最高频率(与本机振荡器的频率 $f_{osc}$ 一致)下,因此 $f_F \times N \times M \times p = f_{osc}$。例如,如果 $f_F = 60\text{Hz}$,$N = 160$,$M = 128$,$p = 4$,则所需的本机振荡频率大约是 $f_{osc} = 5\text{MHz}$。

另一种低功耗的列驱动方案如图 4.5.17 所示。

每个 MLA 行子组的列数据图案储存在帧缓冲器内存(frame buffer memory)中,异或门和紧随其后的加法器执行所需要的与正交矩阵适当列的乘积。例如,图 4.5.17 中的 MLA-4 方法。相关联的矩阵是 $4 \times 4$ 的单元矩阵(在图中左边),正在完成与矩阵第一列的乘积。一个重要的发现是可以进行二进制逻辑运算,每个 $-1$ 矩阵条目用 0 代之。该图中假设,所考虑的行子组的数据团是 1011(这意味着,在所考虑的行子组内第一、第三和第四个像素是 ON 态,而第二个像素是 OFF 态)。异或门和随后的加法计算的结果通过多路复用器选中要施加到列上的模拟电压。更准确地说,值 000、001、010、011 和 100 通过多路复用器分别选中 $-U_c$、$-U_c/2$、0、$+U_c/2$ 和 $+U_c$。在本例中计算结果是 010,这意味着施加到列上的电压为 0V。与前面的解决方案相比,本方案要求的时钟频率较低,为 $f_F \times N \times p$,低了 $M$ 倍。事实上,用与前面相同的数据,本方案使用频率等于 38.4kHz。较低的功耗允许实现高分辨率 PWM(上升到 64 个电平)。实际上,以上考虑列驱动方案都是黑白显示。如果将图 4.5.17 中的方案修改成图 4.5.18 中的采用 64-PWM 技术的方案,则通过 PWM 方

图 4.5.17　采用 MLA-4 方法时另一种列驱动器方案的框图

图 4.5.18　采用 MLA-4 和 PWM 的彩色 LCD 列驱动器的框图

法可以得到灰度等级。现在,帧缓冲器内存每个单元包含编码灰度等级的位数(本例是6)。此外,通过比较器实现的PWM发生器块插入缓冲器的输出处。它们将6位计数器的输出和输入的位字进行比较。只有当灰度等级编码字大于计数器的输出字时,比较器输出高电平。

再次考虑 $f_F = 60\mathrm{Hz}$, $N = 160$, $M = 128$, $p = 4$, $n_{GL} = 64(2^6)$,得到所需的最大的本机振荡器的频率 $f_{OSC} = f_F \times N \times p \times n_{GL} \approx 2.46\mathrm{MHz}$。由于功耗相对较低,用于移动设备中。

## 4.5.7 包装和装配技术

液晶屏电极引线与外电路连接的可靠性直接影响LCD的使用寿命。有些LCD使用不久便出现个别线段不亮或部分行、列引线不工作,这多半是相应连接点接触不良之故。

在设计液晶基板ITO膜图形时,已考虑了电极引线。液晶盒的上下基板长度不一样,有一块基板的一侧或多侧大于另一块基板,凸出表面上密布ITO电极引线,这些引线就是LCD与外电路相连的引线。另一块基板上的引线也已通过导电胶点引到大基板上。对于引线不多,且引线间距离较大的LCD可简单地采用导电橡胶连接、金属引线连接或导电薄膜热压连接,否则应采用本节将描述的连接显示器和驱动电路以及连接驱动电路和印制电路板(printed-circuit board,PCB)两个主要技术。这两个技术并不局限于PM-LCDs,也用于AM-LCDs。

由于大量的连接线和几乎不可能焊接的ITO,柔性板上贴装芯片(chip on flex,COF)和显示屏上贴装芯片(chip on glass,COG)两种方法广泛地用于驱动器集成电路连接。

通常利用各向异性导电胶(anisotropically conductive film,ACF)作为COG和COF的互连材料。ACFs由复合材料组成,即黏结剂和导电粒子组成,如图4.5.19所示。

图4.5.19 各向异性导电胶(ACFs)用于驱动器ICs与玻璃或柔性带的自动黏合连接

导电粒子占ACF体积的5%～0.5%。有不同的粒子类型,如金属粒子、涂有金属的聚合物球。在高密度显示应用中,后者最受欢迎。ACF可用于连接引线密度大于20线/mm,连接高度小于 $50\mu\mathrm{m}$ 的情况。

**1. 柔性板上贴装芯片(COF)**

COF的前身是于1985年SHARP首次使用的原始方法TCP:先将驱动器IC安装在柔性胶带上(此方法也称芯片带载封装 tape carrier package,TCP),再将此带状自动黏合(tape automated bonding,TAB)到玻璃上,如图4.5.20所示。

图 4.5.20   TCP 方法

后来为了改善性能和降低成本,研制了一种被称为芯片在胶片上(COF)的新方法。

TCP 和 COF 的外观相似,因为这两种技术都是将集成电路安装在带上。然而,COF 较之 TCP 有下列一些实质性的优点:①可以在任何位置和有更大的弯曲自由,甚至可以斜弯曲;②引线节距可以小于 $35\mu m$;③允许高密度包装。

**2. 显示屏上贴装芯片(COG)**

COG 是将集成电路直接安装在玻璃基板上,避免使用可曲带,降低了成本。图 4.5.21 描述了使用 COG 方法将液晶屏和驱动器集成电路连接起来。通常将液晶的所有驱动线都引到一块玻璃的压焊边,并沿着显示器的非功能区到达它们应该去的目的地。

图 4.5.21   用 COG 方法将驱动器 IC 安装在液晶面板上

如图 4.5.22 所示,在这里形成的金凸起取代了传统的集成电路引线压焊。先在中等热量和低压力情况下将 ACF 预热压在玻璃上,再将驱动器 IC 上的凸起图案与玻璃上的焊盘图案匹配好。然后,通过压焊工具加热,再将 IC 压在 ACF 和玻璃上。为了保证电导率,导电粒子应该被困在凸起和焊盘之间。胶黏剂的导电是各向异性的,只有在垂直方向导电。多余的聚合物应该从 IC 下面被压出。

图 4.5.22 COG 技术典型尺寸下驱动器、金凸起、ACF 和玻璃的横截面

## 习题与思考

4.1 独立画出透射型常白、常黑 TN-LCD 和反射型常白、常黑 TN-LCD 的结构示意。

4.2 写出阈值电压、饱和电压、陡度、比陡度的定义。

4.3 为什么视线偏离液晶表面法线大时,TN-LCD 的对比度会下降,甚至会反转?

4.4 比较 TN-LCD 与 STN-LCD 工作原理上的差别。

4.5 比较单路寻址与多路寻址的优缺点。

4.6 简述无源矩阵 LCD 中实施灰度的几种方法。

4.7 根据表 4.1 所列条件,用 MLA-4 方法求出这四行依次被选中时的列电压波形。

表 4.1 条件

| | $d_1$ | $d_2$ | $d_3$ | $d_4$ | $C(1)$ | $C(2)$ | $C(3)$ | $C(4)$ |
|---|---|---|---|---|---|---|---|---|
| 行 1,3 像素 ON | | | | | | | | |
| 行 2,4 像素 ON | | | | | | | | |
| 行 1 像素 ON | | | | | | | | |
| 行 2,3,4 像素 ON | | | | | | | | |

4.8 为什么驱动器中要求基准电压的温度系数特别的低? 结合图 4.5.5 分析式(4.5.2)是如何导出的?

4.9 简述两种交叉效应的形成原理。

4.10 分析图 4.5.10(三倍压电荷泵)的工作原理。

4.11 详细分析图 4.5.17 完成 MLA-4 方法的工作原理。

# 第 5 章

# 薄膜晶体管物理、性能及其制造工艺

本章介绍半导体的表面物理、氢化非晶态硅(a-Si:H)TFT 的结构工艺和特性、多晶硅 TFT 的工艺结构与特性，以及非晶态氧化物半导体 TFTs 的结构工艺和特性。

无源 LCD 很难满足大容量信息显示的要求，因为大容量信息显示必然意味着扫描行数 $N$ 很高，如最普通的 VGA 显示也要求分辨率为 $480 \times 640$，即扫描行数为 480。而当 $N$ 高时会导致两个严重问题：

(1) 驱动裕度随 $N$ 上升而迅速下降。例如，当 $N=300$、400、500、600 行时，相应的 DM=1.06、1.053、1.046、1.042，即显示态电压与未显示态电压之间的差别只有 $4\% \sim 6\%$。这在工艺上、电源上以及液晶的温度特性上都是难以达到的。所以，目前 STN-LCD 的电光曲线陡度虽然也能适应 $300 \sim 400$ 行扫描线水平，但在实际应用中以 200 行为主，更高则采用分割矩阵法使分辨率加倍。

(2) 当 $N$ 上升时，占空比 $1/N$ 下降，为了保证平均亮度必须提高驱动电压和采用高亮度的背光源(对于透射式 LCD)。这些措施对液晶器件的寿命都是不利的，何况有时即使采取了上述措施亮度也未必能达到要求。

无源矩阵驱动方式中扫描线数 $N$ 受限制的一个重要原因是液晶像素电学特性的双向对称性，即加正驱动电压的效果与加负驱动电压的效果是一样的。如果在信号线和像素电极之间串接一个或若干个非线性元件，使复合像素具有非线性，消除原像素电学特性上的双向性，使每个像素可以独立驱动，从而克服交叉效应，实现多路视频画面。如果使复合像素还具有存储性，则还可解决占空比变小，亮度降低的问题。

在信号线与像素电极之间设置非线性元器件的矩阵驱动方式称为有源矩阵方式。有源矩阵的英文名为 active matrix，缩写成 AM。有源矩阵液晶显示器可缩写成 AM-LCD。根据非线性器件的种类可分为二端有源器件和三端有源器件两大类，如图 5.0.1 所示。

图 5.0.1　有源矩阵驱动液晶显示器分类

在 AM 驱动显示方式中,三端 AM 由于扫描输入与寻址输入可以分别优化处理,图像质量好,是主流,但工艺复杂,投资额度大。二端 AM 工艺相对简单,投资额度小,开口率大,但图像质量稍差,曾用于小画面显示器。由于现在非晶硅 TFT 工艺已非常成熟,已放弃二端 AM 使用。

在三端 AM 方式中以薄膜晶体管(thin film transistor,TFT)为主,于 20 世纪 80 年代末先开发出 CdSe-TFT,由于 CdSe 与水汽有反应,必须在同一容器中进行全部工艺,现已被淘汰。还研究过 Te-TFT,但一直未见其商业化。目前 TFT-AM 的主流是 a-Si(非晶硅)TFT。为了适应视频动态画面,还开发了多晶硅(P-Si)TFT。单晶硅(C-Si)AM-LCD 主要用于液晶投影电视,其芯片尺寸一般小于 1in,这样就避免了单晶硅价格高的限制。

## 5.1 AM-LCD 的发展历程

20 世纪 80 年代初,日本几家半导体公司把在动态随机存储器(dynamic random access memory,DRAM)产业中积累的半导体工艺技术应用到 TFT 工艺,并结合 LCD 技术成功开发了非晶硅与多晶硅 TFT-LCD。1982 年,日本三洋公司开发了非晶硅 TFT-LCD,主要用于 3~5in 的小型电视。同年精工-爱普生采用准分子激光退火(excimer laser annealing,ELA)方法,制作出多晶硅 TFT,并成功开发了 3in 级多晶硅 TFT-LCD 产品。1985 年,松下公司提出用多晶硅 TFT 制作驱动 IC 的概念。多晶硅 TFT 技术分为高温多晶硅技术和低温多晶硅技术,两种技术的最大区别是成膜温度不同。制作高温多晶硅 TFT 时,成膜温度在 600℃ 以上,因此必须使用熔点较高的石英基板,而制作低温多晶硅 TFT 时,成膜温度在 450℃ 以下,可以在玻璃基板上成膜,制作出类似非晶硅 TFT-LCD 的显示器。

20 世纪 80 年代中期后 Si 系列的 TFT 发展主要分为三个方向,即高温多晶硅、低温多晶硅和非晶硅。由于石英基板的尺寸较小,因此高温多晶硅 TFT-LCD 的尺寸受很大限制,大部分在 2~3in,主要应用于小型且精度较高的投影仪或投影电视等产品。低温多晶硅 TFT 的电子迁移率远大于非晶硅 TFT 的电子迁移率,所以当初人们普遍认为低温多晶硅 TFT-LCD 将完全取代非晶硅 TFT-LCD。但是随着非晶硅 TFT-LCD 工艺不断突破技术瓶颈,在制造工艺、基板尺寸、成本、品质及产品合格率等方面始终领先低温多晶硅 TFT-LCD 时,人们逐渐地意识到非晶硅 TFT-LCD 被取代的可能性非常小。尽管 20 世纪 90 年代后期提出玻璃基板上集成驱动 IC 的方案,但是由于产品的应用领域和未来发展方向不清晰,低温多晶硅 TFT 的产业化推进速度非常缓慢,甚至 20 世纪 90 年代末,在低温多晶硅 TFT-LCD 上有巨额投资的一些日本公司,在企业经营方面遇到困难,最终不得不与其他企业合并。直到 21 世纪初随着手机、PDA 等各种便携式电子产品的需求增大,低温多晶硅技术才以其优良的 TFT 电学特性为基础,逐渐显露出在集成周边电路、高分辨率/高精细度以及高开口率等方面的优势,促成了低温多晶硅 TFT-LCD 市场的发展。

尽管非晶硅 TFT 在产业化过程中也遇到了许多困难,但是与低温多晶硅 TFT 相比,非晶硅 TFT 以生产工艺相对简单、可在大尺寸基板上量产为特点,近 20 年来为 LCD 产业不断地开辟了新的应用领域。1986 年,非晶硅 TFT 技术开始应用于液晶电视产品,但是直到 1990 年产品只局限在 3~5in 的小型电视。1991 年,夏普公司正式启动玻璃尺寸为 400mm×320mm 的 TFT-LCD 生产线,从此拉开了液晶面板向大尺寸发展的帷幕,在这条生产线上每张玻璃基板可以切割出 4 片 8.4in 或 2 片 10.4in 的面板。随着玻璃基板的尺寸越来越大,TFT 液晶面板的种类越来越多样化,应用范围也从小型电视逐渐扩大到笔记本电脑、台式计算机等电子产品,如表 5.1.1 所示。另外,玻璃基板的大型化也提高了液晶面板的生产效率,降低了生产成本,1998 年,液晶显示器的实际售价跌破 10 万日元(约合 7000元人民币),从此拉开了液晶显示器市场普及的大幕。

表 5.1.1 TFT-LCD 面板的多种类和多用途应用

| 年 份 | 基板尺寸/(mm×mm) | 主要产品尺寸×切割枚数 | 用 途 |
|---|---|---|---|
| 1991 | 400×320 | 8.4″×4 | 小型电视机 |
| 1993 | 465×360 | 9.4″×4 | 小型电视机 |
| 1994 | 470×370 | 10.4″×4 | 笔记本电脑 |
| 1995 | 500×400 | 11.3″×4 | 笔记本电脑 |
| 1996 | 650×550 | 12.1″×6 | 笔记本电脑 |
| 1997 | 670×590 | 13.3″×6 | 笔记本电脑 |
| 1998 | 720×600 | 14.1″×6 | 笔记本电脑 |
| 1999 | 720×600 | 17″×4 | 台式计算机 |

由于 AM-TFT-LCD 的分辨率、响应速度、灰阶显示等诸多特性优于 PM-LCD,所以 20世纪 90 年代中期后,TFT-LCD 厂商逐渐把目光转移到大尺寸电视领域。然而在大尺寸电视领域,TFT-LCD 在视角、响应速度、对比度和色彩等方面要挑战传统的显示器(cathode ray tube,CRT),同时在尺寸方面要与等离子显示器(plasma display panel,PDP)展开竞争。20 世纪 90 年代中期,PDP 厂商开发出 30~40in 的面板,展现出要制造壁挂式电视的意图。LCD 厂商也不甘示弱,夏普公司采用拼接方式将两张 29in TFT-LCD 面板拼接成 40in SVGA (super video graphics array)级的显示屏幕。但在当时无论 PDP 面板还是 TFT 液晶面板,在显示性能方面都明显不如 CRT,制造成本也过高,远远没有达到威胁 CRT 市场的程度。对于液晶显示技术来说,20 世纪 90 年代后半期是具有划时代意义的时期,因为在这期间液晶显示技术在提高视角方面取得了重大突破。最早是由日立公司于 1995 年成功开发出共面电极开关(in plain switching,IPS)模式,这种模式使液晶的上/下、左/右视角均达到了 140°。随后 1996 年现代公司开发出边缘场开关(fringe field switching,FFS)模式,1997 年富士通公司开发出多畴垂直配向(multi-domain vertical alignment,MVA)模式,1998 年三星公司开发出图案化的垂直配向(patterned vertical alignment,PVA)模式。这些宽视角模式为液晶显示器后来在电视领域占主导地位奠定了基础。

进入 21 世纪后,TFT-LCD 技术飞速发展,同时在尺寸方面与 PDP 的竞争越来越激烈。2001 年日立公司制作所推出售价为 60 多万日元(约合当时的 42 000 元人民币)的 32in PDP 电视后不久,夏普公司和三星公司分别推出 32in 和 40in 液晶电视。但是 PDP 在分辨率与功耗方面,TFT-LCD 在响应速度、对比度和色彩等显示特性方面与 CRT 存在很大的差距。2004—2006 年间,TFT-LCD 和 PDP 厂商逐步解决了各自存在的问题,完全具备取代 CRT 成为电视市场的主流后,面板尺寸竞争也日趋白热化。2004 年三星 SDI 接连开发出 80in 和 102in Full HD 级 PDP,对此,夏普、三星电子、LG 及中国台湾地区的 TFT-LCD 厂商相继投入巨额资金建设 7 代或 8 代生产线,并成功开发出大尺寸液晶电视。如 2004 年夏普开发出 65in 面板,2005 年三星开发出 82in 液晶面板,2006 年 LG 开发出 100in 液晶面板,接近了三星 SDI 开发的 102in PDP。TFT-LCD 的高世代线建设扩大了电视面板的产量,降低了液晶面板的价格。经过激烈的竞争之后,PDP 厂商开始陆续退出,到 2008 年只剩下 3～4 家公司。自此,TFT-LCD 确立了电视领域的核心地位。

## 5.2　薄膜晶体管的工作原理和结构

TFT 是有源矩阵的基础性器件,而 TFT 是半导体场效应器件,所以有必要介绍一些半导体和场效应器件的基本知识。

### 5.2.1　半导体表面物理

处理半导体表面物理时,关注的是金属-绝缘体-半导体(metal-insulator-semiconductor,MIS)系统的能带弯曲和表面电荷。这是金属栅极(gate,也称门极)上电压和半导体表面感生电荷之间关系的基础,由此可引入平带电压(flat band voltage)和表面反转的阈值电压概念。

**1. 理想的 MIS 电容器和能带弯曲**

图 5.2.1 显示了一个在 p 型衬底上理想的 MIS 电容器的能带图。所谓理想,是指金属和半导体的费米能级水平完全一致,这样不会在结构内诱导出能带弯曲,如图 5.2.1(a)所示。实际上,由于金属和半导体之间功函数(work function,也称逸出功)的差异以及半导体界面有界面陷阱态,情况要复杂得多。在下面的处理中,将约定:费米电位 $U_F$ 是以体内的本征能级 $E_i$ 为参考点,在 $E_i$ 下面是正的,在 $E_i$ 上面是负的;同样,能带弯曲量 $U_s$ 也是以体内本征能级作为测量起点,极性习惯如同 $U_F$。

图 5.2.1　p 型衬底不同表面电荷下理想的金属-绝缘体-半导体(MIS)的能带图

当一份正电荷 $Q_G$ 放置在金属栅上时,它将在半导体中感应出一个相等相反的负电荷 $Q_s$($Q_G$ 和 $Q_s$ 都应理解为是单位面积上的电荷),负电荷将由半导体中电子密度的增加和自由孔穴密度的减少组成,从而留下不动的负离子受主中心 $N_a$。为了适应这些自由载流子密度的变化,半导体内的能带在其表面附近向下弯曲,如图 5.2.1(b)所示。当对栅极施加一个相对于半导体为正的偏压时,会出现如同在栅极上加正电荷的结果。按前面所讨论的约定,给栅极施加正偏压 $U_G$,金属的费米能级向下移动,半导体表面向下弯曲电位是 $+U_s$。图中所示的情况是栅极上施加小的正电压,表面电子密度 $n_s$ 和 $N_a$ 相比是小的,称表面耗尽(自由孔穴耗尽)。对于更大的正栅极偏压情况,如图 5.2.1(c)所示。在这种情况下,能带的弯曲和 $U_s$ 相应地增加,表面的自由电子密度大于 $N_a$,称现在这种情况为表面反转。在这两种情况之间有一个能带弯曲的程度是 $U_s = U_F$,表面是本征的,即 $n_s = p_s = n_i$。进一步增加正偏压,能带弯曲超越这一点将导致 $n_s > p_s$。最后,如图 5.2.1(d)所示,在栅极上施加负偏压,自由空穴密度的增加,半导体内感应的正电荷增加。相应的能带向上弯曲 $-U_s$。称现在这种情况为表面积累。对于 $n$ 型衬底,发生相反的情况。对栅极施加负偏压,逐渐增大时,引起表面自由电子耗尽、反转,甚至空穴积累,以及正偏压将引起表面自由电子积累。

利用泊松方程和自由载流子密度对所处能级的指数依赖关系可推导出 $U_s$、$Q_s$、$U_G$ 三者之间的数学关系式为

$$Q_s = \pm \sqrt{4n_i q \varepsilon_0 \varepsilon_s} \sqrt{\left[\frac{kT}{q} ch \frac{q(U_F - U_s)}{kT} - \frac{kT}{q} ch \frac{qU_F}{kT} + U_s sh \frac{qU_F}{kT}\right]} \qquad (5.2.1)$$

式中　$\varepsilon_0$——自由空间的介电常数;

　　　$\varepsilon_s$——半导体的介电常数;

　　　$k$——玻尔兹曼常数;

　　　$q$——电子电荷;

　　　$n_i$——半导体于本征态的自由载流子密度。

$U_s$ 为正时,$Q_s$ 取负值;$U_s$ 为负时,$Q_s$ 取正值。

将方程(5.2.1)用于掺杂浓度为 $10^{15}$ 受主/cm³ 的晶体硅衬底,得到 $U_s$ 和 $Q_s$ 之间关系的关键性特性,如图 5.2.2 所示。图中示出了前面讨论过的积累、耗尽和反转三个状态。在积累和反转区,$Q_s$ 随 $U_s$ 成指数增加。在这两个区对 $Q_s$ 的主要贡献者是自由载流子,所以在积累和反转区,相应地空穴和电子密度随 $U_s$ 成指数增加。在第三个区,即多数载流子耗尽区,$Q_s$ 随 $U_s^{0.5}$ 增加。将反转区曲线外推进入第三区可知,离化受主占 $Q_s$ 的主要部分。因此,在这三区中不是自由载流子就是固定的空间电荷占 $Q_s$ 的主要部分。下面将会看到,对于 TFT 材料这不是必需的,因为禁带隙中的陷阱态可以继续对 $Q_s$ 做出主要贡献,即使当表面有足够的自由载流子支持实质性的导电。

由图 5.2.2 中的计算值可知,$qU_F$ 比 $E_i$ 低 0.288eV,在反转区中,从 $U_s >$ 约 $2U_F$ 开始电子浓度主宰 $Q_s$。事实上,强反转区阈值的习惯定义是在 $U_s = 2U_F$,这时表面自由电子的体积浓度 $n_s$ 等于受主的体积浓度 $N_a$。当 $U_s = U_F$ 时,表面是本征的($n_s = p_s = n_i$),从能带弯曲超出这点到强反转被称为弱反转($p_s < n_s < N_a$)。

在耗尽、反转区,能带弯曲 $U_s$ 是正的,因为 $U_s$ 和 $U_F$ 比 $kT/q$ 大许多倍,方程(5.2.1)简化为

图 5.2.2 表面电荷随表面电位变化的计算值(衬底掺杂密度是 $1 \times 10^{15}$ 受主/cm³)

$$Q_s \cong - \sqrt{2q\varepsilon_0\varepsilon_s \left[ n_i \frac{kT}{q} \exp \frac{q(U_s - U_F)}{kT} + N_a U_s \right]^{0.5}} \tag{5.2.2}$$

方括号中的第一项与自由电子浓度有关,第二项与离化的受主空间电荷密度有关,它们与 $U_s$ 的关系是指数和开平方形式,分别与上面的相对应。这个简化表达式每项的物理意义明显,是完整方程(5.2.1)很好的近似。

在平带和反转之间是耗尽区,离化的受主空间电荷成为主体,这时方程(5.2.2)可以进一步简化为

$$Q_s \cong - \sqrt{2q\varepsilon_0\varepsilon_s N_a U_s} \equiv Q_b \tag{5.2.3}$$

式中 $Q_b$——半导体表面单位面积上耗尽深度内的离化受主空间电荷。

直观可以得出 $Q_b = -qN_a x_d$($x_d$ 是能带弯曲程度为 $U_s$ 时的耗尽层长度),将该式代入式(5.2.3)可解得耗尽层长度

$$x_d = \sqrt{\frac{2\varepsilon_0\varepsilon_s U_s}{qN_a}} \tag{5.2.4}$$

当 $U_s = 2U_F$ 时,是从耗尽区变为反转区的转折点,这时 $x_d$ 最大,所以

$$x_{dmax} = \sqrt{\frac{2\varepsilon_0\varepsilon_s 2U_F}{qN_a}} \tag{5.2.5}$$

方程(5.2.2)中的 $Q_s$ 可表达为 $Q_s = Q_n + Q_b$,式中 $Q_b$ 是单位面积耗尽层中的电荷,$Q_n$ 是单位面积反型层上的电荷。这些电荷处在深度为 $U_s$ 的抛物线位陷阱中,紧邻半导体表面。图 5.2.3 给出了在反转区($U_s > 2U_F$)和在耗尽区($U_s < 2U_F$)的 $Q_n$、$Q_b$ 以及 $x_d$ 和 $x_{dmax}$ 的含义。

$x_{dmax}$ 随 $N_a$ 的变化可以从方程(5.2.5)计算得到,如图 5.2.4 所示。从 TFT 的角度来看,假设在 $N_a$ 和 TFT 陷阱态密度之间的等价性,一条这种类型的曲线可以用来确定一个薄膜是否完全耗尽或未处在反转区。例如,对于一个掺杂浓度为 $10^{17}$ 受主/cm³ 的衬底,在反转区最大平衡空间电荷的宽度是 100nm,因此,具有 $10^{17}$/cm³ 等价陷阱电荷密度的 100nm 厚的薄膜在 $U_s = 2U_F$ 之前将完全耗尽。因此,与具有同样的陷阱态密度而较厚膜相比较,反转的阈值将发生在一个较低的能带弯曲值。接下来将会进一步讨论这些问题。

图 5.2.3 耗尽层 $Q_b$ 和反型层 $Q_n$ 电荷密度

图 5.2.4 在反转区最大耗尽层宽度随衬底掺杂水平而变化

### 2. 栅极偏置和阈值电压

施加在栅极上的电压,部分被绝缘层分压,设为 $U_i$,所以施加在半导体上的电压 $U_G = U_s + U_i$。若栅极上的电荷为 $Q_G$,半导体表面电荷为 $Q_s$,则 $Q_G = -Q_s$。$U_i = -Q_s/C_i$(单位面积绝缘体电容),由此得到

$$U_G = U_s - Q_s/C_i \tag{5.2.6}$$

当 $U_s = 2U_F$ 时的 $U_G$ 是阈值电压 $U_{th}$,再利用式(5.2.3),由式(5.2.6)可得

$$U_{th} = 2U_F + \frac{\sqrt{2q\varepsilon_0\varepsilon_s N_a 2U_F}}{C_i} \tag{5.2.7}$$

阈值电压与半导体掺杂浓度的关系如图 5.2.5 所示。其中 $t_{ox}$ 是绝缘层厚度。

图 5.2.5 阈值电压计算值随衬底掺杂水平和栅极绝缘体 $SiO_2$ 厚度变化

当表面进入强反转区，$Q_n$ 成为 $Q_s$ 的主要部分时，$Q_n$ 的表达式为

$$Q_n = C_i(U_G - U_{th}) \tag{5.2.8}$$

由下面内容可以看到，式(5.2.8)广泛用于计算栅极电压大于 $U_{th}$ 时 MOSFET 的沟道电流。同样的计算也广泛用于 TFT。由此可知，阈值电压 $U_{th}$ 是 ON 态 TFT 的关键参数。

### 3. 实际的 MIS 结构

与图 5.2.1 所示的理想 MIS 结构对照，实际的 MIS 结构可能会有栅极金属和半导体之间的功函数差异，在氧化物中有固定的电荷以及在电介质/半导体界面有界面陷阱态。这些都将改变零栅极偏压时的能带弯曲并影响 $U_G$ 和 $U_s$、$Q_s$ 之间的关系。

1) 功函数差别

一般来说，自由金属中的费米能级的位置与自由半导体中的费米将有所不同。这些差异通常用功函数差表示。功函数是指将一个电子从费米能级移动到真空能级所需要的能量。当两种材料连接时，热平衡要求两个能级必须一致，这将导致电子流从一种物质流到另一种物质，结果生成界面偶极子，建立起平衡。在半导体中，上述结果造成的表面能带弯曲的程度远大于金属中，因为金属中高电子密度起了屏蔽作用。

在 MIS 结构中，传统是参考从费米能级移动到介质的导带边，而不是到真空能级，这样，引用的势垒 $\phi_{Mi}$ 和 $\chi_i$ 是将一个电子从费米能级移动到介质的导带边所需的能量，而半导体的亲和势 $\chi$ 是将一个电子从导带边移动到真空能级所需的能量，如图 5.2.6 所示。对于 Si/SiO₂ 体系，使用从金属栅极或半导体进入氧化物导带的光发射测量，实验得到这些势垒高度等于 $0.5 \sim 1\text{eV}$。图 5.2.6(a)所示是金属和半导体分离时的能带分布，图 5.2.6(b)所示是金属和半导体连接并已达到热平衡时的能带分布。在这种情况下，电子从金属流出到半导体使费米能级一致。结果是半导体中能级向下弯曲 $U_{s0}$，相对应的介质上的电压降是 $U_{i0}$。由绝缘体导带中高点到两边费米能级的电位差相等得到

$$\phi_{Mi} + U_{i0} = \chi_i + E_i/q + U_F - U_{s0} \tag{5.2.9}$$

(a) 金属-绝缘体分离，绝缘体-半导体分离　　　(b) 处于热平衡的MIS系统

图 5.2.6　存在金属-半导体功函数差异的 MIS 能带图

因此，可以给出金属-半导体功函数差 $\phi_{MS}$

$$\phi_{MS} = \phi_{Mi} - (\chi_i + E_i/q + U_F) = -(U_{i0} + U_{s0}) \tag{5.2.10}$$

因此，消除系统中零栅极偏压能带弯曲，并恢复平带条件，栅极电压需要更负以诱导半导体表面更多的正电荷。平带栅极电压 $U_{FB}$ 是

$$U_{FB} = \phi_{MS} = -(U_{i0} + U_{s0}) = -\left(\frac{\sqrt{2q\varepsilon_0\varepsilon_s N_a U_{s0}}}{C_i} + U_{s0}\right) \qquad (5.2.11)$$

同样,由于金属-半导体功函数差,改变了实现给定能带弯曲度所需的栅极电压(包括反转的阈值电压),所以现在阈电压的表达式变成

$$U_{th} = U_{FB} + \frac{\sqrt{2q\varepsilon_0\varepsilon_s N_a 2U_F}}{C_i} + 2U_F \qquad (5.2.12)$$

如式(5.2.11)所示,功函数差将是栅极金属和半导体衬底的掺杂水平的函数。图 5.2.7 给出了以 Al 和掺杂多晶硅作为栅极时,功函数差 $\phi_{MS}$ 随衬底掺杂水平的变化。由于掺杂多晶硅难熔,在 MOSFET 技术中被广泛地用作栅电极,并且,用适当的掺杂可以生产所需的平带电压值和符号。

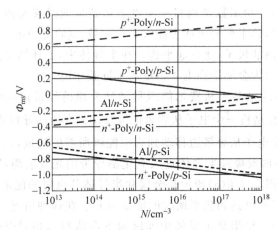

图 5.2.7　实验确定以 Al 和掺杂多晶硅作为栅极时,MOS
的功函数差 $\phi_{MS}$ 与衬底掺杂水平的关系

### 2) 氧化物中电荷和界面态

许多栅极绝缘体(包括 $SiO_2$)的特点是氧化物中存在荷电中心,它们在半导体表面感应相反的电荷。如果荷电中心 $Q_i$ 位于距 MIS 电容器中介质-半导体界面的距离是 $x$,在厚度为 $d$ 的半导体中感应的电荷是 $Q_s$,则

$$Q_s = Q_i(d-x)/d \qquad (5.2.13)$$

因此,对于在电介质/半导体界面的电荷,感生电荷等于介质中的电荷 $Q_i$,同时在金属界面的电荷对金属没有影响。在许多情况下,并不知道电荷的位置,可用一个位于电介质/半导体界面的等效电荷密度 $Q_{ieff}$ 来代表。

如同处理功函数差那样,现在产生的非零平带电压为

$$Q_{ieff} = -Q_i/C_i \qquad (5.2.14)$$

在 Si 上的二氧化硅薄膜中通常发现正电荷,被称为"固定"电荷,因为它们的效果与半导体的表面电位无关。换句话说,它们有一个恒定的效果,不管配置条件如何。

晶体的周期性结构在实际晶体半导体表面终止,于是在禁带间隙中引入态,通常称为表面态。这些都是表面的本征态,除了这些,可能还会有由于杂质引起的外在态。在原子级清洁表面本征态密度可达约 $10^{15}\ cm^{-2}$,但在良好钝化表面,如在由 Si 热氧化生成的 $Si/SiO_2$ 界面上本征态密度可减少到 $(1\sim5)\times10^{12}\ cm^{-2}$。减少是由于 $SiO_2$ 网络给 Si 原子的悬价键提

供了配对的氧原子。若进一步用氢钝化,整体态密度通常可降到约 $10^{10}$ cm$^{-2}$ 或更少。这种热氧化和氢钝化的组合已生成一种最佳的可控半导体界面,为硅半导体器件产业提供了基础。

表面或界面态通常分布在禁带带隙中,对于 Si/SiO$_2$ 界面,这些态以 U 形分布在价带和导带边缘之间。与固定的电荷不同,界面态在带隙中的分布和表面费米能级的位置决定界面态中的电荷。使用零级开尔文近似,可认为在费米能级以下的态充满了电子,而以上的态是空的。

例如,在整个带隙中分布着恒定的态密度 $N_{ss}(E)$,在带隙上半部分是受主电平,下半部分是受施电平,带隙中线处是中性电平 $E_0$。当费米能级处于带隙中线时,在界面状态中电荷分布的净电荷是零。然而,如果将该分布添加在图 5.2.1 使用的 MIS 带图中,由于费米能级低于带隙中线,将有电子流从 $E_0$ 下面的界面态流出。在这过程中,在表面生成荷正电的空的施主态,在半导体表面出现相等的负电荷密度。因此半导体表面能带将如图 5.2.8 所示(其中,交叉阴影区是荷电区。禁带上半部分是施主,下半部分是受主,禁带中线处是中性)向下弯曲一个量 $U_{s0}$ 以确保界面和半导体之间的荷电中性。在这个例子中,在 $E_F$ 和 $E_0$ 之间的施主块是空的,具有已被半导体表面负电荷 $Q_s$ 平衡的正电荷 $Q_{ss}$。

图 5.2.8　在带隙中界面态均匀分布的零栅极偏压下的 MIS 能带图

使用零级开尔文近似,可以求得

$$Q_{ss}^{+}(D) = qN_{ss}q(U_F - U_s) = -Q_{ss}^{-}(A) \tag{5.2.15}$$

式中　$D$、$A$——受主(donor)和施主(acceptor)。

对于常数分布的表面状态,零度近似简化是有用的。然而,对于在 $kT$ 的能量间隔内的陷阱态密度分布显著变化的情况就不准确了。例如,a-Si:H 中的体陷阱密度从带边的位置呈指数性增长。

如同处理功函数差和固定氧化物电荷那样,在半导体中建立平带所需的电压 $U_{FB}$ 等于

$$U_{FB} = -\frac{Q_{ss}(D)(U_s = 0)}{C_i} = -\frac{qN_{ss}qU_E}{C_i} \tag{5.2.16}$$

则仿式(5.2.13)可得阈值电压为

$$U_{th} = U_{FB} + \frac{\sqrt{2q\varepsilon_0\varepsilon_s N_a 2U_F}}{C_i} + 2U_F + \frac{Q_{ss}(U_s = 2U_F)}{C_i} \tag{5.2.17}$$

因为 $U_s > U_F$ 时 $Q_{ss}(D) = 0$,只有受主态有贡献,从方程(5.2.15)得到反转区的受主态为

$$Q_{ss}(A) = qN_{ss}q(2U_F - U_F) = qN_{ss}qU_F \tag{5.2.18}$$

最后,功函数差、介电层电荷和界面态电荷的影响都是独立的和可以相加的,因此,对于所有三个都存在的情况平带电压为

$$U_{FB} = \Phi_{MS} - Q_{ieff}/C_i - Q_{ss}(U_s = 0)/C_i \tag{5.2.19}$$

### 5.2.2　绝缘栅场效应晶体管

有源矩阵液晶显示器使用的 TFT 就是绝缘栅场效应晶体管(insulated gate field effect transistors,IGFETs),本节讨论其基本工作原理和伏安特性。

**1. 金属-氧化物-半导体场效应晶体管(metal-oxide-semiconductor field effect transistor, MOSFET)的工作原理**

n 沟道 MOSFET 的示意图如图 5.2.9 所示。其中 $n^+$ 掺杂的源区和漏区相距 $L$，$L$ 决定了沟道的长度。在这种特殊情况下，源区和漏区的边缘与栅极的边缘重合，这是标准的 MOSFET 的架构。称这种架构为自对准。以栅极作为模板，用离子注入对源区和漏区掺杂实现自对准。沟道的宽度(沿垂直纸面的 $z$ 方向)是 $W$。垂直 Si/SiO₂ 界面的表面能带弯曲是在 $x$ 方向。栅电压大于阈值电压，显示表面的扩展区和耗尽层。

图 5.2.9　MOSFET 的截面示意图

在 ON 态时，源极接地，正偏压 $U_D$ 和 $U_G$ 分别施加在漏极和栅极上。在 MOSFET 中还存在着第四个端点，即 p 型衬底的连接点，应该置于反向偏置，这会增加晶体管的阈值电压。但在下面的讨论中认为它是接地的，这样设定不会对器件的特性有直接影响。对于 TFT，通常不用这个衬底的连接点。

要描述的器件模型是长/渐进沟道模型，在其中沿着沟道的电场(驱动 ON 态电流)远小于确定反转层浓度的垂直电场，并且这两电场互不影响，因此基本上是二维现象，不会出现短沟道效应。能带弯曲和能级的约定如同 5.2.1 节已规定的，即在半导体内所有的能量和电位以本征电平作为测量原点，在本征电平以下的为正。

先讨论图 5.2.10(a)所示的情况。其中 $U_G$ 大于阈值电压 $U_{th}$，沟道中出现栅极偏压感应的反转层。如果漏极偏压是零，则沿着沟道的反转层将是均匀的。反转层中的电荷密度可用反转的自由电子电荷密度 $Q_n$ 和已离化的受主空间电荷密度 $Q_b$ 表示，其中 $Q_n$、$Q_b$ 和 $U_{th}$ 的关系为

$$Q_n = C_i(U_G - U_{th}) \tag{5.2.20a}$$

$$Q_b = qN_a x_{dmax} = \sqrt{(2q\varepsilon_0\varepsilon_s N_a 2U_F)} \tag{5.2.20b}$$

$$U_{th} = 2U_F + \sqrt{(2q\varepsilon_0\varepsilon_s N_a 2U_F)}/C_i \tag{5.2.20c}$$

式中　$C_i$——栅极介电层的电容；

(a) $U_D=0$

(b) $U_D<U_G-U_{th}$

(c) 在夹断点，$U_D=U_G-U_{th}=U_{Dsat}$

(d) $U_D>U_{Dsat}$

图 5.2.10　不同漏极偏压 $U_D$ 下，ON 态 MOSFET 的横截面（沟道被缩短，栅极和漏极偏压都是相对源极而言）

$N_a$——衬底掺杂浓度；

$x_{dmax}$——反转区热平衡时表面耗尽层的最大宽度；

$qU_F$——相对于半导体衬底本征电平的费米电平位置。

漏极为正偏压 $+U_D$ 时，$n^+$ 漏极相对于 p 型衬底处于反向偏置，两者之间的电流限于结的漏电流。在高质量结构中，这一点漏电流可以忽略不计。与此形成对照，漏极偏压引起源极和漏极间反型层中电子漂移流。在沟道的漏极端，电子将掠过反向偏置的漏极空间电荷区进入漏极结。

当漏极偏压 $U_D$ 低以及明显低于 $(U_G-U_{th})$ 时，$U_D$ 将沿沟道的反型层均匀下降，导致在源和漏接触之间沿沟道方向产生均匀场 $U_D/L$ 和欧姆电子流 $I_d$。由于这些地区是 $n^+$ 掺杂，可以假定在这些地区的电压降是微不足道的。定义这种情况下的器件工作于线性区。

增加 $U_D$，沟道欧姆电流增加。最终 $U_D$ 达到尽管仍小于 $(U_G-U_{th})$，但已很接近 $(U_G-U_{th})$（如小 5%～10%）的某一值。这时，计算反转电荷密度需考虑沟道漏极端的电位。例如，在沟道的漏极端，在反转层与栅极之间的氧化物上的电压降现在是 $U_G-U_{th}-U_D$，而在沟道的源极端仍然是 $U_G-U_{th}$。因此，出现 $Q_n$ 沿着沟道逐步减少以维持电流的连续性，并且随着 $U_D$ 的增加，在漏极端的电压降较之在源极端的电压降增加更快，沿沟道的电场将相应地发生再分布。现在，电流不再随 $U_D$ 线性增加，而变成亚线性，并且器件特性移出线性区。这种情况如图 5.2.10(b) 所示。此外，为了保持栅极上的电荷 $Q_G$ 与半导体中电荷之间的电中性，减少的 $Q_n$ 被增加的 $Q_b$ 平衡。这样，离化受主空间电荷层的厚度增加并超出了热平衡值 $x_{dmax}$，见方程（5.2.20(b)）和图 5.2.5。图 5.2.10(b) 定性地表示了沟道下面空间电

荷区的逐步扩大,如方程(5.2.20(b))和图 5.2.5 所示。$x_{dmax}$ 的值由下式给出

$$x_{dmax} = \sqrt{\frac{2\varepsilon_0 \varepsilon_s 2U_F}{qN_a}} \tag{5.2.21}$$

因此,耗尽层的宽度增加超过该值时,能带弯曲的量必须增加到超过 $2U_F$,沿着沟道从源极处的 $2U_F$ 逐步增加到漏极处的 $2U_F + U_D$。图 5.2.11 给出了在沟道的源极端和漏极端处电荷分布和能带弯曲的变化情况。如图 5.2.11(d)所示,漏极的偏压造成非热平衡状态,使热平衡的费米能级分裂成相距为 $qU_D$ 的孔穴及电子的两个准费米能级 $E_{Fp}$ 和 $E_{Fn}$。因此,此图从物理上表明了为什么能带弯曲量 $U_s$ 在漏极处必须增加到 $2U_F + U_D$:是使表面的本征能级比在漏极处的准电子费米能级低 $qU_F$。这是反向偏置的 $n^+$ 栅极-p 型衬底二极管的 p 型表面反转的必要条件,是直接模拟在热平衡状态下情况,即当本征能级在热平衡费米能级下面 $qU_F$ 时发生反转。

(a) 在源极       (b) 在漏极

(c) 源极处对应的能带弯曲图     (d) 沟道终端漏极处对应的能带弯曲图

图 5.2.11 在 $U_D$ 小于而又很接近 $(U_G - U_{th})$ 的情况下沟道不同位置的反转层电荷密度 $Q_n$ 和耗尽层电荷密度 $Q_b$

最后,如图 5.2.10(c)所示,当 $U_D = U_G - U_{th}$,在漏极处 $Q_n$ 减少到零,沟道被夹断。然而,当到达漏极空间电荷区边缘的所有的电子扫过该边缘进入漏极时,这不是夹断电流,而是电流达到饱和,使器件运行进入饱和区。称使器件发生电流饱和的电压为饱和电压 $U_{D(sat)}$。原则上,发生电流饱和的原因是最大可能的电位差 $U_{D(sat)}$ 已经降落在沟道上,即使增加 $U_D$,夹断电压仍然维持在 $U_{D(sat)}$。然而,在现实中,当 $U_D$ 增加,漏极空间电荷区生长,夹断点向源极移动。因此,即使沿沟道的总压降仍然是 $U_{D(sat)}$,但有效的沟道长度缩短,这意味着平均电场增加。此情况如图 5.2.10(d)所示,电场增加导致相应的饱和电流增加。因为夹断发生在 $U_D = U_{D(sat)} = U_G - U_{th}$,增加 $U_G$ 导致相应的 $U_{D(sat)}$ 增加。由于 $U_{D(sat)}$ 与 $U_G$ 相关联,这导致饱和电流随 $(U_G - U_{th})^2$ 增加。电流与电压的关系将在下面的部分详细讨论。

图 5.2.12 所示实验测得 MOSFET 输出特性说明了上面描述的几个关键特性:特别是线性区和饱和区,随着 $U_G$ 增加,饱和电压值 $U_{D(sat)}$ 也增加以及在饱和区有限的输出阻抗。

图 5.2.12 实验测得的 MOSFET 输出特性显示线性
区、饱和区以及有限的输出阻抗($W/L = 25$)

### 2. 简化形式的电流-电压方程

参照图 5.2.10(b)～(d)，沟道中任何点$(x,y)$的电流密度 $J_D$ 为

$$J_D = \sigma_n(x,y)\mathscr{E}(y) \tag{5.2.22}$$

式中 $y$——电流的流动方向；

$x$——垂直于 $Si/SiO_2$ 界面的方向；

$\sigma_n$——该点的电子电导率；

$\mathscr{E}$——沿电流流动方向的电场。

电导率 $\sigma_n$ 由下式给出：

$$\sigma_n(x,y) = q\mu_n n(x,y) \tag{5.2.23}$$

沿沟道的深度（从 $Si/SiO_2$ 界面到 $n=n_i$ 之点 $x_i$）和宽度 $W$ 积分电子密度 $n$ 得到处于 $y$ 位置的 $I_d(y)$

$$I_d(y) = W\int_0^{x_i} \sigma(x,y)\mathscr{E}(y)\mathrm{d}x = -W\int_0^{x_i} q\mu_n n(x,y)\frac{\mathrm{d}U(y)}{\mathrm{d}y}\mathrm{d}x$$

$$I_d(y) = -q\mu_n W\frac{\mathrm{d}U(y)}{\mathrm{d}y}\int_0^{x_i} n(x,y)\mathrm{d}x \tag{5.2.24}$$

推导中假定电子迁移率与 $x$ 和 $y$ 方向的电场无关以及 $U(y)$ 是沟道中 $y$ 点的电位。在 5.2.1 节已讨论过，反型层中的电荷 $Q_n$ 是体电子浓度沿沟道深度的积分，即

$$q\int_0^{x_i} n(x,y)\mathrm{d}x = Q_n(y) \tag{5.2.25}$$

而 $Q_n$ 与栅极偏压 $U_G$ 有关，即

$$Q_n(y) = -C_i[U_G - U_{th} - U(y)] \tag{5.2.26}$$

将式(5.2.25)和式(5.2.26)代入式(5.2.24)中得到

$$I_d = -\mu_n W\frac{\mathrm{d}U}{\mathrm{d}y}Q_n(y) = \mu_n W C_i\frac{\mathrm{d}U}{\mathrm{d}y}[U_G - U_{th} - U(y)] \tag{5.2.27}$$

沿沟道从 0 到 $L$ 积分 $y$ 和从 0 到 $U_D$ 积分 $U(y)$：

$$\int_0^L I_d\mathrm{d}y = \mu_n W C_i\int_0^{U_D}[U_G - U_{th} - U(y)]\mathrm{d}u \tag{5.2.28}$$

根据电流连续性原理，$I_d$ 与在沟道中的位置无关，因此有

$$I_d = \frac{\mu_n W C_i}{L}[(U_G - U_{th})U_D - 0.5U_D^2] \tag{5.2.29}$$

这是经典的简化 MOSFET 方程,被广泛用于解释 TFT 的行为,特别是可用此式求出载流子迁移率。

1) 线性区

对于 $U_D \ll U_G - U_{th}$,式(5.2.29)简化为

$$I_d = \frac{\mu_n W C_i (U_G - U_{th}) U_D}{L} \tag{5.2.30}$$

方程式(5.2.30)描述了线性区的电流-电压特性(电流随 $U_D$ 线性增加),并且从实验测得的 $I_d$-$U_G$ 传输特性的斜率求出电子迁移率

$$\mu_n = \frac{L \mathrm{d}I_d}{W C_i U_D \mathrm{d}U_G} \tag{5.2.31}$$

称由式(5.2.31)得到的迁移率为场效应迁移率。

一个线性区的例子如图 5.2.13 所示。其中经过数据点有一条直线的斜率最大,由此求出迁移率。将此直线外推到 $x$ 轴上,交点给出阈值电压 $U_{th}$。广泛利用这个过程从 TFT 转移特性得到这两个特征参数值。

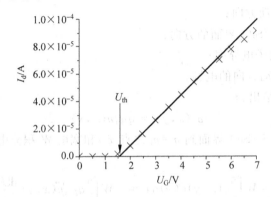

图 5.2.13　实验测得的线性区转移特性的最适合直线

器件的跨导 $g_m$ 为

$$g_m \equiv \frac{\mathrm{d}I_d}{\mathrm{d}U_G} = \frac{\mu_n W C_i U_D}{L} \tag{5.2.32}$$

沟道的电导 $g_d$ 为

$$g_d \equiv \frac{\mathrm{d}I_d}{\mathrm{d}U_D} = \frac{\mu_n W C_i (U_G - U_{th})}{L} \tag{5.2.33}$$

2) 饱和区

当 $U_D = U_G - U_{th} = U_{D(sat)}$ 时,电流饱和成为 $I_{D(sat)}$,方程式(5.2.29)简化为

$$I_{d(sat)} = \frac{\mu_n W C_i (U_G - U_{th})^2}{2L} \equiv \frac{\mu_n W C_i U_{D(sat)}^2}{2L} \tag{5.2.34}$$

因此,饱和区的电流随 $(U_G - U_{th})^2$ 而增加,这是因为当沿沟道的电位降达到最大时,反型电荷也是随 $(U_G - U_{th})^2$ 而增加的。如同在线性区,从实测的饱和区的 $I_d$-$U_G$ 数据可以得到场效应迁移率(例如,测量 $U_D = 5V$ 的特性曲线的数据)。方法是画出 $I_d^{0.5}$-$U_G$ 直线,取其斜率并利用方程(5.2.34)给出

$$\mu_n = \frac{2L}{W C_i} \left( \frac{\mathrm{d}\sqrt{I_d}}{\mathrm{d}U_G} \right)^2 \tag{5.2.35}$$

这是饱和区的载流子迁移率，也是场效应迁移率。如同在线性区那样，由计算迁移率的直线与 $x$ 轴的交点可给出阈值电压 $U_{th}$。

饱和区的跨导为

$$g_{m(sat)} = \frac{\mu_n W C_i (U_G - U_{th})}{L} \tag{5.2.36}$$

### 3. 非理想的 MOSFET 特性

前面的讨论认为，阈值电压 $U_{th}$ 仅仅决定于衬底掺杂浓度，这样，对于 n 沟道 TFT 的 $U_{th}$ 是正的，对于 p 沟道 TFT 的 $U_{th}$ 是负的。也就是说，两种沟道类型在零偏压情况下都是 OFF 态。称这种类型的晶体管为增强型器件。然而，在 5.2.1 节中已讨论过，实际的 MIS 结构将有下列几种（或全部）情况：金属栅和半导体之间的功函数差 $U_{MS}$、介质中的固定电荷 $Q_{ieff}$ 以及半导体/介质界面的界面态 $N_{ss}(E)$ 中的电荷 $Q_{ss}(U_s)$。这将产生一个由方程式 (5.2.19) 给出的非零平带电压。在计算方程式 (5.2.12) 给出的阈值电压时需要考虑这个 $U_{FB}$。

如果 $U_{FB}$ 足够负（例如，由于在介质中有大量正的固定电荷密度），并且大于方程式 (5.2.12) 其他两项，那么，对于 n 沟道器件，阈值电压将是负的，以及在零栅极偏压下，器件处于 ON 态。称这种器件为耗尽型器件。仿之可知，耗尽型 p 沟道器件的阈值电压是正的。

由于功函数差和固定的氧化物电荷引起的阈值电压变化都将只是使 ON 态 MOSFET 的 $I_d$-$U_G$ 曲线沿栅电压轴移动，而不改变它的形状。此外，若只是固定电荷，对于 n 沟道和 p 沟道晶体管特性曲线的移动是相同的。然而，对于界面态，态中的占有电荷会改变能带的弯曲量，所以当栅极偏压大于 $U_{th}$ 时，其对两种沟道线性 $I_d$-$U_G$ 的影响都是减少其斜率，并使它们互相远离。用式 (5.2.31) 分析指出，由于违反了这个方程关于当被高于 $U_{th}$ 的栅极电压感应的所有的电荷都是沟道中的自由电荷的基本假设，载流子迁移率将明显地减少。当存在界面态时，被感应的电荷分成两部分：沟道中的自由电荷和界面态中处于费米能级以上的陷阱中的载流子。

### 4. 亚阈值电流

前面已推导出栅极电压超过阈值电压时的 MOSFET 方程。定义使能带弯曲达到 $2U_F$ 的栅极电压为阈值电压，这时表面少数载流子的体浓度等于体内多数载流子的体浓度。此外，在能带弯曲大于 $2U_F$ 的情况下，表面电荷是自由载流子占优势，而在能带弯曲小于 $2U_F$ 的情况下，表面电荷是掺杂离子空间电荷占优势。然而，在后面这种情况中，表面少子自由载流子密度随能带弯曲从平带时的 $n_i^2/N_a$ 呈几何倍数增长到阈值电压上的 $N_a$（假设是 n 沟道器件，其衬底受主掺杂密度是 $N_a$）。亚阈值区是描述在栅极电压低于阈值电压情况下，这些载流子对器件电流的贡献。

在渐变沟道的一阶近似下，栅极偏压感应的固定空间电荷屏蔽从漏极电场来的载流子，因此可假定漂移电流是零。然而，邻近正偏压漏极区的自由电子将被扫过漏极空间电荷区，并进入漏极。如果认为漏极空间电荷区是一个完美的电子阱，那么在漏极处体表面电子浓度 $n_s$ 将近似是零，并当 $U_D > 3kT/q$ 时与 $U_D$ 无关。在源极处它将是 $n_i^2/p_s$，其中 $p_s = N_a \exp(-U_s/kT)$，$U_s$ 是表面能带弯曲量。因此，沿着沟道将有一个驱动亚阈值扩散流 $I_d$ 的载流子浓度梯度，按电流连续性要求该梯度应该是恒定的。扩散流 $I_d$ 由下式给出：

$$I_d = q Q_{sn} W D_n / L \tag{5.2.37}$$

式中 $Q_{sn}$——器件源极端部的区域电子浓度；

　　　　$D_n$——电子扩散系数，由爱因斯坦关系式与 $\mu_n$ 联系在一起，即 $D_n=\mu_n kT/q$。

区域电子浓度 $Q_{sn}$ 是电子的浓度沿耗尽区深度方向（也就是沿 $x$ 方向）的积分，即

$$Q_{sn} = \int_0^{x_d} n(x) \mathrm{d}x = \int_{U_s}^0 n(U) \frac{\mathrm{d}x}{\mathrm{d}U} \mathrm{d}U \tag{5.2.38}$$

由于能带弯曲，在耗尽区内的电子浓度 $n(U)$ 从空间电荷区边缘（$x=x_d$ 和 $U=0$）的 $n_i^2/N_a$ 成指数级增长。空间电荷区任何一点的 $n(U)$ 是

$$n(U) = (n_i^2/N_a)\exp qU(x)/kT \tag{5.2.39}$$

电场 $\mathrm{d}U/\mathrm{d}x$ 能从泊松方程得到

$$\frac{\mathrm{d}U}{\mathrm{d}x} = \sqrt{\frac{2qN_a U}{\varepsilon_0 \varepsilon_s}} \tag{5.2.40}$$

因此，将方程(5.2.39)和方程(5.2.40)代入方程(5.2.38)可得到

$$Q_{sn} = \frac{n_i^2}{N_a} \sqrt{\frac{\varepsilon_0 \varepsilon_s}{2qN_a}} \int_{U_s}^0 (U^{-0.5}\exp qU/kT) \mathrm{d}U \tag{5.2.41}$$

将方程(5.2.41)代入式(5.2.37)可得亚阈值电流

$$I_d \approx \frac{q\mu_n W}{L} \left(\frac{kT}{q}\right)^2 \frac{n_i^2}{N_a} \sqrt{\frac{\varepsilon_0 \varepsilon_s}{2qN_a U_s}} \exp \frac{qU_s}{kT} \tag{5.2.42}$$

利用方程(5.2.2)和方程(5.2.6)得到栅极偏压 $U_G$ 的表达式为

$$U_G = U_s + \frac{\sqrt{2q\varepsilon_0 \varepsilon_s N_a U_s}}{C_i} \tag{5.2.43}$$

方程(5.2.42)和方程(5.2.43)都是 $U_s$ 的函数，由此，图 5.2.14 给出了不同 $N_a$ 下随 $U_G$ 指数上升的 $I_d$-$U_G$ 特性曲线。其中，栅极氧化物厚度为 40nm，$W/L=1$，$N_a$ 分别为 $10^{15}$、$10^{16}$ 和 $10^{17}\mathrm{cm}^{-3}$。虚线是各组数据点的连线，由此得到 $S$ 是 72.90mV/dec 和 143mV/dec。曲线显示两个重要的特性。首先，在几个数量级内电流上升的斜率大约不变；其次，这个斜率随衬底掺杂浓度增加而下降。考虑到这些特点，亚阈值区用 $\log I_d$-$U_G$ 曲线的斜率倒数 $S$ 来表征，其单位是 V/dec，表示电流改变十倍所需的电压数量。这个过程被广泛用于描述 TFTs，对于已给定栅极电容 $C_i$，$S$ 越小，器件质量越好。

图 5.2.14　在不同的衬底掺杂水平下，亚阈值电流 $I_d$ 作为栅偏压 $U_G$ 的函数的计算值

将方程(5.2.42)对 $U_G$ 微分可看到 $S$ 的物理意义为

$$\frac{\mathrm{d}\log I_\mathrm{d}}{\mathrm{d}U_\mathrm{G}} = \frac{\mathrm{d}\log I_\mathrm{d}}{\mathrm{d}U_\mathrm{s}} \cdot \frac{\mathrm{d}U_\mathrm{s}}{\mathrm{d}U_\mathrm{G}} \tag{5.2.44}$$

由方程式(5.2.43)有

$$\frac{\mathrm{d}U_\mathrm{G}}{\mathrm{d}U_\mathrm{s}} = 1 + \frac{1}{C_\mathrm{i}}\sqrt{\frac{q\varepsilon_0\varepsilon_\mathrm{s}N_\mathrm{a}}{2U_\mathrm{s}}} \tag{5.2.45}$$

利用耗尽层长度公式(5.2.4),得到耗尽层电容 $C_\mathrm{s}$ 为

$$C_\mathrm{s} = \frac{\varepsilon_0\varepsilon_\mathrm{s}}{x_\mathrm{d}} = \sqrt{\frac{q\varepsilon_0\varepsilon_\mathrm{s}N_\mathrm{a}}{2U_\mathrm{s}}} \tag{5.2.46}$$

因此

$$\frac{\mathrm{d}U_\mathrm{G}}{\mathrm{d}U_\mathrm{s}} = 1 + \frac{C_\mathrm{s}}{C_\mathrm{i}} \tag{5.2.47}$$

从方程(5.2.42)得

$$\log I_\mathrm{d} \approx \frac{q\mu_\mathrm{n}W}{L}\left(\frac{kT}{q}\right)^2 \frac{n_\mathrm{i}^2}{N_\mathrm{a}}\sqrt{\frac{\varepsilon_0\varepsilon_\mathrm{s}}{2qN_\mathrm{a}}} - 0.5\log U_\mathrm{s} + \frac{qU_\mathrm{s}}{kT}\log_{10}\mathrm{e} \tag{5.2.48}$$

$$\frac{\mathrm{d}\log I_\mathrm{d}}{\mathrm{d}U_\mathrm{G}} \approx \frac{q}{kT}\frac{1}{\ln 10}\cdot\left(1 + \frac{C_\mathrm{s}}{C_\mathrm{i}}\right)^{-1} \tag{5.2.49}$$

式(5.2.48)中 $\log U_\mathrm{s}$ 在微分时被忽略,在式(5.2.49)中 $\log_{10}\mathrm{e}$ 用 $1/\ln 10$ 代替。斜率倒数 $S$ 为

$$S \equiv \frac{\mathrm{d}U_\mathrm{G}}{\mathrm{d}\log I_\mathrm{d}} \approx \frac{kT}{q}\left(1 + \frac{C_\mathrm{s}}{C_\mathrm{i}}\right)\ln 10 \tag{5.2.50}$$

由方程(5.2.50)可知,$S$ 会随 $C_\mathrm{s}$ 增加而增加,因此,如图 5.2.14 所示,它将随 $N_\mathrm{a}$ 增加而增加,随 $C_\mathrm{i}$ 增加而减少,因此,也随介质厚度增加而减少,当 $C_\mathrm{i} \gg C_\mathrm{s}$ 时,达到最小极值 59.5mV/dec;相反,当 $C_\mathrm{i} \ll C_\mathrm{s}$ 时,$S \gg 59.5$mV/dec,这时 $S$ 可近似为

$$S \approx \frac{kT}{q}\frac{C_\mathrm{s}}{C_\mathrm{i}}\ln 10 \tag{5.2.51}$$

这时 $S$ 将与 $N_\mathrm{a}^{0.5}$ 成比例。对于高质量的 MOSFET,方程(5.2.50)可能是最合适的表达式,但是对于在带隙中包含大量陷阱态的低质量的 TFTs,方程(5.2.51)是一个有用的近似。在这种情况下,$C_\mathrm{s}$ 本身的值将取决于在禁带中陷阱态的占有率,可以被认为是类似于方程(5.2.46)中对 $C_\mathrm{s}$ 负责的固定空间电荷密度。然而,与衬底掺杂 $N_\mathrm{a}$ 情况形成鲜明对比,在 MOSFETs 中是通过耗尽层给出一个固定的空间电荷密度,而在 TFTs 中的陷阱电荷的局部密度将是空间电荷区内电位的函数。因此,不能从 $S$ 的测量值中轻易地得到陷阱态密度,但是,尽管如此,$S$ 的测量值仍广泛地用作 TFT 的品质因数。$S$ 越小,TFT 的质量越高。不用说,在对不同器件做任何这种比较时,需要用这些器件之间介质电容的差异归一化 $S$。

亚阈值斜率也受界面态的影响。在亚阈值区,表面电位 $U_\mathrm{s}$ 可以从约为 0 变化到约为 $2U_\mathrm{F}$,而当存在界面态 $N_\mathrm{ss}(E)$ 时,其电荷的占有率也将使 $U_\mathrm{s}$ 变化同样的电压范围,因为它们能移动到低于费米能级。对于给定的 $U_\mathrm{G}$ 变化,部分被诱导的表面电荷将被界面态捕获,留下的自由电荷数量减少,因此,能带弯曲也减少。数量减少的自由电荷将减少亚阈值电流,$S$ 随之增加。从包含界面态影响的方程(5.2.50)可以看到这一点。界面态充电形成电容 $C_\mathrm{ss}$,后者与空间电荷电容并联。$C_\mathrm{ss}$ 的表达式为

$$C_{ss} = -\frac{dQ_{ss}}{dU_s} \sim qN_{ss} \tag{5.2.52}$$

因此,在有界面态时,方程(5.2.50)变成

$$S \equiv \frac{dU_G}{d\log I_d} \approx \frac{kT}{q}\left(1 + \frac{C_s + C_{ss}}{C_i}\right)\ln 10 \tag{5.2.53}$$

方程式(5.2.53)指出 $S$ 是如何随界面态增加而增加的,并且若其他的参数是已知的,可以从 $S$ 推导出 $N_{ss}$。

## 5.3 氢化非晶态硅 TFT 的结构和工艺

氢化非晶硅(a-Si:H)TFT 主导着当前平板显示器行业,特别是对于有源矩阵液晶显示器。本节介绍这些器件的结构和主要工艺。

a-Si:H 是 Si 和 10%氢的合金。氢在降低材料中缺陷起着关键作用,使悬挂键密度从无氢 a-Si 的 $10^{20}\,cm^{-3}$ 减少到现在器件材料中的 $10^{16}\,cm^{-3}$。a-Si:H TFT 的性能特征决定于材料本身的沉积条件,尤其是低温大面积等离子体增强化学汽相淀积(plasma enhanced chemical vapour deposition,PECVD)的条件。早期均匀 a-Si:H 的沉积面积只有约 10cm× 10cm,随后的工业发展导致现代商用 PECVD 反应器可以处理基板的面积超过 2m×2m。

### 5.3.1 a-Si:H 材料

作为一种非晶态材料,a-Si 短程有序,仍保持四配位,但是键长和键角在材料容许的范围内发生变化,所以不再长程有序。与晶体硅相比,键长和四面体键角分别是 0.235nm 和 109.5°,在 a-Si:H 中这些值的均方根偏差分别约是 2%和 9%~10%。这种无序导致键能量有一个分布并在材料内产生对缺陷结构有重要作用的弱键(weak bond,WB)。一般来说,硅原子是四配位,配位缺陷发生在局部原子间的应变使弱键断裂。图 5.3.1 给出了一个键的网络图,图中有两个悬挂键(dangling bond,DB)缺陷和一个已被氢填补的悬挂键。在高质量的 a-Si:H 中,氢起着关键性的作用。由于氢的存在,在弱键处形成 Si-H 键,使弱键密度降低到 $10^{16}\,cm^{-3}$。

图 5.3.1　包含悬挂键缺陷(虚线)和一个被氢填补的悬挂键(实心圆)的
四配位非晶硅的无序网络

悬挂键态是两性的,它的中性态包含一个未配对电子,可以进一步捕捉一个电子变成荷负电或释放未配对的电子变成荷正电。因此,这些缺陷有三个荷电状态:荷正电、中性或荷负电(分别对应零、一个或两个电子)。对于 a-Si:H 悬挂键(包括单晶硅中许多深层次缺陷)

这类具有正相关能的缺陷,在禁带中双占有中心在单占有中心之上,而三种荷电态则是费米能级位置的函数,如图 5.3.2 所示。当费米能级在较高电平之上时,缺陷荷负电;当费米能级在较低电平之下时,缺陷荷正电;当费米能级在这两个电平之间时,缺陷是中性。此外,只要在弱键中心至少已经有一个电子,不会存在双电子电平。未配位 Si 键具有一系列的与载流子结合能,因此悬挂键在禁带中引起两种深能级中心分布。

(a) 未被占领的电子中心,荷正电,具有较低的能级 $E_{d1}$

(b) 占有一个电子中心,中性,在费米能级上、下有两种能级

(c) 占有两个电子中心,荷负电,具有较高的能级 $E_{d2}$

图 5.3.2　两性悬挂键的电子占有和荷电状态是费米能级位置的函数

此外,缺乏在单晶 Si 中的长程的常规原子势导致生成局域和扩展电子态。在 a-Si:H 中局域态的特点是带尾态分布从导带和价带延伸进入禁带中。现在的禁带被称为迁移率带隙,宽度是 1.85eV,它明显大于室温下单晶硅的带隙 1.12eV。对于低质量材料,在迁移率带隙中存在高的缺陷密度,扩展态导电可以忽略不计,载流子传导是通过局域态陷阱之间的跳跃。对于器件使用级的材料,导电是激发陷阱中的载流子进入扩展态,但是陷阱中的总电荷只有一小部分能依靠热运动从陷阱中被释放出来,因此,测得 a-Si:H 的迁移率低。事实上,由于高密度的带尾态,已经不可能将费米能级提升到迁移率边以上,已观察不到纯扩占态导电。a-Si:H 中的态密度分布如图 5.3.3 所示,说明了两个带尾态和由悬挂键态密度总和决定的深能级态。

图 5.3.3　a-Si:H 的态密度分布

因此,a-Si:H 中的主要缺陷是悬挂键和弱键态,氢化建立的平衡发生在较大量的弱键和较小密度的悬挂键以及已被氢化态之间。虽然,a-Si:H 的沉积条件决定薄膜的弱键密度,但在给定条件下,膜生长后,在氢、悬挂键和弱键之间的相互作用决定悬挂键的密度。材料被定义为亚稳态,因为从膜生长温度冷却到 500K 时,缺陷结构被冻结(虽然准确的冻结

温度与冷却速率有关)。此外,在较低温度下经过足够长的时间,通过热激活弛豫过程将建立一个新的缺陷密度平衡。激活能是 $1.0\sim1.5\,\text{eV}$,与平衡时缺陷密度有关的激活能约是 $0.2\,\text{eV}$。平衡时材料内部的缺陷密度还与其他一些刺激,如掺杂水平的改变,光照引起的电子-空穴对复合以及栅偏压引起的 TFT 沟道中自由载流子密度的变化有关。

### 5.3.2  a-Si:H TFT 的结构

图 5.3.4(a)显示了最常见的 a-Si:H 结构。这是一个反向叠层型结构,由一个底金属栅极、作为栅极介质层的非化学计量的氮化硅 a-SiN$_x$:H 以及在介质层上面的晶体管主体未掺杂 a-Si:H 组成。与 TFT 的接触是 n$^+$ 掺杂 a-Si:H 的源极区和漏极区,它们的另一面与电阻较低的金属斑点接触。称此结构"反向"是因为栅极在沟道下面。所谓"叠层",是因为源极和漏极的接触区与在 a-Si:H/a-SiN$_x$:H 界面的电子沟道不共面,前者与后者分别在 a-Si:H 薄膜的两面。因此,沟道电流将需要流经 a-Si:H 层的厚度以完成源极和漏极之间的电流连续性。同时,该结构基本上是 IGFET(金属/绝缘体/半导体)结构,从表面上看,与顶栅共面型的单晶硅 MOSFET 完全不同。然而,在高产量和在大面积玻璃基板上低温处理过程(分别为小于 350℃ 和大于 2m×2m)的限制下,从器件

图 5.3.4  反向叠层型 a-Si:H TFT 的结构的剖面图

的性能来看,已经是为 a-Si:H TFT 开发的最佳结构。与在 p-n 沟道互补的 CMOS 电路中使用的 MOSFET 相比较还有另外两个主要差异。首先,因为 p 沟道器件的性能较差,目前只有 n 沟道 a-Si:H TFT 有商业应用;其次,源极区和漏极区相对于栅极边不是自对准,需要加一个光刻对准阶段,在栅极与源、漏端部之间形成显著的寄生电容。后者对 AM-LCD 性能不利。

正如上面提到的,a-Si:H TFT 处理过程的一个关键方面是其高产量。部分是由于生产过程中所需的光刻次数少(四次或更少),对于 AM-LCD,还额外需要一个掩膜板。相比之下,制造一个复杂的单晶硅 CMOS 电路需要 12 次或更多的光刻阶段。

图 5.3.4 给出了两种稍微不同的 TFT 结构。不同之处在于图 5.3.4(b)中的 TFT 的顶部有一层 a-SiN$_x$:H。这两种结构有不同的制造步骤和行业标准,称图 5.3.4(a)中的结构为背沟道刻蚀型(back channel etched,BCE)结构,称图 5.3.4(b)中的结构为刻蚀阻挡型(etch-stop,ES)结构。BCE 和 ES 结构的制造过程将在下面介绍。

**1. 背沟道刻蚀型(BCE)结构 TFT 的制造过程**

制造 a-Si:H TFT 由一系列材料沉积阶段和紧随每次沉积后的对膜的光刻(使其具有所需的图案)阶段组成。

图 5.3.5 显示了制造背沟道刻蚀型(BCE)结构 a-Si:H TFT 的主要流程步骤:

(1) 溅射沉积和使用掩膜板 M1 光刻出金属栅电极图案(第一次光刻)。

（2）在 PECVD 反应器中在栅极上依次沉积 a-SiN$_x$:H、未掺杂 a-Si:H 和 n$^+$ a-Si:H 三层薄膜。对于商用 TFT,a-SiN$_x$:H 的膜厚是 300nm,a-Si:H 的膜厚是 200nm,n$^+$ a-Si:H 的膜厚是 50nm。

（3）使用掩膜板 M2 由三叠层刻蚀出各个 TFT"岛屿"（第二次光刻）。

（4）沉积源极和漏极的接触金属,使用掩膜板 M3 刻蚀出金属电极图案（第三次光刻）。

（5）以金属电极图案作为掩膜板,除去 TFT"岛屿"没有金属层保护面积上的 n$^+$ 层,否则源漏接触之间的沟道被短路。

（6）沉积 a-SiN$_x$:H 钝化层,然后使用掩膜板 M4 刻蚀出图 5.3.5 中未显示的直通源、漏和栅接触斑点的接触孔（第四次光刻）。

图 5.3.5　背沟道刻蚀型 TFT 的制造步骤示意（第六步未示出）

刻蚀去除源极和漏极接触之间 n$^+$ a-Si:H 层是上述工艺的关键阶段。因为在未掺杂 a-Si:H 和 n$^+$ a-Si:H 之间刻蚀选择性的差异很小,需要很好地控制刻蚀过程。这是一个精确的定时腐蚀,一方面要能确保完全移去 n$^+$ 层,同时要控制好腐蚀进入底层无掺杂 a-Si:H 中。为了适应过腐蚀进入未掺杂 a-Si:H 层,后者的厚度较厚,约为 200nm。n$^+$ 刻蚀阶段确定了 TFT 的沟道长度 $L$,它是源和漏 n$^+$ 区边缘之间的间隔。

总之,BCE 的整个制造过程由四次光刻阶段、两次 PECVD 沉积和两次金属溅射沉积组成。

**2. 刻蚀阻挡型（ES）结构 TFT 的制造过程**

比较图 5.3.4 中的 BCE 和 ES 结构可知,ES 结构不同主要是由于在 n$^+$ 区边缘下面存在一个 a-SiN$_x$:H 衬垫。在腐蚀 n$^+$ 区和的 a-SiN$_x$:H 之间有更大的选择性腐蚀差别,因此,不需要使用临界的定时腐蚀。然而,其代价是如图 5.3.6 所示的更复杂的制造步骤。在第一步用掩膜板 M1 刻蚀出栅极后,连续沉积三层 a-SiN$_x$:H、a-Si:H 和 a-SiN$_x$:H 薄膜,用掩膜板 M2 将叠层顶部的 a-SiN$_x$:H 刻蚀成阻止刻蚀的衬垫。然后是单独沉积 n$^+$ 层,并用掩膜板 M3 刻蚀出 TFT"岛屿"。沉积源和漏的接触金属层,并用掩膜板 M4 刻蚀出触金属层图案。接着,像在 BCE 中那样,以金属层图案作为蚀刻掩膜板,除去不需要的 $n^+$ 材料。然而,与 BCE 的定时腐蚀相比,$a\text{-}SiN_x\text{:}H$ 衬垫起着具有更大选择性的蚀刻阻止层的作用。原则上,这是一个更容易控制的过程,允许使用更薄 $a\text{-}Si\text{:}H$ 层(通常是 100nm)。最后,沉积 $a\text{-}SiN_x\text{:}H$ 保护层(未显示),并用掩膜板 M5 刻蚀出直通源、漏和栅接触斑点的接触孔。

(1) 沉积和刻蚀出金属栅极(M1)

(2) 依次沉积SiN栅极介质:
    a-Si:H和SiN刻蚀阻止层
(3) 刻蚀出SiN刻蚀阻止衬垫(M2)

(4) 沉积$n^+$ a-Si:H
(5) 刻蚀出a-Si TFT "岛屿"(M3)

(6) 沉积和刻蚀出S、D金属接触
    (M4)和除去$n^+$ a-Si:H

(7) 沉积最后的钝化层及对S、D和
    G金属开接触孔(M5)

图 5.3.6  刻蚀阻挡型 TFT 制造步骤示意(第七步未示出)

在 ES 过程中,$a\text{-}SiN_x\text{:}H$ 刻蚀阻挡"岛屿"的大小决定了和 TFT 本体接触的 $n^+$ 源和漏区分离的距离,因此,确定了 TFT 沟道长度 $L$。

总之,ES 的整个制造过程包括五次光刻阶段和三次 PECVD 沉积,但避免了临界的腐蚀阶段,同时第一次的三层沉积中也提供一个可能更好的底面钝化层。然而,当比较表 5.3.1 中ES 和 BCE 的流程细节时,可清楚地看到 ES 提供容易控制的对下面沟道的刻蚀,而 BCE 过程更简单,步骤也更少。因此,后者可以提供更高的产量,整板成本更低,许多生产厂使用此工艺。许多研究实验室是对器件做基本研究,更愿意采用 ES 工艺,因为更容易实现和可用不那么复杂的设备控制工艺过程。

表 5.3.1  比较背沟道刻蚀型(BCE)和刻蚀阻挡型(ES)TFT 的制造流程

| 流        程 | BCE | ES |
| --- | --- | --- |
| 光刻次数 | 4 次 | 5 次 |
| PECVD 次数 | 2 次 | 3 次 |
| 除去 $n^+$ Si:H 的方法 | 定时腐蚀进入 i-Si:H 层 | 相对于 $a\text{-}SiN_x\text{:}H$ 的差别刻蚀 |
| 钝化层对器件性能的影响 | 可能敏感 | 被第一个 $a\text{-}SiN_x\text{:}H$ 层屏蔽 |

### 5.3.3 新型 a-Si:H TFT

#### 1. 自对准 TFT

尽管传统的反向叠层(BCE)型结构在商业上占优势,仍有大量关于制造自对准结构的研究报告。在自对准结构中源极和漏极区的边缘自动与栅极区的边缘对齐。对此结构感兴趣的主要原因是没有临界的对准阶段,减少在栅极和源/漏端部之间的重叠电容以及作为走向更短沟道长度 TFT 的通道。大多数这些结构是反向叠层型器件,正光刻胶涂在器件叠层的顶部,以底栅作为掩膜板从底面进行曝光,这样便实现自对准。另一种用于顶栅的技术可以免去底部曝光过程。然而,这种技术使用离子掺杂形成 $n^+$ 掺杂区。但是,无论顶栅结构,还是离子掺杂在 a-Si:H TFT 制造中都不是标准流程。

更传统的方法的一个例子如图 5.3.7 所示,使用栅极的底部曝光形成刻蚀阻挡(ES) TFT,用这种结构研究自对准 TFT 比用背沟道刻蚀(BCE)结构更广泛。偏爱 ES 结构的一部分原因是其 a-Si:H 层薄,有利于曝光时紫外线的透射。图 5.3.7 中的特殊流程由传统的金属栅极和接着沉积 a-SiN$_x$:H/a-Si:H/a-SiN$_x$:H 三层的叠层组成。使用正光刻胶,从底部照明曝光,这样,没有被紫外线照射的面积上的光刻胶在曝光和显影后保留下来。因此,如图 5.3.7(a)所示,在玻璃板表面上保留下来的光刻胶复制了栅极区域,后者用于在确定刻蚀阻止 a-SiN$_x$:H 层时的腐蚀掩膜板。在这个例子中,刻蚀后留下的 a-SiN$_x$:H 层的边缘有一个倒角,这是为了确保源、漏接触区与栅极有一定程度的重叠。在确定腐蚀阻止层以后,除去光刻胶,沉积 $n^+$ 层。第二次底面光刻阶段 BE2 如图 5.3.7(b)所示,用一个掩膜板,确定新的光刻胶图案,后者由栅极上的自对准光刻胶斑以及其两侧光刻胶斑组成。整个结

图 5.3.7 制造自对准 ES 型 a-Si:H TFT 的流程(其中 BE 是指从底部曝光)

构被沉积最后的金属材料,然后,浸入光刻胶溶剂中,在溶去光刻胶斑同时,也除去了直接沉积在胶斑上的金属。通常称此为漂离(lift-off)过程。漂离过程确定了金属图案,后者也是下一步除去 ES 斑上 $n^+$ a-Si:H 层和 TFT 面积外未掺杂 a-Si:H 的腐蚀掩膜板。这样,就留下了如图 5.3.7(c)所示的自对准 ES TFT。

### 2. 短沟道 TFT

虽然沟道长度已做到 1μm 和更短,但对短沟道 a-Si:H 的兴趣相对有限。这些器件采用一些新颖的结构,例如,沟道长度达到 0.4μm 的自对准 BCE 结构以及图 5.3.8 中的垂直 TFT 结构。后一种器件沟道长度是由分离两个 $n^+$ 源和漏区垂直叠层的水平层 a-SiN$_x$:H 的厚度决定,而不是用光刻处理。常规的 BCE 流程已经被用于长度小于 1μm 的栅极,而用高分辨率电子束光刻过程和金属漂离技术已将此长度减少到 0.2μm。

图 5.3.8 短沟道垂直 a-Si:H TFT 的剖面图

## 5.4 氢化非晶硅 TFT 的性能

### 5.4.1 a-Si:H 的缺陷结构和态密度

#### 1. 材料基本性质

尽管 a-Si:H 缺乏长程有序,仍可以用一个类似于晶体硅的能带图来表示,这是因为相对于晶体键长和键角偏差分别约是 2% 和 10%。相对于 2.5eV 的 Si-Si 键强度,网络中这些扭曲相对应的能量无序只有约 0.1eV。这意味着,可用与晶体 Si 中相同的分子轨道考虑来计算 a-Si:H 的能带,其示意图如图 5.4.1 所示。孤立的 Si 原子有四个价电子,等分在 3s 和 3p 态中,并与其他四个硅原子键合成四面体,形成包含这些电子的四个 sp$^3$ 杂化轨道。这些电子的每一个都能从周围的四个原子接受另一个电子,在这些较低能态之间键合的相互作用导致 sp$^3$ 能级分裂成成键态和反键态,后者分别对应于价带和导带。如图 5.4.1 所示,在导带底存在似 s 态,在价带顶存在似 p 态。键角无序对似 p 态有更多的影响,导致无序能量更大和临近价带迁移率边的带尾态分布更宽。

图 5.4.1 a-Si:H 的分子轨道模型及其态密度分布的示意图

a-Si:H 的能带特征是价带尾较宽,这个宽度是材料中无序度的指标。带尾宽度可以从 TFT 的测量中得到,但也常使用光学吸收测量它作为材料的基本参数。通过测量光学吸收系数与略低于迁移率边的光子能量的指数依赖关系评估价带尾宽度。由数据建模得到以下表达式:

$$\alpha(E) = \alpha_0 \exp(E - E_1)/E_0 \tag{5.4.1}$$

上式对吸收系数在 $2 \times 10^2 \sim 5 \times 10^3 \, \mathrm{cm}^{-1}$ 范围内有效,从数据拟合获得常量 $\alpha_0 = 1.5 \times 10^6 \, \mathrm{cm}^{-1}$;$E_1 = 2.2 \mathrm{eV}$。称指数分布的特征宽度 $E_0$ 为 Urbach 能量。吸收这些在能带边缘附近的光子能量后,电子从价带尾态跃迁到导带。通过大量样品发现 Urbach 能量范围是 $50 \sim 100 \mathrm{meV}$。根据图 5.4.2 所示的 Urbach 能量与 a-Si:H 中悬挂键密度之间的相关性,可以说,Urbach 能量表征了材料的无序度。这组数据集跨越了缺陷密度广泛的范围,质量好的器件材料处在这个范围的低端,Urbach 能量约为 50meV。从器件的角度来看,最有兴趣的是 n 沟道 TFT,而价带尾态只会影响 p 沟道 TFT。然而,已经证明了导带尾宽度与 Urbach 能量的比例关系,当 Urbach 能量从 45meV 增加到 57meV 时,导带尾宽度从 19meV 增加到 34meV。鉴于这种相关性,Urbach 能量被广泛用作材料的品质因数。

如果悬挂键处在没有键相互作用的地方,其 $sp^3$ 能级保持未分裂,于是生成了在带隙中间附近的悬挂键(DB)缺陷能级。

缺乏长程有序意味着占据尾态的电子是局域的,并生成迁移率带隙。此带隙的大小由扩展态开始的迁移率边确定。然而,即使在扩展态,载流子的散射长度只有原子间距的量级,由此对于自由电子和空穴给出带迁移率 $\mu_0$ 分别是 $10 \sim 20 \mathrm{cm}^2/\mathrm{Vs}$ 和 $1 \sim 10 \mathrm{cm}^2/\mathrm{Vs}$。对于主要局限在局域态的载流子,定义为漂移迁移率 $\mu_d$,即

$$\mu_d = \mu_0 \tau_{\mathrm{free}}/(\tau_{\mathrm{free}} + \tau_{\mathrm{trap}}) \tag{5.4.2}$$

因此,漂移迁移率比带迁移率小的倍数是载流子在扩展态中被热激发所花费的时间 $\tau_{\mathrm{free}}$ 与在局部态陷阱中的时间 $\tau_{\mathrm{trap}}$ 之比率。即使高品质的 a-Si:H,对于电子该比例小于 0.1,对于孔穴,由于在价带边附近较宽的带尾分布,这个比率更小,即其 $\tau_{\mathrm{free}} \ll \tau_{\mathrm{trap}}$。

图 5.4.2 通过测量各种类型 a-Si:H 得到的 Urbach 能量 $E_0$ 和悬挂键密度之间的相关性

### 2. a-Si:H 的态密度

图 5.4.3 显示了测量得到的 a-Si:H 的态密度(density of states, DOS)分布。陷阱分布的细节是由 TFT 的 $I_D(U_G, U_D)$ 的实验数据拟合导出的。图中显示无论深能级态的分布,还是带尾态的分布,从分析的角度来看,都可以用带有特征能量宽度从带边衰减的指数函数表示。带隙的上半部分是类似受主(空时是中性,当被电子占据时变成荷负电),而带隙的下半部分是类似施主。正如前面所讨论的那样,图 5.4.3 所示的分布是不对称的,较大密度在带隙的下半部分,这样,无掺杂材料的费米能级在带隙的上半部分。这个位置还定义了陷阱态分布中净电荷密度为零的中性能级。带尾态和深能级态的分布近似于指数:

$$N_{ta}(E) = N_{t0} \exp\{-(E_c - E)/E_{ta}\} \tag{5.4.3}$$

$$N_{da}(E) = N_{d0} \exp\{-(E_c - E)/E_{da}\} \tag{5.4.4}$$

图 5.4.3　使用不同的指数分布近似表示 a-Si:H 的态密度

式(5.4.3)和式(5.4.4)分别表示类似受主的带尾态和深能级态。可比较的似施主带尾态表达式也存在。参数 $N_{t0}$、$N_{d0}$、$E_{ta}$ 和 $E_{da}$ 的值随样品不同而变,但是 $E_{ta}$ 是 $20\sim30\mathrm{mV}$,$E_{da}$ 比 $E_{ta}$ 大 3 倍多。被引用的 $N_{t0}$ 的值从 $2\times10^{20}\,\mathrm{cm^{-3}\,eV}\sim5\times10^{22}\,\mathrm{cm^{-3}\,eV}$ 都有。这种差异的部分原因是由于对带尾态的截断方式不一样。被引用的深能级态密度 $N_{d0}$ 的值在 $5\times10^{18}\sim1\times10^{19}\,\mathrm{cm^{-3}\,eV}$ 范围内。

**3. 能带弯曲和表面空间电荷**

当 a-Si:H TFT 处于 ON 态时,由于正栅偏压引起的表面能带弯曲将使一些(或者全部)深能级态和带尾态被扫到体费米能级之上。这意味着为了感应自由电子密度支持 ON 态传导,DOS 的占有率也将改变。通常数值计算这些改变,但是作一些简化可以在分析层次上检验关键的特性。

陷阱态密度分布的表达式为

$$N_T(E) = N_{T0} \exp\{-(E_c - E)/E_T\} \tag{5.4.5}$$

若费米能级在带隙的上半部,如果作 Kelvin 零级近似,即认为在 $E_F$ 以下都是满的,在 $E_F$ 以上都是空的,则可推导出陷阱态中总的占有率为

$$N_T^- = N_{T0} E_T \exp\left\{-\frac{E_c}{E_T}\left[\exp\left(\frac{E_F}{E_T}\right) - 1\right]\right\} \tag{5.4.6}$$

适当地修改方程(5.4.6),可以用来描述能带弯曲 $U_s$ 的表面空间电荷区中当地的陷阱占有率。图 5.4.4 给出了平带 MIS 的情况和栅偏压为正 $U_G$ 时 MIS 的能带弯曲情况。为简单起见,假设 DOS 是对称的指数分布,并且其中性能级在带隙中间,也是体费米能级所在地。在平带图 5.4.4(a)中,只显示了 a-Si/SiN$_x$:H 界面处的 DOS,但它连续贯穿 a-Si 整个体积,而在能带弯曲的图 5.4.4(b)中,类似受主态的占有率随距界面的距离 $x$(在该处能带弯曲 $U$)而改变:

$$N_T^-(x) = N_{T0} E_T \exp\left\{-\frac{E_c}{E_T}\left[\exp\frac{qU}{E_T} - 1\right]\right\} \tag{5.4.7}$$

图 5.4.4　Si:H MIS 能带弯曲,显示陷阱占有率(在 a-Si:H 中,陷阱是空间分布的,
但出于演示目的,只显示在 a-Si:H/a-SiN$_x$:H 界面处的分布)

因为所有能级值是以迁移率隙中间为零点计算的,所以方程(5.4.7)中的 $E_c$ 值是 $E_G/2$。

知道了陷阱态的占有率,通过解泊松方程就可以建立表面电位 $U_s$ 与表面电荷 $Q_s$ 之间的关系为

$$Q_s \cong - \sqrt{2q\varepsilon_0\varepsilon_s} \left[ n_i \frac{kT}{q} \exp\frac{qU_s}{kT} + N_{T0}E_T \exp\frac{-E_c}{E_T} \left\{ E_T \left( \exp\frac{qU_s}{E_T} - 1 \right) - U_s \right\} \right]^{0.5} \quad (5.4.8)$$

方程(5.4.8)很复杂,其第一项是自由载流子对空间电荷的贡献,随能带弯曲程度 $U_s$ 指数上升;其第二项是不动的离子对空间电荷的贡献,由 DOS 提供,也随 $U_s$ 指数上升,如果 $E_T$ 是 $kT$ 量级,则两者随 $U_s$ 的上升率可比。

使用方程(5.4.8)计算出 $Q_s$ 作为 $U_s$ 的函数的一些结果如图 5.4.5 所示。计算中取迁移率隙为 1.7eV,本征载流子浓度为 $1.2 \times 10^5 \, \text{cm}^{-3}$。在图 5.4.5(a)中只使用了深能级分布,并取 $N_{T0} = N_{d0} = 1 \times 10^{18} \, \text{cm}^{-3} \text{eV}^{-1}$ 和 $E_T = E_{da} = 0.1\text{eV}$。此外,图中数据点是 $Q_s$,虚线是自由电荷,点线是固定电荷。当图中某一条曲线近似等于 $Q_s$ 时,表明该项在 $Q_s$ 中占优势。将在图 5.4.5(a)看到,除了在 $U_s$ 最大值,$Q_s$ 是由于自由载流子电荷上升而增加的,在大部分表面电位 $U_s$ 范围内,$Q_s$ 由陷阱电荷密度决定。如果深陷阱分布是材料的唯一缺陷,那么,器件的阈值电压将是自由载流子密度开始主宰 $Q_s$ 的地方。然而,在实际的器件中不仅有深能级的陷阱分布,还存在带尾态,这种情况示于图 5.4.5(b)。在这个例子中,深能级分布仍使用图 5.4.5(a)采用的数据,带尾态分布采用两个指数陷阱分布的和,并取 $N_{t0} = 2 \times 10^{21} \text{cm}^{-3} \text{eV}^{-1}$ 和 $E_{ta} = 0.03\text{eV}$。图 5.4.5(b)中的曲线表面上看起来类似于图 5.4.5(a)中的,但重要的区别是虚线和点线曲线,后者指出,在较大的 $U_s$ 下,$Q_s$ 的增加主要是因为电荷进入带尾态,而不是由于自由载流子密度。确实,自由载流子密度只起次要的贡献。

### 4. 场效应迁移率

在 5.2.2 节已提及,实验测出 TFT ON 态时漏极电流 $I_d$ 和栅偏压 $U_G$ 之间的特性曲线,就可以求出线性区和饱和区的载流子迁移率实验。在下面的讨论中以线性区作为例子,但是原则上也适用于饱和区。为了讨论方便将线性区的 $I_d$ 与 $U_G$ 的关系式重新写一遍

$$I_d = \frac{\mu_n WC_i(U_G - U_{th})U_D}{L} \quad (5.4.9)$$

(a) 只有深能级缺陷，并取$N_{T0}=N_{d0}=1\times10^{18}\mathrm{cm}^{-3}\mathrm{eV}^{-1}$  (b) 深能级缺陷加带尾态缺陷，$N_{da}$、$E_{da}$如上，

和$E_T=E_{da}=0.1\mathrm{eV}$    取$N_{t0}=2\times10^{21}\mathrm{cm}^{-3}\mathrm{eV}^{-1}$和$E_{ta}=0.03\mathrm{eV}$

图 5.4.5  用近似方程(5.4.8)计算表面空间电荷 $Q_s$ 随表面能带弯曲 $U_s$ 的变化（表面电荷

$Q_s$-点和实线；陷阱中电荷项-点线；自由载流子项-虚线）

电子场效应迁移率可从 $U_{th}$ 以上 $I_d$-$U_G$ 曲线的斜率推导出来：

$$\mu_{FE} = \frac{L\mathrm{d}I_d}{WC_iU_D\mathrm{d}U_G} \tag{5.4.10}$$

隐含在这种关系中的假设是 $U_G>U_{th}$，栅偏压在表面感应的所有电荷是自由电荷。换句话说，该处的自由电荷密度 $Q_n$ 可用下式表示：

$$Q_n = C_i(U_G-U_{th}) \approx Q_s \tag{5.4.11}$$

这意味着 $Q_n$ 约等于总电荷密度 $Q_s$。对于图 5.2.2 中 $U_s>2U_F$ 和图 5.4.5(a)中大 $U_s$ 情况，这样计算 $Q_s$ 是可以的。但是对于在 Si：H DOS 中实际存在带尾态的图 5.4.5(b)以及 $E_{ta}\sim kT$ 的窄带尾态分布不能这样计算 $Q_s$。在这种情况下，考虑到在自由载流子和陷阱载流子之间的感生电荷部分，需要将式(5.4.10)改写为

$$\mu_{FE} = \frac{L}{WC_iU_D} \frac{\Delta I_d}{\Delta U_G} \tag{5.4.12}$$

式中

$$\Delta I_d = \frac{\mu_n WU_D\Delta Q_n}{L} \tag{5.4.13}$$

$$\Delta U_G = \frac{\Delta Q_s}{C_i} \tag{5.4.14}$$

$$\Delta Q_s = \Delta Q_n + \Delta Q_t \tag{5.4.15}$$

式中 $\Delta Q_t$——陷阱中的固定空间电荷。

将方程(5.4.13)和方程(5.4.14)代入方程(5.4.12)中建立场效应迁移率 $\mu_{FE}$ 和带迁移率 $\mu_n$ 之间的关系为

$$\mu_{FE} = \mu_n \frac{\Delta Q_n}{\Delta Q_s} \tag{5.4.16}$$

因此，当在表面空间电荷中主要是自由载流子密度，即 $\Delta Q_n\sim\Delta Q_s$ 时，$\mu_{FE}\sim\mu_n$（与单晶硅器件中的情况一样）。然而，对于有带尾态的 a-Si：H TFT，$\Delta Q_n<\Delta Q_s$，因此，$\mu_{FE}<\mu_n$。定量评价这两者的关系需要数值积分膜上的自由电荷和陷阱中的电荷。计算得到 $\mu_{FE}/\mu_n$ 比值与 $U_G$ 的关系如图 5.4.6 所示。关系曲线显示该比值随 $U_G$ 和温度增加而上升。这是因为 $U_G$

增加,导带的占有率上升,而温度增加,热激发进入导带的自由电子增多。在 $U_G=15\text{V}$ 时,室温下的比值约是 0.04。若 $\mu_n$ 是 $10\sim20\text{cm}^2/\text{Vs}$,则 $\mu_{FE}$ 只有 $0.4\sim0.8\text{cm}^2/\text{Vs}$。这与从 a-Si:H TFT 测得电子场效应迁移率为 $0.4\sim1.0\text{cm}^2/\text{Vs}$ 是一致的。

图 5.4.6 电子场效应迁移率与电子带迁移率比的计算值(用
图 5.4.3 中的 DOS,a-SiN$_x$:H 的厚度是 300nm)

方程(5.4.16)表明,场效应迁移率 $\mu_{FE}$ 等于带迁移率 $\mu_n$ 跟自由载流子密度与带尾态陷阱中载流子密度之比的乘积。漂移迁移率的情况基本上相同,对于电子也是 $1\text{cm}^2/\text{Vs}$ 量级。

本节虽然只讨论 a-Si:H TFT,其他技术的 TFT 的带隙中也分布着陷阱态,同样显示场效应迁移率和带迁移率之间的差别。虽然两个迁移率的比值决定于材料中陷阱态的具体分布,但是本节的讨论是普遍适用的。

## 5.4.2 a-Si:H 的 TFT 特性

由于 a-Si:H 的能带分布图中上半部分悬挂键缺陷密度比下半部分的约低 100 倍,造成 p 沟道 a-Si:H TFT 的场效应迁移率只有 n 沟道的 1%～2%,而其阈值电压又是 n 沟道的约 10 倍,所以 p 沟道 a-Si:H TFT 没有商业应用,本书中也只讨论 n 沟道 a-Si:H TFT。

### 1. ON 态

一阶近似的 ON 态特性决定于阈值电压和场效应迁移率。如 5.4.1 节中所述,深能级态密度决定阈值电压,带尾态密度决定场效应迁移率。如果使用简单的 IGFET 方程(5.2.30)和式(5.2.37),则无论线性区的,还是饱和区的该两器件参数都可以从实验测得的转移特性曲线取得。特别是,使用方程(5.2.30)和式(5.2.34),场效应迁移率可分别从 $I_d$-$U_G$ 或 $\sqrt{I_{d(\text{sat})}}$-$U_G$ 曲线的斜率计算得出,而将曲线外延到与 $U_G$ 轴相交 $I_d=0$ 处,便可得到阈值电压。

这些简单的方程虽然可用于基本参数的提取,但集成电路设计中使用的电路模型包(如 SPICE)要求更准确的特性表示,这就需要细致地考虑器件的具体方面,包括载流子在带尾态中的分布和有限的输出阻抗,这时应采用下列表达式:

$$I_d = \frac{\mu W C_i^{\alpha-1}\xi}{\alpha L}\left[(U_G-U_{\text{th}})^\alpha-(U_G-U_{\text{th}}-U_D)^\alpha\right]\left[1+\lambda(U_D-U_{D\text{sat}})\right] \quad (5.4.17)$$

式中 $\alpha$ 和 $\xi$ 与带尾态能量宽度 $E_t$ 和带尾态中在陷阱中的载流子密度 $N_t$ 有关,即

$$\alpha = 2E_t/kT \tag{5.4.18}$$

$$\xi = \frac{(q\varepsilon_s\varepsilon_0\alpha kTN_t)^{1-\alpha/2}}{\alpha-1} \tag{5.4.19}$$

对于导带的带尾态,当 $E_t \approx kT$ 时,则 $\alpha \approx 2$ 和 $\xi \approx 1$,这时方程(5.4.17)的第一部分缩减为 IGFET 基本方程(5.2.30)

$$I_d = \frac{\mu_n WC_i}{L}[(U_G - U_{th})U_D - 0.5U_D^2] \tag{5.4.20}$$

方程(5.4.17)的第二部分包含了沟道缩短参数 $\lambda$,用于具有有限输出阻抗的 $I_d$-$U_D$ 饱和特性。

当 TFT 结构有串联电阻时,需要进一步修改方程(5.4.17)。引起串联电阻的原因有下列几个:金属源和漏电极与 $n^+$ 区的接触电阻、$n^+$ 区本身有限的电导率、从沟道到 $n^+$ 区载流子流经过的 a-Si:H 薄膜电阻以及栅极和源/漏接触的重叠区电阻。

若源、漏接触处为固定的欧姆电阻 $R_s$ 和 $R_D$,则将分别产生电压降 $I_D R_s$ 和 $I_D R_D$,它们会改变栅-源电压 $U_{GS}$ 和源-漏电压 $U_{DS}$ 的有效值,即从外部施加电压 $U_G$ 和 $U_D$ 分别减去欧姆电阻产生的电压降,即

$$U_{GS} = U_G - I_d R_s \tag{5.4.21}$$

$$U_{DS} = U_D - I_d(R_s + R_d) \tag{5.4.22}$$

因此,方程(5.4.17)中的 $U_G$ 和 $U_D$ 需要分别用 $U_{GS}$ 和 $U_{DS}$ 的表达式更换。然而,这种更换只有在串联电阻与沟道电阻处于同一个量级时才有意义。

**2. OFF 态**

n 沟道 a-Si:H TFT 的 OFF 态特征决定其在负偏压下的泄漏电流行为,已确认几个泄漏电流机制。它们是通过 a-SiN$_x$:H 栅极介质的泄漏、通过 a-Si:H 膜本身的体传导、背沟道电子传导以及前沟道孔传导。泄漏电流大小是以下参数的函数:外加的栅极和漏极偏压、a-Si:H 膜的厚度(将决定其体传导和栅极与背沟道的耦合)、栅极/漏极重叠度以及整个制造过程(特别是背面的钝化)。图 5.4.7 给出了一组被广泛研究的刻蚀阻挡型 TFT 的特性曲线。该 TFT 的 a-Si:H 和 a-SiN$_x$:H 层的厚度分别是 50nm 和 250nm。这些曲线的两个重要的负偏压特性是:①在大负栅极偏压情况下,电流随栅偏压和漏极偏压的指数增加;

(a) 漏极偏压的函数　　　　　　　　　　　(b) 沟道长度的函数

图 5.4.7　实验测得的 TFT 转移特性,显示泄漏电流作为漏极偏压的函数($W = 50\mu m$, $L = 20\mu m$,实线是模拟的)和沟道长度的函数

②对于背沟道结构，电流随负栅偏压增加的情况与沟道长度无关。特性②凸显了漏电电流的不同机制：与沟道长度无关，表明漏电电流只在漏极终端产生；与沟道长度有关，表明漏电电流更像欧姆电流。

上面列出的引起泄漏电流的四个过程中，通过 a-Si:H 和 a-SiN$_x$:H 层的体泄漏是有限的最低电流。在实际器件中，发现背沟道电子传导和前沟道孔穴传导占支配地位。背沟道传导是由于在背界面的弱电子累积层，并取决于顶部钝化层。如果 a-Si:H 层足够薄，使前栅/背沟道耦合，那么，通过前栅可以耗尽这个弱电子累积层。通过拟合图 5.4.7(a)反亚阈值区实验数据的曲线揭示了这个机制。在这个区的反亚阈值斜率是薄膜背部深陷阱密度和栅极的耦合强度的函数。前界面上的孔穴积累层的静电屏蔽会减少栅极的耦合强度。因此，背沟道电流的耗尽在较薄的膜中是最强的。这个机制在低负栅偏压下占主导地位。

在高负栅偏压情况下，一个可以支持孔穴电流的孔穴累积层形成在前界面上，但是也生成受内部空穴产生率限制的 n$^+$ 接触的非孔穴注入。在 a-Si:H 中，通过连续地从深陷阱发射电子-孔穴对，热产生孔穴。在高栅偏压和漏极偏压下，这个过程可以增强 Poole-Frenkel 效应(能将产生载流子的发射势垒 $E_T$ 降低 $\Delta E_T$)。场致提高发射过程发生在器件的栅极/漏极重叠附近的高场区。

在这个过程中，生成的电子被扫入漏极，孔穴流到前界面，并积累起来作为稳态孔穴积累层。这样，孔穴从漏极面积流出，注入正向偏置的源极结，完成传输孔穴生成流。载流子的产生率随场 $\mathscr{E}$ 的平方根做指数增加，并且这个模型与图 5.4.7(a)中在高负栅偏压情况下，漏电流随栅偏压和漏极偏压指数增加的行为良好一致。

## 5.4.3　a-Si:H 的偏应力不稳定性

在这一节中，所有导致阈值电压漂移的外界因素都称为偏应力，如栅压偏应力、温度偏应力和时间偏应力。

### 1. 栅极偏置

a-Si:H TFT 的主要不稳定是在施加栅偏压应力 $U_{Gst}$ 后，阈值电压的漂移。已确定两种本质性的不稳定机制：a-SiN$_x$:H 栅极介质中的载流子陷阱和 a-Si:H 本身中形成悬挂键。在双极性并受到光照的 n 沟道 a-Si:H TFT 中可以区别这两个效应，在同一 TFT 的电子和空穴导电分支中观察到栅偏压的效应。如果是栅极介质中的载流子陷阱，预期两个特性曲线向同一方向漂移(即对于产生电子陷阱的正栅极偏压，沿电压增加的方向漂移)；如果是两性深能级态造成，则沿反方向漂移，因为电子充满受主(0/−)能级将增加 n 沟道 TFT 阈值电压，而孔穴充满施主(0/+)能级将增加 p 沟道 TFT 阈值电压。从图 5.4.8 所示测量得到的双极性 TFT 的特性曲线可以看到这些影响。对 TFT 施加的低、高栅极偏压应力分别是 +25V 和 +55V，由此分别引起两部分曲线分开和向同一方向漂移。因此，低正栅偏压应力引起深能级态的形成，但是在高偏压应力下被电子注入 a-SiN$_x$:H 效应淹没。

在 −25V 负栅偏压应力下，以正电荷注入为主，虽然在 a-Si:H 中也有一些缺陷形成，但比正栅偏压应力下小。

a-SiN$_x$:H 层的质量决定了载流子注入开始占据主导地位的正栅极偏压应力，后者也是包括 SiH$_4$/NH$_3$ 气体比率在内的沉积条件的函数。a-SiN$_x$:H 层的质量一直与其光学带隙值有对应关系。带隙越大，爆发陷阱不稳定性的阈值越高。为获得具 5.0eV 带隙的最佳质

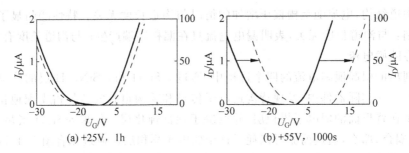

(a) +25V, 1h　　　　　　　　　(b) +55V, 1000s

图 5.4.8　栅极偏压应力对双极性 TFT 转移特性曲线的效应(虚线是施加应力后)

量的 a-SiN$_x$:H 层,需要采用 2MV/cm 电场的离子注入。相比之下,用不同方法制备的样品显示了所有正栅极偏压应力条件下两种不稳定性的混合。因此,在给定的偏压条件下,由于生产过程的差异,器件显示的载流子注入氮化物的量和在 a-Si:H 中陷阱形成的量会有所不同。

　　除了两个不稳定机制与不同偏压应力的关系有不同外,还有与时间的不同依赖关系,如图 5.4.9 所示。在此图中,100V 偏压应力主要引起载流子注入不稳定性,阈值电压的变化量 $\Delta U_{th}$ 大约与时间的对数成比例关系,其表达式为

$$\Delta U_{th} = A\log(1 + t/t_0) \tag{5.4.23}$$

式中　$\Delta U_{th}(t) = U_{th}(t) - U_{th0}$($U_{th0}$ 是 $t=0$ 时的 $U_{th}$);

　　　　$A$——常数;

　　　　$t_0$——特征时间。

可用隧道注入电流与注入电场的指数关系解释这种与时间对数有关的不稳定性,并且由于陷阱中载流子的屏蔽效应,随着载流子落入陷阱电场减少。注入不稳定性与温度也有依赖关系。

　　图 5.4.9(b)双对数坐标上示出的 25V 偏压应力造成的不稳定性是由于在 a-Si:H 中生成的深能级态引起的,可用幂函数表示为

$$\Delta U_{th}(t) = \Delta U_{th}(\infty)(t/\tau)^\beta \tag{5.4.24}$$

(a) 对数-线性坐标　　　　　　　　(b) 对数-对数坐标

图 5.4.9　栅偏压应力不稳定性随时间的变化

## 2. 脉冲偏置应力

上面的讨论集中在直流偏压应力的不稳定性,但是,在有源矩阵显示中,行 ON 态时施

加在 TFT 像素上的电压是低占空比的正偏压,随后是一个接近一帧时间的负偏压。因此,TFT 像素交替地经受占空比完全不同的正、负脉冲偏压,已证明负脉冲偏压应力的效应在量上不同于直流偏压应力。图 5.4.10 比较了直流和不同脉冲宽度偏压应力作用下阈值电压的漂移。对于正脉冲偏压应力,$\Delta U_{\text{th}}$ 略小于直流应力,这归因于在无脉冲期间深陷阱密度的部分下降。因此,考虑到脉冲偏压的占空比,直流和脉冲的结果是非常相似的。对于负脉冲偏压应力,$\Delta U_{\text{th}}$ 随脉冲宽度增加而减少,即与脉冲宽度有强的依赖关系。这归因于沟道中被孔穴密度驱动过程的不稳定和由于 n+ 源和漏接触不是稳定的孔穴源。换言之,孔穴密度不能迅速响应负栅偏压的变化,而是受限于孔穴的供应过程。可用 RC 电路将实验测得的 $\Delta U_{\text{th}}$ 与脉冲宽度之间的依赖关系建模,其中时间常数中的"电阻"表示孔穴对在 a-Si：H/a-SiN$_x$：H 界面的栅极介质电容的充电。

图 5.4.10　比较直流和脉冲偏置应力下阈值电压的不稳定性

由于直流和脉冲应力之间的区别,已证明,为了估计 AM-LCD 的预计寿命,需要基于脉冲偏压不稳定性计算的结果,而不是基于直流偏压的结果。单独的正/负脉冲偏压应力总和的效果能准确地反映交替正/负脉冲偏压应力的效果。因此,可用下式计算交变应力的净效果 $\Delta U_{\text{th}}^{\pm}$

$$\Delta U_{\text{th}}^{\pm}(t) = \Delta U_{\text{th}}^{+}(t) + \Delta U_{\text{th}}^{-}(t) \tag{5.4.25}$$

以及

$$\Delta U_{\text{th}}^{+}(t) = A(U_{\text{G}}^{+} - U_{\text{th}0})^{a+}(tT_{\text{on}}/T_{\text{fr}})^{\beta+} \tag{5.4.26}$$

$$\Delta U_{\text{th}}^{-}(t) = B(U_{\text{th}0} - U_{\text{G}}^{-})^{a-}(t\{1 - T_{\text{on}}/T_{\text{fr}}\})^{\beta-} F_{\text{PW}} \tag{5.4.27}$$

方程式(5.4.26)和方程式(5.4.27)是基于幂函数方程式(5.4.24)(在 $\Delta U_{\text{th}}^{\pm}$ 远远没有饱和时,这是一个可接受的近似),而且还包括幂对偏置条件的依赖。参数 $A$、$B$、$\alpha$ 和 $\beta$ 是以经验为主的直流偏置效果的拟合常数,在脉冲情况下要乘上占空比(行 ON 态的时间 $T_{\text{on}}$ 与一帧时间 $T_{\text{fr}}$ 之比),$F_{\text{PW}}$ 是进一步的权重因子(由 RC 充电模型确定),代表了特定的脉冲宽度对负偏置脉冲不稳定性的依赖关系。由这些方程式计算得到的数据与交变脉冲的实验数据很好地近似,并被用于预测 SXGA AM-LCD 的一个 TFT 像素的 $\Delta U_{th}$ 长期值,如图 5.4.11 所示。图中曲线表明,在 70℃ 的温度应力 $T_{ST}$ 和 +13V/−13V 的偏置应力 $U_{ST}$ 下,发生最大可容忍的 3V 的阈值电压变化大约是 10 年,这是一个可接受的显示器使用寿命。最初的负 $\Delta U_{th}$ 是由于负栅极偏置的占空比较长,但是,最终,正偏置应力较强的累积效果在整体漂移中占主导地位。这是由于在方程式(5.4.26)和方程式(5.4.27)中 $\beta+>\beta-$。

图 5.4.11　预言 SXGA AM-LCD TFT 像素的寿命

### 3. 栅极和漏极偏置应力效果

早期研究栅极和漏极偏置应力的联合效应得出的结论是:漏极偏置(或沟道电流大小)对阈值电压不稳定性的影响非常小,主要决定于栅极偏置值。在后续的工作中,无论在低(<15V)的还是较高(>20V)的栅极偏置下,形成不稳定过程分别主要是 a-Si:H 中缺陷的产生和电荷注入 a-SiN$_x$:H,而漏极偏置的影响至多是减少正常栅极偏置的不稳定性。

图 5.4.12 给出了不同栅-源 $U_{GS}$ 和源-漏偏置组合情况下阈值电压的漂移。若维持 $U_{GS}=15V$,最大的 $\Delta U_{th}$ 发生 $U_{DS}=0$;最小的 $\Delta U_{th}$ 发生 $U_{DS}=15V$ 和 30V。后面的结果表明,在饱和漏极电压下,饱和的漏极偏置起着改善效果。因为 a-Si:H 中缺陷的形成是由带尾态中被栅偏压感应的电子浓度驱动的,所以上述结果可用沟道中的平均电荷密度 $Q_G$ 来解释。在低 $U_{DS}$ 的线性区

$$Q_{G0} = C_i WL(U_{GS} - U_{th}) \tag{5.4.28}$$

然而,当 $U_G$ 和 $U_{DS}$ 是同一量级时(并且 $U_{GD}=U_{GS}-U_{DS}$),栅偏置和沟道电荷的关系为

$$Q_G = \frac{2}{3}C_i WL \frac{(U_{GS} - U_{th})^3 - (U_{GD} - U_{th})^3}{(U_{GS} - U_{th})^2 - (U_{GD} - U_{th})^2} \tag{5.4.29}$$

对于小的 $U_{DS}$,方程式(5.4.29)接近方程式(5.4.28),而对于 $U_{GD} \approx U_{th}$(即 $U_{DS} \approx U_{GS} - U_{th}$),方程式(5.4.29)趋向于 2/3 $Q_{G0}$。从幂函数方程式(5.4.24)和方程式(5.4.29)、方程式(5.4.28)可得到用归一化沟道电荷表达的 $\Delta U_{th}$ 随时间的变化为

$$\Delta U_{th}(t) = (Q_G/Q_{G0})A(U_{GS} - U_{th0})t^\beta \tag{5.4.30}$$

使用方程式(5.4.30)可以求出用 $U_{DS}=0$ 时最大阈值电压变化量归一化的阈值电压变

化量随归一化沟道电荷的变化，如图 5.4.12(b)所示，并且图 5.4.12(a)中的实线也是按方程式(5.4.30)计算的。

图 5.4.12　不同栅极和漏极偏置应力组合情况下阈值电压的不稳定性（实线是按方程式(5.4.30)计算的）以及归一化阈值电压漂移量作为归一化沟道电荷的函数的测量值和计算值

## 5.5　多晶硅 TFT

### 5.5.1　简介

在公认 a-Si:H TFT 是大规模生产 AM-LCDs 最有前途的技术后不久，多晶硅(poly-Si,p-Si)作为替代的 TFT 材料出现了。低载流子迁移率($< 1cm^2/Vs$)的 a-Si:H TFTs 完全适合对每个像素中的 TFT 寻址，但是不适合对显示器本身的行和列的快速寻址。近 20 年以来，a-Si:H 的载流子迁移率一直都在 $0.5\sim1.0cm^2/Vs$ 范围内，相对应的，在同一期间多晶硅的电子迁移率从小于 $5cm^2/Vs$ 增加到用常规过程可获得的约 $120cm^2/Vs$，而采用能提供类似单晶的大颗粒材料的创新技术，可高达约 $900cm^2/Vs$。这样，可以将寻址电路以及其他的电路集成在 AM-LCD 板上，导致诞生了第二代 AM-LCD 技术。但大规模生产的高集成度的多晶硅显示器仅限于中小尺寸的便携式有源矩阵平板显示器，特别是对于较大尺寸的笔记本、显示器和电视显示器，a-Si:H 仍是主流技术。因此，目前多晶硅主要应用在中小尺寸的显示器，约占该领域中 AM-LCD 市场的 36%。此外，在小尺寸 AM-OLED 市场上增长率几乎达 100%，尤其是智能手机。

2013 年全球 LTPS TFT-LCDs 的收入在手机面板销售金额中占 37%，超过了 AM-OLED 显示屏、a-Si TFT-LCD 和金属氧化物 TFT-LCD。预计 2020 年将达到 51%。

### 5.5.2　多晶硅的制备

正如上面提到的，在过去的 20 年左右，多晶硅的电子迁移率从小于 $5cm^2/Vs$ 增加到约 $120cm^2/Vs$。这些增长是由于本节中将要介绍的材料制备技术的几个进化造成的。多晶硅迁移率的上端已经可与低电场下长沟道 SOI(silicon on insulator) MOSFET 的值相比拟。

在讨论多晶硅性能时，常用电子迁移率作为器件的品质因数。然而，应该注意到，在显示器寻址领域中只有大迁移率是不够的，还必须同时有低漏电流和低阈值电压。此外，获得这些参数的工艺过程需要能兼容玻璃基板，即理想情况下最大的处理温度保持低于约 450℃。即便是这种"温和"的温度也需要用比可在较低温处理的 a-Si:H 基板更硬的玻璃。

最后,由于整个工艺过程的复杂性,最终产品相对昂贵。

**1. 背景**

在详细讨论激光晶化过程之前,简要回顾曾经历过的技术以及为何最终确定激光处理是最具有商业吸引力的。

第一代技术是在约620℃温度下直接淀积多晶硅层,其晶粒尺寸约100nm,电子场效应迁移率是5～7cm²/Vs。玻璃基板已不能用。此外,为了减少膜中的缺陷,最后的TFT需要在350℃下于RF(射频)等离子体中暴露在氢原子中几个小时。需要长时间暴露在氢原子中是因为氢不能垂直扩散穿过栅极氧化物进入多晶硅,只能绕过栅极氧化物横向扩散。因此,随着TFT沟道长度的增加需要越来越长的曝光时间,以使沟道中心的缺陷减少。

第二代技术是使用a-Si前驱膜。然后,这些膜通过固相晶化(solid phase crystallization,SPC)处理变成多晶。SPC过程是热激活,热处理温度是580～630℃,处理过程的时间高达数十小时。其TFT的电子场效应迁移率高达约40cm²/Vs。

以上两种技术都属于高温多晶硅,基板不能使用玻璃。第三代激光晶化技术解决了这些问题,也是现在的行业标准过程。

**2. 准分子激光退火(晶化)(excimer laser annealing,ELA)**

1) 引言

准分子激光(excimer laser)是远紫外气体激光,工作波长与所选择的气体混合物有关,一般在193～351nm范围内。为晶化a-Si,首选的气体混合物是波长为308nm的XeCl,使用波长为248nm的KrF准分子激光可得到类似的晶化结果,但是在工业化中,波长308nm的激光是首选,因为波长较长,对光路中的光学组件损害较少。这些都是脉冲激光器,其典型的脉冲持续时间约是30ns,最大的重复频率是600Hz,可以提供高达0.9J/脉冲的能量。原始脉冲形状是半高斯型,尺寸约是1cm×1cm。但是用于晶化,首选铅笔形的光束。在工业生产中使用细长的线型束,其长轴方向的尺寸长达465mm,而在短轴方向的尺寸下降到350μm。由于束外形在短轴方向陡峭的边缘,称此光束形状为"顶帽"束。除非另有指定,在本节中提到的线型激光束都是这种形状。测量出工业用线型束的外形如图5.5.1(a)所示,准分子激光退火(ELA)晶化系统的示意图如图5.5.1(b)所示,其关键部件由控制束强度的衰减器、产生线型束的匀化器和束成形器以及将束聚焦到底层板上的聚光透镜组成。机械驱动基板沿短轴方向匀速扫过激光束。

2) 晶化过程

对于248nm和308nm波长的光,a-Si膜光的吸收深度分别是5.7nm和7.6nm,入射能量在硅膜表面被强烈吸收,光照处的膜被强烈加热。如果入射能量密度足够高,能将该处膜加热到熔点$T_m$(1420K)。

膜的熔化深度是决定处理质量的重要因素。图5.5.2所示是三种熔化程度的示意图。图5.5.2(a)所示是部分膜熔化情况,分为上下两层。上面熔化层中的颗粒为中等大小(约100nm),下面是细颗粒或非晶态区。图5.5.2(b)所示是膜几乎完全熔化,但在膜的背面有剩余固体小岛的情况,在膜冷却过程中,生长出高质量大颗粒(约300nm)晶化。这些柱状颗粒扩展至整个膜的厚度,沿垂直方向不再显示分层,被称为超侧向生长(super lateral growth,SLG)。图5.5.2(c)所示是膜完全熔化的情况,发生超侧向生长的晶种中心消失,膜的晶化取决于过冷熔体中的随机分布的成核中心,最后形成细晶粒膜。

图 5.5.1　464mm×340mm 线型束准分子激光退火(ELA)系统的激光束强度外形与 ELA 系统原理说明

图 5.5.2　在准分子激光辐照下 a-Si 熔化情况和生成的多晶硅颗粒结构示意

从上面的描述中明显可知,在最佳能量范围内才能发生 SLG,能量密度高于和低于最佳范围的结果是生成较小颗粒的多晶硅。然而,发生 SLG 的能量密度处在从约 195mJ/cm² ~240mJ/cm² 非常有限的约 45mJ/cm² 范围内。这些特定的结果由单次辐照获得。生产线上制造 TFT 时,采用脉冲激光多次辐照对 a-Si 膜退火,但可定性地推测,多次辐照应该也能获得相同的结果,只是用增加辐照次数增加辐照能量。

用 ELA 处理的材料能够生产出电子迁移率为 $250cm^2/Vs$ 和 $550cm^2/Vs$ 的大颗粒高质量的材料,但存在脉冲之间的稳定性和经营成本(频繁的充气、清洁窗口以及一般停机时对激光管和系统的维护)问题。用掺钕钇铝石榴石(Nd:YAG)固体激光器的连续波(CW)模式,可解决脉冲稳定和经营成本问题。

**3. 金属诱导晶化**

金属诱导晶化(metal induced crystallization, MIC)是一种金属参与提高 a-Si 变成多晶硅晶化速率的固相晶化(SPC)过程。这种处理过程被视为是潜在的更简单、更便宜和更均匀的 ELA 替代品。同样,由于 SPC 过程加速了,就可以在较低温度和较短时间内完成晶化,似乎这是一个更适于生产的替代传统的 SPC 的方法。然而,制成的 TFT 的 OFF 态漏电流居高不下,限制了该技术的商业应用。

已发现大量不同的金属可促进 MIC,一些以元素状态起作用,如 In,另一些,包括一些过渡金属以及 Pd 和 Pt 以金属硅化物起作用。有时称后面的这个过程为硅化物中介晶化(silicide-mediated crystallisation, SMC)。在应用 MIC 使 a-Si 晶化成多晶硅中,最令人感兴趣的是金属镍,因为它的硅化物的晶格与晶体硅晶格匹配非常好。

## 5.5.3　栅极介质

如同在单晶硅器件中那样,多晶硅 TFT 首选 $SiO_2$ 作为栅极的介质层,相比之下,a-Si:H TFT 首选氮化硅。在 a-Si:H TFT 中首选 a-SiN$_x$:H 作为栅极的介质层是因为这种材料的亚稳定性和氮化物中的正电荷能减少 DOS 的产生。对于多晶硅,不需利用材料的亚稳定性,并且氮化物中的正电荷反而会引起阈值电压不必要的负向漂移,此外,氮化物本身也容易受栅偏压的诱导造成陷阱捕获的不稳定。这些原因也是 MOSFET 器件不使用 $Si_3N_4$ 的缘故。

TFT 的栅极二氧化硅层的质量对器件的性能是至关重要的,需要氧化物具有低泄漏电流、低的固定电荷密度和界面态、高击穿电场、低针孔密度和好的偏压应力稳定性。此外,对于与本书感兴趣的低温 TFT,氧化物沉积过程必须可以在玻璃软化点(450℃)以下实现,最后,还要求大面积均匀性。温度限制排除热生长氧化物方法,而后者支撑了晶体硅集成电路产业。然而,热氧化物的性质被广泛用作衡量 TFT 氧化物的基准,与这些性质越接近,标志低温氧化物的性能越好。用在 $Si/SiO_2$ 界面的态密度作为膜密度的指标,自然是最好的,但用如在氢氟酸中的腐蚀率这种机械性能作为膜密度的指标,则更方便、直观。因为膜的密度和膜的孔隙度与其吸收水分倾向相关。吸附的 $H^+$ 和 $OH^-$ 离子在 $SiO_2$ 膜中运动,所以膜的孔隙度与 TFT 中栅极诱导阈值电压的不稳定有关系。

低温沉积 $SiO_2$ 的方法有以下几种:

(1) 将氢气载体中的正硅酸四乙酯(tetraethylorthosilicate, TEOS)和 $O_2$ 混合气体用 PECVD 方法沉积,在 TEOS+He/$O_2$ 流的比值中氧稀释率越高,膜越致密,孔隙度越低。

(2) $SiH_4+O_2$,用常压化学气相沉积(atmospheric pressure CVD, APCVD)。

(3) $SiH_4$、$O_2$ 和 He,用遥控等离子,减压化学气相沉积(reduced pressure CVD, RPCVD),300~350℃。

（4）$SiH_4$、$O_2$和 He，用电子回旋共振化学气相沉积（electron cyclotron resonance CVD，ECRCVD），2.45GHz，25～270℃。

用这些方法制得的氧化物，经过检验都可以用作多晶硅 TFT 中的栅极氧化物。希望沉积的温度在 250℃ 以上，对玻璃上的 TFT 不成问题，但是对低温聚合物基板上的 TFT 是有问题的。然而，低沉积温度 ECR 的氧化物是高密度和低孔隙度的，可能用于聚合物基板上多晶硅 TFT。

除了用作栅极的介电层，高质量的氧化物还用作隔离不同的金属化层（如栅极层和漏极层）的层间介质以及覆盖玻璃基板的介质。覆盖层有两个功能：在 TFT 的背界面提供一个电子学上易控制的层和用作碱性离子扩散的阻挡层。

### 5.5.4　多晶硅 TFT 的结构和制作过程

#### 1. 结构

实现多晶硅 TFT 通常用如图 5.5.3（a）所示的非自对准（non-self-aligned，NSA）顶栅结构和如图 5.5.3（b）所示的自对准（self-aligned，SA）顶栅结构。将会看到，这不同于 a-Si:H TFT 的反叠层结构，而与绝缘体上单晶硅（SOI）MOSFET 很相似。这样，多晶硅 TFT 可以用类似于 SOI MOSFET 的过程制造出来。例如，n 沟道和 p 沟道的 LTPS-TFT 的源极和漏极的掺杂，可以分别用磷和硼的离子雨实现，即多晶硅 TFT 的结构和关键制造阶段较之其他薄膜材料更接近 MOSFET。然而，这种高剂量离子掺杂过程对多晶硅膜的结晶程度具有潜在的破坏性，较重的磷离子比硼离子的破坏性更大。损害的程度将取决于离子剂量、离子能量和基板温度。已经表明，当足够高的剂量进入单晶硅，足以使注入层完全非晶化。

(a) 非自对准结构　　　　　　　　(b) 自对准结构

图 5.5.3　顶栅 n 沟道多晶硅 TFT 的横截面原理图

在图 5.5.3 中两种结构之间的本质区别在于源和漏极区的形成，这决定了栅极与这些区域的重叠程度。对于有明显重叠的 NSA 结构，源和漏极区的离子掺杂在膜晶化之前，在膜晶化过程中这些区域的掺杂剂将被激活。掺杂离子直接注入裸露的 a-Si 可以实现这个过程，达到高水平的激活掺杂剂，而残余的离子损害最小。在 10keV 下以 $1 \times 10^{15}$ $cm^{-2}$ 磷剂量进行掺杂过程，通常给出掺杂区的薄膜电阻约为 $300\Omega/\square$。这个阶段之后，沉积栅极介质层并确定栅极形状，随后沉积栅极、源极和漏极的金属层并确定各个电极的形状。在栅极金属与源和漏极掺杂区之间的重叠范围决定于光刻过程中对准精确度，可能约是 $3\mu m$。这是一个简单粗略的制造过程，适合对材料参数做基本研究，但结构有较大的寄生栅极-漏极电容，将降低晶体管的高频性能。此外，由于对准问题，它不适合制造较短沟道器件（$L <3\mu m$），因为在激光晶化阶段，由于源和漏极区掺杂剂的横向扩散，有可能会造成沟道不受控制的缩短。

采用 SA 结构可消除上面的限制,但是在源和漏极的掺杂阶段过程更复杂。

1) 自对准的源极和漏极的掺杂

在掺杂阶段利用栅电极作为离子掺杂模板,达到栅极边缘与源和漏极边缘之间的自对准,但这也意味着掺杂剂要通过栅极介质层才能注入。为了穿透这层,使用的剂量和能量大于用于 NSA TFT 的。此外,因为掺杂过程在晶体管沟道层晶化之后,为了激活掺杂剂必须引入一步处理过程:通过激光激活、在炉中热激活或快速热退火(rapid thermal annealing,RTA)。若是在炉内热处理,由于玻璃基板的限制,最高温度为 450℃ 的低温热处理,只能依赖膜底部未被损坏的多晶硅层中的晶核种子使被离子损坏的膜再生长,需要几个小时。因此,为了确保晶核种子,必须避免整个膜的非晶化,否则热处理就变成 SPC 过程,处理时间将变成几十小时。如前所述,使用重的磷离子时非晶化成为更严重的问题,但对用硼掺杂 p 沟道 TFT 看不到这些问题。图 5.5.4 显示了多晶硅薄膜电阻与磷离子剂量的函数关系,并比较了激光与炉活化。激光活化时,如人们预期的那样,薄层电阻随磷剂量增加而下降,但是在 450℃ 下炉活化时,这种趋势只发生在低剂量情况下。在高剂量时,薄层电阻开始随着剂量增加,在最高剂量时,薄膜电阻超出了测量极限 $1 \times 10^6 \Omega/\square$。更广泛的数据集表明,存在着一个离子能量和剂量的复合临界值,超过此值 450℃ 下炉活化无效。最后,应该注意,即使使用了炉活化,但其薄层电阻仍高于用激光激活的。这可能是由于在较低的温度下掺杂剂溶解度较低。因此,从比较磷激活的角度来看,与激光激活相比较,450℃ 下的炉活化处理导致薄膜电阻较高,可用的剂量范围较窄。

图 5.5.4 已在 80keV 下通过 145nm $SiO_2$ 注入磷的多晶硅的薄膜电阻与剂量的函数关系(活化方法是参变量)

SA 掺杂过程引起的其他问题如下:

(1) 制成的 TFT 的最小漏电流较大,这是由于在漏极结边缘有残余的离子掺杂损伤。

(2) ON 态电流较低,这是由于在源和漏极区的薄膜电阻较大。

(3) 场效应迁移率较低,这是由于在栅极边缘处衍射诱导残余的损伤效应。

从上面的讨论中可以明显地看出,制造具有最小工艺性能缺陷的 SA TFT 的过程比制造 NSA TFT 复杂得多,这是为什么在研究多晶硅材料的基本性能时首选 NSA TFT。然而,SA TFT 潜在的优越性能,如较低的寄生电容以及更好地兼容亚微米沟道长度 TFT,成为在许多多晶硅应用中的首选。

2) 减轻漏极电场

多晶硅 TFT 遭受漏极偏压应力时性能会有重大的下降,如图 5.5.5 所示。器件在 13V 漏极偏压下 60s 导致 OFF 态电流增加、ON 态电流减少以及输出特性曲线形状发生重大改变。广泛地认为这种现象是由于热电子伤害引起的,因此,需要变更器件结构抑制这种不稳定,即改变结构降低漏极/沟道结处的电场。如图 5.5.6 所示,通过使用轻掺杂漏极(lightly doped drain,LDD)极区这是很容易实现的。这两个图显示了两种 LDD 类型,一种的 LDD

在栅极外;另一种的 LDD 重叠在栅极上(GOLDD)。在这两种情况中,如同形成漏极区本身那样,需要增加一次光刻及相应的处理步骤形成 LDD 区。采用较低剂量(通常为 $5 \times 10^{12} \sim 5 \times 10^{13}\, cm^{-2}$)磷离子对多晶硅轻掺杂形成 LDD 区,而在形成漏极区本身时,掺杂磷离子的剂量可能在 $5 \times 10^{14}\, cm^{-2} \sim 1 \times 10^{15}\, cm^{-2}$ 范围。LDD 区的尺寸精度决定于光刻精度,为 $1 \sim 3\,\mu m$。

图 5.5.5　对 NSA TFT 施加 13V,1min 漏极偏压应力后的转移特性曲线,插入小图显示对输出特性的效应

(a) 常规的　　　　(b) 与栅极重叠的LDD——GOLDD

图 5.5.6　带有 LDD 区的 SA 单晶硅 TFT 的横截面原理图

剂量越低,漏极电场缩减越多,因此就越稳定,但是串联电阻也越大,ON 态电流越小,所以要权衡剂量的取舍。GOLDD 使取舍降至最低限度,因为栅极调制 GOLDD 区,并且也使器件稳定性更好。然而,如同使用 NSA 结构那样,GOLDD 给出的寄生电容较大,与短沟道长度器件的兼容性差。

为了获得亚微米级 LDD 区域,需要用非光刻技术,例如栅极背部的横向刻蚀或形成栅极漂移来确定域。利用这种技术,间隙被保留不掺杂,依赖漏极区掺杂物在用激光活化时的横向扩散去掺杂 LDD 区。或者,对该区域慎重地注入低剂量。这个过程需要良好地控制横向腐蚀过程,因为间隙太大会增加 ON 态的串联电阻。

**2. 制造过程**

这里以两个多晶硅 TFT 的制造过程作为例子,列举主要处理步骤和光刻阶段。

四掩膜过程的简单的 n 沟道 NSA TFT[其截面图见图 5.5.2(a)]的制造过程如下:

(1) 在玻璃板上沉积覆盖层 SiN 和 SiO$_2$。

(2) 用 PECVD 沉积 a-Si:H。

(3) 于 400~450℃下在 N$_2$中脱氢。

(4) 确定多晶硅小岛(M1,第一次光刻)。

(5) 低剂量 B$^+$掺杂。

(6) 确定源和漏极区和 P$^+$掺杂(M2,第二次光刻)。

(7) 激光晶化。

(8) 用 PECVD 沉积栅极氧化物。

(9) 确定接触窗口(M3,第三次光刻)。

(10) 沉积栅极、源极和漏极金属,并确定其形状(M4,第四次光刻)。

(11) 于 350℃下在 N$_2$/H$_2$中退火,熔结接触。

n 沟道 SA TFT[见图 5.5.2(b)]的制造过程也是四掩膜过程,这是制作无漏极电场缩减的器件的最小数量的掩膜过程。当制造带 CMOS 驱动电路和稳定的 n 沟道 TFT 的 AM-LCD 时,沉积和掩膜过程都要增加,需要九个掩膜过程。与只制造单沟道 TFT 相比,增加了额外的五个掩膜过程,它们是确定 n 沟道和 p 沟道 TFT 的源和漏极面积、确定 n 沟道 TFT LDD 的面积、确定 ITO 像素电极的接触窗口以及确定 ITO 本身的图案。

九掩膜过程多晶硅 AM-LCD 的制造过程(包含互补自对准 TFT 和 n 沟道 TFT 带有 LDD 电场缩减)如下:

(1) 在玻璃板上沉积覆盖层 SiN 和 SiO$_2$。

(2) 用 PECVD 沉积 a-Si:H。

(3) 于 400~450℃下在 N$_2$中脱氢。

(4) 确定多晶硅小岛(M1,第一次光刻)。

(5) 低剂量 B$^+$掺杂。

(6) 激光退火。

(7) 用 PECVD 沉积栅极氧化物。

(8) 沉积栅极金属,并确定其形状(M2,第二次光刻)。

(9) 确定 LDD 用 P$^+$掺杂(只对 n 沟道 TFT)(M3,第三次光刻)。

(10) 确定 n 沟道 TFT 的源和漏极,并用 P$^+$掺杂(M4,第四次光刻)。

(11) 确定 p 沟道 TFT 的源和漏极,并用 B$^+$掺杂(M5,第五次光刻)。

(12) 用激光或炉子使掺杂物活化。

(13) 沉积氧化物覆盖层。

(14) 确定接触窗口(M6,第六次光刻)。

(15) 沉积源和漏极金属,并确定其形状(M7,第七次光刻)。

(16) 于 350℃下在 N$_2$/H$_2$中退火,熔结接触。

(17) 沉积氧化物覆盖层。

(18) 确定接触窗口(M8,第八次光刻)。

(19) 沉积 ITO,并确定其形状(M9,第九次光刻)。

在上述两种结构制造过程中,经常需要脱氢和低剂量 B$^+$掺杂两个步骤(分别在步骤(3)和步骤(5))。a-Si:H 先驱膜通常包含约 10%的氢,若此膜暴露在顶帽型激光束下,将会有一个爆炸性的氢气释放,引起膜严重起泡。400~450℃低温热退火可以将膜中的氢含量降低到约1‰或更少,这种膜暴露在顶帽型激光束下不会有机械损伤的风险。另一种选择是在较高温度下沉积a-Si,形成氢含量较低的膜,或逐步加热膜,可控地使氢扩散出来。用前沿陡度低于顶帽型的激光束也可以达到同样的效果。用这种束以能量密度递增式辐照若干次,膜的加热过程更缓和。

低剂量硼离子掺杂是用来弥补晶化多晶硅膜中固有的电子富余,这是由于膜上方和下方氧化物中的电荷和(或)处在带隙中部能级以上的多晶硅带隙态的中性能级综合造成的。这些中心的净效应是使TFT的阈值电压向负方向漂移。用硼掺杂补偿这种漂移,使在$U_G=0$V情况下,n沟道和p沟道TFT的转移特性曲线位置是对称的。

### 5.5.5 多晶硅TFT的应用

采用逐行寻址的方法给AM-LCD的像素提供适当的信号,需要给显示器的行和列发送适当的驱动信号。对于a-Si:H显示器,要完成这些功能,a-Si:H TFT的切换速度太慢了,因此必须在显示器的周边安装外部硅ICs,如图5.5.7(a)所示。这些电路可以直接附着在板上,或通过安装了ICs的柔性的薄带连接。显示器的分辨率,即被寻址的行和列的数量决定了这些ICs的数量。芯片的直接成本和安装成本将计入显示模块的成本。由于多晶硅较高的载流子迁移率,可以将这些寻址电路直接制造在有源板上,如图5.5.7(b)所示,由此降低了模块成本。

图 5.5.7 带驱动电路的有源矩阵显示单元

(a) a-Si:H TFT显示屏与单晶硅ICs　　(b) 多晶硅TFT显示屏与单片集成多晶硅驱动电路

然而,由于集成驱动电路节约的成本需要与由于制造多晶硅有源矩阵屏增加的成本平衡。这是因为光刻和沉积过程次数更多(一般是九次光刻),而制造Si:H AMLCDs只需五次光刻过程。此外,制作多晶硅TFT还有额外特殊的设备投资,主要是激光晶化系统和离子掺杂系统以及与更多的光刻和沉积过程次数相对应的额外的对准设备和沉积系统。最后,成品率随光刻次数增加做指数性下降,而制作多晶硅TFT的光刻次数较多,其成品率相对较低,造成单个成品价格上升。以2013年5in 1920×1080分辨率的智能手机为例,LTPS TFT-LCD面板的成本比a-Si:H TFT-LCD面板贵14%。

两种产品价格比较的定性模型如图5.5.8所示。在此图中,每个显示器的价格是显示器对角线尺寸的函数,其中假设了无论是a-Si:H,还是单晶硅,处理给定尺寸玻璃板的成本是固定的。如图5.5.8所示,显示器的对角线越小,每块玻璃板能分割的显示器越多,因此,每块显示器的成本与它的大小成比例。线的斜率代表不同板的制造成本,光刻次数多的多晶硅制造成本高于a-Si:H过程。这些线在y轴上的截距由外部添加的ICs数量和成本决定,而后者决定于显示器的分辨率,而不是显示器的对角线。因此,当显示器的对角线减少时,这些电路芯片就代表相对较高的固定成本。由此可知,小尺寸的多晶硅 AM-LCD 的有效成本最低。在 8～10in 对角线的交点表示两种产品的价格相同,但这只是现状的近似,未来由于集成电路成本和板制造成本的变化会有所不同。

图 5.5.8　带外驱动电路的 a-Si:H 显示器和带集成驱动
电路的多晶硅显示器的定量成本模型比较

　　因此,当前多晶硅 AM-LCD 主要应用是高容量的"移动"显示市场(移动/智能手机、数码相机取景器、个人可携式多媒体播放器等),在这里电路集成提供了超越成本效益的诸多优势。例如,这些便携式显示器需要坚固、重轻级和紧凑,多晶硅集成电路消除由于机械冲击集成电路芯片脱离的风险。它们通过减少留给芯片键合的空间还减少了玻璃模块本身的尺寸。最后,对于高分辨率、小对角线显示器,减少像素间距可能成为对准和压外部 ICs 的限制因素,但用集成的驱动程序能更容易解决。对于 300ppi 以上的手机屏幕来说,LTPS TFT-LCD 技术是首选。

　　目前集成到多晶硅显示屏中的多晶硅 TFT CMOS 电路包括行和列移位寄存器、电平位移电路、用于列驱动器的 6bit D/A 变换器、电荷泵和控制逻辑。

　　与这些要求更多的光刻次数的 n 沟道和 p 沟道 CMOS 电路相比,有人建议,对于较低水平的集成电路,只用 p 沟道 TFT,这样可减少三次光刻过程,可以实现较低的处理成本。虽然降低了电路的性能,简化这些过程会使大对角线 a-Si:H 显示器更具成本竞争力。这是因为与 CMOS 变换器相比,单通道变换器通常功耗更大、动态范围较小以及开关速度较慢。

　　多晶硅 TFT 的其他新兴的应用是小型/中型对角线 AM-OLED 显示屏,尤其是智能手机。目前,商业应用 AM-OLED 显示屏首选多晶硅像素 TFT,因为它可以提供 OLED 所需的更高驱动电流。此外,这个应用需要高占空比 ON 态电流,在这些条件下,多晶硅 TFT 比 a-Si:H 有更好的偏压稳定性。

## 5.6　LTPS-TFT 的特性

　　LTPS 是一种多晶材料,由被晶粒边界分离的小晶粒组成,理解这种空间不均匀的复合材料无论在了解器件的基本行为,还是在识别分析其行为时所做的一些假设的局限性上都是十分重要的。

### 5.6.1　LTPS 的电导

#### 1. 体电导分析模型

LTPS 是一种由离散的、取向不同的、彼此间隔着区域的晶粒组成的多晶材料。这些间隔区域需要适应从一个晶粒到另一个取向的变化,颇像周期性晶格中断的晶体表面区域,在晶粒表面将引入处于禁带隙中的缺陷状态。此外,在这儿可能还有杂质缺陷态。因此,晶界区域将是结构无序区域,并将包含处于禁带隙中的深能级陷阱态。事实上,LTPS的许多性能是由晶界处载流子的陷阱效应造成的,掺杂LTPS的电阻率是其很好的例子。

图5.6.1(a)显示了两种晶粒大小p型LTPS和对照物单晶Si的电阻率随硼掺杂浓度的变化。在这两种类型的材料之间存在着一些惊人的区别:

(1)在单晶硅中,电阻率几乎与硼浓度的变化成反比,而在LTPS中,这只出现在电阻率接近单晶硅的较高掺杂浓度。

(2)在非常低的浓度时,LTPS的电阻率比单晶硅的高几个数量级。

(3)越过一个狭窄范围的掺杂水平,LTPS的电阻率非常突然地下降。如图5.6.1(b)所示,两种类型材料的霍尔迁移率的行为也有明显的差异。晶体硅中的空穴迁移率显示随着掺杂水平逐渐下降,这是由于增加了荷电杂质的散射,而LTPS的霍尔空穴迁移率显示完全不同的行为,在中等掺杂水平,迁移率先随掺杂浓度上升下降到很低的值,然后上升到与较高掺杂水平下单晶硅可以相比拟的值。

(a) 电阻率　　　　　　(b) 空穴迁移率

图5.6.1　比较单晶硅和两种不同晶粒大小LTPS中的参数与硼掺杂浓度的依赖关系

如图5.6.1所示的LTPS的行为特征被认为由于在晶界(grain boundaries,GB)中的载流子陷阱,并可用一个简单的分析模型进行定量描述。该模型假设材料由硼掺杂并且受主密度为$N$的无陷阱的单晶颗粒组成,颗粒之间被平面晶界区隔开,平面界面含有面密度为$Q_T$并处于$E_T-E_V$的深施主陷阱能级,如图5.6.2所示。图5.6.2(a)显示了长度为$L$的晶粒颗粒,相邻晶粒被晶界分开。图5.6.2(b)显示了在GB之间的电荷分布,而从晶粒出来的自由孔穴已落入GB的陷阱中。硼是受子,电离后成为负离子,失去的孔穴进入GB,为保持电荷中性,GB中的正陷阱电荷与长度为$L$的晶粒区中的负空间电荷是平衡的。因此,为保持整体空间电荷中性,GB中的正电荷$Q_T^+$将等于GB两边两个空间电荷中的负电荷$Nl$。图5.6.2(c)中显示了费米电平接近价带边缘并且GB陷阱电平向下弯曲$E_T$这种特定情况下的能带弯曲。这代表空穴陷阱已被充分占领的重掺杂晶粒。由于陷阱中的电荷$Q_T$,在

GB 处存在势垒,并且补偿的耗尽区部分延伸进入晶粒中的距离是 $l$。在这个区域中能带的弯曲可用泊松方程计算,即

(a) 晶体结构

(b) 电荷分布

(c) 能带结构

图 5.6.2　考虑 LTPS 中晶粒边界效应的分析模型

$$\frac{\mathrm{d}^2 U}{\mathrm{d}x^2} = \frac{qN}{\varepsilon_0 \varepsilon_s} \tag{5.6.1}$$

积分两次,并设在 $l$ 处 $\mathrm{d}U/\mathrm{d}x = 0$,得到晶粒中的电位分布为

$$U = \frac{qNx^2}{2\varepsilon_0 \varepsilon_s} \tag{5.6.2}$$

在 GB 处势垒高度为

$$U_b = \frac{qNl^2}{2\varepsilon_0 \varepsilon_s} \tag{5.6.3}$$

由于 $Nl = 0.5Q_T$,$U_b$ 又可表示为

$$U_b = \frac{qQ_T^2}{8\varepsilon_0 \varepsilon_s N} \tag{5.6.4}$$

换言之,对于部分耗尽的晶粒和完全被占领的陷阱($Nl = 0.5Q_T$),GB 势垒高度 $U_b$ 随晶粒掺杂水平增加而减少。

然而,在 $Nl < 0.5Q_T$ 情况下,所有的空穴只是部分占领 GB 陷阱,晶粒完全耗尽,造成图 5.6.1(a) 中所示低掺杂时的高电阻率。在完全耗尽情况下,$l = L/2$,费米能级将在陷阱能级 $E_T$ 之上,方程式(5.6.3)变成

$$U_b = \frac{qNl^2}{8\varepsilon_0 \varepsilon_s} \tag{5.6.5}$$

对于完全耗尽的晶粒,GB势垒高度随晶粒的掺杂浓度增加而上升。对于非常轻掺杂的晶粒,$U_b$接近于零,并随掺杂浓度线性增加,直到浓度达到临界值$N^*$($N^* l = Q_T$),$U_b$也达到最大值,即

$$U_{b(max)} = \frac{qN^* l^2}{8\varepsilon_0 \varepsilon_s}$$ (5.6.6)

因此,$U_{b(max)}$是晶粒大小和GB陷阱密度的函数。当掺杂浓度超过$N^*$时,超出部分的增量是在晶粒中产生几乎同样数量自由载流子,结合着势垒高度的降低,导致图5.6.1中电阻率的陡峭降低。

在推导材料的导电率的解析表达式时假设,当对LTPS材料施加偏压时,电流流动受限于载流子越过GB处电位边界的运动,而不是在晶粒中的电流流动。越过势垒的最大的载流子流只决定于势垒高度而与其形状无关的热电子发射。为简单起见,认为向着GB方向运动且能量足以克服势垒的载流子数给出电流密度$J_{th}$,越过势垒高度$U_b$的热电子发射流的一般表达式为

$$J_{th} = qnv\exp\left(-\frac{q\Phi_b}{kT}\right)\left(\exp\frac{qU_a}{kT} - 1\right)$$ (5.6.7)

式中 $v$——载流子的热收集速度($= \{kT/2\pi m^*\}^{0.5}$);

$n$——势垒底处的载流子浓度;

$m^*$——载流子的有效质量;

$U_a$——越过势垒产生的电压降;

$\Phi_b = U_b$。

由$J_{th}$可以求出晶粒中的载流子(即自由空穴)分布$p(x)$,从而得到平均数$P_a$,这就是式(5.6.7)中的$n$。一般有$qU_a \ll kT$,式(5.6.7)简化为

$$J_{th} = q^2 P_a \left(\frac{1}{2\pi m^* kT}\right)^{1/2} \exp\left(-\frac{qU_b}{kT}\right)U_a$$ (5.6.8)

根据材料的电导率$\sigma$、电流密度$J$和电场强度$\mathcal{E}$之间的关系,$J = \sigma E$以及$\mathcal{E} = U_a/L$,由上式可得到LTPS电导率的表达式为

$$\sigma = Lq^2 P_a \left(\frac{1}{2\pi m^* kT}\right)^{1/2} \exp\left(-\frac{qU_b}{kT}\right)$$ (5.6.9)

由$\sigma = qp\mu$可求出有效载流子迁移率$\mu_{eff}$为

$$\mu_{eff} = Lq \left(\frac{1}{2\pi m^* kT}\right)^{1/2} \exp\left(-\frac{qU_b}{kT}\right)$$ (5.6.10)

因为$U_b$随掺杂水平增加经过最大值,所以有效载流子迁移率$\mu_{eff}$经过最小值,如图5.6.1(b)所示。有效载流子迁移率的表达式一般可写为

$$\mu_{eff} = \mu_0 \exp\left(-\frac{qU_b}{kT}\right)$$ (5.6.11)

如果假设$U_b$是TFT沟道内的GB势垒,则此式也是LTPS的场效应迁移率的表达式。

上述分析是基于p型掺杂带GB的LTPS,认为GB中有深施主陷阱并在价带边诱导出势垒。已证明,此模型同样适用于n型掺杂LTPS,只是导带边的势垒是由在带隙上半部的处于深受主电平的电子陷阱引起的。

**2. TFT电导率的分析模型**

体传导模型的关键特性也被用于LTPS-TFT中传导的分析模型,只是势垒高度依赖于

掺杂程度被等效依赖于沟道中被栅极电压感应的载流子密度所代替。此模型也假设离散的陷阱能级和热电子发射越过能带边的势垒。推导出沟道电流与栅极电压之间的函数关系，其中栅极电压控制沟道中的电流密度，因此，控制 GB 处的势垒高度为

$$I_d = \frac{\mu_0 W C_{ox} U_G U_d}{L} \exp\left[ - \left( \frac{q^3 Q_T^2 t_i}{8\varepsilon_s \varepsilon_0 kT C_{ox} U_G} \right) \right] \qquad (5.6.12)$$

式中 $W$ 和 $L$——TFT 沟道的宽度和长度；

$\quad\quad U_G$ 和 $U_d$——栅和漏极偏压；

$\quad\quad C_{ox}$——栅极氧化层电容；

$\quad\quad t_i$——反型层厚度（在沟道中给出相同的体电荷密度 $C_{ox} U_G/t_i$）。

式(5.6.12)中的势垒高度与式(5.6.4)（由于部分耗尽晶粒中 GB 处的位垒引起的）相对应。同时在此表达式中迁移率由 $qLv/kT$（其中 $v$ 是载流子的热发射收集速度）给出，并保留热离子发射准则。

方程式(5.6.12)可以用来分析 TFT 的实验转移特性曲线，如将坐标取成图 5.6.3 中的 $\ln(I_d/U_G)$ 与 $1/U_G$，则由直线的斜率可得到 $Q_T$，其截距给出 $\mu_0$。这是 $0.5\mu m$ 长晶粒和 GB 处陷阱电平在能隙中间的 TFT 的转移特性的二维模拟。曲线为线性的 $U_G$ 范围是 $7\sim 4.5V$，这对应于亚阈值/接近阈值的电流范围，沟道中的电流增加是由于 GB 处势垒高度的减少。对于这个特定的模拟，取反型层厚 $t_i$ 为 34nm，可正确计算出 $Q_T$ 是 $2\times 10^{12} cm^{-2}$。然而，$t_i$ 值一般不能由实验得到，这就引入了使用此技术时不可避免的数字不确定性。

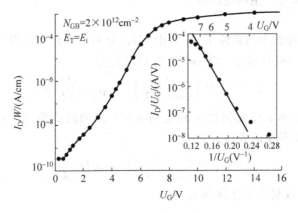

图 5.6.3　$0.5\mu m$ 长晶粒和 GB 处陷阱电平在能隙中间的 TFT 的转移特性的计算值

**3. 分析模型的限制**

近代对态密度(DOS)的研究指出，LTPS-TFT 中的 DOS 是陷阱态横穿带隙的连续分布。因此，只有一个离散的陷阱电平的假设太简化了，未能反映 LTPS 的本质，由此假设从分析 TFT 提取的 $Q_T$ 将是不正确的。然而，正如图 5.6.4 所示，采用分布式 DOS 时，保留了模型的一个关键特性，即初始 GB 势垒高度随着掺杂度增加而增加，然后，当掺杂水平一旦超过了临界值 $N^*$，高度便下降。对于均匀陷阱分布 $N_{GB}(E)$，临界值 $N^*$ 是指晶粒中的空间电荷总量 $N^* L$ 等于在分布 GB 态中陷阱电荷的积分，这个等式可以表示为

$$N^* = \left( \frac{N_{GB}}{L} \right) \left( 1 + \frac{q^2 N_{GB} L}{8\varepsilon_s \varepsilon_0} \right)^{-1} kT \ln\left( \frac{N^*}{n_i} \right) \qquad (5.6.13)$$

可用迭代法解上式中的 $N^*$。

图 5.6.4　在晶粒边界中位垒高度随掺杂浓度变化的计算值（参
变量是横过带隙均匀分布的 GB 陷阱浓度 $N_{ss}$）

其他的简化，首先，用热离子发射假设代替载流子漂移/扩散传输；其次，GB 区本身的性质用一个平面边界表示是否允合适。考虑了这些问题后，为使方程式（5.6.9）与实验数据一致，在式中需加入合适缩放因子 $f$ 和理想因子 $n$，修改后的电导率方程式为

$$\sigma = fLq^2 P_a \left( \frac{1}{2\pi m^* kT} \right)^{1/2} \exp\left( -\frac{qU_b}{nkT} \right) \tag{5.6.14}$$

式中，$f$ 是 0.12；$n$ 是 6.49。此外，GB 区有 $1\sim2.5$nm 的宽度，在考虑材料的导电性时还应计及在有限宽度晶界区中的运输。再加上考虑漂移/扩散流越过位垒，这样得出的公式可能适合实验数据，而不是附加适合因子 $f$ 和 $n$。

尽管对 Seto 传导模型有这些详细的评论，由该模型推导出的 TFT 电流公式（5.6.12）仍被广泛使用着，用于分析 LTPS-TFT 的特性和提取陷阱态密度 $Q_T$。鉴于式（5.6.12）中反型层厚度 $t_i$ 的特殊问题，把提取的 $Q_T$ 更多作为 TFT 的品质因数，而不是 GB 区陷阱态密度的一个准确的估计值。

## 5.6.2　LTPS 的态密度

对 LTPS 的态密度（DOS）更精细的研究指出：①陷阱态不只是存在于晶粒边界，在由 SPY 过程生成的大晶粒中也有陷阱态；②陷阱态能级不是单能级，DOS 充满整个能隙。因此提出如图 5.6.5 所示的在每半个能隙中 DOS 都是指数分布的双指数 DOS 分布假设，即

$$N(E) = N_T \exp\left( -\frac{E}{E_T} \right) + N_D \exp\left( -\frac{E}{E_D} \right) \tag{5.6.15}$$

式中　$N_T$ 和 $N_D$——带边尾部和深处的浓度；

　　　$E_T$ 和 $E_D$——这些态的特征能量宽度。

相同的表达式既用于带隙上半部分的受主态，也用于带隙下半部分的施主态，当然，这两半带隙中的个别参数值通常是不同的。对整个带隙积分得到的总密度为 $N_T E_T$ 加 $N_D E_D$，它们分别代表带尾态和深能级态。

图 5.6.5　与实验的转移特性曲线适配,用二维模拟
器计算得到的 LTPS 的 DOS 分布

## 5.6.3　LTPS-TFT 的 OFF 态电流

OFF 态电流即 TFT 的漏电流,是 LTPS-TFT 的重要参数,可用电子-空穴对的产生和这些载流子流经接触来描述。漏电流强烈地取决于漏极结处的电场,需要分低电场强度和高电场强度两种情况。前者决定于与电场无关的电子-空穴对的产生,后者则决定于场致增强发射,将在 5.6.4 节讨论。

分析不同 DOS 水平和不同沟道长度的 TFT 的 $I_D$-$U_G$ 和 $I_D$-$U_D$ 曲线可以得出:

(1) 对于高 DOS 水平,漏电流与沟道长度有关,沟道长度越短,漏电流越大;对于低 DOS 水平,漏电流与沟道长度无关。

(2) 对于高 DOS 水平器件,漏电流极小值与沟道长度成反比,$I_D$-$U_D$ 曲线是线性的,这表明是一种电阻性或漂移限制流,漏极结是电阻性的;对于中 DOS 水平器件,在低 $U_D$ 时,$I_D$-$U_D$ 曲线是线性的,即是电阻性流。$U_D$ 较高时,曲线进入与 $U_G$ 无关的二次方饱和区。对于最低 DOS 水平器件,$I_D$ 与沟道长度无关,并随 $U_D$ 和 $U_G$ 指数上升,这表明进入场致增强发射区。

低电场下的电流模型如图 5.6.6 所示,认为在漏极空间电荷区存在电子-空穴对的产生,用电压降 $U_{gen}$ 来表示,并且电阻性空穴流流向源极结时经过晶体管体中性区引起的电压降是 $U_R$。电子-空穴对电流 $J_{gen}$ 和漂移流 $J_R$ 的表达式分别为

图 5.6.6　载流子产生、电压分布和漏电流路径的 TFT 的横截面

$$J_{gen} = \frac{q n_i x_D}{\tau} \tag{5.6.16}$$

$$J_R = q(n\mu_n + p\mu_p)\mathscr{E} \approx q a p_i \mu_p \mathscr{E} \tag{5.6.17}$$

式中　　$\tau$——载流子寿命;

$x_D$——空间电荷区宽度;

$p_i$——本征载流子浓度;

$a = p/p_i > 1$(限于负栅偏压)。

晶体管体内的电场 $\mathscr{E}$ 为

$$\mathscr{E} = \frac{U_R}{L - x_D} \tag{5.6.18}$$

空间电荷区宽度 $x_D$ 为

$$x_D = \sqrt{\frac{2\varepsilon_s\varepsilon_0 U_{gen}}{q N_T}} \tag{5.6.19}$$

$$U_D = U_{gen} + U_R \tag{5.6.20}$$

$$J_{gen} = J_R = J_D \tag{5.6.21}$$

因此有

$$J_D = \frac{-L + \sqrt{L^2 + 4q n_i a\mu_p U_D \left(\dfrac{N_T a\mu_p\tau^2}{2\varepsilon_s\varepsilon_0 n_i} - \dfrac{\tau}{q n_i}\right)}}{2\left(\dfrac{N_T a\mu_p\tau^2}{2\varepsilon_s\varepsilon_0 n_i} - \dfrac{\tau}{q n_i}\right)} \tag{5.6.22}$$

用式(5.6.22)计算出的低漏电场情况下 TFT 的特性曲线与实验曲线符合很好。

## 5.6.4 偏压应力不稳定

### 1. 栅极偏压应力

1) 离子不稳定

与 MOSFET 技术一样,必须避免碱性离子,特别是钠离子污染,因为在正栅极偏压-温度应力影响下,在 LTPS-TFT 中会发生阈值电压的负向漂移。

由于荷电离子在多孔低质量氧化物中的运动,栅极偏压也会导致阈值电压漂移。这些膜吸收水分,于是氧化物中存在 $H^+$ 和 $OH^-$ 离子,导致在遭受正和负偏压应力后,分别导致负的和正的阈值电压漂移。

2) 负偏压-温度不稳定(negative bias-temperature instability,NBTI)

负偏压-温度应力导致阈值电压绝对值增加以及亚阈值斜率和 $g_m$ 的退化。在常用的正栅极偏压应力下,这些变化可以忽略不计。对于遭受正和负速率偏压应力的 n 沟道 MOSFET,这些变化也可以忽略不计。器件特征的变化归因于 $Si/SiO_2$ 界面陷阱态的增加以及栅极氧化层中的正电荷。陷阱态变化的物理模型是界面处原先被钝化的 Si 悬架键脱氢了。

### 2. 组合的栅极和漏极偏压应力

在组合的高栅极和高漏极偏压应力情况下,大电流流经器件,无论 n 沟道的,还是 p 沟道的 TFT,由于自身发热,可能会引起阈值电压的绝对值随应力而增加的不稳定。除了阈值电压增加,还可观察到 ON 态电流降低,OFF 态电流增加以及亚阈值斜率退化。

正如所料,栅极偏压和漏极偏压不同的组合引起的自动加热效应,最好用在器件内的应力功率($=I_d \times U_d$)表示,如图5.6.7所示。其中$U_d$的变化范围是5~30V,由$U_G$确定$I_d$,应力时间为10s。

图5.6.7　阈值电压与应力功率的关系

因为玻璃基板低的热导率[约$1.3W/(m \cdot K)$],没有将热量从TFT沟道散发出去的有效通道,导致器件边缘和顶面成为散热的重要渠道。因此,器件的大小,尤其是沟道的宽度(沟道长度已给定),在决定其温度上起了重要的作用。沟道越宽,温度越高,应力引起的阈值电压变化也越大。

制作在玻璃上的LTPS-TFT,自加热效应作为一个可靠性问题,已经有良好的处理办法,但是对于制作在柔性聚合物基板上的TFT,则将面临更大的问题,因为其导热系数更低,只有约$0.2W/(m \cdot K)$。解决方案是使用导热的柔性基板,例如铜或不锈钢薄箔或按比例缩尺减少器件面积和漏极偏压,在较低的功率水平下,保留所需的沟道电流。

## 5.7　非晶态氧化物半导体 TFT

非晶态氧化物半导体(amorphous oxide semiconductors,AOS)TFT有如下几个独特的特性:

（1）根据材料系统不同,具有$10 \sim 30 cm^2/Vs$的高电子迁移率,是a-Si:H TFT的几十倍。

（2）由于是非晶态,均匀性优于LTPS。

（3）在低的温度下能够用传统的溅射工艺制作。

（4）通过后退火工艺可控制AOS-TFT的性能。

（5）光学透明。

（6）只有n沟道TFT,由于在价带顶(VBM)上的高带尾态和缺陷态密度,不会发生反型。

（7）由于特性4,栅极绝缘体的材料选择范围大。

(8) 沟道缩短到 50nm 都不出现短沟道效应。

对于对角线大于 90in,帧频为 120Hz 的高分辨率 AM-LCD,载流子的迁移率必须大于 2cm²/Vs,这是 a-Si:H TFT 达不到的,而在面积上 LTPS 也做不到,只能用 AOS TFT;由于 AOS TFT 的迁移率高,更是大尺寸 TV-AMOLED 的首选 TFT 材料。

虽然 AOS 种类繁多,但目前进入大生产的只有 a-InGaZnO,下面的讨论也限于此。

## 5.7.1 AOS 的材料性质

AOS 材料的关键特性之一就是大的载流子迁移率,即使在非晶状态下也有晶态迁移率的 50% 或更多。这非常不同于 a-Si:H 与 c-Si 之间的差别,这种区别的关键在于 Si 的共价键和 AOS 材料离子键之间的区别。在 5.4.1 节已提及从杂化 sp³ 态形成 Si 的导带和价带,在非晶态 Si 网络中有应力的和破碎的 Si-Si 键分别导致局域态和深能隙态。带尾态中的迁移率非常低,比晶态中的减少 10 倍以上,这是因为在扩展态中载流子的散射距离只有原子间隔量级。在 AOS 材料的离子键配置中,是由于金属阳离子和氧化物阴离子(如氧化锌)之间的电荷交换,金属离子的外层 s 态是空的,氧离子的外层 p 态是满的。电荷交换生成使金属和氧离子轨道分离的马德隆势(madelung potential),金属阳离子是空的 s 态主要形成导带最小值,负氧离子的被充满的 p 态主要形成了价带最大值,如图 5.7.1(a)、(b)所示。对于原始的脉冲激光沉积的 a-IGZO 材料,这些带边之间的间距约是 3eV,因此这些非晶态氧化物材料是光学透明的。较新的溅射沉积的 a-IGZO 材料的 Tauc 光学间隙增加到 3.7eV。对于金属氧化物,金属离子的主量子数 n 决定了球对称的金属 s 态轨道的空间延伸。对于 n≥5 的如 Ga 和 Sn 这类后过渡金属,轨道的空间延伸足够大,相邻的阳离子之间有重叠,如图 5.7.1(c)所示。这导致如在透明导电氧化物 ITO 中呈现小的电子有效质量和高的电子迁移率。显示在图 5.7.1(c)中的晶格的 s 态重叠在无序的非晶态结构中仍保持着,如图 5.7.1(d)所示。因此,在后过渡金属氧化物中延伸的 s 态轨道解释了透明 AOS 中相对较高的载流子迁移率。

(a) 电荷转移　(b) 在离子氧化物半导体中带隙的形成;　(c) 晶体氧化物半导体　(d) 非晶态氧化物半导体
　　　　　　　　显示载流子传导路径的导带底的分子
　　　　　　　　轨道形象

图 5.7.1　示意图

AOS 材料可以掺杂,由于离子键的适应性,通过引入不同价原子(对于 IV 族半导体,这是标准做法)达不到掺杂的目的,但是可以通过最常发生的氧空位达到。产生浅施主能级的未键合的金属阳离子造成这种空位。在沉积期间的氧分压决定空位浓度,对于低分压,三元结构 $In_2O_3$-$Ga_2O_3$-$ZnO$ 的组分和霍尔迁移率之间的关系如图 5.7.2(a)所示。在这个材料组成空间中,大部分是非晶态的,只有纯度高于 90% 的 ZnO 或 $In_2O_3$ 是晶体的。然而,沿三角形的底边可看到,组成的差异对迁移率的影响甚小,而增加 Ga 含量会减少迁移率和自由载流子密度。在 TFT 材料中，为了确保低的 OFF 态电流，需要低的自由载流子密度，Ga 在这方面起重要的作用，因为强大的 Ga-O 键降低了氧空位。此外，在沉积过程中增加氧气分压可以进一步降低自由载流子浓度，如图 5.7.2(b)所示。同图中比较了 a-IGZO 和 IZO，也显示了在这些材料中掺入 Ga 的重要性。出于这个原因，对于 TFT，InGaZnO$_4$(IGZO)是首选的组分，即使它的迁移率不是最高的。

图 5.7.2　三元结构 In$_2$O$_3$-Ga$_2$O$_3$-ZnO 的组分和霍尔效应迁移率和自由载流子密度(括号中单位是 $10^{18}$ cm$^{-3}$)之间的关系以及在沉积 a-IGZO 和 a-IZO 膜过程中，自由载流子密度与 O$_2$ 分压之间的关系

在 IGZO 材料中，氧空位形成浅的施主能级，然而，空位是完全被占领的电中性的负 U 中心，位于带隙的较低部分。这个电平发生在相对无弛豫的化学计量的晶格内，而荷电中心的形成是伴随着金属离子围绕氧空位位置作向内的弛豫。晶格弛豫需要形成离子施主能级，它更有可能是在低氧分压下膜生长过程中形成的，还观察到材料长时间接触真空，自由载流子密度增加。这是由于氧从材料中逸出，把样品再置于氧气环境中，过程是可逆的。在 a-IGZO 膜中可以发现两种类型氧空位，负偏压光照应力(negative bias illumination stress，NBIS)造成的不稳定性是由于深中性氧空位的光电离。

发现在 H$_2$-N$_2$ 混合气体中低温退火能增加 a-IGZO 的自由电子浓度，计算 c-IGZO 的各种点缺陷的电子性能的表明，对氧离子填隙的氢键形成一个在导带边之上的施主能级。从计算 a-IGZO 中成键发现，形成一个 O-H 键总是伴随着与 H 类似相互作用。认为施主活动造成下列反应：

$$H^0 + O^{2-} \Rightarrow O - H^- + e^-$$

这种反应被认为构成未钝化 a-IGZO 对环境湿度影响的敏感性的基础，水汽入侵使 TFT 的阈值电压向负方向漂移。水汽入侵影响也是可逆的，在真空中烘烤样品，打破 O-H 键，水分子逸出。

最后，发现霍尔迁移率随载流子密度增加而增加，归因于受导带内周围势垒限制的渗流。图 5.7.3 给出了 a-IGZO 态密度(DOS)的图解说明，包括渗流势垒(以它们的平均高度表示)、$E_{center}$ 和 $\Delta E$ 分布。浅施主能级和导带边的低密度带尾位置也显示在此图中。p 型态组成价带边，但没有像导带态那样重叠的轨道，所以加在带迁移率边上形成高密度的局域态

和深能级态,使 p 沟道 TFT 的性能很差。

图 5.7.3 a-IGZO 态密度(DOS)分布示意(显示带边、带能隙和导带中渗透电位分布)

## 5.7.2 AOS TFT 的结构与制造

不像 a-Si:H 和 LTPS TFT 那样,AOS TFT 技术仍在发展中,没有一个确定的达成共识的良好的制造技术过程。然而,已有一些新兴趋势用于制造高质量显示器的 TFT 结构和流程。

### 1. 结构

虽然 a-IGZO TFT 最初的示范是顶栅共面结构,目前首选叠层或共面底栅结构,如图 5.7.4 所示。广泛应用反叠层结构,但主要是图 5.7.4(a)所示的刻蚀停止型。在 5.3.2 节中描述过两种主要的倒叠栅 TFT 结构:背沟道刻蚀(BCE)型和刻蚀阻挡(ES)型,对于 a-Si:H TFT,BCE 更适合大规模生产。然而,对于 a-IGZO TFT,因为背沟道对环境效应敏感,对在沉积和刻蚀源和漏金属过程中的损伤和施主形成也敏感,所以 ES 结构是首选。直接比较 BCE 和 ES TFT 的性能证明了这一点:ES TFT 有用 PECVD 方法沉积的 $SiO_x$ 刻蚀停止层,两种器件的源和漏金属是通过溅射和干式刻蚀得到的 MoW 层,栅极介质层是用 PECVD 方法沉积的 200nm 厚的 $SiN_x$,BCE 和 ES TFT 的亚阈值斜率和电子迁移率分别

(a) 刻蚀停止反叠层型

(b) 反共面型

图 5.7.4 a-IGZO TFT 结构横截面

是 $3.5V/dec$ 和 $0.59V/dec$ 以及 $5.0cm^2/Vs$ 和 $35.8cm^2/Vs$。因此,由于在 BCE TFT 中不受保护的 a-IGZO 膜背面遭到损伤,导致器件性能退化接近一个数量级。ES 层的选择也是获得高性能的关键。对于 a-Si:H TFT,在 ES 结构中通常使用 a-SiN$_x$:H,但是当 PECVD SiN$_x$:H 用于 a-IGZO TFT 时,栅极调制沟道电流的能力丧失了,这是由于材料中自由载流子浓度大(为 $4 \times 10^{19} cm^{-3}$),器件变成简单的电阻。这归因于氢从 SiN$_x$ 层进入 a-IGZO 膜,或者作为施主,或者将 a-IGZO 还原,引入氧空位。为避免这些影响,用 PECVD 方法和溅射沉积的 SiO$_x$ 是首选的 ES/钝化层,因为其氢含量较低。SiO$_x$ 在双层钝化过程中也被用作最上层膜,而另一种材料与 a-IGZO 的背面直接接触。例如,直流溅射沉积的 Al$_2$O$_3$ 层具有优秀的偏置稳定性结果,也是良好的钝化膜。在另一个例子中,用 Ti 和 Mo 双层膜作为源和漏的金属化层时,将其置于氧气等离子中,低层的钛膜转化为绝缘的 TiO$_x$ 钝化层,如图 5.7.5 所示。在确定金属化层的图案后,最终用 PECVD 方法沉积的 SiO$_x$ 作为覆盖层添加到此结构上。这种方法的附加优点是减少沉积次数,因为钝化层直接由源和漏的金属化层形成。

图 5.7.5 刻蚀停止反叠层型 TFT 的横截面显示 Ti 源和漏金属局部转变为 TiO$_x$ 钝化/ES 层

正如在 5.3.2 节中讨论过那样,专门用于 a-Si:H TFT 的是反叠层型,而不是反共面型结构,这是为了把 n$^+$ 层安置在器件叠层的顶部,以便在最后确定图案时可以选择性地蚀刻形成源和漏接触区。对于 a-IGZO TFT,掺杂接触区不是按常规实施的,在共面结构中这个限制可除去,因为源极和漏极金属区域可以在沉积 a-IGZO 层本身之前确定,如图 5.7.4(b)所示。此结构体系的好处是 a-IGZO 层不暴露在必需的源和漏金属化层的沉积和蚀刻过程中,比 ES 过程少一个光刻过程。然而,此结构仍然未包含完整器件结构顶部的 SiO$_x$ 钝化膜,后者是为了保护器件在随后的显示过程中免受环境中湿气的损害。

除了这些传统结构,减少像素 TFT 中重叠电容的自对准结构是令人感兴趣的,也是未来减少沟道长度的一种途径。制作底栅自对准结构时,用紫外线从背面曝光,利用 a-IGZO 层的透明度,可以以底栅作为掩膜板确定刻蚀停止层。这个过程将 ES 过程的总光刻次数减少一个,以及将栅极/漏极的重叠度减少到 $2\mu m$。图 5.7.6 所示的顶栅自对准 TFT 结构采用更新的过程,栅极/漏极的重叠度减少到 $0.8\mu m$ 或更小。这个结构包含了与栅极自对准的和 a-IGZO 层的低电阻接触层。为了形成它们,在确定栅电极和除去栅极周围的介质后,结构上覆盖 Al 薄膜,和在 300℃ 氧气气氛下退火。在这个过程中,Al 的下表面与 a-IGZO 反应形成低电阻接触,而 Al 的上表面被氧化形成 Al$_2$O$_3$ 绝缘层。自对准低电阻的源和漏区通过电介质夹层窗口与顶部金属图案接触。用此过程制造出 $4\mu m$ 最小沟道长度的 TFT,后者有高质量的转移特性和好的栅偏压稳定性。

**2. 制造过程**

1)a-IGZO 层

FPD TFT 中的活性 a-IGZO 层的典型厚度是 $30\sim60nm$,通常是在室温下由直流溅射沉积。溅射靶的成分是 In$_2$O$_3$:Ga$_2$O$_3$:ZnO,其比率在 $1:1:0.5\sim1:1:1$ 范围内,溅射气体是 Ar/O$_2$ 混合气。也使用包括脉冲激光沉积和射频溅射沉积的其他技术,直流磁控溅

图 5.7.6 自对准顶栅 TFT 的横截面

射的优点是已被广泛用于 AM-LCD 中的铟锡氧化物(ITO)沉积,并且其大面积沉积的设备是现成的。

2) 栅极电介质

在显示器中,栅极电介质层厚是 200nm,大多数是用 PECVD 方法沉积的 $SiO_x$,然而,在某些情况下也使用用 PECVD 方法沉积的 $SiN_x$ 和 $SiO_xN_y$。尽管在 a-$SiN_x$:H 层中通常会发现高的正电荷密度,但使用 $SiN_x$ 时,对阈值电压无明显影响。

考虑到是底栅结构和费米能级不像在 a-Si:H 中那样与亚稳态效应有关,挑剔的栅极绝缘层及其沉积过程原则上对随后沉积的 a-IGZO 层影响很小,从而提供可广泛的选择栅极介质。这一点从上面提到已成功使用 a-$SiN_x$:H、$SiO_x$ 和 $SiO_xN_y$ 可以看出,然而,这些用 PECVD 方法制备的高质量电介质需要约 300℃ 或更高的沉积温度,更适合玻璃衬底,而不适合柔性和聚合物衬底。事实上,原始论文报告的 a-IGZO TFT 是在低温下制作在柔性聚酯膜上,采用室温沉积的 $Y_2O_3$ 作为栅极电介质。因此,人们努力寻找比传统 PECVD 方法的沉积温度低的替代栅极电介质。对一系列低温高介电常数($k$)的电介质进行了试验,因为高 $k$ 可以弥补与较高质量的 PECVD 膜相比较差的界面。在被试验的电介质中有 $Ta_2O_5$($k=29$)、$ZrO_2$($k=25$)和 HfLaO($k=25$),都是在室温下溅射沉积,为了与 PECVD 方法沉积的电介质相比较,膜厚度取 200~300nm。然而,只有 HfLaO 有明显低的 0.076V/dec 亚阈值斜率 $S$,而 $Ta_2O_5$ 和 $ZrO_2$ 的 $S$ 约是 0.6V/dec,与 PECVD 方法 $SiO_x$ 电介质的 0.29V/dec 相比较,表明这两种高 $k$ 电介质产生的界面质量差。此外,用 $Ta_2O_5$ 作为电解质的 TFT 有高的栅极漏电流,其 ON:OFF 比率只有 $10^5$,而用 $SiO_x$ 的器件是 $10^8$。其他两个电介质的 ON:OFF 比率是 $(1\sim5)\times10^7$,$Ta_2O_5$ 的 ON:OFF 比率特别低归因于其带隙小和相对于 a-IGZO 层导带的偏移。一个折中的方法是室温下溅射高 $k$ 电解质和 $SiO_2$ 复合膜,如 $Ta_2O_5$-$SiO_2$ 和 $HfO_2$-$SiO_2$,甚至三叠层 $SiO_2/HfO_2$-$SiO_2/SiO_2$。用双叠层时,ON:OFF 比率改善为 $3\times10^6$,用三叠层时,ON:OFF 比率改善为 $2\times10^7$。

由上面讨论可知,用于低温柔性衬底 AOS TFT 的最佳栅极电解质还正在寻找中。

3) 沉积后退火

a-IGZO TFT 结构常用沉积后退火,已证明该过程可使器件的性能和一致性发生重大的改进。在这项研究中,试验样品是制作在热氧化 n⁺ 硅衬底上的反叠层 TFT,a-IGZO 层是由脉冲激光在两种不同氧气分压下沉积的,在干燥和潮湿的氧气中 400℃ 退火。沉积条件不同导致 6V 的阈值电压差异,如图 5.7.7(a)转移特性所示。然而,干退火消除了这种差异,并给出共同的约 −1V 的阈值电压和 $S$ 值从 0.4~0.5V/dec 减少到共同值约 0.25V/dec。湿氧退火也有类似的效果,消除由于在沉积时不同的氧气分压造成的内置的差异和整体效果是水气分压的函数,如图 5.7.7(b)所示。最优水分压约是 20%,湿退火比干退火的更有效,归一化阈值电压约是 1V,S 约是 0.12V/dec。此外,干燥和潮湿的退火都能改善 TFT 的一致性,但是潮湿的退火最有效。因此,a-IGZO 的沉积后退火主要在湿氧环境中进行,以改进器件性能和均匀性,以及降低器件性能对层初始沉积条件的依赖度。

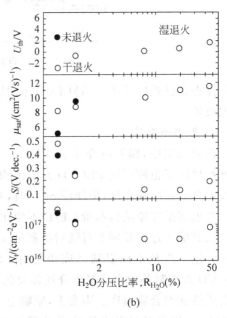

(a)                                    (b)

图 5.7.7   沉积过程中氧气分压的影响和沉积后退火对 TFT 转移特性的影响以及沉积后退火过程中水气分压对 TFT 参数的影响(空心、实心小圆分别对应沉积时的氧气分压为 6.2Pa 和 6.9Pa)

为了稳定 a-IGZO 膜,对于显示器的 TFT,沉积后退火是常规进行的,通常是 1~2h,温度范围为 250~350℃,但很少指定退火环境。

4)沉积金属

选择栅极和源/漏确的金属需要考虑下列三点:线电阻、加工性能(包括溅射沉积)和液晶行业的经验。因此,在某些情况下,用 Mo 或 Ti/Mo 作为反向叠层器件的金属层,需要刻蚀除去沟道区上的 Mo。如使用 Ti/Mo,则在氧等离子进行选择性刻蚀,Mo 被除去,Ti 则形成具有保护和刻蚀停止两种功能的 $TiO_x$ 层。在若干反平面 TFT 结构中,使用复合的 Ti/Al/Ti 层,在随后的 a-IGZO 沉积后退火过程中,Ti 将被与它毗邻的 a-IGZO 还原,产生一层富电子高电导率材料,从而减少金属层和沟道之间的接触电阻。

5)工艺流程

反平面 TFT 的四次光刻流程如图 5.7.8 所示。这四次光刻过程是:确定栅极金属形状(M1)、确定源/漏极金属形状(M2)、确定 a-IGZO 层形状(M3)和通过顶部钝

图 5.7.8  反平面 TFT 的工艺流程

化层(未示出)确定接触孔形状(M4)。对于图 5.7.4(a)所示的反叠层刻蚀停止 TFT,可比较的阶段是:栅极金属的沉积和形状确定(M1);栅极电介质的沉积、a-IGZO 和刻蚀停止层的沉积以及刻蚀停止层形状的确定(M2);a-IGZO 层形状的确定(M3);源/漏极金属的沉积和形状的确定(M4)以及最后的覆盖/钝化层和接触窗口的沉积(M5)。因此,反叠层刻蚀停止结构比反共面的多一次光刻过程。

### 5.7.3 a-IGZO TFT 的性能

**1. n 沟道性能**

$W=25\mu m$ 和 $L=10\mu m$ 的反叠层刻蚀停止结构 a-IGZO TFT 的高质量的转移特性如图 5.7.9(a)所示。该器件的栅极电介质是用 PECVD 方法沉积的 200nm 厚的 $SiO_x$,器件的场效应迁移率是 $21cm^2/Vs$,亚阈值斜率为 $0.29V/dec$,ON/OFF 比率为 $10^8$。具有 $11.8cm^2/Vs$ 饱和迁移率的 a-IGZO TFT 的典型输出特性曲线如图 5.7.9(b)所示,器件显示了高 $U_D$ 下良好的电流饱和特性,并且在低 $U_D$ 下不出现电流拥挤。

(a) ES TFT的转移特性　　　　　　(b) 输出特性

图 5.7.9　高质量 a-IGZO TFT 的特性曲线

**2. 传导过程和态密度分布(DOS)**

1) 与传导过程有关的一些实验结果

a-IGZO 膜的一些传导过程的特征已经从掺杂膜的霍尔效应测量获得,如图 5.7.10 所示。有下列四点结论:

(1) 关键特性是霍尔迁移率随掺杂浓度上升而增加,如图 5.7.10(a)所示。这与单晶硅的特性是相反的,在单晶硅中,由于荷电杂质增加和电子之间的散射,迁移率随杂质浓度上升而下降。

(2) 如图 5.7.10(b)所示,当载流子密度大于 $10^{17}cm^{-3}$ 时,载流子密度与温度无关,表明材料是简单的,其费米能级高于导带边。这也完全不同于因带尾密度足够大费米能级从未进入导带的 a-Si:H 的特性。在图 5.7.12(b)中轻掺杂材料显示 $0.11eV$ 的低温的活化能,仿佛材料冻住了处于受主能级陷阱中的电子。

(3) 如图 5.7.10(c)所示,当载流子浓度甚高于 $2\times10^{18}cm^{-3}$ 时,霍尔迁移率与温度无关。而在中等掺杂水平下,迁移率由于热激发是随温度增加而上升。

(4) 如图 5.7.10(d)所示,电导率 $\sigma$(是载流子密度和迁移率的乘积)在掺杂水平高于

$3 \times 10^{18}\,\text{cm}^{-3}$ 时,与温度无关。在掺杂水平低于 $3 \times 10^{18}\,\text{cm}^{-3}$ 的中间掺杂水平情况下,受热激活影响,随温度增加而上升。但电导率 $\sigma$ 只有在最低载流子浓度下才有单一的激活能。不存在简单的 $\ln(\sigma)$ 比例于 $T^{-1}$ 的阿伦尼乌斯(Arrhenius)关系,而是 $\ln(\sigma)$ 比例于 $T^{-1/4}$,类似于低温下态隙中定域态电子的导电。

(a) 迁移率随电子浓度的变化  (b) 电子密度随温度的变化

(c) 电子迁移率随温度的变化  (d) 电导率随温度的变化

图 5.7.10  掺杂 a-IGZO 样品的霍尔效应

2)导电机理

氧化物半导体薄膜晶体管(TFT),如 InGaZnO TFT 即使在室温下制造也可以获得高迁移率。这主要由于离子键结构对键角无序不敏感。然而,这类沟道材料有成分无序,由此造成在导带最小值($E_\text{m}$)的上面有一个势垒,这意味着当电子被释放进入导带过程中存在渗透导电(percolation conduction)。此外,在带隙内存在局域带尾态,意味着存在陷阱限制导电(trap-limited conduction,TLC)。特别是,氧化物半导体有一个缓坡带尾态,其($kT_\text{t}$)约为 20meV,小于 300K 下电子的热运动能量为 100~200meV,导致其不同的迁移率表现。

根据上述,导电过程是这样的:受热激发,电子从陷阱逸出到导带,这个过程是陷阱限制导电。电子进入导带后，由于导带最小值 $E_m$ 上的势垒起伏，在导带中的传导属于渗透导电。所以整个导电过程是这两个过程影响因素的乘积，可据此求场效应迁移率（$\mu_{FE}$），从而推导出有物理意义的 $I$-$U$ 关系。

陷阱限制导电（TLC）：陷阱限制导电的效应可以用自由载流子密度（$n_{free}$）和陷阱中载流子密度（$n_{tail}$）的比 $\gamma_{TLC}$ 表示，具体表达为 $\gamma_{TLC} = n_{free}/(n_{free} + n_{tail})$。其中，$n_{free} = N_C \exp[(E_F - E_m)/kT]$，其中 $N_C$ 是自由载流子的有效密度；$kT$ 是热运动能量。因为在 $kT_t < kT$，带尾态中载流子密度分布 $n_{tail}$ 的近似表达如图 5.7.11(a) 中所示也是指数分布，即 $n_{tail} = N_{tc} kT_t \exp[(E_F - E_m)/kT]$，其中 $N_{tc}$ 是 $E = E_m$ 处的带尾态的密度。由此可见，$n_{tail}$ 如同 $n_{free}$ 一样取决于 $kT$，而不取决于带尾态 $kT_t$ 的指数分布。所以指数项在 $\gamma_{TLC}$ 表达式中互相抵消了，即

$$\gamma_{TLC} \equiv \frac{n_{free}}{n_{free} + n_{tail}} \approx \frac{N_C}{N_C + N_{tc} kT_t} \tag{5.7.1}$$

图 5.7.11　随能量作指数分布的局域带尾态的态密度分布示意[同时，显示势垒高度的平均值（$\phi_{B0}$）和分布宽度（$\sigma_{B0}$）]，以及氧化物半导体 TFT 的渗透与陷阱限制导电组合情况下载流子传输示意（$D_B$ 和 $W_B$ 分别表示势垒的空间距离和宽度）

渗透导电：与高于 $E_m$ 的势垒相关的渗透导电可以视为无势垒时的带迁移率 $\mu_0$ 乘上一个缩小的系数。假设势垒为高斯随机分布[如图 5.7.11(b) 所示]，势垒高度的平均值为 $\phi_{B0}$，分布宽度为 $\sigma_{B0}$，则考虑势垒影响后的带迁移率 $\mu_0^* = \mu_0 \exp[-q\phi_{B0}/kT + (q\sigma_{B0})^2/(kT)^2]$，热释放电子使费米能级变小一个量值（$\Delta E_F$），从而等效地减少势垒高度 $\phi_{B0}$。热减少的势垒高度可以表达为 $\phi_{B0} \exp(-\gamma_B \Delta E_F/kT)$，其中 $\gamma_B \equiv (D_B - W_B)/D_B$。当 $\gamma_B \Delta E_F/kT \ll 1$ 时，通过泰勒级数展开可以近似为 $\phi_{B0}(1 - \gamma_B \Delta E_F/kT)$。因此，$\Delta\phi_{B0} = \gamma_B \Delta E_F/kT$。综合考虑上述因素后，渗透导电的迁移率 $\mu_{Per}$ 为

$$\mu_{Per} \equiv \mu_0 \exp\left[-\frac{q(\phi_{B0} - \Delta\phi_B)}{kT} + \frac{q(\sigma_{B0})^2}{2(kT)^2}\right] = \mu_0^* \exp\left(\frac{\gamma_B \Delta E_F}{kT}\phi_{B0}\right) \tag{5.7.2}$$

其中 $\mu_0^* = \mu_0 \exp[-q\phi_{B0}/kT + (q\sigma_{B0})^2/(kT)^2]$，被称为有效带迁移率。

在方程（5.7.2）中，$\Delta E_F$ 是受栅极电压（$U_{GS}$）控制的。通过求解泊松方程可以推导出它们之间的关系是 $\Delta E_F = 2(kT/q)\ln[C_{ox}(U_{GS} - U_{th})/Q_{ref}]$，其中 $C_{ox}$ 是栅极与绝缘体之间的电容；$U_{th}$ 是阈值电压；$Q_{ref} \equiv 2\varepsilon_s N_C kT \exp[(E_{F0} - E_m)/(kT)]^{0.5}$。将方程（5.7.1）和方程（5.7.2）组合得到陷阱限制和渗透复合迁移率，从而得到组合场效应迁移率（$\mu_{FE}$）与 $U_{GS}$ 的关系式为

$$\mu_{FE} \equiv \mu_{Per} \gamma_{TLC} = \mu_0^* \left(\frac{N_C}{N_C + N_{tc} kT_t}\right)\left(\frac{C_{ox}}{Q_{ref}}\right)^{\alpha_p} (U_{GS} - U_{th})^{\alpha_p} \tag{5.7.3}$$

可以看到,方程(5.7.3)遵循幂函数规律。在这里,$\alpha_p \equiv 2q\phi_{B0}\gamma_B/kT$,与渗透导电有关。在方程(5.7.3)中,TLC 影响常数项,而指数由渗透导电决定。

### 3. 电流电压关系

定义漏极电流 $I_{DS} = \mu_{FE}C_{ox}(U_{GS}-U_{th}-U_{ch})dU_{ch}/dx$,由方程(5.7.3)与 $I_{DS}$ 定义加上积分可以推导出 $I_{DS}(U_{GS})$。积分范围:$x=0$ 到 $L$(沟道长度),沟道电位 $U_{ch}=$ 从 0 到 $U_{DS}$:

$$I_{DS} \equiv \mu_0^* \left(\frac{N_C}{N_C + N_{tc}kT_t}\right)\frac{W}{L'}\frac{C_{ox}^{\alpha_p+1}}{Q_{ref}^{\alpha_p}}(U_{GS}-U_{th})^{\alpha_p+1}U_{DS}' \tag{5.7.4}$$

方程(5.7.4)表明,$I_{DS}$ 与 $U_{GS}$ 是幂函数关系。在 $(U_{GS}-U_{th}) \gg U_{DS}$ 时,用二项式展开,可得到线性区表达式。方程(5.7.4)中 $L'=L-\Delta L$,$\Delta L$ 是沟道延伸;有效的漏极电压 $U_{DS}'=U_{DS}-2R_CI_{DS}$,$R_C$ 是接触电阻。对于饱和漏极电流,可用饱和参数($\beta_{sat}$)改写它,即在方程(5.7.4)中以 $\beta_{sat}(U_{GS}-U_{th})$ 取代 $U_{DS}'$。

### 4. 态密度分布(DOS)

平板显示系统设计的关键需要之一是基于物理上的 TFT 模型,这就需要很好地了解 TFT 的基本的载流子输运机构,特别是态密度和场效应迁移率。AOS 材料具有非晶态相的导带底起伏,这导致在亚间隙中存在局域态和在导带底上面的势垒,如图 5.7.12(a)、(b)所示。图 5.7.12(a)所示曲线指出,AOS 的陷阱密度比 α-Si:H 中的小一个量级以上。在能

(a)

(b)

图 5.7.12 从导带边($E_m$)到价带边($E_v$)AOS 的态密度随能级变化的典型曲线(作为比较同图画出 α-Si:H 的态密度分布曲线)以及 AOS 的能带图示意图[包括会引起 TLC 的带尾态和引起渗透导电的在 $E_m$ 上的电位起伏(势垒)]

量进入能隙较深处情况下，导带带尾态宽度从 13meV 变化到 100meV，这些值都接近或甚至小于室温下热运动能量，这暗示 α-IGZO 将没有结构性的带尾态。在靠近 $E_v$ 处，态密度达到 $10^{20} \sim 10^{21} \, \mathrm{cm}^{-3}$，这预示 p 型 α-IGZO TFT 的性能是很差的。图 5.7.12(b)给出的导电机构指出：由于热激发电子从陷阱中逸出，经过多次落入陷阱又逸出后，进入导带中沿各势垒谷底绕行，这时属于 TLC 导电。当增加 $U_{GS}$，使 $E_F < E_{th}$ 时，电子可以穿越势垒输运，进入渗透导电。

## 5.7.4　偏压应力的不稳定性

**1. 栅压应力的不稳定性**

a-IGZO TFT 会产生正偏压和负偏压不稳定。不稳定主要表现为在正栅偏压应力下正阈值电压漂移以及迁移率和亚阈值斜率的微小变化。这种漂移指出，在 AOS/介质的界面处(或附近)有电子落入陷阱，并在膜中积累。在负偏压应力下，阈值电压的负漂移是由于空穴落入陷阱。此外，在偏压应力期间，光学照明的结果会增加不稳定，尤其是大大提高了负偏压不稳定的幅度，但减少正偏压应力下的漂移，甚至产生净负漂移。光增强不稳定归因于氧空位的光离化，也与移去照明后 a-IGZO 层的持久光电导性有关。

正栅偏压应力不稳定与时间的关系是热激活积累过程，为伸展指数形式，即

$$\Delta U_{th} = (U_{Gst} - U_{th0}) \left\{ 1 - \exp\left[ 1 - \left( \frac{t}{\tau} \right)^{\beta} \right] \right\} \tag{5.7.5}$$

式中　$U_{Gst}$——栅偏压应力；

$U_{th0}$——施加应力前的阈值电压；

$\beta = T/T_0$。

热激活时间常数 $\tau$ 的表达式为

$$\tau = v \exp\left( \frac{E_{\Delta}}{kT} \right) \tag{5.7.6}$$

式中　$E_A$——激活能，其数值范围是 0.4～0.6eV。

式(5.7.5)和式(5.7.6)表明，陷阱态是具有特征宽度 $T_0$ 的指数分布。

为了将栅偏压不稳定降至最低可采取如下措施：

(1) 沉积后 400℃湿退火，消除 AOS 膜中的缺陷。

(2) 提供环境中的氧气和水分无法进入 a-IGZO 膜的上表面，使用致密 $SiO_x$ 作为栅极的介电层得到的结果最好。

(3) 给器件结构加一层合适的钝化膜。

**2. 负偏压照明应力(NBIS)**

由于 AOS 材料是透明的，又常使用透明的栅极金属，当用于 LCD 和 OLED 的有源矩阵寻址时，TFT 不能屏蔽自然光。因此，对处于照明环境时 TFT 的光学响应以及光照明对其偏置稳定性有重大影响。NBIS 不稳定是阈值电压的负漂移，带隙照明(光子能量是 3.4eV)和亚带隙照明(光子能量是 2.7eV)都能引起这种不稳定，如图 5.7.13 所示。使用的样品是湿退火反叠层 a-IGZO TFT，其他，如底栅、顶栅结构也有类似的结果。在无光照时，都没有 NBIS 不稳定，如图 5.7.13(a)所示。但是，用 3.4eV(365nm)带隙照明和 2.7eV(460nm)子带照明[分别为图 5.7.13(b)和(c)]时，阈值电压发生负漂移，并伴随着亚

阈值斜率和迁移率的恶化。转移特性的漂移和亚阈值斜率的增加分别表明,NBIS 诱导正电荷陷阱和在带隙上半部分生成陷阱。尽管带隙光的影响是最大的,但更关注的是子带光,因为这是有源矩阵显示器中寻址 TFT 遭受到的光照的波长范围。即使没有负栅极偏压,单独照明引起阈值电压负向漂移,如图 5.7.13(b)、(c)中零应力时间曲线所示。

图 5.7.13 负偏压($U_G = -20V$)施加时间对 TFT 转移特性的影响

不管是否施加着偏压,NBIS 测试终止后,撤去照明和栅极偏压,有一个长达许多小时缓慢的热激活弛豫过程。图 5.7.14(a)给出了单独光照后,$U_G = 0V$,沟道电流的弛豫过程,曲线数据可用扩展指数拟合,图中小插图指出激活能是 0.33eV。不管是否有偏压,照明诱导阈值电压漂移导致大的暗沟道电流,被称为持续光电导。

图 5.7.14 光照后,沟道电流随时间和温度的暗弛豫过程以及在 NBIS 过程中,TFT 的能带弯曲表明,在膜的正面形成浅能级施主和在膜背面形成电子积累

上面的效果归因于光离化中性的氧空位 $U_o$。该空位能级在带隙的下半部分,由于平时中性电荷状态和其位置低于费米能级,通常不影响 n 沟道 TFT。然而,在负栅偏压下,空位能级向表面的费米能级提升,以及白光可以光离化它,将电子激发到导带,产生荷正电 $U_o^+$ 和 $U_o^{++}$ 中心。由于氧空位是负 U 中心,电离电平高于中性电平,处于带隙的上半部分,预计 $U_o^{++}$ 接近导带边。对于这种具有负 U 行为的中心,当中心被电离时,由于相邻的金属离子

的运动,引起晶格弛豫,使其处于离化态和中性态之间的势垒中,当照明关闭,中心必须克服势垒弛豫回到中性态。总结上述效果得出图 5.7.14(b)所示的在 NBIS 作用下的能带图。图表明表面能带的向上弯曲以及局部存在 $U_0^{++}$ 中心,同时在膜的背面,能带向下弯曲,以适应光生电子。在这个区域中,氧空位被电子占据,是中性的。能带弯曲将使光生空穴和电子分离,电场把空穴扫到膜的前表面,并落入栅极电介质或界面态的陷阱中。

**3. 关于有源矩阵寻址 TFT 的稳定性考虑**

对于有源矩阵应用,寻址 TFT 将经历交替的正和负的复合栅极偏压,在评估 TFT 的长期寿命时,应该确定脉冲交流应力产生的不稳定是否与上面讨论过的直流应力一样。实验指出,在脉冲作用条件下,NBIS 不稳定大大低于直流测量中观察到的。

对于商业应用的 TFT,应尽可能地减少所有的不稳定过程。改进稳定性可以通过 a-IGZO 沉积后退火、使用高质量的栅极介电层以及有效的钝化 a-IGZO 背面,防止水分和氧气侵入到 TFT。下面举一个高稳定 a-IGZO 寻址 TFT 的例子:反叠层刻蚀停止 TFT,采用双栅极介电层(PECVD SiN$_x$ 与 SiO$_x$,与直流溅射 a-IGZO 邻接的后者是最重要的)、SiO$_x$ 刻蚀停止层、覆盖 IGZO 岛边缘的 Mo 源/漏接触以及最后的直流溅射 Al$_2$O$_3$ 钝化层。测量 50℃下正栅偏压应力效应,如果将阈值电压漂移外推到小于 1V,可得到预测的使用寿命是 10 年。此外,在 $-20$V,$10^4$ s NBIS 后,用 $380\sim720$nm 的白色光源照射,阈值电压漂移只有 $-0.2$V,这归功于直流溅射的 Al$_2$O$_3$ 膜优良的背面钝化。由上述可知,这些经过优良钝化的 a-IGZO TFT 用于 AM-OLED 时的长期稳定性预计将超过 a-Si:H TFT,可与微晶 Si 相媲美,如图 5.7.15 中恒流应力数据所示。

图 5.7.15　恒流应力作用下的用 Al$_2$O$_3$ 或 SiO$_x$/SiN$_x$ 钝化 a-IGZO TFT
的不稳定与 a-Si:H、LTPS 和微晶 TFT 的比较

# 习题与思考

5.1　现在的电视体制已普遍采用 $1000\times2000$,在这种情况下如采用无源矩阵 LCD,则其驱动裕度 DM 是多少?〔提示:利用式(4.4.13)〕

5.2　独立画出 AM-LCD 的一个驱动单元(液晶像素加 TFT)的示意图,并说明其工作

原理。

    5.3  仿图 5.2.1,画出 n 型衬底不同表面电荷下理想的金属-绝缘体-半导体(MIS)的能带图。

    5.4  实际的 MIS 在不施加栅极电压时都不是平带的,这是哪些因素造成的?

    5.5  画出反向叠层型 a-Si:H TFT 的两种结构,并比较它们的优缺点。

    5.6  从 a-Si:H 的缺陷结构和态密度分布分析造成 a-Si:H TFT 偏压不稳定的原因。

    5.7  从准分子激光退火形成 LTPS 的过程分析造成 LTPS-TFT 偏压不稳定的原因。

    5.8  为什么 LTPS-TFT 的电流、电导率和迁移率都与势垒高度 $U_b$ 成指数关系?

    5.9  非晶氧化物的迁移率为什么比 a-Si:H 高一个数量级或更多?

    5.10  分析非晶氧化物 TFT 产生偏压应力的不稳定性的原因。

# 第6章

## CHAPTER 6

# 有源矩阵液晶显示器

本章介绍 AM-LCD 面板的结构、影响 AM-LCD 显示特性的因素、减少交叉效应的极性反转技术、AM-LCD 的驱动器(视频接口、源驱动器以及栅极驱动器)、宽视角技术、缩短响应时间技术和抑制运动伪像技术。

## 6.1 简介

### 6.1.1 AM-LCD 的面板结构

像无源矩阵彩色液晶显示器那样,AM-LCD 也是夹层型结构,两块玻璃板之间填充液晶,用衬垫材料保持可控的间距,并利用背光、偏振片和安装在基板上面的彩色滤色膜。AM-LCD 的截面如图 6.1.1 所示。

图 6.1.1 AM-LCD 的横截面

彩色面板的每个像素被细分为 RGB 三个子像素。TFT 连同存储电容、ITO 电极和互连布线被集成在下玻璃基板的内面,如图 6.1.2(a)所示。在 AM-LCD 面板中,TFT 的栅电极和源电极分别是行电极和列电极。通过逐行扫描栅极线和将信号电压并联地施加在所有源电极线上,可以寻址全部像素。因此,AM-LCD 的寻址非常简单,逐行执行。不像无源矩阵寻址需要正交的行和列信号,使用 TFT 的 AM-LCD 使得每一行都独立于其他行。事实上,每当一行被选择(即加上栅极信号)时,该行上所有的 TFT 导通,各列的像素数据电压

（即源极电压）通过 TFT 存储在薄膜储能电容器（$C_s$）上。在栅极（选择）信号移去后，TFT
处于 OFF 态，$C_s$ 维持住该电压。注意，因为 $C_{LC}$ 的值太低了，为了能有充分的电荷保持能
力，$C_s$ 以并联的方式与 LC 的本征电容 $C_{LC}$ 相加。在各彩色滤色膜之间是黑矩阵，后者由不
透明的金属（如 Cr 等）制成，用于挡住室内光照在（a-Si）TFT 上，并防止像素之间的光泄
漏，使光生漏电流最小化。双层的 Cr 和 $CrO_x$ 用来减少从黑色矩阵的反射。

图 6.1.2(b)显示了一个子像素中，储存电容 $C_s$ 与 $C_{LC}$ 并联作为 TFT 的负载亚像素的
电气模型。值得注意的是，$C_s$ 或者连接到相邻的栅极线（cap-on-gate）上，或者连接到专用的
公共存储总线（cap-on-common）上，如图 6.1.2（b）、（c）所示。前一个解决方案的主要缺点
是增加了栅极驱动器的电容性负载，而后一个解决方案是降低了像素孔径。因此前一个解
决方案不适合对角线尺寸大于约 20in 的面板。

图 6.1.2　AM-LCD 面板中一个子像素的横截面；在 cap-on-gate 结构
中的等效电路；以及在 cap-on-common 结构中的等效电路

如图 6.1.3 所示，在每个像素单元中，除了 LC，还包括 TFT 电极、储存电容电极、信号
总线和黑矩阵材料构成的不透明领域。这些元件的组合面积和能通过光的像素孔径面积决
定像素的开口率：开口率是像素孔径的面积与像素总面积（孔径面积加上不透明元件的面
积）之比。为了尽可能地增加这个值，必须尽可能缩小不透明元件的尺寸，而保持像素电极
尺寸最大化。源极线（ITO）与存储电容器的底板以及在同一列中每个像素的栅极线重叠，
这些重叠面积导致耦合电容。

## 6.1.2　一般考虑

与 PM-LCD 相比，为了实现灰度需要某种形式的细化技术（如 PWM 和/或 FRC），AM-
LCD 本质上是为了产生灰度而设计的，它的灰度等级只取决于从源极线过来施加在像素上
的电压大小。

参照图 6.1.1，通过特定的栅极线施加一个合适的正脉冲电压可使栅极连接在该总线

图 6.1.3　显示 TFT、存储电容和相互连接的 AM-LCD 面板的显微图

上的所有 TFT 导通。然后通过源极(数据)线,电容器 $C_{LC}$ 和 $C_s$ 被充电到施加源极线上的电压水平。这个荷电状态就是像素电压,并在栅极电压变成负值,TFT 处于 OFF 态时仍能维持着。因此,$C_s$ 的主要功能是维持像素电极上的电压,直到下一个源极电压到来。AM-LCD 寻址波形的一个例子如图 6.1.4 所示。

图 6.1.4　AM-LCD 的寻址举例

正如已讨论过的,为了避免闪烁,扫描频率应该至少 30(25)Hz。60(50)Hz 的刷新频率是消除闪烁和低功耗之间的折中。如果 $f_F = 1/T_F$ 是帧(扫描)频率,$N$ 是显示的行数,最大的访问像素时间(即行时间)$T_R$ 将是

$$T_R = \frac{T_F}{N} \tag{6.1.1}$$

处于 ON 态时,TFT 提供的电阻 $R_{ON}$ 在一行时间内应该足以将像素电容充电到最大源极线电压。希望当充电时间为 $0.5T_R$ 时,已能将存储在 $C_s$ 上的电压充电到期望值的 99%

（认为两个连续寻址同一个像素时，源极线电压极性倒相），这样要求时间常数：

$$R_{ON}(C_s + C_{LC}) \leqslant \frac{T_R}{2\ln(2 \cdot 100)} \frac{T_R}{10.6} \tag{6.1.2}$$

另外，将漏极电流的表达式(5.4.20)对 $U_D$ 取偏导数后，再取倒数得到 TFT 源漏极之间的 ON 态电阻 $R_{ON}$：

$$R_{ON} = \frac{1}{\mu C_g \dfrac{W}{L}(U_G - U_{DATA} - U_{th})} \tag{6.1.3}$$

以上假设 TFT 工作于三极管区。为了确保这一点，应该是电压 $U_G$ 相当高，而 $U_D$ 很小，在稳态时为零（即没有电流流入，处在稳定状态的 TFT 中）。因此，从式(6.1.2)和式(6.1.3)得到 TFT 的最小的长宽比 $W/L$：

$$\frac{W}{L} \geqslant \frac{1}{\mu C_g(U_G - U_{DATA} - U_{th})R_{ON}} = \frac{10.6(C_s + C_{LC})}{\mu C_g(U_G - U_{DATA} - U_{th})T_R} \tag{6.1.4}$$

当 TFT 处于 OFF 态，有几个原因引起像素电容放电，造成灰度的不均匀性。最主要的是 TFT 漏电流，还应该考虑 LC 材料的漏电阻（$R_{LC}$）。若只考虑 TFT 漏电流 $I_{OFF}$，它应该足够低，在一帧时间 $T_F$ 内能基本上保持住像素电容上的电荷。假设并联的 $C_s$ 和 $C_{LC}$ 被恒定电流 $I_{OFF}$ 在 $T_F$ 期间放电，要求

$$I_{OFF} \leqslant \frac{C_s + C_{LC}}{T_F} \Delta U_{LK} \tag{6.1.5}$$

式中 $\Delta U_{LK}$——最大可接受的电压损失（如一个灰度等级）。

以 XGA 显示器作为例子：768 行和 60Hz 帧频（$N=768$，$T_F=16.6\text{ms}$，$T_R=21\mu s$），256 个灰度等级由 8V（大尺寸面板的典型值）电压摆幅（$U_{DATA}$）产生。因此，一个灰度等级的电压是 31.2mV。还假设 $C_{LC,min}=150\text{fF}$，$C_{LC,max}=300\text{fF}$，$C_s=400\text{fF}$，$U_{ROW}=U_G=20\text{V}$，$C_g=1.06\times10^{-8}\text{F/cm}$，$\mu=0.45\text{cm}^2/\text{V}\cdot\text{s}$，$U_{th}=3.5\text{V}$。从式(6.1.2)得到 $R_{ON} \leqslant 2.83\text{M}\Omega$；从式(6.1.4)得到 $W/L \geqslant 7.4$。假设最大可接受的电压损失 $\Delta U_{LK}$ 是低于一个灰度等级的 1/6（约 5mV），从式(6.1.5)得到 $I_{OFF} \leqslant 0.16\text{pA}$。发现 $W/L$ 和 $I_{OFF}$ 值是常用的 TFT 技术做得到的。

## 6.1.3 影响 TFT-LCD 显示特性的因素

6.1.2 节讲述的 TFT-LCD 原理都是基于理想状态，没有考虑 TFT 结构的寄生电容、扫描线的 $RC$ 延迟以及液晶盒的漏电流等。本节将对上述三种因素进行分析，并讨论它们对显示特性的影响。

**1. 寄生电容的影响**

由于结构设计（如采用叠层结构）和曝光工艺误差，栅极与源、漏极必然重叠 $\Delta L$（1～2μm 以上），产生寄生电容，如图 6.1.5 所示。

图 6.1.5 中 $C_{gs}$ 是栅极与源极重叠引起的寄生电容，$C_{gd}$ 是栅极与漏极重叠引起的寄生电容，$C_{ds}$ 是源极与漏极之间的寄生电容。一般 $C_{ds}$ 非常小，分析中可以忽略不计。下面在考虑寄生电容的基础上，定性地分析单元像素的像素电极电压在 TFT 开关过程中发生的变化。

栅极-漏极寄生电容 $C_{gd}$ 是引起像素电容 $C_s$ 中电荷再分配的原因。这种现象被称为反冲效应（kickback effect），当在选择期终点，引起液晶上电压 $U_{LC}$ 衰减 $\Delta U$。当 TFT 由 OFF

图 6.1.5 TFT 的寄生电容

态转换到 ON 态瞬间,也发生同样的情况,但不引起误差,因为它发生在选择期的开始端。

图 6.1.6 所示是 TFT-LCD 的栅极、漏极以及像素的实际电压波形。设液晶面板的分辨率为 XGA(640×480)。当扫描线施加 20V 脉冲电压到栅极时,TFT 处于 ON 态,ON 态大约维持 $21\mu s$。在这段时间内,数据线的电压通过 TFT 给 $C_s$ 与 $C_{LC}$ 充电,使像素电极电压 $U_p(t)$ 上升到 +10V 电压。扫描线的脉冲信号结束时,TFT 的栅极电压从 +20V 切换到 $-5V$。在栅极电压切换的瞬间,根据电容两端电压不能突变原理,在栅极与漏极间的寄生电容 $C_{gd}$ 的耦合作用下,像素电极电压从 10V 向下跳变 $\Delta U$。随后像素电极受 TFT 与液晶盒的漏电流影响,电压逐渐减小。16.7ms 后 TFT 重新进入 ON 态,数据线输出 0V 电压,液晶盒开始放电,像素电极电压 $U_p(t)$ 在约 $21\mu s$ 内下降到 0V。扫描线脉冲信号结束,栅极电压从 +20V 切换到 $-5V$ 时,在寄生电容 $C_{gd}$ 的耦合作用下,像素电极电压从 0V 向下跳变 $\Delta U$。反冲电压 $\Delta U$ 始终与栅极电压同方向变化,所以施加到液晶盒上的电压振幅要大于液晶的动态区间。

图 6.1.6 栅极、漏极以及像素的实际电压波形

下面通过图 6.1.7 所示的等效电路,计算 TFT 从 ON 转到 OFF 态的过程中,产生的反冲电压 $\Delta U$。TFT 关闭前,$C_{gd}$、$C_s$ 和 $C_{LC}$ 两端的电压如图 6.1.7(a)所示。此时储存在电容上的总电荷 $Q_{总}$ 为

$$Q_{总} = (U_d - U_g)C_{dg} + (U_d - U_{com})(C_s + C_{lc}) \qquad (6.1.6)$$

(a) 关断前　　　　　　(b) 关断瞬间　　　　　(c) 电容两端的稳定后电压

图 6.1.7　TFT 关断($U_g$ 下降到 $U_g - U_{pp}$)前后,$C_{gd}$、$C_s$ 和 $C_{Ic}$ 两端的电压变化

在 TFT 关断瞬间,栅极电压从 $U_g$ 下降到 $U_g - U_{pp}$,则 $C_{gd}$ 电容的另一侧电极电压也下降 $U_{pp}$。$U_{pp}$ 表示栅极脉冲电压的峰-峰值,在图 6.1.7 中 $U_{pp}$ 为 25V。由于三个电容的上端电极连在一起,且始终处于等电位,所以电荷从另外两个电容流出,进入 $U_{gd}$ 电容。当上部电极电压达到同一值 $X$ 时,体系达到稳定状态。此时,储存在电容上的总电荷 $Q_{总}$ 为

$$Q_{总} = \left[ X - (U_g - U_{pp}) \right] C_{gd} + (X - U_{com})(C_{Ic} + C_s) \tag{6.1.7}$$

在 TFT 关断过程中,三个电容形成的体系没有电荷的进入和流出,总电荷保持守恒。也就是说式(6.1.6)等于式(6.1.7),从而得出达到稳定时的电压 $X$ 为

$$X = \frac{(U_d - U_{pp})C_{gd} - U_d(C_{Ic} + C_s)}{C_{gd} + C_{Ic} + C_s} \tag{6.1.8}$$

像素电极电压下降值 $\Delta U$ 为

$$\Delta U = U_d - X = \frac{C_{gd}}{C_{Ic} + C_s + C_{gd}} \times U_{pp} \tag{6.1.9}$$

假设 $\Delta U_G = U_{pp} = 20 - (-5) = 25\text{V}$,$C_{GD,max} = 50\text{fF}$,$C_s + C_{LC,min} = 550\text{fF}$,得到最大 $\Delta U = 2.08\text{V}$,大约对应于 67 个灰色等级。此外,由于电压变化总是负向偏移的,相当于在 $U_{LC}$ 上添加了一个直流分量,这是不允许的。因为液晶上的直流分量必须低于 100mV,所以必须强制补偿反冲电压。总结 TFT 的寄生电容引起的反冲效应对 LCD 的显示特性的影响,主要有以下三方面的:

(1) 以零电压为基准时,由于某一帧时液晶盒两端的电压波形与前一帧或后一帧的电压波形不对称,所以透过率隔帧发生变化。透过率相差较大时人眼会感觉有闪烁现象。液晶盒长时间处于电压波形不对称的状态,也就是等效于液晶盒上持续施加残留 DC 电压,会引起液晶分子的极化,使液晶盒的 $U$-$T$ 特性发生漂移,最终导致残像与闪烁现象。为了避免上述现象,公共电极电压 $U_{com}$ 必须进行调整。因为 $\Delta U$ 始终和栅极电压变化的方向相同,所以 $U_{com}$ 电压始终比数据电压的中心值小。图 6.1.6 中的 $U_{com}$ 电压是从数据电压的中心值 5V 向下调整 $U_{offset}$ 后的电压值。

(2) 由于液晶显示中每个灰阶对应的液晶电压值不同,所以每个灰阶对应的电容、$\Delta U$ 以及 $U_{offset}$ 也不同,相同的公共电极电压 $U_{com}$ 有可能不能满足所有灰阶。较有效的改善方法是减小 $\Delta U$。当液晶电容 $C_{Ic}$ 保持恒定值时,减小 TFT 的寄生电容 $C_{gd}$ 或增大存储电容 $C_s$,可以减小反冲电压。

(3) 由于扫描线的 $RC$ 延迟特性,输入的脉冲信号离输入端越远失真越大,$\Delta U$ 的变化也越大,有可能引起闪烁现象。这种现象在大尺寸 LCD 中更加明显。如果在扫描线的左右两端连接驱动器,从左右两个方向输入扫描线的信号电压,则可以改善反冲电压不均匀的现

象，但是会增加面板的成本。

**2. RC 延迟的影响和过驱动技术**

当 AM-LCD 面板的尺寸和分辨率增加时，行和列的导线会引入大的 RC 延迟，导致理想方波形的上下沿被平滑化，可能会使栅极和漏极电压达不到预定值。换言之，在一行时间内将模拟视频信号电压转移到像素上的时间变得不足，如图 6.1.8(a)所示。对于处在列和行最远端的像素，而驱动电压增量又较大时，这种影响尤其明显。对于运动图像，特别容易引起运动伪像，即导致在任何运动物体后面出现模糊后曳。此外，栅极脉冲的延迟还产生从最近驱动端到最远驱动端不同的反冲波形。为了缓解这些问题，开发了各种方法。一种技术是栅极和源极线采用低电阻材料，例如，铜或铝合金。其他方法是改变驱动方法。

图 6.1.8　常规单边波形与过驱动波形(实线和虚线分别代表最近端和最远端波形)

可将栅极和源极驱动器安装在行和列的两端，并且同时驱动，称这种驱动方法为双边驱动(both-side drive)或双驱动(dual driving)，如图 6.1.9 所示。在这种情况下，最糟糕的驱动发生在面板的中心。该方法的 RC 延迟时间只有单边驱动的 1/4，但栅极和源极驱动器的数量加倍，从而增加制造成本。在占地面积和功耗上，对源驱动器要求更苛刻，所以此方法仅用于栅极驱动器。

以分辨率为 XGA(1024×768)的 LCD 为例，扫描线的等效电路由 3072 个电容与 3072 个电阻组成，扫描线信号的总延时为

$$\Gamma_{RC} = \sum_{i=1}^{3072}(R \cdot C)_i \tag{6.1.10}$$

扫描线的脉冲电压因 RC 延迟有可能出现失真现象，所以设计扫描线时，要考虑离输入端最远的 TFT 的充电率。例如，17in XGA 级 TFT-LCD 的扫描线脉冲宽度为 $21\mu s$，扫描线的长度约为 345mm。扫描线的 RC 延迟约为 $4\mu s$，则实际 TFT 的 ON 态时间只有 $17\mu s$，因此在设计 TFT 器件时，应使其电流驱动能力满足像素电极在 $17\mu s$ 内达到数据电压。当扫描线的 RC 延迟时间过长时，液晶盒的充电率随扫描线的扫描方向逐渐降低，导致离信号输入端较远的液晶电容的充电电压不足。对于常白态的 TN 模式，LCD 的全黑画面会出现从左到右逐渐变亮的现象。

快速单边驱动技术利用预加重或过驱动(pre emphasis 或 overdrive)。在这里，如图 6.1.8(b)所示，行时间间隔被分为过驱动子周期(overdrive sub-period)和源跟随器子周期(source follower sub-period)两部分。在前一间隔中，源数据波形使用过驱动幅度，后面

源驱动器　　　　列线的$RC$模型　　　　双边驱动的源驱动器

图 6.1.9　带源线 $RC$ 链模型和跟随器的双边驱动方法示意

会讲到,其幅度将根据灰度等级有所不同。在后一间隔中,图像数据电压达到目标值。图 6.1.8(b)定性地说明了与常规波形相比较以及此技术提供的改进波形。

下面根据数据电压摆幅和允许的过驱动时间 $T_{PRE}$ 分析估算所需的过驱动电压。在这段时间间隔中,源线最近端的驱动电压摆幅是目标(名义)电压摆幅 $U_{SWING}$ 和过驱动电压摆幅 $U_{PRE}$ 的和,其表达式为

$$U'_{SWING} = U_{SWING} + U_{PRE} \tag{6.1.11}$$

最远端源线电压的表达式为

$$U_{FAR} = U_{INIT} + U'_{SWING} \left(1 - e^{\frac{t}{R_{DATA}C_{DATA}}}\right) \tag{6.1.12}$$

式中　$U_{INIT}$——初始的像素数据电压。

$R_{DATA}C_{DATA}$ 乘积可通过 Elmore 的延迟模型估算,对于 $M$ 个长链 $RC$ 的总延时

$$R_{DATA}C_{DATA} = \sum_{i=1}^{M} \left( C_i \sum_{j=1}^{i} R_j \right) \tag{6.1.13}$$

设定经过 $T_{PRE}$ 时间后,源线末端的电压已经达到目标电压水平($U_{INIT} + U_{SWING}$),则得到

$$U_{PRE} = \frac{e^{-\frac{T_{PRE}}{R_{DATA}C_{DATA}}}}{1 - e^{-\frac{T_{PRE}}{R_{DATA}C_{DATA}}}} U_{SWING} \tag{6.1.14}$$

基于极其白色或黑色区域对图像质量的影响微不足道这一事实,提出一个修改方法,即改变过驱动的持续时间,而不是改变它的幅度。这种方法不需要高压 IC 的高压过程。

## 6.1.4　减少交叉效应和极性反转技术

交叉效应主要是因为电容耦合效应。这些效应恶化光刻时尺寸缩放比例以及增加灰度等级的数量。此外,下列机制可以引起 AM-LCD 中的交叉效应:

(1) 由于 TFT 高的 ON 态电阻、不相同的数据驱动负载以及线延迟造成的像素充电不完整。

(2) 从像素流经 TFT 的泄漏电流。

可以从材料的选择、制造流程以及器件设计和布局补救这些问题。在这里只讨论电容耦合效应。

图 6.1.10 给出了像素和它的交叉电容。

像素和数据线耦合产生的寄生电容与总电容之比 $\alpha$ 以及像素和相邻数据线耦合产生的寄生电容与总电容之比 $\beta$ 的表达式为

$$\alpha = \frac{C_{PD}}{C_{LC} + C_S + C_{PG} + C_{PG'} + C_{GD} + C_{PD} + C_{PD'}} \tag{6.1.15a}$$

图 6.1.10 典型像素布局的顶视图,显示数据线对液晶电极的寄生电容区

$$\beta = \frac{C_{PD'}}{C_{LC} + C_S + C_{PG} + C_{PG'} + C_{GD} + C_{PD} + C_{PD'}} \tag{6.1.15b}$$

式中　$C_{PD}$ 和 $C_{PD'}$——数据线和相邻数据线对像素电极的耦合电容;

　　$C_{PG}$ 和 $C_{PG'}$——栅极线和相邻栅极线对像素电极的耦合电容。

对于 VGA 显示器,$\alpha = 0.08$,$\beta = 0.03$。

注意,在式(6.1.15a)和式(6.1.15b)中,除了 $C_S$,所有电容都是液晶介电常数的函数。参数 $\alpha$ 和 $\beta$ 必须最小化,以使交叉效应最小化。一个方法是增加 $C_S$,另一个方法是在数据线下面加接地屏蔽层。这两种方法都需要添加像素面积,代价是减少开口率和增大栅极线延时。第三种方法是基于适当的数据驱动方案。这需要改变像素布局和制造工艺,从而提供最便宜和最简单的缩放像素的方法。注意,此方法不能改变 $\alpha$ 和 $\beta$,但利用正和负数据线脉冲耦合互相抵消,从而减少交叉效应。其缺点可能是驱动电压更高和/或驱动能耗更多。

必须强调,任何驱动方法在名义上必须提供像素电压的直流分量为零。实际上直流残余始终存在,为了避免液晶混合物损坏,所有现在的驱动方法都包括在短于液晶离子出现实质性移动所需的时间内,使若干信号电压的极性反转。

根据极性反转的类型(行或列信号的符号周期性地反相)有四种可能的驱动方法:帧反转(或反演)(frame inversion)、列(数据线)反转[column(data-line) inversion]、行(栅极线)反转[row(gate-line) inversion]以及点反转(dot inversion),如图 6.1.11 所示。

上述四个驱动方法在对交叉效应的抑制程度、驱动芯片的功耗以及对闪烁的敏感度三个方面各有优缺点。

帧反转法是每个像素电压隔帧改变极性的方法,在同一帧中,整个画面所有相邻的点都拥有相同的极性,而相邻的帧极性相反,如图 6.1.11 中第一行所示。其主要优点是耗电量少,但是在液星盒上施加正电压和负电压时,TFT 的饱和导通电压降不同,透过率会有所不同,容易产生闪烁现象,同时数据线之间和栅极线之间的干扰未被抑制,所以对交叉效应的抑制程度较差。

列反转法是像素电极电压隔列改变极性的方法,在同一列上拥有相同的极性,而相邻的列极性不同,如图 6.1.11 中第二行所示。采用列反转法驱动液晶面板时,相邻数据线的电压极性相反,亮度偏差经空间平均后,闪烁现象比帧反转法减轻很多,横向串扰也比帧反转

图 6.1.11　极性反转方法

法小,但是由于纵方向相邻像素的电压极性相同,容易发生纵向串扰。另外,列反转法驱动时相邻数据线的电压极性相反,需要使用高电压的驱动 IC,因此耗电量较大。

行反转法是像素电极电压隔行改变极性的方法,在同一行上拥有相同的极性,而相邻的行极性不同,用于驱动低分辨率(VGA、SVGA 等)的显示器,如图 6.1.11 中第三行所示。在偶数帧时,奇数条扫描线上施加正性电压,偶数条扫描线上施加负性电压;在奇数帧时,奇数条扫描线上施加负性电压,偶数条扫描线上施加正性电压。采用行反转法驱动液晶面板时,相邻扫描线的电压极性相反,亮度偏差经空间平均后,闪烁现象比帧反转法驱动时减轻很多,而且纵方向相邻像素的电压极性相反,可以抵消像素与信号线之间的耦合作用,有利于抑制纵向串扰现象的发生,但是横方向相邻像素的电压极性相同,容易发生横向串扰。相比帧反转法,行反转法的开关次数多,因此耗电量较大。

点反转法是每个像素的电压极性都与其上、下、左、右相邻像素的电压极性相反的驱动方式,如图 6.1.11 中第四行所示。这种方法可以使闪烁现象最小,可用于驱动高分辨率(XGA、SXGA、UXGA)等显示器,也是目前最常用的驱动方式。因为这种方式要使用高电压的驱动 IC,所以耗电量是四种方法中最大的。

在上述四种技术中,点反转法提供最好的质量。行和列反转法分别适合降低垂直和水平交叉效应的影响。因为列和点反转法需要高电压摆幅的源驱动器,在面积、功耗与图像质量之间好的折中是行反转法。另一种方法是进一步简化行反转,被称为 $n$ 行反转(n-line inversion),即寻址波形每隔 $n$ 行反转一次。最近,还提出垂直 $n$ 点反转(vertical n-dot inversion),以降低功耗,同时保持图像质量。

## 6.2　AM-LCD 的驱动器

最初设想 AM-LCD 用于大屏幕全动态显示,但是目前它也用于带嵌入式高质量显示屏(小尺寸)的多媒体手持设备。然而,这两类液晶屏的驱动电路的取舍点是不同的:

（1）小尺寸液晶显示器通常是电池供电，并且成本和面积是其发展的推动力。因此，驱动程序体系结构一直在演变，目标是减少集成电路组件的数量，最终达到单片集成电路（single chip，或 combo chip）。

（2）由于大量的行和列，大面积高分辨率面板不能用一个芯片驱动，因为其针脚数量之多无法在一个芯片上实现。此外，大面积液晶显示器并不严格专注于功耗和尺寸。它们主要关心的是性能。因此，它们的驱动器设计的特点是由分离的专用集成电路实现主要功能的多片架构。

（3）如已经在前几节所讨论的那样，小面积 AM-LCD 既可使用 a-Si 技术，也可使用 LTPS 技术实现，而大面积 AM-LCD 只能利用 a-Si 技术。

（4）为了在实现源驱动器时可使用小尺寸低成本的薄栅极氧化物晶体管，小面积 AM-LCD 的列电压必须降低电压摆幅（约 5V 和采用 $U_{COM}$ 开关）。相比之下，为了支持越来越多的灰度等级的要求（每个 RGB 颜色至少 10 位），大型 AM-LCD 源驱动要求更高电压摆幅（16V）。因此，采用 20V 厚薄栅极氧化物晶体管。在这种情况下，$U_{COM}$ 维持在 $U_{LCD}/2$（约 8V）的恒定值和不采用 $U_{COM}$ 开关。在大面积 AM-LCD 中，为了获得更好的性能，一般使用点反转或列和 $n$ 行反转。

（5）在小型 AMLCD 驱动器中，高压升压器必须集成在硅上，通过电荷泵实现。相比之下，大尺寸面板可以采用更标准的集中方式的 DC-DC 转换器，不采用在每个源驱动器和栅极驱动器 IC 内安置，从而存在不可避免的失配。

其他大尺寸和小尺寸 AM-LCD 驱动器之间的差异还将会在下面叙述中出现。

## 6.2.1 AM-LCD 驱动器的体系结构

先讨论通常用于手机等移动设备的小面积液晶显示器。其基本要求是低功耗，但同时，也在不断地努力为娱乐者提供高图像质量。由此而论，从能耗、图像质量和模块成本的角度来看，驱动器 IC 是关键组件，因为它们极大地影响显示性能。

### 1. 小面积 a-Si 面板的驱动器的体系结构

用于小面积 a-Si AMLCD 的第一个驱动器架构是基于几个专用集成电路，如图 6.2.1(a) 所示，为了显示简单，图中未示出集成电路的互连。为了减少功耗、面积和成本，所有功能逐步集成在两块主芯片上，如图 6.2.1(b) 所示。第一块是高速和低压 IC，包括定时控制逻辑、DC/DC 转换器（有可能还包括一个内存块）以及用于驱动面板上所有源极线的每通道的缓冲器/DAC。第二块是栅极驱动器高压 IC。

目前，采用能支持高压和低压晶体管的单片 IC 的解决方案，如图 6.2.1(c) 所示。类似于 PM-LCD 中那样，它实现了所有的功能。

另一种还处于可行性研究的架构是将栅极驱动器直接集成在 a-Si TFT 背板上，如图 6.2.1(d) 所示。在这种情况下，单一的单片 IC 仅支持低压晶体管。

后者设计方法减少了与显示器互连线的数量（与外部栅极驱动器相比），最大限度地减少成本和改善可靠性。不幸的是，由于 a-Si 的载流子迁移率不够大，不能将更复杂的数字和模拟电路直接集成在玻璃上。

因为图 6.2.1(c) 中的驱动芯片是最完整的，在下面的讨论中，以它作为参考。图 6.2.2 描述了一个可能用于小尺寸 a-Si AM-LCD 的驱动器 IC 的框图。其体系结构与 PM-LCD

驱动器 IC 很接近,在这里就不进一步地解释了。主要的区别在视频接口,存在 $U_{COM}$ 驱动器和一个更大的非易失性内存。在大多数情况下,当需要一个大于 1kbit 内存时,用 $E^2$ PROM 替代一次性可编程(one time programmable,OTP)。当 $E^2$ PROM 外置时,必须包括 $E^2$ PROM 接口。

图 6.2.1  a-Si 小尺寸 AM-LCD 驱动器的芯片方案

上述体系结构包括一个视频内存块。更经常的是采用无内存型的驱动 IC。有或缺少内存与应用目的有关。当显示固定图片或低刷新率图像时,视频内存是有用的。在这种情况下,数据帧存储在内存中,而不是由基带处理器以帧率传输给驱动器,因此,降低功耗。相反,如果液晶显示器主要显示全运动视频,每一帧存储到内存,然后再传输给源极驱动器,这样做不仅无用,还增加功耗(还没有提及增加硅面积带来的其他缺点)。作为一个规则,当面板显示分辨率高到 QVGA,驱动器包含一个全视频内存。对于更高的分辨率,驱动器 IC 不包括内存。有些结构包括部分内存,用于存储一些低色深低刷新率数据。例如,在移动可视电话中,这些数据可以是时钟信息(每秒刷新一次,甚至一分钟刷新一次),也可以是被呼叫人的名称。通常用 1 位 RGB 颜色将它们显示在一块小面积上。

**2. LTPS 屏的驱动器的体系结构**

随着在较小面积中显示分辨率的增加,在驱动器 IC 和面板之间的相互连接变得更临界和电击穿的概率增加,导致成品率下降。此外,柔性印制电路板的成本随 I/O 针的数量增

图 6.2.2　a-Si 小尺寸 AM-LCD 驱动器 IC 的内部结构(无内存型用于显示分辨率高于 QVGA 的)

加。为了将与面板连接的数量降到最低,LTPS 技术提供了一个实质性的优势,因为它们允许把数字和模拟电子电路直接集成在玻璃上,称为系统在玻璃上(system on glass,SOG)或系统在屏上(system on panel,SOP)。

例如,如果 $M$ 是列的数量,LTPS 可以利用多路复用 $m$ 条源线(通过在玻璃上实现多路分配),如显示 LTPS 面板驱动器 IC 如图 6.2.3 所示,从而减少了外部源线的数量以及所需的 DACs 加缓冲器的数量从 $3M$ 减少到 $3M/m$。这就放松了对面积的需求,但是要求电路具有更快的处置能力,因为现在对每个像素只有 $1/m$ 的行扫描时间。

LTPS TFT 技术最初被用于减少外围连接是最重要的高端视频投影仪和数码相机。最近已大量用于手机等移动设备消费市场,因为它们可以降低柔性 PCB 带来的成本和复杂性,还可提高可靠性。例如,源/栅极驱动器、时间控制器、DC-DC 转换器、接口电路以及 $U_{COM}$ 驱动器已经完全集成在 2.2in QVGA 显示器中。

最近的趋势是使用 p-MOS LTPS TFT 电路,尤其是对于中等板尺寸,因为其光刻次数(4 次)比 CMOS 的(6 次)少。事实上,CMOS LTPS 小尺寸面板即使光刻次数高于 a-Si,仍保持着优势。然而,随着面板尺寸增大,由于生产成本增高和产量降低,优势将消失,除非可以集成整个系统。因此,为了克服这些缺点,需要减少光刻次数。

LTPS 技术的主要缺点是工艺参数的高可变性,主要是阈值电压和迁移率呈现空间的不一致性。这个问题尤其影响模拟电路。例如,如果模拟缓冲器对阈值电压变化敏感,这个随机的漂移误差将影响源电压电平,LCD 将显示不均匀的亮度和灰色等级。可以利用 LTPS 驱动设计来校正工艺公差造成的参数偏差。图 6.2.4 显示了一个可以补偿偏差的电压缓冲器(偏差用理想放大器输入端的一个集中电压模拟)。

电路采用著名的自动调零技术,使用由两个不重叠的相位 $\phi_1$ 和 $\phi_2$ 驱动的三个开关。保持电容器 $C_H$ 在 $\phi_1$ 处于高电平时采样偏差电压(T2 和 T1 处 ON 态,这时放大器的增益

图 6.2.3  一个 2.2in QVGA AM-LCD LTPS 面板

注意：因为输入数据是 RGB 格式，没有内存、振荡器和接口

图 6.2.4  带偏移补偿的缓冲放大器举例

是 1)。由此产生的电路如图 6.2.4(b)所示，电容器上的电压是 $U_{os}$(也就是 $U_{out} = U_{os}$，但是此电压不加到列上)。$\phi_2$ 处于高电平时，T3 处 ON 态，电路变成如图 6.2.4(c)所示，$C_H$ 上的

电压减去放大器偏移,输出电压就是 $U_{in}$,并加到列上。

现在误差的主要来源是由于执行开关功能的晶体管在 ON 态时电阻不是零,在 OFF 态时电阻也不是无穷大,使放大器的增益 $A$ 不是无穷大,存储在 $C_H$ 上的电压是 $U_{os}A/(1+A)$。采用大值 $C_H$(比执行开关功能的晶体管的寄生电容 $C_{gd}$ 大),用传输门代替简单的传输晶体管以及采用包括虚拟晶体管的更复杂的结构可以限制这个误差。

**3. 大面积面板的驱动器系统结构**

改进的多畴 IPS 和 VA 的像素结构的发展成为大面积液晶显示器获得宽视角的关键。然而,每个新的运行模式必须在提供其改进的同时,保持相同的像素驱动方案:一条栅极线、一条源线、一条公共线以及一个标准的定时控制器。前面已经提到,大型高分辨率显示器不能利用 LTPS 技术,因为,大基板面积上各个 LTPS TFT 的电特性的零散很大以及 $U$-$A$ 特性的翘曲效应。相比之下,由 a-Si 栅极驱动器集成生成的同样优势原则上在大面积 AM-LCD 上也能获得,但必须解决两个主要技术的问题:一个是由于在电路运行过程中施加偏压引起的偏压应力造成的 a-Si TFT 的不稳定,使 TFT 特性改变;另一个是由于其低电子迁移率和大尺寸面板高的电容负载,需要 a-Si TFT 的宽度大到几千微米。

正如已经预期那样,大面积 AM-LCD 通常采用多个 IC 驱动器体系结构。图 6.2.5 显示了一个控制器的框图,包括 I/O 接口、定时控制器(TCON)、DC/DC 转换器以及并口-串口解码器,通过并行总线连接到栅极驱动器和源驱动,不需要视频内存。TCON 电路板(PCB)、栅极驱动器 PCB 和源驱动器电路板通过柔性印制电路板(flexible printed circuit,FPC)连接在一起。

图 6.2.5 用于大面积 AM-LCD 的多个 IC 驱动器系统结构

AM-LCD 的 TCON 在概念上比 PM-LCD 的更简单。它是在低电压下全数字操作。液晶显示器伽马校正曲线存储在定时控制器内的查询表(look-up tables,LUT)中。可能有三个独立的 LUT,每种颜色一个。从外部 $E^2$PROM 对 LUT 加载。通过数字控制 LUT 数据可以补偿温度、环境光以及液晶的响应。

过去的 TCON ICs 都是完全定制的 ASIC(特定应用的集成电路)器件,适用于不同(指分辨率、颜色深度等)LCD 面板系统的可能性有限。最近,已开发出高能性 TCON ICs,可编程,采用如 VHDL 和 Verilog 高级语言,甚至支持非标准分辨率和不同制造商生产的不同的 LCD 面板配置。这些 TCON ICs 通过把 I/O 数据接口也集成在芯片上,导致较小的PCBs 和较低的功耗。

与多个 IC 架构有关的一个主要问题是由于在 TCON IC 和源驱动器 ICs 之间的布线长度,在 45in 显示器中,通常超过 50cm,而制造极限是 60cm,从而使通过传统的总线接口通信困难。一个实际的解决方案是使用 2～4 个定时控制器 ICs(如图 6.2.6 所示),但它需要更多的元件[包括外围柔性电路板(FPCs)和连接器],导致成本增加。

图 6.2.6   具有两个 TCON PCB 的 82in AM-LCD

在传统的总线接口中,即使减少源驱动器 ICs,电线的数量也是相同的,如图 6.2.7(a)所示。点对点连接将电线的长度减少至最低,使用较小数量的源驱动器,如图 6.2.7(b)所示。此外,由于减少负载,速度更高了。点对点连接支持高速串行数据传输。

图 6.2.7   TCON IC 与源驱动器 ICs 之间的连接

用于电视的 LCD 驱动器实质上维持多 IC 架构。因为减少尺寸、质量、成本和驱动效率是笔记本电脑的更重要目标,因此,它们的 LCD 驱动器体系结构从根本上有些改变,为了减少芯片数量和柔性 PCB,遵循的解决方式与图 6.2.1 中描述的小 a-Si LCD 的几乎相同。

## 6.2.2   视频接口

在前面已经处理了被 PM-LCD 驱动器采用的串行和并行接口。低速串行接口不能支持高分辨率 AMLCD 所需的数据传送速率,通常只能用到 QCIF(176×144 像素)分辨率。8 位并行接口用于从 96×128 到 WQVGA(480×272 像素),而 16 位并行接口用于从 QCIF到 WQVGA。无内存驱动器采用 CMOS 信号水平 RGB 或 YUV 并行接口,通常用于高于QVGA(240×320 像素)分辨率。取决于显示体系结构和颜色深度(6 或 8 位/颜色),数据总线可以是单或双总线,每个总线有18或24根导线。然而,CMOS信号传递和频率的增加会引起功耗和电磁干扰(electromagnetic interferences,EMI)不可接受的增加。

为了避免上述缺点,而同时达到视频数据流和高颜色深度要求的更高的传输速率,基于低电压差分信号传递(low voltage differential signaling,LVDS)技术的高速串行接口(high speed serial interfaces,HSSI)被开发出来。在两种环境中采用LVDS:①作为从基带处理器到显示驱动器的输入接口;②作为从TCON(PCB或IC)到源驱动器ICs的输出接口。

早在1990年National Semiconductor提出了LVDS,并被电子工业协会(Electronic Industries Association),即后来的电子产业联盟(Electronic Industries Alliance)作为标准(EIA-644)。它提供了一个低功耗和低电压的传输方法,以替代其他点对点传输高速I/O接口,如发射极耦合逻辑(emitter-coupled logic,ECL)。

在LVDS通信系统中,输入数据首先被串联化,分配成有限数量的线对,然后以是原来7倍的时钟速率传输。像素时钟也通过专用的差分对传播。图6.2.8所示为一个由发射器、接收器和终端电阻为$R_{TR}$的传输线组成的单个LVDS。

图6.2.8 LVDS系统的单个传输线

线对以差分电压模式运作,差分的摆幅是±350mV。这种有限的信号差(与CMOS的1.8V全摆幅相比)改善了建立时间,从而减少在传输线终端的传输延迟。设置终端电阻的值为100Ω。该值使传输线的$RC$时间常数低。差分信号传递引起两个振幅相等而相反的电流流入两根电线。因此,如果两条导线靠得很近,相关的电磁场几乎相互抵消,EMI降低约90%。另一个在手提设备中有用的优点是电线的数量减少,有助于旋转或滑动显示(如手机)的狭窄转动部分的设计。

作为一个例子,考虑在基带处理器与采用18位数据格式的LCD驱动器之间的输入接口。因此,并行数据总线需要18条线。通过7:1的多路复用方案,LVDS减少电线的数量,只用8条。换句话说,利用3对导线以原始的7倍时钟频率传输RGB数据,如图6.2.9所示。每个时钟剩下的3位用于传输水平和垂直同步信号(HSYNC和VSYNC)和显示使能(display enable,DE)。一个锁相环电路(phase locked loop circuit,PLL)也用于使时钟频率与传输数据速率匹配,而分频器用于接收器。一个类似的解决方案用于24位数据格式。在这种情况下,用4对导线串行传输24位RGB数据和4位命令(一个是自定义位)。

图6.2.9 18位LVDS接口举例

LVDS 发射器和接收器的简化的晶体管电平实现电路如图 6.2.10 所示。电流型发射器由桥式配置的四个 MOS 开关——$M_1 \sim M_4$ 组成。根据输入电压 $u_{in}^+ - u_{in}^-$ 的符号,电流 $I_{B1}$ 被连接到传输线的两个正、负极性上,从而在 $R_{TR}$ 上生成差分信号电压 $u_{diff}$。如果 $u_{in}^+ - u_{in}^- > 0$,则 $M_2$ 和 $M_3$ 处 OFF 态,而 $M_1$ 和 $M_4$ 处 ON 态。因此,产生了名义上等于 355mV 的负差分电压。相反,$u_{in}^+ - u_{in}^- < 0$ 的差分信号在 $R_{TR}$ 上建立正的差分电压。

接收器是一个简单的差分放大器,作为将差模输入电压转换为单端输出电压的比较器。

LVDS 标准规定在全系列过程中的差分和共模电平、电源电压和温度变化的允许范围,微分在:

$$250\text{mV} \leqslant |u_{diff}| \leqslant 450\text{mV} \quad \text{和} \quad 1.125\text{mV} \leqslant |u_{cm}| \leqslant 1.375\text{V}$$

由于上面宽的限制范围,图 6.2.10 所示的电路是过于简单化的而不实用。此外,必须正确地设置发射器的输出共模电压,否则它将自由漂移。最后,接收器不能是一个简单的比较器,还应提供适当的滞后回线来避免由于叠加了干扰信号使输入电平多次过零,造成比较器多次换向。

(a) 发射器                (b) 接收器

图 6.2.10  简化的 LVDS

图 6.2.11 描述了传输速率达到 Gb/s 范围的实用和简单的 LVDS 发射器的原理图和共模控制。为了传输率最大化,也采用发射器终端的终端电阻 $R_{TT}$ 以提供阻抗适应($R_{TT} = 100\Omega$)。其缺点是生成 350mV 的差分摆幅所需的电流加倍(现在为驱动 $50\Omega$ 等效系统电阻需要 $I_B = 7\text{mA}$)。

共模输出电压在 $R_{TT}$ 的中心抽头被感知,并与 1.25V 参考电压比较,后者通过辅助误差放大器被 $M_5 - M_8$ 和 $M_{B1} - M_{B1a} - M_{B2}$ 实现的。为了保持误差放大器低的电流消耗和增加其环路增益,电流镜 $M_{B1a} - M_{B1}$ 和 $M_{B2a} - M_{B2}$ 的增益等于 $k(\gg 1)$。当然,误差放大器的尾电流必须是 $2I_B/k$。

一种基于普通 CMOS Scmitt 触发器的实用并且简单的 LVDS 接收器的原理图如图 6.2.12 所示。

图 6.2.11 带共模控制的 LVDS 发射器的原理图

图 6.2.12 基于 Schmitt 触发器的 LVDS 接收器的原理图(终端电阻未示出)

## 6.2.3 源驱动器

基本上,源驱动器作为输入端接收 RGB 数据,将其转换成模拟电压,再通过模拟缓冲器驱动列。

用于小型和大型 AM-LCD 的源驱动器的内部体系结构没有实质性的不同。主要差异是电压管理,对于小型的为 5V 或更低,对于大型的为 16V 以及具有在小型 AM-LCD 驱动器中没有的过驱动。此外,大型 AM-LCD 的模拟参考电压(如 0V、8V 和 16V)是外部分配的,即对所有源驱动器 ICs 是共同的。在每个不同的 IC 内不能生成这些电压,否则由于各 IC 内产生电压的差异,反过来导致每个源驱动器 IC 的灰度等级的差异。

用于大型 AM-LCD 的源驱动器的框图如图 6.2.13 所示。数字 RGB 数据顺序被存储在输入寄存器中,并被锁存。这些操作通常由高速低压 CMOS 电路完成。然后必须使用电平移位器,将数字信号提高到与数模转换器相比更高的电平。过驱动用于对抗列线的 $RC$ 延迟。

图 6.2.13 大型 AM-LCD 源驱动器系统结构

当 LCD 面板需要采用高度容性数据线时,用模拟输出缓冲器提供低驱动阻抗和高电流驱动能力。最后一块是为了节电的电荷回收。

**1. DAC 转换器**

整个源驱动器的分辨率和准确性主要依赖于 DAC 部分。直到 8 位分辨率,AM-LCD 驱动器采用电阻链 DAC(resistor-string DAC,R-DAC)。原则上,R-DAC 由能提供 $2^b$ 个电压电平($b$ 是位数)的电阻链和一个多路复用器组成,后者为每个列输送与输入数据字相关的模拟列电压。实际上,为了允许伽马电压可编程性,必须修改这个简单的方案。

如图 6.2.14 中所示(显示了 6 位 R-DAC 加上缓冲部分),12 个初始的 Gamma 电压由一级电阻器链用与第一组多路复用器相关的可以将 10 个这些初级电压编程。然后,利用第二级电阻链产生的其余 52 个电压电平生成与非线性伽马曲线符合的电压分布。这些电压也由二级缓冲器缓冲。输出多路复用器驱动各列。视频数据适当地选择提供数模转换的多路复用器输出电压。12 个原始电压以及它们被允许的可编程范围定性地如图 6.2.15 所示。

因此,图 6.2.14 实现的是正极性 Gamma 电压(非线性的 R-DAC)。为生成负极性 Gamma 电压还需要一个补充的 R-DAC。

通过开关很容易实现图 6.2.14 中的 MUX。如图 6.2.16(a)所示的二进制树形网络由

图 6.2.14　采用电阻链和多路复用器(MUX)实现正压的 R-DAC

图 6.2.15　原始 Gamma 电压分布,不允许的和允许的编程的面积

于其简单常被采用。对于 $n$ 位 MUX,需要的开关数量等于 $\sum_{i=0}^{n-1} 2^{n-i} = 2(2^n - 1)$。此解决方案的主要缺点是输出电阻由一系列开关电阻的和组成。替代方案需要的译码器由 $n$ 增加到 $2^n$,而采用的开关数量减少为 $2^n$,如图 6.2.16(b)所示。现在的输出电阻只是一个开关的。一个中间的解决方案是使用被解码的位数对,与图 6.2.16(a)中的解决方案相比较串联的开关数量减半。

回到图 6.2.14 中看到,为了使 Gamma 电压具有电流驱动能力,还包含电压缓冲器。有两种不同的方法使用缓冲器。前者是集中式架构,已经在前面描述过,并已示于图 6.2.14。这种方法适用于当三倍列数 $3M$ 远远高于 Gamma 等级数时。另一种分布式安置缓冲器方法如图 6.2.17 所示。由于缓冲器的数量大(等于 $3M$),面积和电流消耗都相当

图 6.2.16　用二进制树形网络开关和译码器实现多路复用器

大。因此,必须注意优化性能参数。该解决方案的优点是输出电阻在低驱动点,因此降低了在源线上的串联电阻的叠加(相比之下,MUX 提供的输出电阻是 $n$ 个开关电阻的串联)。

图 6.2.17　分布式缓冲器体系结构

　　一般来说,R-DAC 的优点是它们的单调性和对过程变化的免疫力,主要缺点是占面积。在 6 位/颜色的源驱动器中,R-DAC 部分主要因为开关和金属布线占整个驱动器面积的 30%。可以指出,每增加一个位数,R-DAC 的面积翻一番。因此,10 位 DAC 的面积是 6 位的 16 倍,单个 R-DAC 所占的面积变得过分地大。为了增加颜色深度,采用 8 位 R-DAC 的主流液晶电视通过帧率控制(frame rate control,FRC)或空间抖动扩大到 10 位。这些工作方法的代价是更高的帧频或减少像素的分辨率。

　　为了实现真正的 10 位 DAC 而面积增加又不那么大,对液晶显示器驱动器提出了各种二级 DAC 结构。一种方法是 8 位 R-DAC 和 2 位 R-DAC 直接串联,如图 6.2.18(a)所示。这种 DAC 的面积增量只比 8 位 R-DAC 增加 30%,但由于第二电阻链对第一电阻链的负载效应,它的性能受损。为了避免这种缺陷,两个电阻链通过两个中间缓冲器连接,如

图 6.2.18(b)所示。

(a) 8位R-DAC跟随一个2位R-DAC　(b) 8位R-DAC跟随一个带中　(c) 8位R-DAC跟随一个2位二
　　　　　　　　　　　　　　　　间缓冲器的2位R-DAC　　　　进制加权电容器DAC

图 6.2.18　两级 DAC

　　另一种 10 位 DAC 方案使用一个 8 位 R-DAC 和 2 位二进制加权电容器 DAC，如图 6.2.18(c)所示。这种 RC-DAC 的结构非常简单，面积利用率高，与 8 位 R-DAC 的面积相比，面积仅仅增加 30%，但它暴露出开关电容器电路的缺点，如电容失配、电荷注入和时钟馈通。

　　为了彻底减少高分辨率显示器源驱动器的死区面积，最好的解决方案是串联电荷再分配（或循环）开关电容器数模转换器 SC-DAC。图 6.2.19(a)所示是显示简化的电荷再分配 DAC 的示意图。它由四个开关、两个等价电容、一个参考电压和增益为 1 的输出放大器组成。开关的功能如下：$S_1$ 用于将电容器 $C_s$ 预先充电到 $U_{REF}$（如果第 $i$ 位 $D_i$ 是逻辑 1），同时 $S_2$ 用于将电容器 $C_s$ 放电到 0V（如果第 $i$ 位 $D_i$ 是逻辑 0）。开关 $S_3$ 是电荷在 $C_s$ 和 $C_1$ 之间再分配的使能开关。开关 $S_4$ 在转换周期的开始将 $C_1$ 放电到 0V。转换总是在 LSB 开始，在 MSB 终止。6 位代码 110100 的一个转换例子如图 6.2.19(b)所示。

（a）　　　　　　　　　　　　　　（b）

图 6.2.19　电荷再分配 DAC 以及 6 位转换例子

6 个时钟周期后的输出电压为

$$U_{OUT} = U_{REF}\left(\frac{D_0}{2^6} + \frac{D_1}{2^5} + \frac{D_2}{2^4} + \frac{D_3}{2^3} + \frac{D_4}{2^2} + \frac{D_5}{2^1}\right) \qquad (6.2.1)$$

通常，对于 $n$ 位转换器，有输出电压：

$$U_{\text{OUT}} = U_{\text{REF}} \sum_{n=0}^{N-1} \frac{D_n}{2^{N-n}} \qquad (6.2.2)$$

很显然,电路需要辅助数字电路生成用于开关的相位信号。

放大器的失调和两个电容器的寄生电容可能是限制分辨力的主要原因。一个对寄生电容无感觉的失调补偿解决方案是采样两个电容器上的失调,从而在发生电荷再分配时补偿它。此外,两个电容器必须以使寄生电容上的电荷对输出电压无贡献的方式放置。图 6.2.20 显示一种失调补偿电荷再分配 DAC 的转换步骤。此外,放大器工作于反相状态(即输入端接地,反相输入端虚拟接地),从而使放大器所需要的共模输入范围最小化。最后的转换步骤产生不受失调影响的理想模拟电压。在实际中,要求失调远低于 (1/2)LSB。

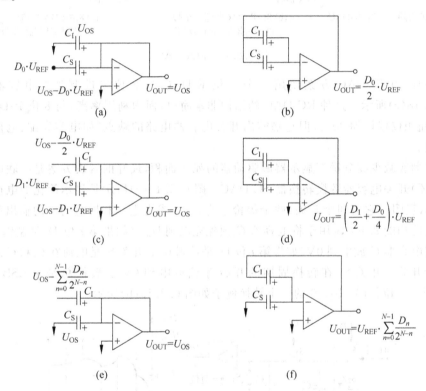

图 6.2.20 失调补偿电荷再分配 DAC 的转换步骤。显示了输出电容电压

限制 DAC 性能的其余的误差来源是由于电容器失配和开关的不理想(时钟馈通和电荷注入)。对于后者,采用改进开关结构(使用互补的和/或虚拟晶体管)。众所周知,采用大型几何图形和精心布局可将电容器失配减到最小。两个 0.25pF 电容器被用于 10/12 位 DAC。一种通过在每个时钟周期交换 $C_I$ 和 $C_S$ 角色的技术可进一步减少失配和提高线性度。在这种方式中,任何失配被时间平均了。

对于 10 位 R-DAC,SC-DAC 能减少 80% 的面积占领。实际上,对于任何位数,DAC 电路都是相同的。变化的是电荷再分配数量,即循环的次数。因为行时间是常数,这意味着对于更高的分辨率,时钟频率必须增加。在这种情况下,只通过增加转换器的分辨率和利用一个缩减的输出电压,就可用数字方式完成 Gamma 校正。例如,对于 10 位颜色深度,需要 12

位 SC-DAC。对于每个 RGB 颜色，为了支持三个独立的 Gamma 曲线，无须严重增加芯片大小，这也是 SC-DAC 的一个优势。

为了了解对用于 SC-DAC 的放大器的频率和建立时间的要求，必须考虑到 $n$ 位 DAC 的循环转换需要 $n$ 个电荷再分配步骤。没有被连接的列伴随着 DAC 一起转换，造成重的容性负载。因此，在转换时，加载在放大器上的只有 DAC 电容。这些电容的最低值决定于还影响分辨率的匹配属性。除非使用上述能平均电容失配的电容对换技术，允许的最小电容在 $200 \sim 500\text{fF}$ 的范围中。如果 $T_{CK}$ 是 DAC 的时钟周期，在这种（轻）负载下，放大器必须在 $T_{CK}/2$ 时间内完成设置。上面的性能必须在非常小的静态电流预定值下达到。此外，为了优化占有面积，同样的放大器应该用于驱动列。因此，转换后的模拟电压必须施加到"重"容性负载（对于小型面板，在几百微法范围内）上。幸运的是，在这种情况下，有更大的时间间隔允许放大器完成设置。

例如，假设 $T_{CK}$ 等于 $2\mu s$，10 位 SC-DAC 需要 $20\mu s$ 执行转换。在此阶段中，放大器的负载是 $200 \sim 500\text{fF}$，完成每个电荷再分配的时间需要低于 $1\mu s$。假设帧频为 $60\text{Hz}$，并有 320 个显示行，当放大器是列负载时，为转换留下的时间是足够长的（$32\mu s$）。

### 2. 极性反转

源驱动器负责的另一个功能是极性反转。在小型 LCD 中，要么采用帧反转，要么采用 $n$ 行反转，因为在这种情况下，在功耗和抑制交叉效应之间的折中是较好的，而更好的点反转普遍地用于大型 LCD。对于大面积面板，反转技术要求驱动器在相同的数字输入代码下具有正、负极性输出能力。

反转所需的附加位可以通过极性反转开关获得，而实现极性反转开关可以有两种方法，即实现极性切换可以在模拟缓冲器之前或之后，如图 6.2.21 所示。开关 $S_1$ 将正输出电压连接到列线，而 $S_2$ 提供极性反转。这意味着，在图 6.2.21(a) 中的每个缓冲器的输入和输出都应该有满幅的摆动，因为放大器应涵盖在正和负的参考电压/Gamma 范围内的所有的数据电压。相比之下，图 6.2.21(b) 所示的解决方案不需要满幅放大器，因为采用了两种类型缓冲器：$B_H$ 提供正电压范围和 $B_L$ 提供负电压范围。

图 6.2.21　用极性反转开关实现极性反转

由于第二个解决方案在保持性能不变的情况下，设计简单和电流消耗低，是更可取的。事实上，通过分级处理现在分享相同偏置电流的缓冲器 $B_H$ 和 $B_L$ 缓冲器，电流的消耗可以减半。然而,不同缓冲器 $B_H$ 和 $B_L$ 的失配,特别是它们的失调电压,可能是必须通过合适的失调补偿方案解决的问题。

### 3. 过驱动

在数字域,可以很容易地完成过驱动,但是需要额外的帧记忆或查询表以进行数据处理。为了保持系统简单,直接在源模拟驱动器中实现更可取。

过驱动技术要求产生与模拟视频信号电压摆幅电压成正比的适合的过驱动电压。例如,由于过驱动电路插入在 DAC 输出和缓冲器输入之间,不使用额外的参考 Gamma 电压,就可以实现。它可以通过在传统单位增益放大器中添加六个开关和两个电容器实现,如图 6.2.22 所示。开关相位和附近/结束电压波形以及存储在两个电容 $C_1$ 和 $C_2$ 上的电压如图 6.2.23 所示。

图 6.2.22　过驱动方法电路原理图

图 6.2.23　推荐的过驱动方法电路的定时图和理论上波形

在每条行线时间的开始,电路需要三个步骤。从源驱动器的主时钟中提取同步信号。

在第一步骤中,$U_{OUT}$(即等于$U_{NEAR}$)摆动到从 DAC 来的输入的视频信号电压。$U_{SWING}$是实际像素电压$U_{IN}(i)$和在每行的最后时间储存在电容$C_2$的前一个$U_{IN}(i-1)$之间的差,如图 6.2.24(c)所示。如式(6.1.14)所示,过驱动电压$U_{PRE}$与$U_{SWING}$成正比。

(a) 第一步  (b) 第二步

(c) 第三步

图 6.2.24 按照过驱动步骤,图 6.2.22 中电路的示意

为叙述方便,将式(6.1.14)在这里重复一次:

$$U_{PRE} = \frac{e^{\frac{T_{PRE}}{R_{DATA}C_{DATA}}}}{1 - e^{\frac{T_{PRE}}{R_{DATA}C_{DATA}}}} U_{SWING}$$

在第一步骤[图 6.2.24(a)]中,从串联的$C_1$和$C_2$得到$U_{PRE}$。$C_1$上的电压为

$$U_{C1}(i) = \frac{C_2}{C_1 + C_2} U_{SWING}(i) \tag{6.2.3}$$

倘若

$$\frac{C_2}{C_1 + C_2} = \frac{e^{\frac{T_{PRE}}{R_{DATA}C_{DATA}}}}{1 - e^{\frac{T_{PRE}}{R_{DATA}C_{DATA}}}} \tag{6.2.4}$$

于是,储存在$C_1$上的电压等于$U_{PRE}$。

在检测步骤后,存储在电容$C_1$上的过驱动电压添加到原始输入像素电压上,并且在过驱动的期间,施加到单位增益缓冲器上,如图 6.2.24(b)所示。因此,正缓冲输出电压为

$$U_{OUT}(i) = U_{IN}(i) + U_{C1}(i) \tag{6.2.5}$$

在步骤二中,数据线的远端电压上升到从 DAC 来的原来的输入模拟视频信号电压。

最后,在步骤三[图 6.2.24(c)]中,将当前视频信号电压直接施加到单位增益运算放大器(OP-AMP)上,电容$C_1$被短路,复位,于是$U_{IN}(i)$被储存在$C_2$上。数据线的近端电压被驱动到目标视频信号。驱动顺序的三个步骤在每个行线时间内重复进行。

**4. 模拟缓冲器**

为了提供低输出阻抗和相对较高的容性源负载所要求的电流驱动能力,来自 DAC 的

电压必须先经过缓冲器。

R-DAC 通常采用两级增益为 1 的运算放大器作为电压缓冲器。为此目的,利用 AB 甚至 B 类放大,以提供足够的转换速率值和减少静态电流。

一个可能是 AB 类两级放大器的简化方案如图 6.2.25 所示。除了晶体管 $M_7 \sim M_8$ 和 $M_{11} \sim M_{14}$,放大器是传统的二级 A 类放大。通过相对于 $M_5$ 和 $M_3$ 适当的选择 $M_{11}$ 和 $M_7$($M_{12}$ 和 $M_8$)沟道的高宽比,使下式成立:

$$\frac{(W/L)_7}{(W/L)_3} > 2\frac{(W/L)_{11}}{(W/L)_5} \quad 和 \quad 2\frac{(W/L)_{12}}{(W/L)_5} > \frac{(W/L)_8}{(W/L)_3}$$

晶体管 $M_7$ 和 $M_{12}$ 被偏置成三极管,所以 $M_{13}$、$M_{14}$ 是常 OFF。然而,在大信号驱动下,它们能以推挽工作方式拉出大量的电流。值得注意的是,差动输入级有限的正共模范围要求更高的正供电电压;否则,必须采用由两个互补的 p 沟道和 n 沟道差分级组成的满幅输入级。虽然两级放大器通常采用米勒频率补偿(miller frequency compensation),但大容性负载可利用主极点补偿,从而避免使用米勒电容器。

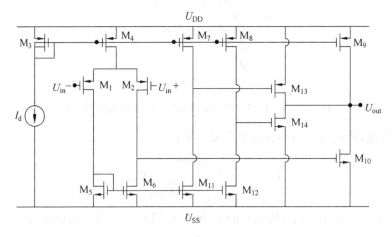

图 6.2.25　AB 类两级放大器

图 6.2.26 所示的原理图代表了开关电容器 DAC 中采用的放大器。它是由折叠式共源共栅第一增益级 $M_1 \sim M_9$ 和跟随的满幅 AB 类输出级 $M_{OP}$、$M_{ON}$ 组成。一个稍微复杂的静态电流控制部分由 $M_A \sim M_B$ 实现(在操作小信号时,这也会造成一个不希望的正反馈路径)。通过 $C_{C1}$ 和 $C_{C2}$ 得到频率补偿。注意,通过 $M_{8P}$ 和 $M_{6N}$ 电流缓冲器的作用,避免了由于正馈路径的正零(从而不必使用调零电阻)。所有的晶体管(晶体管 $M_{DEG}$ 除外)工作在它们的亚阈值区中,总的直流电流大约是 $20\mu A$,用于 LCD-TV。放大器的主要优势是高增益(相当于三级放大)和满幅的输出能力(由于在输出处只有两个晶体管 $M_{ON}$、$M_{OP}$)。缺点是由于输入级工作于 A 类放大和米勒补偿,导致转换速度和增益带宽积值有限以及增加占有面积。

为了适合电池供电的 LCD 应用要求,上面电路的静态电流必须减少超过一个数量级。除此之外,因为占有面积在手持设备中更临界,包含在原始原理图中的差分对 $M_1 \sim M_2$ 的反馈电阻(degeneration resistors)应该用偏置 MOS 晶体管(图 6.2.26 中的 $M_{DEG}$)代替。然而,在对摆率不妥协的情况下,A 类放大输入级似乎成为大幅度下降电流的不易跨越的障碍。

图 6.2.26 跨导放大器的原理图

　　图 6.2.27 所示放大器的原理图避免了图 6.2.26 所示电路的缺点。为了满足 AM-LCD 驱动器 SC-DAC 的需求,提出了这种拓扑和重新设计。它利用工作于 AB 类放大的单级共源共栅结构。通过 $M_{B1}$ 和 $M_{B2}$ 设置静态电流,但在大信号状态下,$M_1(M_3)$ 和 $M_2(M_4)$ 可以提供大电流,仅受限于过驱动电压和晶体管的尺寸。这个电流被放大 $N$ 倍后镜像到输出。此解决方案的优点是可实现高的摆率(由于完整的 AB 类操作)、优秀的单位增益带宽以及没有显式的补偿电容器。虽然为了避免体效应引起的阈值电压的增加,需要 $M_1 \sim M_8$ 的分离井,但电路的面积降低了。主要缺点是低增益(相当于两级增益)和由于级联使输出的摆动幅度减少。

　　放大器用 $0.18\mu m$ CMOS 技术实现。在总待机电流低至 670nA 的情况下,在 500fF 电容负载(这是 SC-DAC 使用的)下,呈现的性能是:直流开环增益约 80dB,增益带宽积约 2MHz,相位允裕约为 70°。此外,此解决方案提供的摆率等于 $27V/\mu s$,达到最终值 99.99% 的建立时间是 800ns。与替代方案相比,占有面积较小,是 $17.6\mu m \times 40\mu m$。单位增益放大器也可以用于驱动列负载。假设负载是 10pF,达到最终值 99.99% 的建立时间约是 $9.4\mu s$。

**5. 电荷分配(charge sharing)**

传统源驱动器的功耗来自三部分:

(1) 数字部分:通常小于总功耗的 1/10,因此可以忽略不计。

(2) 静态功耗:由于电阻链和缓冲器放大器中的直流偏置电流。

图 6.2.27　跨导放大器的原理图

（3）动态功率：消耗在充电电容输出。这是有最大关系的部分。

电荷分配是恢复存储在显示器中某些能量的技术，以减少源驱动器的动态功耗。在点反转驱动方法中，一列中的一半的像素被驱动到正，而另一半被驱动到负。在源缓冲器连接到列之前，每行开始寻址时，将列的端点互相短接，这就完成了电荷分配。以这样一种方式，源线电压被平均，当允许缓冲器驱动列时，不是从最极端的电压，而是从一个中间值启动，节省了功率。如果适当地设计，此技术甚至可以加快上升和下降时间，因为短路提供了一个非常低阻抗的高速路径。图 6.2.28 显示了一种可能实现电荷分配的技术。受信号 CR 控制的两个系列开关用于或者连接列缓冲器，或者将列互联。相关的主要电压波形如图 6.2.29 所示。假设正（负）驱动像素电压等于 $U_H(U_L)$。在 CR 处于高电平的短时间间隔中，发生电荷分配过程，像素电压被平均到 $U_{COM}$。

图 6.2.28　简单的电荷分配电路

图 6.2.29  图 6.2.28 中电荷分配解决方案的时序和生成波形

简单的电荷分配技术的功率效率最大只有 50%。采用所谓三重电荷分配方法可获得 66.6% 的效率。在这里,数据行总电压摆幅的大约 2/3 由在源线和附加外部大电容器 $C_{EXT}$ 之间的电荷分配提供,而只有少许的面积增加,并且不增加电路的复杂性。倘若 $C_{EXT} \gg MC_L$,则 $C_{EXT}$ 作为附加电源,其中 $M$ 是输出的数量,$C_L$ 是单条线的电容。使用三重电荷分配的源驱动器体系结构如图 6.2.30 所示。与简单的方法相比,除了 $C_{EXT}$,它需要四个控制信号:AMP、$SEL_1$、$SEL_2$ 和 $SEL_3$,以及另一组开关 $M$。

图 6.2.30  三重电荷分配电路

借助图 6.2.31 可以理解三重电荷分配的运作。这里需要注意的是,输出缓冲器对源线电容充电的摆幅只有传统源驱动器的 1/3。剩下的 2/3 的摆幅通过三重电荷分配实现:在奇数线之间、在所有线之间和在偶数线与外部电容器之间。

通过多相位电荷回收技术,可获得节省高达 75% 的 TFT-LCD 列驱动器交流功耗(采用无限次,理论上获得 75%)。这种技术很容易实现,因为在点反转中,它不需要任何外部电容器。在图 6.2.32 举例的方法中,四列为一组,加上信号 $S_1 \sim S_3$ 控制的开关。相关的波形如图 6.2.33 所示,特别显示了 $O_1$、$O_2$、$O_3$ 和 $O_4$ 四列的列电压。在最后一步,交流功耗的最坏情况是一半列的电压摆幅为 $U_H - U_L/2$,另一半列的电压摆幅为 $U_H - U_L/4$。与无电荷分配的源驱动器相比,节能是 62.5%。扩展这一概念,更多的列为一组时,可以进一步降低能耗。

图 6.2.31　图 6.2.30 中三重电荷分配解决方案的时序和生成波形

图 6.2.32　多相位电荷分配电路

## 6.2.4　栅极驱动器

在逐行扫描中,栅极驱动器必须使每一行的 TFT 处于 ON 态。栅极驱动器通常包括移位寄存器、电平移位器和数字输出缓冲器,如图 6.2.34 所示。为了控制功耗,运行在低电压的移位寄存器提供扫描脉冲电压。然而,TFT 必须由高的栅-源电压驱动(在 ON 态为 15～20V,在 OFF 态为 −8～−5V),因此需要双电平移位器。在大面积和/或高分辨率显示器中需要的数字输出缓冲器用于在具有足够的切换速度下增强驱动能力。

如果栅极驱动器集成在面板上,电平位移器必须在移位寄存器之前。

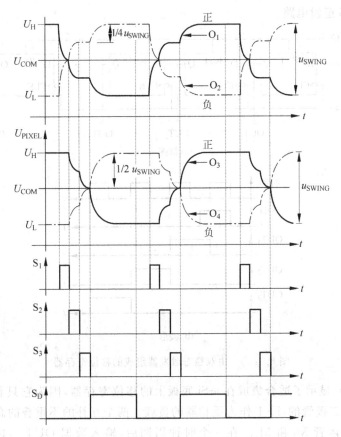

图 6.2.33　图 6.2.32 中多相位电荷分配解决方案的时序和生成波形

图 6.2.34　栅极驱动器的框图

### 1. 移位寄存器

最简单的栅极驱动器只包括一个移位寄存器,后者以行扫描速率发送移动的 1 的数据。移位寄存器的著名的示意图如图 6.2.35(a)所示。它由双稳态触发器(或锁存器)链组成。在输入处有置位脉冲,并在每次当时钟信号由高向低(或由低向高)跳变时,向右移动一级,如图 6.2.35(b)所示。如果移位寄存器是由锁存器组成,当时钟处于高(或低)电平时,输入信号被转移。

制作在单晶硅上的驱动器 ICs 通常采用图 6.2.35(a)所示的方案,并采用静态功耗最小的标准 CMOS 逻辑电路。

(a) 框图

(b) 波形

图 6.2.35　由双稳态触发器组成的移位寄存器

图 6.2.36(a)显示了适合集成在 a-Si 底板上的移位寄存器,因为它只利用了 nMOS 晶体管。用连接成二极管的 TFT 作为反相器的负载。两个互补的不重叠的高压相位 $\phi_1$ 和 $\phi_2$ 分别驱动传输晶体管 $M_1$ 和 $M_4$。在一个时钟周期后,输入数据 $OUT_{i-1}$ 因此转移到输出 $OUT_i$。然而,由于采用连接成二极管的有源负载结构,这种解决方案的特点是高功耗,可用于能容忍这种情况的大面积打印机、传真机和扫描仪。

(a) 简单的　　　　　　　　　　　　　(b) 带缓冲器的

图 6.2.36　使用 a-Si TFT 的移位寄存器单元

在高分辨率和/或大面积面板中,移位寄存器的输出不能直接连接到栅极线,因为无法接受由 $RC$ 负载引起的延迟。事实上,如果被延迟的第 $i$ 个输出脉冲转移到下一级,当移位寄存器单元的数量增加时,延迟被积累了。工作于低温下时,这方面尤其重要,因为 a-Si TFT 的 ON 态电流会降低。在图 6.2.36(b)中的移位寄存器单元,在每级的输出处添加一个缓冲器,目的是栅极线与随后的移位寄存器之间去耦。需要四个非重叠时钟信号把输入信号传输到栅极线。当 $\phi_1$ 为高电平时,$M_4$ 的栅极电容通过 $M_3$ 预充电,当随后的 $\phi_2$ 为高电平时,$M_2$ 进入 ON 态,$M_4$ 上的电荷取决于输入 $OUT_{i-1}$ 的电平,或者放掉,或者维持。晶体管 $M_7 \sim M_{10}$ 组成反相缓冲器,通过 $\phi_2$ 驱动栅极线的时钟控制。由于缓冲器的输出脉冲与输入的反相,必须采用 0 移动方法。

由 CMOS 逻辑电路实施的图 6.2.35 中的移位寄存器也适合 LTPS AM-LCD。另一种解决方案只使用 pMOS,因此适用于光刻次数最少的低成本的过程,如图 6.2.37 所示。这个电路执行锁存操作:当 $\phi$ 处于高电平时,晶体管 $M_9$ 和 $M_{10}$ 处在 OFF 态,而 $M_5$ 和 $M_6$ 处在 ON 态。此时,通过反相器 $M_3 \sim M_4$ 和 $M_1 \sim M_2$,输入信号 $OUT_{i-1}$ 传输到寄存器的输出;当 $\phi$ 处于低电平时,移位寄存器保持之前的状态,因为 $M_5$ 和 $M_6$ 处于 OFF 态(输入信号不转移到输出),反相器 $M_1 \sim M_2$ 和 $M_7 \sim M_8$ 连接成正反馈路径形成一个静态记忆器单元。当然,与 CMOS 实现相比,该解决方案的特征也是功耗较高。

图 6.2.37　LTPS 移位寄存器单元的原理图

另一种使用引导技术的移位寄存器,适用于大面积 AM-LCD,如图 6.2.38 所示。自举电路是一个动态的电路技术,能得到完整的满幅输出摆动和减少传播延迟。这种技术使用电容器耦合来自源线的电荷。电荷或者使内部节点(间接引导)电压增加,或者使外部输出节点(直接引导)电压增加到电源电压之上,实现完整的输出摆动和高的开关速度。在图 6.2.37 所示的电路中,输入脉冲 $OUT_{i-1}$ 通过 $M_4$ 使 $M_1$ 进入 ON 态。当 $\phi$ 处于高电平时,$M_1$ 拉高栅极线电压,而 $M_2$ 和 $M_3$ 当下一级输出 $OUT_{i+1}$ 为高电平时,将 $M_1$ 的源和栅极电压复位到 $U_{SS}$。然而,为稳定在 OFF 周期的运行,必须避免通过 $M_1$ 栅-漏寄生电容引起的从 $\phi$ 到节点 X 的时钟反馈。电压 $U_X$ 应小于 $M_1$ 的阈值电压,以防止异常操作。通过扩大 $C$,能有效地减少 $U_X$,然而,很难保持 $U_X$ 低于 $M_1$ 的 $U_{th}$,因为在室温下,$U_{th}$ 的变化约为 $\pm 2V$。

在移动 AM-LCD 中,能耗是关键特性之一。栅极驱动器的体系结构对功耗有很大的影响。集成的移位寄存器的功耗与扫描频率 $f$ 和移位寄存器提供的总电容 $C_{SR}$ 成正比。通过采用多相位驱动时钟策略,可以减少功耗。例如,六相位时钟的每一个相位以 $f/6$ 时钟频率驱动 $C_{SR}/6$ 的等价电容。因此,总功耗理论上只有原来的 1/6。现在有应用 12 种不同时钟信号的。

图 6.2.38　a-Si 移位寄存器单元的原理图

如果选择第三个地电平使时钟电平的转换缓和,在每次从 $U_{DDH}$ 到 $U_{SSH}$(或反之)的瞬变过程中出现三电平波形(如图 6.2.39 所示),可进一步节能。通过这种三电平的方法,在时钟线上的功率可以减半,因为当时钟线接地时,时钟线上的现存电荷对地放电,没有消费能量。

图 6.2.39　用于三电平驱动的驱动信号波形

### 2. 电平移位器

数字电平移位器将摆幅为 $U_{DDL} - U_{SSL}$ 的(低)电压输入信号转换成摆幅为 $U_{DDH} - U_{SSH}$ 的更高电压的输出信号。这两对电压电平定性地如图 6.2.40 所示。当然,新电压电平必须能够打开/关闭(ON/OFF)LCD 面板的 TFT。

图 6.2.40　电平移位器的输入和输出波形

适用于集成在单晶硅上的传统的电平移位器如图 6.2.41(a)所示。电路由供电电压为 $U_{DDL} - U_{SSL}$ 的 CMOS 反相器 $M_1 \sim M_2$ 和两个锁存器组成。供电电压为 $U_{DDL} - U_{SSH}$ 的第一个锁存器 $M_3 \sim M_6$ 用于负向移位。第二个锁存器 $M_7 \sim M_{10}$ 的供电电压为 $U_{DDH} - U_{SSH}$。通过利用第一个锁存器的两个互补输出,第一个锁存器能直接驱动第二个,而不需要任何额外的逆变器。这个解决方案的不受欢迎的局限性是从正电源导线流向负电源导线的交叉传导电流。产生的原因是：当晶体管进入 ON 态时，其逻辑状态瞬间发生改变（上拉或下拉），但状态变化相对于各自的控制信号有延迟。虽然，这发生在时钟周期的一小部分中，但交叉传导电流的数量可能很大，因为限制其电流大小的只有晶体管的 ON 态电阻。

(a) 传统的锁存器      (b) 改进的锁存器

图 6.2.41 CMOS 电平移位器的原理图

适合于 a-Si 集成，没有功率耗散约束的解决方案如图 6.2.42 所示。它利用带自举电容 $C_1$ 和 $C_2$ 的两个级联（比例逻辑）逆变器。因为 a-Si TFT 高的阈值电压（3～5V），需要两级才能有效地将低电压范围的输入信号（0～5V）移位到高电压输出摆幅（0～30V）。使用两级级联逆变器还可以避免输入-输出相位反转。

图 6.2.42 由级联自举开关逆变器组成的电平移位器

考虑第一个逆变器：如果输入电压变成逻辑 0，$M_2$ 处于 OFF 态，然后第一个输出电压上升。在此上升过程中，$M_1$ 的栅电压通过电容 $C_1$ 被自举，因为由于偏置二极管 $M_3$ 反转，这个节点上的电荷不能突变。

对 LTPS TFT，电平移位器架构也已经优化了。最后的解决方案如图 6.2.43 所示。电路操作分两个步骤。首先，如果输入 IN 处于高电平，$M_3$ 处于 ON 态，节点 X 被下拉到 $U_{SSH}$。这时 $M_5$ 处于 ON 态，于是 Y 节点被充电到 $U_{DDH}$。在完成反馈后，可能整个电容器 $C$ 上的电位成为 $U_{DDH}-U_{IN}$。因为电容上的电压不能突变，当输入分别逻辑 0 和逻辑 1 时，$M_4$ 的栅极电压在 $U_{DDH}-U_{IN}$ 和 $U_{DDH}$ 之间摆动。因此，当输入信号是逻辑 1 时，节点 X 的电压将是 $U_{DDH}$；当输入信号是逻辑 0 时，它将是 $U_{SSH}$。在第二步中，$M_1$ 与 $M_2$ 参与维护 Y 节点的电位到所需的电平。当输入在相对较长的时间内停留在一种逻辑状态时，这部分电路尤其有用。在这种情况下，电容器上的电压可能显著地改变，导致电路故障。

图 6.2.43　LTPS 电平移位器的原理图

### 3. 数字输出缓冲器

用高电压栅极氧化物 CMOS 晶体管在单晶硅中实现的数字缓冲器的一个可能的体系结构如图 6.2.44(a)所示。它由三个主要部分组成。半桥部分 $M_1 \sim M_2$ 驱动栅极行到高和低电平,并具有适当的电流能力。传输栅极部分 $M_3 \sim M_6$ 的功能是在输出上升(下降)过程中,把栅极线预充电(放电)到中间电压 $U_{SSL}$,目的是节省功率。最后,为了正确驱动半桥以及传输栅极的两个晶体管,双电平移位器是需要的。这些电平移位器的完整电路如图 6.2.44(b)、(c)所示。

图 6.2.44　数字缓冲器

假设 $IN_1$ 和 $IN_2$ 都是高电平,晶体管 $M_1$ 处于 ON 态,缓冲器输出 $U_{SSH}$。用图 6.2.45 所示的两个步骤完成完整的从 $U_{SSH}$ 到 $U_{DDH}$ 的转变。在前一步 $IN_1$ 被迫处于低电平,因此

$M_1$、$M_3$ 分别处于 OFF 和 ON 态,把缓冲器输出上拉到 $U_{SSL}$。实际上,当电压接近 $U_{SSL}$ 时,$M_4$ 倾向于 OFF 态,输出渐近地倾向 $U_{SSL}-U_D$,其中 $U_D$ 是体二极管的电压降。在后一步中,$IN_2$ 被迫处于低电平,因此 $M_2$ 处于 ON 态,把缓冲器输出上拉到 $U_{DDH}$。

图 6.2.45　图 6.2.44(a)中的原理图的时序

类似地,一个完整的从 $U_{DDH}$ 到 $U_{SSH}$ 的变换是这样完成的:在前一步,迫使 $IN_2$ 处于高电平,因此 $M_2$ 和 $M_5$ 分别处于 OFF 和 ON 态,把缓冲器输出下拉到 $U_{SSL}$。如上所述,因为当电压接近 $U_{SSL}$ 时,$M_6$ 倾向于处在 OFF 态,输出渐近地倾向于 $U_{SSL}+U_D$。在后一步,迫使 $IN_1$ 处于高电平,因此 $M_1$ 处于 ON 态,把缓冲器输出下拉到 $U_{SSH}$。正如上面提到的,只要 $U_{SSL}$ 在 $U_{SSH}$ 和 $U_{DDH}$ 之间,通过 $U_{SSL}$ 的这种双重转变,最大的节电可以达到 50%。

自举技术也被广泛应用于实现低压驱动器电路中的缓冲器,以提高速度性能。间接自举技术(自举电容的一个节点与输出器件的栅极连接)可能不会像直接自举技术(自举电容的一个节点是驱动器的输出端口)那样有效。然而,直接自举技术通常需要两个电容器,一个在上拉开关转换期间用于自举,另一个在下拉开关转换期间用于自举。用单电容器自举技术,可以减少使用面积和功耗。互补双自举技术在驱动重负载时,可以进一步提高 TFT-LCD 扫描线信号的速度。通过同时驱动 CMOS 器件的栅极和输出节点,达到此效果。

## 6.3　液晶显示器性能的改进

LCD 从小型小容量的手表、计算器发展到 100in 的大电视屏,并最终打败 CRT 显示器,下列技术是关键的:宽视角技术、高速响应技术、超高分辨率技术以及大屏幕技术。

### 6.3.1　LCD 的宽视角技术

在 LCD 发展初期,其视角各向异性和视角范围小是其主要缺点。在偏离面板法线方向观察时,对比度明显下降,偏离角度大时甚至会发生灰度和颜色反转现象。在 LCD 向可供多人同时观看的大屏幕发展时,这个缺点尤为突出。所以从 AM-LCD 诞生起,宽视角技术一直是重要的研究课题。现在这个问题已经解决。如 1994 年 AM-LCD 产品的典型视角性能为垂直方向 $-10°\sim+30°$，水平方向 $\pm45°$，现在的水平和垂直视角均已达 160°或以上。

LCD 的视角问题是液晶显示工作原理本身决定的。液晶分子是棒形的，入射偏振光与其呈不同角度，折射率是不一样的，如图 6.3.1 所示。以正性 TN 液晶为例，入射偏振光平行于液晶分子指向矢时，光学折射率最大，双折射效应最小，这时对应着暗态。当入射偏振光与液晶分子指向矢的夹角变大时，双折射效应渐渐地变强，$\Delta nd$ 变大，至夹角为 90°时，双折射效应变成最大，这时对应于明态。这就是说在同一外电场作用下，随着视角的不同，光程差会有很大的变化。而液晶盒的光程差是按垂直入射光而设计的，这样随着视角的变大，必然会发生对比度变坏，甚至反转。要扩大 LCD 的视角，必须消除或减轻光程差 $\Delta nd$ 随视角变化的现象。为此，液晶界技术人员进行了长达几十年的技术攻关，提出了各种措施和方案。下面介绍几种已在实用，或最有应用价值的方法：多畴方式、TN＋Film（光学补偿膜）方式、OCB 模式以及内平面电场方式。

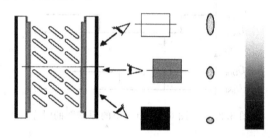

图 6.3.1　均匀定向液晶的透射光强度随观察角而变

### 1. 多畴方式

多畴方式最初用于 TN 液晶中，现在则广泛地应用于各种液晶显示模式中。多畴方式的基本思路是一个像素分成几个区域，而每个区域液晶分子的定向不同，使各区域的位相差相互补偿，从而提高像素整体的视角。通过多畴定向方法得到的视角其实是各方向视角的平均值，相当于降低单畴时视角特性好的方向的画质，同时提高视角特性差的方向的画质。

在 TN 和 STN 液晶盒中，每个像素中的液晶分子都是绕着基板法线扭曲一定角度，在无外电场时，它处于 $(x,y)$ 平面内，但是处于不同 $z$ 轴位置的液晶层中，其分子排列为在 $(x,y)$ 平面内相互转过一个角度。当电场超过临界值时，液晶分子长轴都将从垂直于 $z$ 轴沿电场方向转过一个角度，造成不同视角下光程差不同。如果在一个像素面积范围内具有扭曲角相反的两种扭曲方式（称为双畴工作模式），则由于它们对入射光倾角变化引起的 $\Delta nd$ 变化是互补的，合成的视角特性可以大为改善。图 6.3.2(a) 示出双畴结构的液晶像素，两组液晶扭曲方向相反，在外电场作用下，它们的倾角相反，其中一个畴具有宽的上视角，另一个具有宽的下视角，总体效果则为具有宽的垂直视角。当上下左右的视角特性都需要改善时，则需要在 $x$ 方向上相对 $z$ 轴倾角相反和在 $y$ 方向上相对 $z$ 轴倾角相反的 4 个畴，如图 6.3.2(b) 所示。计算机模拟指出畴数大于 4 以后，视角特性改善不大，一般取 2 畴或 4 畴。双畴结构可使视角从 $\pm30°$提高至 $\pm60°$。

多畴结构的液晶盒的核心技术是如何实施高分辨率的多畴结构。理论上，多次摩擦取向与光刻工艺可以实施多畴结构，但实际上从工艺成本和成畴质量讲都是无法施行的。现已开发出多种形成多畴的技术：

(a) 两畴区域　　　　　(b) 四畴区域

图 6.3.2　多畴定向结构的 TN 像素

（1）光取向技术。利用某些聚酰亚胺（PI）材料，在 310nm 的中紫外光照射下，预倾角会随照射剂量增加，在 2°～6°之间变化。

（2）微小液晶畴非晶态取向技术。在 TN 液晶中掺入某种手性材料，使其螺距为盒厚度 $d$ 的 4 倍。盒内表面未经摩擦处理，注入液晶后，加热到清亮点以上，然后冷却到室温。冷却后形成多个微米量级的柱形结构，上、下层之间的液晶分子扭曲 90° 相对于基板表面的预倾角相同，但其在 $\phi$ 角方向是随机分布的。这相当于在一个像素内形成了多畴，其视角特性与 8 畴的相似。

**2．TN＋Film（光学补偿膜）**

这个技术主要是在显示屏上贴一层特殊的膜扩大可视角度：可以将水平视角从 90° 扩大到约 140°。

TN＋Film 宽视角技术是基于 TN 液晶显示器的工作原理，液晶分子的排列还是 TN 模式，运动状态仍然是在加电后由平行于面板的方向向垂直方向扭转。AM-LCD 多采用常白模式，即无外电场时为亮场。亮场的视角特性与视角的关系不大。暗场时，液晶分子的排列以垂直于面板方向为主，是正性双折射（$\Delta n>0$）。可采用双折射率 $\Delta n<0$ 的透明薄膜来补偿由于 TN 液晶盒（$\Delta n>0$）造成的相位延迟以实现宽视角的目的，所以这个膜又叫相位差膜或者补偿膜（也称为视角拓宽膜）。

相位差膜是将透明薄膜经过拉伸等处理后将透明薄膜预变形，使膜的三维折射率椭圆体形状符合预定要求。用于改善视角的相位差膜的沿膜厚度（纵轴）方向的相位差起重要作用。

图 6.3.3 所示是补偿膜的补偿原理图。补偿膜贴在液晶盒表两侧。当光线从下方穿过补偿薄膜后便有了负的相位延迟（因为补偿薄膜 $\Delta n<0$），进入液晶盒之后，由于液晶分子的作用，在到液晶盒中间的时候，负相位延迟被正延迟抵消为 0。当光线继续向上进行时，又因为受到上部分液晶分子的作用而在穿出液晶盒的时候有了正的相位延迟，当光线穿过上层补偿薄膜后，相位延迟刚好又被抵消为 0。这样，用精确的补偿薄膜配合 TN 模式液晶可以改善视角效果。

图 6.3.3　TN 型 LCD 的相位
差膜光学补偿原理

应用 TN+Film 宽视角技术的 LCD 除了在视角上比普通 TN 液晶显示器有所进步之外,TN 模式液晶的其他缺点,如响应时间长、开口率低、最大色彩数少等也毫无遗漏地继承了下来。并且由于补偿膜是固定的,不能对任意灰阶任意角度进行补偿,所以总体来说 TN+Film 还是不够理想,TN 模式的液晶显示器所固有的灰阶逆转现象依然存在。所以它只是一种过渡性质的宽视角模式。

虽然 TN+Film 宽视角技术效果有限,但并不代表视角补偿膜就是一种落后技术,相反,视角补偿膜在各种模式的液晶显示器上均有关键性作用。事实上,不同模式的液晶显示器都会因为液晶分子的状态不同而衍生出不同的光学畸变,要实现完美的视角特性,光学补偿膜必不可少。要实现良好的可视角度与合理的液晶模式设计和精密的视角补偿膜是分不开的。

从技术的观点来看,TN+Film 是宽视角技术中最容易实现的方法。只是在制造过程中增加一道贴膜工艺,可以沿用现有的生产线,对 TN 模式液晶面板的生产工艺改变不大。因此不会导致良品率下降,成本可得到有效控制。由此可见,TN+Film 宽视角技术最大的特点是价格低廉,技术准入门槛低,应用范围广。其缺点是仍存在灰度反转、对比度较差以及可视角范围还不够大等问题。

双畴方式与 TN+Film 方式宽视角化的工作原理的形象化示意如图 6.3.4 所示。采取宽视角化措施后,从不同角度观察感受到的光量都可以看作是两部分的和,平均后相互间的差别就大大地缩小。

图 6.3.4　双畴方式与 TN+Film 方式宽视角化的工作原理的形象化示意

### 3. OCB 模式

日本松下开发的 OCB(optically compensated bend)模式被称为光学补偿弯曲,完全以新开发的液晶材料与光学补偿膜作为核心材质,是一种自补偿模式,可视角范围改善达到 140°。

前述对 TN、STN 模式的宽视角化都是基于分子是扭曲排列,然后在电场作用下趋向于沿电场排列的基础上进行的。而在 OCB 模式中,液晶分子是弯曲排列的,如图 6.3.5 所示,液晶分子始终在平行于 $z$ 轴的平面中。OCB 模式具有如下特点:

(1) 工作于双折射模式。上、下偏振片方向互相垂直,但无电场时,通过液晶盒的光也会产生光程差,为了实现常黑(NB)模式,要贴双轴相位差膜。

图 6.3.5　OCB 模式液晶盒结构示意

（2）液晶分子不扭曲,在电场作用下只产生弯曲形变。为了实现 OCB 模式排列,沿上、下基板内表面液晶分子的预倾角必须相等,且方向相反。

（3）液晶分子在任何电场强度下,相对 $z$ 轴的倾角都是上、下对称的。对于与 $z$ 轴倾斜入射的光,如果与盒内上半部的液晶分子夹角大,产生的 $\Delta nd$ 较大;与盒内下半部的液晶分子夹角必然较小,产生的 $\Delta nd$ 较小,使总的 $\Delta nd$ 随视角的变化不大,即具有自补偿能力。

OCB 模式另一个优点是响应速度快,响应时间能缩短至 10ms 以下,并且色纯度的改进为传统 TFT 3 倍以上。

OCB 模式的缺点是对 R、G、B 三种单色光的透过率不一样;另一个问题是在无外电场的情况下,盒内液晶分子是按平行于基板表面方向排列的,为了实现弯曲排列,需要在盒上先加上约 6V 电压,并维持数秒作为初始化,然后才可进入较低的常规电压下工作,这会给使用造成一些不方便。

由图 6.3.6 可知,目前 20in 以上的 AM-LCD 都使用下面将描述的 IPS 和 MVA 这两种模式,或它们的改进型,所以下面对这两种模式做较详细的描述。

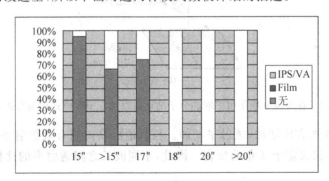

图 6.3.6　TN+Film、IPS 和 MVA 模式在不同显示屏尺寸中的应用

### 4. IPS 模式

IPS(in plane switching)模式被称为平面控制模式。前面讲过的 TN-LCD 的外电场方向都是垂直玻璃基板的,电压施加在上下玻璃板的透明导电层上。而在 IPS 模式中,是利用 TFT 基板上的一对微细电极产生平行于基板的横向电场,通过影响液晶分子在基板平面内的排列进行工作。

1) 电压-透射率关系

IPS 模式的基本光电特性可以用一个简化的一维液晶盒模型来解释。液晶分子处在两块正交的偏振片之间,并且没有任何扭曲,可以认为液晶层是一个均匀的单轴介质,所有液晶分子的光学轴的方向可用方位角和方向角$(\theta,\phi)$确定。在这一假设下,电压与透射率的关系为

$$T(U,\lambda) = \sin^2[2\phi(U)]\sin^2[\pi d\Delta n_{\text{eff}}(U,\lambda,0)/\lambda] \tag{6.3.1}$$

在 IPS 模式下,初始摩擦方向是沿面的,并且平行于起偏器(或析偏器),且两偏振片的偏振方向互相垂直。所以当外电压为零时,透射率为零,这是典型的常黑(NB)模式。当在下基板上的两个电极之间的电压差增加时,正 $\Delta\varepsilon$ 的液晶分子朝着与共平面电场平行的方向旋转,如图 6.3.7(a)所示。

图 6.3.7  在共面电场作用下液晶分子的运动以及在 IPS 模式中偏振光的传播

随着 $\phi$ 角从摩擦方向增加,透射率增加。与其他液晶控制有效折射率 $\Delta n$ 的模式相比,IPS 模式的透射率只决定于 $\phi$ 角的变化。因此,不同波长之间透射率的比保持不变,并与灰度等级无关。

根据液晶的连续体理论,可以推导出 IPS 模式下的液晶在外电场作用下的状态。因为定向层的锚泊能十分强大,即使在外电场作用下,紧邻定向层的液晶分子也不会扭曲,于是有 $\phi(0)=\phi(d)=0$ 的边界条件($d$ 是液晶层厚度),沿盒的厚度方向分子扭曲的排列可表示为

$$\phi(z) = \phi_m\sin(\pi z/d) \tag{6.3.2}$$

近似为正弦分布。图 6.3.8(a)是式(6.3.2)的图示,不过图中横坐标取液晶层厚度中间层为 0 点。

由于定向层的强大的锚泊作用,靠近定向层的液晶分子几乎不运动,发生最大透射率的

盒间隙是使光经过液晶的延迟大于可见光的半波长。图 6.3.8(b)示出外加电压与 550nm 可见光透射率的关系。由图可知,最大透射率发生在液晶盒的延迟超过半波长(275nm)。因此,对于显示应用,通常选择液晶盒延迟超过半波长的 10%～30%。

图 6.3.8 在超过阈值电压的外电压作用下,沿盒间隙方向液晶分子光学轴的分布以及电压-透射率曲线与超过 550nm 入射光半波长延迟量的关系

2) TFT 像素结构

为了在液晶盒内产生共平面电场,应把不同电压两电极放置在同一玻璃基板的一面上。为此,线形的公共电极和像素电极并排地被放置在每个像素的有源区域内,如图 6.3.9(a)所示。通过显示器边缘的接触垫面积,公共电极被连接到恒压源上。像素电极被连接到每个像素的 TFT 薄膜,而通过 TFT 的 ON 态,不同的数据电压施加到每个像素电极上。为了减少总线和像素电极之间的耦合,一般公共电极被放在总线的旁边。

IPS 下基板的一面的生产过程与其他液晶模式,如 TN 模式,几乎一样。作为一个例子,液晶盒的横截面如图 6.3.9(b)所示。制造下基板上的各电极需要五次光刻过程。

IPS 上基板的生产过程比使用垂直电场的其他液晶模式更简单,因为不需要在上基板的一侧制作 ITO 层。

这种 IPS 结构一般称为传统 IPS。

其优点如下:

(1) 有一块基板上无电极,本身又不导电,避免了基板之间的短路可能。

(2) 由于没有扭曲排列,IPS 模式有极好的视角特性。

(3) 因为在暗态下液晶分子没有受到扰动,入射的线偏振光被检偏膜完全阻断,且与视角无关。所以无论在水平还是垂直方向的±50°范围内无灰度反转现象。而且,由于暗态的透过率低,对比度可大于 200:1。

其缺点如下:

(1) 上下电极制作在同一块基板上,电极密度增大,开口率降低。

(2) 处于电极中心位置上面的液晶分子不发生转动,造成透光率下降,需要更强的背光。

(3) 当电极之间施加电压后,靠近电极的电场强,液晶分子迅速转动 90°没有问题,但对于远离电极的上层分子,那里的电场相对弱,需要更高的电压,所以 IPS 模式的工作电压较高,一般为 15V。

图 6.3.9　在下基板的一面上,一个像素内电极结构顶视图以及 IPS 像素结构的横切面

（4）在特定的视角方向上仍存在着黄偏或蓝偏现象,这种色偏现象是液晶折射率各向异性造成的。

（5）响应时间慢。

3）传统 IPS 模式的改进

施加电压时,IPS 模式在偏离垂直方向,特别在平行指向矢和垂直指向矢的方向有色移存在。从透射率 $T$ 公式(6.3.1)可知,当 $\Delta n$ 发生变化时,$T$ 也变化。而 $\Delta n$ 与视角的方向有关,因此,随视角变化,发生色移现象。当观察方向与液晶分子短轴一致时,$\Delta n$ 减少,和最大 $T$ 对应的波长变短,称为蓝移;当观察方向与液晶分子长轴一致时,$\Delta n$ 最大,和最大 $T$ 对应的波长变长,称为黄移。

为了抑制 IPS 模式的色移,采用"之"字形(又称楔形)电极或弯曲的像素电极结构,从而将每个像素都划分成两个畴区,这就是 Super-IPS(S-IPS)模式,如图 6.3.10(a)所示。当施加电压时,在上下两个畴区内,液晶分子分别沿逆时针和顺时针方向旋转,即向各自的电场方向倾斜,结果如图 6.3.10(b)所示,它们的倾斜方向是相反的,使视角特性得到互相补偿,解决了色移问题,但采用这种电极,增加了制作的复杂性。

与图 6.3.9 直线形电极结构相比,"之"字形电极结构降低了开口率。

S-IPS 模式在不用补偿膜的情况下,视角特性已经相当出色,但上下正交的偏振膜对于暗态时斜向入射的光,仍有漏光。为了追求完美效果,日立公司在 S-IPS 模式的基础上,进一步增加了补偿膜,并称为 advance super IPS(AS-IPS),水平和垂直方向的可视角均提升到 178°,几乎达到平面直角 CRT 电视的水平。

(a) 起始定向态       (b) 在大于阈值电压作用下

图 6.3.10 双畴 IPS 的液晶取向

4) 边缘场开关(fringe field switching,FFS)模式

IPS 模式的开口率明显小于 TN 模式,因为对于 IPS 模式,在施加电压的情况下,电极中线上方的液晶分子是不转动的,电极上方中线外的液晶分子转动也很小,所以即使电极材料使用了 ITO,电极处的透射率仍是很低的。结果沿电极排列方向的透射率分布如图 6.3.11 所示,图中曲线的谷底对应电极所在的位置。造成的主要原因是极间的距离 $L$(一般 $\leqslant 15\mu m$)大于液晶厚度 $d$(一般为 $4\mu m$)和电极宽度 $W$(约 $5\mu m$)。

图 6.3.11 沿电极排列方向的透射率分布(模拟计算)

FFS 模式与 IPS 模式一样采用液晶分子平行旋转、单侧电极的结构,基本原理与 IPS 相同。不过 FFS 模式将 IPS 模式的金属电极改为透明的 ITO 电极,并缩小了电极自身宽度,这些改进措施明显地提高了开口率,其面板透射率比 IPS 模式高出两倍以上。

FFS 模式的结构如图 6.3.12 所示。上基板没有电极,下基板的像素电极与公共电极之

间有一绝缘层(150nm 的 $SiO_2$ 或数百纳米的 $SiN_x$)。现在极间距离 $L(<1\mu m)\ll d$、$W$(约 $3\mu m$),施加电压时,整个液晶盒内的电力线是抛物线形状,即电极上方的电场既有垂直分量,也有水平分量,因此,电极上方的液晶分子也能转动,从而提高了液晶盒的透射率。FFS 模式把 IPS 模式的梳状电极改为平面电极,增加了存储电容 $C_s$,提高了电压保持率。

图 6.3.12　FFS 模式的电极结构和电极之间的电力线分布

FFS 技术原是 Hydis(现代电子 LCD 事业部)的专利技术,于 2007 年被国内元太公司购得。FFS 技术与 IPS 技术比较具有透射率高、驱动电压低(省功率)和分辨率高的优点,并可在阳光下阅读,适于室外应用,是目前所有宽视角技术中视角最广的(可达到 180°)技术。

**5. 垂直取向(vertical alignment,VA)模式**

VA 模式与 TN 模式或 IPS 模式相比较有许多优势:轴向的对比度高、无摩擦工艺过程、良好的性价比以及可同时用于反射和透射模式。因此,各种类型显示器均已采用 VA 模式。

1) VA 技术的背景

图 6.3.13 显示了在 OFF 和 ON 态时液晶分子的定向情况。在线偏振方向互相正交的偏振片之间,液晶方向矢的始态是垂直定向的。没有电压时,垂直于器件的入射光没有遭受双折射,因此,在两块偏振片之间没有被极化,器件呈暗态,如图 6.3.13(a)所示。当电压施加在液晶层上时,因为工作于 VA 模式的液晶材料总是负介电各向异性,液晶的指向矢倾向于电场的垂直方向。高于阈值(约 2V)电压时,将发生指向矢倾斜,如图 6.3.13(b)所示。

在指向矢倾斜状态下,垂直器件入射的光将经历双折射,会发生极化转换,部分光透射,其强度为

$$I = I_0 \sin^2 2\psi \sin^2\left(\frac{\pi d \Delta n_{\text{eff}}}{\lambda}\right) \tag{6.3.3}$$

式中　$\psi$——偏振片的光学轴和液晶投射指向矢之间的夹角;

$d$——液晶层的厚度;

$\Delta n_{\text{eff}}$——有效的双折射率;

$\lambda$——入射光的波长。

随着外加电压超过阈值电压,并继续增加,液晶的指向矢相对于器件法线的倾斜增加,从而 $\Delta n$ 增加,因此光线通过器件。通常液晶层的厚度 $d$ 被设计成这样:施加最大电压(合理应用时,通常是 5V)时,透射光量达最大的可能值,这对应于器件等效为一块半波长板

图 6.3.13　垂直取向 LCD 横切面的结构示意

时,即

$$d\Delta n_{\text{eff}} = \frac{\lambda}{2} \tag{6.3.4}$$

VA-LCD 的轴向的对比度可能非常高。表 6.3.1 列出了 VA-LCD 和 IPS-LCD 的典型的对比度。对于 VA-LCD,因为指向矢垂直于基板,本质上不存在让垂直入射光通过的双折射。在 OFF 态时,式(6.3.4)中的 $\Delta n_{\text{eff}}$ 是零。对比度不是受限于取向本身,而是彩色滤色片中颜料的散射、电极边缘的散射或光从偏振片的泄漏。

表 6.3.1　VA-LCD 和 IPS-LCD 的对比度和视角特性

| | IPS 模式 | VA 模式 |
|---|---|---|
| 对比度 | 1500 | 5000 |
| $\Delta u'v'$ | <0.01 | 0.045(4 畴) |
| | | 0.035(8 畴) |

在显示有灰度的图像施加中间电压时,器件离轴的透射率与视角的方位角有关,因为有效双折射取决于方位角。需要使用畴分割原则解决此问题。双畴还不能完全解决问题,事实上,畴数越多,亮度对视角的依赖关系改善得就越好。通常选择 4 个不同取向的畴,数量再多,视角特性改善效果增加不多,这是对显示器的整体亮度和对比度之间的折中。

如前所述,中间灰度等级像素的离轴亮度与轴上的相比较是不同,这也改变感知的颜色,表现为褪色,而肤色表现得更明显。表 6.3.1 比较了 VA-LCD 和 IPS-LCD 的色漂移。色漂移是指正常显示的颜色与在 60°的方向显示的颜色之间的色差。表中显示的值是用色坐标($u'v'$)测量 24 种不同的颜色色漂移的平均值。对于一个带光学补偿的 IPS-LCD,色漂移的平均值在 0.01 以下,能满足大多数应用。对于 VA-LCD,色漂移比 IPS-LCD 的高得多,然而,采用 8 畴结构已经把它减少到 0.035,已能被电视应用接受。

2) MVA 和 PVA

为了获得好的方位角视角特性,VA 技术必须使用多畴。根据实施多畴工艺的不同分为有凸起的多畴垂直定向(multi-domain vertical alignment,MVA)和无凸起的图案垂直定向(pattern vertical alignment,PVA)。

MVA 实现的方法不是处理定向层,而是在液晶盒的上下 ITO 层上光刻出凸起物,如

图 6.3.14 所示。在 OFF 态时,大部分液晶分子垂直于基板定向,但在凸起表面的那部分,由于凸起的斜坡有稍微的倾斜(图 6.3.14 所示出的凸起斜坡的坡度被明显地夸大了)。这时不透光,呈暗态。在 ON 态时,驱动电压施加在凸起之间,最靠近突起的液晶分子首先向垂直于电场的方向倾斜,并影响没有突起区域的液晶,然后定向在同一个方向。这样,在整个像素中达到稳定的定向。换言之,在整个显示区域实现可控的定向是从凸起开始的。显然,图 6.3.14 所示的是二畴结构。

图 6.3.14 多畴 VA-LCD(MVA)的示意图(凸起位于透明电极上)

很明显,图 6.3.15 显示的像素图案是四畴结构。彩色滤色膜(CF)和 TFT 基板上的突起是曲折图案。它们交替排列,彼此平行。液晶指向矢按四个方向倾斜:东北(A)、西南(B)、西北(C)和东南(D)。四个子像素的视角特性被混合在一起,实现了整体宽范围的视角。这类 MVA-LCD 技术已被用于大规模生产。

图 6.3.15 MVA-LCD 的像素示意(凸起被制作在曲折形的线上)

通过使用图案电极以及物理凸起,有可能使指向矢的倾斜角在预定的方位角方向。图 6.3.16 显示了如何通过结合电极狭缝和凸起达到控制定向。从图可以看出,TFT 基板上没有凸起,部分ITO像素电极被蚀刻掉,于是在电极上开了狭缝。施加电压时,由于电极狭缝产生的水平分量,生成横穿像素的斜线电场。因此,液晶指向矢产生的倾斜将在斜线电场的平面中,因此,狭缝的效果与凸起非常相似。然而,电极的狭缝比凸起更容易创建,因为在形成彼此绝缘的像素电极时可以同时生成狭缝,于是制造凸起的额外流程被省去。

图 6.3.16　在 TFT 基板上 ITO 像素电极开缝的新 MVA 结构

事实上,CF基板上的凸起也可以像 TFT 基板上的那样用狭缝代替。这种结构也已被投入大规模生产,并被称为图案垂直定向(PVA)。然而,在这种情况下,当人手触摸显示器表面时,通过狭缝,静电可以进入液晶层改变液晶定向,破坏图像的均匀性。为了避免这个问题,必须在显示器前面添加一层额外的导电层,以屏蔽外部静电荷对液晶的影响。通过在CF基板的外面或在检偏器黏合层的内面添加透明导电层就可以做到这一点。

MVA 模式并不是完美的广视角技术。它特殊的电极排列让电场强度并不均匀,如果电场强度不够,则会造成灰度等级显示不正确。因此需要把驱动电压增加到13.5V,以便精确控制液晶分子的转动。另外,由于它的液晶分子排列完全不同于传统的 TN 模式,在灌入液晶时如果采用传统工艺,所需要的时间会大大增加,因此现在普遍应用一种叫作滴灌(ODF)的高速灌入工艺。因此综合来看,相对于传统的 TN 模式液晶,MVA 的成本有所提高。

**6. 宽视角技术小结**

随着 LCD 向大屏幕进军,其视角范围小的问题日益尖锐,也成为能否打败 CRT 显示器的关键,于是掀起了宽视角技术研究的热潮,从 1995 年到 2003 年是各种宽视角技术发明和改进的高潮。至今,LCD 的视角问题基本上解决,在 2005 年以后的历届 Society Information of Display(SID)国际会议上就很难见到有关宽视角技术的文章了。

根据 Display Search 的统计,在 2008 年,使用 VA 技术的出货面积比重为 70%,IPS 的为 24%,TN+补偿膜的为 6%。到了 2012 年,使用 VA 技术的出货面积比重降到 65%,IPS 的则增加到 28%,TN+补偿膜的为 7%。

## 6.3.2　缩短响应时间

在显示动态,特别是高速运动的图像时,液晶的响应特性成了大问题。对于 50Hz 帧频,要求响应时间小于 20ms;现代电视普遍使用 100Hz 帧频,要求响应时间小于 10ms;如果要观看不损失分辨率的 3D 电视,则要求响应时间小于 5ms。而常规 TN-LCD 的响应时间是百毫秒量级,但是经过液晶界不懈的努力,这个问题已经解决。其实有响应速度很快的液晶,如铁电液晶、蓝相液晶、OCB 模式液晶等,由于种种原因(如工艺太复杂、温度范围过窄、驱动电压太高等)它们都未得到推广,现在的商品 LCD 基本上都使用 TN 液晶。下面也以 TN 液晶作为对象进行分析。

一般商家给出的液晶响应时间都是指从黑到白或从白到黑,即全灰度等级(256 个等级)变化所需的时间,因为施加的驱动电压大,比较容易做到缩短响应时间。在日常应用中,无论看电视、玩游戏还是其他,人们看到的都是色彩斑斓的彩色画面或深浅不同的层次变化,这些都是灰度等级之间的转换。一般消费者看到全黑或全白画面的比例微乎其微,因此尽可能缩短中间灰度等级之间的转换时间才更有意义。完成不同灰度等级之间的变化所需的时间,被称为灰度等级之间(gray to gray,GTG)的响应时间。应该说,用 GTG 响应时间作为 LCD 整体响应时间的尺度比较合理。但是到目前为止,业界还没有这么做。由于灰度等级之间变化时施加电压的变化较小,GTG 响应时间要比黑白之间变化长得多,解决也困难得多。

### 1. 如何缩短响应时间

LCD 的响应时间分为上升(rise)和下降(fall、decay、relax)两部分时间,将式(4.1.5)代入式(4.1.11)和式(4.1.12)中可得到它们简明的表达式:

$$t_r = t_o / [(U/U_{th})^2 - 1] \tag{6.3.5a}$$

$$t_f = t_o / [(U_b/U_{th})^2 - 1] \tag{6.3.5b}$$

$$t_o = \gamma_1 d^2 / k\pi^2 \tag{6.3.5c}$$

式中  $U_{th}$——终态灰度等级的偏置电压;

$U_b$——始态灰度等级的偏置电压;

$\gamma_1$——旋转黏度系数;

$k$——弹性模量,与液晶的定向有关,如对于 IPS 模式,$k = k_{22}$(扭曲弹性模量)。

当要转变的两灰度等级接近,特别在 $U_{th}$ 附近时,LCD 的 GTG 响应时间是很长的。这也就是在家电大卖场中为什么液晶电视放映的总是明亮的、慢动作的画面,而绝不会放映暗环境下的武打动作。

由式(6.3.5a)~式(6.3.5c)可知,缩短 LCD 响应时间的最直接的方法是:

(1) 减小液晶材料的黏度系数 $\gamma$。

(2) 减小液晶层的厚度 $d$,即降低盒厚。

(3) 增大液晶材料的介电常数 $k$。

(4) 增大液晶盒的驱动电压。

黏度系数与色彩是矛盾的,一般有黏度系数大,色彩鲜艳;黏度系数小,色彩变淡。一般 LCD 的盒厚度为 $2 \sim 10\mu m$,减少 $d$,在同样驱动电压下,电极之间电场变强,液晶分子状态变换快,响应时间缩短,但是 $d$ 不能小于 $2\mu m$,否则工艺难度大大增加。增加介电常数 $k$,在同样驱动电压下,电极之间电场也变强,响应时间缩短,但是改变液晶材料的介电常数是很困难的。所以增加驱动电压是最常用的方法,但是驱动电压过高会缩短 LCD 的寿命。总之,缩短 LCD 响应时间的四个措施都有局限性,并且也已被发掘到极限。为此,后来又开发出一系列缩短 LCD 响应时间的方法。

### 2. 过驱动(over drive,OD)技术

图 6.3.17(a)所示是液晶显示从初始灰度等级 $G_1$ 变化到目标灰度等级 $G_2$ 时,液晶的光学响应特性变化图。在第 $n$ 帧开始时,液晶上施加的电压从 $U_1$ 瞬间增加到 $U_2$,但是对应的 $G_1$ 经过 3 帧后才达到目标 $G_2$。

　　根据液晶的响应速度正比于施加电压的特性,液晶盒上施加大于目标灰度等级的电压时,可加速液晶的响应,使液晶显示快速达到目标灰度等级,提高液晶的响应速度。如图 6.3.17(b)所示,在第 $n$ 帧内液晶上施加大于目标灰阶的电压,使液晶显示在第 $n$ 帧结束时即可达到目标灰阶。第 $n$ 帧结束后,电压降到与目标灰度等级对应的电压 $U_2$ 时,液晶显示仍然维持在目标灰度等级。如上所述的给液晶盒施加足够高的推动脉冲,提高液晶响应速度的技术称为过驱动(OD)技术。1992 年日本东芝首先提出了 OD 技术,发展至今已有20 余年,实施 OD 技术的硬件和算法都已很完美。

(a) 未加过驱动电压　　　　　　(b) 加了过驱动电压

图 6.3.17　提高液晶响应速度的过驱动技术

　　图 6.3.18 所示是一个使用 OD 技术的传统驱动系统,包含帧缓存器、查询表(LUT)、时钟控制(TCON)和源极驱动器。不同灰度等级之间转换所需加的最佳过驱动电压是不一样的,需要预先计算出,存在 LUT 中。TCON 从图像数据源接收到当前帧的图像数据,从帧缓存器中接收到前一帧的影像数据后,比较这两帧的影像数据,从 LUT 中找到所需加的最佳过驱动电压,并与当前帧的图像数据相加,然后通过源极驱动输出。有关具体电路在6.2.3 节中已有介绍。图 6.3.19 所示是使用过驱动技术前后各灰度等级之间转换的响应时间对比。可见,使用之后大多数情况下,响应时间降低,在 10ms 以下。

图 6.3.18　过驱动系统框图

　　在过驱动技术中,制作最佳的过驱动查询表(OD-LUT,overdrive look-up table)是最重要的,早期依靠操作者凝视着屏,用手工调节来确定不同灰度等级之间变化所需的 OD 电压,这样做不但费时(几天至几周),并且不能保证控制质量。中国台湾 RZD 技术公司开发出一种按照 LCD 的运动图像响应时间(MPRT)找出最佳 OD-LUT 的自动系统。还有根据AM-LCD 的 $C$-$U$ 特性曲线,只要测量一条灰度-灰度的上升和下降曲线即可提取出过驱动查询表(OD-LUT)的软件。

(a) 使用前　　　　　　　(b) 使用后

图 6.3.19　使用过驱动技术前后各灰度等级之间转换的响应时间对比

### 3. 预倾角电压技术

在共平面控制模式 LCD 中,主要使用 PVA 模式,在建立 ON 态过程中存在这样一个问题:PVA 模式在 OFF 态未施加电场时,液晶分子垂直基板排列。进入施加电场的 ON 态时,在外加电场作用下,液晶分子的指向矢向垂直电场的方向旋转。在基板电极的边缘部分,产生的边缘电场强,电场方向非常明确,所以施加电场时液晶分子可以立即旋转。但是在上下电极重叠的区域,距离重叠中心区越近,电场越接近垂直方向,在那儿,液晶分子的旋转方向不明确,一部分向左旋转,另一部分可能向右旋转,如图 6.3.20 所示。经过一段时间后,当边缘区域已旋转的液晶分子通过黏性向内部传递旋转方向之后,内部的所有液晶分子才向同一方向旋转,结果是在 PVA 模式中 $t_r$ 要比 $t_f$ 相对长一些。

(a) OFF态　　　　　　　(b) ON态

图 6.3.20　PVA 模式中液晶分子在外加电场作用下的响应行为

液晶分子的初始延迟问题可通过在液晶盒上施加预倾角电压得到改善。假定目前状态是暗态,下一帧为亮态时,在当前的帧周期内施加微小的电压。液晶上施加短暂的小电压时,液晶的亮度几乎没有变化,但是内部产生了预电场,使液晶分子向下一帧旋转的方向倾斜。液晶分子的初始旋转方向确定后,施加过驱动电压时,所有液晶分子不经过初始的延迟过程,立即开始旋转,因此可以减小液晶分子的响应时间。

不采取过驱动技术,一般需经过 2~3 帧后才能达到目标亮度;采用过驱动技术后,液晶在一帧(约 16ms)内就可以达到目标亮度。如果同时采用过驱动技术与预倾角电压的技术,响应时间进一步减小到半个帧周期(约 8ms)以内。

目前,TFT-TN-LCD 要面对高帧频(100Hz,甚至 200Hz)显示、高分辨率 3D 显示以及室外低温下显示,因此,出现了一些新的缩短响应时间的结构,如三极管双边缘场(三极管 DFFS)模式、超快速响应(super-fast response,SFR)TFT-LCD 等(参见参考文献[18]、[19])。

### 6.3.3　抑制运动伪像

现在显示器已进入大屏幕高清晰度时代,平板显示器的运动伪像(motion artifacts)问题已成为业界普遍关心的问题。运动伪像普遍存在于动态图像显示之中,但是在平板显示器特别是 LCD 显示器中这个问题尤其严重。产生运动伪像的原因有两方面:①显示器电光转换的响应时间太长;②维持型显示和人眼视觉特性相结合。运动伪像大致表现为运动物体模糊和急动状的颤抖。

**1. 运动伪像产生的原因**

早期曾用响应时间(response time,RT)来规范静止图片切换时响应速度的快慢,后来不经意地沿用到电视图像的场合,用响应时间来衡量运动时图像劣化(即运动伪像)的程度。实践中发现,它们之间无确切的定量关系。例如 LCD 电视机,即使厂家宣称液晶的响应时间已小于一帧时间(16ms 或 20ms),但是拖尾现象依然存在。相反,在 CRT 电视机中,即使荧光粉有余辉,但是丝毫看不到拖尾现象。这是由于响应时间的测量仅涉及被测像素自身亮度的变化,可称为瞬变响应,而运动图像的响应特性还与相邻像素的亮度及人眼的视觉特性有关。

研究表明,液晶电视中运动伪像的产生原因是:液晶材料的响应时间长、液晶显示属于维持显示模式以及人眼的追踪特性和对光感知的积分特性。

1) 液晶材料响应时间长引起的运动伪像的种类

(1) 动态对比度下降。动态对比度即显示屏动态显示时的最高和最低亮度的比例。假设显示屏视频序列的亮度快速变化,并且液晶面板上升和下降响应曲线一样,当液晶显示器件能够在一帧时间内响应给定信号,那么就可实现所期望的亮度转换,如图 6.3.21(a)所示;如果不能,比如一帧时间后只能达到目标亮度的 60%,如图 6.3.21(b)所示,那么得到的亮度就只有期望的 60%,使动态对比度降低。

(2) 频闪运动。连续运动的物体被人眼感知为跳跃或起伏运动,就好像是通过一个频闪观测仪观察的运动。假设在连续视频序列中,一个球在某处停留三帧时间后开始运动,此后每帧时间内通过一定的显示区域,如果液晶面板完全响应信号需要三帧时间,则在一帧时间里内只能达到 50% 的亮度响应,如图 6.3.21(c)所示,与静止区域相比,运动区域里的球显得较淡,产生消失的感觉,当球停止下来再次变亮时,跳跃的感觉就产生了。

图 6.3.21　不同响应时间的亮度转换对比

(3) 运动边缘模糊。运动伪像本身很细微,不易被注意到,主要发生在运动图像有许多细节,如头发、草或瀑布时。此时的图像边缘变得模糊、不清晰,图 6.3.22 示出液晶显示屏上显示运动的细黑条的一个例子。由于 LCD 生产商主要精力放在提高液晶材料响应时间上,加上过驱动等技术的引入,现在,灰度等级为 0~255 级之间的响应时间已经可以低于 8ms,不过,其他不同灰度等级间的响应时间仍大于 15ms。实验证明,当响应时间小于一帧(约 16.7ms)时,动态对比度下降和频闪运动这两种运动伪像基本消失,运动物体边缘变得更加清晰。但是并不能达到与 CRT 显示器件一样的清晰程度,理论分析表明,即使实现零响应时间,也不能完全消除运动边缘模糊,因为它的产生还与液晶显示器件的工作模式有关。随着液晶响应时间加快,液晶显示器件显示模式特性和人眼积分特性共同作用导致的更细微的运动伪像已经突显出来。

2) 液晶显示器维持型显示的工作模式与人眼的追踪和感知积分成像特性引起运动伪像

(1) 液晶与 CRT 在显示模式上的不同。如图 6.3.23(a)所示,CRT 的每一个像素发光属于脉冲型,在一帧时间内每个像素只在电子束轰击时才发光。轰击时间为 $10^{-7}$ 秒量级,一般彩色荧光粉的余晖不超过 2ms,所以 CRT 属脉冲型显示工作模式,在一帧时间内每个像素光脉冲宽度约为 1ms。在 AM-LCD 中,每个像素的状态在受到视频驱动信号激励,状态发生改变后可以维持约一帧时间,即在一帧时间内像素持续发光,属于维持型显示工作模式,如图 6.3.23(b)所示。

图 6.3.22　运动边缘模糊示例　　　　图 6.3.23　液晶与 CRT 在显示模式上的不同

(2) 人眼的追踪特性和感知的积分成像特性。当物体以每秒几十度的视角速度运动时,人眼通常会不自主地追踪这个物体,使物体在视网膜上成像位置大致不变,并对感知的信号积分成像。在这一追踪过程中,人眼常能感知到一系列运动伪像,这种现象在大尺寸高分辨率液晶显示器中尤为突出。这类伪像包括运动模糊、不均匀运动、边缘闪烁等。图 6.3.24 示出了一个极端的例子。一个变化周期为四个像素的曲线图像,以每帧四个像素的速度水平向右移动,人眼追踪该曲线段,积分成像后感知到的是一条水平直线。图中带箭头的斜线是视神经在不同时刻感受到的亮度,它们在一帧时间内被积分。

(3) 边界模糊形成实例。运动图像形成的边界模糊与显示器的响应时间毫无关系。图 6.3.25 给出了维持显示工作模式和人眼视觉特性引起的运动图像边缘模糊说明。图中纵坐标为时间,每一小格代表 1/4 帧时间,箭头朝下。横坐标为运动图像在屏上的位置。分三个区:左边为运动物体的实际位置,在向下扫描过程中逐渐右移;中间为经维持型显示后的图像位置,在一帧时间内图像每个像素都持续发光,到下一帧时图像突然右移四小隔;左边为经脉冲型显示后的图像,每帧只在被扫描的瞬时中显示。图中斜线表示人眼追踪的轨迹,视网膜上每一点像的亮度是每条斜线上亮度积分的时间平均值。由图中最下面一行

图 6.3.24 显示在维持型显示器上的运动图像的视觉积分例子

可知,脉冲型显示时,在人眼的感知中与物体实际情况相符;而在维持型显示时,则在人眼的感知中不但真实图像模糊,并且还在左右两侧附加了模糊的边缘。

图 6.3.25 边界模糊形成实例

**2. 测试运动图像边界模糊的宽度必须加入人眼对比敏感度曲线**

运动图像的边界模糊的宽度(perceived blurred edge width,PBEW)是由于人眼追踪和积分特性引起的,除以图像移动的速度,则边界模糊宽度变成边界模糊时间(perceived blurred edge time,PBET)。

如果已获得边界模糊的照片,则测量模糊边界的亮度变化曲线就可以用来判断 PBEW 或 PBET。需要指出,这只是一条物理仪器测得的亮度变化,不能如常规那样取 $10\%\sim90\%$ 的间隔作为 PBEW。需要的是人眼感知的边界模糊宽度(或边界模糊时间)。这就涉及了人眼的对比敏感度函数(contrast sensitivity function,CSF),即必须用 CSF 过滤一下。步骤如下(见图 6.3.26)。

(1) 将 PBEW $L(x)$ 转变为 PBET $L(t)$。

(2) 对 $L(t)$ 进行傅里叶变换,得空间频率曲线。

(3) 用对比灵敏度函数(CSF)乘一下。

(4) 对乘积做反傅里叶变换,得人眼相对刺激值-时间曲线。

(5) 图中最右边的方框中,曲线的两个尖峰间的距离即 PBET,其放大图如图 6.3.27 所示。

图 6.3.26　由模糊边缘的亮度分布 $L(t)$ 求 PBET 的步骤

图 6.3.27　人眼相对刺激值-时间曲线

### 3. 运动伪像的测试方法

运动伪像的测试方法分为直接测量法、模拟预测法和用测量亮、暗拖尾限定运动伪像法。

1) 直接测量法

由于人眼的视觉特性和液晶较长的响应时间,人眼从液晶显示屏上所感知到的运动图像是人眼与运动图像保持同步运动,并对图像在时间上进行积分的综合结果,而不是一张张运动图像的照片。要客观地再现人眼感知到的图像,就应该将在时间上离散,并且与运动图像保持同步的不同位置上的图像综合起来,这就是追踪摄像机系统,其框图如图 6.3.28 所示。

信号发生器产生移动的图像信号送给 LCD 显示器,产生让摄像机拍摄的触发信号送给摄像机。摄像机与显示器上移动图像同步移动,并且不断拍摄。拍摄下来的时序系列图像信号先进入存储器,在那里加入控制信号后送到 CPU,CPU 将系列图像积分后又送回存储器,在存储器中取出积分的移动图像边缘的亮度分布 $L(t)$,再按图 6.3.26 所示的步骤处理 $L(t)$,便可获得 PBET。由上述可知,在追踪摄像机系统中有三个关键点:

(1) 用 CCD 或 SCCD 摄像机代替人眼,用步进马达驱动摄像机追踪移动的图像,模拟人眼对运动物体的平滑追踪。

(2) 严格保证移动图案和摄像机同步。

（3）处理好测量所得的边缘模糊亮度曲线 $L(t)$。

图 6.3.28　直接测量法的框图

2）模拟预测法

直接测量法结构复杂，价格昂贵，每台价格都高达约十万美元，并且不能包括与运动模糊相关的全部伪像。模拟预测法则没有这缺点，其基本思路是精密测出 LCD 的瞬变时间响应曲线，据此由软件产生如人眼平稳追踪运动图像时每个时刻图像的亮度分布并加以积分，从而模拟出平稳跟踪且时间积分的人眼感知。测量系统如图 6.3.29 所示。

图 6.3.29　模拟预测法的框图

可编程视频图案发生器(FPGA)不断地产生所需的图案信号,并且送到显示器上;由光电二极管阵列组成的亮度传感器将显示器上被注视像素阵列的亮度信号转变为时序系列电信号,经运算放大器(OP)放大后送到数据采集卡(DAQ);对着显示器屏的检测头,将检出的亮度信号送亮度计校准,并经 RS232 接口送到计算机中;FPGA 还向 DAQ 发指令,让后者采集数据信号或将采集到的数据信号输入计算机;计算机将时间序列图案数据积分,并处理成类似人眼感知到的刺激值,并计算出 PBEW。

3)根据测量得到的亮、暗拖尾限定运动伪像

直接测量法与模拟预测法都可以定量地测出运动的伪像,但设备复杂、过程也比较麻烦,不适合电视机工厂日常使用。工厂需要一台简易的半定量测试运动伪像的仪器。北京牡丹电子集团开发出了这种测量仪器,只要测出亮、暗拖尾尺寸,就可半定量确定伪像程度。

**4. 抑制运动伪像的措施**

抑制运动伪像的措施主要有三种:图像之间插入黑色画面、背光源闪烁、提高帧频以及插入运动内插帧。

由于图像之间插入黑色画面只需要改变 LCD 的控制信号就可以实现,因此实施起来比较简单。驱动过程如下:先向 LCD 输出图像信息,然后在显示下一个图像之前输出黑色画面,也就是说,图像的显示时间小于一帧,因此缩短了人眼跟踪积分的时间,减轻了移动图像的模糊现象。一般插入 50% 的黑色画面,过短效果不明显。移动图像的模糊宽度随插入的黑色画面宽度增加同比例地减少,但是增加黑色画面的比例时,显示器的亮度也随之下降。

背光源闪烁的脉冲驱动方法也可以改善移动图像模糊现象,这种方法要求背光源的开关速度非常快,同时要求开关与图像变化同步进行。LED 背光源的开关速度非常快,适合用于背光源闪烁的脉冲驱动方法。

第三种方法是用 120Hz 或 240Hz 高频驱动代替 60Hz 驱动方式。这时人眼跟踪积分中图像信息增加 2 倍或 4 倍,显著地减轻移动图像模糊现象。虽然面板结构的改变和信号带宽的增加会引起成本上升,但是目前生产的电视机已广泛地使用 120Hz 驱动,因为它不会降低显示器的亮度。

采用背光源闪烁或插入黑帧/灰帧以下降维持时间,但这类脉冲驱动方法的缺点是造成亮度损失和使闪烁变得严重。如在原来 50Hz/60Hz 帧频率之间插入运动内插帧,则变成采用运动估值/运动补偿(ME/MC)的 100Hz/120Hz 帧频,可将维持时间减半,使运动图像质量提高,而不带来亮度损失和闪烁增加的坏处。

# 6.4　液晶显示器使用的原材料与辅助材料

除液晶外,液晶显示器使用的原材料有导电玻璃、彩色滤色膜、偏振片和背光源,使用的辅助材料有取向膜、封接胶和衬垫材料等。TFT-LCD 屏除液晶外的材料的成本占面板总成本的约 80%,其分布情况如图 6.4.1 所示。

## 6.4.1　基板玻璃

为了降低成本,TN 和 STN 屏采用普通的钠碱玻璃,而 TFT-LCD 屏由于在制造 TFT 过程中要承受高温和钠离子对 TFT 的性能有害,必须采用硼硅玻璃。基板玻璃的厚度为

图 6.4.1　TFT-LCD 屏原材料的成本构成

$1\sim0.4\mathrm{mm}$，对表面缺陷(气泡、划痕和异物)的限制是：TN 和 STN 的小于 $50\mu\mathrm{m}$，TFT 的小于 $5\mu\mathrm{m}$。主要几何指标是面板的粗糙度 $R_{\mathrm{a}}$、波纹度和翘曲度，因为它们影响液晶盒的厚度一致性。液晶盒的厚度越小，对这些指标的要求越严格，具体要求如表 6.4.1 所示。

表 6.4.1　基板玻璃允许的凹凸度

| | TFT | TN | STN |
|---|---|---|---|
| 表面粗糙度 $R_{\mathrm{a}}$/nm | $10\sim15$ | $20\sim30$ | $20\sim30$ |
| 波纹度/$\mu\mathrm{m}$ | $<0.3$ | $<0.3$ | $<0.05$ |
| 翘曲度/$\mu\mathrm{m}$ | $<100$ | $<500$ | $<500$ |

LCD 基板玻璃的供应商主要是美国的康宁，占总供应量一半以上，其次是日本的旭硝子(Asahi Glass)、电气硝子(NEG)以及板硝子(NH Technology)。

## 6.4.2　透明导电玻璃

透明导电玻璃是指在基板玻璃上镀一层透明导电层，所有平板显示屏的出光面都使用透明导电玻璃。透明导电层的成分是氧化铟锡(indium tin oxide,ITO)，所以通常称透明导电层为 ITO 膜。通常用电子束蒸发或在氧气气氛中溅射得到 ITO 膜，膜厚范围在 $100\sim300\mathrm{nm}$ 之间，由所需的电阻所确定。在溅射时，采用 ITO 合金靶，在 $\mathrm{SnO_2\text{-}In_2O_3}$ 合金中，$\mathrm{SnO_2}$ 的浓度大约为 $5\%\sim10\%$ 时，得到的 ITO 膜的质量最佳。

电阻率和透光率是由膜厚确定的，膜越厚，方块电阻越低。由于存在着光的干涉，所以透光率与膜厚并不成线性关系，最大透光率可达 $90\%$ 以上，此时膜厚大约为 $150\mathrm{nm}$。在 $75\mathrm{nm}$ 膜厚时，透光率最小，大约为 $80\%$。

刻蚀过程使用盐酸和硝酸混合溶液(也有使用三氯化铁溶液或氢溴酸溶液)，如 $\mathrm{HCl}$：$\mathrm{HNO_3}$：$\mathrm{H_2O}=1:0.1:1$ 的溶液，在 $40\,^{\circ}\mathrm{C}$ 下，其刻蚀速率为 $150\mathrm{nm/min}$。

ITO 是一种半导体透明导电材料，禁带宽度在 $3\mathrm{eV}$ 以上，具有两个 n 型施主能级，离导带很近，自由电子密度 $n=10^{20}\sim10^{21}$ 个/$\mathrm{cm^3}$，迁移率为 $10\sim30\mathrm{cm^2/Vs}$。所以电阻率很低，可低至 $10^{-4}\Omega\cdot\mathrm{cm}$ 量级。

一般的玻璃材料为钠钙玻璃，这种玻璃基板与 ITO 层之间要求有一层 $150\sim300\mathrm{nm}$ 厚的 $\mathrm{SiO_2}$ 或 SiN 阻挡层，阻挡玻璃中的钠离子的渗透。因为在 ITO 膜生产过程中，玻璃基板处于 $150\sim300\,^{\circ}\mathrm{C}$ 的温度下，如果玻璃中的钠离子扩散进入 ITO 膜中，形成受主能级，对施主起补偿作用,使导电性能下降。这层阻挡层是绝缘体,还具有两个用度:在液晶盒驱动时,阻止直流分量通过以及防止在导电玻璃表面有导电小颗粒时引起的短路。

用于液晶显示器的导电玻璃必须符合一定要求,具体的指标如下:

(1) 透光率好。一般要求大于 85%。另外,要求光干涉颜色均匀,其不均匀性<10%。

(2) 方块电阻小。薄膜的电阻率常用方块电阻来表示,方块电阻用 $R_\square$ 或 $R_s$ 表示。设膜的长、宽、厚各为 $L_1$、$L_2$、$d$,电阻率为 $\rho$,则该长方块电阻 $R=\rho(L_1/L_2)d$,如果是方块,则 $L_1=L_2$,$R$ 便变成方块电阻 $R_\square$,即 $R_\square=\rho/d$,可见 $R_\square$ 与方块的大小无关。若 ITO 膜厚 50nm,电阻率为 $1\times10^{-4}\ \Omega\cdot cm$,则 $R_\square=100\Omega/\square$。显示容量越大,要求 ITO 膜的 $R_\square$ 越低,具体划分与用度如表 6.4.2 所示。

表 6.4.2  ITO 电极的方块电阻的划分及其应用

| 电阻划分 | 方块电阻/$(\Omega/\square)$ | 膜厚/nm | 显　　示 | 用　　途 |
|---|---|---|---|---|
| 小电阻 | 200～800 | 6.25～25 | 数字 | 手表、计算器 |
| 中电阻 | 30～200 | 25～167 | 图形、小型字符 | 示波器(320×40) |
| 低电阻 I | 10～30 | 500～167 | 字符 | 文字处理机、个人计算机 |
| 低电阻 II | 5～7 | 大于 500<br>1000～700 | 大型高精细字符、视频图像 | 个人计算机、小型电视机<br>(640×480) |
| 低电阻 III | 3～5 | 1670～1000 | 大型视频图像 | 大型电视机(830×640) |

## 6.4.3  偏振片

大部分液晶显示器在完成液晶盒的制作工艺后,在盒的两侧按一定方向贴上偏振片。偏振片的特殊性质是只允许某一个方向振动的光通过,称这个方向为透射轴,而其他方向振动的光将被全部或部分地阻挡,这样自然光通过偏振片以后,就成了偏振光。同样,当偏振光透过偏光片时,如果偏振光的振动方向与偏振片的透射轴一致,就几乎不受到阻挡,这时偏光片是透明的;如果偏振光的振动方向与透射轴垂直,则几乎完全不能通过,偏光片就成为不透明。因此,偏振片可以起形成和检测偏振光的作用。

描写偏振片光学特性的三个光学参数如下:

(1) 透光率。设光线沿 $z$ 轴传播,则光振动的电矢量可分解为 $x$ 和 $y$ 两分量,对应于 $x$ 轴和 $y$ 轴方向的透过率分别设为 $T_x$ 和 $T_y$,则单片偏振片的透过率 $T_m$ 为

$$T_m = 1/2(T_x + T_y) \tag{6.4.1}$$

两片透光轴平行置放的偏振片的透过率 $T_{//}$ 为

$$T_{//} = 1/2(T_x^2 + T_y^2)^{0.5} \tag{6.4.2}$$

两片透光轴垂直置放的偏振片的透过率 $T_\perp$ 为

$$T_\perp = T_x \times T_y \tag{6.4.3}$$

(2) 偏振度。偏振度 $P$ 的定义是完全偏振光的强度与部分偏振光强度之比,即

$$P = \sqrt{((T_{//} + T_\perp)/(T_{//} - T_\perp))}$$

一般要求 $P>85\%$。对于彩色偏振片,要求 $P>80\%$。

(3) 对比度 CR。偏振片对比度是两片透光轴平行置放的偏振片的透过率 $T_{//}$ 与两片透光轴垂直置放的偏振片的透过率 $T_\perp$ 之比,即

$$CR = T_{/\!/}/T_{\perp} \qquad (6.4.4)$$

液晶显示器用偏振片是由聚乙烯醇(PVA)薄膜吸附二色性碘化物或染料经过拉伸使二色性物质定向排列而成。碘系偏振片技术成熟,偏振度和透光率都接近理论值,是偏振片的主流,但不耐高温和高湿,一般用于 80℃ 以下。染料系偏振片具有耐高温、高湿,以及耐光等优点,应用在温度高达 100℃,相对湿度 RH 达 90% 的情况下。

偏振片的光学特性参量中,以透过率 $T$ 和偏振度 $P$ 最为重要,与 LCD 的亮度和对比度有直接关系。根据二色性原理,其理论值是 $T=50\%$,$P=100\%$,透过率 $T$ 决定于碘(或二色性染料)的染色量。染色量多,$T$ 就降低,同时偏振度 $P$ 渐近 100%,$P \sim T$ 曲线如图 6.4.2 所示。

图 6.4.2 碘系偏振片的 $P \sim T$ 曲线

PVA 膜亲水,且强度低,所以需要在其两面复合上一层高强度、高透过率和光学各向同性的耐热高聚物,一般为三醋酸纤维素酯(TAC),占偏振片总成本的 54%。为适应在 LCD 上的应用,需要在偏振片的一面附上压敏胶,并再贴上柔软的外保护膜。对于反射型偏振片另一面还要复合上一层金属反光层。透射型偏振片和反射型偏振片的基本结构如图 6.4.3 所示。

(a) 透射型偏振片　　　　　　　　　　(b) 反射型偏振片

图 6.4.3 两种偏振片的基本结构

## 6.4.4 彩色滤色膜

LCD 实施彩色化采用在液晶盒中添加彩色滤色膜,早期贴在上基板玻璃外侧,为了避免发生视差,现在都制作在上基板玻璃内侧,如图 6.4.4 所示。

**1. 对彩色滤色膜的要求**

液晶显示器用彩色滤色膜(color film,CF),简称彩膜,对其特性有下列要求。

(1) 分光特性好。R、G、B 三基色要有高饱和度,即在色度图中 R、G、B 三基色坐标所围的三角形面积应尽可能大,以达到重现更多的自然彩色。

(2) 高对比度。对于高清晰度彩色画面,必须具有高对比度,这就要求 CF 具有低的反射率。

(3) 平整度好。对于 STN-LCD,要求 CF 的平整性精度达到 $0.05\mu m$ 以下;对于 TFT-LCD,则要求平整性精度小于 $0.1\mu m$,同时要求空间精度好,因为每一彩色单元必须与下基

图 6.4.4  彩色 TFT-LCD 的基板结构

板上的一个带 TFT 的液晶单元对准。对于 0.2～0.3mm 宽度的彩色像素,空间精度应≤±10μm。

（4）高的热学、光学和化学稳定性。CF 是先制作在上基板内表面,在上、下基板形成液晶盒工艺过程中有 250℃左右的高温,CF 必须能经受此高温而不变形和色度保持恒定。

**2. 彩色滤色膜的结构**

CF 的横截面如图 6.4.5(a)所示,由玻璃基板、黑矩阵、彩膜、保护膜(即覆盖层)和 ITO 膜组成。黑矩阵沉积在三基色图案之间不透光部分,起防止混色作用,并可作为下基板 TFT 矩阵中非晶硅材料的遮光层。保护膜起平整滤色片的作用,并在后工序中对滤色层起保护作用。最后,在约 200℃低温下沉积 ITO 膜。

图 6.4.5  彩色滤色膜的结构

彩膜上三基色单元的平面排列如图 6.4.5(b)所示。一般 R、G、B 三色单元以点阵分布,有三种排列方式:

（1）条形排列,如图 6.4.5(b)中的(1)所示。三基色单元为竖条,横向按 R、G、B 顺序周期性重复。此种结构简单,易显纵向条纹,图像显得粗糙。

（2）镶嵌排列,如图 6.4.5(b)中的(2)所示。三基色单元横向仍按 R、G、B 顺序周期性重复,但在纵向逐行移位。这种结构可消除条形排列中的竖条纹感,颜色相对自然些,但当像素间距较大时,会有斜纹感,图像还会有粗糙感。

(3) 三角形排列,如图 6.4.5(b)中的(3)所示。三基色单元横向也是按 R、G、B 顺序周期性重复,但行之间相互错开半个基色单元位置,如同砌砖墙。这种排列结构复杂,但显示颜色逼真,分辨率也高,所以彩色图形质量高。

在视频图像显示器中多采用三角形排列,而在通信图形显示器中多采用条形排列。

**3. 彩色滤色膜的制造技术**

1) 颜料分散法

颜料分散法是将颜料分散在感光胶中,涂在基板上,通过掩膜板曝光,被曝光处感光胶聚合变成不溶性,在显影过程中保留下来,形成一种基色点分布。重复 3 次,便形成彩膜,其工艺流程如图 6.4.6(a)所示。

颜料分散法制备的 CF 的耐热性和光学特性都好,是目前 LCD 用彩膜的主流技术。这种 CF 的主要缺点是颜料中较大的原子团对入射光具有散射和双折射作用以及对入射光产生消偏振光效应,从而会降低对比度,今后研究工作重点是改善其消偏性和提高透光率。

2) 染料法

用染料法制造彩膜有很多具体方法,如多层法和单层法,后者又分连续型和分离型。目前主要使用分离型单层法。下面以此为例介绍染料法的工艺过程,如图 6.4.6(b)所示。将可染色的光敏聚合物涂在基板上,通过掩膜曝光,用水冲去未曝光聚合物,形成透明图案,用染料将该图案染色。染色液一般是染料、醋酸和水的混合物,其质量比为 1∶3∶100。染色后要做硬化处理,以防止颜色发生色移,这样便形成了一种颜色图案,对 R、G、B 三种颜色要重复三次上述工艺。

图 6.4.6 两种 CF 的制造流程

染色用光敏聚合物主要是水溶性透明聚合物(如明胶、酯蛋白等天然高分子材料和聚氯乙烯醇等合成材料)加入重铬酸盐和重氮化合物这类感光剂制成。

染色法形成的彩膜具有透过率高、色纯度好、消偏性非常小和色彩艳丽等优点,但耐热性和耐光性较差,并且工艺成本较高。与颜料分散法并属当今彩膜制造的主流技术。

此外,还有电沉积法和印刷法,但用得不多。

**4. 黑矩阵(BM)**

黑矩阵(black matrix,BM)的功能是防止混色、对 a-Si 层进行遮光和阻挡背景光从非显

示区泄漏,所以可以提高显示器的对比度,增加色纯。黑矩阵的主要参量是光学密度(OD)和反射率。光学密度可表示为

$$OD = -\log\left[\int T(\lambda)V(\lambda)\right]d\lambda \tag{6.4.5}$$

式中 $T(\lambda)$——黑矩阵的透射谱;

$V(\lambda)$——视觉响应曲线。

一般要求 OD 为每微米大于 3,即 $1\mu m$ 的膜厚的透光率小于 1‰。可用无机材料或有机材料制造黑矩阵。早期采用在玻璃基片上溅射铬膜和 CrO 膜,经光刻工艺形成所需图案。以铬膜为基础的黑矩阵的优点是膜薄、光密度大,但具有反射率高(50%)、成本高和铬污染的问题。现在正在向有机黑矩阵转变,即利用含有黑色颜料的光敏树脂,进行光刻形成黑矩阵。黑色颜料多采用炭黑。有机树脂黑矩阵的优点是制作成本可降低约一半,彻底解决了铬污染问题,光反射率低(0.5%)。存在的不足是分辨率低、厚度大。但总的来说,有机黑矩阵已能满足彩色膜的要求。

## 6.4.5 背光模块

液晶自身不发光,在不能依赖自然光采光或环境光极差的情况下,必须采用背光源以获得稳定、清晰的显示。在手机屏、笔记本电脑、液晶显示器以及液晶电视中都需要高质量的背光源。在彩色 TFT-LCD 面板中背光模块所占成本比重与彩色滤色片接近,所以背光模块不仅对显示质量,也对 LCD 显示器成本有着重要的影响。

### 1. 用于背光模块的光源

历史上液晶显示器用过的光源有白炽灯、卤素灯、荧光灯、氙灯、金属卤化物灯、电致发光(EL)板、LED 和 FED 以及未来可能使用的 OLED。但是目前使用的主流是冷阴极荧光灯(cold cathode fluorescent lamp,CCFL)和 LED,其他种类的灯已很少使用。

(1) LED 背光源。LED 背光源的大量使用是近 10 年的事,现在在中小型 LCD 中已占统治地位,正在向大尺寸 LCD 屏延伸。具有寿命长(10 万小时)、色域大(接近 100%)、亮度高、不怕低温、适应性强、可靠性好、无汞污染等优点,随着亮度和发光效率的不断提高,LED 背光源已逐渐取代 CCFL 背光源成为最重要的 LCD 背光源。

LED 发光面积较小,边光式应用时,由数个 LED 排成一排构成线光源,置于导光板的单侧或双侧,厚度只有 0.5~3.5mm,被广泛地应用,如许多手机中的液晶显示屏都采用边光式 LED。发光面积较大时应采用背光式,它由多个 LED 管芯均匀地分布在 PCB 板上,LED 间为串联、并联或串并联供电。背光式 LED 模块厚度较大,为 4~7.5mm。

(2) CCFL 背光源。在过去,彩色液晶显示屏都毫无例外地采用 CCFL 作为背光源。CCFL 是冷阴极气体放电产生紫外光,由紫外光激发荧光粉而发光的光源,是一种效率高、色温高、效率高和可以准确地实现三基色的理想光源。原则上可以工作于边光式和背光式两种,但工作于背光式时,厚度为 15~20mm,所以一般工作于边光式。用于边光式时,CCFL 的直径有 1.6mm、1.8mm 和 2mm 三种,以 1.8mm 的灯管效率最高,工作电压为几万赫兹的高频电压,所以必须配备效率高的逆变电路。

近年来已逐渐被 LED 代替,因为 CCFL 汞含量超标,不环保;色域不如 LED 的(只有 70%~85%);对于大尺寸电视屏,CCFL 不仅工作电压高,而且加长管子也不易加工。

**2. 背光源的光学元件**

背光模块主要包括光源、导光板、反射板、扩散板、棱镜、框架等。图 6.4.7 所示是边光式 CCFL 背光照明系统结构示意图。

1) 导光板

图 6.4.7 中的尖劈光板是导光板，由高折射率的树脂制成，多为楔形平板。光在导光板中的传输依赖全反射。对于有机玻璃，全反射临界角为 42°，如图 6.4.8 所示。

图 6.4.7　边光式 CCFL 背光照明系统结构示意图

图 6.4.8　光在导光板中的传输

让光从导光板射出的方法如下：

(1) 在导光板表面上涂含有高折射率的氧化钛颜料的墨水。其缺点是墨水会吸收一部分光。

(2) 在导光板表面上形成凹凸或特殊的棱镜形。这些凹凸在导光板注射成形时同时形成，只是修改方案时必须重新制造模具，所以要有准确的光学模拟设计技术。

(3) 在导光板中混入折射率不同的其他树脂微粒，实现光的散射。其优点是导光板表面形状简单，光效率也高。

通常，离光源近处导光板内部光强大，所以散射图案密度应随着离光源远而逐渐变密。

2) 反射板

反射板是把从光源射出的背向液晶的光高效地反射回导光板中，一般使用厚度为0.1mm 的镀银 PET 薄膜。

3) 散射板

散射板有两个功能：

(1) 将导光板射出的光扩散。因为从导光板射出的光中，沿导光板法线方向的光很少，散射板可以使偏离法线方向的光漫射到法线方向，以提高正面亮度。

(2) 防止导光板散射图案与液晶面板间产生干涉条纹。

4) 棱镜板

棱镜板是把射出的光聚集在法线方向，以提高正面亮度。棱镜板置于背光源与液晶面板之间,由顶角为 $90°\sim120°$、节距为 $50\sim100\mu m$ 的微小棱镜群组成。

## 6.4.6 辅助材料

**1. 取向膜**

液晶盒内直接与液晶接触的一薄层物质被称为取向层,它的作用是使液晶分子按预定的方向和角度排列。由 LCD 的工作原理可知,取向层是必不可少的,并且对 LCD 的显示性能有重大影响。虽然取向材料和取向处理方法众多,但工业中大量使用的是先在基板玻璃上涂敷一层有机高分子薄膜,再用绒布类材料高速摩擦来实现取向,常用的材料是聚酰亚胺(简称 PI);为了实现宽视角,高分子光取向膜也在大力发展中。

1)摩擦取向膜

直接摩擦基板玻璃表面也可取得取向效果,但是工艺稳定性和效果都不理想。用浸泡、旋涂或印刷方法先涂敷上一层 PI 取向膜,再摩擦,定向效果就好得多。最常用的摩擦取向膜是聚酰亚胺(PI)。

PI 膜具有良好的化学稳定性、优良的机械性能、高绝缘性、耐高温、耐辐照等优良性质。PI 膜的原料是聚酰亚胺酸(PA),在高温下脱水固化后就成为聚酰亚胺。PA 固化生成 PI 的固化温度为 $250\sim300℃$,但是现在已开发出可以在 $200℃$ 以下固化的低温 PI。

2)高分子光取向膜

高分子光取向膜的优点是:无尘埃静电污染、大面积取向均匀、易于实现预倾角和多畴取向。高分子光取向膜分偶氮类、聚乙烯桂酸和其衍生物以及 PI 膜三大类:

(1)含偶氮类光取向膜。含偶氮类光取向膜使液晶分子取向的机理是由于液晶分子是顺着偶氮分子取向的,而偶氮有两种异构体,当受不同偏振方向线偏振紫外光照射时,会发生从顺到反或从反到顺异构体的转换,从而使液晶分子取顺向或反向排列。偶氮类光取向膜有三种组成形式,以 PI 为例分别为掺偶氮类分子聚酰胺酸、侧链型聚酰胺酸和主链型聚酰胺酸。

(2)聚乙烯肉桂酸酯类光取向膜。聚乙烯肉桂酸酯(PVCI)光取向膜是利用光合成原理。在线偏振紫外光照射下,平行于光偏振方向的碳碳双键选择性地吸收紫外光,引发分子的聚合反应形成环乙烷结构,而垂直于光偏振方向的碳碳双键不发生反应。液晶分子取向是垂直于紫外光偏振方向的。

(3)聚酰亚胺光取向膜。聚酰亚胺光取向膜是利用光分解作用。含联苯乙醚、联苯甲醚这类取向材料的聚酰亚胺受线偏振紫外光照射后,平行于偏振方向的 PI 分子主链将发生光分解作用,而垂直于光偏振方向的 PI 分子主链不发生离解,根据 PI 上所附的取向材料不同,液晶分子将沿着或垂直于光偏振方向取向。

3)AM-LCD 的取向膜

AM-LCD 的取向膜除要求具有取向功能外,还有 4 种特殊要求:膜的固化温度低于 $200℃$、预倾角加大到 $5°\sim6°$、高电压保持性(即电阻率足够高)以及低残像。最后两个要求都要求取向膜中不能有强极性基,但是高预倾角又要求取向膜中必须有强极性基,解决的办法是采取折中,两头兼顾。

**2. 封接胶**

封接胶用于将上、下两块玻璃基板黏结起来,所以也叫封框胶,一般使用环氧树脂。环氧树脂的主链上含有活泼环氧基团的线性大分子,未聚合前呈胶状流体。固化过程实质上是将大分子上的环氧键打开,使分子之间互相交联起来,形成网状结构。加热并不能使环氧树脂固化,必须加入固化剂(如乙二胺、二亚乙基三酸等)。

在环氧树脂中加入质量比大于 50% 的银粉和固化剂便组成银点胶,用于接通液晶盒上、下电极。

**3. 紫外光固化胶**

在制作高精度液晶显示屏时采用紫外光固化胶作为封框胶,其固化工艺为:$100mW/cm^2$ 紫外光辐照 15s,使生产周期缩短,还防止了长时间固化过程中两块基板发生错位。

紫外光固化胶是变性丙烯酸酯类化合物,在紫外光照射下会快速固化,在普通 LCD 制造中用作封口胶,即在灌入液晶后用于将注入口封死,这时显然不能采用需长时间加热固化的环氧树脂。紫外光固化胶还大量用于将金属引线黏结在 LCD 上,作为封结金属引线胶。

**4. 衬垫料**

为保证液晶层厚度各处均匀,需在封框胶中加入衬垫料,同时在显示区内也应均匀分布一些衬垫料。这些衬垫料保证了上、下两基板之间的间隙,也就保证了液晶层的厚度,这个厚度常称为盒厚。液晶盒中使用的衬垫料直径一般为 $5 \sim 9 \mu m$,分玻璃纤维和树脂粉两种:

(1) 玻璃纤维。直径均匀的玻璃纤维掺入封框胶作为确保液晶层厚度均匀的衬垫料。玻璃纤维直径的均匀性要好,即其直径标准偏差为 $\pm 0.05 \mu m$。直径尺寸应比盒厚稍大一些。若盒厚为 $5 \mu m$,则玻璃纤维直径取 $5.2 \sim 5.3 \mu m$。

(2) 树脂粉。球状树脂粉均匀散布在显示区,与封框胶中的玻璃纤维共同保证盒厚各处均匀。树脂粉的直径应比玻璃纤维直径小 $0.1 \sim 0.3 \mu m$,粒径的标准偏差为 $\pm 0.03 \mu m$。

## 习题与思考

6.1 反冲效应(kickback effect)本质上是由什么引起的? 从物理上解释为什么当栅极脉冲变化时会引起反冲电压 $\Delta U$?

6.2 为什么 AM-LCD 的栅极驱动和数据驱动需要采用极性反转方法? 共有几种方法? 每种方法的适用范围是多少?

6.3 AM-LCD 的一个灰度等级是几十个 mV,AM-LCD 驱动器是如何保证放大器的精度能达到 1/10 的灰度等级电压(几个 mV)量级的?

6.4 根据图 6.2.14 和图 6.2.16,说明 AM-LCD 驱动器是如何实现 DAC 的。

6.5 简述过驱动技术的作用及其实施方法。

6.6 在 AM-LCD 驱动过程中,哪部分功耗最大? 针对极性反转的驱动方法有什么节能措施?

6.7 为什么说液晶显示器的视角特性差是其工作原理本身造成的? 试绘图说明。

6.8 比较 IPS 与 VA 技术的工作原理、结构及其优缺点,并说明为什么它们都需要多畴。

6.9 简述 AM-LCD 运动伪像的产生原因。

6.10 简述 AM-LCD 背光源的结构及其每一层的作用。

# 第 7 章

# 等离子体显示

本章介绍交流等离子体显示板(AC-PDP)的基于气体放电和光致发光工作原理、基本结构和制造工艺、实现灰度的寻址显示分离方法、显示动态图像的伪轮廓现象和其解决方法以及 PDP 显示器的特殊电路。

所谓等离子体,就是当被激发电离的气体达到一定电离度时,将会表现出导电性。这种状态的电离气体中每一带电粒子的运动都会影响到其周围带电粒子,同时也受到其他带电粒子的约束。而电离气体整体表现出电中性,也就是电离气体内正负电荷数相等,称这种气体状态为等离子体态。由于它的独特行为与固态、液态、气态截然不同,故称为物质第四态。

等离子体显示板(plasma display panel,PDP)是指所有利用气体放电而发光的平板显示器的总称,它属于冷阴极放电管,利用加在阴极和阳极间一定的电压,使气体产生辉光放电。PDP 中的运行机制类似于荧光灯,然而,在 PDP 中最常用的气体是氖和氙而不是荧光灯中的氩和汞。在 PDP 中,辉光放电产生的主要峰值波长是 147nm 和 173nm。通常称这些波长为真空紫外线(VUV),只能在真空中传播,若在大气中则会被强烈吸收。这样可以确保真空紫外线能有效地达到荧光粉,并激发它。尽管 PDP 不能有非常小的像素尺寸,并且它的工作电压也高,但是较之 LCD 它具有更宽的视角、更快的响应时间和更广泛的工作温度范围。因此,用作显示静态和动态图片的大型显示面板时,无论个人,还是公共使用,无论在低温下,还是在高温下使用都是很好的候选对象。此外,PDP 制作成本较低,生产过程较简单。

## 7.1 基本结构

PDP 按工作方式的不同主要可以分为电极与气体直接接触的直流型(DC-PDP)和电极覆盖介质层,使电极与气体相隔离的交流型(AC-PDP)两大类。而交流型又根据电极结构的不同,可分为对向放电型和表面放电型两种。它们的基本结构如图 7.1.1 所示。

DC-PDP[见图 7.1.1(a)]的两个电极直接暴露在气体中,所以可以用直流模式工作。DC-PDP 的优点是简单,但这种工作方式的主要缺点是使用寿命相对较短,因为等离子体直接轰击电极和荧光粉;反之,AC-PDP[见图 7.1.1(b)、(c)]的电极被介质绝缘层覆盖,必须使用交流电压工作。介质保护层可以保护电极和荧光粉免受等离子体轰击,因此,使用寿命增加比 DC-PDP 长很多。AC-PDP 是最受欢迎的 PDP 类型。AC-PDP 有两种结构,但世界上各 PDP 制造公司普遍采用表面放电型 AC-PDP[见图 7.1.1(c)],原因是它的制造裕度大于对向放电型[见图7.1.1(b)],并且放电过程中离子不会轰击荧光粉。

(a) DC-PDP　　　　　(b) 对向放电型AC-PDP　　　　　(c) 表面放电型AC-PDP

图7.1.1　PDP的结构分类

自从1964年美国伊利诺斯(Illinois)大学制作出具有存储特性的单色AC-PDP后，1970年便有人开始研究PDP的彩色化，遇到很大的困难，直到1990年才开始正式批量生产。原则上讲，实现彩色PDP有三个可能方案：

(1) 利用不同气体辉光放电自身的颜色，但是色域有限。

(2) 利用气体放电产生的电子去轰击荧光粉，由于是低能量电子激励，荧光粉的发光效率低。

(3) 利用稀有混合气体放电产生的真空紫外光(VUV)激发三基色荧光粉发光，与荧光灯的发光原理相似，发光效率高，色域宽。

在现代的彩色PDP中普遍采用方案(3)。

图7.1.2所示是普遍采用的三电极表面放电AC-PDP的一个基本单元的结构示意。单元高度通常是$100\mu m$，内部的气体压力约是500托(毫米汞柱)。交流电压施加在上基板的维持电极和辅助维持电极(也称此两条电极为显示电极或汇流电极)之间，在表面上产生等离子体，并成功地维持着，同时VUV辐射能够激发涂敷在下基板上的荧光粉，而又不损害它，因此，显示板延长寿命。后板中有障壁、介质层、寻址电极和荧光粉。障壁的制造过程是PDP制造中最重要的过程之一。它不仅维持前板和后板之间的空间，也防止单元之间的串扰。此外，障壁的侧面提供一个额外的沉积荧光粉的表面，增加荧光粉的面积，从而增加了亮度。用发射红、绿、蓝色光的荧光粉产生红、绿、蓝颜色。在PDP使用过程中，荧光粉的亮度会稍微降低，因为等离子体的离子会溅射荧光粉，而障壁和器件其他层的出气可能污染荧光粉，使其进一步退化。

图7.1.2只是一个示意图，实际上显示电极和寻址电极是正交的，即图中上、下基板应该相互转过90°。一对显示电极与一条寻址电极的交叉区域就是一个放电单元。

在显示电极上的介质层(如低熔点玻璃)抗离子溅射能力较差，需在介质层上再覆盖一层抗溅射和二次电子发射系数高的保护薄膜，通常为MgO薄膜。前、后基板密封，排气后充入放电气体。

前板中的显示电极在驱动的维持周期中作为维持电极，其几何形状的优化是达到最大的开口率和光输出。它应该是透明的，以免阻挡发出光。因为典型透明电极的导电率比典型的金属低，贴附在透明电极边上的宽度相对细小的辅助电极或总线电极可使复合电极的

图 7.1.2 三电极表面放电 AC-PDP 的基本单元的结构示意

电导率增加,而同时保持高的开口率。后板中的电极在驱动的寻址周期中作为寻址电极。因此,称此电极为寻址电极。

## 7.2 AC-PDP 的工作原理

AC-PDP 的放电单元如图 7.2.1 所示。由图 7.2.1(a)可知,放电单元是由上玻璃基板上的两块电极与放电空间组成的电容结构,其等效电路如 7.2.1(b)所示,由两层介质与保护层之间构成的介质电容 $C_w$ 和放电空间上的电容 $C_g$ 互相耦合构成。当外加电压为 $U_a$ 时,放电单元上的电压 $U_g$ 可由电容分压公式求出:

$$U_g = \frac{C_w}{2C_g + C_w} U_a \tag{7.2.1}$$

一般有 $C_w \gg C_g$,所以 $U_g \approx U_a$。

图 7.2.1 AC-PDP 的放电单元和等效电路

当 $U_g$ 超过着火电压时,气体开始放电,产生的正离子和电子便积累在介质表面上形成壁电荷。壁电荷产生的壁电压与 $U_g$ 方向相反。壁电压使放电单元上的合成电压逐渐下降,最终使放电熄灭。放电熄灭后,壁电荷的积累还会继续一会儿(约 20ns),可使壁电压的绝对值接近等于外加电压 $U_a$。当外加电压反向时,则与壁电压相加,若其峰值超过着火电压,则又一次放电发光,壁电荷向反方向积累,重复上述过程,使放电又熄灭。由上述放电过程可知 AC-PDP 的放电过程有两个特点:

(1) 能够用比着火电压低的维持电压脉冲来维持单元放电。

(2) 壁电荷具有记忆功能。

## 7.3 气体放电特性

### 1. 气体放电的 *I-U* 特性曲线

许多气体放电有类似的特点。图 7.3.1 显示了气体放电的典型的电流-电压特性曲线。在低电压区,电流小,并且随电压增加缓慢,是非自持放电区,电流依靠空间存在的自然辐射照射阴极所引起的电子发射和使空间气体电离产生的电荷成形,电流很小,一般低于 $10^{-8}$ A,但这是许多气体放电器件能工作的"源"。当外加电压达到某一特定电压,气体放电启动,进入汤生放电区,为自持的暗放电。称这个特定电压为着火电压 $U_f$,通常超过 100V。在汤生放电区,电流随外加电压显著地增加,但 PDP 电压保持不变,直到发生辉光。如果电流未受限制,放电将自然地发展成辉光放电区,在辉光区,电子的主要来源不再是直接电离,而是由于离子轰击阴极产生的二次发射。在亚正常辉光放电区 PDP 的电压从着火电压随电流增加是下降的,一直降到最低点,称该点电压为维持电压,所以这样称呼是因为当电压降低到低于维持电压,辉光停止。继续增加外加电压,电流上升,但 PDP 电压维持不变,称这一段为正常辉光放电区,实际上是被离子轰击发射二次电子的面积不断增加的过程。继续增加外加电压,PDP 电压随电流增加而增加,进入反常辉光放电区。PDP 希望工作在正常辉光

图 7.3.1 气体放电的 *I-U* 特性曲线

放电向反常辉光放电相过渡的区域,好处是维持电压不用提高,放电已覆盖整个电极表面,放电发光较强,又不至于损伤阴极。所以显示电极之间的气体放电可等效成一个可变电阻,不放电时电阻是无穷大。

如果电流不受限制,电流继续增加,将发生弧光放电,这是在任何气体放电器件中都不容许发生的,否则,电极烧毁。所以必须在 PDP 的放电回路中串入限流元件,在 AC-PDP 中串联的薄膜电阻起限流元件作用。

**2. 汤生放电**

20 世纪初,汤生建立了由非自持放电转变为自持放电过程的气体击穿理论,并引入三个电离系数:

(1) 汤生第一电离系数 $\alpha$。每个电子在沿电场反方向运动的单位距离内,与气体原子发生碰撞电离的次数。

(2) 汤生第二电离系数 $\beta$。每个正离子在沿电场方向运动的单位距离内,与气体原子发生碰撞电离的次数。

(3) 汤生第三电离系数 $\gamma$。每个正离子在轰击阴极表面时,产生的二次电子数。

若外界使阴极表面单位时间内单位面积发射 $n_0$ 个电子,阴极到阳极的距离是 $d$,则到达阳极表面的电子数是 $n_a = n_0 e^{ad}$,因此,在放电空间新产生的电子数和离子数都是

$$n_a - n_0 = n_0(e^{ad} - 1)$$

因为与 $\alpha$ 相比,$\beta$ 较小,可不计离子与原子碰撞的电离。所以回轰阴极的离子数就等于放电空间产生的离子数,它们轰击阴极时产生的二次电子数是 $\gamma n_0(e^{ad} - 1)$。这样从阴极逸出的电子数是 $n_1 = n_0 + \gamma n_0(e^{ad} - 1)$。$n_1$ 个电子又会重复上述过程,这是一个雪崩过程。如果放电达到稳定,则从阴极逸出的电子不会增加,即 $n_2 = n_1 = n_0 + \gamma n_1(e^{ad} - 1)$,由此可以解得

$$n_1 = \frac{n_0}{1 - \gamma(e^{ad} - 1)} \tag{7.3.1}$$

此时,到达阳极的电子数是 $n_a = n_1 e^{ad}$,将式(7.3.1)代入得

$$n_a = n_0 \frac{e^{ad}}{1 - \gamma(e^{ad} - 1)} \tag{7.3.2}$$

相应的阳极电流密度为

$$j_a = j_0 \frac{e^{ad}}{1 - \gamma(e^{ad} - 1)} \tag{7.3.3}$$

在式(7.3.3)中,当 $j_0$ 等于 0,要使 $j_a$ 不等于 0,只有分母等于 0 时,这时气体放电转变为自持放电,自持放电的条件是

$$\gamma(e^{ad} - 1) = 1 \tag{7.3.4}$$

该式表明,一个电子从阴极出来最终将消失在阳极上,它在放电空间产生 $(e^{ad} - 1)$ 个离子,这些离子轰击阴极产生的二次电子数是 $\gamma(e^{ad} - 1)$,只有 $\gamma(e^{ad} - 1)$ 等于 1,才能在没有外界激发的情况下,保证有电子源源不绝地从阴极逸出,保持放电持续稳定。因为 $\alpha$ 和 $\gamma$ 都是施加在显示电极之间电压的函数,在 PDP 工作电压范围内,它们都是随极间的电压上升而变大,使式(7.3.4)成立的极间电压是自持放电的击穿电压或着火电压。

**3. 巴邢定律**

19 世纪末,巴邢(Paschen)在测量气体放电着火电压的大量实验中发现:在冷阴极,均

匀电场情况下,着火电压 $U_f$ 是冷阴极管内气压 $P$ 和极间距离 $d$ 乘积 $Pd$ 的函数。并且还发现,$U_f$ 随 $Pd$ 变化时,存在最小值。$P$ 和 $d$ 都能影响电子的自由程和电子在一个自由程中获得的能量,在 $Pd$ 较小时,随 $Pd$ 的增加,对放电的有利因素增加,所以 $U_f$ 下降;在 $Pd$ 较大时,随 $Pd$ 的增加,对放电的不利因素增加,所以 $U_f$ 上升,因此存在最小 $U_f$。$U_f$ 随 $Pd$ 变化的规律被称为巴邢定律。一些气体的巴邢曲线如图 7.3.2 所示。

图 7.3.2 一些气体的巴邢曲线

根据气体分子运动理论和一些简化假设,可以推导出汤生第一电离系数 $\alpha$ 与气压 $P$ 和电场 $E$ 的关系为

$$\frac{\alpha}{P} = A\exp\left(-\frac{B}{\dfrac{E}{P}}\right) \tag{7.3.5}$$

式中 $A$ 和 $B$——与气体性质有关的常数。

将式(7.3.4)代入式(7.3.5)中,并设电场均匀($\varepsilon = U/d$),则这种情况下的电压就是着火电压 $U_f$,可表达为

$$U_f = \frac{BPd}{\ln Pd - \ln\left\{\dfrac{1}{A}\left[\ln\left(1+\dfrac{1}{\gamma}\right)\right]\right\}} = f(Pd) \tag{7.3.6}$$

按式(7.3.6)画出的 $U_f = f(Pd)$ 曲线与图 7.3.2 的实验曲线一致。

#### 4. 潘宁(Penning)效应

当施加在气体上的电压还不足以使单个原子电离时,原子被激发到较高的能态。一个受激发原子会衰变成亚稳态,同时发射辐射。亚稳态原子是具有比通常受激原子寿命更长的受激原子,其平均寿命是 $10^{-4} \sim 10^{-2}$ s。由于亚稳态原子的平均寿命较长,它与其他粒子发生的非弹性碰撞成为气体放电中非常重要的基本过程。

在给定的基本气体中加入少量的杂质气体,如果杂质气体的电离电位小于基本气体的亚稳态能级,混合气体的着火电压会小于基本气体的着火电压,这种现象称为潘宁效应。在PDP 设计中常用潘宁气体来降低器件的着火电压。表 7.3.1 中列出了几种气体的亚稳态能级和电离电位。

表 7.3.1 几种气体的亚稳态能级和电离电位

| 元 素 | 原子序数 | 亚稳态能级/eV | 电离电位/eV |
|---|---|---|---|
| Hg | 80 | | 10.40 |
| He | 2 | 19.80 | 24.58 |
| Ne | 10 | 16.62 | 21.56 |
| Ar | 18 | 11.53 | 15.76 |
| Kr | 36 | 9.91 | 13.99 |
| Xe | 54 | 8.32 | 12.13 |

由表 7.3.1 可知，Ne-Ar、He-Xe、Ne-Xe、Ar-Hg 混合可产生潘宁效应。称这些混合气体为潘宁气体。在日光灯中使用 Ar-Hg 混合气体，在 PDP 中使用 He-Xe 或 Ne-Xe 混合气体，以降低着火电压。

**5. 显示气体**

彩色 AC-PDP 对放电气体的要求如下：

(1) 着火电压低。

(2) 辐射的真空紫外(VUV)光谱与荧光粉的激励光谱相匹配，而且强度高。

(3) 放电本身发出的可见光对荧光粉发光的色纯影响小。

(4) 放电产生的离子对介质保护膜材料溅射小。

(5) 放电气体化学性能稳定。

根据上述要求，AC-PDP 中可采用的只有惰性气体(He、Ne、Ar、Kr、Xe)，它们的谐振辐射波长分别是 58.3nm、73.6nm、106.7nm、123.6nm、147.0nm。而彩色 AC-PDP 中使用的荧光粉对波长在 140~200nm 之间的激发光谱具有较高的量子转换效率，可以采用 Xe 作为产生 VUV 的气体，因为 Xe 原子能产生很强的 147nm 的谐振辐射，而且其二聚激发态粒子 $Xe_2^*$ 还可以产生 150nm 和 173nm 的辐射。但是纯 Xe 气的着火电压太高，必须采用混合气体，如 He-Xe 或 Ne-Xe、He-Ne-Xe、Ne-Ar-Xe 等。混合气体的比例对 AC-PDP 的性能有显著影响，在已量产的彩色 AC-PDP 中，气体的配方为 Ne-Xe(4%~6%)、He-Ne(20%~30%)-Xe(4%)。

# 7.4  发光机理

彩色 AC-PDP 的发光主要由以下两个基本过程组成：①气体放电过程，即使原子受激而跃迁，发出 VUV；②荧光粉发光过程，即利用气体放电所产生的紫外线，通过光致发光激发荧光粉发射可见光。

**1. 气体放电过程**

以 Ne-Xe 混合气体放电中的电离和辐射过程为例(如图 7.4.1 所示)说明 AC-PDP 中气体放电能级跃迁和 VUV 发射过程。

电子被电场加速到能量大于 Ne 的亚稳激发电位(16.6eV)时，可以与基态 Ne 原子碰撞，使基态 Ne 原子激发到亚稳态($Ne^m$)：

$$e + Ne \rightarrow Ne^m + e$$

电子被电场加速到能量大于 Ne 的电离电位(21.6eV)时，可与基态 Ne 原子发生电离碰撞：

$$e + Ne \rightarrow Ne^+ + 2e$$

$Ne^m$ 的寿命长达 $10^{-4}$~$10^{-2}$s，与 Xe 原子碰撞的概率很高，而 Xe 的电离电位只有 12.127V，碰撞时可以使 Xe 原子电离：

$$Ne^m + Xe \rightarrow Ne + Xe^+ + e$$

被加速的电子还会与 $Xe^+$ 碰撞形成 Xe 的激发态：

$$e + Xe^+ \rightarrow Xe^{**} + hv$$

$Xe^{**}$ 很不稳定，会自动跃迁到谐振态 $Xe^*$(同时辐射 828nm 的红外线)，再由谐振态跃迁到基态(同时辐射 147nm 的 VUV)：
$$Xe^* \rightarrow Xe + h\nu \,(147nm)$$
在放电过程中还会产生 Xe 的二聚激发态，当它们跃迁回基态时，会辐射 150nm 和 173nm 的 VUV。

图 7.4.1　Ne-Xe 混合气体放电能级跃迁和 VUV 发射示意图

　　Ne-Xe 混合气体放电过程中产生的以 147nm 为主、150nm 和 173nm 为辅的 VUV 辐射可以有效地激发 AC-PDP 中所使用的三基色荧光粉。

**2. 荧光粉发光过程**

　　当 147nm 的真空紫外线照射到荧光粉表面时，一部分被反射；另一部分被吸收；还有一部分则透射出荧光粉层。荧光粉的基质吸收了 VUV 的能量后，基质中的电子可以从原子的价带跃迁到导带，产生电子空穴对。价带中的空穴由于热运动而扩散到价带顶，然后被形成发光中心的一些杂质能级所俘获；获得光子能量跃迁到导带的电子在导带中运动，并很快消耗能量而下降到导带底。然后或者直接与发光中心中的空穴复合而发出一定波长的光，或者先被导带下处于禁带中的陷阱所俘获，再通过热运动回到导带，最后与发光中心复合，因此发光时间会"晚"了一些，这就是荧光粉受激发光会产生余晖的原因。

# 7.5　PDP 的制造过程

　　PDP 由前板和后板组成，包括组装和老练过程。在前期，前板和后板可以单独处理。在这两块制成后，启动组装和老练流程。整个流程如图 7.5.1 所示。PDP 制造工艺的特点是大面积(一般屏的对角线大于 1m)、厚膜工艺多以及热处理工艺多。

　　在 PDP 的前板和后板的制造流程中，丝网印刷和光刻是两个主要的工序。丝网掩膜、浆料和印刷机(包括挤压)是丝网印刷的三个主要部件。当剪切力施加在浆料上时，理想的浆料可以很容易地通过掩膜，形成图案的浆料变成固体，在没有剪切力时，不扩散，图案的原始大小保留下来。印刷浆料后，需要干燥和焙烧过程。在典型的 150℃ 下，干燥除去溶剂。

干燥过程的关键点是从表面到内部核心和从边缘到中心均匀地干燥。焙烧过程是除去浆料中的黏结剂和熔化颗粒。此过程的典型温度在除去黏结剂的过程中通常超过 300℃,在烧结的过程中是 500℃。焙烧过程的关键是完全除去黏结剂和减少基板在冷却阶段的永久变形。为了降低在冷却阶段发生的基板的永久变形,在冷却的开始阶段,采用阶梯式冷却,以减少应力。

图 7.5.1  等离子体显示屏的制作工艺流程

对 PDP 基板的要求是与电极引出的封接材料匹配良好,希望膨胀系数约为 $83 \times 10^{-7}/℃$ 以及希望应变点在 500℃ 以上。从成本考虑,常用厚度是 2.8mm 的浮法钠钙玻璃。PDP 基质的主要问题是它的热膨胀,这和在前、后板形成过程中浆料(介质层、障壁层、荧光粉层)的高温焙烧有关。热膨胀可能会导致图像位置误差。虽然日本旭硝子公司开发的厚度是 28mm 的 PD200 专用基板,应变点高达 570℃,但价格偏高。基板的后板通常需要附加的排气孔,以从面板排出正常空气和将显示气体注入面板。

**1. 前板工艺**

前板包括基板、透明电极、透明介质层和保护层,如图 7.5.1 左上部分所示。前板的主要功能是提供气体放电和显示图像。先在前玻璃上沉积维持电极和维持辅助电极,并形成图案,随后沉积介质。前板制造的最后一步是沉积保护层。

称前板中的电极为放电或维持/维持辅助电极,它提供放电气体的能量和维持放电。ITO 和 SnO 是透明电极常用的材料。因为 ITO 电导率比典型金属的低,铜是提高 ITO 导电率常用的导电金属。由于铜线条不容易粘接在 ITO 电极上,采用 Cr-Cu-Cr 金属电极,底层 Cr 用以增加电极与玻片的附着力,顶层 Cr 用以防止 Cu 的氧化,Cu 是电极导电的主体,通常用光刻的方法形成电极。

对前介质层的要求是烧结后的透明度高,即是透明介质,通常由 $SiO_2$、$CaO$、$PbO$ 等一系列玻璃粉材料组成。制造此层的典型方法是丝网印刷。

保护层的材料可采用不同的材料,如 $CeO_2$、$La_2O_3$ 和 MgO。在这些材料中,最常用的是 MgO,因为它不仅是高温耐火材料,而且二次电子发射高,透明度高,还可以忍受离子轰击。通常采用真空电子束蒸发沉积方法制作 MgO 保护膜。为降低成本,研究了 MgO 的磁控溅射沉积方法,一直未见在正式流水线中应用。MgO 薄膜的制作是 PDP 工艺为数不多的薄膜工艺,设备复杂、价格昂贵、产率不高,是 PDP 生产工艺中设备投资最大的一项工艺。

MgO 保护膜可保护介质层不受离子轰击。一般膜厚为 700nm 以满足寿命大于 2 万小时的需要。在使用过程中,保护膜逐渐消失。由于 MgO 保护膜高的二次电子发射系数,使得着火电压降低。MgO 层的质量还影响放电的时间延迟。

**2. 后板工艺**

后板包括基板、电极、白介质层、障壁和荧光粉层,其典型的制造流程如图 7.5.1 右上部分所示。后板的主要功能是提供气体放电和产生光。在后板玻璃上沉积和形成寻址电极图案,随后沉积反射系数大的白介质层。最后,丝网印刷形成障壁和荧光粉图案。

通常采用银膏制作电极,典型的制作方法是丝网印刷或光刻。光刻方法可以实现线宽小至 $20\mu m$,而用丝网印刷只能达到 $50\mu m$。然而,丝网印刷由于其材料成本低和较简单的流程步骤,仍然是形成寻址电极的常见方法。在实际应用中,白介质层的材料是石英粉膏,通常用丝网印刷形成介质层。

介质障壁制造工艺一直是 PDP 制作工艺中最关键工艺之一。障壁制作的主要方法是丝网印刷法和喷砂法,其他的还有光刻法、模压法和填平法。虽然丝网印刷法在设备费用及材料利用率等方面最有利,但精度仍有问题。它是早期制作障壁的唯一方法。由于一次印刷的最大厚度为 $30\mu m$,而实际所需障壁高度为 $100\sim140\mu m$,必须经过 $8\sim10$ 次印刷才能完成。喷砂法由于采用光刻中的曝光技术,可获得较高的障壁制作精度。喷砂法仅需和寻址电极对准一次,制作大面积器件时失配问题较小。喷砂法效率高,只需数分钟即可完成喷砂刻蚀。用作障壁材料的低熔点玻璃粉和抗喷砂光敏胶现已做成干膜,可以很方便地用热压方法贴在基板上,不仅工艺简单,障壁平整度也有提高。但喷砂法制造障壁过程中,超过 $70\%$ 以上的障壁材料都在制作过程中被除去,不但使制造成本提升,同时也形成材料的浪费与环境污染的问题。感光涂胶法也可用来制作障壁。这种方法工艺过程只需采用曝光和显影,较容易实现。感光性涂胶的主要成分为玻璃粉、丙烯酸树脂、聚合物引发剂(如二氮化合物)。玻璃粉分布在掺有引发剂的丙烯酸树脂上。由于玻璃粉容易分散曝光,一次形成厚膜较难,要形成厚膜,通常需贴胶和曝光几次。填平法材料利用率较高。它先将光刻干膜贴附于玻璃基板上,光刻形成"负"的电极图形,即没有电极的部分保留光刻胶。以此负图形为"模型",在其槽中印入电极浆料,最后将残留的光刻胶干膜去掉。这种方法的缺点是印刷过程中容易混入气泡,烧结后障壁高度均匀性不理想(障壁高度变化应小于 $5\%$)。图 7.5.2 所示为各种障壁制作工艺的比较。

CRT 中的荧光粉是被电子激发的,而在 PDP 中,荧光粉是被 UV 激发的。PDP 使用的红色、绿色和蓝色荧光粉的成分与性能如表 7.5.1 所示。目前存在的问题是绿色荧光粉 $Zn_2SiO_4:Mn$ 的余晖偏长、蓝色荧光粉 $BaMgAl_{10}O_{17}:Eu$ 易退化以及红色荧光粉 $Y_{0.65}Gd_{0.35}BO_3:Eu$ 的色纯不足。

图 7.5.2　各种障壁制作工艺的比较

**表 7.5.1　PDP 的荧光粉**

| 荧光粉 | 颜色 | 色坐标($x,y$) | 余辉时间 $\tau_{(1/10)}$/ms | 流明当量/(lm/W) |
|---|---|---|---|---|
| $BaMgAl_{10}O_{17}:Eu$ | 蓝 | 0.147,0.067 | <1 | 80 |
| $Zn_2SiO_4:Mn$ | 绿 | 0.242,0.708 | 14.0 | 550 |
| $BaAl_{12}O_{19}:Mn$ | 绿 | 0.182,0.732 | 17.0 | 560 |
| $(Y,Gd)BO_3:Eu$ | 红 | 0.641,0.356 | 9.0 | 275 |
| $Y_2O_3:Eu$ | 红 | 0.648,0.347 | 2.5 | 290 |

　　荧光粉层涂敷在障壁内侧,相邻两色之间不能有混色的现象。荧光粉层的制作通常采用丝网印刷方法,将不同颜色的荧光粉浆料分别填入各障壁之间,因此需要印刷三次。先通过印刷将荧光粉浆料注入放电单元,然后干燥。三种颜色荧光粉都完成以后再进行高温烧结,温度在 500℃左右。

# 7.6　总装和老练工艺

　　总装涉及密封层形成、前后基板对齐、密封、排气、显示气体填充、老练以及电极引出。

　　(1) 形成密封层。用分布机把低熔点玻璃粉浆料在后板四周生成一个封闭的低熔点玻璃粉边框,在一定的压力下烧结形成密封边框。低熔点玻璃的热膨胀系数必须与玻璃基板相配。

　　(2) 前后基板对齐。在前板和后板制作完成后,需将它们精确对齐,夹紧,使用钳子固定,并在较高温度下利用低熔点玻璃将前后基板封接在一起,同时将充排气管垂直地封接在后板的一个角上。

　　(3) 排气。一般封接、排气、充气在一台设备上完成。首先在 450℃的温度下进行低熔点玻璃封接,然后温度降到 300℃ 以上保温,并对显示屏排气。由于 PDP 上下基板的间隙仅为 $150\mu m$ 左右,中间又有上千条障壁阻隔。排气通导很小,效率很低。一般要在真空下保温 10h 以上,才能获得较好的效果。

(4) 充气。在真空度达到 $10^{-7}$ 托(毫米汞柱)以后,充入净化气体,然后抽走,完成对显示单元的净化。在完成净化后,将显示气体充入显示屏,封接充排气管。显示气体通常是 Ne 与 Xe 的混合气体。每种气体在总混合气体压力中所占的百分比是非常重要的,因为它决定了 VUV 的强度。为了降低显示屏内外的气体压力差,显示屏内的气体压力不超过 1 个大气压力(760 托),通常是约 500 托。在这样的气压和障壁的高度大约是 $150\mu m$ 情况下,对于典型的 Ne 和 Xe 混合气体,可以以实现低的着火电压。

(5) 老练。在老练过程中,MgO 表面、介质层和电极上的缺陷或污染显露出来。电极的缺陷可能是开路、短路或者介于两者之间的任何情况。此外,老练可以稳定工作电压和降低着火电压,因为在这个过程中,MgO 表面被抛光或平滑化了,在放电部位的表面污染从 MgO 移走以及从 MgO 表面释放出一些气体。

## 7.7 PDP 显示屏灰度的实现

在 CRT 中,可以通过调制极控制电子束电流大小实现灰度;在 LCD 中,可以控制液晶盒上的驱动电压实现灰度。AC-PDP 是依赖正负驱动脉冲工作的。在显示电极之间施加脉冲时,在微秒量级时间内,脉冲电压就被电极间的壁电荷产生的反向电压抵消,后续的脉冲持续是无用的,所以不能用改变脉冲宽度实现灰度。维持脉冲的幅度也是不能随意变动的,过低时放电熄灭,过高时,若超过着火电压,不该发光的像素也发光了,所以也不能用改变脉冲幅度实现灰度。只剩下控制施加在每个像素上维持脉冲个数实现灰度一种方法。

尽管有许多调制维持脉冲个数的方法可以用于 PDP,寻址显示分离(address display separation,ADS)由于波形和电路相对简单是最常用的方法。在 ADS 方法中,将每场分成许多子场,不同子场的组合决定每个显示单元想要的灰度等级。每个子场的驱动波形由准备期、寻址期以及具有不同长度的维持期组成,如图 7.7.1 所示,并且各子场顺序出现。如果每场分成 8 个子场,则各子场时间长度的时间单位数按二进制分配:$2^0$、$2^1$、$2^2$、$2^3$、$2^4$、$2^5$、$2^6$、$2^7$。准备期就是擦除期,将所有各显示单元上的壁电荷彻底擦除,不留一点痕迹。寻址期是将在该子场中要发光的显示单元加上壁电荷。维持期是让所有已具有壁电荷的显示单元在该维持期内持续发光。这样,通过不同子场点亮的组合就可以实现 $0\sim255(256,2^8)$ 个灰度等级的显示。对彩色 PDP,RGB 每一基色可显示 256 个灰度等级,可组合出 16 777 216 $(2^{8\times3})$ 种颜色,实现全彩色显示。这就是写寻址驱动方法:使所有显示单元处于熄灭状态,然后在寻址期使要点亮的单元转入点亮状态,即积累壁电荷,而不点亮的单元不积累壁电荷,处于熄灭状态。在维持期,只有那些积累壁电荷的单元会发光。还有一种擦除寻址驱动方法:先使所有的显示单元处于点亮状态,然后在寻址期,根据显示数据的情况选择擦除不要点亮单元中的壁电荷,使其转入熄灭状态,而需要点亮的单元壁电荷保留下来,仍处于点亮状态。在维持期,只有那些处于点亮状态的单元会维持发光。

图 7.7.2 所示是实现写寻址驱动方法的一组驱动波形。

寻址时间的长度是相同的,一段典型的寻址期包括擦除、高电压擦除、擦除和写入子周

图 7.7.1 寻址与显示分离的子场驱动技术灰度实现方法

图 7.7.2 AC-PDP 的驱动波形

期。第一次擦除是在维持电极之间施加一个不大的电压,使壁电荷电压与其同向的显示单元放电,放电结束后,所有显示单元都带相同方向的壁电荷。然后,施加远高于 $U_f$ 的擦除电压,由图 7.7.2 可见,脉冲电压与壁电荷电压方向是相同的,于是发生猛烈的放电,并且放电结束后,壁电荷电压仍然大于 $U_f$,发生无外加电压情况下的放电,壁电荷迅速消失。第二次擦除也是在维持电极之间施加一个不大的电压,现在所有显示单元的壁电荷电压方向都与其同向,全屏放电,壁电荷电压方向改变。放电停止后,在维持电极之间留下残余壁电荷。这些残余壁电荷在写入期中可以加速写入速度。此机制对 PDPs 的高速寻址操作有很大好处。设计这三个动作是为了用放电清除数据和为接着的写入子周期高速写入创造条件。写入子周期的长度取决于一条扫描线所需的写入时间和显示屏的扫描线的数量。若每条扫描线的写入时间是 $2\mu s$,对于 VGA 格式,扫描线数是 480,则每个子场中写入的时间约为 1ms。8 个子场共需 8ms。如果扫描线的数量是 1000,则共需 16ms,会使显示亮度大大降低,所以 ADS 驱动方法不适用于高分辨率 PDP 显示。在寻址期中,寻址脉冲是高电平的,维持电极 2 始终是高电平,与寻址电极之间不会发生放电。未被选中的显示单元的维持电极 1 也是高电平,与寻址电极也不会发生放电。被选中的显示单元的维持电极 1 是低电平,与寻址电极之间会发生放电,并引发维持电极之间放电,使维持电极之间形成所希望的壁电荷电压,它与未选中的显示单元的维持电极之间残余壁电荷电压方向是相反的。进入维持期,只要第一个维持脉冲的电压方向与被选中显示单元的维持电极之间形成的壁电荷电压方向相同,全屏被选中的显示单元都会被点亮。

## 7.8　PDP 显示动态图像的伪轮廓现象

由于 PDP 采用子场技术实现灰度显示,即利用人眼的积分效应对各个子场的亮度信号进行累积,从而观看到各种灰度等级的图像。这种显示方式在显示静止图像时可获得很好的显示效果,但在显示动态图像时会引起灰度紊乱或色彩紊乱,在图像上表现为一些假轮廓,称为动态伪轮廓。

当人眼在观测运动的物体时,眼球通常产生两种运动来保持对运动物体的聚焦:眼球快速的跳跃运动和平滑的跟随运动。眼球快速的跳跃运动通常发生在眼球平滑的跟随运动的前期,即人眼的聚焦从一个物体转移到另外一个物体,这一时期由于大脑的抑制作用,外界物体在大脑中感知的影像将不受影响。大脑主要通过平滑的跟随运动来看清运动中的物体。在平滑跟随运动过程中,大脑利用亮度信号在时域和空域的积分来判断运动物体的速度和位置,从而使眼球的跟随运动变得相对平稳和准确。这种平稳的跟随与自然界大部分物体的运动是一致的,即物体的运动速度也是连续变化的,因此可以看清楚自然界大部分运动中物体的细节。但是,对于 PDP 显示的动态图像而言,其实际显示的二维亮度信号在时域和空域上都是离散而非连续的,只是利用了人眼的积分特性来产生灰度等级的变化。结果在显示动态图像时,在某个频率范围内会产生运动失真现象。在图像的某些地方,尤其是明暗变化比较明显的边缘部分会出现亮或暗的虚影,即动态伪轮廓现象。

图 7.8.1 所示是运动失真产生原因示意图。横坐标是像素运动的方向,纵坐标是时间轴,带箭头的斜直线是像素的运动轨迹,也是人眼观察运动像素时的跟踪曲线。图中有 5 个像素,前两个的灰度等级是 127,后 3 个的灰度等级是 128,它们之间的亮度差是很小的,若为静态,该 5 个像素在人眼中的亮度积分曲线近似是一条直线。若这组像素以每帧两个像素的速度向右移动,则人眼在两个灰度级的边缘处会看到一个暗的条纹。这是因为第 127 级灰度等级对应于低 7 位子场全显示,第 8 位子场不显示。而第 128 级灰度等级对应于只有第 8 位子场显示,低 7 位子场全部不显示。因此它们虽然灰度级上只有很小的变化,在时间上两个灰度级的实现却被分在两个完全不同的时间段。这种时间上的延迟在动态画面中就体现为空间上的不连续。

目前解决动态图像伪轮廓问题的方法大致可分为四类:子场重新分割法、子场控制法、补偿脉冲法以及误差扩散法。

(1) 子场重新分割法。针对 127 级和 128 级灰度之间在时间上的跳变进行了优化,将这两个最长的子

图 7.8.1　运动失真产生原因示意

场分成 4 个权重为 48 的等长度子场,这样子场数量增为 10 个,但伪轮廓得到明显改善。

（2）子场控制法（sub-field control, SFC）。进一步缩小相邻像素所加子场的差别,优化子场排列顺序。

（3）补偿脉冲法。在出现了明显暗区的位置,可以在原有的信号上加上几个额外的光发射区,也就是加上几个补偿脉冲使伪轮廓所相应的暗区得到补偿。同样对于亮区性质的伪轮廓,可以在相应的位置加上几个负的补偿脉冲加以补偿。

（4）误差扩散法。设法测出原信号亮度与显示图像亮度之差,将此差额与相邻单元亮度值相加或相减,使图像的连续性增强。

综合利用上述几种方法,可以将伪轮廓现象降低到 1/40 以下,人眼基本上感觉不出来。

## 7.9 PDP 系统的电路

AC-PDP 的基本电路由电源电路、信号处理电路和扫描/数据驱动电路组成。扫描/数据驱动电路驱动 PDP,信号处理电路给面板提供视频信号,电源电路给整个系统提供功率。除了基本的电路和驱动功能,能量恢复电路通常也用于 AC-PDP。

### 7.9.1 驱动电路

彩色 AC-PDP 中显示屏是显示发光部件,需要高压电路进行驱动才能正常工作,因此显示屏和驱动电路系统是紧密结合不可分开的一个整体。驱动电路系统的设计在很大程度上依赖于显示屏放电单元的结构、显示电极引出方式、放电单元的着火电压以及驱动方法和驱动波形的选择等,同时驱动电路系统的设计在很大程度上也决定了彩色 AC-PDP 显示的图像质量。

等离子体显示屏的驱动电路主要包括四个部分：接口电路、存储与控制、高压驱动电路和开关电源。其中,存储与控制电路、高压驱动电路与显示屏和电极结构和驱动方法密切相关。图 7.9.1 所示为电路系统的整体框图。

图 7.9.1　PDP 电路系统整体框图

**1. 接口电路**

接口电路的功能是完成视频图像信号采集。图像采集包括常规模拟视频信号的数字化、存储、针对 PDP 显示所做的图像处理,其中常规视频信号包括 Video/S-Video(色度与亮度信号分离的视频信号)以及 VGA 信号。在图像数字化后,必须将信号存储下来,由于PDP 是子场显示方式,因此必须存储两帧以上的图像,以便对每帧图像划分子场。针对PDP 显示的特殊性,还必须对图像进行处理,消除数字显示带来的视觉误差、提高显示质量。也就是说,通过接口电路把输入的各种格式的模拟图像信号进行解码和数字化,统一处理成适合 PDP 后级显示电路处理的数据格式,同时为后级电路提供显示所需要的各种同步控制信号,如行、场同步,消隐和数据时钟等信号。另外,由于外界输入的图像信息大多为CRT 显示器设计,预先进行了 γ 校正,而 PDP 显示具有线性特性,所以为确保彩色正确的显示图像,在接口部分还应对图像数据进行相应的反 γ 校正。图 7.9.2 所示为接口电路框图。根据功能可将接口电路分为 VGA 接口电路和视频接口电路两部分。

图 7.9.2　接口电路框图

VGA 接口电路由视频放大器、高速 A/D、数字锁相环、中央控制器、色彩校正电路和输出缓冲器等部分组成。图 7.9.3 所示为 VGA 接口电路框图。它的主要功能是对模拟 RGB信号数字化,并提供同步、消隐等控制信号。视频放大器的主要作用是将输入模拟 RGB 信号放大到 A/D 转换器所要求的 2V 以及将放大后的 RGB 信号的黑电平拑位到 3V。色彩校正电路的作用是进行反 γ 校正以及调整三基色的色域。

图 7.9.3　VGA 接口电路框图

sync—同步;blank—消隐;Black—黑电平;Clock,clk—时钟;Dclk—数据时钟

视频接口电路主要由视频解码器、中央控制器、行存储器、单片机等部分组成。图 7.9.4 所示为视频接口电路框图。

图 7.9.4  视频接口电路框图

CVBS—复合视频广播信号；S-Video—色度与亮度信号分离的视频信号

**2. 存储与控制电路**

存储与控制电路是 PDP 显示驱动的核心模块，它产生 PDP 正常工作所必需的同步信号、图像存取信号、电源控制信号、高压驱动所需的驱动波形。这一部分功能的实现通常采用可编程逻辑器件(PLD)，通过程序的配置可适用各种显示屏结构和驱动方法。存储与控制电路主要的功能是将接口电路送来的数字化图像数据流按照显示屏的结构和 ADS 原理的要求进行转换、存储和读出等处理，使其便于驱动电路用来驱动显示屏正常实现图像显示。该部分全部是数字电路。图 7.9.5 所示为存储电路框图。存储控制电路处于 PDP 电路的中间部分，相当于整个电路的中央控制器，协调电路各个部分的工作。一方面接收来自接口电路的数据，并将数据转换成合适的形式；另一方面向驱动电路传送显示数据并提供驱动所需的控制信号。

图 7.9.5  存储电路框图

**3. 高压驱动电路**

彩色 AC-PDP 中的气体放电一般要 100V 以上的电压才可以发生。因此要实现图像的显示需要将低压的图像数据信号转换为高压脉冲施加在寻址电极上，同时扫描电极和维持电极上也要施加相应的高压脉冲以完成寻址、维持显示等操作。高压驱动电路的功能是对显示数据做相应的处理，按照驱动方法提供驱动彩色 AC-PDP 显示屏所需的各种高压脉冲波形。图 7.9.6 所示为典型的彩色 AC-PDP 高压驱动电路的框图。选择合理的驱动器件和高压开关，使其按逻辑控制波形的控制导通或关断，就可以输出所需的高压脉冲驱动波形。由于 PDP 的工作电压较高，因此其选址工作必须采用专用的低压控制高压输出的芯片，如 NEC 公司的 PDP 专用芯片 $\mu$PD16305、$\mu$PD16337。

**4. 电源部分**

在 PDP 中存在着各种电压幅度，因此其电源的设计也是十分重要的。电源部分主要包括开关电源和 DC-DC 变换电路，用以产生以上所需的各种电压。由于 PDP 是电容性器件，

图 7.9.6 彩色 AC-PDP 高压驱动电路的框图

因此其正常工作时瞬间电流较高,为了降低 PDP 的功耗,必须采用能量恢复电路,利用电感将能量返回电源,从而解决高功耗的问题。

整个电路的工作过程是:电源电路部分为整个驱动、接口、存储与控制电路等各部分提供所需的电压;接口电路将外界输入的标准 VGA、视频或射频等图像信号进行数字化处理,按一定的格式送往后级的存储与控制电路,同时送出的还有行同步、场同步以及数据时钟和消隐等控制信号;存储与控制电路对前级送来的图像数据按显示屏的电极结构及子场显示的要求,对图像数据进行分流和按位(子场)分离,存入帧存储器。显示时,按扫描寻址的要求将数据从帧存储器中读出并送往寻址电极驱动器进行寻址;驱动电路部分根据驱动方法的要求,由驱动控制电路产生的逻辑控制波形控制,产生驱动所需的高压驱动波形,最终完成扫描寻址和维持显示图像。另外,利用驱动控制电路部分的可编辑的逻辑波形发生器,实现对高压驱动波形的形状、脉宽、能量恢复时间参数、显示亮度以及其他时间参量的调节。

## 7.9.2 能量恢复电路

交流等离子体显示屏的结构和工作原理决定了它是一个容性负载。当电极上所加的电压变化时,由于介质层的存在,使得各电极之间产生电容效应,显示屏就相当于一个等效的内部电容。各电极施加脉冲波形驱动的过程,也就是对屏电容充放电的过程。为了获得快速高电压维持波形,采用金属—氧化物—半导体场效应管(简称 MOSFET)作为高压开关。虽然在对电容的充放电过程中电容本身并不消耗能量,充放电引起的电流将导致在回路电阻上消耗能量,回路的电阻包括电源的内阻、MOSFET 的导通电阻和引线电阻等。在 ADS 驱动方法中,准备期和维持期的高压脉冲是全屏所有单元同时施加,特别是维持期时,维持脉冲频率越高,器件消耗的功率也越大。

图 7.9.7 所示是简化的 PDP 维持驱动电路与波形,通过 4 个 MOSFET 的开关组合,在 PDP 扫描电极上产生正负交替的维持脉冲。通常,维持电压的幅度大小约为 $160V$,维持频率($f$)为 $100kHz$ 左右,如果显示屏的寄生电容($C_p$)为 $100nF$,由于在电容每次的充电或放电的过程中,有 $C_p U_s^2/2$ 的功耗消耗在电路的导线寄生电阻和 MOSFET 的沟道电阻上,显示屏的寄生电容所导致的功耗为 $4 \times f \times C_p U_s^2/2$。在上述工作条件下,显示屏功耗高达 $512W$,显然这是家用显示终端所不能接受的。同时,电路系统功耗的提高必然导致电源设计要求提高,系统散热设计困难加大,还会带来大量的 EMI 的噪声,造成整个系统性能的降低。为此提出了采用能量恢复电路降低功耗的方法,即采用 LC 振荡电路对其进行充放电可以大大降低能量损耗。目前几乎所有的 PDP 产品均采用了能量恢复电路降低功耗。

图 7.9.7 简化的 PDP 维持驱动电路与波形

根据电路所采取的谐振类型,主要可以分为串联谐振型能量恢复维持驱动电路和并联谐振型能量恢复维持驱动电路。大部分能量恢复维持驱动电路都具有以下共性:

(1) 高压维持波形发生器均采取全桥或半桥电路的配置。

(2) MOSFET 被用到电路设计中,作为高速开关来使用。

(3) 维持电路系统中引入 $LC$ 谐振电路,根据 $LC$ 的连接情况可以把电路类型分为串联谐振型与并联谐振型两种电路类型。

(4) $LC$ 谐振电路的引入,使得 MOSFET 可以实现零电压导通,零电流关断,减少了 MOSFET 的开关损耗。

图 7.9.8 所示一种最早的、典型的 AC-PDP 串联谐振型能量恢复电路及其驱动波形。

(a) 电路结构

(b) 驱动波形

图 7.9.8 串联谐振型能量恢复维持驱动电路

它包括两个独立的充电和放电电路,一个加在扫描电极(即维持电极)上,另一个加在公共电极(即辅助维持电极)上。以加在扫描电极上的电路为例,显示屏寄生电容 $C_p$ 和能量恢复电容 $C_{ss1}(C_{ss1} \gg C_p)$ 通过一个外部电感 $L_1$ 串联,电路利用 $C_p$、$L_1$ 和 $C_{ss1}$ 之间的串联谐振给显示屏电容进行充放电。

电路充放电可以分为 4 个阶段:$T_1$、$T_2$、$T_3$ 和 $T_4$。在 $T_1$ 之前,仅开关 $M_3$ 和 $M_4$ 处于导通状态,其他开关截止,这样电压 $U_p$ 等于零。$T_1$ 期间,$M_3$ 截止,$M_5$ 导通,对应的等效 $LC$ 电路如图 7.9.9 所示。电容 $C_{ss1}$ 上的电压当电路工作稳定后几乎不变,大小为 $U_s/2$,显示屏电压 $U_p$ 在 $T_1$ 末充电达到接近 $U_s$。在 $U_p$ 增大到接近 $U_s$ 后,此时电感 $L$ 中的电流接近 0,开关 $M_1$ 导通,而开关 $M_5$ 截止。也

图 7.9.9 等效的 $LC$ 谐振电路

就是在 $T_2$ 期间,直接由电源通过开关 $M_1$ 给显示屏提供大小为 $U_s$ 的电压。$T_3$ 期间,平板电容 $C_p$ 放电。开关 $M_1$ 截止,而开关 $M_6$ 导通,电容 $C_p$ 的放电电流开始通过电感 $L_1$、二极管 $D_2$ 和开关 $M_6$ 流到电容 $C_{ss1}$,电容 $C_{ss1}$ 充电。平板电容 $C_p$ 持续放电直到电压 $U_p$ 降到接近零止,此时电感 $L$ 中的电流接近 0。当电压 $U_p$ 接近零时,开关 $M_3$ 导通,而 $M_6$ 截止。也就是 $T_4$ 期间,参考地通过 $M_3$ 给显示屏提供零电位,在整个 $T_4$ 期间平板电容 $C_p$ 上一直维持零电压。

当充放电电流流经电感 $L_1$ 时,$LC$ 谐振得以实现,这样就获得了能量恢复的效果。也就是从能量恢复电容 $C_{ss1}$ 上释放的能量通过开关 $M_5$ 和二极管 $D_1$ 来给寄生平板电容 $C_p$ 充电,而由电容 $C_p$ 释放出的能量也能够暂时储存在电容 $C_{ss1}$ 上。这样,大部分能量就得到了恢复,从而获得高效率。

目前有多种能量恢复电路,虽然并联谐振电路用了更少的器件,原则上可以达到更好的性能,但是由于谐振不易控制,实际应用中对具体电路的设计依赖性较大,设计还不成熟,所以当前市面上几乎所有的 PDP 显示器仍采用 Larry F. Weber 发明的能量恢复电路。

## 7.10 PDP 显示器的优缺点

PDP 显示器的优点:易于实现薄屏大屏幕($100 \sim 250$cm,厚度$<12$cm);具有高速响应特性(微秒响应时间);视角宽($160°$);全数字化工作模式;纯平面无失真和视频信号信噪比高;不受电磁干扰;亮度均匀;寿命长。

这些优点是与 CRT 显示器比较的,与目前的 AM-LCD 比较就不突出了。

PDP 显示器的缺点:发光效率不高、工作电压高以及功耗过大。这些缺点是与 AM-LCD 比较的。

在 20 世纪末,一致认为 AC-PDP 是大屏幕壁挂电视的唯一候选者,在 AC-PDP 鼎盛时期全世界有十几家生产,如松下、索尼、日立、富士通、NEC、先锋、飞利浦、NHK、Plasmaco、LG、三星等。由于 AM-LCD 在大尺寸、高分辨率领域迅速的发展,PDP 电视在平板电视中的份额近十多年来从百分之十几一路下滑到不足百分之五,于是上述厂家纷纷退出:东芝、富士通 2005 年退出;索尼 2006 年 8 月退出;飞利浦 2009 年 3 月完全退出;先锋 2012 年

2月正式退出；领军厂家松下2014年3月退出。现在只有中国长虹还在生产,但也亏损得厉害。所以,PDP从电视市场上退出已是指日可待。

## 习题与思考

7.1　为什么商品PDP选择交流表面放电式结构?

7.2　为什么PDP中选择He-Xe或Ne-Xe混合气体?

7.3　画出"三电极表面放电AC-PDP的基本单元的结构示意"。

7.4　简述AC-PDP的工作原理。

7.5　为什么AC-PDP只能使用ADS方法实现灰度?

7.6　描述ADS方法的三个过程:准备、寻址、维持。

7.7　AC-PDP两大主要工艺过程是什么? 如何实现? 对器件性能有什么影响?

7.8　动态图像的伪轮廓现象的产生原因是什么? 如何解决?

7.9　为什么AC-PDP显示器中一定要使用能量恢复电路?

7.10　为什么AC-PDP显示器在大面积显示屏市场竞争中会逐步走向没落?

# 第 8 章

# 场致发射显示

本章介绍场致发射的量子力学理论——Fowler-Nordheim 方程、两种典型的 Spindt 微尖发射体的制造流程及其工艺难度、场致发射显示器(field emission display,FED)阴极面板和阳极面板的结构、FED 面临的结构和工艺难点、非 Spindt 微尖型的冷阴极发射体(碳纳米管、表面传导电子发射和薄膜硅材料)的工作原理和制作工艺,最后小结 FED 为什么未能进入大众市场。

## 8.1 电子场致发射

### 8.1.1 场致发射显示原理

许多人一直认为场致发射显示器(FED)是理想的视觉显示器。期望很高,认为是一种新的能实现低成本、高分辨率、高响应速度器件的有竞争力的技术。虽然已取得引人注目的进步,但在大众市场仍没有找到其位置,因为生产问题很难解决。纳米技术解决方案是其保持着生存的希望。FED 是自发光器件,是显示器和真空微电子学组合的产物。在本质上,可把 FED 看作是一个薄而平的低功率阴极射线管(CRT)。不同之处在于不是一把或三把"电子枪",而是平板冷阴极中数以百万计的微尖电子源发射电子轰击涂有荧光粉的屏。

真空微电子学的基本概念起源于 20 世纪 60 年代初。真空微电子学的主题是减少器件的特征尺寸到微米尺度,这样它能与半导体器件匹配,而又保留真空器件的独特优势。毫无疑问,这种真空微电子器件只能基于微小的场致发射冷阴极,因此它与真空微电子技术的进步密切相关,并和场致发射的研究共同发展。在 20 世纪 1950—1970 年这一段时间内,由于半导体技术的迅速发展,真空三极管微电子学器件的发展落后了。然而,微场致发射阴极和场致发射阵列的发展取得了惊人的成就。自从 1968 年用微电子加工技术首次制造钼金属尖端场致发射阵列以来,在发展冷发射阴极上取得了很大的进步,这包括增加发射电流密度、改善发射稳定性、延长器件寿命、扩大阴极尺寸以及减少吸取电压。基于冷发射阴极的新的应用逐步扩大,FED 是最具代表性的例子。

所以,在外形上 FED 是一种平板显示器,物理上它和 CRT 的工作原理相同。FED 在真空条件下工作,通过电子轰击面板上的荧光粉产生光发射。涂敷在阳极面板上的荧光粉具有类似 CRT 的结构。在 CRT 中,三把发射热电子的电子枪产生电子束,三个被调制的电子束逐点水平扫描形成线,线同时垂直扫描,于是在面板上形成图像。

与 CRT 不同,FED 依靠电场或电压,而不是依靠温度诱导电子发射去激发荧光粉。

FED 截然不同的特性是每个图像的子像素,即面板上的每个红、绿、蓝荧光粉点有由成千上万个微发射体组成的相应的场致发射阵列对应。施加在列阴极电极和行吸极寻址线之间的电压控制场致发射阵列中每一个微尖的发射电流,所以是矩阵寻址。在 FED 中,在场致发射体和吸极之间形成强大电场,电子从场发射阵列发出,轰击面板上的荧光粉,从而发光,形成可见的图像。

在大多数情况下,FED 基本上是由阴极、吸极和阳极组成的三极管结构。场致发射阵列和与其合成一体的吸极组成的阴极板通常制作在玻璃基板上。为了使荧光粉材料有效地发光,电子必须具有很高的动能。所以对涂敷荧光粉的阳极面板上施加高电压。

FED 具有 LCD 那样的轻、薄,又具有 CRT 那样的高亮度和自发光优点。一般来说,FED 是节能的,因为它们是静电器件,当它们不运行时,不需要热量或能量。在运行时,发射电子所有的能量几乎都消耗在轰击荧光粉上,产生可见光。图 8.1.1 所示是 FED 的结构示意图。红、绿、蓝荧光粉子像素涂敷在阳极面板上,这些图像单元被黑矩阵隔开。在冷阴极板上,场致发射体阵列被制作在列阴极和行吸极的交叉处。陶瓷或玻璃支撑物隔离和支撑着阴极板和阳极面板。阳极和阴极板的边缘用低熔点玻璃密封,为了保持高真空条件,FED 器件内安有合适的吸气剂材料。

图 8.1.1　FED 的结构示意图

FED 的研发主要取决于四个关键技术,即发射体制造工艺、真空封装技术、低电压荧光粉技术以及驱动器集成电路技术。在这四个技术中,制造具有高可靠性、一致性和再现性的大面积场致发射阴极的技术被公认为是最重要的,因为冷阴极的主要特性,如采用的发射材料及其结构,确定了 FED 器件的整体性能。

### 8.1.2　电子场致发射理论

**1. 表面势垒和电子发射**

场致发射是借助于强电场和电子隧穿固体表面势垒的量子力学现象。Fowler 和 Nordheim 基于三角势垒模型计算了此电场和发射电流之间的关系。在场致发射中，外部电场需要达到 $10^9\,V/m$ 量级才能拉出明显的电子电流。

根据固体物理原理，在导体或半导体中的电子遵守 Fermi-Dirac 统计，其分布可以用概率波函数描述。在金属表面，原子周期性结构遭到破坏，形成表面态密度，电子的分布不能用平面波函数描述。在距表面一定距离处，波函数的振幅是零。当研究电子发射现象时，通常应用表面势垒概念来处理这些问题。当一个电子从金属表面逸出时，它受到一个向内的力，可以用势垒表示这个力。当电子离表面距离小时，导体表面可视为理想表面，逃逸电子所受到的力可以用静电镜像力描述。当电子与表面之间的距离处于原子间距量级时，作用在电子上的力来自最外层的离子阵列的作用，很难用精确的公式表示这些作用。引入表面势垒的概念后，金属表面内、外的电子都可以用平面波函数表示。这些近似和假设大大简化了场致发射问题，使理论处理成为可能。

表面势垒和金属表面附近的电子的能量分布如图 8.1.2 所示。右侧显示表面势垒，$x$ 坐标是离导体表面的距离，纵坐标 $y$ 是势的高度。曲线 $a$ 代表没有外部电场时的势垒。在离表面 1nm 处，势成为常数，意味着电子在这个位置不受电力。

图 8.1.2　表面势垒和费米能级附近电子的能量分布

在图的左边，曲线按金属导带中的电子数表示了电子的能量分布，$E_F$ 是费米能级。在金属或半导体材料中，电子能量分布符合费米统计，在费米能级上面，电子数量将突然地减少。只有能量大于势垒的电子可以射入到真空中。

费米能级和表面势垒之间的差，即势垒的高度，被定义为逸出功，用 $\phi$ 表示，定义为从金属的费米能级移走一个电子到材料外静止位置（真空能级）所需的能量。

普通金属材料的逸出功是几个电子伏特。一般来说，活性金属逸出功小，金属铯（Cs）的逸出功约为 1.5eV。在室温下，能量高于费米能级的电子的概率分布很低，所以即使对于 Cs，在室温下也不能发生电子发射，也测量不到发射电流。

费米分布强烈依赖于温度。在高温下，大量电子获得能量，分布在远高于费米能级的位置，这些电子可以克服势垒高度，所以很多金属在加热情况下，能发射大量的电子，这是热电子发射阴极的工作原理。热电子发射是一个平衡过程，发射非常稳定。

存在外部电场减少表面势垒也可以导致电子发射，称此现象为电子场致发射。当没有外电场时,势垒的宽度是无限的,能量低于势垒的电子无法逃逸。外部电场可以减少势垒的高度和宽度,使得能量低于势垒的电子能通过隧道效应逸出到真空。因此,场致发射现象无法用经典理论解释。为了获得实际上可使用的电子发射密度,电场通常是需要高于 $10^8$ V/m,在这种情况下,隧道效应主导着发射过程,因此,场致发射现象只能用量子力学处理。图 8.1.2 中曲线 $b$ 和 $c$ 代表存在不同强度外部电场时表面势垒的分布。当外电场增加时,势垒宽度从无限变为有限,势垒高度降低。比较图 8.1.2 左侧的电子能量分布,对于曲线 $b$ 的势垒,能获得大量的场致发射电子。对于曲线 $c$ 所示的情况,势垒降低到使场致发射和热发射都变得非常强。在现实中,这种情况很少发生,因为所需的电场是难以实现的,并在大多数情况下,在获得这样高的电场前,表面会发生击穿。

从测量场致发射电子能量分布曲线的半峰全宽度(full width at half maximum, FWHM)可以得到,场致发射电子逸出到真空后的平均能量大约是 4.5eV。

**2. 金属表面的场发射方程**

基于量子力学的隧道效应,Fowler 和 Nordheim 推导出金属表面的场致发射方程。为推导此方程,做了以下假设:

(1) 忽视金属表面原子尺度的波动,认为是理想的表面。

(2) 金属中的电子符合费米分布。

(3) 表面逸出功是均匀分布的。

(4) 表面势垒是由镜像力产生的。

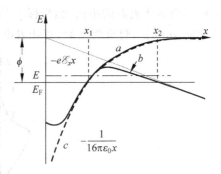

下面参考图 8.1.3 推导发射方程。也就是假设真空中电子能量是零。图 8.1.3 中的曲线 $a$ 代表没有外电场情况下的表面势垒,曲线 $b$ 代表存在外电场情况下的表面势垒,曲线 $c$ 表示金属表面附近的镜像力势垒。在金属表面附近的一定范围内,真正的表面势垒可用镜像力势垒代替。

图 8.1.3 存在外电场情况下的表面势垒

Fowler 和 Nordheim 推导得出的场致发射方程为

$$J = 1.42 \times 10^{-6} \frac{\mathscr{E}_x^2}{\phi} \exp\left(\frac{10.4}{\phi^{1/2}}\right) \exp\left(\frac{-6.44 \times 10^7 \phi^{3/2}}{\mathscr{E}_x}\right) \tag{8.1.1}$$

式中,发射电流密度 $J$ 的单位是 A/cm²;外电场 $\mathscr{E}_x$ 的单位是 V/cm;逸出功 $\phi$ 的单位是 eV。Fowler-Nordheim(简称 F-N)方程给出了发射电流密度 $J$ 与外电场 $\mathscr{E}_x$ 和材料逸出功 $\phi$ 之间的明确关系。

正常的难熔金属的逸出功的范围是 4.1~4.6eV。表 8.1.1 列出了逸出功为 4.5eV 的平面金属阴极的发射电流密度的计算值。对于 FED 中经常使用的金属尖端发射体,尖端的发射电流密度可以到达 $10^4 \sim 10^5$ A/cm²,由此可推导出发射点的电场强度应该在 $4 \times 10^7 \sim 5 \times 10^7$ V/cm 范围内。

**表 8.1.1 逸出功为 4.5eV 的平面金属阴极的发射电流密度的计算值**

| $\mathscr{E}$(V/cm)×$10^7$ | 1.0 | 2.0 | 2.2 | 2.4 | 2.6 | 2.8 | 3.0 | 4.0 | 5.0 |
|---|---|---|---|---|---|---|---|---|---|
| $J$/(A/cm²) | $4.4 \times 10^{-18}$ | $5 \times 10^{-4}$ | 0.01 | 0.12 | 1.06 | 6.76 | 34.0 | $1 \times 10^4$ | $3.6 \times 10^5$ |

F-N 方程是在 $T=0$ 的条件下推导出来的。事实上,只要金属表面的逸出功不是很低或外部电场不是太高($<10^8$ V/cm),这样,能量高于费米能级的电子主导发射过程,F-N 方程的有效性可延伸到热力学温度为几百 K。

为了获得简化的和常用的 F-N 方程,做下列置换

$$J = \frac{I}{\alpha}, \quad \mathscr{E} = \beta U \tag{8.1.2}$$

式中　$I$——发射电流,单位是 A;

　　　$\alpha$——发射面积,单位是 $cm^2$;

　　　$U$——施加的电压,单位是 V;

　　　$\beta$——场增强或场转换因子,单位是 $cm^{-1}$。

场增强因子 $\beta$ 依赖发射体的几何参数和发射体到吸极的距离。

将式(8.1.2)代入式(8.1.1),得到简明的发射电流表达式

$$I = aU^2 \exp\left(-\frac{b}{U}\right) \tag{8.1.3}$$

式中

$$a = \frac{\alpha A \beta^2}{1.1 \phi} \exp\left[\frac{1.44 \times 10^{-7} B}{\phi^{\frac{1}{2}}}\right], \quad b = 0.95 B \phi^{\frac{3}{2}} \beta$$

将式(8.1.3)的两边取对数,得到

$$\ln\left(\frac{I}{U^2}\right) = \ln a - b\left(\frac{1}{U}\right) \tag{8.1.4}$$

即 $\ln(I/U^2)$ 与 $1/U$ 是线性关系。绘制实验数据集的 $\ln(I/U^2)$ 对 $1/U$ 的曲线,通常称为 F-N 图。实验上,F-N 图作为判断测量得到的电子是否是通过场致发射机制产生的标准。理想情况下,所有的测量数据应该在一条直线上。原则上,无论表面逸出功 $\phi$,还是场增强因子 $\beta$ 都可以从 F-N 图与纵坐标的交点 $\ln a$ 和角 $b$ 得到。然而,在许多情况下,基于实验数据从 Fowler-Nordheim 分析获得的结果往往是不合理的,这个问题将在 8.2 节讨论。

上面导出的发射方程对理想的金属表面有效。对于半导体表面,半导体材料中电子的能量分布在不同金属中,因此半导体材料的场致发射方程是不同的。在室温下,n 型半导体的发射方程为

$$J = 4.25 \times 10^{-13} n \exp\left[-6.78 \times 10^7 \frac{\chi^{3/2}}{\mathscr{E}_x} \theta(\gamma)\right] \tag{8.1.5}$$

式中　$\gamma = 3.79 \times 104[(\varepsilon - 1)/(\varepsilon + 1)]$;

　　　$\varepsilon$——介电常数;

　　　$\chi$——电子亲和势(被定义为导带底和真空能级之间的能量差);

　　　$n$——导带中的电子密度。

### 3. Fowler-Nordheim 方程的准确性和限制

F-N 方程是基于表面势垒镜像力和电子的量子隧穿效应得到的。作为一种判断电子发射是否由场致发射机制引起的手段,F-N 方程已经被广泛地和成功地用于真空微电子学。然而,当尝试应用它进行准确和定量分析时,结果有时是不合理的,甚至是荒谬的。这种现象可以归因于很多因素。

　　首先,归因于用镜像力代替表面势垒。对于逸出功是 5eV 的金属,其费米能级位于图 8.1.3 横轴下面 5eV 处。可以计算出在距离表面 0.07nm 处,镜像力是－5eV。不幸的是,0.07nm 的距离小于两个原子之间的距离,显然,在这种情况下,镜像力势的假设是无效的。对于 Cs,费米能级位于横向轴下面 1.5eV 处,这个值和离表面 0.24nm 距离处的镜像力势是一样的。这个距离与原子之间的距离接近,所以镜像力势的假设有效。

　　F-N 方程是基于金属是理想表面推导出来的。然而,此假设与实际情况之间存在巨大差异。在热电子发射、光电发射和二次发射中,发射电流只是依赖于势垒的高度,与表面势的形状无关。逸出功是一个宏观可测量的量,已经包含了表面变化对电子发射的影响。在场致发射中,电流强烈地依赖表面势垒的形状,与此同时,表面势垒的形状又与表面电场密切相关,所以不可能通过 F-N 关系得到逸出功,或希望获得的逸出功可与其他实验方法获得的相比较。

　　所以很明显,F-N 方程不能作为一个精确的和定量的场致发射公式。在评估场致发射体件的性能时,应该主要基于发射电流的实验数据。此外,根据 F-N 方程获得的场增强因子 $\beta$ 通常也是不正确的,它只能用作相对的参考和比较。但 F-N 关系用于估量仍然有用。

## 8.2　Spindt 型场致发射体阵列

### 1. Spindt 型尖端发射体

　　根据 F-N 方程,有两种方法实现大的场致发射电流,即减少发射体的逸出功和增加表面电场。对于正常材料,低逸出功意味着活泼的化学性质和容易氧化。例如,用在光电发射阴极和 n 型半导体氧化物中的金属 Cs,其逸出功分别为 1.5eV 和 0.5eV,对环境非常敏感,仅能在真空条件下进行处理,这限制了它们在场致发射器件中的应用。对于正常金属发射体,为达到明显的电子场发射电流,表面电场需要高达 $10^9$ V/cm,利用尖端效应可以达到如此高的电场强度。

　　自从发现场致发射现象以来,主要用难熔金属作为冷阴极发射材料。在最早期的实验中,用化学蚀刻钨灯丝制造出曲率半径不到 10nm 的尖端。今天,这种钨尖端仍被用作场致发射电子显微镜的电子发射枪。为了将场致发射阴极应用到真空微电子中,应该面对具有挑战性的两个关键问题:

　　(1) 构建高密度尖端阵列代替单一的金属尖端,从而得到均匀的高发射电流。

　　(2) 构建与金属尖端靠得很近的吸极或栅极,使启动场致发射所需的吸极电压低。

　　1968 年,Charles A. Spindt 和他的同事在 SRI 国际用显微光刻法和薄膜沉积技术制作吸极控制钼(Mo)金属尖端场致发射阵列(field emission arrays,FEAs)。这一成就成为现代真空微电子学,尤其是第一代新平板显示器,即场致发射显示器(FED)的基础。通常称由 Spindt 开发的场致发射冷阴极为 Spindt 型场致发射阵列,如图 8.2.1 所示,场致发射体周期性地排列在阴极板表面,每个场发射体是处在由绝缘体层形成的圆柱形空隙中的微米量级的锐利的钼金属锥。图 8.2.1(a)给出的是 Spindt 发射的基本结构,包括基板、阴极、镇流电阻层、发射金属、带圆形孔的吸极以及在阴极和吸极之间的电介质层。基板可以是玻璃或硅片,阴极和吸极通常是金属膜以及介质层材料,通常是厚 $SiO_2$ 或 SiN 膜。Spindt 发射体被制成曲率半径非常小的尖端,吸极孔的直径只有 $1\mu m$,所以在相对较低的吸极电压的情况下,在尖端表面可以形成非常高的电场。当吸极电压是几十伏特时,尖端处的电场能高达 $10^9$ V/m。

图 8.2.1 Spindt 尖端的结构与三极管结构 FED 器件

如此高的电场可以大幅地降低表面势垒的高度和宽度,在相对较低的吸极电压(低于 100V)的情况下,金属中的自由电子通过隧道效应可以发射进入真空。图 8.2.1(b)所示为基于 Spindt 型发射体的 FED 器件的原理图。

**2. 金属场致发射体阵列的制造**

根据采用发射材料,即金属或硅,有两种相应的 Spindt 型场致发射阵列制作流程。对于钼金属尖端发射阵列,首先制造吸极和吸极下面的圆柱状井,然后通过薄膜沉积过程在井中形成金属尖端。

图 8.2.2 显示了 Spindt 型金属尖端发射体阵列的典型的制造工艺流程。首先在玻璃基板上沉积和形成阴极的寻址线图案和非晶硅的电阻层,然后是依次沉积 $SiO_2$ 绝缘体层和顶部吸极金属层,如图 8.2.2(a)所示。每个材料层的厚度关系到金属尖端发射体的结构。为了制造高度约为 $1\mu m$ 的金属尖端,从底部到顶部每层的典型厚度分别为 100nm、200nm、$1\mu m$ 和 100nm。用光刻形成顶部吸极金属层图案,用蚀刻技术形成了圆形的吸极孔,如图 8.2.2(b)所示。通过吸极孔蚀刻绝缘体直到电阻层,在绝缘体层中创建一个空腔,这个空腔的底部是显露出来的电阻层,如图 8.2.2(c)所示。接下来,基板旋转着,相对于吸极平面成小角度方向在真空中用电子束蒸发一层牺牲层(通常是铝),如图 8.2.2(d)所示。然后,再次用电子束蒸发沉积钼,但这次相对于吸极平面为垂直入射。在这个步骤处理过程中,因为材料沉积在牺牲层孔的边缘,孔的大小持续地减少。当上面的孔关闭时,一个具有锐利点的锥在井中生成,生成的结构如图 8.2.2(e)所示。牺牲关闭层最终在合适的选择性蚀刻剂中被除去,钼金属尖端在吸极孔下的腔内暴露出来,如图 8.2.2(f)所示。

图 8.2.2　典型的 Spindt 型尖端发射体阵列制造过程

在上面描述的制造过程中,困难的步骤是形成带有高密度亚微米大小孔的吸极图案和通过吸极孔沉积金属尖端。对于大面积场致发射阵列制造,准确的光刻设备和技术是保证均匀分布和尺寸一致的吸极所必需的。当沉积金属尖端时,蒸发束必须严格地垂直基板的整个表面区域。实验显示,当束方向和基板法线之间的角度变化 0.8°时,对于典型的蒸发器,造成的结果是在基板上距中心 6cm 的距离上,尖端曲率半径的变化约 2nm。尖端曲率半径的这种变化导致基板边缘的发射电流与中心的相比较下降 75%。当发射阵列的尺寸增加时,需要能产生准值束的大体积沉积设备,否则,得不到曲率半径尖锐而又尺寸一致的尖端,这将导致不均匀的场致发射。Motorola 公司为了制作 37cm×47cm 的发射阵列,专门制作了一台有两层楼高的蒸发台。这种复杂性例示了 FED 制造商所面临的挑战。

图 8.2.3 显示了一个真正的钼金属尖端发射阵列的扫描电子显微(SEM)图。从这些图像,清楚地观察到吸极孔、金属尖端、绝缘体层、底部阴极以及它们的相对位置。

(a) 3×3 发射体阵列　　　(b) 单个发射体锥的截面图

图 8.2.3　钼金属尖端发射体的 SEM 图像

**3. 硅场发射体阵列的制造**

为了制造硅尖发射阵列,首先通过等离子体或化学腐蚀过程形成硅尖,然后,沉积吸极。图 8.2.4 显示了硅场致发射器阵列的典型的制造流程。首先,通过离子注入或热扩散技术在半绝缘硅衬底上形成 n 型导电的阴极条,然后通过热氧化过程形成厚度约为 $0.5\mu m$ 的氧化硅层。通过光刻形成 $SiO_2$ 圆帽,它在后续将硅蚀刻成尖端的流程中作为掩膜板。圆帽的直径与硅尖端的高度和随后制作的吸极孔的大小有关。在图 8.2.4(a)所示的例子中,帽直径的大小是 $1\mu m$。然后,蚀刻硅衬底到所需的程度,形成帽下的硅杆,如图 8.2.4(b)所示。蚀刻的方法是通过在包含 $SF_6$ 和 $O_2$ 的混合气体中的反应离子蚀刻或在包含 $HNO_3$、HF、$CH_3COOH$ 和 $H_2O$ 的溶液中的化学腐蚀。

图 8.2.4 Spindt 型硅尖发射体射阵列的制造原理

在形成硅杆之后,通过硅晶片氧化,锐化尖端,而 $SiO_2$ 掩膜板仍在原地,如图 8.2.4(c)所示。如果不需要吸极,那么在缓冲氧化物腐蚀(buffered oxide etch,BOE)中除去氧化削尖过程中形成的热氧化物。在这个过程中,氧化物帽也除去,最后的结构如图 8.2.4 中的扫描电镜图像。如果制造带吸极的 FEAs,则不执行 BOE 步骤,帽留在原地,通过电子束蒸发真空沉积一层 $SiO_2$。这一层和下面的在氧化削尖过程中生长的热氧化物形成吸极和阴极之间的绝缘层。

下一步是沉积吸极金属层和吸极寻址线图案。在垂直于 Si 片平面沉积 $SiO_2$ 时,氧化物帽作为掩膜板遮住硅杆,所以绝缘物只沉积在硅杆之间,如图 8.2.4(d)所示。通过定向电子束蒸发,沉积的 $SiO_2$ 和氧化物帽的合成外形将决定吸极孔,如图 8.2.4(e)所示。沉积吸极金属和形成图案后,在氧化削尖时形成的热氧化物和氧化物帽子一起用缓冲氧化物腐蚀(BOE)液全部除去,在半球形的绝缘体中空腔创建 Si 尖,如图 8.2.4(f)所示。添加与晶片背面电接触的金属电极后,器件制造完成。

图 8.2.5 显示了已制成的硅尖阵列和基本上按图 8.2.2 所示步骤制造的带吸极的硅尖阵列的 SEM 像。

(a) 硅尖阵列　　　　　(b) 带吸极的 Spindt 型硅尖场致
　　　　　　　　　　　　　　发射体阵列

图 8.2.5　硅尖发射体阵列的 SEM 像

与金属尖端发射体阵列相比,硅尖发射体阵列的制造过程相对容易执行。硅尖发射体阵列的制造流程存在多种变化。例如,不使用硅晶片,在金属镀膜玻璃衬底上沉积非晶硅和多晶硅层,经处理后,也能制造出非晶和多晶硅尖发射体阵列。

## 8.3　Spindt 型发射体的性能

### 1. Spindt 尖的发射特性

与热阴极电子发射相比,电子场致发射的均匀性和稳定性相对较差。对于给定的材料,只要温度足够高,热发射阴极的发射电流密度与发射体本身无关。热电子发射电流受限于空间电荷以及控制其大小的阳极或栅级电压,其阴极表面的电场是零或负值。在电子场致发射中,为产生有效的电子发射,发射体表面的电场很高,不可能实现完整的空间电荷限制。发射电流不仅受阳极或栅电压控制,也依赖于发射体本身的几何参数。

实验分析表明,当 Spindt 型场致发射阵列在运行时,只有平均不到 10% 的尖端真的在发射电子,而其大多数是闲着。与此同时,在运行中发射电子的尖端总是在不断地改变。

实际上,无论单个发射体,还是发射体阵列,场发射电流始终是一个统计平均值。显然,当处于发射电子的尖端数量大幅度增加时,发射电流的起伏将变小。对于例如用于电子显微镜的传统的钨发射体,从一个灯丝可以获得稳定的场致发射。主要原因是表面电场非常高和发射面积相对大得多,有效地降低了发射电流的起伏。

图 8.3.1 显示了尖端总数是 70 000 个的典型的 Spindt 型金属尖阵列的发射特性。图 8.3.1(a) 显示了有代表性的电流-电压曲线,很明显,对于吸极电压存在着阈值,当吸极电压高于阈值后,发射电流将迅速增加。对于图 8.3.1(a) 所示这种情况,吸极的阈值电压大约是 40V。

图 8.3.1(b) 显示了在 F-N 坐标中的数据曲线。所有的实验数据位于一条直线上,表示测量电流是场致发射产生的。

影响发射电流的主要因素,如电场、逸出功以及发射体的几何参数(通过场增强因子 $\beta$),在 F-N 方程中有反映。然而,其他因素,如真空条件、场诱导局部加热、表面污染等,不包括在 F-N 方程中,当这些成为重要的因素时,将发生偏离 F-N 关系。这经常表现为在 F-N 坐标中,实验数据点偏离直线,尤其是在低或高的吸极电压范围中。

(a) 电流-电压曲线　　　　　(b) F-N坐标

图 8.3.1　用干涉光刻制造的钼 FEA 的电流-电压曲线以及在 F-N 坐标中的数据图

## 2. 发射体的几何效应

场发射体的几何参数对场致发射性能的重要影响由在 F-N 方程中电流密度 $J$ 与场增强因子 $\beta$ 强烈的关系体现出来。为了清楚地说明这一点,重写 F-N 表达式的显式形式:

$$J(V,\phi,\beta) = 1.42 \times 10^{-6} \times \beta^2 \times \exp\left(\frac{10.4}{\phi^{1/2}}\right) \times \frac{U^2}{\phi} \exp\left(-\frac{6.44 \times 10^7 \times \phi^{3/2}}{U \times \beta}\right) \quad (8.3.1)$$

场增强因子 $\beta$ 的值取决于器件结构的几何参数,如吸极孔直径 $d$、尖端曲率半径 $r$、发射体高度 $h$ 以及尖端的端点相对于吸极金属平面的垂直距离 $x$。这些几何参数如图 8.3.2 所示。

图 8.3.2　Spindt 型发射体的几何结构

图 8.3.3 显示按式(8.3.1)计算的发射电流密度 $J$ 与吸极电压 $U$ 之间的函数关系,计算中取逸出功是固定值 $\phi = 4\text{eV}$,而场增强因子 $\beta$ 从 $3 \times 10^5 \text{cm}^{-1}$ 到 $6 \times 10^5 \text{cm}^{-1}$ 是变化的。

图中曲线指出,在同一个吸极电压下,$\beta$ 增加导致发射电流密度显著地增加。例如,在吸极电压为 100V 的情况下,$\beta$ 增加 25%(即从 $4 \times 10^5 \text{cm}^{-1}$ 增加到 $5 \times 10^5 \text{cm}^{-1}$)时,发射电流密度从 $2 \times 10^5 \text{A/cm}^2$ 增加到 $4 \times 10^6 \text{A/cm}^2$,即增加了一个数量级。

为分析器件几何尺寸对器件性能的影响,使用有限元场计算方法计算发射体尖端的电场强度与这些参数的函数关系。它已经表明,曲率半径和吸极孔直径的影响是最显著的,即

图 8.3.3　在 $\phi=4\mathrm{eV}$ 和 $\beta$ 是变化的情况下,发射电流密度与吸极电压的函数关系

当 $r$ 和 $d$ 减少时,$\beta$ 迅速增加。实际上,$d$ 的最小值受限于光刻技术可用的分辨率。特别是,在制造过程中,小尖曲率半径 $r$ 更难控制。为了保留发射体阵列非常小的曲率半径,可采用多次光刻和多次蒸发过程。然而,这些制造过程非常复杂和耗时,只用于特殊情况,在正常的制造工艺中很少使用。

为了改善发射性能,吸极孔的直径应尽可能小。此外,应优化吸极孔相对于尖的位置,让尖突出吸极孔平面 $100\sim200\mathrm{nm}$ 是有利的。

当吸极电压以及阴极和吸极电极之间的距离已给定时,表面电场由发射体的几何形状决定。任何细微的差异将影响到电场的大小和分布。无论采用什么样的制造过程,单尖的场致发射性能是难以控制的,原因是场致发射发生在出现原子尺度的凸起。最高的电场通常位于尖的端部,但这并不能保证场发射肯定发生在尖的端部,如离端部远处还有原子尺度凸起,有效发射就在那里发生。在制造过程中,这些原子尺度凸起是不可控的,在运行过程中,因为偶然的电击穿、场致发射热效应以及离子轰击等它们可以形成和消失。

**3. 场致发射体效应**

从 F-N 方程可以看出,材料的逸出功函数对发射电流的影响是显著的。选择具有低逸出功的发射体材料是提高发射电流密度和减少吸极电压的有效途径。

图 8.3.4 显示了在增强因子 $\beta$ 是固定的($\beta=4\times10^5\mathrm{cm}^{-1}$),而逸出功从 $2\sim5\mathrm{eV}$ 变化的情况下,一组发射电流密度 $J$ 随吸极电压 $U$ 变化的曲线。观察到随逸出功值减少对发射电流密度更为强烈的效果。当逸出功值降低时,整个 $J$-$U$ 曲线向左边移动,这意味着,为获得相同的发射电流需要显著地降低吸极电压。例如,在 100V 固定吸极电压产生的固定电场下,当逸出功值从 4eV 降低到 3eV 时,发射电流密度将从 $2\times10^5\mathrm{A/cm^2}$ 增加到超过 $1\times10^8\mathrm{A/cm^2}$,即发射电流密度增加三个数量级。

表 8.3.1 提供了一些定量结果,显示在电场强度保持 $4\times10^7\mathrm{V/cm}$ 的情况下,发射电流密度和逸出功的关系。当逸出功每减少 0.2eV,发射电流密度将增加 3.2 倍。

表 8.3.1　发射电流密度与逸出功的关系

| 逸出功/eV | 4.6 | 4.4 | 4.2 | 4.0 | 3.8 | 3.6 | 3.4 | 3.2 | 3.0 |
|---|---|---|---|---|---|---|---|---|---|
| 发射电流密度 /(A/cm²) | 0.0052 | 0.017 | 0.057 | 0.168 | 0.06 | 1.93 | 6.08 | 19.0 | 58.3 |

图 8.3.4  在 $\beta=4\times10^5\,\mathrm{cm^{-1}}$ 和 $\phi$ 是变化的情况下,发射电流密度与吸极电压的函数关系

由于不同的测量方法和表面条件,文献报道的逸出功存在一些差异。虽然差异通常不超过 $0.2\mathrm{eV}$,但对发射电流计算的影响仍是十分可观的。

金属表面容易吸收气体分子,从而导致逸出功增长 $20\%\sim30\%$。在选择场发射材料时,除了考虑逸出功这个因素外,物理和化学稳定性、可行性、处理的程度以及成本也是需要考虑的重要因素。表 8.3.2 列出了几种常用的发射材料的逸出功和蒸发温度供参考。

表 8.3.2  几种常用的发射材料的逸出功和蒸发温度

| 材　　料 | Mo | Ta | W | Si | LaB6 | HfN | TiN | ZrN | C(SP3) |
|---|---|---|---|---|---|---|---|---|---|
| 蒸发温度/k | 2090 | 2507 | 2667 | 1204 | | | | | 2200 |
| 逸出功/eV | 4.4 | 4.2 | 4.5 | 4.15 | 2.7 | 3.7 | 3.1 | 2.8 | NEA |

注:NEA——负电子亲和势。

在密封过程中,FED 要能承受高达 $450\,℃$ 的温度。因为密封处理过程通常是在保护环境中执行,对材料抗高温氧化能力没有特别要求。然而,所选择的材料应该在正常温度不氧化。与此同时,材料应该抗蒸发,防止材料在密封过程中蒸发。发射体材料的蒸发将降低电极之间的电压承载能力。钼等难熔金属能满足几乎所有的上述要求。钼的主要弱点是其高的逸出功。在 Spindt 尖端发射体上沉积低逸出功的薄膜是减少逸出功非常有效的手段。据文献报道,Cs 金属沉积在微尖上可以大大减少吸极电压。不幸的是,这种涂层工艺只能在高真空条件下完成,很难用于实际器件制造。碱性金属通常也有较低的逸出功,但是这些金属有非常低的蒸发温度和不能承受密封过程中的温度。ⅣB族金属元素形成的氧化物,如氧化钛、氧化锆以及氮化铬等拥有优秀的电导率、高蒸发温度,并且也抵抗氧化,适于作为发射体材料。将这些氧化物材料沉积在 Mo 或 Si 尖上,可以减少发射体的逸出功。

## 8.4　发射均匀性和稳定性问题

### 1. 电阻限流原理

与热电子发射相比,场致发射的主要缺点是阴极发射电流的起伏。对于热电子发射阴极,只要温度足够高,发射电流完全是由阳极和吸极电压控制,与发射体本身无关,所以热电

子发射高度稳定。场致发射电流是由表面电场和阴极表面状态决定。在 8.3 节中已讨论过,发射电流强烈地取决于场增强因子 $\beta$,而后者又强烈地取决于发射体的几何参数(主要是尖半径和吸极孔的直径)。即使场致发射阵列中各尖之间的尖半径的很小的变动,就会引起发射电流数量级大小的变化。在器件运行期间,因为场强改变、离子轰击、局部加热以及吸附气体分子这些有害因素可以导致发射电流起伏,所以发射体表面状态的偶然变化总是不可避免的。

除非引入某种抑制或消除电流起伏的反馈控制,场发射冷阴极阵列不能正常和有效地工作。简单方法之一是添加一个与发射体串联的电阻,如图 8.4.1 所示。通常称此添加电阻层为镇流器电阻,它有两个基本功能:

(1) 限制发射电流。当某些发射体的发射电流太大时,电阻上的电压降将增加,于是尖-吸极的有效电压降低,导致发射电流的下降。电阻层上的电压降作为限制发射电流的负反馈。

(2) 如果尖与吸极短路,尖下面的镇流电阻层承受着电压降,在这种情况下,所有其他的尖端发射体仍然可以正常工作。因为阵列中尖的数量巨大,少量尖失去功能,不产生可觉察的影响。然而,如果没有串联电阻层,当有一个尖与吸极短路,则整个发射体阵列将不能用。

在场致发射阵列(FEA)中,镇流电阻的影响如图 8.4.2 所示,图中有任意 FEA 中的三条任意微尖的发射电流与吸极电压之间的关系曲线。当一个无镇流电阻的场致发射阵列运行时,有三种可能的工作情况:

图 8.4.1　场发射阵列中安置电阻层原理示意图　　图 8.4.2　串联电阻层对 FEA 发射均匀性的影响

(1) 大部分尖端发射体的工作正常,但是每个发射体的发射能力不同。因为没有尖半径完全相同的发射体,所以任意选择的电流-电压曲线相互不跟踪,如图 8.4.2 所示。

(2) 少数尖端因为大的场增强因子发射异常。在给定的吸极电压 $U$ 情况下,三个尖端的发射电流因此可能如空心点($I$-$U$ 曲线与 $U$ 垂直线的交点)所示,显著不同。

(3) 因为某些发射体与吸极之间短路,场发射体阵列无法工作。

然而,当引入与 FEA 发射体串联的镇流电阻层时,发射体的工作状态将变好。如图 8.4.2 中 $U_{电阻}$ 所示,镇流电阻承受了部分吸极电压。发射电流越大,电阻上的电压降越大,施加在尖端上的电压 $U_{尖}$ 越少。在这种情况下,如图 8.4.2 所示,三个尖端的发射电流决定于电流-电压曲线和负载线的交点。可以看到,电流的值的差异显著地减少。有串联镇流电阻层时,即使少量发射体与吸极短路,因为电阻层承受了电压降,其他发射体的尖-吸极电压将保持不变,整个发射体阵列仍能正常工作。应该指出,对于正常场发射体阵列,即使存在镇流电阻,发射体之间发射差异仍然存在。然而,与每个像素对应的尖的数量是巨大的,较大量的尖端会平滑发射起伏。有研究指出,当每个像素对应的微尖数多于1300个时,在同样的工作条件下,各个像素间的电流起伏不会超过2%,达到均匀发射。

**2. 在 FEA 中镇流电阻层的结构**

在大多数情况下,用氢化非晶硅(a-Si:H)膜作为电阻层材料,因为它可以大面积沉积以及可以用沉积条件控制其电阻率。在 FEA 中使用的镇流电阻层有几种可能结构,如图8.4.3所示。

图 8.4.3 在 FEA 中镇流电阻结构的原理图(左列)与对应的等效电路图(右列)

最简单的方法是使用完整的电阻层,直接沉积在基极上,如图8.4.3(a)所示,是纵向串联电阻。在这种结构中,电阻层的厚度不能太大,否则相邻微尖之间将发生串扰,通常约为500nm,因此层的抗击穿能力有限。在如图8.4.3(b)所示结构中,集成电阻的抗击穿能力和限流能力都大大提高了。这种结构的缺点是位于中部地区的发射体的电阻较大,因此尖-吸极电压相对较低,整个阵列区的发射不均匀。如图8.4.3(c)所示的结构可以克服这个缺点。在图8.4.3(c)所示的结构中,电阻值可以控制,也可以大范围调节,使所有发射体有相同的吸极电压。这种结构的缺点是若任何一个发射体与吸极短路,阵列中该组全体微尖将不能运行。解决这个问题的方法之一是在 FEA 中对应于每个像素制造许多很小的发射单元,即使损失一些单元也不会影响像素的光强。图8.4.3(d)所示的结构是一种理想的配置。在此结构中,施加在每个发射体上的吸极电压相同,与此同时,每一个发射体具有同样的垂直串联电阻和侧向电阻,电阻值可以做得非常大。这种结构的镇流电阻具有优秀的限流和抗击穿能力,促进了冷阴极场致发射阵列的电子场致发射的均匀和稳定。

## 8.5 在 FEA 中引入聚焦极

**1. 聚焦极的必要性**

在普通三极管结构 FED 中，从 FEA 发射电子的横向速度是非常大的，它几乎与向阳极的垂直速度一样。模拟从单个吸极发射体发出的电子轨迹表明，电子束的半扩散角根据运行的吸极电压不同在 20°~30°的范围。大的束发散造成面板上大的束斑，使图像的分辨率降低和色纯退化。

为了实现所需的分辨率，应该将阳极-阴极间距减少到几百微米。在这样小间距下，为了防止电击穿，阳极电压不能过高，通常是低于 2000V。在这种情况下，涂敷在面板上的荧光粉只能使用低电压荧光粉。然而，低电压荧光粉的性能通常比高电压荧光粉的差得多。所以低电压运行的 FED 的性能通常是不理想的。

当阳极电压超过 5000V 时，可以使用传统的高压荧光粉，这些荧光粉给出高亮度和理想的色域。为了避免电场击穿，阳极和阴极之间的间隔应该增加到 2mm 以上。在这样大的距离下，图像分辨率将更加严重恶化，必须解决束发散的问题。补救措施是在阴极和阳极之间引入具有聚焦电子束功能的电极，允许 FED 在高压条件下运行。如图 8.5.1 所示，已开发出两种聚焦电极阵列。图 8.5.1(a)显示了垂直同轴聚焦结构，聚焦电极位于吸极之上，用第二个绝缘体与吸极隔离。图 8.5.1(b)显示了共面聚焦结构，聚焦电极与吸极制作在同一平面上。在本节中，将只讨论更受欢迎的垂直同轴聚焦结构。

(a) 垂直同轴聚焦结构      (b) 共面聚焦结构

图 8.5.1 带聚焦电极的场发射体

**2. 在 FEA 中集成聚焦电极**

当使用金属尖端发射体时，将聚焦极引入阵列的工序是：按顺序沉积底部阴极、电阻层、绝缘层、吸极、第二绝缘体层以及顶部电极层；接着光刻和蚀刻孔，到电阻层停止蚀刻；最后，在金属空腔中形成尖端。图 8.5.2 显示了制造过程。

上面的方法很简单，但吸极孔的大小很难控制。主要原因是只有当腐蚀到达一定深度时，才能到达吸极，吸极孔的直径受当地腐蚀环境的影响。除了腐蚀不均匀问题外，聚焦孔与吸极孔的大小比在这一过程中也无法控制。克服这些问题的有效途径是首先光刻出吸极图案，然后使用吸极孔图案作为掩膜板，通过光刻和蚀刻形成顶部的聚焦电极。主要的制造过程如图 8.5.3 所示。

如同在常规的 Spindt 尖端制造过程中，如图 8.5.3(a)所示，首先，形成吸极图案。其次，在吸极图案上依次沉积第二个绝缘体层和顶部聚焦极。最后，从背后紫外线曝光，以吸极孔作为掩膜板完成确定聚焦极的孔，如图 8.5.3(b)所示。曝光后，形成顶部聚焦电极图

(a) 从下到上顺序沉积阴极、电阻层、绝缘层、SiO₂层、吸极、绝缘层以及顶部聚焦极层

(b) 首先形成聚焦极孔的图案，然后从上到下蚀刻，到电阻层停止蚀刻

(c) 在空腔中沉积金属尖端

(d) 最后的带吸极和聚焦极的发射体结构

图 8.5.2 将聚焦极引入金属尖发射阵列的制造过程的原理图

案，通过改变变曝光和蚀刻时间，可以控制聚焦极孔的大小。最后，对从上到下的电阻层进行蚀刻，形成带吸极和聚焦极的空腔，如图 8.5.3(d) 所示。可以如图 8.5.2(c)、(d) 所示那样，在腔内沉积金属尖端。

(a) 形成和确定吸极孔

(b) 紫外线从背面曝光确定聚焦极孔

(c) 形成顶部聚焦极图案

(d) 蚀刻形成带吸极和聚焦极的空腔

图 8.5.3 将聚焦极引入金属尖发射阵列的制造过程的原理图

为了使用背后紫外线曝光方法，底部阴极层、电阻层、两个绝缘体层以及顶部聚焦极都需要对紫外线光是透明的。在实践中，选择透明导电 ITO 作为阴极和聚焦电材料，SiO₂ 作为绝缘体，由 SiO₂ 和纳米银粒子（Ag）组成的复合材料用作电阻层材料。当给聚焦极施加合适的电压，图像的质量得到改善，从而肯定了聚焦极的有益功能。现在，几乎所有的在高

压下运行的 FED 都采用电子束聚焦的方法。

## 8.6 FED 面板的制造

**1. 荧光粉问题**

在 FED 的结构中,一个重要参数是阳极电压。有两种主要的 FED 系统架构:高电压(>5kV)和低电压(<2kV)。高电压方法的优点是能够使用传统的高性能 CRT 荧光粉。其面临的挑战是需要大宽高比支撑物的更大的阴极-阳极间距以及聚焦阴极发射的电子束。低阳极电压体系结构的优点是设计更简单以及不需要聚焦和大宽高比的支撑物。低电压运行 FED 面临的挑战源于低压荧光粉与高压的相比具有一些缺点,如发光效率低、寿命短、容易饱和、色纯差以及发射体沾污。为达到一定的发光强度,FED 需要在低电压大电流密度情况下运行,在这种情况下,荧光粉的饱和寿命将成为严重的问题。如果平均电流密度超过 $10\text{mA/cm}^2$,大部分的荧光粉材料将变成饱。即使是具有最高的低电压效率的蓝绿色荧光粉 $ZnO:Zn$,当其在 500V 阳极电压下运行时,可用的最大亮度也只有 $200\text{cd/cm}^2$。

在低压 FED 中常用的荧光粉材料包括蓝绿色荧光粉 $ZnO:Zn$、红色荧光粉 $ZnCdS:Ag$、绿色荧光粉 $ZnS:Cu$ 以及蓝色荧光粉 $ZnS:Ag$。这些材料中的一些也用于传统的 CRT 和这些荧光粉在低电压条件下工作时也发光。对于所有在低电压下工作的荧光粉材料,只有蓝绿色 $ZnO:Zn$ 可以达到 $7\text{lm/W}$ 以上较高的效率,其他绿色、红色和蓝色荧光粉的效率低得多。

为增加低电压荧光粉的效率和寿命做出了很大的努力。尽管利用低压荧光粉的 FED 原型证明寿命超过 25 000h,到目前为止,具有与在 CRT 中使用的可比拟的高效率和宽色域的理想的低压荧光粉材料仍然缺位。

与低电压运行形成对照,当 FED 器件运行于 3000V 以上的中高电压范围时,具有高效率和理想色纯的性能良好的荧光粉光材料是可以实现的。在 FED 器件中,尽管它的使用电压不可能高到如用于 CRT(>20kV)那样,由于 CRT 是基于逐点扫描,而 FED 是基于逐行发光特性,$3\sim6\text{kV}$ 的阳极电压激发荧光粉就能满足高压运行下 FED 所需的亮度。相对较高的电压运行还可降低吸极的寻址电压,并有利于维持高真空的相对较大的阴极-阳极间距。

**2. 阳极面板的制造**

阳极面板主要由发光荧光粉和电极组成。当电压在 $200\sim2000\text{V}$ 的范围时,使用低电压荧光粉;如果阳极电压高于 2000V,使用高压荧光粉。按 FED 运行在低压或高压,阳极板的结构和制造过程略有不同。低电压面板采用 ITO 镀膜玻璃制作基板,ITO 膜作阳极。在 ITO 上蒸发一层光反射膜,以增加光传输,然后加上提高对比度的黑矩阵基层。最后,红、绿、蓝荧光粉涂在指定位置,形成了像素矩阵。图 8.6.1 显示了常用荧光粉面板的典型结构。

对于高压 FED,面板是没有 ITO 镀膜的裸玻璃衬底。然后,玻璃衬底涂上黑矩阵基层以及在指定位置涂敷红色、绿和蓝色荧光粉,然后,为了平滑化,表面涂敷有机漆材料。最后蒸发薄铝层。这个铝层有三个功能:它作为阳极电极,因为荧光粉材料和玻璃都是绝缘体;保护荧光粉不受离子轰击;充当反光层增加器件亮度。

底部的黑色层和荧光粉矩阵可以通过各种成熟的涂层技术,如丝网印刷、喷墨打印、电泳制作。

(a) 总体视图显示在黑矩阵
基层上的荧光粉像素

(b) 由红色、绿色和蓝色子像素组成的单个像素

(c) 单个像素的截面视图

图 8.6.1 用于 FED 器件的涂有荧光粉层面板的基本结构

## 8.7 维持真空和封装问题

### 1. FED 的真空封装

为了组成一个平板显示器,场致发射阴极板必须和涂有荧光粉的阳极面板结合,形成二极管或三极管结构的 FED。称此最后制造过程为真空封装。通常,标准的面板封装过程包括面板密封过程和排气过程,如图 8.7.1 所示。

(a) 阳极和阴极板的玻璃粉密封

(b) 已密封器件的排气

图 8.7.1 真空封装过程的原理图

在密封过程中,在阳极板的边缘上放置低熔点玻璃粉,形成玻璃粉的框,如图 8.7.1(a) 所示。当加热到 $300 \sim 400 \,^{\circ}\!C$ 时,玻璃粉熔化,在阴极和阳极面板之间形成密封的内部区域。在密封过程中,通 Ar 和 $H_2$ 的混合气体,保护发射体或荧光粉不受任何污染或氧化。常用的玻璃粉主要由 PbO、$SiO_2$、ZnO 和 $B_2O_3$ 组成,有良好的密封能力。然后,已密封的器件排气,达到所需要的高真空的工作环境。在排气过程中,对整个器件的烘烤温度约为 $350 \,^{\circ}\!C$,以释放吸附在发射体和荧光粉表面的任何气体分子。

在新开发的真空封装过程中,熔粉密封和排气在温度可控的大真空室中完成。达到高真空一段时间后,通过增加室温度玻璃粉熔化,然后,机械压紧已准确对准的阳极和阴极板,固定在由支撑物决定的间隔上。已熔化的熔粉框架被挤压在阳极和阴极板之间的边缘,

紧紧地密封内部是高真空的器件。因此,不需要通过排气管排气这个步骤。

**2. 支撑物支持技术**

FED 的机械结构由密封的玻璃壳组成,内部被抽气后,形成加速电子必需的真空。取决于显示器的大小和玻璃墙壁的厚度,一般需要支撑物支持玻璃板抵抗大气压力。在正常运行条件下,支撑物还必须能承受高电压梯度并使观众察觉不到。支撑物材料的抗压强度还必须具备能承受真空和外部空气压力之间的压力差。此外,支撑物必须极薄,使它不扰乱电子轨迹。此外,也要优化支撑物的电特性,防止电荷积聚,否则会使电子束弯曲,损害图像质量。

在 FED 中,有各种支撑结构和制造方法。主要结构是列支撑、球或支撑墙。FED 结构中广泛使用墙结构。这些是由玻璃或陶瓷材料制成的厚度为 $50\sim200\,\mu m$ 的薄片。通过使用这些薄片,可以实现阴极和阳极之间的距离大于 2mm。制造支持墙的技术相对简单,可以用常规的机械切割和抛光的方法处理。为了防止表面电子积累,可以在支撑墙上涂敷适当的膜以减少二次电子发射。因为支撑墙有大的高宽比,在密封过程中,配置、定位和固定支撑物是非常精细的过程。

**3. FED 中真空的维持**

FEA 的发射性能退化在 FED 研究中是常见问题。性能恶化的方式是这样的:在最初始阶段,发射电流快速降低,经过一段时间后,电流逐渐接近稳定。一般来说,FED 中的真空度越高,发射电流减少越慢,FED 稳定的发射电流越大。通常认为阵列发射性能的退化是 FED 中的残余气体与发射体之间的交互作用的结果,可以归因于发射体表面气体吸附、表面氧化、离子溅射以及离子注入。实验研究证实,气体吸附和解吸对发射性能的影响起支配作用。所以为了在正常的工作条件下,保持长寿命,实现和维护高真空条件是至关重要的。为了在排气和封离后维持玻璃壳内的高真空,FED 需要一种吸气剂技术。封离后,吸气剂是保持高真空条件的唯一的手段。FED 有大的表面积与内部空间体积的比,因此需要具有大吸气率和大吸气容量的吸气剂。由于结构限制,不可能使用吸气能力强的蒸散型吸气剂(Ba、Sr、Ca、Ma 等),只能使用非蒸散型吸气剂(Zr、Ti 等)。

## 8.8 纳米 Spindt 型 FED

由 Sony 和 Toshiba 开发的纳米 Spindt 型 FED 是最新的原型,代表 FED 技术的最高水平。

阴极由行线与列线组成,它们之间隔着绝缘层,在每个行列的交叉点处制作微尖。吸极孔只有 120nm,每个像素上有微尖万余个,所以图像的均匀性好,色纯好,吸极的运行电压也低。

纳米 Spindt 型 FED 使用纳米锥发射体阵列激发荧光粉。利用高效自发光荧光粉结合逐行驱动系统的优点,此显示器能给出专业监视器所需的性能:宽视角、栩栩如生的色彩、带真黑色的突出的对比度以及无模糊地显示快速移动图像。此外,纳米 Spindt 型 FED 在全屏提供独特的尖锐和清晰的图像。纳米 Spindt 型 FED 的主要特性如表 8.8.1 所示。这是 2007 年展示的纳米 Spindt 型原型的特性。

表 8.8.1 纳米 Spindt 型 FED 的主要特性

| 特 性 | 规 格 |
|---|---|
| 屏尺寸 | $19.2''$, $391.68(H)$mm$\times 293.76(V)$mm |
| 分辨率 | $1280 \times 960$ 点(宽高比 4∶3,SXGA),0.306mm 节距 |
| 亮度 | $400$cd/m$^2$ |
| 对比度 | 大于 20 000∶1 |
| 显示能力 | 10bits |
| 荧光粉 | SMPTE/EBU |
| 阴极 | 纳米 Spindt 超高密度发射体阵列 |
| 体积 | $500(W)$mm$\times 350(H)$mm$\times 55(D)$mm |

纳米 Spindt 型 FED 最大的优点之一是显示高速运动而绝对没有模糊。纳米 Spindt 型 FED 高的发射效率允许使用逐行脉冲驱动,即只要有信号的一行受到电子束轰击瞬间发光。光发射时间只有一帧时间的一部分。用这种驱动系统加上新开发的具有短衰减时间的荧光粉,纳米 Spindt 型 FED 可以用 240Hz 帧频驱动显示无模糊的图像和卓越的对比度。自发光设计还保证非常宽阔的视野,在所有视角方向都有同样的亮度和颜色均匀性。因为纳米 Spindt 型 FED 只有 ON 像素发光,功耗大大低于背光总是 ON 的 LCD。纳米 Spindt 型 FED 是低电压高效驱动,施加在每个发射体上的负载电流小,性能退化程度大大降低。由于其快速响应时间和使用短衰减时间荧光粉,纳米 Spindt 型 FED 可以很容易地处理今天的先进的图像格式。在 2007 年 7 月,它是世界上第一个用 4 倍于当前的广播节目的帧频(240Hz)具有高清源输入接口的平板显示器。

所有这些出色的性能似乎赐予纳米 FED 在明天的成像系统中使用灿烂的未来。不幸的是,经过相当多时间的考虑和努力后,索尼的 FED 的努力在 2009 年开始下降,最后放弃了,因为 LCD 已变成主流技术。显然,纳米 Spindt 型 FED 的问题不是显示性能,而是扩展到大生产制造时价格是否有竞争性。

## 8.9 新材料和新技术

正如所见,Spindt 型 FED 的制造包括复杂、耗时和多步过程,如薄膜沉积、光刻、化学或反应离子刻蚀、真空封装等,特别在制造更大面积显示屏时,更具有挑战性。所有这些因素导致第一代 Spindt 型 FED 的价格很高。在未来的 FED 研究和发展中,对于阳极面板、支撑物以及器件封装技术没有太多可改进的地方。为了使 FED 更有竞争力,必须探索新材料和新型冷阴极结构。希望通过采用薄膜平面结构的 FEA,通过简单和廉价的制造技术制造具有较低的制造价格的大面积 FED。在事实上,从早在 20 世纪 90 年代发展 Spindt 型阵列时,对新材料和新结构的研究工作从未真正停止过。金刚石和类金刚石材料由于它们相对较低的逸出功与优良的物理和化学性质,在 21 世纪的早期被广泛地研究。后来意识到这些材料制造非常困难,因为材料制造过程涉及高温,发射也不均匀,便放弃了。

在 20 世纪 90 年代中期,发现了碳纳米管(CNTs)的优良的场发射性能,这刺激了新一波的研发 FED 工作。基于 CNT 场致发射开发新型 FED 成为许多公司研究 FED 的主要趋势,并加入了演示原型的比赛。除了 CNT FEDs 外,在出现的其他类型中最具影响力的是由 Canon 和 Toshiba 开发的表面传导电子发射显示器（surface conduction electron-emitter displays，SED）以及由 Komoda 和他在松下的同事开发的基于弹道电子表面显示器的多孔多晶硅（porous polycrystalline silicon，PBS）。

## 8.10　基于碳纳米管阴极的 FED

自从 1990 年发现碳纳米管（carbon nano tubes，CNT）后，这种材料已经应用到场发射研究和应用。它们有几个属性使其成为场发射的非凡的材料。第一，金属型单壁纳米管（SWNT）和多壁纳米管（MWNT）在室温下具有高导电性。第二，纳米管像晶须状的高长径比是最佳的场增强几何结构。第三，即使在高温度下，碳纳米管也是很稳定的发射体。这些独特的特性使它们成为非凡的发射体。事实上，到目前为止，在所有被研究材料中，CNT 材料的场致发射阈值最低，低电场下的发射电流密度最大。存在两种类型 CNT：单壁和多壁。按照尖的状态，CNT 也可分为开启型或封闭型。材料的生产方法主要是衬底上有金属催化剂的化学气相沉积（CVD）、含金属催化剂的碳电极电弧放电或激光烧蚀固体碳靶。

**1. CNT 的发射机理**

CNT 在场致发射中的最初应用始于考虑其由于 CNT 的纳米尺度大小和极高的长径比，必定具有极好的场增强能力。通常，多壁 CNT 的直径范围从几十纳米到几百纳米。单壁 CNT 的直径更小，为几个纳米，但它们的长度可以是几十微米。CNT 材料的发射阈值通常在 $1 \sim 10 \mathrm{V/mm}$ 范围，远低于 Spindt 金属尖。事实上，金属尖端发射体的曲率半径与 CNT 是可以相比的。作为逸出功，在难熔金属和石墨材料之间也没有大的区别。进一步的调查和研究表明，CNT 场致发射机制非常复杂，只考虑场增强效应，无法解释其低发射阈值。

图 8.10.1 显示了测量单个 CNT 和 CNT 膜得到的发射电流-电压曲线。如图 8.10.1(a) 所示，开放或封闭尖的 CNT 的发射阈值有很大的不同，端部封闭 CNT 的发射阈值只有开放式的一半。这种观察到的现象不能只用场增强效果来解释。图 8.10.1(b) 显示了分别由封闭 MWNT 和 SWNT 组成的 CNT 膜的电流-电压特性。显然，封闭的 MWNT 具有比 SWNT 更好的场发射性能。一般来说，要获得低的工作电压以及长发射寿命，CNT 应该是多壁的、封闭的以及尖排列。

图 8.10.1　单个封闭的和开启的 MWNT 的 $I\text{-}U$ 特性曲线（电流是对数坐标）以及封闭的 MWNT 和 SWNT 膜的 $I\text{-}U$ 特性曲线

CNT 材料的发射机制有很多解释,总结如下:

(1) 基于 CNT 的发射电流-电压关系符合 F-N 方程,一些建议认为 CNT 的发射机制与金属相同。然而,这种假设无法解释 CNT 较低的阈值。

(2) 发射来自单一碳链,因此场增强因子非常大,导致低发射阈值。这种机制只能解释带开启式尖的 CNT 的发射,不能通过实验验证。

(3) 石墨片急弯形式开启端,碳原子形式 sp3 键多于 sp2 键,这可以大大减少表面势垒,所以它会导致低发射阈值。这个解释也只适用于开启端的。

(4) 如图 8.10.2 所示,在 CNT 的顶端存在具有狭窄能量分布的局部能带,从这些能带发射电子。如果这种解释是正确的,那么,在这些能级之间将发生电子跃迁,于是伴随这些过程,将有荧光发射。实验已检测到这种被推测的发射。隧道显微镜测量 MWNT 和 SWNT 指出,局部能带确实存在。能带的 FWHM 和相关的能带分离与荧光测量结果是一致的。图 8.10.2 右侧是场-电子能量分布(field-electron energy distribution,FEED)。实验结果表明,FEED 很狭窄,约为 0.2eV。FEED 由许多小分支组成,这与理论分析是一致的。因为局部能带分布与特定 CNT 的特别结构(直径、缺陷、多或单壁、开启或封闭等)密切相关,在不同的 CNT 之间能带分布存在很大的差别,因此,它们的发射存在很大的差别。

(5) 如图 8.10.3 所示,在 CNT 表面吸附着一层气体分子,电子通过振动隧穿效应发射。支持这类假设的基本事实是,当温度提高到 600℃时,发射将减少,FEED 变宽,这是由于在高温下气体分子解吸,振动发射效应消失。

图 8.10.2　在 CNT 顶端的局部和量子化能
　　　　　带以及存在电场时的电子隧穿

图 8.10.3　从吸附气体的 CNT 表面电子的振动隧穿

因此碳纳米管的场发射机理是非常复杂的,并与类型、结构、缺陷和吸附状态等因素密切相关,没有一个解释能令人满意地说明所有观察到的全部发射特性。上面的解释不一定是正确的。在进一步研究的进程中,将会出现新观察到的现象,并对其做明确的解释。

**2. CNT 型 FEA 的制造和其特性**

对于场致发射应用,有两种方法制作 CNT 场致发射阵列阴极。对于大面积器件,可以使用厚膜丝网印刷方法,而对于小尺寸和高分辨率显示器,需要用 CVD 生长过程生产排列整齐的 CNT 阵列。

1) 直接生长技术

为了在 FED 器件中利用 CNT 的独特特性,必须开发高产、均匀和有选择地生长排列整齐 CNT 的技术。利用乙炔和氨气的等离子增强气相沉积(PECVD),利用镍催化剂和精确控制沉积参数可实现这种技术。通过使镍催化剂膜形成图案,可以沉积出均匀的 CNT 阵列,甚至可在准确的位置沉积出单个对齐的纳米管,如图 8.10.4 所示。

图 8.10.4(b)所示的个体垂直对齐碳纳米管的图案阵列具有最理想的场发射特性,也就是说,具有最高的外观场增强因子和点发射密度。CNT 阵列可以直接用于二极管型 FED 器件或 CNT 二极管型结构的灯。为了实现真正的 FED 低压寻址操作,世界各地的许多研究小组制造了类似于 Spindt 阵列的三极管结构阵列。图 8.10.5 显示了由以 Bill Milne 教授为首的剑桥大学研究团队开发的典型流程。在这个过程中,使用一个掩膜板自对准技术形成吸极、绝缘体和纳米管生长的催化剂的图案。然后,通过 PECVD,在吸极结构内 CNT 垂直对齐地生长出来。自对准制造过程确保了整个器件的纳米管相对于吸极孔(直径 2μm)总是集中在孔的中央。

(a) 在阵列的每一个位置上,CNT 发射体阵列由一群CNT组成　　(b) 在阵列的每个位置上,CNT发射体阵列由单个的、垂直方向生长的CNT组成

图 8.10.4　用 CVD 直接生长技术制备的 CNT 发射体阵列

(a) 在吸极/绝缘体/发射体电极叠层的顶上形成光刻胶孔　　(b) 各向同性地蚀刻吸极和绝缘体材料

(c) 催化剂膜和扩散阻挡膜(如果需要)沉积在结构上　　(d) 剥离在吸极顶上不需要的催化剂,接着在吸极的空腔内生长纳米管

图 8.10.5　制造带集成吸极的纳米管发射阵列的自对准过程

CVD 生长高质量的 CNT 是一个高温(约 700℃)的过程,因此不能使用低熔点玻璃基板。制作在硅片上的 CNT 场致发射阵列的面积有限,只适合制造小尺寸和高分辨率 FED 器件。CVD 生长 CNT 的特殊困难是不均匀性和低再现性。生长参数(如温度、流速、催化剂金属、气体种类、压力和催化剂粒子的大小)的复杂性会导致纳米管在结构、直径、密度、长

度和晶体质量上非常广泛的多样性。用CVD直接生长技术在大面积上制作均匀分布CNT发射体的困难似乎是不可克服的。

2) 丝网印刷技术

目前,制作大面积CNT场发射阵列所使用的最广泛技术是丝网印刷,在大多数CNT FED应用中,首先用最具成本效益的生产技术——电弧放电量产纳米管。电弧放电的纳米管需要提纯,然后与环氧树脂/黏结剂混合,丝网印刷到所需的位置。可以通过电泳使分散在溶液中的碳纳米管黏着在特定的电极上,随后热处理消除有机黏结剂。在烘烤印刷层后,实施预处理,如摩擦和在有电场情况下处理,使埋置的CNT沿垂直方向对齐。

完全密封的二极管型 4.5in FED(玻璃间隔 $200\mu m$)的亮度高达 $1800cd/cm^2$,阈值电压不到 $1V/\mu m$,在 $3V/\mu m$ 电场下发射 1.5mA。这种无源可寻址矩阵CNT-FED证明,由丝网印刷生产的阴极阵列是可扩展的,能以较低成本生产大面板。对于二极管型CNT,阳极和阴极板之间的距离通常是 $100\sim 300\mu m$。为了获得所需的亮度,阳极电压需要高于500V,所以需要高电压驱动电路,导致高的生产价格。二极管结构FED只能使用低压荧光粉,在高密度发射电子轰击下,仍然需要解决退化和污染这些问题。

为了实现低电压寻址和采用高效传统高压荧光粉,构造了许多种类包含吸极的场致发射阴极阵列。最早的三极管结构的 CNT FED 是日本 Noritake 有限公司开发的,如图8.10.6所示。在阳极和阴极之间插入网状金属作为吸极。金属吸极条与阳极上的荧光粉条平行,而与丝网印刷着CNT浆料的阴极条垂直。阳极和阴极之间的距离是 $2\sim 4mm$,阳极电压为6kV。阴极和吸极之间的间隙大约是 0.3mm,相应的吸极寻址电压上几百伏。为了保证绝缘和防止交叉干扰,绝缘体墙位于阴极或阳极电极条之间的间隙中。基于这种基本结构,Noritake 有限公司开发了亮度高于 $10\ 000cd/m^2$ 的更好的 CNT FED。

在发展到目前为止的各种CNT场致发射阵列阴极中,无论从FED的运行电压,还是从器件的性能看,与普通的吸极结合在一起的场致发射阵列似乎是将CNT用于FED的一种最有前途的阴极结构。与吸极结合在一起的场致发射体的结构类似于Spindt型场发射体,但由于丝网印刷分辨率和CNT浆料特点的限制,它的吸极孔要大得多。在用与制作Spindt型FEA一样的过程制作的场发射阵列模板上,通过丝网印刷含有CNT的光刻胶浆料和随后的紫外线背面曝光,在吸极孔内形成CNT发射点。每个直径 $30\mu m$ 的吸极孔内是直径 $20\mu m$ 的CNT发射点。带吸极的CNT发射体的封闭的基本结构如图8.10.7所示。对于这种类型发射器阵列,驱动电压约是60V。

图 8.10.6　三极管结构的 CNT FED

图 8.10.7　普通带吸极 CNT 场发射体阵列的原理图

2008 年,三星 SDI 演示了 35in CTN 发射器阵列高清显示器,图像质量比过去的有大大改善,但还远未达到最先进 LCD 的水平,CTN 发射器阵列发射的不均匀性和不稳定性是主要原因。是还有很长的路要走,还是已无路可走,没有人能预测 CNT FED 的未来。

## 8.11 表面传导电子发射显示器

表面传导电子发射显示器(SED)是从 20 世纪 90 年代以来由佳能和东芝开发的高分辨率平板显示器。在 SED 中,电子发射体的分布数量等于显示器的像素,如图 8.11.1 所示。在每个电子发射体中有两个电极,它们之间的间隙只有几纳米。当电压施加在电极之间时,从一边发出电子,其中部分电子被两基板玻璃之间的附加电压加速,当被加速电子轰击荧光粉时,后者发光。其成像原理是发射电子激励涂敷在玻璃屏上的荧光粉,所以与 FED 相同,即 SED 器件拥有 FED 器件所有的优点。与 FED 相比较,最大的区别在于 SED 中场发射体阵列是薄膜平面结构,被阳极电压加速并轰击面板上荧光粉像素的电子是表面传导电子的一部分。表面传导电子隧穿经过制作在阴极表面上的平面结构薄膜发射体。

图 8.11.1 CRT 与 SED 之间的比较以及 SED 中单个像素截面的原理图

**1. 表面传导电子发射**

早在 20 世纪 60 年代前苏联学者就发现了表面传导电子发射现象,通常归类在薄膜场致发射中。这类冷阴极具有平面结构,也就是说,阴极和吸极在同一平面的表面上。

薄膜发射体的制造过程:首先,沉积金属薄膜,并在基板表面形成并行的间距约为 $10\mu m$ 的阴极和吸极图案。蒸发 $SnO_2$ 薄膜或 Sn 金属薄膜覆盖间隙和电极,随后氧化形成导电 $SnO_2$ 薄膜。沉积的膜很薄,它由连续的岛屿和存在于这些岛屿之间的导电路径组成。

图 8.11.2　表面传导电子发射的原理

在真空条件下,在两个电极之间施加电压。当电流增加到一定值时,一些传导路径会被烧坏。在这之后,流过两个电极之间的电流是通过隔离小岛之间微小间隙的场致发射产生的。表面发射的简单发射模型如图 8.11.2 所示。在 $SnO_2$ 群岛之间的间隙存在电场的情况下,发生场致发射,电子从一个岛到下一个岛"旅游"。此外,如图 8.11.2 所示,阳极被放置在阴极上面,在岛屿间行进的场致发射电子的一部分,在强场作用下,被吸引到阳极。

定义阳极电流与表面传导电流之比为被发射比率。基于 $SnO_2$ 薄膜阴极的发射比率在 5% 以上。然而,其发射电流非常不稳定,可以测量到波动在 10% 之上。存在很多因素导致发射电流的波动大,研究指出,$SnO_2$ 本身的本证不稳定性是主要因素。

**2. 表面传导发射体阵列的制造**

早在 20 世纪 90 年代,佳能开始探索表面传导电子发射技术。通过采用由 PdO 纳米颗粒组成的新型薄膜材料和薄膜印刷技术,开发出发射电流稳定的表面传导发射体阵列。在 1996 年欧洲显示器大会上,佳能提出用于 FED 的表面传导发射体(surface conduction emitter,SCE)的原理。这是革命性的概念,因为当时在 FED 中冷发射的范式是微尖阵列。

可寻址的平面发射体阵列的冷阴极的制造工艺与 Spindt 阵列比较相对更容易,具体过程如下:

(1)形成可寻址子像素矩阵。以银浆作为"油墨"通过印刷方法形成简单的银导线矩阵,线交叉之处用绝缘膜隔离。阴极子像素是宽 $2\mu m$ 的两根平行条状 Pt 电极,电极之间的间隙约为 $60\mu m$。同一行中所有子像素的一根铂条与同一根水平银线连接在一起,构成行电极,即扫描电极。同一列中所有子像素的另一根铂条与同一根垂直银线连接在一起,构成列电极,即信号电极。因此可通过行和列银导线对子像素寻址。

(2)形成 PdO 超细粒子膜。直接用喷墨打印技术在两电极间的缝隙中打印出厚度只有 20nm 的氧化钯(PdO)圆滴。焙烧除去有机质,含 Pd 化合物转变成 PdO 超细粒子,形成 PdO 超细粒子膜。

(3)形成亚微米钯膜间隙。电极之间反复通过脉冲大电流,PdO 还原成 Pd,并沿 Pd 膜与电流流经方向垂直的直径方向破裂,形成亚微米钯膜间隙。

(4)形成纳米碳膜间隙。将整个屏幕放置在有机气体中,电脉冲通过钯膜间隙。气体中的碳原子被拉到 Pd 膜缝隙的边缘形成石墨膜,石墨膜从缝隙的两个边缘垂直地向外延伸,彼此成一个小角度相向生长。这个过程是自限性的,如果间隙太小,脉冲会烧蚀碳膜,所以间隙宽度可以控制,产生完全恒定的 5nm 狭缝。图 8.11.3 显示了碳沉积和 PdO 膜间隙中的石墨纳米狭缝。

(a) 在电激活发射体的过程中，通过CVD，石墨沉积在狭缝中　(b) 在PdO层中石墨的纳米狭缝结构

图 8.11.3　PdO 狭缝边缘上的石墨作为表面传导发射体

### 3. 佳能和东芝开发 SED

1999 年佳能和东芝开始合作发展 SED，随后，多个 SED 原型在大型电子和显示器展览会展出，特别是 2004 年 36in 大的宽高比 SED 在日本高新技术博览会（CEATEC）展出，2005 年 50in SED 在 CEATEC 展出。

SED 结构独特之处在于，轰击阳极每个像素的电子束电流由阴极像素的石墨的纳米狭缝产生，电流遵循 F-N 定律流过狭缝，是高度非线性的，每个子像素不需要附加有源器件也具有矩阵寻址能力。

隧穿狭缝的电子或者被对面电极吸收，它们只产生热，不发光；或者被阳极电位产生的电场散射、俘获和加速轰击特定的荧光粉点，从而发出红色、绿色或蓝色光。这种复合的电子发射加上散射过程如图 8.11.4 所示。图中，$U_a$ 是阳极电压，$U_f$ 是狭缝之间的驱动电压。在电子被阳极电场俘获之前，可能发生多次散射事件。被阳极电场俘获的电子的数量效率相当低，只有表面传导电子的 $1\% \sim 3\%$，但功率效率是合理的，因为 $U_f$ 低，是 20V 量级，而 $U_a$ 是千伏量级。

图 8.11.4　SED 的结构和它们的作用原理（每个子像素有一对提供电子流的电极）

SED 是逐行驱动，如图 8.11.5 所示。扫描电路生成扫描信号（$U_{scan}$），信号调制电路产生与扫描信号同步的脉冲宽度调制信号（$U_{sig}$）。

借助于量子隧道效应穿越狭缝的电子流高度非线性，对于纳米狭缝之间任何给定电压，狭缝不是完全打开，就是完全关闭。通过激励屏上的单个水平行，然后，同时激励所有需要

图 8.11.5　SED 矩阵寻址驱动方法

激励的垂直列。通过使用脉冲宽度调制,被选择的发射体逐行迅速开启和关闭,于是,可以控制在任何给定的时间内点的总亮度。

由于表面传导发射体高度非线性的发射特性,可以使用没有有源器件的简单的 $x$-$y$ 配置矩阵有选择性地驱动每个像素,在信号电压 18.9V 和扫描电压 9.5V 情况下仍然达到 100 000∶1 的亮度对比度。SED 的切换电压比其他类型 FED 器件的低得多,但器件必须设计在高得多的稳态电流负载,由于 SED 低效率的电子散射机制,此稳态电流是像素电流的 30 倍。较大的电流也迫使互连线的电阻要比 FED 的低,因为其至小的沿线电压降都可能造成边缘-边缘的不均匀性。

当佳能公司于 2005 年在日本东京 CEATEC 大型电子和显示器展览会上展示了它们的 10 个 SED 面板时,世界见证了显示器的艺术状态:高对比度、没有运动余像和宽色域。其亮度、对比度和响应时间已达到可与 CRT 相媲美的程度。因为 SED 是面板厚度为 7mm 的平板显示器,当时许多人甚至认为很有可能 SED 将取代在大尺寸 FPD 领域占统治地位的 LCD 和 PDP。经过多次宣布投产和多次宣布推迟后,最后,因为成本问题,2010 年 8 月,佳能宣布它们停止对 SED 商业发展的共同努力。因为到 2009 年,由于性能不断提高和成本不断降低,LCD 已变成主流技术。

## 8.12　薄膜硅材料

### 8.12.1　弹道电子表面发射显示器

1995 年,松下公司的 Komoda 和其同事开发了一种新的纳米晶体硅(NS)二极管,材料是多孔多晶硅(porous polysilicon,PPS),其结构是 Au/NS/Si,可用于平板显示器的冷阴极。其电子发射机理是准弹道的,与传统 FED 类型的截然不同。这种类型硅阴极的电子发射效率高,起伏小,称基于这类阴极的平板显示器为弹道电子表面发射显示器(ballistic electron surface-emitting displays,BSD)。

**1. BSD 阴极的制造**

最初,在硅晶片上制作冷阴极,随后进一步发展为在沉积在玻璃上的硅薄膜上。在玻璃上制造 BSD 冷阴极的流程如图 8.12.1 所示。

首先,使用溅射技术在玻璃表面沉积 300nm 钨金属层,形成底部阴极,如图 8.12.1(a)所示。其次,在低于 400℃ 的条件下使用 PECVD 方法沉积 1.5μm 多晶硅薄膜,如图 8.12.1(b)所示。在金属电极上形成多晶硅后,置样品在 HF(50%):乙醇＝1:1 溶液中在电流密度是 30mA/cm² 和 500 W 钨灯从 20cm 的距离照明的情况下通电 12s 进行阳极氧化。形成的纳米晶体多孔硅(nanocrystalline porous silicon,NPS)层的厚度与多晶硅层的厚度大致相同,如图 8.12.1(c)所示。在阳极氧化后,基板再经过电化学氧化(electrochemical oxidation,ECO)技术处理:放入包含 1M 硫酸的水溶液(H₂SO₄)中于 20mA/cm² 的电流密度下相对于溶液对 NPS 层通电 20s。最后,通过溅射在 NPS 上沉积 15nm 半透明金膜作为表面吸极,如图 8.12.1(d)所示。

**2. BSD 阴极的主要特性**

图 8.12.2 显示了 BSD 冷阴极结构及其运行的原理图。对顶部金电极施加正直流偏压 $U_{ps}$,电子从表面发射进入真空,在收集极上施加正偏置电压 $U_c$ 能测量到发射电流 $I_e$。

图 8.12.1　在玻璃基板上制作 BSD 冷阴极的流程　图8.12.2　BSD 冷阴极结构及其运行的原理图

发射机制是在多孔硅层中特定的场感应电子漂移,伴随着产生热电子与随后的隧穿表面电极的弹射。与传统的发射体阵列相比较,在多孔硅层中电子加速的过程是有效发射关键因素。在多孔硅内强电场(约 $10^5$ V/cm)下,测量到的载流子自由漂移长度达到 $1\mu$m。这个值比普通的纳米硅晶体的(大约 10nm)要大得多,表明传导电子在 NPS 层中被弹道加速,在未遭受重大散射损失的情况下到达表面。

这种弹道多孔硅冷阴极发射体较之传统场发射体和其他表面冷阴极有许多优点,因为它具有表面发射能力,不要电子发射所需的顶部结构。它还可以低电压运行。电子发射的阈值电压只有 6V,在表面电极偏压($U_{ps}$)是 18V 的情况下,高电子发射电流密度($J_e$)达到 2.43mA/cm²。电子发射效率(定义为发射电流 $J_e$ 与二极管电流 $J_{ps}$ 的比)可以达到 2.6% 左右。

发射电流对真空度不敏感。例如,在 $U_{ps}$＝16V 的情况下,当环境压力从 $10^{-3}$Pa 变到 10Pa 时,发射电流约为 1mA/cm²,几乎不变。这意味着,在 10Pa 的低真空压力下,阴极可以正常工作。发射的发散角小,因为阴极发出的热电子的能量小。

除了这些优点,也可以很容易地制造大面积的 BSD 阴极,并且制作技术与平面硅器件的处理技术兼容。

**3. 弹道电子发射的机理**

电子发射机理可以用图 8.12.3 解释。最初,用 PECVD 方法沉积在底部电极的多晶硅是柱状结构。在随后的阳极氧化处理过程中,乙酸 HF 溶液促进 Poly-Si 晶界局部优先溶解,在柱状晶体之间的边界区形成多孔硅。快速热氧化过程形成的 $SiO_2$ 薄层在图 8.12.3 中以围绕纳米硅粒子的圆壳表示。

图 8.12.3　弹道电子表面发射冷阴极的工作原理

当在 NPS 层的顶部的表面电极上相对于底部电极施加正偏压时,电子被从底部电极射入多孔硅层,飞向电极顶部。电子与纳米尺度的硅粒子的碰撞概率很小,导致自由漂移路径几乎与整个多孔硅层的厚度相等。于是,被内部电场(高达 $10^7$ V/cm)加速的电子几乎可以"免费地"通过多孔硅层。当它们到达顶部电极时,弹道电子已获得足够的能量来隧穿顶部电极,发射到真空中。

**4. 制成的 BSD 模型**

在 TFT 或 PDP 用的玻璃基板上,在低温过程中制成一个完整的 7.6in 的基于这种多孔硅的 BSD 模型,并已经演示。图 8.12.4 显示了在 $200 \times 200 mm^2$ 玻璃基板上制作有效像素面积是 $154 \times 116 mm^2$ 的 BSD 阵列的处理步骤。

(a) 沉积和形成底电极　　(b) 沉积 Poly-Si 层和形成纳米晶体 Poly-Si 层

(c) 沉积和形成表面电极　　(d) 沉积和形成顶部的总线电极

图 8.12.4　制造弹道表面发射阵列的处理步骤

图 8.12.5 显示了真空封装 BSD 的横截面结构示意图。为了增加抵抗真空压力的强度,2.8mm 厚的支持玻璃板贴在 BSD 的背面。装配好的阴极阵列和阳极面板用框架玻璃贴合在一起,间隔是 5mm,阳极上有涂敷 P-22 荧光粉的 ITO 电极。控制电压 $U_{ps}$ 施加在表面电极和底电极之间,5kV 的阳极电压施加在面板的 ITO 和 BSD 的表面电极之间。

(a) 真空封装BSD模型的截面图      (b) BSD的透视图

图 8.12.5 已制造好的 7.6in BSD 原型的模型

BSD 的优点为：电子束发散角小，有自会聚能力，抗污染能力强，可在低真空环境中工作，但发射率(3%)离实用要求还很远。

## 8.12.2 激光处理 Si 薄膜

如果利用激光处理技术处理薄膜非晶硅，则能直接生成微尖和吸极，从而实现低成本、低功耗，无须使用光刻过程，也不使用 AMLCD 制造中的熟悉的材料和工具的无制造困难的平面发射体的制造技术。Quantum Filament Technologies(QFT)有限公司开发了这样的设备。

底板由非晶硅薄膜制造，QFT 的设备用准分子激光器处理该薄膜。在薄膜中创造的硅颗粒具有微米或纳米尖端的外部形态，后者包含纳米量级的能生成丝状路径和有效场致发射的内含物。新的自发形成的栅极技术针对低压运行，这是一个很有吸引力的方法。QFT 结合这些设备和技术开发出一个新的基于非晶硅和激光加工的场致发射底板，后者具有高度均匀的电子发射、低的阈值电压和不需要老练。其独特的场致发射特性是由简单的工程处理产生，不需要任何光刻步骤。

已经对薄膜中的丝状导电和非晶硅器件研究了一段时间，发现这些细丝是非均匀的纳米量级的粒状结构。稳定的丝状导电沟道导致如双稳态和低电场下电子发射等有趣的效果。丝状沟道由纳米粒子的分布决定，起发射体作用。通过激光加工沉积在特定底层金属上非晶硅，QFT 创造纳米晶体和粒状结构。该金属层对形成好的矩阵有催化效果。所谓好的矩阵，是指矩阵中的细丝是稳定的，并具有无调整场致发射和低阈值所需的内部结构，如图 8.12.6 所示。

为了使器件运行在低电流，通过蚀刻过程，制作带自对准吸极的三端器件，可以用非常低的电位差从 a-Si:H 拉出电子，因此可以低能量开关。偏压开启内部结构中纳米量级内含物之间的沟道和创建高内部电场。然后，在高电位差下，电子被从阴极吸引出来飞向阳极，这一过程中不需要大电流。这项技术简单是其有吸引力的特点，是基于成熟的显示技术非晶硅和低温多晶硅处理工具的准分子激光加工。沉积带图案的阴极后，随后是氢化非晶硅。然后，在不同的光束剖面和适度的平均能量下，直接用准分子激光加工。结果是，膜有非常粗糙的表面，包含为细丝传导所必需的内部结构。然后共形地将氮化硅薄膜沉积在表面结构上(如同沉积 TFT 栅极的介电层过程)，再在其顶部沉积金属薄膜。然后，通过简单的反应离子刻蚀(RIE)，使微尖暴露出来。这个过程是从结构顶部经过金属到绝缘体的腐蚀，留

图 8.12.6　QFT 底板的表面与发射电流随外加电场的变化曲线

下被吸极围绕又被绝缘体绝缘的独立的细丝微尖。每个"尖"只有 $1\mu m$ 的一小部分,所以每个像素有成千上万的发射点。如果考虑一下刚刚描述的步骤,这很像 TFT 的薄膜处理,但是没有光刻步骤。这就形成了阴极板。与涂敷荧光粉的阳极板形成真空的空间后,器件便完成了,如图 8.12.7 所示。

(a) SiN和金属的封装　　　　(b) 启动RIE蚀刻　　　　(c) 暴露出来的微尖

图 8.12.7　通过激光处理技术,在封装的纳米结构形貌上形成自对准吸极

## 8.12.3　金属-绝缘体-金属(MIM)结构冷阴极 FED

金属-绝缘体-金属(MIM)结构冷发射阴极最早研究始自 20 世纪 30 年代,但直到 20 世纪 90 年代尚未见在 FED 中的应用。1997 年,日立通过阳极化处理开发了 MIM 冷发射阴极,并用于 FED 制造。其工艺过程如下:

(1) 在玻璃基板上沉积铝薄膜,并光刻成行阴极电极。

(2) 用阳极氧化方法在铝膜表面形成一层 10nm 的 $Al_2O_3$ 薄膜。

(3) 在 $Al_2O_3$ 上溅射一层 6nm 的 Ir-Pt-Au 三层薄膜,光刻成列电极,完成了阴极制备。

(4) 阳极板是带透明 ITO 电极的涂敷荧光粉的玻璃。

(5) 将阴极板和阳极板封接在一起,经排气后便制成 MIM-FED。

其基本结构如图 8.12.8 所示。当 $Al_2O_3$ 薄膜内的电场达到 $1V/nm$ 时,阳极收集的发射电流能达到 $5mA/cm^2$,这个电流密度可以满足显示应用的要求。发射率定义为发射电流与二极管电流的比,约为 $0.3\%$。

图 8.12.8  金属-绝缘体-金属(MIM)结构冷发射阴极的原理图

图 8.12.9 所示的示意图表示在无偏压和有偏压条件下 MIM 阴极的能带结构。

(a) 无偏压                                (b) 有偏压

图 8.12.9  MIM 结构的一般能级图

$E_{f1}$ 是底电极金属的费米能级，$E_{f2}$ 是顶部金属电极的费米能级。$E_c$ 是绝缘体导带底，$E_v$ 是绝缘体的价带顶。$\chi = E_{VAC} - E_c$ 是绝缘体层的亲和势。当电压施加在两个导电金属层之间时，绝缘体层内的电场降低了电子隧穿的势垒，如图 8.12.9(b)所示，从而增加了隧穿的概率。在底部电极中的电子克服底部电极和绝缘体之间界面的势垒，通过隧穿效应进入绝缘体的导带。在这个过程中，散射和陷阱使电子损失能量，但是由于电场加速获得动能。到达顶部电极后，具有高动能的电子能发射进入真空。电子在顶部电极内也会遭受强烈的散射，大多数将失去动能，成为二极管电流。只有一小部分电子能从顶部电极逸出，因此发射率是非常低的。

可以用自由漂移距离或两散射之间的距离描述电子在绝缘体层中的传输行为。这个距离、电场和电子电荷三者的乘积是电子的平均动能。显然，通过增加电压和自由漂移距离能增加电子发射率。能施加在顶部和底部电极上的最大电压受限于绝缘体层的击穿电场，所以唯一可行的方法是增加自由漂移距离。因为 $Al_2O_3$ 是无定形结构，电子的自由漂移距离只有 1nm，当电场达到 0.5V/nm 时，电子可以获得的平均能量约为 0.5eV。进一步增加电场容易导致击穿。$Al_2O_3$ 的亲和势是 0.8eV，这比电子的平均能量高，因此发射率比预计的低。低发射率的另一个原因是在顶部电极的散射。这个 6nm 厚的电极也是非晶态，所以电子平均自由漂移距离远小于电子在黄金晶体材料中的 10nm 自由漂移距离。

顶部电极采用复杂多层结构金属膜可以增加器件的稳定性和发射率。存在强大的电场，顶部电极中的金属原子可以进入绝缘体层，这会减少绝缘体层的电压承受能力，并导致击穿。实验结果和理论分析表明，在强场条件下，金属铱原子不会进入绝缘体。因此，铱金属层可以作为防止其他种类原子进入绝缘体的隔离层。选择 Pt 和 Au 的主要目的是降低有效逸出功。Pt 和 Au 的逸出功有 0.5eV 的差，当这两个金属薄膜组合一起使用时，真空能级能减少相同的值，使发射率大幅增加。如果用具有更低逸出功的材料作为顶层表面电极,真空能级水平可以进一步降低。考虑到高温密封过程的稳定性,Au 是最好的选择。

在 MIM 器件中,理想的绝缘体材料应该有一个相对较宽的带隙、低亲和势、高的电压承受能力和长的自由漂移距离。没有可用的材料满足所有这些需求,所以选择合适的绝缘体需要在这些指标中妥协。例如,当亲和势低时,发射电子所需的能量也低,可以获得高发射率。然而,在这种情况下,在绝缘体界面电子会遇到较大的势垒,导致隧穿概率很低,因此,为了获得所需的发射电流密度需要大的电场。不幸的是,强电场可以很容易地导致绝缘子击穿。到目前为止,用作 MIM 结构发射阴极的绝缘材料只有少数宽带介电材料,如 $Al_2O_3$、$SiO_2$、$MgO$ 等。

然而,采用 MIM 结构的 FED 具有很多优势,如好的发射均匀性、强耐污染,以及对真空条件不敏感和电子束发散度非常小。例如,在阴极和阳极之间的距离是 3mm 且阳极电压是 5kV 的情况下,横向发散小于 $25\mu m$。这个特点对于高分辨率的应用是至关重要的。主要的缺点是 MIM 阴极的发射率低。在指定的发射电流密度时,二极管电流通常太大。对于大面积显示,过多的传导电流会导致显著增加驱动电路价格。

所以日立公司开发的基于 MIM 阴极的 FED 器件只能用于小屏幕应用。绝缘体层的厚度很小,两个电极之间的电容非常大,所以充电和放电时间会限制屏幕大小和图像像素的总数。简单的计算表明,当屏幕尺寸是 5in 具有 $640\times480$ 图像像素时,行电容将达 $0.1\mu F$。即使无灰度显示,允许引线电极电阻是 $10\Omega$,这个值是可以实现的,但进一步增加屏幕尺寸或增加像素的数量,需要更小的电阻,在实际制造过程中是无法达到的。

## 8.13　结束语

为了研究和开发 FED,近年来 Pix Tech、Motorola、Candescent、Canon/Toshiba、Sony、Futaba 以及 Samsung 花费大大超过十亿美元开发中型和大型 FED。尽管有这些努力,Motorola 停止了其 FED 产业化,而 Pix Tech 和 Candescent 破产了。Sony 关闭了它的致力于纳米 Spindt 型 FED 的子公司。Canon 放弃了对 SED 的进一步研发。寻找低成本和新颖的解决方案的小型创新公司也没有从经济衰退中幸存下来。

FED 刚问世时,CRT 显示器正处于统治地位,使用者被迫接受其大体积和大质量。LCD 是平板显示器,但其视角问题和响应时间问题尚未解决,所以是外形可爱,性能不行。FED 刚好占有这两者的优点,当时受到各大公司的青睐是可以理解的。但是 FED 作为薄平板玻璃真空封装显示器件,不管采用什么类型的冷发射阴极,有三大工艺问题是共同的:为了抵抗大气压力需要大高宽比的支撑物,在小体积大表面积的情况下获得和保持真空度,以及荧光粉的发光效率和寿命问题。为了解决这三大工艺问题就需要不少的制造成本。而 FED 的关键部件——阴极板一直未找到能兼顾发射质量与制造成本的技术:Spindt 型金属微尖的发射质量可以,但涉及亚微米光刻和庞大的镀膜设备;CNT 阴极的加工相对简单,但发射的均匀性和稳定性很难解决。非微尖型的发射阴极大多数受限于发射率太低,使大面积显示屏的驱动电路无法承受。所以当 LCD 解决了自身的主要性能问题成为主流技术后,FED 的性能优势就不复存在,只剩下加工成本高这个缺点,败下阵来是必然的了。是 LCD 发展太快了,不让一些高性能 FED 有投入大生产降低成本的机会。

FED 在民用产品上已无法与 LCD 和 OLED 竞争,但在有些环境恶劣的工业和军事领域还有用武之地。因为 LCD 和 OLED 都怕高温(一般不能高于 100℃),也承受不了恶劣环境,FED 可在这些领域发挥作用。其实,军用小尺寸 FED 在法国和美国都生产过。

## 习题与思考

8.1 在 20 世纪 90 年代为什么说 FED 兼有 CRT 显示器和 LCD 的优点?

8.2 推导 F-N 方程时做了哪些假定? 如何用该方程检验电子发射是否属于场致发射?

8.3 为什么电子场致发射不如电子热发射稳定?

8.4 简述 Spindt 金属微尖的制作流程,为什么制作这种发射体阵列的成本很高?

8.5 除了阴极发射体的制作工艺外,FED 还面临的三个结构和工艺难点是什么? 如何解决?

8.6 CNT 发射体的优点是什么? 致命的问题是什么? 为什么会这样?

8.7 简述 SED 的工作原理和其阴极发射体的制作工艺。

8.8 列表小结和比较五种 FED 的工作原理、结构及其优缺点。

8.9 曾经制造出几种显示性能优异的 FED 展品,为什么均未能进入大众市场?

8.10 如何理解对 FED 的一句评语:"成也场致发射,败也场致发射"?

# 第 9 章

# 有机电致发光显示

本章首先介绍 OLED 的器件结构,包括单有机层结构、双有机层结构及多层 p-i-n 结构,然后介绍 OLED 涉及的主要物理过程,包括载流子注入、传输和复合发光以及光的出射。接着介绍用于 AM-OLED 的有源矩阵以及全彩色 AM-OLED 的制作工艺,最后做一个简要的总结。

## 9.1 简介

有机材料大部分导电性较差,属于绝缘体的范畴。有机电致发光(organic eletro luminescence,OEL),原指有机材料在电场尤其是强电场作用下发光的现象。随着有机材料掺杂导电的实现,到目前为止,有机电致发光器件普遍采用载流子注入的方式,即电子和空穴分别从阴、阳极注入,然后在有机材料中复合发光,如图 9.1.1 所示。其工作原理和半导体发光二极管(LED)类似,所以也称为有机发光二极管(organic light emitting diode,OLED)。

图 9.1.1 有机发光二极管的基本结构

最早的有机发光现象报道于 20 世纪 50 年代,法国 Nancy 大学的 Andre Bernanose 等在空气条件下,对沉积或溶解在纤维素或玻璃纸上的吖啶材料施加交流大电压,观察到电致发光现象。1960 年,纽约大学的 Matin Pope 等研究出可以和有机晶体实现欧姆接触的黑色注入电极。他们进一步描述了注入电子和空穴的电极的能级要求,即逸出功范围,奠定了 OLED 器件的电荷注入的理论基础。1963 年,Pope 在真空条件下,在纯单晶蒽和掺杂并四苯的蒽晶体上,施加了 400V 的直流电压,观察到蓝色电荧光。

这些早期的 OEL 器件,主要基于强电场条件下激发的分子荧光,仍属于传统的电致发光器件,它们存在着有机晶体厚、载流子传输困难、有机材料存在针孔等问题,导致器件驱动电压高、发光效率低、易击穿,从而没有得到进一步的发展和应用。

1987 年,柯达公司的 Tang 等报道了第一个真正意义上的有机发光二极管器件,器件采用双层小分子有机非晶薄膜结构,有机薄膜通过真空热蒸发技术沉积。两层有机薄膜分别为:①作为空穴传输层(HTL)的芳香联胺;②作为发射层(EML)和电子传输层(ETL)的8-羟基喹啉铝($Alq_3$)。ETL 和 HTL 类似半导体 LED 的 n 区和 p 区,它们具有相对较高的电子和空穴迁移率,传输正负电荷载流子使其在 ETL-HTL 的界面附近复合。阴、阳极分别采用高逸出功、透明的氧化铟锡(ITO)和低逸出功、高反射率的 MgAg 合金,在提供出光通道的同时,改善载流子从电极到有机层的注入特性。由于有机薄膜厚度降低至几十纳米,器件所需的驱动电压大大降低(≤10V)。加之 Alq₃ 具有相对较高的绿光荧光发光效率,使得绿光 OLED 的外量子效率提高了接近两个数量级,引发了全球 OLED 材料和器件的大规模研发浪潮。

在此基础上,人们在小分子有机材料和 OLED 器件结构上进行进一步改进,研发出种类繁多的用于 HTL、EML 和 ETL 的小分子材料,增加了如空穴注入层(HIL)、空穴阻挡层(HBL)和电子注入层(EIL)等其他有机功能层,逐步形成现有的小分子有机发光二极管(SMOLED)体系,成为现有 OLED 产业的主流技术。

1990 年,剑桥大学的 Burroughes 等,采用 100nm 厚的亚苯基乙烯撑(PPV),制作出高效的绿光聚合物发光器件(polymer light emitting device,PLED),开辟了高分子有机电致发光的新纪元。相对 SMOLED 需要采用高成本的真空掩膜蒸发技术,高分子材料可以采用旋转涂覆、喷墨打印等方法制备,有望大大降低 OLED 的制作成本。

以上所述的 OLED 器件,无论 SMOLED 还是 PLED,都属于荧光发光器件。根据量子统计理论,荧光发射所需的单重态激子只占激子总数的 1/4,所以荧光 OLED 器件的内量子效率不可能超过 25%。1998 年,Forrest 等基于自旋-轨道耦合相互作用,实现了基于磷光发光的 OLED 器件。如能综合利用荧光和磷光,OLED 内量子效率在理论上可以达到 100%。

在显示器件的商业化过程中,OLED 的主要竞争对手是 LCD。OLED 属于全固态的主动发光器件,相对 LCD 它具有如下原理上的优势,从而长期以来引起人们的广泛关注:

(1) 更高的电光转换效率。LCD 是滤色膜、液晶分子和偏振片对背光源进行滤色和不同程度的吸收而实现全彩色显示,只利用了背光源的一小部分能量。而 OLED 是每个子像素直接发光,可以根据图像的显示内容调节每个像素所消耗的电功率。

(2) 更快的响应速度、更宽的视角。LCD 依靠电场对液晶分子排列方向的改变来显示对光的调制,响应速度受限于液晶分子的机械转动,目前的最好水平为毫秒量级。而 OLED 响应速度只受限于电信号的加载速率,至少可以比 LCD 高两个数量级。由于液晶分子在不同方向的光学特性不同,导致对比度随视角的差异,而 OLED 基本不存在这个问题。

(3) 更轻便、更灵活的显示器件。LCD 至少包括背光源、偏振片、基底和液晶分子层,并且液晶分子处于半流动的状态。而 OLED 是全固态主动发光器件,原则上只需要基底和 OLED 薄膜,质量不到 LCD 的一半。另外,OLED 很容易制作在塑料等柔性衬底上,可以实现更灵活的显示器件,如嵌入衣物的可穿戴电子设备。

(4) 更低成本的潜力。OLED 原理上可以采用喷墨打印、丝网印刷等廉价方法制作,原则上具有比 LCD 成本更低的潜力。

OLED 显示器件的产业化过程已经持续了 20 多年,与 LCD 一样,经历过单色→全彩色、无源矩阵驱动(PM)→有源矩阵驱动(AM)的发展过程。

早在 1997 年,日本先锋公司就开始销售配有绿色 OLED 显示器的车载 FM 接收机;1998 年,日本 NEC、先锋公司研制出 5in 无源驱动全彩色 QVGA OLED 显示器;2003 年,柯达率先在其数码相机产品中采用了 AM-OLED 显示屏,如图 9.1.2 所示。经过多年的发展,中小尺寸 OLED 显示器件已经获得长足的进步,广泛地应用于各种电子设备,包括移动电话(如图 9.1.3 所示)、音频播放器、便携式多媒体播放器、可穿戴式显示设备等。

图 9.1.2　第一款采用 AM-OLED 的商业化　　图 9.1.3　采用 AM-OLED 的移动电话
　　　　　　产品(Kodak LS633 数码相机)

但是,在显示产业的兵家必争之地——平板电视方面,OLED 发展却颇为波折。早在 2007 年,索尼公司就在拉斯维加斯消费电子展上展示了 11in、分辨率为 960×540 和 27in、分辨率为 1920×1080 的 OLED 电视样机。2008 年,三星公司发布了 40in 的全高清 OLED 样机。但是面对性能不断上升、价格不断下降的 LCD,OLED 屡屡处于下风。相关厂商曾数次发布对 OLED 前景看好的商业化路线图,也曾数次宣布停止 OLED 的生产。

目前,OLED 正处于中小尺寸→大尺寸发展的关键阶段,国内外众多厂商发布了 40in 以上的 AM-OLED 的原型器件,相关的产品也开始在市场中销售。但由于制作工艺相对复杂,导致 OLED 大屏幕显示器件的价格高昂,加上尚未彻底解决的寿命问题,成为阻碍 OLED 大规模应用的主要因素。

图 9.1.4 所示 55in 4 倍全高清曲面 AM-OLED 电视机。

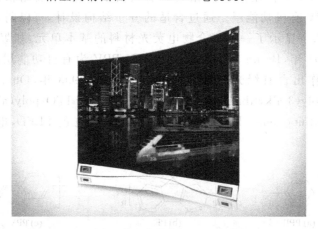

图 9.1.4　55in 4 倍全高清曲面 AM-OLED 电视机

## 9.2 OLED 器件结构

### 9.2.1 单有机层结构

OLED 的基本结构是两个电极夹着一层或几层的有机薄膜。一般阳极采用高透过率和逸出功的 ITO，然后采用诸如真空蒸发、旋转涂覆、喷墨打印等工艺制作一层或多层有机薄膜。最后制作金属阴极。最简单的 OLED 结构就是两个电极只夹着一层的有机薄膜，如图 9.1.1 所示，而图 9.2.1 显示了单有机层 OLED 的能级分布示意图。

图 9.2.1 单有机层 OLED 的能级分布示意图

为了从电极注入载流子，阴、阳极的逸出功要和有机材料的能级特别是最低空置分子轨道(lowest unoccupied molecular orbital, LUMO)和最高占据分子轨道(highest occupied molecular orbital, HOMO)匹配，如图 9.2.1 所示。在这个单层结构中，有机材料要求既能传输空穴，又能传输电子，还要具有良好的发光特性。

单有机层结构在聚合物 OLED(PLED)应用比较广泛。1990 年，Burroughes 等以单层亚苯基乙烯撑(PPV)作为有机功能层，基于 $In_2O_3$/PPV/Al 结构，制作出峰值能量为 2.2eV 的黄绿色 PLED。由于 PPV 分子量较大，在真空蒸发情况下很容易发生分解，因此采用溶液工艺制作。该工艺首先将 PPV 溶解到有机溶剂中，然后将溶液涂在衬底上，最后蒸发溶剂形成 PPV 有机功能层。通过合适的分子结构设计，可以调节共轭聚合物的光谱和效率。图 9.2.2 显示了一些聚合物电荧光材料的基本单元，如聚亚苯(PPP)、聚芴(PF)和 PPV。1991 年，Braun 和 Heeger 以 MEH-PPV 为有机功能层，基于 ITO/MEH-PPV/In 结构，制作出含有绿光和红光成分的 PLED。1993 年，Ohmori 等分别以 poly(alkylfluorene)、poly(3-alkylthiophene)为有机功能层，基于 ITO/poly(alkylfluorene)/Mg、ITO/poly(3-alkylthiophene)/Mg 结构，制作出蓝色、橘红色 PLED，电荧光谱峰分别为 470nm、640nm。

(a) PPP      (b) PF      (c) PPV

图 9.2.2 一些聚合物电荧光材料的化学结构式

## 9.2.2 双有机层结构

尽管单有机层 OLED 器件结构简单,但很难找到一种既具有高辐射效率,又能传输正、负载流子的有机材料。另外,采用单层有机材料也很难控制载流子复合发光的区域,当复合发光位置靠近电极的区域,就会产生光的相消干涉从而降低器件的发光效率,这种现象称为电极淬灭。对于 OLED,尤其是基于小分子有机材料的 OLED,人们普遍采用多层有机薄膜,分别负责载流子的注入、传输和复合发光,而最早出现、结构最为简单的多有机层 OLED,就是 Tang 等提出的双层有机薄膜的 OLED 器件结构。

图 9.2.3 显示了最早由 Tang 等提出的双层有机薄膜的绿光 OLED 器件结构。两个有机层为芳香联胺(Diamine)和 8-羟基喹啉铝($Alq_3$),分别作为空穴传输层(hole transport layer,HTL)和电子传输层(electron transport layer,ETL)。

图 9.2.3 第一个双有机层 OLED 的器件结构和 $Alq_3$、联胺的化学结构式

不同于单有机层 PLED 要求有机功能层能兼有传输电子、传输空穴和发光功能,双层有机薄膜的 HTL 和 ETL 分别只负责传输空穴和电子,因此在材料选择方面具有很大的灵活性。另外,这种结构具有更好的载流子限制特性,载流子在空穴传输层和电子传输层的界面及附近复合发光,有助于提高发光效率。由于 HTL 和 ETL 是不同的有机材料,这种双层结构和半导体 LED 的异质结非常类似。在正向偏压下,从阴极注入的电子通过 ETL 后,被限制在 HTL-ETL 的界面处。ETL 的 HOMO 能级略高于 HTL,空穴可以稳定地注入 ETL 中。ETL 的空穴迁移率较低,导致在 HTL-ETL 的边界空穴浓度较高。这增强了 ETL 的俘获空穴并产生复合发光的概率,使得 ETL 兼有发光层(EML)的功能。由于 HTL 和 ETL 的能级限制,ETL 中的复合区域在 HTL-ETL 界面的 10nm 以内。

图 9.2.4(a)所示是该 OLED 的电荧光谱,荧光谱峰为 550nm,为明亮的绿光。光谱的半高全宽约为 100nm,是一般绿光 LED 的两倍,主要原因在于有机非晶分子的电子激发态

相对无机单晶半导体具有更多的振动和转动原子态。图9.2.4(b)所示是该 OLED 电流密度($J$)和电荧光强度($L$)随电压($U$)的变化曲线,所需的驱动电压远大于无机半导体 LED。要获得 $100mA/cm^2$ 的电流密度,需要 8V 的驱动电压。而对于一般的绿光 LED,驱动电压仅为 4V 时,电流密度就达到 $200mA/cm^2$。事实上,该 OLED 的 HTL 和 ETL 的厚度分别为 75nm 和 60nm,而 LED 的外延生长厚度普遍达到微米量级。OLED 的载流子从电极到有机材料注入能力、载流子在有机材料中的传输能力远低于无机半导体 LED,是导致 OLED 所需的驱动电压相对 LED 反而更高的主要原因。

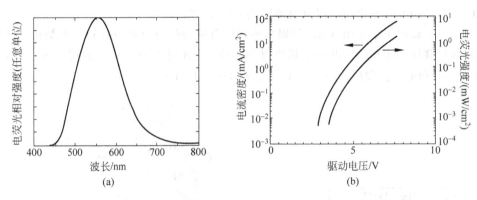

图 9.2.4 第一个双有机层结构 OLED 的电荧光谱和 $J$-$L$-$U$ 变化曲线

## 9.2.3 p-i-n 结构

在多层有机薄膜的 OLED 中,有机材料发射层(emissive layer,EML)决定了器件的发光颜色。为了进一步提高空穴和电子复合发光的概率,可以将 ETL 和 EML 分开,设立单独的 EML。为了使得 HTL 和 ETL 分别具有较高的空穴和电子传输能力,一般对空穴传输材料进行 p 型掺杂,电子传输材料进行 n 型掺杂。而为了保持 EML 的发光效率,发光材料通常保持非掺杂的状态,这种结构和半导体 LED 的 p-i-n 结构非常类似,因此被称为 OLED 的 p-i-n 结构。

由于有机材料的导电性相对较差,人们在参考半导体 LED p-i-n 的结构基础上,在 OLED 中加入了电子注入层(electron injection layers,EIL)和空穴注入层(hole injection layers,HIL),尽量提高电子、空穴分别从阴、阳极到有机材料的注入能力。其中,HIL 的 HOMO 能级在 ITO 和 HTL 之间,帮助空穴从 ITO 阳极注入 HTL。EIL 的 LUMO 能级靠近 ETL,帮助电子从金属阴极注入 ETL。从功能上来看,EIL、ETL 对应半导体 LED 的 $n^+$、n 层,EML 对应半导体 LED 的 i 层,HTL、HIL 对应半导体的 p、$p^+$ 层。另外,为平衡进入发光层的正、负载流子密度并对发光区域进行更有效的限制,人们还提出在发光层和空穴传输层之间添加电子阻挡层(electron blocking layer,EBL),在发光层和电子传输层之间添加空穴阻挡层(hole blocking layer,HBL)。图9.2.5 显示了包括上述所有功能层的 OLED 的器件结构,以及它们和半导体 LED 的 p-i-n 结构的对应关系。值得注意的是,由于各有机功能层并不是严格意义上的半导体,在 OLED 实际器件设计和制作过程中,可以根据需要对其中的功能层进行取舍。

图9.2.6 所示是一个含有 p-i-n 结构的 OLED 的各有机功能层。p 区为 100nm 厚的

图 9.2.5 OLED 的 p-i-n 结构示意图

$F_4$-TCNQ:MeO-TPD，$F_4$-TCNQ 的摩尔含量达 2%，对应的电导率接近 $10^{-5}$ S/cm，与 ITO 阳极形成准欧姆接触，从而兼有空穴注入层和传输层的功能。i 区有两个发光层，其中一层是掺杂 8% 质量比 Ir(ppy)$_3$ 的 TCTA，另外一层是掺杂 8% 质量比 Ir(ppy)$_3$ 的 TAZ。n 区为掺 Cs 的 BPhen，电导率也接近 $10^{-5}$ S/cm，与 Al 阴极形成准欧姆接触，从而兼有电子注入层和传输层的功能。在 p 型 MeO-TPD 和 i 区的 TCTA 之间，有一层厚度约 10nm 的 Spiro-TAD 作为电子阻挡层，防止 i 区的电子向 p 区扩散。在 i 区的 TAZ 和 n 型的 BPhen 之间，有一层厚度约 10nm 的非掺杂的 BPhen，起到阻挡空穴并防止激子淬灭的作用。采用该结构的 OLED，实现 100cd/m$^2$ 亮度所需的驱动电压仅为 2.65V。

图 9.2.6 一个含有 p-i-n 结构的 OLED 的各层有机材料及相应的能级图

## 9.2.4 级联 OLED

传统的 OLED，即使不考虑荧光的内量子效率限制，一个空穴电子对最多也只能产生一个光子。级联 OLED，就是外电路注入一个空穴电子对后，通过连接每个 OLED 的电荷产生层(CGL)产生多个空穴电子对，其工作原理如图 9.2.7 所示。电荷产生层可以由金属薄膜或隧道结组成。在级联器件中，电流效率(单位为 cd/A)会随着 OLED 的个数线性增加。由于电流效率较高，级联 OLED 可以在较低的驱动电流下获得相同的亮度，热损失更小，从而提高器件的工作寿命。通过合适的薄膜结构设计，级联 OLED 不仅可以获得高量子效率和色纯，而且通过级联不同颜色的 OLED，可以获得高效的白光 OLED。

电荷产生层的设计和制作是级联 OLED 的关键技术。电荷产生层可以是导电或绝缘薄膜。先讨论导电薄膜的情况。一般来说，为了向 p 型有机材料有效注入空穴，OLED 的阳极采用高逸出功的材料，如 ITO、金和镍。为了向 n 型有机材料有效注入电子，OLED 的阴

图 9.2.7  传统 OLED 和级联 OLED 的器件结构

极需要低逸出功的材料,如碱金属或碱性稀土金属都是很好的备选材料。然而,在叠层 OLED 中,一个通用的金属电荷产生层,必须能分别从阳极和阴极向 p 型和 n 型有机材料分别注入空穴和电子。这里可以采用透明或顶发射 OLED 的工艺,来制作级联 OLED 的导电电荷产生层。

　　基于隧道结的绝缘电荷产生层,实际上就是一个加反向偏压的隧道 n-p 结,夹在两个 OLED 单元当中。电子空穴对在上述的 OLED 单元中复合,p 侧 HOMO 上的电子隧穿到 n 侧 LOMO,在下一个 OLED 单元又产生新的辐射复合,如图 9.2.8 所示。在无机 LED 和 LD(激光器)领域,为提高内量子效率和热稳定性,降低激光器阈值电流,已经广泛应用随道结技术。在无机半导体器件中,隧道结通常采用外延生长的高载流子浓度的 n 型和 p 型材料。但是,有机材料通常能隙较大,约 $2\sim3\text{eV}$。本征热激发产生的自由载流子浓度通常小于 $10^{10}/\text{cm}^3$,可

图 9.2.8  级联 LED 和放大的反向偏置隧道结的能带结构图

以忽略不计。类似无机半导体材料,有机半导体材料也可以进行掺杂,通过杂质将电子转移到 LUMO 能级实现 n 型掺杂,或者将电子从 HOMO 能级移除实现 p 型掺杂,从而产生自由电子或空穴。

## 9.2.5  顶发射和透明 OLED

　　为便于出光,传统 OLED 紧贴和远离玻璃衬底的电极分别采用透明氧化物导电膜(如 ITO)和高反射率的金属(如 Mg、Al),光经过透明的 ITO,从衬底底部出射,这就是所谓的底发射 OLED,如图 9.2.9(b)所示。

　　对于 OLED 显示器件来说,衬底上除了 OLED 发光像素以外,还需要制作包括总线(bus)和 TFT 在内的像素驱动电路(详见 9.4 节)。总线和 TFT 一般采用不透光的材料,对于底发射 OLED 来说,像素驱动电路占据一定的面积,从而降低了 OLED 的开口率。另外,底发射 OLED 要求衬底具有较高的透光率,衬底材料的选择相对受限。

　　为此,人们开发了顶发射 OLED,其结构图 9.2.9(a)所示,紧贴衬底的表面是高反射率

金属,而远离衬底的是透明或半透明的电极,光经过透明的电极和封装材料层出射。顶发射 OLED 的发光区域和像素驱动电路可以重叠,从而保证了足够的开口率。衬底材料也没有透光率的要求,可以根据需要选择玻璃、塑料,甚至金属衬底。

图 9.2.9　带有有源驱动电路的顶发射和底发射的 OLED 像素的截面示意图

顶发射 OLED 要求紧贴衬底一侧的电极具有高反射特性,最直接的方法是在 ITO 衬底下直接沉积高反射金属,如 Ag。从载流子注入能力的角度来看,一些高逸出功金属,如 Au、Ti,也是不错的材料。Ag 的氧化产物 $AgO_x$ 具有高逸出功,还可以作为有效的空穴注入层。在顶发射 OLED 中,反射阳极和半透明阴极构成一个微腔,具有很强的多光束干涉效应。

采用透明导电膜(如 ITO)取代反射金属,可以制作透明显示器件。然而,由于 ITO 逸出功较高(约 4.7eV),不适合于电子注入,需要电子传输层和 ITO"阴极"之间有高透射率、高电子注入特性的缓冲层,如几个纳米厚的 Mg:Al 和 LiF/Al 双层。缓冲层的另外一个功能是在溅射制作 ITO"阴极"时保护有机材料层。尽管缓冲层就有一定的保护作用,在溅射 ITO"阴极"时还是要非常小心地控制射频溅射功率,以减少离子对底下的有机材料的损伤。在这种低射频功率的工艺条件下,ITO 的沉积速率低至每秒钟几个 Å。缓冲层的透光性是这种器件需要考虑的首要问题。缓冲层太厚,对光吸收太强,就会降低 OLED 的亮度。另外,缓冲层太薄又不能在 ITO 溅射工艺起到足够的保护作用。从减少有机材料离子轰击的角度来说,希望 ITO"阴极"的厚度不要太厚。但是由于 ITO 的电导率较低,约 $10^4 S/cm$,比金属材料低一到两个数量级。如果采用 ITO 作阴极,为获得较好的欧姆接触,要求 ITO 厚度达到几百纳米。另外,也可以通过热蒸发的方法制作极薄的金属材料作为透明或半透明阴极,透明阴极的厚度为 $20\sim30nm$,材料可以是 Sm、Ca/Mg 和 LiF/Al/Ag。

目前的 AM-OLED 显示器件,顶部发射和底部发射的 OLED 都有应用。一般来说,底部发射的 OLED 背板的设计和制作工艺比较简单,但所需的像素驱动电路相对复杂,并且会降低 OLED 的开口率。而开口率越小,相同亮度要求下所需的驱动电流就越大,对晶体管和 OLED 的性能就提出更高的要求。采用顶部发射的 OLED 能够解决这个问题,顶发射 OLED 的阳极为高反射薄膜,沉积在像素驱动电路的顶部(一般在两者之间有一个平面化层)。由于光线从 TFT 的对面射出,像素电路对开口率没有影响。顶部发射 OLED 在中小尺寸的 AM-OLED 显示器件(如移动电话)中很受欢迎,因为中小尺寸显示器件要求具有高像素密度。但是,顶部发射 OLED 制作起来更加复杂。另外,由于顶部电极(通常是阴极)透光性不够好,整个 OLED 就形成了一个等效的光学微腔,某些满足微腔谐振条件的波长的光得到增强。尽管顶部发射 OLED 能获得色彩更加鲜艳的光,从光学微腔发射出来的光存在角度分布与波长的相关性,在宽视角器件的应用中会有一定的问题。因此,对于像素密度较低的大尺寸器件,如电视机,更加倾向使用底部发射 OLED,因为它的均匀性相对较好,出射光的角度分布与波长无关,制作工艺也相对简单。

### 9.2.6 全彩色 OLED

对于全彩色显示来说,需要红、绿、蓝三种子像素。最直接的方法是直接在衬底上制作红、绿、蓝三种子像素。实现全彩色 OLED 显示主要有以下几种方案:①红、绿、蓝 OLED直接集成;②白光 OLED 加彩色滤色膜;③蓝光 OLED 加色转换材料,如图 9.2.10 所示。

图 9.2.10 OLED 的彩色化方案

这三种彩色化方案各有优缺点。其中,红、绿、蓝 OLED 直接集成能量利用效率最高,因为三基色 OLED 子像素可以独立优化。但是需要采用掩膜蒸发工艺制作(详见 9.5 节),成本较高,难以制作大屏幕显示器件。另外,红、绿、蓝 OLED 子像素的性能退化速率不同,导致显示器件随时间发生颜色失真,也是直接集成三基色 OLED 的显示器件的重大缺陷。

为了简化制作工艺,可以采用滤色膜技术来实现全彩色的 OLED,滤色膜技术已经在 LCD 中获得广泛应用。只需要制作白光 OLED,然后在每个子像素前放置对应颜色的滤色片即可。这种方法无须复杂的精细遮挡掩模,可以有效地提高生产效率,而且具有较好的色稳定性。

最初的白光加滤色膜的方案沿用 LCD 的彩色化方案,采用白光加红绿蓝滤色膜的方式,称为 W-RGB 结构。它的缺点是至少 2/3 的光被滤色膜吸收,发光效率大打折扣。根据大量的统计,人们平常看到的彩色图形,大部分像素点位于 CIE 色坐标的中心位置,即等能白光点附近,也就是说,大部分像素点色坐标的主要成分为黑白灰,然后附加一小部分的彩色成分。为此人们提出了四子像素混色方案,即一个像素含有红、绿、蓝、白四个子像素,称为 W-RGBW 结构。对于白光+滤色膜 OLED 来说,在红、绿、蓝子像素位置的滤色膜吸收白光能量,而白子像素位置则无滤色膜,让白光直接通过,这样既保证了 AM-OLED 的发光效率,同时又具有较宽的色域。

在当前的 OLED 产业界中,这两种彩色化方案被不同的厂家所采用。其中,直接集成红、绿、蓝 OLED 阵营以三星为代表,LG 则大力发展 W-RGBW 结构,这两种方案均已制作出大尺寸的 OLED 显示器件的原型样机。

另外一种彩色化方案,就是蓝光 OLED 加色转换材料。色转换材料放置在红、绿两种子像素上,它通过吸收蓝光产生红光和绿光色。从原则上来说,该方案比制作红、绿、蓝 OLED 直接集成工艺简单,比白光加滤色片方案的效率更高,但是目前色转换材料的选择、制作工艺和材料稳定性等问题还没有彻底解决。

## 9.3　OLED 的主要物理过程

有机电致发光来自于注入载流子在有机材料的辐射复合。从能量转换的角度来说,OLED 是一个电-光转换器件,人们希望在 OLED 上消耗的电能尽可能多地转化为人眼所需要的光。但事实上,目前 OLED 的电-光转换效率还不到 10%,大部分电能都以其他各种形式耗散最终转化为对显示无用的热能。为此需要了解 OLED 电-光转换的各个物理过程。OLED 的电致发光的主要物理过程包括:电荷从电极注入有机材料,在有机材料中传输并形成激子,激子辐射跃迁发光,光子从有机材料向外出射。这些物理过程和无机半导体 LED 类似,但有机材料的特殊的电学和光学特性,从而造成 OLED 中的载流子注入、传输、复合发光、光子出射过程的特殊物理性质。下面对 OLED 的这些物理过程的工作原理做一个简要的介绍。

### 9.3.1　OLED 的载流子注入

无论 LED 还是 OLED 的载流子注入,其特性主要取决于电极和半导体之间的界面特性。由于无机半导体容易进行高浓度的掺杂,半导体和电极之间通常形成欧姆接触,即载流子注入过程,从电学上可看作电荷流过一个线性电阻的过程。

但是对于 OLED,由于有机材料很难进行高浓度的掺杂,即便是接触特性较好的电极和有机材料之间的界面,也只能看作金属-半导体的肖特基接触势垒,其电学特性需要采用

Fowler-Nordheim(FN)隧道电流模型和 Richardson-Shottky(RS)热离化发射模型来描述。

**1. 载流子注入的 RS 热离化发射模型**

当金属加热时,表面就会出现热电子。为离开金属电极表面,电子需要足够的能量穿过表面势垒。随着温度的增加,电子具有足够的动能克服表面金属表面势垒逃离电极表面,这种现象称为热离化发射效应。

热离化发射的电流密度满足 Richardson-Dushman 方程,即

$$J_0 = A_0 T^2 \exp\left(-\frac{\phi}{k_B T}\right) \tag{9.3.1}$$

式中 $J_0$——饱和发射电流密度;

当电子从金属发射到真空时,$\phi$ 为金属表面的逸出功,当电子从金属注入到半导体时,$\phi$ 为金属和半导体的逸出功差值;

$A_0$——Richardson 参数,可以表示为

$$A_0 = \frac{emk_B^2}{2\pi^2\hbar^3} = 120.4 \, \text{Acm}^{-2}\text{K}^{-2} \tag{9.3.2}$$

受镜像电荷产生的电场的影响,注入势垒会有所降低,这称为 Schottky 效应或势垒降低效应。逸出功下降量可表示为

$$\Delta\phi = \sqrt{\frac{e^3 U}{4\pi\varepsilon_0}} \tag{9.3.3}$$

因此,代入式(9.3.1),所测得的电流密度 $J$ 可以表示成

$$J = J_0 \exp\left(\frac{\Delta\phi}{k_B T}\right) = J_0 \exp\left(\sqrt{\frac{e^3}{4\pi\varepsilon_0}} - \frac{\sqrt{U}}{T}\right) \tag{9.3.4}$$

以 $\sqrt{U}$ 为横坐标,$J$ 为纵坐标,纵坐标的截距就是所谓的饱和发射电流。

**2. 载流子注入的 FN 场发射模型**

从场发射的观点来看,载流子注入产生的电流可以看成是电子通过量子力学的隧道效应穿过能量有限高、厚度有限宽的势垒的隧道电流。隧道电流密度可以通过 Fowler-Nordheim(F-N)方程来表示,即

$$J = \frac{q^3 U^2 m_0}{8\pi h\phi m^*} \exp\left(-\frac{4\sqrt{2m^*\phi^3}}{3hqU}\right) \tag{9.3.5}$$

式中,$m_0$——自由电子质量;

$m^*$——电子有效质量。

从上式可以看出,场发射隧道电流密度和温度无关,这是场发射模型和热离化模型最大的区别。

另外值得注意的是,OLED 的载流子注入和传输本质上是一个化学反应过程,反应可以在各层内部进行,也可以在各层的界面进行;OLED 涉及的有机材料大部分处于非晶状态,半导体能带理论不再适用。即使 FN 隧道电流和 RS 热离化发射模型,也不能描述所有条件下的 OLED 的载流子注入过程。一般来说,当 OLED 通过强电场注入时,可以采用 RS 热离化发射模型;当 OLED 通过弱电场注入时,可以采用 FN 场发射模型。

**3. OLED 的电极修饰**

为提高载流子注入能力,需要调整电极的逸出功使之与有机载流子传输层或注入层匹

配。图 9.3.1 显示了表面处理对于 ITO 逸出功的影响。如果采用酸来处理 ITO 阳极,它就会吸引负电荷,形成指向有机层表面偶极子,从而加速空穴从 ITO 到有机层的注入。通常用真空能级或阳极表面逸出功的移动来描述这种表面偶极子效应。由于真空能级下移,ITO 和有机层 HOMO 的等效势垒下降,如图 9.3.1 (a)所示。另外,如果采用碱来处理 ITO 表面,等效势垒增加,阻碍空穴的注入,如图 9.3.1 (b)所示。另外一个常用的方法是,在沉积有机层之前采用氧气等离子体或紫外臭氧处理 ITO 表面。氧等离子体表面处理不仅能有效提高 ITO 的逸出功,还可以去除刚沉积完的 ITO 表面的碳氢杂质,已经在 OLED 生产中广泛应用。

图 9.3.1 ITO 表面酸和碱处理产生的真空能级移动

而为了获得更好的电子注入,阴极的逸出功应该尽可能低。图 9.3.2 显示了不同的阴极结构的 OLED 的电流密度和电压的特性曲线。Al 阴极所需的驱动电压最高,电流密度为 $100mA/cm^2$ 时,驱动电压为 17V。采用较低逸出功的 $Mg_{0.9}Ag_{0.1}$ 作为阴极材料,$100mA/cm^2$ 电流密度的驱动电压可下降 4V。加入少量的 Ag,可提高电极的稳定性和电极与有机材料之间的附着力。尽管碱金属或稀土金属具有更低的逸出功,但是它们会和环境中的氧和水汽反应,材料处理和器件制作的难度较高。另外一个方案是在空气环境下稳定工作的金属层和有机层之间插入特别薄的绝缘层,如 LiF。LiF 作用的物理机理仍不是十分清楚,目前最被大家接受的解释是随着 Al 的蒸发,LiF 分解成 Li 和 F。Li 扩散进入有机层,形成活性

图 9.3.2 采用 Al、$Mg_{0.9}Ag_{0.1}$、Al/LiF 阴极的有机电荧光器件的电流密度-电压曲线

的阴离子,有效地增加电子传输层的电子浓度。另外,LiF 在有机层-阴极界面之间形成偶极子层,有利于电子注入。然而,由于 LiF 是绝缘体,LiF 层太薄或太厚,都会导致驱动电压的上升,如图 9.3.2 所示。

### 9.3.2 OLED 的载流子传输

**1. 载流子传输的空间电荷限制传导、陷阱电荷限制传导和线性电阻传导模型**

载流子在 OLED 的传输特性主要取决于有机材料的导电特性。OLED 涉及的有机材料大部分处于非晶状态,载流子依靠电荷在不同的局域化电子态之间的"跳跃"进行传输。"跳跃"过程本质上是中性分子和它们的带电衍生物之间的单电子氧化-还原反应。电荷跳跃速率不仅受分子排列的无序性效果的影响,而且强烈地依赖于所施加的电场 $\mathscr{E}$。这种现象称为 Poole-Frenkel 效应,对应的迁移率称为 PF 迁移率,满足如下关系:

$$\mu(\mathscr{E}) = \mu_0 \exp(\beta \mathscr{E}^{0.5}) \tag{9.3.6}$$

式中　$\mu_0$——零电场迁移率;

　　　$\beta$——与材料相关的参数。

对于有机非晶薄膜,迁移率较低,一般不超过 $10^{-3} \, \mathrm{cm^2/Vs}$ 的量级,并且电场强度越弱迁移率越低。

另外,非掺杂的有机薄膜本征载流子浓度极低,一般小于 $10^{10} / \mathrm{cm^3}$。根据电导率公式:

$$\sigma = nq\mu \tag{9.3.7}$$

式中　$\sigma$——电导率,单位为 $(\Omega \cdot \mathrm{cm})^{-1}$;

　　　$n$——载流子浓度;

　　　$q$——电子电量;

　　　$\mu$——载流子迁移率。

很容易计算出非掺杂有机材料的电导率不超过 $10^{-12} \, \mathrm{S/cm}$ 的量级。通常一种材料的电导率在 $10^{-8} \sim 10^2 \, \mathrm{S/cm}$ 之间,才能称它为半导体。电导率更高的为导体,更低的为绝缘体。从这个观点来看,非掺杂的有机材料更应该被认为是绝缘体而不是半导体。

对于绝缘层材料,从电极注入的载流子在绝缘层两侧形成电荷堆积,称为空间电荷。单纯由空间电荷产生的微弱电流称为空间电荷限制传导(SCLC)电流。对于一个不存在载流子陷阱的理想绝缘体,空间电荷限制电流密度 $J_{\mathrm{SCLC}}$ 满足 Mott-Gurney 方程,即

$$J_{\mathrm{SCLC}} = \frac{9}{8}\varepsilon_0 \varepsilon_r \mu \frac{U^2}{d^3} \tag{9.3.8}$$

式中　$\varepsilon_0$——真空介电常数;

　　　$\varepsilon_r$——有机材料的相对介电常数;

　　　$\mu$——载流子迁移率;

　　　$U$——绝缘层两端电压;

　　　$d$——绝缘层的厚度。

如果绝缘层存在载流子陷阱,电流主要由载流子陷阱的填充情况决定,称为陷阱电荷限制传导(TCLC)电流。陷阱电荷限制电流密度 $J_{\mathrm{TCLC}}$ 和绝缘层两端电压 $U$、厚度 $d$ 满足

$$J_{\mathrm{TCLC}} \propto \frac{U^{l+1}}{d^{2l+1}} \tag{9.3.9}$$

式中  $l>1$——载流子陷阱效应。

这说明,如果绝缘层中存在载流子陷阱,则电流随电压上升的速率比无载流子陷阱的绝缘层更快。而 $l=1$ 时,则代表无载流子陷阱的理想绝缘体。对于绝缘体材料来说,陷阱电荷限制传导模型比较符合低电场条件,而空间电荷限制传导只在高电场条件有效。这意味着在低电场条件下存在的载流子陷阱,在高电场的条件下被填满。另外可以看到,当 $l=0$ 时, $J\propto U/d$,对应线性电阻。

图 9.3.3 所示是一个双对数坐标轴的 OLED 载流子传输层的电流密度 $J$ 和两端电压降 $U$ 的特性曲线。区域 I 为欧姆电流段,电流主要来自于有机材料有限的自由载流子漂移, $J_{ohmic}\propto U$。随着驱动电压的升高,进入区域 II——陷阱电荷限制传导段,从电极注入的载流子在带有载流子陷阱的有机材料中传输,这时 $J_{TCLC}\propto U^{l+1}$, $J$-$U$ 曲线在区域 II 的对数坐标下的斜率为 $l+1$。当有机材料的载流子陷阱被填满后,就进入区域 III——空间电荷限制传导,这时 $J_{SCLC}\propto U^2$, $J$-$U$ 曲线在区域 III 的对数坐标下的斜率为 2。

图 9.3.3  OLED 载流子传输层的电流密度 $J$ 和两端电压降 $U$ 的特性曲线

### 2. 有机材料的 p、n 掺杂

对于理想的 OLED 来说,希望有机载流子传输层是电导率极高的线性电阻。但由于有机材料的自由载流子浓度低,导致 OLED 驱动电压较高。为降低 OLED 的驱动电压,最直接的方法是提高有机材料的载流子浓度,为此人们引入和半导体 LED 类似的 p 型和 n 型的掺杂技术。

为了实现 p 型掺杂,通常在空穴传输材料中掺路易斯酸,可以吸引电子产生空穴。这种方法将有机材料的费米能级从带隙中间移动到接近 HOMO 能级,从而提高空穴传输能力。另外,载流子浓度的增加使电极和 p 型掺杂的有机层的费米能级相互对准,在界面处产生类似欧姆接触的注入特性。对于主-客材料体系,实现 p 型掺杂的可能方式包括在 ZnPC 或芳基胺衍生物中掺杂 TCNQ 衍生物、$V_2O_5$ 或 $FeCl_3$。

空穴传输层的掺杂浓度对 OLED 的驱动电压具有较大影响。图 9.3.4 显示了以掺杂不同浓度 $F_4$-TCNQ 的 TDATA 为空穴传输层的 OLED 器件结构及相关材料的分子结构式。以非掺杂的 TDATA 为空穴注入层的器件,阈值驱动电压约为 9V,当 $F_4$-TCNQ 的摩尔浓度为 0.2%,阈值驱动电压下降至约 6V;当 $F_4$-TCNQ 的摩尔浓度为 2%,阈值电压仅为 3.4V。

与 p 型掺杂相比,有机材料的 n 型掺杂更困难。为了提供自由电子,要求掺杂剂的 HOMO 能级低于主体材料的 LUMO,这导致 n 型掺杂材料对氧不稳定。另外一个方法是

图 9.3.4  以 $F_4$-TCNQ:TDATA 为空穴注入层的 OLED 器件结构及相关材料的分子结构式

采用金属掺杂技术,在有机材料中掺杂 Li、Na、Cs 等碱金属,这些金属很容易向有机材料主体释放出电子用于导电。人们以掺杂 Cs 的 bis-OXD 作为 OLED 的电子传输层,器件结构为 ITO/ NPB(55nm)/Alq$_3$(27.5nm)/Cs:bis-OXD(27.5nm)/Ag。相对以 Alq$_3$ 为电子传输层的器件,以 Cs:bis-OXD 为电子传输层的驱动电压从 9.71V 下降到 7.32V。

采用 p 型、n 型掺杂技术,不仅可以改善载流子的传输特性,而且有可能将电极和有机材料的载流子注入界面从肖特基接触改善为欧姆接触,从而有助于提高载流子注入、降低驱动电压。然而,p 型的强酸性和 n 型的强碱性有时会导致器件制作困难。另外,金属掺杂技术很容易导致金属扩散到辐射材料层成为激子淬灭剂。

### 9.3.3  OLED 的载流子复合发光

OLED 作为一个电-光转换器件,其最终目的是将电能转化成人眼能感受到的光子。前两节讨论的载流子注入和传输过程,为 OLED 的电-光转换提供了正、负电荷载流子。光子是通过正、负电荷载流子在 OLED 的发光区域,以辐射跃迁的形式产生的。但除了辐射跃迁以外,还存在其他各种物理过程,对 OLED 的发光效率产生重要影响。下面讨论 OLED 载流子复合的主要物理过程。

**1. Franck-Condon 准则**

有机材料的光物理过程包括光吸收和能量弛豫,处于基态的分子吸收光子能量跃迁到激发态,激发态分子或以电子态跃迁,即辐射跃迁(发光)的形式释放能量,或者以原子振动态或转动态跃迁,即非辐射跃迁(发热)的形式释放能量。

由于电子的质量远小于原子核,平均运动速率远大于原子核,根据玻恩-奥本海默近似,有机分子某个本征态的波函数和本征能量可以分为电子部分和原子核部分。一个分子吸收一个光子的能量,会产生电子、原子振动和原子转动激发态。有机材料中的光吸收和发射主要在能量最低的激发电子态(即 LUMO)和能量最高的基态电子态(即 HOMO)之间进行,能量为几个 eV 的量级,对应紫外和可见光波段。对于同一个电子态的原子振动态,涉及的能量为十分之几 eV 的量级,能量跃迁之间存在着选择定则,可以从吸收谱和发射谱辨别出来。而不同的原子转动态靠得非常近,相互跃迁所需的能量只有百分之几 eV 的量级。在室温热平衡条件下,由于原子振动态和转动态的能量非常接近,相同电子态的分子很容易在不同的原子核振动和转动态能级之间转换。

图 9.3.5 所示是一个双原子分子基态电子态 $S_0$ 和激发态电子态 $S_1$ 的分子势能曲线。$r_0$ 为平衡态距离,$\Delta r$ 为原子核间距。光子吸收和发射采用垂直箭头标志。由于电子态激发涉及的频率为 $10^{15}$ Hz 的量级,远远大于 $10^{13}$ Hz——原子核振动涉及的频率,在势能曲线图中电子态跃迁一定是一个垂直跃迁,即电子态跃迁前后原子核振动态保持不变。更为普遍的是,不同电子态之间的两个原子振动态的跃迁几率,正比于这两个原子振动态的波函数的重叠积分,这称为 Franck-Condon 准则。以图 9.3.5 为例,$S_0$ 中的 $v=0$ 和 $S_1$ 中的 $v=2$ 之间以及 $S_1$ 中的 $v=0$ 和 $S_0$ 中的 $v=2$ 之间的波函数的重叠积分较大,容易发生电子态跃迁。

图 9.3.5 一个双原子分子基态电子态 $S_0$ 和激发态电子态 $S_1$ 的分子势能曲线

从图 9.3.5 可以看出,当一个基态分子(如 $S_0$,$v=0$)吸收一个光子,它被激发到更高能量的电子态和原子振动态(如 $S_1$,$v=2$),然后通过原子核振动态和转动态的变化(非辐射跃迁)以热能的形式释放出一部分能量,变成激发态电子态的基态原子振动态(如 $S_1$,$v=0$);最后通过电子态的变化(辐射跃迁)以光子的形式释放能量(如 $S_1$,$v=0\rightarrow S_0$,$v=2$),跃迁几率遵循 Franck-Condon

图 9.3.6 斯托克斯位移的原理示意图

准则。在这个过程中,吸收光子的能量较高,发射光子的能量较低,发射谱相对于吸收谱存在谱峰的红移,称为斯托克斯位移,如图 9.3.6 所示。由于不同的原子振动模式比较相似,吸收谱和发射谱往往呈现出"镜像对称"的分布。

**2. 荧光和磷光**

根据 Pauli 不相容原理,两个位于相同分子轨道的电子自旋必然相反。称这两个电子为成对电子,对应的态称为单重基态,如图 9.3.7 所示,用 $S_0$ 表示。当分子吸收光子使得电子发生跃迁后,两个处于不同电子态的电子可以继续保持相反的自旋,对应的态称为单重激发态,用 $S_1$ 表示;也可以具有相同的自旋,对应的态称为三重激发态,用 $T_1$ 表示。根据量子力学计算结果,单重激发态的能量高于三重激发态。这意味着,$S_1$ 通过一个电子的自旋翻转可以弛豫到 $T_1$,这个物理过程称为"系统间窜越"。值得注意的是,三重态一定是激发态,而不可能是基态,否则它违背 Pauli 不相容原理。因此,如果没有自旋翻转,$T_1$ 不能弛豫到 $S_0$。换句话说,如果考虑到自旋项,$T_1$ 和 $S_0$ 的波函数重叠积分为 0,根据 Franck-Condon准则,$T_1 \rightarrow S_0$ 的跃迁是被禁止的,只有单重激发态 $S_1$ 才能用于辐射发光。

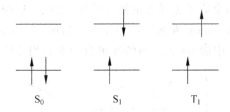

图 9.3.7　单重基态 $S_0$、单重激发态 $S_1$ 和三重激发态 $T_1$ 的示意图

自旋向上或自旋向下,是指电子沿着某个方向(如 $z$ 轴方向)的自旋角动量的是正值还是负值,如图 9.3.8(a)所示。实际上,电子沿其他方向(如 $xy$ 平面)的自旋角动量也不为 0。当两个电子处于两个独立的电子态,它们可以相消或相长,对应单重态和三重态,如图 9.3.8 (b)所示。根据量子统计,三重态有三种不同的排列方式,而单重态只有一种。在电激发的条件下,分子跃迁到激发态并产生激子。根据上述讨论,假设基态跃迁到每个激发态的几率都相同,三重态的数量就是单重态的 3 倍。如果辐射跃迁只来自于单重态激子,则内量子效率的最大值为 25%。

电子自旋向上　电子自旋向下　　单重态　　　三重态
　　　　　　　　　　　　　　概率占1/4　概率占3/4
　　　　　(a)　　　　　　　　　　　(b)

图 9.3.8　自旋角动量的方向示意图与不同分子轨道的两个电子的自旋角动量耦合

然而在实际条件下,所谓"允许"和"禁止"跃迁不是绝对的,因为总可以在哈密顿量里加入一定的微扰项。自旋-轨道耦合,即电子的自旋角动量和轨道角动量之间的相互作用,是产生单重态和三重态混合的最主要因素。考虑自旋-轨道耦合以后,没有纯粹的单重态和三重态。但是,自旋-轨道耦合只是一个微扰项,强度很弱。这意味着即使 $T_1 \rightarrow S_0$ 跃迁存在,但相对于 $S_1 \rightarrow S_0$ 来说,跃迁几率仍然较小。荧光和磷光,就是分别由单重激发态和三重激发态向单重基态的辐射复合跃迁产生的光子。因为磷光跃迁涉及自旋翻转,所以三重态载流子的寿命较长,发光效率较低。自旋-轨道耦合的强度正比于原子序数,在有机分子中加入重原子可以有效提高自旋-轨道耦合强度,这是目前实现磷光 OLED 的主要方法。

**3. 分子间过程**

不仅在分子内部会发生能量弛豫,在分子之间也会发生能量弛豫和转移,这称为分子间过程。OLED 最重要的一个分子间过程是施主材料到受主材料的能量转移,它对于调节发光波长、提高发光效率和延长工作寿命至关重要。当两个分子靠近时,就会形成新的分子轨道,其辐射波长红移。如果两个分子相同,新的分子称为受激双聚体。如果两个分子结构不同,则称为受激复合物。淬灭,是由高浓度的金属材料或杂质等因素引起的一种非辐射复合的分子间能量弛豫过程。

1) 能量转移过程

一个处于激发态的分子(称为"施主"),可以把能量转移给另外一个分子(称为"受主")。然后,施主分子回到基态电子态,而受主被激发到高能态,这个过程可以表示为

$$D^* + A \rightarrow D + A^* \tag{9.3.10}$$

其中,D 和 A 分别表示施主和受主;星号表示激发态。分子间能量转移可以是辐射能量转移,即施主发射光子、受主吸收光子的两步物理过程,如以下两个方程式所示:

$$D^* \rightarrow D + h\nu \tag{9.3.11}$$

$$A + h\nu \rightarrow A^* \tag{9.3.12}$$

在辐射转移中,施主分子和受主分子之间并没有发生直接的相互作用。辐射能量转移的强度取决于施主的发射率和受主的吸收率。分子间能量转移也可以是非辐射能量转移,当施主分子和受主分子距离足够小(<10nm)时,可以通过两个分子的能量谐振进行能量转移。非辐射能量转移如方程式(9.3.10),是一个单步物理过程,无须光子的介入,如图 9.3.9 所示。能量转移过程是一个等能量过程,能量转移几率正比于施主发射谱($I_D(\nu)$)和受主吸收谱($\varepsilon_A(\nu)$)的重叠积分($J$),即

图 9.3.9 施主发射谱和受主吸收谱及两者的重叠积分

$$J = \int_0^\infty I_D(\nu)\varepsilon_A(\nu)\mathrm{d}\nu \tag{9.3.13}$$

非辐射能量转移可以通过偶极子-偶极子作用和电子交换两种方式进行,分别被称为 Forster 和 Dexter 能量转移。Forster 能量转移源于施主和受主分子的偶极子谐振,其能量转移速率常数($k_{ET(Coulomb)}$)可以表示为

$$k_{\text{ET(Coulomb)}} \approx \frac{f_D f_A}{R_{DA}^6 \ \bar{v}^2} J \tag{9.3.14}$$

式中　$f_D$ 和 $f_A$——施主发射和受主吸收的跃迁几率,遵循 Franck-Condon 准则;

　　　$R_{DA}$——施主分子和受主分子之间的距离。

一般来说,Forster 能量转移在 10nm 以内的距离有效。考虑自旋角动量守恒,允许的能量转移方式为

$$^1D^* + {}^1A \rightarrow {}^1D + {}^1A^* \tag{9.3.15}$$

由于偶极子-偶极子相互作用过程中不存在自旋翻转,则

$$^3D^* + {}^1A \rightarrow {}^1D + {}^3A^* \tag{9.3.16}$$

的能量转移方式是不允许的。

Dexter 能量转移的速率常数($k_{\text{ET(exchange)}}$)随着施主和受主距离的增加而指数衰减,可以表示为

$$k_{\text{ET(exchange)}} \approx \exp\left(\frac{-2R_{DA}}{L}\right) J \tag{9.3.17}$$

由于涉及两个电子在施主和受主分子之间的跳跃,Dexter 能量转移是一个短程物理过程,有效距离在 1nm 以内。只要总自旋守恒,以下两种能量转移方式都是允许的:

$$^1D^* + {}^1A \rightarrow {}^1D + {}^1A^* \tag{9.3.18}$$

$$^3D^* + {}^1A \rightarrow {}^1D + {}^3A^* \tag{9.3.19}$$

2) 受激双聚体和受激复合物

两个相同的分子,在图 9.3.10(a)中用 M 表示,一个处于基态电子态,另一个处于激发态电子态。当它们相互靠近时,就会形成能量更低的电子态,构成一个新的复合物,称为受激双聚体。两个不同的分子也可以通过这种方式构成复合物,称为受激复合物,如图 9.3.10(b)所示,M 和 Q 代表两个不同的分子。值得注意的是,受激双聚体和受激复合物是只在激发态下成键的复合物,在基态下会分解,它们也可以通过辐射跃迁的形式回到基态。

图 9.3.10　受激双聚体和受激复合物形成、辐射发光的物理过程示意图

由于带隙变小,受激双聚体和受激复合物的辐射波长要大于原有的单个分子。图 9.3.11 显示了一种受激双聚体的荧光谱。薄膜 1 是纯粹的 CBP,吸收谱和光荧光发射谱峰分别为 350nm 和 390nm。由于薄膜 1~4 的主体材料都是 CBP,这 4 种薄膜的吸收谱基本相同。薄膜 2 掺入了质量比例小于 1% 的 FPt1,由于客体材料发射,荧光谱峰移动到 470nm 和 500nm。薄膜 3 掺杂了质量比例为 7% 的 FPt1,由于受激双聚体的辐射,在长波

长区(即 570nm)出现宽带的光荧光。薄膜 4 掺杂两种材料,即质量比例为 6% 的 FIrpic 和质量比例为 6% 的 FPt1,甚至产生了白色的光荧光。

图 9.3.11　相同主体材料不同客体材料的有机薄膜的吸收谱和光荧光谱

薄膜 1——纯 CBP;薄膜 2——CBP+<1 wt% FPt1;薄膜 3——CBP+7 wt% FPt1;

薄膜 4——CBP+6 wt% FPt1+6 wt% FIrpic

3) 淬灭过程

荧光淬灭作为一个光物理过程可以用以下表达式描述:

$$M^* \xrightarrow{Q} M \tag{9.3.20}$$

其中,Q 称为淬灭剂。淬灭过程是激发态分子通过淬灭剂实现能量弛豫的一个分子间过程。淬灭剂 Q 和被淬灭分子 M 可以是相同材料,也可以是不同材料,前者引起的淬灭称为自淬灭,后者引起的淬灭称为浓度淬灭。受激双聚体和受激聚合物的非辐射复合跃迁,就是一种淬灭过程。另外,有机材料含有的一些不希望出现的化学成分,也会产生类似的能量弛豫过程,这称为杂质淬灭。在 OLED 中,产生的激子有可能把能量转移到金属电极上,这称为电极淬灭。

**4. 主-客发光材料系**

在双有机层结构中,载流子复合发生在 ETL,即 ETL 要兼有 EML 的功能。但是很难找到一种有机材料,它既有高电子迁移率又在整个可见光波段具有高发光效率。解决这个问题的通用方法就是所谓的主-客发光材料系,即以 ETL 材料为主体,在其中掺杂高发光效率的有机材料作为客体发光材料,客体发光材料也经常被称为掺杂剂。ETL 的主体材料要满足如下要求:①具有良好的电子传输特性;②具有合适的能隙,对发光客体进行载流子限制,并且主体的荧光谱和发光客体的吸收谱尽量重叠,主体材料和发光客体可以进行有效的能量传输。对于发光客体,首先要具有高发光效率,其次是可以与主体材料进行有效的能量交换。主-客发光材料系不仅能提高 OLED 器件电光转换效率,而且由于抑制了非辐射复合热耗散,能够有效地提高 OLED 的工作稳定性。

图 9.3.12 所示是 Shi 和 Tang 基于主-客发光材料系的黄绿光 OLED 的器件结构及相

关有机材料的化学结构式。HIL、HTL 和 ETL 分别为 CuPC、NPB 和 Alq₃。发光层的主体材料为 Alq₃,客体材料为 DMQA。为获得较高的发光效率,需要对 DMQA 的掺杂浓度进行优化。一方面,为防止激发双聚体淬灭,DMQA 分子间距要足够大,即 DMQA 浓度要足够低;另一方面,如果 DMQA 的浓度过低,主体材料 Alq₃ 和发光客体 DMQA 的分子间距过大,难以产生有效的分子间能量交换。

| MgAg |
| Alq₃ |
| Alq₃:DMQA |
| NPB |
| CuPC |
| ITO |

(a)

DMQA                    NPB

(b)

图 9.3.12　基于主-客发光材料系的 OLED 的器件结构和材料的化学结构式

表 9.3.1 显示了 DMQA 浓度对黄绿光 OLED 的器件性能的影响。随着发光客体 DMQA 浓度的上升,OLED 的亮度先上升后下降。上升的原因是 DMQA 的发光效率比 Alq₃ 高,下降的原因是受激双聚体的淬灭。值得注意的是,随着发光客体对器件发光效率的提升,散热相对减少,器件的工作寿命也获得了提升。无论是否使用 DMQA 发光客体,其发光波长和 CIE 色坐标比较类似,都在绿光范围。目前 OLED 使用最广泛的绿光发光客体为 C545T,它是强荧光香豆素激光器染料的衍生物。

表 9.3.1　不同 DMQA 发光客体浓度的 OLED 的器件性能

| DMQA/(%) | 0 | 0.26 | 0.40 | 0.80 | 1.40 | 2.50 |
|---|---|---|---|---|---|---|
| 输出亮度/(cd/m²) | 518 | 1147 | 1322 | 1462 | 1287 | 1027 |
| 电流效率/(cd/A) | 2.59 | 5.74 | 6.61 | 7.31 | 6.44 | 5.14 |
| CIE 色坐标 $x$ | 0.3872 | 0.3876 | 0.3785 | 0.3922 | 0.4046 | 0.4095 |
| CIE 色坐标 $y$ | 0.5469 | 0.5858 | 0.5995 | 0.5901 | 0.5799 | 0.5742 |
| 电荧光谱峰/nm | 544 | 540 | 540 | 544 | 544 | 544 |
| 半亮度寿命/h | 4200 | 7335 | 7500 | 7340 | 5450 | 3650 |

除了提高效率和寿命,色彩调节是主-客发光材料系的另外一个重要功能。即使采用相同的主体材料,也可通过掺杂不同种类、不同浓度的发光客体获得不同颜色的光谱。例如,Alq₃ 本身发绿光,电荧光波长在 550nm 左右;在 Alq₃ 中掺杂不同浓度的 DCM1 染料分子,

电荧光波长可以从 570nm 调节到 620nm, 覆盖黄绿和橙色光范围; 在 Alq₃ 中掺杂不同浓度的 DCM2 染料分子, 电荧光波长可以从 610nm 调节到 650nm, 覆盖橙色和红光范围; 在 Alq₃ 中掺杂 DCJTB 染料分子, 则可获得高亮度的红光 OLED, 在电流密度为 20mA/m² 条件下, 亮度为 400cd/m², 电流效率达到 2.0cd/A。

要想在主-客材料系内进行有效的能量转移, 一个重要的条件就是主体材料的荧光谱和发光客体的吸收谱具有良好的重叠, 即主体材料的能隙略大于发光客体。对于光子能量更大的蓝光 OLED 来说, 就不能采用发绿光的 Alq₃ 作为主体材料。为了让空穴传输层和电子传输层传输的空穴和电子能有效注入, 发光层主体材料还要和空穴传输层和电子传输层的 HOMO 和 LUMO 能级匹配。以非平面分子结构的双芪类衍生物 DPVBi 为主体材料, 以氨基取代的 BCzVB 和 BCzVBI 为客体发光材料, 制作出蓝光 OLED。发光材料的化学结构式和蓝光 OLED 的器件能级结构如图 9.3.13 所示, 流明效率达到 1.5lm/W, 外量子效率约为 2.4%。

图 9.3.13 蓝光 OLED 发光层的主体材料 DPVBi、客体发光材料
BCzVB 和 BCzVBI 的化学结构式及对应的器件结构

### 5. 磷光 OLED

早期的 OLED, 无论采用小分子还是聚合物材料, 都是只利用电荧光辐射, 内量子效率极限为 25%, 剩下 75% 的三重激发态能量被白白浪费。通过在有机分子中引入重金属原

子,进行自旋和轨道角动量的耦合,就有希望实现客体材料的三重激发态的辐射复合,即磷光 OLED。如图 9.3.14 所示,通过磷光客体材料实现电致发光的机制有两种。第一是通过能量转移,第二是通过载流子俘获。第一种,长程的 Forster 荧光共振能量转移,通过偶极子-偶极子耦合将能量从施主(D)转移到受主(A)。但是,Forster 能量转移,要求无论是施主还是受主的激发态到基态跃迁,都必须满足自旋角动量守恒。因此,只能把能量转移给受主的单重态。不同于 Forster 能量转移,Dexter 能量转移只要求总自旋角动量守恒,从而允许单重态-单重态、三重态-三重态的能量转移。另外,载流子的直接俘获对磷光发射 OLED 器件也很重要。由于三重态客体材料的能隙通常小于主体材料,因此有可能在客体材料位置直接俘获载流子并直接形成激子。

图 9.3.14　OLED 中主体材料-客体材料的能量转移机制

随着重金属复合物引入强烈的自旋-轨道自旋角动量耦合,磷光材料可以打破自旋规定的禁止三重态跃迁的定制,从而可以实现高效的磷光 OLED。目前最成功的绿光磷光客体材料是苯基吡啶铱 $Ir(ppy)_3$,主体材料为 CBP,在 $100cd/m^2$ 的亮度下实现了 $26cd/A$ 和 $19lm/W$ 的峰值电流效率和功率效率。图 9.3.15 显示了该磷光 OLED 的器件和材料分子结构。由于 CBP 是双极性的载流子传输材料,既可以传输空穴也可以传输电子,因此需要一层或多层的空穴限制层来限制辐射发光层的激子。这里的空穴限制层普遍采用 BCP,因为它具有宽带隙和大 HOMO 值,可以阻挡激子在辐射发光层中的扩散,延长激子的驻留时间,从而增加主体材料向磷光客体材料进行能量转移的概率。但是,BCP 的玻璃化温度较低,只有 83℃,稳定性较差。因此,可以采用一种玻璃化温度更高、稳定性更好的 BAlq。采用 p-i-n 结构提高载流子的注入,已经实现了亮度为 $1000cd/m^2$、最高功率效率为 $62lm/W$、电流效率为 $61cd/A$ 的绿色磷光 OLED。

采用 PtOEP 作为红色染料,以 CBP 作为主体材料,已经实现了外量子效率达 5.6% 的

(a) Ir(ppy)₃的化学结构式　　(b) CBP的化学结构式　　(c) BCP的化学结构式

图 9.3.15　基于 Ir(ppy)₃ 磷光客体材料和 CBP 主体材料的绿光磷光 OLED 的器件结构

红光 OLED。然而,由于磷光寿命相对较长(约 $50\mu s$),PtOEP 在高电流密度条件下容易出现三重态-三重态湮灭。人们提出其他一些磷光寿命较短的材料,如 Btp2Ir(acac)和 Ir(3-piq)₂(acac)。由于 Ir(3-piq)₂(acac)的磷光寿命只有 $1.04\mu s$,它在 8.29V 驱动电压的条件下电流效率达到 23.94cd/A[1]。由于所需能量较大,很难采用能量转移的方法激发蓝光磷光材料。因为随着荧光客体材料所需能隙的增加,就需要能隙更大的主体材料。而且,即使有合适的主体,大能隙的磷光客体材料会导致载流子注入困难。FIrpic 是目前发光效率较高的蓝光磷光材料,它在 100cd/m² 亮度时的电流和功率效率分别达到 12cd/A 和 51lm/W。

### 6. 白光 OLED

白光光源可以作为照明和全彩色显示器件的背光源,目前效率最高、最常用的白光光源是半导体 LED。但半导体 LED 是分立的点光源,为获得均匀的面光源,需要进行复杂的非成像光学设计。而白光 OLED 利用不同颜色有机发光材料可单片集成的优点,很容易获得亮度均匀的面光源,在固态照明、LCD 和基于白光+滤色膜的 OLED 方面具有广阔的应用前景。

通过互补色或三基色 OLED 的混合,可以实现白光的 OLED。一个例子是基于单发光层、对激子进行有效限制的器件结构,通过蒸发蓝光主体、红光和绿光染料溶液混合形成的有机材料源,制作高效、色谱稳定的白光荧光 OLED。图 9.3.16 显示了该白光 OLED 的器件结构。器件含有 125nm 厚的 ITO 阳极、45nm 厚的 NPB 空穴传输层、30nm 厚的白光发光层、40nm 厚的电子传输层 TPBi、0.5nm 厚的 LiF 电子注入层和 150nm 厚的铝阴极。白光发光层的主体材料为发蓝色荧光的 BANE 和 DPVBi,客体材料为红光染料 DCM2 和绿光染料 C545T。该 OLED 发出的白光,其 CIE 色坐标为(0.325,0.374),在亮度为 15cd/m² 时效率最高,达到 6.7lm/W(9.9cd/A),亮度在 100~10 000cd/m² 范围变化时,色坐标差异不超过(0.007,0.006)。

图 9.3.16　在同一个发光层中混合三基色发光材料的 OLED 结构

采用不同色光的 OLED 级联,也可以获得白光 OLED,并可以在一定程度上提高发光效率。图 9.3.17 所示是两种以 Mg：Alq₃/WO₃ 为电荷产生连接层、混合蓝光和黄光互补色的白光 OLED。Mg：Alq₃/WO₃ 薄膜对可见光的吸收较弱,适合于作为白光 OLED 的连接层。器件 1 将蓝光和黄光 OLED 发光单元级联获得白光,蓝光荧光客体材料为 DSA-ph,黄光荧光客体材料为 Rubene。而器件 2 则级联了两个白光 OLED 发光单元,每个 OLED 单元采用和器件 1 相同的蓝光和黄光客体材料。器件 1 的色纯较差,色坐标随视角和工作时间的变化明显,而器件 2 的色坐标的角向分布均匀性和时间稳定性大为改善。当 WO₃ 厚度优化到 5nm 时含有两个白光发光单元的级联器件,最大效率为 22cd/A,是单个发光单元器件的 3 倍。

图 9.3.17　两个级联白光 OLED 的结构示意图

以上器件只是单纯利用荧光来实现的白光 OLED,效率较低。如果可以综合利用单重态、三重态激子发出不同颜色的光,混合以后产生白光,不仅可以大大提高发光效率,还可以有效地消除不同注入电流下白光的光谱变化问题,这就是所谓的单重态和三重态激子调控发光。图 9.3.18(a)显示了单重激发态(S)和三重激发态(T)的形成过程,以及它们通过独立的通道向不同颜色发光客体材料的转移过程,图 9.3.18(b)是对应的器件结构。大部分激子在发光层上、下两端的主体材料 CBP 形成,单、三重态激子的比例为 $\chi_S/\chi_t = 0.25 : 0.75$。单重态激子扩散长度较低,很快地以 Forster 能量转移的方式就地转移到发光层上、下两端的蓝色荧光染料客体材料 BCzVBi,形成发蓝光荧光的单重态激子。绿色磷光客体材料 Ir(ppy)₃ 和红色磷光客体材料 PQIr 依次在发光层的中心区域的不同位置,它们与激子形成区域之间隔着未掺杂的主体材料 CBP。而发光层上、下两端主体材料 CBP 的三重态激子,有效地扩散到发光层中心区域,在那里它们又通过谐振过程,将能量转移到绿色磷光客体材料 Ir(ppy)₃ 和红色磷光客体材料 PQIr。这样,整个器件按设计比例发射出蓝色荧光、绿色磷光和红色磷光,从而形成高效、光谱稳定的白光。即使在约 $500\mathrm{cd/m^2}$ 的高亮度下,外量子效率和功率效率仍高达 10.8% 和 23.8lm/W。电流密度对光谱的影响很小,当电流密度从 $1.7\mathrm{mA/cm^2}$ 以 4 倍的比例增加到 $28\mathrm{mA/cm^{-2}}$ 时,白光光谱基本不变,显色指数 CRI=85。

图 9.3.18　综合利用单、三重态激子分别发各色光谱混合实现白光
OLED 的能量转移机制和器件结构示意图

T—三重态;S—单重态

## 9.3.4　光出射过程与提升出光效率的方法

从经典电磁场的观点来看,有机薄膜的光发射可以认为是一个以锥形角度发射的点光源,光锥的大小受限于有机薄膜材料和空气的折射率,可以通过 Snell 定律计算出来。图 9.3.19 所示的单位球中,有机材料和玻璃界面的出射临界角构成的阴影部分代表了 OLED 所产生的光子的出口。

图 9.3.19　OLED 的出射光锥

对于一个折射率为 $n_{\mathrm{EML}}$ 的有机薄膜,产生的光子能够从衬底出射的比例可以通过如下公式计算:

$$\eta_c = \frac{2\int_0^{\theta_{\mathrm{EML-air}}} 1 \times \mathrm{d}\theta \times 2\pi \times 1 \times \sin\theta}{4\pi \times 1^2}$$

$$= \int_0^{\theta_{\text{EML}-\text{air}}} \sin\theta \mathrm{d}\theta = 1 - \cos\theta_{\text{EML}-\text{air}}$$

$$= 1 - \frac{\sqrt{n_{\text{EML}}^2 - 1}}{n_{\text{EML}}}$$

$$= 1 - \sqrt{1 - \frac{1}{n_{\text{EML}}^2}} \cong \frac{1}{2n_{\text{EML}}^2} \tag{9.3.21}$$

式中　$\eta_c$——光提取效率；

　　$\theta_{\text{EML}-\text{air}}$——有机材料和空气的临界角。

例如,有机材料的折射率 $n_{\text{EML}}$ 典型值为 1.6,这意味着光提取效率只有 20% 左右,80% 的光由于玻璃和空气之间的全内反射、高折射率有机材料的波导效应,限制在 OLED 内部。

为提高 OLED 光提取效率,可以采用以下方法:

(1) 降低 OLED 各层材料的折射率,从而提高全内反射角,并降低波导效应。但是受载流子注入、传输、复合等电学和发光特性的要求,研究人员基本上不会考虑调节 OLED 各层材料的折射率。

(2) 降低 OLED 各层材料的厚度,但 OLED 各功能层的总厚度已经降低到百纳米量级,进一步降低厚度极有可能导致薄膜针孔、电极短路的现象。

(3) 在衬底出光面上沉积低折射率介质过渡层。有机薄膜、玻璃衬底、塑料衬底的折射率基本在 1.5~2.0 的范围。根据电磁场的阻抗匹配理论,如果在 OLED 的出光表面沉积折射率为 1~1.5,厚度与折射率乘积接近 $\lambda/4$ 的低吸收介质,会在一定程度上提升 OLED 的出光效率。例如,Yahiro 和 Tsutsui 在 ITO 层和玻璃之间,制作了一层折射率 $n=1.03$ 的气凝胶二氧化硅,将出光效率提高了 80%。

(4) 在 OLED 衬底出光面制作各种形状的微结构,这方面的研究工作较多,基本思路是通过空气到 OLED 衬底之间连续的等效折射率变化,消除全内反射和波导效应。Gu 等采用一定表面形状的 ITO 玻璃衬底,将斜入射光线垂直出射,相对平板玻璃衬底,OLED 的外量子效率提高到原来的 $1.9\pm0.2$ 倍。Peng 等在 ITO 透明电极和玻璃之间,制作了一层氧化铝薄膜,光提取效率提高了 50%。Madigan 等在 OLED 衬底的背面采用微透镜和球形图案。将 OLED 在垂直角度的出光强度提高到原来的 9.6 倍,而总的提取效率 $\eta_{\text{ext}}$ 提高到原来的 3.0 倍。附加的微结构对出光效率的提升效果非常明显,缺点是有可能导致影像模糊。

## 9.3.5　有机光电材料的背景知识

有机材料的光电特性主要由碳原子的外层电子特性决定。碳原子最外层共有四个电子轨道,分别为一个 2s 轨道和三个 2p 轨道,有四个外层电子。孤立地处于基态的碳原子,两个 2s 电子成对地占据一个 2s 轨道,两个未成对 2p 电子占据两个 2p 轨道,可以表示成 $2s^2 2p^2$,或者更形象地表示成如下形式:

$$\text{C} \quad \underset{2s}{\uparrow\downarrow} \quad \underset{2p_x}{\uparrow} \quad \underset{2p_y}{\uparrow} \quad \underset{2p_z}{\phantom{\uparrow}}$$

其中,↑表示电子自旋向上,↓表示电子自旋向下。在这种情况下,外电子壳层只有两个未成对的 p 电子可以和其他原子成键。但是,在大部分有机分子中,碳原子的外层电子会发生轨道杂化。杂化就是某个原子与其他原子结合的过程中,该原子的不同原子轨道(即波函数)发生相互作用,重新分配能量和确定空间方向,从而获得更加稳定的分子结构的物理过程。

　　轨道杂化时,碳原子的 2s 轨道中的一个电子激发到 2p 的空轨道,得到四个未成对的电子,即一个 2s 电子和三个 2p 电子。碳原子的轨道杂化有三种:$sp^3$、$sp^2$ 和 sp 杂化,如图 9.3.20 所示。所谓 $sp^3$ 杂化,就是碳原子的 2s 轨道和三个 2p 轨道全部发生杂化,可以表示成:

$$C \quad \underset{sp^3}{\uparrow} \quad \underset{sp^3}{\uparrow} \quad \underset{sp^3}{\uparrow} \quad \underset{sp^3}{\uparrow}$$

$sp^3$ 杂化形成空间对称的四面体分布、能量相同的简并轨道,轨道之间的夹角为 $109.5°$,如图 9.3.20(a)所示。

　　所谓 $sp^2$ 杂化,就是碳原子的 2s 轨道和三个 p 轨道中的两个杂化,可以表示成:

$$C \quad \underset{sp^2}{\uparrow} \quad \underset{sp^2}{\uparrow} \quad \underset{sp^2}{\uparrow} \quad \underset{2p_z}{\uparrow}$$

$sp^2$ 杂化形成三个共面的、夹角为 $120°$ 的杂化轨道。$sp^2$ 杂化轨道和相邻的原子形成三个 $\sigma$ 共价键,$\sigma$ 键在分子 $\sigma$ 轨道中高度局域化。剩下那个没有杂化的 2p 轨道,垂直于 $sp^2$ 杂化轨道构成的平面如图 9.3.20(b)所示。

　　所谓 sp 杂化,就是碳原子的 2s 轨道和一个 2p 轨道杂化,可以表示成:

$$C \quad \underset{sp}{\uparrow} \quad \underset{sp}{\uparrow} \quad \underset{2p_y}{\uparrow} \quad \underset{2p_z}{\uparrow}$$

sp 杂化形成两个共线、夹角为 $180°$ 的杂化轨道。剩下两个没有杂化的 2p 轨道,垂直于 sp 杂化轨道构成的轴线,并且相互之间保持垂直,如图 9.3.20(c)所示。

(a) 4个$sp^3$杂化轨道形成　　(b) 3个$sp^2$杂化轨道形成　　(c) 2个sp杂化轨道沿着同一个
　　等边4面体朝向结构　　　　共面等边3角结构　　　　坐标轴的相反方向延伸

图 9.3.20 碳原子的三种轨道杂化

　　不同的杂化方式对含碳物质、包括有机物的电特性产生重要影响。大部分有机物,碳原子之间、碳原子与其他原子之间都是以 $sp^3$ 杂化轨道的形式结合成键,所有电子轨道以头碰头的方式形成稳定的、局域化的 $\sigma$ 键,无法提供有效、非局域化的导电通道。大部分有机物都是绝缘体,其原因就在于此。

　　对于有机半导体材料,最重要的轨道杂化是 $sp^2$ 杂化。如果相邻碳原子的两个未杂化的 2p 轨道重叠,就会以 $\pi$ 轨道的形式形成 1 个附加的 $\pi$ 键。$\pi$ 键轨道的电子态密度的重叠部分位于 $\sigma$ 键平面的上方和下方,而在 $\sigma$ 键平面上的值反而较小。如果两个相邻碳原子的

共价键由一个 $sp^2$-$sp^2$ 的 σ 键和一个 2p-2p 的 π 键组成,则称它为碳-碳双键,用 C═C 表示。如果 $sp^2$ 杂化的碳原子个数持续增加,就会形成一个碳-碳单键和碳-碳双键交替的共轭分子。在共轭分子中,各个 π 原子轨道在整个分子延伸,形成非局域化的电子云,即 π 分子轨道。非局域化的电子被共轭分子的所有原子所共享,在整个分子的范围内可高速运动。最简单的碳-碳共轭分子就是聚乙炔,这也是人们最早发现的有机导电材料。

一般来讲,原子轨道的重叠和组合会产生延伸性更好的新轨道,这个过程称为"轨道分裂"。新轨道的能量值取决于原有轨道的能量和重叠程度:原有轨道越重叠,轨道分裂越大。两个碳原子的 2p 轨道可以分裂成 1 个成键 π 分子轨道和 1 个反键 $\pi^*$ 分子轨道,如图 9.3.21 所示,成键 π、反键 $\pi^*$ 分子轨道的能量分别低于、高于原有的原子轨道的能量。由于碳原子每个 2p 轨道只有 1 个电子,根据 Pauli 不相容原理,基态条件下只有成键 π 分子轨道上占据着两个自旋相反的电子,而反键 $\pi^*$ 轨道为空置状态。当分子中含有更多的原子时,就会形成更多不同能量的成键和反键分子轨道。当碳原子在空间无限延伸(原子个数无穷大),π 和 $\pi^*$ 的能级就会形成准连续的能带。在绝对零度状态下,被电子占据的能量最高的分子轨道称为最高占据分子轨道(HOMO),没有电子占据的能量最低的分子轨道称为最低空置分子轨道(LUMO)。HOMO 和 LUMO 之间一般有一个能量间隙,决定了材料的半导体特性。分子量越大,能带覆盖的能量范围越宽,能隙就越小。一般来说,有机材料的能隙相对较大,范围在 2~5eV,而无机半导体能隙相对较小,如 Si、GaAs 的能隙分别只有 1.1eV、1.4eV。

图 9.3.21　两个 2p 原子轨道分裂成 1 个成键 π 和 1 个反键 $\pi^*$ 分子轨道的
原理示意图(碳原子个数越多,轨道分裂越多,占据和空置能级
各自形成准连续的能带)

在有机电子学中,人们主要研究有机固态薄膜而不是单个有机分子。与相邻原子形成共轭分子的情形类似,相邻的共轭分子的分子轨道也会发生重叠和相互作用。根据分子轨道理论,这些相互作用的分子轨道也会发生"轨道分裂",形成非局域化的分子间轨道。相对分子内的原子来说,分子间的距离较大,相互作用较弱,分子间轨道重叠远远低于分子内的原子轨道重叠,使得分子间轨道的分裂和非局域化程度较弱,电子云延伸到整个薄膜的可能性较小。因此,有机薄膜的载流子传输,不是局限在一个分子里,而是从一个分子跳跃到另外一个分子。为有效传输载流子,需要对有机分子的分子间轨道重叠进行优化。

## 9.4 用于 OLED 显示的有源矩阵

对于目前的平板显示器件,高分辨率全彩色显示已经成为基本要求。对于 OLED 来说,有源矩阵像素驱动电路是实现高分辨率显示的不可缺少的技术。由于有源像素驱动电路的核心器件是 TFT,人们习惯地称呼带有有源驱动电路的基板为 TFT 背板,相关的材料和制作技术也被称为 TFT 背板技术。

过去的十多年是有源矩阵有机发光二极管(AM-OLED)不断发展、新的原型器件和商业化产品不断涌现的时期。1999 年,柯达和三友电子展示了第一台全彩色、2.4in AM-OLED 显示器件。2002 年,东芝、柯达分别实现了 17in、15in WXGA 分辨率的 AM-OLED 的原型器件。紧接着在 2003 年,索尼、三星分别实现了 24.2in XGA、15.5in WXGA AM-OLED 的原型器件,以上器件的有源矩阵均采用低温多晶硅(LTPS)的 TFT。同在 2003 年,奇美光电和 IBM 采用非晶硅(α-Si)TFT 实现了 20in WXGA AM-OLED。2005 年,三星采用 α-Si TFT 背板,实现了 40in 的 AM-OLED 电视,震惊了当时的平板显示行业。近年来,随着背板和 OLED 性能的提高,更多的厂商实现了大尺寸的 AM-OLED 原型器件,其中包括 2007 年索尼采用微晶硅($\mu$c-Si)背板制作出 27.3in 的高清显示器件,2008 年、2012 年三星采用低温多晶硅(LTPS)背板制作出 40in 全高清、55in 4 倍全高清 AM-OLED 电视,2012 年 LG 采用氧化物 TFT 背板制作出 55in 4 倍全高清曲面 OLED 电视,2014 年 LG 采用聚酰亚胺衬底制作出 18in 高清柔性、透明 AM-OLED。

在商业化生产方面,2003 年柯达推出了第一台采用 AM-OLED 显示屏的数码相机 LS633,2007 年三星开始了小尺寸 AM-OLED 的批量化生产,目前已经广泛用于三星 Galaxy 智能手机。2007 年,索尼发布了 11in、1/4 全高清分辨率(qFHD)电视 XEL-1,揭开了 AM-OLED 电视商业化生产的序幕。2009 年,LG 发布了 15in AM-OLED 电视 15EL9500。2012 年,三星、LG 都分别发布了 55in 4 倍全高清 AM-OLED 电视。2014 年,LG 发布 77in 4 倍全高清 AM-OLED 电视。

### 9.4.1 对 TFT 的要求

在 AM-OLED 之前,TFT 主要应用于有源矩阵液晶显示(AM-LCD)。由于液晶是电压驱动,像素驱动电路相对简单,只包括一个开关 TFT(switching TFT)和一个存储电容($C_{storage}$),如图 9.4.1 (a)所示。当某像素被选中,选通电压 $U_{select}$ 加载 TFT 的栅极上,开关 TFT 导通,电流从数据电极经过 TFT 给 $C_{storage}$ 充电,直到 $C_{storage}$ 两端的电压达到信号电压 $U_{data}$。当该像素不被选中时,存储电容 $C_{storage}$ 使得液晶像素的电压一直保持在 $U_{data}$。这种驱动方式,经过 TFT 的电流较小,对 TFT 的性能要求较低。因此,尽管非晶硅 TFT 迁移率较低($<1cm^2/Vs$),但仍成为 AM-LCD 的主要背板技术。

由于 OLED 为电流驱动,对有源矩阵背板的设计和制作提出了更高的要求。最简单的 OLED 有源驱动电路图 9.4.1(b)所示,包括两个 TFT 和一个电容,其中一个 TFT 用于开关,称为开关 TFT;另外一个 TFT 提供驱动电流,称为驱动 TFT。开关 TFT 和电容 $C_{storage}$ 存储数据电压,驱动 TFT 将数据电压 $U_{data}$ 转换成 OLED 所需的驱动电流。当某个像素被选中,选通电压 $U_{select}$ 加载在开关 TFT 的栅极上使其导通,这时 $U_{data}$ 可以通过开关

图 9.4.1  AMLCD 和 AM-OLED 的像素驱动电路的原理性电路图
$U_{data}$—数据电压；$U_{select}$—选通电压；$C_{storage}$—存储电容；$U$—功率电极引线电压

TFT 为存储电容 $C_{storage}$ 充电。$C_{storage}$ 的电压 $U_{data}$ 同时也是驱动 TFT 的栅极电压，根据 $U_{data}$ 的大小，功率电极引线提供相应数值的电流驱动 OLED 像素。

只有当某个像素选中时，开关 TFT 才会开启，$U_{data}$ 才对 $C_{storage}$ 充电。开关 TFT 的核心要求是关态电流低，防止 $C_{storage}$ 在非选中时间内放电。驱动 TFT，则要根据 $U_{data}$ 的不同，在整帧的时间内为 OLED 提供相应数值的电流，这要求驱动 TFT 在大传导电流条件下稳定工作。由于 OLED 的电阻会随时间变化，为获得恒定电流，TFT 一般工作在恒流状态。

## 9.4.2  基于激光退火的低温多晶硅

低温多晶硅（LTPS）TFT 的研究工作始于 20 世纪 80 年代，TFT 性能提高很快，到 90 年代已可用于 AM-LCD。尽管 LTPS-TFT 性能较好，但制作成本较高，绝大部分 LCD 还是采用非晶硅 TFT。而 OLED 的快速发展，以及它在像素驱动电路上的要求，使得 LTPS-TFT 有了新的用武之地。事实上，第一批量产的 AM-OLED 显示器件就是采用的 LTPS-TFT 的背板技术。

LTPS-TFT 的迁移率很高（约 $100\mathrm{cm}^2/\mathrm{Vs}$），阈值电压很稳定。这也是准分子激光退火 LTPS-TFT 成为第一代商用 AM-OLED 背板技术的主要原因。但是，准分子激光退火也有它的不足之处。首先，工艺窗口较窄，在准分子激光光束不理想、照射的重复性欠佳的情况下这个问题显得尤为突出；其次，与 TFT 沟道相关的晶粒的尺寸和位置难以精确控制。这导致即使在同一块片上，激光退火的 LTPS-TFT 的阈值电压和迁移率也相差较大。人们对 LTPS-TFT 的均匀性进行了研究，发现在低灰度级条件下采用 2T1C 驱动电路，不同位置 50 个 TFT 的电流差异最大可达到 30%，严重影响了 AM-OLED 器件的显示均匀性。

为了克服 TFT 特性不均匀的问题，近年来人们研发出各种复杂的补偿电路。根据数据电极传输的信号类型，补偿电路分为电压调整型和电流调整型两种。电压调整型电路，通过加入一个额外的步骤来探测和存储给 OLED 提供驱动电流的 TFT 的阈值电压。图 9.4.2 显示了阈值电压补偿电路的基本原理，图中的 TFT 是增强型 p 沟 MOS-TFT。其基本特性是：$U_{th}$ 为负值，$|U_{GS}|$ 越大，$|I_D|$ 越大，漏极电流是由源极流向漏极。对于一个增强型的金属氧化物半导体场效应晶体管（MOS-FET），沟

图 9.4.2  阈值电压补偿电路的基本原理

道电流 $I_D$ 满足

$$I_D = \frac{\mu C_{Ox}}{2}\frac{W}{L}\{2(U_{GS}-U_{th})U_{DS}-U_{DS}^2\} \tag{9.4.1}$$

当晶体管工作在线性区,即 $U_{DS} < U_{GS}-U_{th}$ 时,沟道电流可以表示成

$$I_D = \mu C_{Ox}\frac{W}{L}\left\{(U_{GS}-U_{th})U_{DS}-\frac{U_{DS}^2}{2}\right\} \tag{9.4.2}$$

式中 $\mu$——迁移率;

$U_{th}$——阈值电压;

$C_{Ox}$——栅极绝缘层的单位面积电容;

$W$——沟道宽度;

$L$——沟道长度。

当 $U_{DS} > U_{GS}-U_{th}$ 时,导电沟道在夹断点消失,沟道电流不再随 $U_{DS}$ 的提高而上升,晶体管处于饱和工作区。此时的电流大小等于 $U_{DS}=U_{GS}-U_{th}$ 的情况,饱和工作区的沟道电流就可以表示成

$$I_D = \frac{\mu C_{Ox}}{2}\frac{W}{L}(U_{GS}-U_{th})^2 \tag{9.4.3}$$

电压调整型电路的基本原理,就是在驱动 TFT 的栅极电极和漏极节点之间,连接一个可以探测和记录该晶体管阈值电压 $U_{th}$ 的等效电路,从而补偿由于驱动 TFT 阈值电压差异导致的驱动电流 $I_D$ 的差异。

图 9.4.3 所示是一个用于 LTPS 的电压驱动像素补偿电路及其时域电压波形。该电路包括 $M_1,\cdots,M_4$ 四个 p 沟道的增强型 TFT,$C_1$、$C_2$ 两个电容,故称 4T-2C 电路。为了方便对像素驱动电路作用过程不熟悉读者的了解,现对该驱动电路的作用过程进行详细的分析。

图 9.4.3 一个 4T-2C 的电压驱动像素补偿电路及其定时波形

阶段 1:$SW_2$ 保持低电平,$M_4$ 导通;选通电压 Select 变为低电平,$M_1$ 导通,$C_2$ 左边节点的电平由前一帧频按灰度显示的各种低电平 $U_{DATA}$ 变为统一的高电平,$C_2$ 右边节点(即 $M_2$ 栅极节点)的电平也随之提高,使得 $M_2$ 的栅极电压上升,$M_2$ 截止,停止给 OLED 像素提供电流。所以这个阶段是用来"清零"结束上一帧显示痕迹的过渡阶段。

阶段 2:$SW_2$ 和 Select 继续保持低电平,$M_1$ 和 $M_4$ 仍然导通着。$SW_1$ 变成低电平,使

$M_3$ 导通,$C_2$ 右边节点的高电平电荷通过 $M_3$ 被放电,电平逐渐降低,使 $M_2$ 逐渐导通,开始有电流流过 $M_4$。这个阶段是为在 $C_1$ 上记忆 $M_2$ 的 $U_{th}$ 做准备的。

阶段 3:$SW_1$ 和 Select 继续保持低电平,$M_3$ 和 $M_1$ 仍然导通。但 $SW_2$ 变成高电平,$M_4$ 截止,迫使功率源 $PU_{DD}$ 流过 $M_2$ 的电流只能经过 $M_3$ 对 $C_1$、$C_2$ 充电(实质上是让 $C_1$、$C_2$ 放电),使 $C_1$ 下边节点的电位上升,这样 $M_2$ 的栅极电位逐渐上升,即 $|U_{GS}|$ 逐渐下降,直到 $M_2$ 截止位置。此时 $M_2$ 的栅源电压为 $U_{th}$,栅极节点电压为 $(PU_{DD}-U_{th})$。所以这个阶段是将 $M_2$ 的阈值电压 $U_{th}$ 存在电容 $C_1$ 的阶段。

阶段 4:Select 保持低电平,$M_1$ 仍然导通。$SW_2$ 保持高电平,$M_4$ 仍然截止。$SW_1$ 恢复到高电平,$M_3$ 截止,$C_1$ 上的 $U_{th}$ 信号被储存下来。所以这个阶段是读取显示数据前的过渡阶段。

阶段 5:$M_1$ 保持导通,其他 TFT 都截止,数据信号 DATA 由统一的高电平变为与灰度等级相对应的某个低电平 $U_{DATA}$,通过 $C_2$ 耦合,使得 $M_2$ 栅极上的电压变为 $(PU_{DD}-U_{DATA})\dfrac{C_1}{C_1+C_2}+U_{th}$,$M_2$ 的栅源电压变为 $\dfrac{-C_1U_{DATA}-C_2PU_{DD}}{C_1+C_2}+U_{th}$,$M_2$ 处于导通状态。由于 $SW_2$ 仍为高电平,$M_4$ 仍然截止,此时尚无电流流过 OLED。所以这个阶段是读取显示数据的阶段。

阶段 6:数据信号 DATA 仍然为某个低电平,Select 变为高电平,$M_1$ 截止,带有数据信息 $U_{DATA}$ 和阈值电压 $U_{th}$ 信息的电压信号保持在 $M_2$ 的栅极上。

阶段 7:数据信号 DATA 恢复到统一的高电平,由于 $M_1$ 仍截止,对 $M_2$ 的栅极电压没有影响。所以这个阶段是显示前的过渡阶段。

阶段 8:$SW_2$ 变为低电平,$M_4$ 导通,由于 $M_2$ 也保持导通状态,$PU_{DD}$ 通过 $M_2$ 和 $M_4$ 的导电沟道向 OLED 提供电流。所以这个阶段是有效的显示阶段。

根据式(9.4.3),流过 OLED 的电流

$$I_D = \frac{\mu C_{Ox}}{2}\frac{W}{L}\left(\frac{C_1U_{DATA}+C_2PU_{DD}}{C_1+C_2}\right)^2 \qquad (9.4.4)$$

与驱动 TFT $M_2$ 的阈值电压 $U_{th}$ 无关。

总的来说,该补偿电路的基本原理是先将驱动 TFT 截止,然后接成二极管,后者处于导通状态,对储存电容充电,直至驱动 TFT 的栅极电压达到 $U_{th}$ 而截止,从而将 $U_{th}$ 储存在电容上。还出现过许多种(4T-6T)-(1C-2C)的电压补偿电路,但其基本原理是相同的。从设计观点来说,在一个有限的像素面积里,控制线和电源线越少越好。此外,还希望像素的运行方便。

电压调整型电路可以补偿 TFT 阈值电压的差异,而电流调整型电路可以同时补偿 TFT 阈值电压和迁移率的差异。图 9.4.4 所示是一个基于镜像电流的电流调整型电路,该电路采用 4 个 TFT 和 1 个电容(4T-1C)。先开启 $T_4$,当 $T_1$ 截止时,$T_1$ 的栅极电压为 $U_{th}$,再开启 $T_3$ 和 $T_4$,数据信号被储存在 $C$ 上,则流经 $T_1$ 的电流大小为 $I_{DATA}$。由于 $T_1$ 和 $T_2$ 栅极节点相连,被充电至相同的电压,这样流过驱动 TFT $T_2$ 的电流和 $T_1$ 相同,也是 $I_{DATA}$。

电流调整型补偿电路的最大缺点是驱动集成电路芯片价格高,在该电路中要把需要调整的信号电压转换为信号电流。由于这个转换电路非常复杂,一般在显示器件的外围,多个像素共用一个电压到电流的转换电路,然后通过数据电极引线把电流信号引导到每个

图 9.4.4 基于镜像电流的电流调整型电路

OLED 像素。信号的解复用非常困难,低电流灰度级的工作速度很慢。

### 9.4.3 非晶硅

早在 1979 年非晶硅($\alpha$-Si)就曾作为晶体管的有源材料,20 世纪 80 年代非晶硅 TFT 取得重大进步。到了 90 年代后期,由于制作工艺简单、成本低、尺寸易扩展,非晶硅薄膜战胜了低温多晶硅薄膜,成为 AM-LCD 背板的有源层。一般来说,制作低温多晶硅 TFT 需要 8~11 次光刻工艺外加昂贵的激光退火,而非晶硅 TFT 只需要 4~5 次光刻工艺,且均匀性更好。然而,非晶硅 TFT 用于 OLED 还存在两个主要问题:①非晶硅薄膜迁移率较低,难以向 OLED 提供大电流,从而无法进行高亮度 OLED 显示;②在固定的栅极电压下,在寿命期间非晶硅 TFT 的阈值电压会发生漂移。要克服低迁移率问题,可采用大尺寸的非晶硅 TFT 和高效率的磷光 OLED。而非晶硅 TFT 的阈值电压漂移主要来自两个因素:栅极绝缘层 $SiN_x$:H 对载流子的陷阱俘获;偏置电压产生的弱 Si-Si 键击穿,从而在有源层 $\alpha$-Si:H 上产生负电荷的悬挂键。对于一个工作在饱和状态的 TFT,电流正比于 $(U_{GS}-U_{th})^2$。阈值电压的微小变化会导致 OLED 驱动电流的巨大差异。

解决非晶硅 TFT 稳定性问题,人们在以下几个方面进行努力:①改进非晶硅 TFT 的设计和制作工艺,如 PECVD 工艺的沉积条件;②采用高效率 OLED,如磷光 OLED,降低对高电流的要求;③脉冲驱动或负压偏置,负压偏置可以释放陷阱电荷,从而降低阈值电压漂移;④补偿电路,这需要复杂的像素驱动电路,每个像素至少需要 4 个 TFT。

### 9.4.4 图形黏滞效应

图形黏滞效应,是指尽管图像信号已经发生改变,但是屏幕中仍出现之前显示的图像的淡淡的轮廓(也称"鬼影",静止图像尤为明显)的现象。AM-OLED 的图像黏滞效应主要由 TFT 特性的变化,如 $\alpha$-Si 的阈值电压漂移和 OLED 的性能退化引起的。一般来讲,当一个小区域的亮度和周围区域有 3% 的差别,就能被人眼察觉。前面几小节已经讨论过阈值电压漂移的解决方法。而对于 OLED 性能退化,最直接的一个解决方法就是采用带有光强反馈功能的像素驱动电路,实时且局域化地对 OLED 像素进行补偿,如图 9.4.5 所示。在准备阶段,晶体管 $T_1$ 和 $T_2$ 开启,将电容 $C_2$ 充电到数据电压的大小,电容 $C_1$ 有足够大的势能,从而开启晶体管 $T_D$。在这个阶段,电源线设为低电平,使得 OLED 没有电流流过。接着 $T_1$ 和 $T_2$ 截止,电源线变为高电平,使得 OLED 发光。光敏 TFT 根据接收到的光强,产

生光电流对 $C_2$ 充电。一旦 $C_2$ 的电压超过晶体管 $T_S$ 的阈值电压，$T_S$ 就会开启，对 $C_1$ 进行短路放电。这个电路的基本反馈机制是：OLED 像素越亮，$C_1$ 放电就越快，发光的时间就越短，从而在时域解决 OLED 的不均匀性问题。这种设计的最大优势是直接解决亮度不均匀性问题，而不用管亮度不均匀性的原因是什么。要想光强反馈补偿方法正常工作，作为光探测器的光敏 TFT 就必须稳定可靠，在大面积保持均匀，对 OLED 的光非常敏感，而不受环境光的影响。

图 9.4.5　一种带有光反馈功能的非晶硅 TFT 的像素驱动电路

## 9.4.5　非晶氧化物半导体

关于非晶氧化物半导体的特性和工艺可参见 5.7 节。

首个采用氧化物 TFT 驱动的全彩色 AM-OLED 发布于 2007 年，由于大尺寸 AM-OLED 和 AM-LCD 背板技术的需求，近年来技术进步较快。2010 年，索尼展示了采用 2T-1C 像素驱动电路的 11.7in、1/4 高清分辨率的 AM-OLED 样机。TFT 的迁移率、亚阈值斜率和阈值电压分别为 $11.5cm^2/Vs$、$0.27V/dec$ 和 $0.3V$。面板的亮度不均匀性只有 $10\%$。同年，三星公司展示了基于 IGZO 背板的 19in、1/4 全高清分辨率 AM-OLED。TFT 的迁移率、亚阈值斜率和开关电流比分别为 $21cm^2/Vs$、$0.29V/dec$ 和 $>10^8$。比起激光退火低温多晶硅技术，IGZOTFT 的偏置温度稳定性与之基本相当或更好。采用 5T-2C 像素驱动电路，可以基本解决阈值电压差异问题。近年来，各主流厂商越来越倾向于采用氧化物 TFT 制作 OLED 大屏，以三星、LG 为代表的厂家实现了 55in 甚至更大尺寸的 4 倍全高清的 OLED 电视。

## 9.4.6　p 沟道与 n 沟道

在典型的 AM-OLED 制作工艺中，先制作阳极，再制作有机薄膜，最后制作阴极，因此阳极和 TFT 相连，电流从驱动 TFT 流向 OLED 器件。对 p 沟道 TFT 的像素电路，由于 TFT 的漏极直接和 OLED 的阳极连接，栅极-源极电压 $U_{GS}$ 和 OLED 两端的电压无关，该像素电路可以很好地工作。但是，对于 n 沟道 TFT，如非晶硅 TFT，如仍采用相同的像素电路，就意味着 TFT 的源极和 OLED 连接。在这种情况下，驱动 TFT 的栅极电压 $U_{data}$，是其栅极-源极电压 $U_{GS}$ 和 OLED 两端电压 $U_{OLED}$ 的总和。$U_{OLED}$ 的任何变化就导致 $U_{GS}$ 的变化，就会产生亮度分布不均,或者图像迟滞的现象。解决这个问题的方法,就是将 OLED 的阴极和 n 沟道 TFT 相连,这样 $U_{GS}$ 就和 OLED 两端电压 $U_{OLED}$ 无关,如图 9.4.6 所示。要实现这种像素电路,一种解决方案就是高效率的倒装结构的 OLED,先制作 OLED 的阴极。LG 显示公司报道了这样一种新型的 OLED 显示器件,两块玻璃衬底,一块是标准结构的 OLED(阴极后制作),另外一块带有 TFT,采用类似芯片倒装键合的方法,将 OLED 的阴极和 TFT 连接。采用这种技术已经实现了 15in XGA 分辨率的 AM-OLED。

图 9.4.6 基于 n 沟道、栅极-源极电压与 OLED 电压无关的 TFT 像素电路示意图

## 9.4.7 柔性 TFT 背板

由于 OLED 是一个简单的薄膜结构,它区别于 LCD 的一个显著特征就是很容易制作柔性显示器件。但是,直接在柔性衬底上制作高质量的背板是一个巨大的技术挑战。目前用于柔性 AM-OLED 显示器件衬底主要有三种材料:薄玻璃、金属箔片和塑料薄膜。薄玻璃具有较好的热性能和阻挡保护特性,但是柔性不够,很难处理。最严重的是,薄玻璃很脆,难以实现比较坚固的卷曲显示器件。塑料薄膜柔性很好,但是阻水汽很差,另外塑料难以承受高温的制作工艺。金属箔片具有很多优点,其柔性、热稳定性、机械耐久性和防渗透阻挡特性都比较好,但是金属表面相对粗糙,材料不透明,柔性不及塑料。

制作柔性 AM-OLED 的背板有很多技术难题。最大的技术难题是 TFT 制作过程中柔性衬底下垂。另外一些技术难题包括柔性衬底与其他材料的热性能匹配、如何降低柔性衬底的表面粗糙度、如何进行柔性透明薄膜封装。

由于柔性显示器件经常处于弯曲和拉伸的状态,TFT 承受一定的应力。UDC 和 Kyung Hee 大学在 $25\mu m$ 厚的金属平片衬底上制作了非晶硅 TFT,测量了衬底绕着直径为 5mm 的圆柱向内和向外弯曲时的 TFT 特性。图 9.4.7 显示了相对迁移率 $\mu/\mu_0$、相对阈值电压 $U_{th}/U_{th0}$ 和相对亚阈值斜率 $S/S_0$ 随应变 ε 的变化情况。其中,$\mu_0$ 为衬底平铺时的迁移率,$\mu$ 为衬底弯曲时的迁移率。当衬底向外弯曲时,迁移率上升,向内弯曲时,迁移率下降。当样品衬底的应变绝对值超过 2.4% 时出现裂纹。TFT 弯曲 1 万次后性能基本不变,说明 TFT 的柔性较好。

为实现柔性 AM-OLED,人们对以上柔性背板技术都进行了研究,制作了很多原型器件。2008 年,UDC、LGD 和 L3 以金属箔片衬底,以非晶硅 TFT 为像素驱动电路,制作出 4in QVGA 分辨率的柔性全彩色 AM-OLED,用于戴在手腕上的电子器件。2010 年,索尼采用有机半导体 PXX 的衍生物和 2T-1C 的像素驱动电路,制作出厚度仅为 $80\mu m$、分辨率为 121ppi、4.1in 的可卷曲 AM-OLED 显示器件。该器件以 4mm 半径卷曲和伸展超过 1000 次,都没有出现性能退化。同年,三星公司在聚合物衬底上采用低温多晶硅驱动像素

图 9.4.7　25$\mu$m 厚金属衬底的非晶硅 TFT 的相对迁移率 $\mu/\mu_0$、相对阈值电压 $U_{th}/U_{th0}$,和相对亚阈值斜率 $S/S_0$ 随应变 $\varepsilon$ 的变化情况

驱动电路,制作出 4.5in、WVGA 分辨率的柔性 AM-OLED。该器件厚度仅为 240$\mu$m,亮度达到 250cd/m$^2$,对比度达到 100 000 ：1。2014 年,LG 公司发布了 18in、半透明的柔性 OLED 显示屏,该器件在聚合物衬底上,采用氧化物半导体 TFT 像素驱动电路,分辨率达到 1200×800,最小曲率半径达到 3cm,光透过率达到 30％。

## 9.5　全彩色 OLED 显示器件主要制作技术

对于一个全彩色的 OLED 显示器件,一般包含背板、OLED 发光单元和封装结构三个部分。图 9.5.1 所示是一个典型的底发射全彩色 AM-OLED 的结构示意图。AM-OLED 的制作过程主要包括背板制作、OLED 制作和显示器件封装三个部分。

　　　　(a) 截面示意图　　　　　　　　　　　　　(b) 俯视示意图

图 9.5.1　底发射全彩色 AM-OLED 的截面示意图和俯视示意图

背板是已经制作上像素驱动电路的衬底,为满足高分辨率显示的需要,目前普遍采用有源矩阵像素驱动电路。由于大部分有机材料对水蒸气和氧气敏感,包括光刻、刻蚀等在内的

传统意义上的后步工艺,需要提至有机薄膜制作之前,有机材料薄膜在真空或惰性气体环境下沉积,有机薄膜制备完成以后,样品需要在不接触大气的条件下进行封装和钝化。

## 9.5.1  TFT 背板工艺

### 1. 低温多晶硅(LTPS)TFT

低温多晶硅 TFT 是最早商业化的 AM-OLED 的 TFT 背板技术。图 9.5.2 显示了 LTPS-TFT 制作工艺流程。

图 9.5.2  LTPS-TFT 制作工艺流程

(1) 采用等离子体增强化学气相沉积(PECVD)沉积含氢非晶硅,然后进行脱氢处理,最后采用准分子激光(ELA)退火将它转化为多晶硅。

(2) 光刻、刻蚀形成多晶硅图形,然后沉积栅极绝缘层和栅极电极薄膜,并且通过光刻、刻蚀形成栅极电极图形。

(3) 以栅极电极图形为掩膜,采用离子注入掺杂工艺实现源极和漏极。n 型沟道 TFT 的漏电流比较严重,一般采用一个额外的低浓度掺杂过程来形成一个轻掺杂的漏极(LDD)。

(4) 沉积绝缘隔层,并刻蚀出电极接触孔,然后沉积、刻蚀形成 ITO 图形作为 TFT 的源极和漏极电极,这两个电极中的一个同时也作为 OLED 的阳极。这样就完成了 TFT 背板的制作。

　　对于 LTPS TFT 背板来说,其关键制作技术是准分子激光退火(ELA)。图 9.5.3 所示是一个采用 ELA 制作 LTPS-TFT 的原理示意图。XeCl 准分子激光器发射出波长为 308nm、脉冲宽度为几十纳秒的激光脉冲,通过可变衰减器调节输出光强,通过聚光器调整对激光进行匀光扩束,然后通过投射镜头照射在 TFT 衬底表面的非晶硅薄膜上。由于硅薄膜对紫外激光具有强烈的吸收,被照射区域表面的硅薄膜被加热到硅的熔点(1410℃)以上,而衬底绝大部分的温度则维持在显示器件用玻璃的软换点(600℃～700℃)以下,通过依次扫描衬底表面的不同区域,实现整个衬底表面的硅薄膜的低温晶化。

图 9.5.3　准分子激光退火制作 LTPS-TFT 的原理示意图

　　表 9.5.1 列出了一个典型 CMOS 背板的制作过程中涉及的主要工艺,需要 9 次光刻工艺和 5 次掺杂工艺。由于准分子激光退火的 LTPS-TFT 的阈值电压和迁移率差异较大,需要比较复杂的像素补偿电路,导致 LTPS-TFT 制作工艺复杂,成为限制 AM-OLED 应用的重要因素。

表 9.5.1　CMOS LTPS-TFT 的典型制作工艺流程

| 工艺步骤 | 具 体 工 艺 |
| --- | --- |
| 1 | 清洗<br>化学气相沉积(α-Si)<br>氢化退火<br>离子注入掺杂(Br 沟道掺杂)<br>Si 岛光刻<br>干法刻蚀 |
| 2 | P 掺杂掩膜形成<br>离子注入掺杂(P 沟道掺杂)<br>化学气相沉积(α-Si)<br>溅射(栅极电极) |
| 3 | 栅极电极掩膜形成<br>干法刻蚀<br>离子注入掺杂(p 沟道 LDD 掺杂) |
| 4 | B 掺杂掩膜(P$^+$)形成<br>离子注入掺杂(B) |

续表

| 工艺步骤 | 具体工艺 |
|---|---|
| 5 | P掺杂掩膜(N$^+$)形成<br>离子注入掺杂(P)<br>退火激活 |
| 6 | 电极接触孔掩膜形成<br>湿法腐蚀<br>溅射(数据电极线) |
| 7 | 电极数据线掩膜形成<br>湿法腐蚀<br>化学气相沉积(钝化) |
| 8 | 钝化掩膜形成<br>干法刻蚀<br>H$_2$退火<br>溅射(ITO) |
| 9 | 像素掩膜形成<br>湿法腐蚀<br>检查 |

　　顺序侧向固化,是人们对原有准分子激光退火的一种改进方法,该方法采用矩形开孔的掩膜,来控制衬底上硅薄膜被激光照射的位置。图9.5.4所示是顺序侧向固化方法的原理示意图。在第一个准分子激光脉冲照射后,衬底上的某些区域硅薄膜发生融化,产生了首批硅薄膜晶化的位置。当下一个准分子激光脉冲照射在靠近已晶化的硅薄膜位置附近,原先已经晶化的硅薄膜就可以作为未晶化区域的晶粒种子,使得晶粒沿着垂直原有晶界的方向生长。由于掩膜孔是尺寸较小的矩形阵列,照射在衬底表面的光斑也是一个能量均匀分布的矩形阵列。通过移动光斑照射阵列的位置,可以让硅晶粒沿垂直于激光照射融化的液相区域和未照射的固相区域的边界生长。使用该方法获得的硅晶粒尺寸是传统准分子激光退火的2～3倍。并且相对传统的准分子激光退火,具有较高的生产效率。

首次照射　　　　二次照射　　　　三次照射

图9.5.4　顺序侧向固化方法的原理示意图

### 2. 氧化物半导体

平板显示器件的大规模生产需要大面积的非晶氧化物半导体(AOS)的制作技术。最早的 AOS-TFT 是采用脉冲激光沉积制作的,后来佳能采用射频磁控溅射沉积制作出 a-IGZO TFT。目前,显示器件用的 AOS-TFT 大部分采用射频/直流溅射制作。

溅射沉积是一种通过溅射材料沉积薄膜的物理气相沉积方法。其工作原理如图 9.5.5 所示。反应室中放置待沉积的衬底和待溅射的材料(也称靶材),反应室抽真空后通入溅射气体(通常为惰性气体,如 Ar),在外加电场或磁场的激励下,溅射气体起辉离化成正离子和电子,气体离子轰击靶材,靶材原子获得能量和动量,以气态原子的形式逃离靶材表面,沉积到衬底的

图 9.5.5　溅射沉积的原理示意图

表面形成固态薄膜。相对其他薄膜沉积技术,溅射沉积具有靶材利用效率高、便于大面积扩展、薄膜附着力强等优点。

为满足制作大面积 AOS 背板的需要,很多公司已经尝试开发大尺寸的溅射系统。例如,Oregon 州立大学(OSU)和应用材料(AMAT)从 2008 年开始研发金属-氧化物 TFT。AKT 公司在 FPDI 2007 会议上发布了可用于最大尺寸为 $2.2 \times 2.5 m^2$ 玻璃衬底的溅射台。2009 年,SEL 基于 a-IGZO TFT 背板,采用 3.5 代线工艺($0.6 \times 0.72 m^2$),制作出 3.4in 1/4 全高清 326ppi 的 AM-OLED。2010 年,友达光电(AUO)采用 6 代溅射靶,生产出 37in 和 32in 的 AM-LCD。2010 年,爱发科(ULVAC)在 4 代衬底($0.73 \times 0.92 m^2$),采用多阴极交流溅射系统,制作出均匀性良好的 a-IGZO TFT,如图 9.5.6(a)所示。相关的靶材制造企业已经研发出尺寸超过 2m、适合 8 代线生产的 $InGaO_3(ZnO)_m$ 靶材,如图 9.5.6(b)所示。

(a) 多阴极交流溅射系统　　　(b) 用于第8代生产线的a-IGZO溅射靶材

图 9.5.6　用于非晶氧化物半导体 TFT 背板量产的磁控溅射系统

## 9.5.2　OLED 发光单元

### 1. 小分子有机材料的真空蒸发

带有 TFT 基板制作完成以后,需要在不接触大气的情况下进行有机薄膜制备和器件封装。小分子 OLED 的有机薄膜,一般采用真空热蒸发的方法来制作。图 9.5.7 所示是一

个最简单的真空蒸发设备的原理图,固态或液态的蒸发源放置在坩埚中,坩埚外部缠绕电阻丝加热,使得有机材料气化。在高真空条件下,蒸发源的气体分子运动到衬底表面并发生沉积。

图 9.5.7　真空蒸发设备的基本结构示意图

在小分子 OLED 的制作过程中,有机薄膜和阴极依次沉积在带有图形化 ITO 阳极的玻璃衬底上。由于有机小分子对水汽敏感,有机薄膜沉积以后就不允许采用湿法工艺,如半导体常用的光刻工艺。对于红、绿、蓝 OLED 直接集成的全彩色 AM-OLED 来说,目前生产最常用的方法是掩膜遮挡蒸发,采用一个带孔的金属板紧贴在衬底表面作为掩膜,来自热蒸发源的有机蒸汽分子只有通过小孔的那部分才能沉积在衬底表面,如图 9.5.8 所示。

图 9.5.8　三基色独立发光 OLED 薄膜蒸发工艺

由于掩膜法采用容易出现局部短路,人们采用阴极隔离柱法,在衬底表面预先制备绝缘的间隔结构,将各个像素隔开,实现像素阵列,如图 9.5.9 所示。在这种结构中,采用绝缘缓冲层来解决同一像素各层间的短路问题,同时使用倒梯形的隔离柱解决相邻像素之间的短路问题。由于倒梯形结构的存在,可以比较好地发挥隔离柱的遮蔽效果,从而有利于批量化生产。隔离柱通常采用光刻制备,隔离柱分两次形成,下层为普通的聚酰亚胺,上层为光敏的聚酰亚胺。

| | 阴极 |
| | 有机层 |
| | 隔离柱 |
| | 绝缘层 |

图 9.5.9   阴极隔离柱法的原理示意图

蒸发过程中,衬底一般不加热,到达衬底表面的有机分子动能较小,无法在衬底表面移动,从而只能形成非晶薄膜。可以通过调节热蒸发温度来控制沉积速率。蒸发温度越高,沉积速率越快,生产效率越高。器件性能,如发光效率和寿命,也取决于沉积速率。但是蒸发温度过高,有机材料就会发生分解,从而导致材料性能退化和器件失效。为保持薄膜沉积的均匀性,要求衬底和蒸发源的间距尽可能大,从而导致蒸发源材料利用率低。一般来说,只有 10% 不到的蒸发源沉积到衬底上,其他 90% 左右的材料都沉积到真空腔室的内壁上。这不仅造成了有机材料的浪费,而且限制了 OLED 显示器件的尺寸。

由若干个点蒸发源组成的线蒸发源,可以有效地降低真空腔室的尺寸,提高材料的利用率,从而提高生产效率和衬底尺寸。目前 OLED 显示器件生产基本达到 LCD 5 代线水平,并且相关厂商正在酝酿 8 代线的建设。

激光诱导热成像技术,是另外一种高分辨率的红、绿、蓝 OLED 直接集成的显示器件的制作工艺,它的工作原理如图 9.5.10 所示。首先在受主薄膜上均匀地沉积有机薄膜。接着,激光照射特定的区域,光热转换产生的热量使有机薄膜以很高的空间分辨率产生热膨胀,从而将有机薄膜释放出来并沉积到衬底上。这种方法制作的 OLED 显示器件,分辨率取决于激光束斑的大小,尺寸受限于激光光头的移动距离。增加激光器的个数可以提高生产效率。索尼公司采用激光诱导智能掩膜升华技术,已经制作出 27.3in 全高清分辨率(1920×1080)的 OLED 显示器件。然而,采用激光诱导成像技术制作出来的 OLED 器件的寿命略低于采用真空热蒸发技术。

图 9.5.10   采用激光诱导热成像对有机材料进行图形化处理的原理示意图

**2. 聚合物材料的溶液工艺**

因为聚合物材料分子量大,一旦被加热大分子很容易发生分解,所以 OLED 基本采用

"溶液"工艺制作。比较常用的溶剂有三氯甲烷、二氯乙烷、甲苯和二甲苯。首先将聚合物的前驱体材料溶解到这些溶剂中,然后将溶液旋转涂覆或喷墨打印到衬底上。采用诸如真空或加热的方法将溶液晾干以后,就在衬底上获得了聚合物薄膜。旋转涂覆是常用的半导体工艺之一,通过调节转速和溶液的黏度,可以精确地控制薄膜的厚度,精度可达几个纳米的量级。对于全彩色显示,要求不同的溶液在不同的位置凝固成型,目前最有希望的制作工艺是喷墨打印。爱普生公司,已经采用多头喷墨打印技术制作出 40in 的聚合物 OLED 显示器件。

喷墨打印的基本过程如图 9.5.11 所示。在压电器件施加脉冲调制电压,瞬时升高墨水的压力,使其从喷嘴喷出,通过喷头的移动控制墨滴的位置。这种方法要求墨滴具有均匀的放射速度、角度、体积和质量。另外,要求所喷的有机材料具有良好的墨水特性,如合适的表面张力、黏度和在喷嘴的冷凝特性。

图 9.5.11　喷墨打印形成有机薄膜的原理示意图

为解决喷墨的定位误差问题,人们经常采用表面改性或图形化树脂的方法(称为喷墨岸),来控制待喷墨表面不同位置的亲水性和疏水性,如图 9.5.12 所示。由于喷墨岸的边缘决定了像素区域的大小,喷墨岸方法可以实现精确的墨水定位,允许所喷墨水的投射误差达几十微米。

图 9.5.12　用于图形化喷墨打印的亲水/疏水结构的原理示意图

## 9.5.3　封装和钝化

很多有机材料对水汽和氧敏感,而且金属电极的氧化也会使器件性能恶化。为延长 OLED 的工作寿命,必须将其与水汽和氧隔离。一般来说,OLED 显示器件需要用一个盖层密封,盖层可以是一层玻璃或金属,背板和盖层之间有一个黏附层,如紫外光固化的环氧树脂。图 9.5.13 所示为底发射、顶发射 OLED 显示器件的封装结构示意图。

图 9.5.13 底发射和顶发射 OLED 显示器件的封装结构示意图

从图 9.5.13 可以看出,环境中的水汽和氧进入 OLED 的可能通路是黏附层、黏附层和玻璃衬底或盖层的边界。为减少水汽和氧对 OLED 的渗透,要求衬底和盖层之间的间距尽可能小,以减少"渗透通道宽度"。同时,环氧树脂的宽度要尽可能大,以增加"渗透通道长度"。另外,如果结合强度不好,环氧树脂与玻璃衬底、盖层的界面也有可能形成新的"渗透通道"。即便环氧树脂能够完全阻挡环境中的水汽和氧,在有机薄膜沉积之前的工艺中仍然有可能残留一些溶剂,这些溶剂产生放气,使得 OLED 性能恶化。因此,在 OLED 显示器件中通常还会放入一定量的干燥剂,如 CaO,用来吸收工艺残留和从环氧树脂渗透过来的水汽。

为进一步简化器件结构,另外一种制作封装用盖层的方法就是在 OLED 上直接沉积几个微米厚的钝化层。采用这种方法,OLED 显示器件的厚度可以降低到只有一层玻璃的厚度(约 0.5mm),而且器件制作工艺流程更加简单。由于有机材料不耐高温,要求钝化层的工艺温度不超过 100℃。钝化层不得带有裂纹和针孔,否则会产生水汽和氧的渗透通道。钝化层的热应力要尽可能小,这样才不会损伤钝化层底下的有机和金属薄膜。最近的研究提出了好几种形成低水汽渗透率的钝化层的方法,如采用 PECVD 沉积聚合物、带有黏附层的无机盖层、多个有机/无机叠层,以及兼有干燥剂和防渗透功能的盖层。聚合物作为钝化层的主要优点是机械和化学稳定性好,与底下各层的黏附性强。无机盖层的优点是透光性好、耐磨损。然而,要实现低水汽渗透率层,一般需要几百微米的厚度,机械应力较大,使得钝化层和底下的薄膜很容易产生裂纹。为了减少低水汽渗透率层的应力,需要在沉积无机钝化层之前制作一个黏附层。厚无机钝化层不可避免带有针孔。为制作一个无针孔钝化层以阻挡水汽从薄膜颗粒边界渗透,可以采用有机/无机的叠层薄膜,如图 9.5.14 所示。

图 9.5.14 以有机/无机叠层薄膜作为盖层的 OLED 结构示意图

为了把水汽渗透率从每天 $10^{-1} \sim 10 g/m^2$ 降低到每天小于 $5 \times 10^{-6} g/m^2$,从而实现存储寿命超过 1 万小时的 OLED 显示器件,上述的钝化层不仅可以沉积在 OLED 上,也可以沉积在诸如聚乙烯的柔性衬底上。同时多层结构钝化层也可以改善柔性衬底的表面粗糙度,防止器件制作完成后产生的黑斑。如采用多层结构钝化层,可以将聚乙烯表面的不平整度从150Å下降到不到10Å。另外,还可以在聚合物衬底或盖层嵌入吸气剂颗粒,即便发生外界水汽渗透,在水汽到达OLED前也能把它吸收掉。

## 9.6 OLED 性能退化机制

寿命问题是影响OLED大规模商用的一个主要障碍。尽管和LED的工作原理相似,OLED的寿命要远低于LED,一般不到LED的1/10。主要的原因如下:①OLED各层厚度远低于LED;②有机材料对水汽和氧敏感;③有机材料具有更大的分子振动能量,没有无机半导体稳定。OLED的性能退化可以分成三种不同的机制:黑斑现象、灾变失效、本征退化。

黑斑现象是指OLED的出光区域中出现不发光的区域,且不发光区域的面积随时间推移而增加,如图9.6.1所示。人们发现,OLED甚至器件的存放过程都会出现黑斑现象,当然在工作状态下黑斑形成速度会更快。

图 9.6.1 黑斑形成和生长的显微镜图像

黑斑的形成机理,主要是有机材料或电极材料和周围环境发生电化学反应。为了减少黑斑的形成,需要对OLED器件进行封装或钝化以防止水汽和氧的侵袭。黑斑不是整个发光区域的平均亮度降低,而是某个发光区域不再辐射复合发光,这意味着黑斑是由于OLED的结构缺陷导致的。产生结构缺陷的根本原因如下:

(1) 阴极和有机层之间产生气泡结构,阻碍了电子注入,难以保持阴极和有机层之间的欧姆接触,从而产生非辐射复合区域。

(2) 阴极上有针孔,提供了水汽和氧的渗透通道,与金属及有机材料产生氧化等化学反应。

(3) 由于OLED局部温度上升,ITO和有机薄膜的大量分解,释放出挥发性的成分,从而产生局域化的污染和对阴极的氧化。

一般来说,保持衬底的清洁和光滑,控制器件制作工艺,可以有效地降低结构缺陷密度,从而减少黑斑形成的概率。另外,在惰性气体环境封装OLED器件,也有效控制黑斑。在有机材料蒸发过程中对衬底加热也可以减少黑斑,但同时也会改变一些有机薄膜的特性。

OLED的灾变失效是指由于有机层发生短路导致电流急剧上升、亮度下降的现象。它主要来源于OLED的形貌缺陷,如ITO的毛刺(spikes)。由于有机厚度仅为100nm,底部ITO的表面起伏导致后续有机薄膜的不平整。在有ITO毛刺的位置,有机材料相对较薄。当器件长时间工作或处于高电场状态,由于点缺陷位置的塌缩,就会出现短路现象。为改善这种现象,最直接的方法是保持OLED平整。在器件制作完毕以后,也可以通过施加反向偏压烧毁局部的导电微尖。

即使 OLED 具有完美的表面形貌和封装,在恒定电流驱动下,随着时间的推移,OLED 也会出现均匀的亮度衰减和驱动电压上升,这种现象称为本征退化。目前已有很多关于 OLED 本征退化机制的报道:

(1)来自电极的粒子,如 ITO 阳极的铟离子和金属阴极的 Mg：Ag 或 LiF,扩散到复合发光区域。它们形成了荧光淬灭中心,在注入电流不变的情况下,发光亮度降低。同时,移动的离子也会产生内建电压,为获得同样大小的注入电流,就需要提高驱动电压。

(2)存在于有机材料中的杂质在器件中的迁移。Zou 等报道了采用交流驱动的 OLED 比直流驱动的 OLED 具有更长的使用寿命,其解释是交流驱动在反向偏压的时候能把杂质拉回到原来的位置。

(3)有机发光材料的分解。根据 Cao 等报道,PPV 基 OLED 的本征寿命,主要受限于流过器件的电荷数量,而不是交流或直流驱动模式,PPV 共轭键的逐步减少是 PPV 基 OLED 的主要退化机制。

(4)电极和有机层的欧姆接触损失。这种衰减不是本征的,可以通过重新蒸镀阴极来恢复器件性能。

另外一个涉及长期稳定性的性能退化的机制,就是"不稳定阳离子"模型。异质结结构可以帮助 OLED 采用限制载流子,提高发光效率,但是也会导致载流子在空穴传输层和电子传输层的界面处堆积。由于从空穴传输层注入的空穴会在电子传输层形成化学特性不稳定的阳离子,这会加速非辐射复合中心的形成,从而导致 OLED 器件的亮度衰减和驱动电压升高。

Popovic 和 Aziz 设计了观察这种效应的实验,他们制作了两种三明治薄膜叠层,一种是 NPB-Alq$_3$-NPB,另一种是 TPT-Alq$_3$-TPT,Alq$_3$ 厚度为 5nm。因为 NPB 和 TPT 分别为空穴传输层和电子传输层材料,在一定的偏置电压下,经过 Alq$_3$ 层传输的载流子只能是单独的空穴或电子。图 9.6.2 所示为该器件的光荧光强度随时间变化的曲线。当空穴被传输穿过 Alq$_3$ 层后,可以观察到光荧光强度逐渐降低。意味着阳离子化的 Alq$_3$ 不稳定,产生荧光淬灭中心,空穴传输过 Alq$_3$ 会导致 OLED 器件发光性能的退化。另外,电子传输穿过 Alq$_3$ 层,光荧光强度保持稳定。这说明,空穴注入 Alq$_3$ 层是导致 OLED 器件性能退化的一个主要因素。

在固定的电流条件下,OLED 的性能退化不仅表现为发光亮度下降,而且表现为驱动电压上升。Lee 等通过对一系列相同材料、不同结构的器件实验,验证了阳离子形成是 OLED 主要性能退化机制之一。因为如果金属离子扩散是主要的性能退化机制,那么空穴传输层或电子传输层越厚的器件工作寿命就越长。但事实上,提高空穴传输层和电子传输层的厚度并没有提高 OLED 器件的工作寿命。另外,OLED 器件的工作寿命和发光效率密切相关,如图 9.6.3 所示。发光效率越低,意味着电转化为热的效率越高,器件的工作温度越高,越容易发生化学反应。在相同的发光效率下,空穴传输层越厚,器件寿命越长。因为空穴传输层越厚,意味着在发光复合界面空穴的密度越低,形成的阳离子越少。而在空穴传输层和电子传输层界面,载流子陷阱和荧光淬灭中心的产生速率满足线性关系。

由于 OLED 器件正常工作的寿命要求长达 1 万小时,为了在短时间内预测其寿命,就需要采用一些加速老化测量和等效推断的方法。然而,加速老化有可能产生一些其他的老化机制,使得寿命预测成为一个比较复杂的问题。目前比较常用高亮度加速老化的方法,寿

图 9.6.2　只传输空穴的 NPB-Alq₃-NPB 和只　图 9.6.3　OLED 工作寿命与发光效率之间的关系
传输电子的 TPT-Alq₃-TPT 的光荧
光积分强度随时间的变化曲线

命和亮度的关系满足

$$L_0^n t_{1/2} = 常数 \tag{9.6.1}$$

式中　$n$——加速因子；

　　　$t_{1/2}$——半亮度寿命。

如图 9.6.4 所示,当 $n=1.7$ 时获得与实验最为吻合的模拟结果,对于亮度为 $200cd/m^2$ 半亮度寿命为 4 万小时的器件,当加速老化亮度增加到 $10\,000cd/m^2$,半亮度寿命为 51h。

另外一个问题是亮度并不是单调递减,这意味着在加速老化测试过程中,OLED 的性能退化因素不止一个。图 9.6.5 显示了不同环境温度下亮度的变化情况。可以看出,亮度先保持基本不变,接着上升,然后迅速下降。这种现象是由上述三种(甚至更多)的性能退化机制引起的。当然,温度不同,工作寿命也会发生相应的改变。

图 9.6.4　半亮度寿命的加速老化因子拟合　图 9.6.5　在不同的环境温度下亮度随时间的
变化(器件尺寸为 $3cm^2$,注入电流为
$8.3mA/cm^2$)

## 9.7　现有问题和未来展望

前面提到 OLED 相对 LCD 在原理上的各种优点,包括更高的电光转换效率、更快的响应速度、更宽的视角及更轻便、更灵活的显示器件和更低成本的潜力。但到目前为止,LCD 在显示行业依然占据主导地位,而 OLED 还远未到可以取代 LCD 的程度,主要原因如下:

(1) 大屏幕显示器件的成本问题。OLED 的制作工艺复杂,大屏幕显示器件(如 OLED 电视)生产成本极高。由于 OLED 为电流驱动,TFT 背板一般需要比 LCD 复杂得多的像素驱动电路。另外,OLED 涉及的有机发光材料需要经过多次纯化,材料成本较高。直接集成红、绿、蓝 OLED 的掩膜蒸发工艺,材料利用率低,难以满足大尺寸衬底的生产要求。近年来,厂家们采用氧化物 TFT 背板、白光 OLED 加滤色膜等技术,很大程度上降低了 OLED 的生产成本。即便如此,目前市面上的 OLED,其价格仍远高于类似性能指标(尺寸、分辨率、亮度、色域等)的 LCD。

(2) 寿命和色彩平衡问题。OLED 的寿命主要受限于有机材料,有机材料和周围环境的水和氧反应,是限制 OLED 寿命的主要问题。目前以玻璃为衬底 OLED 显示器件产品的半亮度寿命约为 1.5 万小时,按照每天使用 8h 计算,寿命仅为 5 年。而目前 LCD 的半亮度寿命基本上可以达到 3 万小时。柔性衬底的寿命尚未有比较一致的标准。要延长 OLED 寿命,需要在封装技术上有进一步的改进。另外,对于红绿蓝三基色直接集成的 OLED 显示器件,蓝光 OLED 的性能衰退远快于红光、绿光,从而导致画面的色彩随时间发生变化。而对人眼来说,这种色彩平衡的改变甚至比亮度衰减更难以接受。

(3) 功耗问题。虽然 OLED 发光单元的功耗要远低于 LCD,但是由于 OLED 的有源像素驱动功耗也远大于 LCD,加之近年来 LCD 采用 LED 背光源,功耗随着 LED 背光源效率的提升也大有节省。目前,OLED 相对 LCD 有一定的功耗优势,但并不明显。在暗画面条件下,OLED 的功耗约为 LCD 的 40%。在大部分画面情况下,OLED 的功耗约为 LCD 的 60%~80%。而对于白色背景画面,如文档或网页,OLED 的功耗则比 LCD 高 3~4 倍。有机材料导电性差、发光(主要是蓝光)效率低、有源驱动电路复杂,是限制 OLED 功耗的主要因素。

近年来,OLED 和 LCD 相互竞争,相互影响。LCD 采用多畴结构、新型的电路驱动方式和 LED 背光源来提高视角、相应速度、功率效率及色彩表现力。而 OLED 致力于发展高效、长寿命的有机材料,新型的低功耗的器件结构,3D 和柔性显示,可用于大屏幕电视的低成本制作工艺。这种趋势在相当长时间内将一直持续下去。

面对未来的显示器件的发展,OLED 的研发人员,一方面研究开发更好的有机发光材料、更低成本的生产技术,如高效磷光、新型 TFT 背板、无须真空的有机材料镀膜技术等;另一方面,利用 OLED 的已有优势发展新的显示器件,如柔性显示、透明显示、3D 显示、可穿戴电子设备等。希望随着科学与技术的进步,OLED 能够在显示产业中进一步发扬光大。

## 习题与思考

9.1 根据轨道杂化理论,解释为什么同为碳单质,金刚石是绝缘体,而石墨却是良好的导体。

答题提示:请根据不同的分子轨道杂化($sp^3$,$sp^2$)来解释。

9.2 根据轨道杂化理论,解释为什么 OLED 涉及的有机材料分子中会出现苯环结构。

答题提示:请根据 $sp^2$ 轨道杂化来解释。

9.3 飞行时间法(TOF)是测量有机材料载流子迁移率的重要方法。TOF 的基本概念是计算载流子在给定的电场强度下、在一种材料中的漂移时间。载流子通常采用光泵浦的方法产生。因此,载流子产生区域的厚度(宽度)要求远远小于载流子漂移的长度(即有机材料薄膜的厚度),一般在 1/100 的量级。假设一种有机材料对 $\lambda = 355$nm 的光的吸收系数 $\alpha = 5 \times 10^5$ cm$^{-1}$。请计算光的有效传播长度,并用它来考虑设计有机材料薄膜的厚度。

答题提示:根据光吸收系数计算其有效传播长度,然后根据 1/100 的标准设计有机材料薄膜的厚度。

9.4 三重态-三重态激子湮灭是磷光 OLED 的普遍现象,其物理过程可以表示为 $T_1 + T_1 \xrightarrow{K_{TT}} T_n + S_0$ 或 $T_1 + T_1 \xrightarrow{K_{TT}} S_n + S_0$。这里 $T$、$S$ 表示三重、单重态激子浓度,$K_{TT}$ 为速率常数,下标 0 和 $n$ 表示基态和第 $n$ 个激发态。湮灭过程满足

$$\frac{\partial T}{\partial t} = D \frac{\partial^2 T}{\partial t^2} - \frac{T}{\tau} - k_{TT} T^2$$

式中 $D$——扩散系数;

$\tau$——三重态激子单独湮灭的寿命。

假设 $k_{TT} = 1.8 \times 10^{-14}$ cm$^3$/s;$\tau = 10$ms;$T = 5 \times 10^{16}$ cm$^{-3}$。

(1) 求三重态-三重态湮灭过程对应的激子的最短寿命。

(2) 考虑所有反应对应的激子最短寿命。

答题提示:

(1) 三重态-三重态湮灭的寿命取决于湮灭过程等式的右边第三项,最短寿命按浓度最大的情况去算。

(2) 整个系统的激子寿命考虑三重态单独湮灭和三重态-三重态湮灭的情况。

9.5 假设某个 OLED 在 $T = 300$K 的条件下工作,要获得 $J_0 = 10$、$100$、$1000$mA/cm$^2$ 的饱和电流,电极和载流子传输层之间的逸出功差值应该是多大?

答题提示:请根据 RS 热离化模型公式计算。

9.6 某 p-i-n 结构的绿光 OLED,电荧光谱峰 $\lambda = 550$nm,内量子 IQE = 5%,空穴传输层和电子传输层的厚度分别为 75nm 和 60nm,对应的空穴和电子迁移率分别为 $\mu_h = 10^{-3}$ cm$^2$ V$^{-1}$ s$^{-1}$、$\mu_e = 10^{-5}$ cm$^2$ V$^{-1}$ s$^{-1}$,假设发光层厚度极薄、迁移率无穷大,各层的折射率 $n = 1.6$。

(1) 假设载流子从电极注入不受阻碍,电流密度 $J$ 和各层驱动电压的关系满足理想的空间电荷限制传导模型,请问要获得 $J = 100$mA/cm$^2$ 的驱动电流,驱动电压 $U$ 需要多大?

(2) 如果没有额外的出光效率提取措施,该器件的电到光的能量转换效率为多少?

答题提示：

（1）根据 Mott-Gurney 方程计算空穴传输层、电子传输层上的电压降，然后计算有源层上发光所需的电压降。

（2）考虑输入电功率有多少加载在有源层，有源层又有多少用来发光，光子又有多少可以发射出来。

9.7 假设一个主-宾发光材料系包含一种主体材料和两种客体材料。一种客体材料发蓝色荧光，另外一种发黄色磷光。为获得 100% 的内量子效率白光 OLED，请描述主体材料到客体材料的能量交换方式。

答题提示：让单重态激子就地能量转移发荧光，让三重态激子扩散后能量转移发磷光。

9.8 图 9.1(a)所示是一个基于 InGaZnO TFT AM-OLED 像素驱动电路，带有阈值电压补偿功能。该电路包括一个驱动 TFT（T5）、一个设置 TFT（T6）、四个开关 TFT（T1、T2、T3 和 T4）、一个电容。$U_{SCAN}$、$U_{GATE1}$ 和 $U_{GATE2}$ 用于控制信号线，而 $U_{DATA}$、$U_{DD}$ 和 $U_{SS}$ 分别对应数据电压信号、常压电源线和 OLED 阴极电压。电路的工作分为四个阶段：重启（reset）、设置（setup）、写入（write）和驱动（drive）。请叙述该像素驱动电路的工作原理。

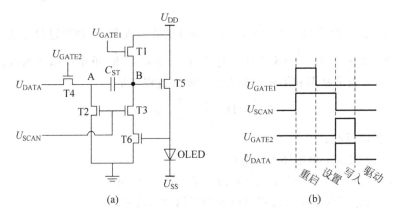

图 9.1 AM-OLED 像素驱动电路

答题提示：根据不同时间节点的电平确定 TFT 的通断，注意该电路如何补偿驱动 TFT 的阈值电压和迁移率差异。

9.9 图 9.2 所示是一个基于非晶硅 TFT、带有光反馈补偿电路的 AM-OLED 的像素驱动电路的等效电路和电信号的时域图。等效电路包括 4 个开关 TFT，1 个驱动 TFT，1 个光探测器和 1 个电容。光探测器的两个电极分别和驱动 TFT 的栅极和公共地连接，电路的工作可以分为 3 个阶段。请叙述该像素驱动电路的工作原理。

答题提示：根据不同时间节点的电平确定 TFT 的通断，注意该电路如何探测光强和补偿驱动 TFT 的阈值电压差异。

9.10 假设某个画面，90% 的像素色坐标分布在等能白光点附近，10% 的像素色坐标分布在标准红绿蓝三基色的三角形边上，采用白光 OLED 加滤色膜进行显示，各子像素面积相同，红、绿、蓝三基滤色膜对同基色的光完全透过，对其他基色的光完全吸收，在相同亮度下白光＋红绿蓝白（W-RGBW）方式相对于白光＋红绿蓝（W-RGB）方式的能耗大概能节约多少？

图 9.2　AM-OLED 像素驱动电路的等效电路和电信号的时域图

答题提示：假设红绿蓝对白光的最高透过率均为 1/3，各子像素面积相等。

# 第 10 章

# 发光二极管显示

本章介绍发光二极管(light-emitting diodes,LED)的工作原理、基本参数、提高光提取效率的措施、实现白光 LED 的方法,以及 LED 显示屏的组成、驱动、灰度和亮度调节的实现、$\gamma$ 修正和不均匀性的逐点修正。

## 10.1 简介

发光二极管(LED)是一种 p-n 结型的电-光转换器件。对 p-n 结施加正偏压,产生少子注入,少子在传输过程中不断扩散,不断复合发光。改变制造 p-n 结的材料可以改变 LED 的发光颜色。

虽然早在 20 世纪初,已零星地实验观察到发射可见光谱的电-光效应,但发光二极管的现代纪元始于发红光的化合物半导体 LED。此后不久,在 20 世纪 60 年代末,发红光的 GaAsP LED 成为商品,应用于当时新兴的显示器件(如电子计算器和数字手表)中。

后续的新的化合物半导体材料系统发展导致了发射波长范围的增加,效率也提高了。在 20 世纪 90 年代早期,与 GaAs 衬底晶格广泛匹配的(Al,Ga,In)P 系统提供红色、橙色和胜过过滤钨丝白炽灯的琥珀色 LED。与此同时,在日本采用将 GaN 沉积在蓝宝石衬底上,再在其上生长出 InGaN 层,这个进步导致了高效率的光发射。随后的发展导致发紫光激光二极管(是现在发蓝光技术的基础)和蓝色、绿色,甚至黄光 LED 的出现。

将发紫色或蓝色 LED 与宽光谱荧光粉结合可提供发白光 LED。最常见的方法是发蓝光 LED 和发宽光谱黄光的掺钕钇铝石榴石($Y_3Al_5O_{12}:Ce^{3+}$,YAG)荧光粉结合。合并后的 YAG 荧光粉发射和残余蓝光组合成色温在 4000~8000K 的白光(取决于蓝色发射波长以及荧光粉的详细成分和掺杂程度),提供了相对简单又高效的白色光源。说真的,基于这种技术的发白光 LED 的效率高于所有具有类似光质量的传统光源。此外,与更复杂的荧光粉组合可形成高效暖色温(2700~3500K)LED,作为常见的普通照明以及 LCD 面板的背光。LED 性能进步的历史和美国能源部的预测如图 10.1.1 所示。其中,标签指的是流行的材料工艺。白色虚线是美国能源部对冷白色 LED 的性能预测。也显示了典型的常规白光源的性能水平:白炽灯(W)、钨卤素灯(W-H)、荧光灯(FL)和高压放电灯(HID)。从 1970 年到 2010 年的四十年间,LED 有了很大的进展,输出的光功率、效率、颜色都有很大的提高,在光功率和效率方面,平均每十年翻了 10 倍,这就是克拉福德定律。

图 10.1.1 红色、蓝色、绿色和白光商用 LED 发光效率的进步历史

目前,LED 的主要应用有下列三方面:

(1) 各类大小的显示屏。从公共场所随处可见的各种指示牌到大型活动的大屏幕或超大屏幕显示。如近年来 CCTV 春节晚会上的 LED 升降台、环幕、天幕、立景柱以及立景面大大提升了舞美效果。

(2) 固体光源。现在的交通指示灯和汽车的指示灯已全部是 LED 照明,部分城市的路灯也开始用 LED 照明,因为它的能耗只有白炽灯的 12%,寿命增长 10 倍以上。

(3) LCD 的背光源。LCD 的背光源原来使用细长的冷阴极放电管(CCFL),现在 LCD 的背光源已在各类尺寸 LCD 显示屏中占优势,因为它具有色域宽(比 CCFL 的扩大约 50%)、寿命长(10 万小时)、节能环保(无 Hg)和外观更薄等优点。在中小尺寸 LCD 显示屏中,LED 背光源于 2009 年已占优势,但在 LCD 电视中只占 3%。到了 2014 年,在 LCD 电视中也超过 CCFL,如图 10.1.2 所示。

| LED背光照明 | 2008 | 2009 | 2010 | 2011 | 2012 | 2013 | 2014 | 2015 |
|---|---|---|---|---|---|---|---|---|
| 在笔记本电脑 | 16.2% | 52.2% | 80.7% | 97.4% | 99.9% | 100% | 100% | 100% |
| 在监视器 | 0.0% | 0.8% | 4.4% | 8.3% | 15.1% | 20.5% | 34.0% | 53.6% |
| 在液晶电视 | 0.2% | 2.8% | 9.8% | 21.9% | 32.1% | 39.7% | 50.3% | 66.4% |

图 10.1.2 LED 背光源在 LCD 笔记本电脑、监视器和液晶电视中应用前景

## 10.2  LED 的原理和制造

### 10.2.1  半导体的光学性质

可用能带理论解释半导体的光学性质,禁带的下边缘能级通常被电子占领,被称为价带。禁带的上边缘能级通常未被电子占领,被称为导带。如果电子的能量足够,可从价带被激发到导带,在价带留下一个未被占领的状态,称为空穴。电子和空穴复合的结果是释放约等于禁带宽度的能量,形成光辐射或热辐射。

最常见的半导体-硅晶体结构的能带是这样的:电子态的最低能级与相对应的空穴态有动量位移。这种间接带隙的情况需要晶格振动能量(即声子)为电子和空穴对的辐射复合提供动量守恒。这是三体过程,复合率极低,不能有效地完成辐射过程,所以像硅这样的间接带隙半导体的光生成效率很差。在直接带隙半导体中,处于导带最低处的电子与价带中空穴的动量是匹配的。辐射复合率非常高,如 GaAs 材料,其内量子效率甚至可达到接近100%。图 10.2.1 给出了直接和间接带隙半导体之间发光机制的差异。对于间接带隙材料,需要与声子交互作用以满足动量守恒,导致辐射复合率低,因此光产生率也低。

(a) 直接带隙          (b) 间接带隙

图 10.2.1  直接与间接带隙半导体的发光机制

因为 $Eg(eV)=h\nu=1240/\lambda(nm)$,对于波长从 $380\sim700nm$ 的可见光,相对应的能带间隙应当是在 $1.8\sim3.1eV$ 之间,也就是说,LED 的半导体材料应当有 $1.8\sim3.1eV$ 的禁带宽度。为了能有效地产生复合,还必须有直接的带间跃迁或者其他高效的复合渠道,以保证有较高的复合效率。此外,这些材料还必须能制成单晶(单晶体或在合适的衬底上的外延层)。Ge 和 Si 的能级间隙太小,而且是间接能隙,不能满足作为 LED 的要求。实际上使用的是 Ⅲ-Ⅴ族化合物。表 10.2.1 列出了这些化合物的能隙的数值和它们所发出的光色,它们在制造 LED 中大都起重要的作用。

表 10.2.1  Ⅲ-Ⅴ族化合物的能隙和发出的波长

|    | N | P | As | Sb |
|----|------|------|------|------|
| Al | AlN<br>6.0eV | AlP<br>2.45eV | AlAs<br>2.15eV | AlSb<br>1.66eV |

续表

|  | N | P | As | Sb |
|---|---|---|---|---|
| Ga | **GaN**<br>3.4eV<br>365nm（紫外） | GaP<br>2.26eV<br>548nm（绿） | **GaAs**<br>1.42eV<br>867nm（红外） | **GaSb**<br>0.73eV |
| In | **InN**<br>1.95eV | **InP**<br>1.34eV<br>918nm（红外） | InAs<br>0.36eV | **InSb**<br>0.18eV |

注：加粗的是直接能隙半导体。

GaAs 直接能隙 1.42eV，其晶格常数与 GaAsP 良好匹配，所以是重要的衬底材料。用两种以上Ⅲ-Ⅴ族化合物构成合金，可以组成三元合金和四元合金，它们是当今最重要的光电子材料，如 GaAs-AlAs、GaAs-GaP、InP-AlP 等。

对发射可见光谱 LED 最有用的Ⅲ-Ⅴ材料系统是纤锌矿（Al，Ga，In）N 和闪锌矿（Al，Ga，In）P 合金。这两个系统的禁带能量与晶格常数图绘在图 10.2.2 中。如图中所示，当（Al，Ga，In）P 系统中（Al，Ga）P 的摩尔分数＝52%，InP＝48%时，该系统与广泛用作衬底的 GaAs 的晶格匹配。通过调节 Al/Ga 比率，可发射从深红色（650nm）到琥珀色（580nm）的光，并且具有合理的辐射效率。继续提高 Al/Ga 比率，最终达到直接/间接禁带交叉处，这就限制了基于（Al，Ga，In）P 材料系统发射更短波长的 LED 的发光效率（和商业可用性）。对于（Al，Ga，In）N 系统，InGaN 是主力活性层材料，通常在 GaN 模板上进行晶格匹配生长或沉积在如蓝宝石、SiC 或 GaN 本身衬底上作缓冲层。（Al，Ga，In）N 系统全部是直接禁带，原则上可以为整个可见光谱、深紫外（AlN）和红外（InN）提供活性层材料。实际上，晶格与 GaN 匹配的 InGaN 活性层有效地提供从紫外线（380nm）到绿色（550nm）的发射。在 550～580nm 缺乏有效的发射体的材料体系，有时称为"绿色缺口"。具有讽刺意味的是，人类眼睛最敏感的波长（555nm，效率是 683lm/W）就在这个特定的区域内。

图 10.2.2 立方体（Al，Ga，In）P 和纤锌矿（Al，Ga，In）N 材料系统的禁带能量与晶格常数
[显示沉积在 GaAs 上的发射从红色到琥珀光的主要活性层合金（Al$_x$Ga$_{1-x}$）$_{0.52}$In$_{0.48}$P 和沉积在 GaN 上的发射从紫外到绿色光的 In$_x$Ga$_{1-x}$N]

## 10.2.2 LED 的 p-n 结和基板结构

### 1. LED 的 p-n 结

二极管的核心是半导体内荷正电区域(p 型)和荷负电区域(n 型)之间的结。未施加偏压时,带负电的载流子(电子)和带正电的载流子(空穴)分别留在 n 型和 p 型区域,没有电流流过载流子耗尽的区域(耗尽层)。施加正向偏压 $U_f$ 时,结型场降低,电子和空穴注入耗尽层复合,发出能量约等于禁带宽度的光子,如图 10.2.3 所示。导带中的电子和价带中的空穴注入耗尽层,其浓度与它们各自的准费米能级 $E_{Fn}$ 和 $E_{Fp}$ 保持一致。在那里,它们可能会复合,释放约等于禁带宽度的能量。在高质量的直接带隙半导体中,这种能量高概率地以光子形式释放。在实际器件中,在耗尽层内的发光层(活性层)为合金,因此也就是能带被调谐到能提供所需的发射能量或波长,即颜色。

图 10.2.3 正向偏压 $U_f$ 下的 p-n 结

p-n 结分同质结和异质结,同质结是用同一种晶体材料制成的 p 型和 n 型半导体接在一起构成的 p-n 结。在同质结中电子和空穴向对方运动很顺利,因为没有很大的能障,它们相遇复合产生光的概率很低,所以发光效率低。即使发光,因为光子能量等于禁带宽度,在通过半导体时,很容易被吸收。异质结是用两种具有不同能隙宽度半导体材料制成的 p-n 结。异质结不同的两种半导体单晶的能隙宽度不同,介电常数也不一样,所以当它们构成 p-n 结时,异质结中电子和空穴的势垒高度不同,交接面的两边形成内建场不连续。异质结在正向注入时电子流与空穴流不相等,从而形成一种载流子为主的注入方式。图 10.2.4 所示是异质结平衡能带图。由 GaAs 与 $AQ_xGa_{1-x}As$ 构成的异质结有下列特点:

图 10.2.4 异质结平衡能带图

① p 型 GaAs 衬底外延一层 n 型 $Al_xGa_{1-x}As$，皆为重掺杂，它们构成异质结。

② GaAs 的带宽 $E_{g1} < E_{g2}(Al_xGa_{1-x}As)$。

③ 电子由大 $E_g$ 的 n 区注入小 $E_g$ 的 p 区，遇到的势垒高度为 $(eU_D - \Delta E_C)$。

④ 空穴由小 $E_g$ 的 p 区注入大 $E_g$ 的 n 区，遇到的势垒高度为 $(eU_D + \Delta E_V)$。

⑤ 即使 $N_D$ 和 $N_A$ 都不是很大，仍有较高的注入效率，本例中电子注入是空穴注入的 $7.4 \times 10^5$ 倍。

⑥ 大 $E_g$ 的 n 区为注入源，小 $E_g$ 的 p 区为发光区，发光光谱主要决定于 p 区衬底，发出的光经过大 $E_g$ 的 n 区时不容易被吸收。

⑦ 对载流子有限制作用，例如在双异质结中，可提高注入电子的利用率。

**2. LED 的基板结构**

传统的 LED 的基本结构如图 10.2.5 所示，其主要部分是一个 p-n 结管芯。常规 $\phi$5mm 的 LED 是将边长 0.25mm 的正方形管芯黏结或烧结在带反射杯的金属支架上，支架的引线为阳极，支架上端面积较大；而管芯的阴极通过球形触点与金丝键合为内引线，与另一根支架相连为阴极，该支架上端面积较小。管芯的顶部用透光的环氧树脂包封，呈半球状，提高光的提取效率。

图 10.2.5 LED 的传统结构与芯片结构

## 10.2.3 LED 的制造与封装

LED 的制造和封装与集成电路很相似。重要的差异是原材料（即不是硅）和封装技术必须透光传。典型的流程如图 10.2.6 所示。首先，提供衬底材料和对它加工为后续沉积器件层提供圆片衬底。对于 $(Al, Ga, In)N$ 的系统，最常见的衬底是蓝宝石、SiC 和 GaN。对于 $(Al, Ga, In)P$ 系统，典型的衬底是 GaAs。通常使用金属-有机化学气相淀积（MOCVD）装置在衬底上外延生长沉积器件层。大批量生产 LED 时，首选 MOCVD，因为它具有快速大容量的优点。用分子束外延（MBE）系统达不到这一点。

MOCVD 还能提供严格的流量控制，这是沉积如量子阱那样薄层所必需的，也是其他的快速生长技术,如氢化气相外延(HVPE),不容易实现的。外延层沉积后,在圆片上形成图案、对指定的芯片尺寸金属化和沉积与 p-n 结电接触的电极(制造晶片)。然后,将晶片切割成许多单个 LED 芯片(制造管芯)。光提取的方法通常包含在晶片制造和/或管芯制造步骤中。最后,将 LED 芯片安装到引线框架或芯片载体上,如果需要,再沉积荧光粉,并给器件加上透镜。对于单个封装的 LED,引线框架或芯片载体也是单个的。有各种各样的封装类型,其特点通常是针对不同的应用。一些用于照明和大尺寸 LCD 的最流行的 1W 级封装类型如图 10.2.6 所示。

图 10.2.6　LED 的制造流程(从生长衬底到封装好的 LED)和 1W 级 LED 的封装

## 10.3　LED 的性能

　　LED 性能的最主要参数是内量子效率与光提取效率(light extraction efficiency),它们的乘积是产品的外量子效率(光子数和通过接触注入电子数的比率),即

$$\eta_{\text{ext}} = \eta_{\text{int}} C_{\text{ext}} \tag{10.3.1}$$

式中　$\eta_{\text{int}}$——内量子效率;

　　　$C_{\text{ext}}$——光提取效率。

　　重要的总功率转换效率(wall-plug efficiency,WPE)可表达为 LED 正向电压 $U_{\text{f}}$ 和质心光子电压 $E_{\text{ph}}$ 之比,即

$$\eta_{\text{wpe}} = \eta_{\text{ext}} E_{\text{ph}}/U_{\text{f}} \tag{10.3.2}$$

也被称为电光转换效率(光学输出瓦数与电学输入瓦数之比)。质心光子电压通常近似为 $1240/\lambda_{\text{p}}$,$\lambda_{\text{p}}$ 是 LED 发射光谱的峰值波长。

### 10.3.1　内量子效率

　　LED 的内发光效率是电子和空穴注入活性层的效率和电子空穴对在活性层中与非辐射过程竞争的辐射复合几率的乘积。因此,内量子效率可写成

$$\eta_{\text{int}} = \eta_{\text{inj}} \eta_{\text{rad}} \tag{10.3.3}$$

式中　$\eta_{\text{inj}}$——总二极管电流中与注入活性层电流之比；

　　　$\eta_{\text{rad}}$——辐射复合电子空穴对的概率。

通常,用辐射和无辐射复合率描述 $\eta_{\text{rad}}$。

在高注入条件下,注入电子浓度$(\text{cm}^{-3})n$ 和空穴浓度 $p$ 接近,在这种情况下有

$$\eta_{\text{rad}} = Bn^2/(An + Bn^2 + Cn^3) \tag{10.3.4}$$

式中　$A(\text{s}^{-1})$——Shockley-Reed-Hall 无辐射复合；

　　　$B(\text{cm}^3\text{s}^{-1})$——双分子的辐射率系数；

　　　$C(\text{cm}^6\text{s}^{-1})$——涉及三种载流子的无辐射复合机制,即俄歇复合。

于是,辐射效率,也就是内量子效率取决于载流子密度(和电流密度)。二极管的电流密度是复合电流和非注入(泄漏)电流的总和,因此,可写为

$$J_{\text{tot}} = qRL_z + J_{\text{leak}} \tag{10.3.5}$$

式中　$R=(An+Bn^2+Cn^3)$——总复合率；

　　　$L_z$——总活性层厚度；

　　　$J_{\text{leak}}$——漏电流密度；

　　　$q$——电子电荷。

对于高亮度 LED,典型的运行电流密度在 $20\sim50\text{Acm}^{-2}$ 范围内。文献中对 $A$、$B$ 和 $C$ 的估算值往往有很大变化。然而,如果光提取效率能独立决定,则可从外量子效率得到内量子效率。对于最先进的 InGaN 器件,内量子效率的合理估计为从紫色/蓝色的 $80\%\sim90\%$ 到绿色的 $40\%$。对于 AlGaInP,从红色的 $90\%$ 到琥珀色的 $20\%$。

## 10.3.2　光提取效率

LED 的光提取效率的定义是生成在 LED 芯片内的光子数与能逸出芯片的光子数的比率。这里的核心问题是在高折射率媒介(如 $n_{\text{GaN}}\sim2.4$,$n_{\text{GaP}}\sim3.3$)与低折射率环境(即 $n_{\text{silicone}}\sim n_{\text{epoxy}}\sim1.5$,$n_{\text{air}}=1.0$)之间的电磁边界条件,这导致以大于全反射角射向边界的光子发射内部被全反射。临界角由斯涅尔定律决定:$\theta_c=\sin^{-1}(n_a/n_{\text{LED}})$,其中 $n_{\text{LED}}$ 是 LED 材料的折射率；$n_a$ 是环境的折射率。对于 GaAs,$n=3.6$,当晶体与空气的界面为平面时,全反射 $\theta_c=16.2°$,所以只有在 $\theta\leqslant\theta_c$ 立体角内的光线才能从晶体射出。射出的比例系数 $k=1-\cos\theta_c$,以 $\theta_c=16.2°$ 代入得 $k=0.04$。这表明,从高折射率材料的光提取效率可能非常低,除非采用特殊的方法使光子改变方向逸出。实现这一目标最常见的成功的方法是通过异形的芯片形状或用低损耗材料随机纹理表面。实现的结果很好,对 $(\text{Al},\text{Ga},\text{In})\text{P}$ 系统中的异形芯片,提取效率估计高达 $60\%$；对于 $(\text{Al},\text{Ga},\text{In})\text{N}$ 系统中的薄膜芯片,高达 $80\%$。一些提高光提取效率的方法如图 10.3.1 所示。

1) 表面微粗化技术[见图 10.3.1(a)]

表面粗化技术主要解决半导体出射面材料折射率(平均 3.5)大于空气折射率而使入射角大于临界角的光线发生全反射无法出射所造成的损失,通过粗化处理材料表面,使其形成不规则的凹凸,减少光在材料与空气界面的全反射,从而提高 LED 的光提取效率。如利用激光辐照的方法,使 InGa/GaN LED 表面的粗糙度由 2.7nm 增加到 13.2nm,亮度提高 25%。

图 10.3.1　基于 InGaN LED 的高光提取效率的 LED 芯片设计

2）芯片非极性面/半极性面的外延生长技术

非极性面是指在极性面的法线方向上且与之垂直的面，而半极性面则是介于极性面和无极性面之间的面，即相对极性面 C 面倾斜的面。目前，器件大都在蓝宝石衬底的 C 面上生长，但在蓝宝石衬底 C 面上生长的 GaN 薄膜通常都是有极性的。然而极化场将阻止发光器件中载流子的注入，因此降低复合概率，发光效率就会随着下降。用 MOCVD 法在 GaN 结晶非极性 M 面（100）上制作 LED，其外部发光效率提高 30％以上。

3）在图案化衬底上生长外延层[见图 10.3.1(b)]

将蓝宝石衬底表面先刻蚀成凹凸，再外延生长 p 型层，这样可大大降低全反射角的影响。

4）倒装芯片技术[见图 10.3.1(c)]

AiGaInN 基 LED 外延片通常是生长在绝缘的蓝宝石衬底上，欧姆接触的 p 电极和 n 电极只能制备在外延层的同一侧，正面出射的光有很大一部分被电极和键合引线所遮挡。造成光吸收的另一个主要原因是 p 型 GaN 的电导率较低，为了很好地满足电流扩展的要求，则需要在 p 区表面形成一层厚度一般在 5～10nm 之间的半透明 Ni-Au 合金电极层，这样就有部分光被半透明 Ni-Au 层吸收，器件的发光效率因此受到影响。采用 GaN 基 LED 倒装芯片技术可以解决这个问题，将蓝宝石的一面作为出光面，避免了上述两个因素的光吸收，而且使 p-n 结靠近热沉、降低热阻，提高器件的可靠性。其总体发光效率比正装的增加 1.6 倍。

5）斗型结构[见图 10.3.1(d)]

活性层是 AlGaInP，透明的 GaP 构成缓冲层，底板阳极连接金属制作成反射器，正面上的阴极连接面与斗型上表面的比例很小，因而光线被引线反射的概率很少，斗型的几何形状使光线在内部多次反射的机会减少，最大限度减少光线的吸收。采用这种结构的 AlGaInP/GaP LED，在橙红色（617nm）达到最大的光功率效率 100lm/W（100mA，300°K），总效率达到 30％。而在红色（632nm）光功率效率 18lm/W（100mA，300°K），总效率达到 45％，是目前效率最高的 LED。

## 10.3.3　LED 的参数

### 1. 颜色

LED 光学辐射的光谱功率分布不同于其他的辐射源。它既不像激光那样是单色的,也不是像钨灯那样的宽带,而是介于这两种极端情况之间。

峰值波长 $\lambda_\mathrm{p}$ 是波长光谱的最大强度。它很容易定义,因此通常在 LED 数据表中作为颜色特征列出。然而,峰值波长在实用上并没有什么重大意义,因为两个 LED 很可能有相同的峰值波长,但色度不同,即 CIE 的坐标不同,因此观察者感受到的颜色也不同。主波长可以从被测量光谱的 CIE 坐标确定主波长。如果从等能量白点 $E(0.33,0.33)$ 经过 LED 色度坐标 $F$ 绘一条直线与色度图边界交于 $S$,则 $S$ 点的坐标给出主波长。这是人眼对 LED 光谱颜色的感觉。

色纯被定义为等能量 $E$ 点到色坐标 $F$ 点的距离与等能量 $E$ 点到色图边界交点 $S$ 距离的比率,如图 10.3.2 所示,即色坐标越接近边界,颜色纯度(或饱和度)越高。结论是:从严格的颜色角度来评价 LED,至少需要 $(x,y)$ 坐标或主波长与色纯。从图 10.3.2 很容易地看到,当 LED 的主波长完全一样时,$(x,y)$ 坐标的位置越靠近等能量 $E$ 点,其颜色越不饱和。

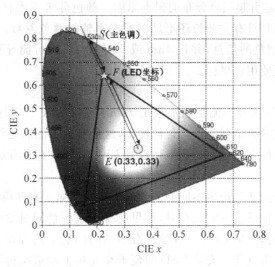

图 10.3.2　从 CIE 1932 色度图确定某个 LED 色坐标的主色调和色纯

### 2. 分级水平

LED 是半导体器件,尽管 LED 的制造过程是众所周知的,标准也非常成熟,由于典型的制造工艺公差,同一批次的 LED 的参数会有很大的不同。考虑到显示屏的成本,不可能只选性能很接近的 LED,需要将 LED 按不同参数分级。变化的具体参数包括强度变化、色坐标变化、效率变化、依赖温度的关系以及直接或间接地影响显示外观和性能的包装公差。

#### 1) 按强度分级

强度变化是最简单的参数监控,因为一般用直流电流驱动 LED。可在特定的驱动条件下测量同一批次 LED 的光输出强度,由于工艺不稳定性造成的器件性能的整体变化表现为其强度的高斯分布,如图 10.3.3 所示。整个延伸(最大对最小)通常是 3～5 个量级。制造商按光输出将 LED 分级,如图 10.3.3 中竖线所示。多数情况下将 $I_\mathrm{f}=20\mathrm{mA}$ 下的光强从最小到最大分为若干档次,相邻两挡之间的光强差是 $1:2$ 或 $1:\sqrt{2}$。为了实现均匀显示,有必要在单一的系统中使用特定范围或等级的 LED。

图 10.3.3　光输出分级

主波长则按 4nm 或 5nm 分档。更准确一些的按 CIE 1931 的色坐标范围分档。对于全彩色屏的配色,必须使用色坐标。通常,一种具体的型号占 3～4 个档级。

2）颜色分级

LED 层厚度差异是引起颜色分布的根本原因。颜色分级不太直观,因为测量需在 $x,y$ 的颜色空间中进行,而且只有主波长还不足以形成完整的颜色参数。但是一些制造商仍然继续只用主波长提供颜色的信息,并按 4nm 或 5nm 分档,这可能导致显示颜色的不均匀。全彩色屏的配色,必须使用色坐标。

3）效率

LED 的效率测量提出在恒流驱动水平是 10mA 或 20mA 下进行。然而,当 LED 用于全彩视频时,由于潜在的显示器的不均匀性输出,这些规范不能满足整体的使用资格。已经表明,在不同的驱动条件下,光输出、色坐标以及 LED 的效率都会有显著的差异。

4）空间辐射

不同包装和类型的 LED 产生不同的空间辐射模式。对于有些应用,精确了解辐射的角分布是必要的。例如,在垂直方向观察时,如果所有三种颜色同时发光,全彩色(RGB)LED 可能会呈现白色。然而,如果 LED 每种颜色有不同的辐射空间分布,则当偏离轴向位置观察显示屏时,颜色会发生改变。安装 LED 的模子在光场上制造结构微小的差异,就会引起输出光空间辐射发生变化。

5）功耗和发热

发热很容易影响 LED 的性能。一般情况下,当温度从 25℃增加到 60℃,发光强度减少 10%。在温度升高的情况下,LED 的共同特性是:温度越高,效率越低。60℃下的流明效率比 25℃下的低 10%。因此,不仅需要知道 LED 具体的温度降额曲线,还必须能够应对这个问题(通过电子补偿或效率和温度降额的 LED 规范协议)。

LED 驱动电路的一致性也至关重要。如果不规定驱动器的公差,即使有非常严密的规范,也不能保证显示性能,一般同一片上各驱动引线间的电流差为 4%～6%,而芯片之间的电流差达到 12%～15%。还需要给这些恒流驱动器提供正确的电流,因为电流对光输出和色坐标都有影响。温度和设计稳定性实际上是至关重要的。这意味着,在相同的器件中不同输出之间的公差需要和驱动器之间的公差结合起来进行彻底的控制。在行业中,这些被称为芯片内公差。

## 10.3.4 单色 LED 的性能

基于(Al,Ga,In)P 和(Al,Ga,In)N 材料系统的瓦量级 LED 的最佳外量子效率报告如图 10.3.4 所示。这些数据是器件运行在合理的实际应用电流密度（35A/cm²）下测得的。除了 InGaN 和 AlGaInP 的原色发射体性能外，还有用荧光粉转换（phosphor-converted, PC)的琥珀色性能。InGaN 点包括基于沿极性、非极性和半极性方向定向的甘纤锌矿 GaN 器件。AlGaInP 点是成形芯片 LED 的。"绿色缺口"清晰地显示在 CIE 1931 人眼响应曲线 $v(\lambda)$ 的背景上。对于 InGaN，随着 InN 摩尔分数增加，GaN 和 InN 之间能隙失配成为问题，并且为获取高 InN 含量层的沉积条件导致薄膜质量低。此外，增加的压缩应变导致在活性层产生压电电场，后者使载流子注入效率和辐射复合复杂化。整体效果是从紫外线/蓝色区域到绿色区量子效率减少，没有商业可用的波长超过 550nm 的发射体。对于 AlGaInP，增加 Al/Ga 比可以使外延层与 GaAs 晶格匹配接近，发射的波长更短，但器件也由直接能隙转变为间接能隙。因此，从红色到黄色波长，AlGaInP LED 的辐射效率（和高温性能）是显著降低的。

图 10.3.4 单色辐射瓦级 LED 的最先进的外量子效率和峰值波长

## 10.3.5 下转换的白光 LED

固然可以用组合多个 LED 的原发射光谱获得不同的白光光谱，但"绿色间隙"、多个驱动方案的复杂性以及颜色控制反馈等问题使得今天产生白光光谱的首选方法是下转换。在这种方法中，发射紫外线、紫色或蓝色的原色"泵"LED 用来激发一个或多个下转换材料，通常是荧光粉。泵发射可能完全消耗或者更常见的是部分消耗与荧光粉发射组合提供最终想要白色的光谱。最常见的方法是使用发射蓝光的泵 LED 与掺钕钇铝石榴石（YAG）荧光粉相结合。蓝原色光和广谱的 YAG 黄色发射结合是实现具有较高功效白光的简单方法，仅仅通过调整荧光粉的装载比率，可使发射颜色点落在色度空间中的黑体曲线上，如图 10.3.5 所示。其中，左边在 CIE 1931 色度图中显示蓝光 LED、YAG 和红色荧光粉 $M_2Si_5N_8:Eu^{2+}$ 发射的色坐标。处于该三角形中的任何色点都可以由这三种发射按一定的比例实现。为了获得白光,调节这三种发射比例,使色点落到黑体轨迹上并符合所希望色温的点。右上方的 LED 的发射光谱的色温是 3000K。右下方是 LED 应用绿、红荧光粉进行下转换。只用 YAG 方法的缺点是色温范围有限,以及显色指数(color-rendering indices, CRIs)通常少于 80,这低于一般照明应用所需的水平。对于 LCD 应用,在蓝原色光加 YAG 光谱中缺乏红色限制了显示器的色域(67%),远低于 NTSC 标准。

图 10.3.5　下转换

　　通过在蓝原色光加 YAG 发射中添加红色成分,可以提高颜色质量。使用最广泛的红色荧光粉属于 $M_2Si_5N_8:Eu^{2+}$(氮化物-硅酸盐系统)。通过添加红色成分,在色度空间打开了第三点,实现色点的大色域,包括较温暖的色温(如钨灯的 2900K 和钨-卤素灯的 3200K)。除了提供温暖的白光,添加的红色荧光粉发射显著地提升显色,CRIs 达到 80 甚至 90 以上。同时,在 LCD 的应用中,增加红色内容还导致更高的色域。

　　除了启用单片白光 LED,也利用下转换改善单色 LED。图 10.3.4 给出了基于下转换的发射琥珀色光的 LED 的外量子效率。这种荧光粉转换的发射琥珀色光的 LED 大大优于 $(Al,Ga,In)P$,并具有良好的高温稳定性。此外,在从蓝绿色到琥珀色,甚至到红色的基于单色 LED 的下转换也许会在未来可期望作为"绿色缺口"问题的解决方案。

　　正在开发的新材料可能挑战作为 LED 下转换首选材料荧光粉。半导体纳米粒子或基于 II-VI 或 III-V 化合物半导体系统的"量子点"(quantum dots, QDs)现在实现的量子产率与传统的荧光粉可比较。量子点还有其他优势,如窄的发射宽度(30~50nm)、通过成分或大小分布工程可调节的频谱以及消除可以是基于荧光粉的 LED 的损失机制的原色泵的背散射。量子点遭遇荧光粉的情况如何还有待观察。可靠性和高温运行是挑战所在。然而,基于量子点的固态照明产品已开始出现在市场上,并应用在 LCD 的背光源中,以增加色彩的鲜艳度。

## 10.4　LED 显示屏

LED 显示屏具有主动发光、高亮度、色彩鲜艳、寿命长、信息变化快等特点,已成为一种重要的公众媒体。在众多的平板显示设备中,LED 显示屏在户外和半户外环境中具有其他竞争对手无法抗衡的优势。

LED 显示屏有以下三方面主要的用途:

(1) 公众信息的智能信息发布,如实时播放政府和企事业单位的服务信息,机场、车站、高速公路的交通信息,或者金融证券行情信息,乃至于商业广告等。其方式以文字、数码、图形或二维动画为主,强调准确性、实时性和可靠性。

(2) 商业广告和公益宣传、娱乐等采用多媒体技术,能显示文本、图像、三维动画视频等,并有各种特技效果。特别关注性能价格比和商业运营的效益。

(3) 形象性和标志性的工程,如重大国际体育盛会的场馆、大型活动的电视直播现场、高档产品展示和娱乐场所,以及城市中心广场和标志性建筑配套等,要求精美的画面质量,专业级视频显示效果。显示屏如同一个巨型的彩色电视机。为此各项技术指标都必须足够高。

### 10.4.1　LED 显示屏的技术指标

#### 1. 屏幕大小

以视频屏为例,因为人眼在观看节目时,画面的高度形成的视角 $\alpha$ 为 $9°$ 时最为舒适(如图 10.4.1 所示),由此可以得出 $\tan\alpha = H/L$,式中 $L$ 是观看距离;$H$ 是画面高度。当 $\alpha = 9°$ 时,$H/L = 0.158$。对于标准的体育运动场,主席台和贵宾席与屏幕的距离 $L$ 大约是 $50 \sim 70$m;如果以 $\alpha = 9°$ 这个位置作为最佳距离,那么,画面高度 $H$ 应该是 $8 \sim 11$m;如果宽高比为 $4:3$,则宽度应该为 $10.7 \sim 14.7$m,大屏的面积就是 $85 \sim 160$m$^2$。

图 10.4.1　显示屏的高度

商业广告用显示屏的安装位置受到的限制比较多,有时很难按照最佳的条件进行设计,应当进行实地的勘查,并在此基础上进行设计。

#### 2. 亮度

对亮度的要求取决于环境照度。显示屏依据工作环境可以分为室内、半户外、户外等,白平衡的最大亮度与工作环境直接有关。表 10.4.1 列出了典型的工作环境下对 LED 显示屏的亮度要求。

表 10.4.1　典型工作环境下对 LED 显示屏的亮度要求

| 环　境 | 室　内 | 半　户　外 | 户　外 | 户外信号灯 |
|---|---|---|---|---|
| 白平衡亮度要求 /(cd/m²) | 1000 以下 | 1000~3000 | 4000~7000 | 8000 以上 |
| 典型场所 | 室内人工照明环境下的各种场所 | 体育馆、展览馆、大中型商场、办公楼门厅、室外非阳光直射的地方 | 室外阳光直射的地方 | 城市交通灯、高速公路可变情报板和可变限速标志,移动式标志 |

### 3. 点间距

点间距决定屏幕的分辨率,点间距越小,每平方米的像素数越多,图像也越细致,价格也越高;反之亦然。正常人眼的最高分辨能力是 $1'$。也就是说,在距离为 $L$ 处观看两个间距为 $d$ 的点,如果 $\theta = \arctan(d/L) = 1'$,这两个点可以被分辨开来,而超过这个距离,就分不清了。这个距离就是最近观看距离,所以有

$$d = L/3438 \quad \text{或} \quad L = 3438d \tag{10.4.1}$$

对于上面的例子,即取 $L = 10.7 \sim 14.7\text{m}$,则点间距是 $d = 3.1 \sim 4.3\text{mm}$。

### 4. 像素数

屏幕的面积和点间距确定,总像素数也就确定了。但是从显示内容的角度来讨论总像素数,常常是更有意义的。总像素数决定屏幕显示的信息的完整性和清晰度。例如,一个简化汉字,至少需要 $16 \times 16 = 256$ 个像素,20 个汉字排成一行就必须有 $320 \times 16 = 5120$ 个像素。图文屏或行情屏必须计算同屏至少要显示多少汉字和数码。超出的部分,可以用滚动或移动来解决。显示电视节目,最少要有 $4.5 \sim 5.0$ 万个像素,否则图像不清楚或不完整。

### 5. 刷新频率和换帧频率

刷新频率是显示内容每秒被重复显示的次数。当刷新频率高于临界融合频率 CCF 时,人眼感觉光是连续的,而 CCF 与亮度的对数成正比。因为 LED 屏的灰度和亮度是通过脉冲宽度调制实现的,为了消除图像闪烁,一般全彩显示屏的刷新频率应大于 240Hz;亮度超过 $4000\text{cd/m}^2$ 的全彩显示屏的刷新频率应不低于 400Hz;为了获得更好的画面质量,高档显示屏的刷新频率可能要达到 $800 \sim 1000\text{Hz}$。

换帧频率是指画面信息更新的频率。人眼的视觉暂留是 $18 \sim 20\text{Hz}$,换帧频率应当达到 50Hz/60Hz。图文屏为了丰富表现能力,常常使用动画或特技,这时的换帧频率应高于 10Hz。

### 6. 可靠性

无论形象工程,还是商业运营和公众信息发布可靠性是显示屏的生命。可靠性的指标包括平均无故障时间(MTBF)和平均修复时间(MTTR)。应当根据用途和工作条件综合考虑,决定可靠性指标。例如,高速公路的可变情报板,要求无人值守和全天候地工作,MTBF 必须很高,但与此同时,其他的技术指标(如画面质量等)就不宜过高。相反,多媒体显示屏,MTBF 指标可以低一些,而在 MTTR 上下功夫,能迅速修复。通过良好的日常的维护和定期的保养的方法,同样可以使系统长期稳定地工作,但成本明显降低。事实上,高档的全彩屏如果 MTBF 大于 5000h,MTTR 小于 15min,有良好的操作和维护的条件下,可以保证长期稳定的每天工作 12h 或更长些。

### 7. 全彩屏选型举例

以全彩屏为例,讨论某些关键技术指标的选择及其依据。全彩屏可以分为专业级视频全彩屏、多媒体级视频全彩屏和全彩图文显示屏三种。专业级视频全彩屏主要适用于大型体育场馆、重要的国际比赛现场转播、电视现场转播、重要的形象工程、大型商业活动、会展中心或高档娱乐场所等。多媒体级视频全彩屏主要用于商业广告和要求一般的体育场馆等。全彩图文屏主要是需要有彩色显示的图形文字显示,而不需要视频效果的情况,如国际比赛运动场上显示国旗和比赛成绩的显示屏等。三种档次的全彩屏的技术指标如表 10.4.2

所示。

表 10.4.2 三种档次全彩屏的技术指标

| 项 目 | 专业级视频全彩屏 | 多媒体级视频全彩屏 | 全彩图文显示屏 |
|---|---|---|---|
| 显示内容效果 | 视频效果,能直播电视节目 | 视频效果,能直播电视节目 | 彩色图片,动画,图文 |
| 节目源 | 电视视频和计算机视频 | 电视视频和计算机视频 | 计算机编辑制作的文本动画,解压的照片等 |
| 电视节目源图像质量 | 广播级和专业级 | 多媒体级 | 照片或彩色文本 |
| 物理像素数 | 大于 320×240 | 45 000 以上,少于的需用动态像素技术 | |
| 视频处理位数 | 10bit 以上 | 8bit | |
| 缩放处理 | 用数字滤波方法,无混叠现象 | 简单抽取 | 画面裁剪为主 |
| 线性灰度等级 | 1024～4096 级以上 | 256～1024 级以上 | 16～64 级 |
| 显示灰度等级 | 256 以上 | 64～256 | 16～64 |
| 可显示颜色 | 17.6M 以上 | 16K～17.6M | 16 色以上 |
| 亮度调整等级 | 32 级以上 | 4 级以上 | 4 级以上 |
| 一致性 | 没有可觉察的亮度和色度差 | 无明显的亮度和色度差 | 无明显的亮度和色度差 |
| 刷新频率和闪烁 | 400Hz 以上,无闪烁 | 120Hz 以上无明显的闪烁 | 无明显的闪烁 |
| 换帧频率 | 50/60Hz 以上,不抽帧,有隔行/逐行转换 | 25/30Hz 以上 | 10Hz 以上 |
| 视觉分辨率 | 等于物理分辨率 | 可采用像素共享技术提高视觉分辨率 | |

## 10.4.2 LED 的驱动

### 1. 直流驱动

LED 的正向电流 $I_f$ 与所加的正向电压 $U_f$ 的关系服从二极管方程

$$I_f = I_0[\exp(qU_f/nkT) - 1] \tag{10.4.2}$$

式中　$n$——状态系数,$1 < n \leqslant 2$;

　　　$I_0$——反向饱和电流;

　　　$T$——工作温度(K);

　　　$k$——玻尔兹曼常数;

　　　$q$——电子电荷。

当正向电压大于导通电压数百毫伏后,式(10.4.2)中的指数项远大于1,所以可改写为

$$I_f = I_0 \exp(qU_f/nkT) \tag{10.4.3}$$

或

$$U_f = nkT/q\ln(I_f/I_0) \tag{10.4.4}$$

当 $I_f$ 达到毫安量级后,LED 内部的欧姆损耗增加到不可忽略,上式变为

$$U_f = nkT/q\ln(I_f/I_0) + R_s I_f \tag{10.4.5}$$

式中   $R_s$——LED 内部欧姆损耗的等效串联电阻。

LED 的输出光强与正向注入电流的关系为

$$B \propto I^m \tag{10.4.6}$$

低电流密度下 $m=1.3\sim1.5$；高电流密度下 $m=1$。

由上面讨论可知,LED 的输出光强直接与正向注入电流有关,而正向注入电流与正向电压 $U_f$ 是指数关系,并且 LED 的正向压降的离散性很大,为 $0.4\sim1.0\mathrm{V}$,达到驱动电压本身的 $15\%\sim30\%$,影响是很大的。所以恒压驱动 LED 不是好方法,一般采用恒流驱动。恒压驱动主要用于汽车内照明和信号灯,通常使用许多 LED 灯的串并联作为负载,常常要加限流电阻。

**2. 脉冲驱动**

为了显示灰度和调节亮度,必须使用脉冲驱动。在脉冲驱动时,LED 在脉冲宽度 $\tau$ 期间加有正向电压,有正向电流流通;而在脉冲间歇期间,不加电压或加反偏电压,处于截止状态。这里,脉冲的宽度 $\tau$ 与脉冲重复周期 $T$ 之比,称为占空比 $D=\tau/T$,如果脉冲期间的正向电流是 $I_{fp}$,正向压降是 $U_{fp}$,那么,平均电流 $I_f=DI_{fp}$,平均功耗 $P=DI_{fp}U_{fp}$。

在总功耗不超过 LED 的最大允许值的条件下,显然,$I_{fp}$ 可以选得比直流驱动条件下的 $I_f$ 大得多。也就是说,在脉冲期间 LED 有更大的光输出。如果光输出与 $I_{fp}$ 是线性,那么,利用在脉冲期间把正向电流加大到 $1/D$ 倍,可以得到与直流驱动正向电流 $I_f$ 时相同的光强,脉冲驱动的显示屏也可以得到与直流驱动相同的亮度。

但是实际情况并非如此简单,当正向电流加大到某一数值后,光输出与 $I_{fp}$ 就不再是线性的关系。以 $20\mathrm{mA}$ 的光输出为 $100\%$,当 $I_f$ 增加到 $40\mathrm{mA}$ 时,红管的光强是 $190\%$,绿管的是 $135\%$,而蓝管的是 $130\%$。也就是说,如果脉冲驱动的占空比为 $1/2$,通过把峰值电流加大一倍的办法,虽然平均电流与直流驱动时的直流电流相等,但是光强只有直流驱动时的 $65\%\sim95\%$。

**3. 脉冲恒流驱动**

脉冲恒流驱动就是在脉冲驱动中使用恒流源保证脉冲宽度内的驱动电流为恒定值。这是 LED 显示屏最常用、最重要的驱动方式。通过设定电流值并使之保持恒定,可以克服 LED 的离散性,还可以通过调整脉冲的占空比实现亮度的调整,也就是脉冲宽度调制(PWM)。

## 10.4.3  实现灰度和亮度的调整

实现 LED 的灰度控制的基本方法是脉冲宽度调制(PWM)。PWM 有两种方法,即子场法和宽度计数法。

**1. 子场法**

1) 子场法的原理

子场法是把一帧画面分成 $n$ 个子场,每个子场的亮度按二进制加权,相应的 PWM 的脉冲宽度按二进制加权,例如按 $2^{G-1}\tau,\cdots,2\tau,4\tau$ 设计,那么,它的组合可以得到 $2^G$ 个灰度级。图 10.4.2 表示子场的构成图。对每一个具体的像素,某个子场的电流脉冲接通或关闭根据源图像的灰度值的二进制数值而定。这样,在 $G$ 个子场结束以后,全屏的所有像素都产生所需的灰度效果。

图 10.4.2　子场构成

2）子场的长度 $T_n$ 的设置和刷新频率

子场的长度与三个因素有关：

(1) 寻址时间 $T_{acc}$。一个具有 $2^G$ 级灰度的系统，需要 $G$ 个子场来完成一幅完整的图像。但是在每个子场显示之前，必须把显示数据送到所有的像素的锁存器，这就是寻址的过程。寻址时间 $T_{acc}$ 取决于移位的速度 $t_{sh}$ 和寻址的位数。常用的驱动芯片的最大移位频率是 $15\sim20\text{MHz}$。每一行串行移位的寻址数为 $m$（列数），$n$ 个这样的行并行寻址，构成一个模组，每个模组有 $mn$ 个像素。显示屏由若干个模组组成，模组间是并行寻址的，所以寻址时间 $T_{acc}=mt_{sh}$。

(2) 最小的显示脉冲宽度 $T_{dis}$。最小的显示脉冲宽度 $T_{dis}$ 取决于电路的速度响应。当使用恒流驱动时，驱动电流较大，由于负载的分布参数的影响，所以速度有限，通常是 100ns 量级。

最小的显示脉冲宽度就是 PWM 的最小的显示脉冲宽度，各种权重的宽度值就是 $2^G T_{dis}$，即各子场的电流脉冲的宽度。因为每个子场中必须包含寻址时间 $T_{acc}$，显然，对于电流宽度小于 $T_{acc}$ 的子场，子场宽度仍然要大于或等于 $T_{acc}$。另外，当 $T_{acc}$ 与 $T_{dis}$ 互质时，亮度调整会发生困难，所以在设计时，大于寻址长度的子场仍按 $T_{acc}$ 的倍数操作。这样，可以得出全部子场的时间长度，为了方便起见，通常把小于寻址长度的子场的权重称为 $1/2$、$1/4$、$1/8$ 等，而把大于寻址长度的子场的权重称为 1、2、4、8 等。

(3) 子场间的间隔 $t_y$。由于电路的速度响应的限制，相邻子场之间必须有一定的间歇，这就是子场的间隔 $t_y$。$t_y$ 的数值从 $0.1\mu s$ 到 $1\mu s$ 量级。有时，需考虑行驱动管（多半采用大功率 MOS 管）的开关速度，需要安排更大的 $t_y$。

3）子场法亮度调整的实现

调整大屏的亮度也必须通过 PWM 实现。也就是说，要调整单位脉冲宽度。例如，要求显示屏有 $L$ 级亮度调整能力，那么，就要求单位脉冲的宽度的增量为

$$\Delta\tau=(\tau_m-\tau_0)/L \quad \text{或} \quad \tau_m=\tau_0+L\Delta\tau \tag{10.4.7}$$

式中　$\tau_m$——最高亮度时的单位脉冲宽度；

$\tau_0$——最小脉冲宽度。

因为最小脉冲宽度不能太小，所以设 $\tau_0$ 是允许的最小脉冲宽度，如 100ns。$\Delta\tau$ 则取决于最高的时钟频率，通常为 $40\sim50\text{MHz}$，即 $\Delta\tau=20\sim25\text{ns}$。

从式（10.4.7）得到的 $\tau_m$ 便是基准脉冲的宽度。以它为基准，安排子场的长度，最后得到满足要求的灰度等级、亮度调整等级和刷新周期或刷新频率。

4）子场法的刷新频率

综合上述，可以得到子场法的刷新周期的计算公式。

根据计算的寻址时间 $T_{acc}$ 和单位脉冲宽度 $\tau_m$，计算子场的长度：

脉宽小于寻址时间的子场数 $k=\log2(T_{acc}/\tau_m)$（取整数）。

脉宽大于寻址时间的子场数 $k_1 = G - k$。

权重安排同前,即对于小于 $T_{acc}$ 的子场宽度仍为 $T_{acc}$;大于的则是它的 2 的幂次。各子场宽度的和即帧周期

$$T_{fr} = T_{acc}k + \tau_m[(G-k)^2 - 1] + (G-1)t_y \tag{10.4.8}$$

为了简化设计,子场宽度 $T_{fr}$ 按 $T_{acc}$ 的倍数设置,有

$$T_{fr} = T_{acc}[(G-k)^2 + k - 1] + (G-1)t_y \tag{10.4.9}$$

刷新频率

$$f_{fr} = 1/T_{fr} \tag{10.4.10}$$

例如,一个子场方式的户外屏,静态锁存方式,级联长度 16 级(256 位),移位频率为 10MHz,线性灰度等级 1024 级(即 $G=10$),亮度调整等级 $L=32$ 级,最小脉冲宽度 $\tau = 0.1\mu s$,子场间隔 $10\mu s$,最小脉宽增量 $\Delta\tau = 20ns$。可算出,$\tau_m = \tau + L\Delta\tau = 100 + 32 \times 20 = 740ns$。取 $\tau_m = 0.8\mu s$;$T_{acc} = 25.6\mu s$;$k=5$;$k_1=5$。权重安排:$2^{-5}$、$2^{-4}$、$2^{-3}$、$2^{-2}$、$2^{-1}$、1、2、4、8、16。$T_{fr} = T_{acc}(32+5-1) + (10-1)t_y = 1011.6\mu s$;$f_{fr} = 988Hz$。

**2. 脉冲宽度计数法的原理**

脉冲宽度计数法的基本原理如图 10.4.3 所示,灰度值保存在锁存器中,驱动脉冲的宽度由一个计数器和比较器控制。计数器对一个基准脉冲计数。当计数器的数值等于指定的灰度值时,比较器的输出终止脉冲的输出,因此输出脉冲的宽度就等于灰度值与基准脉冲宽度的乘积,这就实现了 PWM。输出脉冲的幅度由恒流源决定。这样,调整灰度基准脉冲的宽度,可以实现亮度控制。而调整恒流源比较器的参考电压,可以调整输出的电流脉冲的幅度,同样也能调整亮度。显然,它的调整能力比子场方式要强得多。

图 10.4.3　脉冲宽度计数法 PWM

## 10.4.4　LED 显示屏的基本构成

典型的 LED 显示屏的原理框图如图 10.4.4 所示。

图 10.4.4　LED 显示屏的原理框图

（1）显示屏体是显示屏的主体部分，包括 LED 阵列和驱动电路。信息最终在屏幕上显示。具体各项技术指标应根据用户的具体需求而定。

（2）视频处理器是制作、收集和处理节目源的部分。

（3）控制器是系统的心脏，控制显示屏的工作。为了使信息能够在显示屏上显示出来应对节目源的信号进行必需的处理，产生全系统的时钟。

（4）数据的传输和分配系统把待显示的数据按一定的协议通过一定介质送到显示屏。

（5）监控系统调整显示屏的参数，监控各部分的工作状态，以及防雷、防过流过压及其他防止异常事故等措施。

（6）电源和供电。要使用高可靠高效率的电源。屏幕启动时，浪涌电流很大，为避免对电网的冲击，常常要采取模组间延时启动的方法。对于大功率的显示屏，大多使用三相供电，要尽量使三相间的负载平衡。

（7）其他附属设备。

下面详细介绍。

**1. 显示屏**

（1）大型的显示屏是由功能相对独立的模组拼接组成的，如图 10.4.5 所示。显示模块（display module）由若干个结构上独立的像素组成，是组成 LED 显示屏的最小单元；显示模组（display module group）由若干个显示模块、电路及安装结构组成，具有显示功能，是组成 LED 显示屏的独立单元。对视频屏而言，$64 \times 48 = 3072$ 被作为标准的模组，用 $12n^2$ 个模组可以很方便地构成 4∶3 的大屏。

图 10.4.5　LED 显示屏体的构成

（2）LED 显示屏的显示制式。显示屏实现一幅完整画面的显示的方法有两种：动态扫描和静态锁存。

① 动态扫描的结构和扫描方式与一般的矩阵扫描类似，其工作原理如图 10.4.6 所示。若矩阵由 $m \times n$ 个 LED 管排成 $n$ 行 $m$ 列组成，则只需 $m$ 个行驱动器、$n$ 个列驱动器和 $m+n$ 条引出线。每个需要点亮像素的发光时间是 $T_{fr}/n$。所以适合于单点亮度要求不太高，或点间距较密，因而空间比较紧张的情况，如室内屏的情况。

② 静态锁存工作。在静态锁存工作时，每个像素的每个基色 LED 管都有各自的驱动电路，当数据送到相应的位以后，锁存在位锁存器中，并启动驱动电流，且一直保持到新的数据输入为止。静态锁存是动态扫描的特例，当 $n=1$ 时就是静态锁存方式。

与动态扫描相比，静态锁存方式需要 $n \times m$ 条引线，需要 $n \times m$ 个驱动器数，但是每一个驱动器的输出电流小，功耗低，效率也高。静态锁存方式适合于高亮度、点间距较大的显示屏,特别是户外和半户外的显示屏。

图 10.4.6  动态扫描原理图

**2. 控制器**

LED 显示屏的控制器要完成以下功能:

(1) 接收存储节目源的数字式信息,包括文本、图像、视频等。一幅完整画面,在空间上通过扫描采样为离散的像素点,在幅度上被量化为若干数字位(bit)。

(2) 对图像数据进行各种必需的修正和处理,包括 γ 修正、色度校正、白平衡配色等。

(3) 对源图像进行缩放处理,使之与显示屏的行、列数(即像素数)匹配。

(4) 根据显示屏的工作制式、子阵和/或模组的构成、信息流和传送路径,编排送往显示屏的数据流。

(5) 实现对显示屏及系统控制和调整,如亮度、对比度调整、色饱和度、色调调整以及工作参数的选择(如运动补偿的模式、系数)等。

(6) 系统时序的产生。

(7) 系统监控、故障检测和过热、过流、过压保护等。

控制器的功能框图如图 10.4.7 所示。

图 10.4.7  控制器的功能框图

**3. 数据的传输与分配电路**

数据的分配和传输是 LED 显示屏设计和实施中的重要问题,大多数设计者或厂商都在数据的分配和传输上下很大的工夫。究其原因,数据传输有以下主要特点:

(1) LED 显示屏需要传送的数据量大,数据率高。

（2）显示屏的数据基本上是点对点的单向的大数据量的传输,因此适用于应用不同的介质和协议。

（3）LED的驱动芯片的移位速度,一般为 $10\sim25\mathrm{MHz}$。因为屏幕尺寸很大,传输的路径长,传输时延大,实际使用的多为 $8\sim10\mathrm{MHz}$。

（4）许多显示屏的控制系统与屏体的距离较远,数据传输常常成为系统的"瓶颈"。户外LED显示屏的距离数十米,乃至数百米,甚至更远。例如,标准的体育场,显示屏控制室与显示屏的距离大多是 $300\mathrm{m}$ 左右。

（5）远距离传送中减少误码、防止电磁干扰、防雷避雷等问题十分突出。

（6）由于上述原因,数据传输和分配系统的成本在整个显示屏系统中占相当大的比例。所以追求高性能、高可靠、成本低的数据传输和分配系统是业界的普遍的追求目标。

## 10.4.5　LED全彩色显示屏的关键技术

### 1. LED全彩色显示屏的配色和白平衡

1）配色和白平衡计算

在配色计算中必须使用 CIE 1931 色度图,当选定用于制作大屏的红、绿、蓝三原色LED管并获得它们的色坐标后,就可以利用色度图计算为了达到需要的白平衡色温和亮度时各个原色的配比,再根据各原色LED管子的光强特性和驱动特性,计算出需要多少只该原色的管子,以及各个管子的驱动电流值。

2）均匀色空间和色差计算

大屏是由成千上万个像素组成的,这些像素的颜色的各种混合决定了大屏显示的颜色。由于组成这么多像素的发光二极管及其驱动电路存在不一致性,造成大屏显示的颜色出现色差,如何克服色差是大屏设计和制造中最重要的课题。

CIE 1931 不是均匀的色空间,不能直观地表示色差,为了定量地分析和计算色差,CIE推荐了 CIE 1976 UCS 色度图（$u'$,$v'$ 色度图）,这是一个近似均匀的色空间。$(x,y)$ 色空间与（$u'$,$v'$ 色空间）之间的转换关系参见式（1.6.10）。色差的表达式为

$$\Delta u'v' = [(\Delta u')^2 + (\Delta v')^2]^{0.5} \tag{10.4.11}$$

式中　$\Delta u'$ 和 $\Delta v'$——CIE 1976 UCS 色空间中两个颜色的色坐标的差。

通常LED显示屏是模块化的,独立的模块只占要考虑的LED的一小部分。因此,每个模块的复杂度下降,但性能上升。因为模组只需要显示总图像的一小部分,分配给一个像素处理时间比对完整显示的多得多。这意味着,可以对模组的所有的子像素信号进行缩放算法。图 10.4.8 显示了一种实施建议。图中没有显示控制每个LED的亮度和为实时更新参数的快速处理器接口复杂性的细节。有三个路径:顶部路径是主要的红色处理部分,中间的是主要的绿色通道,底下的是蓝色的核心处理。紧挨着按比例缩放方块的白方块能对全部的颜色实施电流增益,后者返回馈入高分辨率伽马计算算法,以确保正确的光输出响应。

为了拥有正确的颜色,可以开始混色。在图 10.4.8 中可以看出,实际上,彩色圆点由总线彼此连接着。每当某一色点需要校正到LED水平时,若需要其他颜色,这些总线连接就是信号输运途径。举一个例子说明这个问题。假设想显示均匀的绿色。显然,中间通道应得到最多的关注,因为这个通道将生成"绝大多数"的绿色。另外,即使在相同的LED之间也存在色差。因此,使用绿点通道,乘以所要求的振幅,对每个LED加入红色和蓝色,使它

们的颜色和亮度都相互匹配。

G on R：表示将少量红光加
在绿光上(其余类推)

图 10.4.8　大面积模块化显示器的核心处理路径

显然,添加颜色的量必须在色彩校正需要的范围内,但通常比主色小 $100\sim1000$ 倍。在这种情况下,结果是色彩深度计算和 LED 光输出调节精度必须增加 $100\sim1000$ 倍,以适应色彩校正规模。因此,返回前面的数字计算,要求处理路径具有 $12\sim16$ 位的精度,为了在最后阶段不积累舍入误差,中间的计算甚至要使用更高的精度。

人眼对于色差的察觉度如表 10.4.3 所示。

表 10.4.3　人眼对于色差的察觉度

| $\Delta E_{uv}$ | $0\sim1$ | $1\sim3$ | $3\sim6$ | $>6$ |
|---|---|---|---|---|
| 感觉 | 可忽略 | 可接受 | 可容忍 | 差 |

注：$\Delta E_{uv}$ 是 CIELUV 色空间中两个颜色的色差。

**2. LED 大屏的 $\gamma$ 修正**

1）基本原理

视频显示设备最初全部使用 CRT,而 CRT 具有非线性的转移特性,即它的屏幕所发出的光强与输入到阴极-栅极间的控制电压的关系具有非线性特性,可以用幂函数表示

$$I = f(U) = U^{\gamma} \tag{10.4.12}$$

$\gamma$ 典型值为 2.5。显然,如果把视频信号直接送到 CRT 去控制 CRT 的工作,就会引起亮度的非线性失真,表现为相对对比度太大,图像显得暗。为了克服这种失真,使视频信号得到正确的还原,必须在将视频信号送到 CRT 之前先加以修正。实际上,在电视中采用了在电视信号发送之前采取非线性修正办法,把信号按它的逆函数,也就是其指数为 $1/\gamma$ 的幂函数进行加权。这样就不必在每台接收机上去做修正,简化了电视机的设计。这种处理就是 $\gamma$ 修正。在常见的 NTSC 和 PAL 制式电视中 $\gamma$ 分别是 2.2 和 2.8。

虽然 CRT 电视在商场已退出历史舞台,LCD、PDP、LED 等平板显示已代替了 CRT 的地位,但电视台的信号仍没有改变。这些显示器的特性与 CRT 不同,这样就必须在各自的显示系统中进行不同的修正。值得注意的是,现在是使显示屏具有与 CRT 相似的非线性

传输特性,以适应信号的非线性,即所谓 $\gamma$ 修正(实际上是反 $\gamma$ 修正)。但是应当记住,它与电视视频处理中的 $\gamma$ 修正是互逆的关系,在电视视频处理中加大 $\gamma$ 值,会导致图像的相对对比度降低,画面变淡,降低 $\gamma$ 值,则使相对对比度增加,画面变暗;而在 LED 显示屏中正好相反,加大 $\gamma$ 值,相对对比度增加,画面变暗,降低 $\gamma$ 值,相对对比度减少,画面变淡。

除了电视视频,计算机制作的计算机视频也是重要的节目源,数字图像也常常经过网络进行交换、传递等。一般地说,计算机制作的视频是为了在计算机监视器上观看的,为了能很好地重现图像,同样必须适应于计算机监视器的传输特性。计算机视频在编码中没有关于编码方法的统一的工业标准,也就是说,是否有 $\gamma$ 修正或具体采用的 $\gamma$ 值的大小随软件工具和显卡不同而不同。计算机的 VGA/SVGA 等显卡通常有 $\gamma$ 修正。但 $\gamma$ 值的大小有差异,PC、MAC 和 SGI 的 $\gamma$ 值不一样。DVI 接口显卡没有硬件 $\gamma$ 修正,而是提供软件工具,可以人工调整 $\gamma$ 值。由于 LED 大屏常常从显卡或接口上取得显示信号,所以为了正确地重现图像,有必要确认节目源是否已经加了 $\gamma$ 修正以及值地大小。

实际上,$\gamma$ 修正并不限于幂函数的传输特性修正。根据 IEEE 的定义,$\gamma$ 修正就是:在视频系统中,为了改变系统的传输特性而插入的非线性的输出输入特性。所以,尽管在历史上,$\gamma$ 修正是在摄像机上对视频信号进行预补偿,以修正 CRT 的非线性。但现在已经广泛应用了,包括对于整个系统的传输函数的处理(包括不是真正的幂函数的情况,不论是固有的还是有意插入的)。所以,应当从系统的角度广义地来进行 $\gamma$ 修正,即对系统的非线性进行补偿处理,以达到满意的画面效果。

### 2) LED 大屏的 $\gamma$ 修正的方法

LED 的传输特性大致上可以认为是线性的,因此基本的方法是把送到显示屏的视频信号按式(10.4.12)加以修正。常用的方法是在帧存储器的输出增加一个查询表(LUT),查询表按指数为 $1/\gamma$ 的幂函数编制,以输入的信号作为表的地址,从表中直接读出输出的数值。因为全彩色 LED 屏是由红、绿、蓝三基色 LED 组成的,要对三基色同时进行修正,在选定一个合适的值以后,三基色应用相同查询表进行修正。为了适应不同的特性和工作环境以及观看喜好,可以按不同的 $\gamma$ 值制作多个 LUT 表。例如,将 $\gamma$ 值选为 $2.3\sim2.8$ 做成多条曲线,使用时用户可以自行选择。图 10.4.9 所示是处理的框图,图 10.4.10 给出典型的 $\gamma$ 修正曲线。曲线表示不同 $\gamma$ 值时输出与输入的关系。可以看到,$\gamma$ 值越大,画面的对比度越大,高亮度区域的层次感更清晰,而较暗的场面会显得很黑,层次不清楚。所以,$\gamma$ 值的选择与播放的节目的基调有关。如果图像的反差不是很大,宜选用较小的 $\gamma$ 值,反之可选用较大的 $\gamma$ 值。户外屏因为环境亮度高,一般需要较高的对比度,所以通常选择 $\gamma$ 值为 $2.8\sim3.0$;室内屏则相反,$\gamma$ 值选择的较小。

图 10.4.9 $\gamma$ 修正框图

图 10.4.10  典型的 $\gamma$ 修正曲线

从图 10.4.10 可以看出,对于数字式输入的情况,当 $\gamma=1$ 时,$m$ 级的输入对应的会有 $m$ 级的输出;而当 $\gamma>1$ 时,其输出的等级将会减少,例如 256 级灰度等级输入,当 $\gamma=2.8$ 时就只有 180 级的灰度等级输出,或者换句话说,降低了灰度等级的级数,进而减少了屏幕所能显示的颜色的能力。为了克服这个问题,在进行 $\gamma$ 修正的时候,通常在编制 LUT 时使输出的位数提高,这样在输入的等级不变的情况下,可以获得更高的灰度表现能力和更多的色彩表现能力。

实际上,LED 产生的光强与输入正向电流的转换特性并不是线性的,在低端接近于指数特性,在高端会有饱和的现象。而且用于大屏的三基色 LED 管的光强-输入电流传输特性也会因具体的品牌而有所差异,所以以线性的基础进行的亮度修正仍会有不完善的地方。而且,人们对于对比度的感觉与环境的关系很大,同样的画面,在暗环境下的对比度要比在亮环境下高,电视节目是为家庭室内环境观看拍摄的,也就是适合于暗环境观看的,把它放在户外大屏上去播放,就会显得相对对比度不够,画面不清晰,这时就需要附加的 $\gamma$ 值。由于是幂函数,多重的反 $\gamma$ 修正的指数是相加的。此外,户外大屏的工作环境亮度变化很大,白天合适的亮度和对比度到晚上显然就不合适了,等等,亮度和 $\gamma$ 也应该做相应的调整。所以大屏幕的 $\gamma$ 修正不仅要考虑整个系统的非线性状况,还要考虑工作环境的因素,以获得最佳的相对对比度,求得最好的图像重现为目的。

**3. 色度修正**

1) 色度修正的原理

由于 LED 三基色的色坐标与电视三基色的色坐标存在差异,它们的色域也有差异。图 10.4.11 给出了 CIE 1931 色度图中 LED 和 NTSC 的色域,表 10.4.4 所示是 NTSC 与典型的 LED 三基色的 CIE 1931 色坐标值。

表 10.4.4  NTSC 与典型的 LED 三基色的 CIE 1931 色坐标值

| | R | G | B |
|---|---|---|---|
| LED | $X=0.70,Y=0.30$ | $X=0.18,Y=0.69$ | $X=0.13,Y=0.07$ |
| NTSC | $X=0.67,Y=0.33$ | $X=0.21,Y=0.71$ | $X=0.14,Y=0.08$ |

显然,LED 绿基色的饱和度比电视的三基色要高。这说明,直接用 LED 的 RGB 代替电视的 RGB 信号会使得显示出来的颜色失真,表现为过分鲜艳而不自然,这种现象在现场

直播的场合会显得格外突出。色度修正就是为了改善这个现象所采取的措施。

图 10.4.11 LED 与 NTSC 的色域

当直接用电视信号中的 RGB 信号控制 LED RGB 的工作时,也就是说,三基色的配比保持电视的三基色的配比关系。这样,实际上除了白平衡点保持不变外,其他的色度都有变化。色度修正目的在于如何使这种色度偏差消除或减少。色度修正的方法,实际上是找出一种变换,通过这种变换,把电视图像的色域映射到新的色域中去,从而达到尽可能把源图像中的颜色还原或色差最小。

2) 色度修正的方法

色度修正的原理就是将源图像的某一种颜色的三基色 RGB 的输入值转换为 R′G′B′,使得合成的颜色是所需要的颜色。换句话说,就是求出一组转移矩阵,利用这个矩阵,将输入的 RGB 信号转换成 R′G′B′,然后用 R′G′B′控制驱动电流。例如,为了使基色绿的饱和度降低,需要在绿色 LED 发光的同时,使红色 LED 和蓝色 LED 也发光,产生白色。适当的白色与高饱和绿色的混合的结果,可以达到所要求的饱和度。

设 LED 的色坐标矩阵为 $M_d$,修正后的色域的坐标矩阵为 $M_e$,因此进行色度修正就是求出一个转移矩阵 $M$,满足以下关系:

$$M_e = M_d \times M \quad 或 \quad M = M_{d-1} \times M_e \tag{10.4.13}$$

式(10.4.13)的意义就是任何一个输入的色品,它的 RGB 值,都先变换成另一组 RGB 值,利用新的值驱动 RGB 管,便可以得到所需的颜色。显然,当选定了对应的色坐标点之后,就可以根据色度学求出一个转移矩阵,实现色品的修正。

在进行色度修正时,采取什么样的方法,实际上是取决于采用何种修正的策略。实际上,在决定所采用的策略时,要考虑多种因素,如成本、观众的喜好以及管子的离散性等。

在工程实践中,矩阵运算可以用查询表来实现。在得到所需的三基色的数值后,将它们按各个分量相加,可以得到最后实际 RGB 三色 LED 的实际驱动电流值。

**4. 一致性修正**

1) LED 显示屏不一致的原因

显示屏的亮度和色度的不一致性造成显示屏画面的亮度差异或颜色差,是最影响观看结果的。在许多情况下,会形成画面的某一部分特别亮或暗,就是所谓的"马赛克"现象。可以说,一致性问题是影响大屏观看效果的最重要的因素,同时也是最难以克服的因素。造成不一致的原因,主要的有以下几种:

（1）管子特性的离散性。大屏是由成千上万只发光二极管组成的，由于制造工艺的原因，这些管子的光电学参数不可避免地存在离散性。供应商提供的管子，通常是相邻两档的。即使是同一档次的，本身亮度也存在70%的偏差，波长差可达4～5nm。

（2）管子特性退化程度的差异。管子在使用一定的时间以后，亮度会发生衰减，衰减的程度不同，造成原先一致性良好的显示屏，在工作一段时间以后出现不一致性的现象。

（3）驱动电路的不一致性。例如，常用的子场式驱动的恒流驱动芯片，同一片上各引线间的电流差为4%～6%。芯片之间的电流差达到12%～15%；脉冲宽度计数恒流驱动器芯片的误差为4%。

（4）电路设计的缺陷。例如，处于模组边缘的像素，因为与驱动芯片的距离比处于模组中心的像素远，PCB板设计时容易造成这些像素的引线电阻大于处于模组中心的那些像素，因而驱动电流较小，亮度也较低。这样形成模组出现较暗的像素的"边框"。

（5）电源电压的差异。大屏由于耗电很大，通常是有许多单独的开关电源供电的，开关电源的电压差造成亮度差，这种亮度差通常容易看出来。

（6）结构设计和加工误差。例如，视角宽度较小的管子的安装时，光轴的偏离会严重影响观看时的亮度。再例如，水平视角达到110°而垂直视角仅为30°的椭圆管，经常会因为垂直方向的安装偏差，造成亮度的不一致。加有面罩的大屏，由于面罩的平整度、刚度和安装的原因，模组中央部分的管子与处于边缘的部分的管子相比，露出面罩的部分多一些（或少一些）都会造成亮度差。这样会造成亮度从中心向边缘慢慢变暗（或变亮）的现象，这是最常见的马赛克现象。

2）克服LED不一致的方法

行业标准对于一致性的指标和测试方法有具体的规定，标准将一致性分为A、B、C三级。C级情况下相邻的像素，模组之间的亮度差小于5%，人眼觉察不出亮度差；B级则是可以察觉到亮度差；A级则是有明显的亮度差。

（1）对用于大屏的LED管，要进行光强的筛选。30%的光强差，不会造成严重亮度差，要根据制造厂家的分档，决定是否要进行进一步的筛选。

（2）对管子进行随机混合，使得显示屏上的光强分布处于随机分布。这被证明是有效的方法。

（3）选择误差较小的恒流驱动芯片。

（4）调整开关电源电压。

（5）结构的因素是目前显示屏不一致的最重要的原因。精心设计、精心加工、精心安装，具有决定性的意义。

（6）对于一致性要求高的显示屏，采取校正措施，这就是逐点修正。

**5. 逐点修正**

逐点修正就是利用控制驱动电流的办法，调整每个LED管的光强，使其达到模块、单元、子阵、全屏幕的一致。

前面讨论过的调整LED光强的方法是PWM，因此，进行逐点修正就是修正每一个像素的每一个基色LED的驱动电流的平均值，达到全屏幕的一致。为此，需要做一定的运算。

例如，某一个像素的某一基色LED的光强需要提高$k$倍，即$L'=kL$。假定光强输出与驱动电流是线性的，那么有

图10.4.12 TLC5930功能框图

$$I' = kI = k\sum(I_i)2^i, \quad i = 0,1,\cdots,g \tag{10.4.14}$$

式中 $i$——灰度等级。

式(10.4.14)说明必须进行乘法运算。

对于子场方式的系统结构,每个子场的脉冲宽度是固定的,为所有的像素所公用,所以不可能进行调整。这样,为了调整某个像素的驱动电流,就只能控制它的数值,也就是说,要对每一个像素的每一种基色的LED的各个灰度等级值(共有 $g$ 位二进制)与修正系数值(二进制 $j$ 位)进行乘法运算。显然,处理的运算量是很大的。特别是在播放视频,要求高速刷新的时候,更难实时实现。可行的是用查询表的方法,但查询表的容量会随着灰度等级的增加迅速增加。所以,用集中的控制器子场方式进行这样的处理是非常困难的。

相反,用分布处理控制器脉冲宽度计数的方法就容易得多。将式(10.4.14)表示为

$$I' = \sum(kI_i) \cdot 2^i, \quad i = 0,1,\cdots,g \tag{10.4.15}$$

该式说明,只要在驱动芯片上对基准脉冲的宽度进行调整,就可以在不改变显示数据的情况下实现逐点的亮度修正。有不少驱动芯片可以实现或接近实现这种功能。例如,Texas Instruments(TI)公司的 TLC5930 就具有逐点亮度修正和逐像素色调修正的功能。TLC5930的功能框图如图10.4.12所示。TLC5930内部有许多寄存器,可以通过设置命

令将所需的修正值输入到芯片上保存起来。这些修正值控制芯片的工作参数,实际上完成了式(10.4.15)的乘法运算。

1) 逐点亮度修正

TLC5930 的亮度调整有 4 个层次:

(1) 整屏亮度调整。用于调整全屏幕的亮度。方法是控制作为 PWM 的基准计数脉冲的宽度,TLC5930 对输入的灰度时钟信号 GSCLK 倍频后作为灰度的计数脉冲。而亮度调整就是对 GSCLK 进行分频,调整基准脉冲的频率(frequency division ratio adjustment)。所以也就调整了亮度。分频比可以设置为 4 位 16 级。输入的分频比控制数据保存在芯片上的寄存器中。

(2) 平面亮度调整(plane brightness adjustment)是调整本芯片所控制的像素的亮度。方法是调整参考电压的大小,从而调整参考电流的幅值。所以对各个输出端同时起作用。TLC5930 屏面亮度调整有 6 位 64 级,调整范围是全电流的 40%~100%,每级 1.6%。这里,全电流就是由外接电阻所确定的恒流电流值。

(3) 逐点亮度调整(dot correction)。每一个输出端都可以调整,从而能够补偿 LED 管的参数差异所产生的亮度差。具体的是调整恒流脉冲电流的幅度的大小。逐点修正有 8 位 256 级,每级 0.4%,修正数据同样由寄存器保存在片内。

(4) 灰度调整(gray scale)。通过对灰度基准脉冲的计数,产生脉冲宽度调制。这就是根据输入的灰度值产生的灰度效果。

毫无疑问,为了实现逐点修正的目的,脉冲幅度和宽度的精度应当足够高。运用 TLC5930 的多层次的调整能力,能够独立地实现逐点亮度的调整。国产 ZQ9700 系列的控制芯片也设计了类似的功能,不过它没有把恒流驱动电路集成在芯片上。

2) 逐像素色调修正

如同色度修正一样,是调整 RGB 的比例。某一种基色的波长偏离,就在另外两种基色上加上适当的驱动电流,使色调得到修正。TLC5930 将它的 12 个输出引脚固定为 4 个像素,每个像素有三基色,分别是 RGB。对每种基色的色调修正有 8 位,其中最高的两位是粗调(4 种),低 6 位是细调(64 种),同样是调整 PWM 的脉冲的幅值。将亮度调整的幅值与色调修正的幅值相加,就是最终用于形成灰度的基准脉冲的幅值。TLC5930 对一个像素的三基色的补偿值是相同的。每一个同步周期,只能进行一种组合。如果需要多种组合补偿,要用在多个同步周期完成。

无论逐点亮度修正,还是逐像素色调修正,关键是通过测试获得补偿值,并且保存在查询表(LUT)中,然后在系统启动的时候通过初始化设置命令传送并保存到相应的驱动芯片上(这时分布式控制器更为方便)。为此必须对显示模组进行测试。图 10.4.13 所示为进行测试和编程的原理。

图 10.4.13 中计算机和分色光度计是测试设备。在计算机的控制下被测像素处于工作状态,按要求显示某一颜色的指定灰度。通过控制功能和光度计的聚焦功能保证只采集被测像素的光,将测得的数据送到计算机与标准值比较,计算差值,从而得到该像素的该灰度级的补偿值。对所有的像素的三种基色的各个灰度等级都测出补偿值。

图 10.4.13 对模组进行测试

## 习题与思考

10.1 简述 LED 发光的物理过程。如何提高发光效率？

10.2 为什么发可见光 LED 的材料只能用 Ⅲ-Ⅴ 或 Ⅱ-Ⅵ 族化合物半导体？

10.3 已知 GaAs 的 $n=4.0$，求在 GaAs 中产生的光从 GaAs 平面出射到空气中百分比。如果在 GaAs 平面上加一层 $n=2.0$ 的环氧树脂平面，光从 GaAs 平面出射到空气中百分比是多少？（不计光在 GaAs 和环氧树脂中传播的吸收）

10.4 区分内量子效率、光提取效率和外量子效率，如何提高光提取效率？

10.5 如何实现白光 LED？比较各种方法的优缺点。

10.6 表征 LED 的主要参数是什么？为什么 LED 性能的零散很大，对显示屏有什么影响？

10.7 什么是刷新频率和换帧频率？

10.8 LED 显示屏的灰度和亮度调节是如何实现的？

10.9 为什么对 LED 显示屏要进行 $\gamma$ 修正？

10.10 在用分布处理控制器和脉冲宽度计数方法的情况下，简述如何实现逐点修正。

# 第 11 章

# 电致发光显示

本章介绍两种电致发光器件(交流粉末的和交流薄膜的)的结构、工作原理和主要特性。

电致发光(electro luminescence,EL)是指对物质施加电场而发光的现象。广义的电致发光器件(electro luminescence device,ELD)分两大类:一类是指电子-空穴对在 p-n 结附近复合发光,即 LED 和 OLED 发光,本书中已有专门章节论及;另一类是指电了从 $10^8$ V/m 量级的高电场获得能量,变成热电子后碰撞激励激活剂(发光中心)而发光,也称高电场电致发光,一般所谓电致发光就是指这类发光,这也是本章所要讨论的。

ELD 按使用的荧光粉的结构区分,有粉末和薄膜两种;按供电的方式区分,有 DC 和 AC 两种。组合起来有四种,在 ELD 发展历史中都出现过,但 DC 供电的 ELD 最终未形成商品,所以下面只介绍交流粉末 ELD(AC power ELD,ACPELD)和交流薄膜 ELD(AC thin film ELD,ACTFELD)。

## 11.1 交流粉末电致发光

### 11.1.1 背景

1936 年,Destriau 发现在过量铜激活硫化锌粉末中的光发射。这是第一个记录在外加电压作用下粉末材料中的电致发光的报告,被称为"Destriau 效应"。但是,这种效应在接下来的十年中很少被注意。然而,在第二次世界大战期间直到 20 世纪 40 年代末,高性能聚合物和陶瓷的发展,以及良好的透明导电电极技术的出现,引发了对交流粉末电致发光(ACPEL)的巨大兴趣。因此,从 20 世纪 50 年代到 60 年代中期,有大量学术和工业研究努力致力于 ACPEL 显示器。

一般来说,ACPEL 器件的结构简单,制造成本低。在 3.4cd/m² 的低亮度下,其寿命(亮度下降到原始亮度一半的时间)几乎是无限的。ACPEL 灯在 60Hz 100V rms 供电下,可连续运行 10 多年。然而,ACPEL 的显示应用面临几个重大挑战:

(1) 识别率低(被定义为电压为 U 时的亮度与电压为 U/2 时的亮度的比)。

(2) 对比度低。

(3) 在中亮度到高亮度下,寿命短。

识别率低是由于交流粉末荧光粉发光机制的基本物理。这个特性表明,ACPEL 对高分辨率多路复用显示并不合适。为克服这个问题,Fisher 在 1971 年建议,将 TFT 驱动电路引入 ACTFE 显示器,Brody 开发了这个建议。不幸的是,当时由于 TFT 尚处于早期阶段和非晶硅技术并存,TFT 的质量差,实验性器件有相当数量的瑕疵。因此,这种技术很快就被抛弃了。

在中度到高度环境照明下,低对比度是由于粉末荧光粉本身高的反射率。使用滤光片可以增加对比度,代价是亮度降低。因此,要求以更高的电压和频率驱动显示器,而这大大减少了 ACPEL 显示器的寿命。

在中亮度到高亮度下,寿命短是由于交流粉末 EL 荧光粉的指数衰减特性。Fisher 解释,亮度的衰减与在 ZnS 荧光粉颗粒内 $Cu_2S$ 析出物的微观尖端的变钝有关。变钝归因于在高交流电场作用下,铜离子在 ZnS 晶格中的扩散。水分、高操作温度和频率会加剧退化。在大约 $170cd/m^2$ 情况下,ACPEL 灯的典型寿命是 1000h。

尽管从 20 世纪 50 年代到 20 世纪 60 年代中期,进行了相当多的技术努力,仍无法提高 ACPEL 显示器的寿命。与此同时,其他技术,如气体放电、发光二极管、真空荧光、液晶和薄膜电致发光吸引了越来越多的研究兴趣。新兴技术大大降低了对 ACPEL 的兴趣。到 1974 年,当 Sharp 开发了具有高性能和高可靠性的双绝缘交流薄膜电致发光显示器时,整个美国在 20 世纪 60 年代和 50 年代致力于 EL 的不同公司的几乎所有的研究和开发团队都解散了。自那时以来,没有发表过关于 ACPEL 灯或显示器的性能显著改善的工作,尽管在包装技术上有重要的进展。如通过 CVD 方法用 Ti-Si-O 薄膜封装 ZnS:Cu,Cl 荧光粉颗粒,防止水分渗透,提高了寿命。通过保持恒流或恒功率,在 $200cd/m^2$ 的亮度下,ACPEL 器件的寿命一直延长到超过 3000h。

## 11.1.2 AC 粉末 EL 器件的结构和材料

在 EL 器件的最初年代,Sylvania 开发了第一个 AC 粉末 EL 器件。AC 粉末 ZnS EL 器件的典型结构如图 11.1.1 所示。到目前为止,由交变电场激发的著名的粉末荧光粉只限于较少的荧光粉类型,主要是硫化锌类型。如图 11.1.1 所示,EL 活性荧光粉层由适当掺杂的、粒度为 $5\sim20\mu m$ 的悬浮在作为黏结剂的介质中的 ZnS 粉末组成。荧光粉层的厚度是 $50\sim100\mu m$,夹在两个电极中间,其中一个电极是透明的,基板是玻璃或软塑料。ACPELD 发光的颜色取决于 ZnS 荧光粉的激活剂。常用的 ZnS 荧光粉是发绿光的 ZnS:Cu,Cl(或 Al),在这种材料中,Cu 激活剂起受主作用,决定发光的颜色,Cl(或 Al)起施主作用。在这些荧光粉的制备过程中,Cu 的添加量是 ZnS 的 $10^{-3}\sim10^{-4}g/g$,比用于 CRT 中的 ZnS 荧光粉高一个数量级。

图 11.1.1 AC 粉末荧光粉 ELD 的典型结构

表 11.1.1 显示了多年来用于 AC 粉末 EL 的一些二元和三元系统。

表 11.1.1　在 AC 作用下呈现 EL 的一些著名的粉末荧光粉

| 荧　光　粉 | 颜　色 |
| --- | --- |
| ZnS:Cu,Cl(Br,I) | 蓝 |
| ZnS:Cu,Cl(Br,I) | 绿 |
| ZnS:Mn,Cl | 黄 |
| ZnS:Mn,Cu,Cl | 黄 |
| ZnSe:Cu,Cl | 黄 |
| ZnSSe:Cu,Cl | 黄 |
| ZnCdS:Mn,Cl(Cu) | 黄 |
| ZnCdS:Ag,Cl(Au) | 蓝 |
| ZnS:Cu,Al | 蓝 |

器件中的包埋介质是具有大介电常数的有机材料,如氰乙基纤维素或低熔点玻璃。为了增加稳定性和保护 EL 器件抵抗灾难性的介质击穿,通常在 EL 的荧光粉层和 Al 背面电极之间插入由分散在另一种介质材料中的 $BaTiO_3$ 组成绝缘层。

## 11.1.3　AC 粉末 EL 器件的发光机理

一般来说,解释 ACPEL 仍然是猜测。然而,直到现在,最受欢迎的和合理的理论是 Fisher 提出的双极型场发射模型。用光学显微镜仔细研究了 ZnS:Cu,Cl 粒子的内部,观察到当电场超过阈值电场 $E_{th}$ 时,EL 开始发光,单个 EL 粒子发光区的形状开始表现为是一对小亮点,随着电场增加,这些亮点变长,形成类似于彗星闪亮的拖尾形状的双线,如图 11.1.2 所示。Fisher 在显微镜下进一步观察 ZnS 荧光粉颗粒发现,在荧光粉颗粒内有许多暗的析出物,如图 11.1.3 所示。

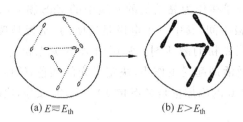

$$(a)\ E \cong E_{th} \qquad (b)\ E > E_{th}$$

图 11.1.2　EL ZnS:Cu,Cl 颗粒的典型显微镜图(图示了在等于和大于阈值电压下的双线)

根据这些观察,费舍尔(Fisher)对 EL 机制首先提出了双极场发射模型,他深信荧光粉颗粒内暗的析出物是 $Cu_{2-x}S$。制造 ZnS EL 粉末的方法一般是在 $1100\sim1200℃$ 高温下焙烧 ZnS,在这种高温下,六方结构的纤锌矿占优势。粉末被冷却时,转变为立方体锌-闪锌矿结构,这是一个掺 Zn 过程。因为在六方-立方体相变过程中,Cu 在 ZnS 中的溶解度减少,优先作为缺陷析出,以针状 $Cu_{2-x}S$ 形式嵌入在晶体矩阵中,$Cu_{2-x}S$ 是高导电率的 p 型半导体。在 $Cu_{2-x}S$ 析出物和 ZnS 粉末之间形成如图 11.1.4 所示的异质结。

当电场施加在荧光粉颗粒上时,与其他区域相比,相对较高的电场将集中在 $Cu_{2-x}S$ 导电针的尖端(尖端有效半径是 100nm 量级)上。因此,$10^6 \sim 10^7\,V/m$ 的外加电场可以感应出

图 11.1.3　包含暗析出物和发射点的荧光粉颗粒

图 11.1.4　EL 发射机理和 ACPEL 器件的能带图

$10^8$ V/m 或者更高的局部电场。这个电场足以引起隧道效应,使针尖一端的空穴和另一端的电子隧穿 ZnS:Cu,Cl 晶格。Cl 施主部位的浅陷阱捕获电子,而空穴被受主部位的 Cu 复合中心捕获。最终,在 $Cu_{2-x}S$ 尖端上形成与外加场相反的极化场,削弱了针尖的电场,隧道效应停止。当外加场反转时,外加场与极化场叠加,在尖端附近临时地形成一个非常大的场,提高了在反方向的场发射,直到发展出一个反方向的极化场。与此同时,每当场反转时,注入的电子可以与被困在复合中心中的空穴复合(在前半周期)产生 EL。图 11.1.5 显示了双极型场发射模型的基本原理。在图 11.1.5(a)中,从导电析出物的两端发射出电子和空穴进入 ZnS 晶格,同时使那里的电场增强。空穴经过短路径后落入陷阱。电子可以走得更远。在图 11.1.5(b)中,场

图 11.1.5　场发射模型的基本原理说明

逆转,落入陷阱的电子回流与被困空穴复合,发光。其他电子被场发射进入被困空穴。导电线的另一端场发射新的空穴。

双极型场发射模型的结论是:ZnS-粉末 EL 器件的 EL 是通过施主-受主对的电子空穴对的辐射复合引起的。

## 11.1.4　ACPEL 器件的 EL 特性

当电场为 $10^4$ V/cm 量级的 $100\sim200$V 的交流电压施加到器件的两电极上时,即可观察到 EL。典型的 EL 器件的亮度-电压($L$-$U$)特性曲线如图 11.1.6 所示。观察到的亮度($L$)与外加电压($U$)之间依赖关系的表达式为

$$L = L_0 \exp[-(U/U_0)^{0.5}] \tag{11.1.1}$$

参数 $L_0$ 和 $U_0$ 依赖于荧光粉粒子的大小 $d$、粉末在介质中的浓度、包埋介质的介电常数以及器件的厚度。已经从经验上实证,影响 EL 特性的关键参数之一是颗粒的大小,它在 EL 效率和运行寿命之间权衡。因为效率随 $\sqrt{d}$ 而增加,这导致 $L$-$U$ 特性曲线的非线性。然而,运行寿命随着 $d$ 的增加而减少。此外,在 $100$Hz$\sim10$kHz 频率区内,亮度随着频率增加而增加。当外加电压为 200V,频率为 400Hz 时,亮度可达到 $100$cd/m$^2$。

图 11.1.6　ACPEL 器件典型的亮度-电压和效率-电压特性曲线

典型的 EL 效率与电压的依赖关系如图 11.1.6 所示。效率的典型值是 $1\sim10$lm/W。由图可知,最初,效率随着外加电压增加而增加,然后达到饱和值,进一步增加电压,效率逐渐降低。EL 效率与电压的依赖关系可表达为 $\eta=L^{1/2}U^2$。在远低于最高亮度水平的某个电压处,效率最大。

## 11.1.5　ZnS 粉末 EL 材料

大多数粉末 EL 研究一直围绕着 Ⅱ-Ⅵ 化合物,迄今为止,最重要的 EL 晶格是 ZnS。ZnS 是一种半导体材料,存在两种主要的结构改变:低温下形成的带隙能量是 3.7eV 的立方闪锌矿与高温下形成的带隙能量是 3.8eV 的六方纤锌矿。由于其优良的电气性能,如大

带隙、直接复合和低泄漏电流等,经过过渡金属或稀土金属掺杂后的 ZnS 是理想的荧光粉材料。此外,由于制造工艺简单、便于大面积印刷和高效率的优点,ZnS 荧光粉粉末适于用作 LCD 的背光源和平板显示器面板。因此,发绿光的 ZnS:Cu,Al 这类硫化锌类型从实用角度很重要。深施主或深受主或它们的最近邻点的组合形成这些荧光粉中的发光中心。

ACPEL 器件的发射光谱如图 11.1.7 所示。发射颜色取决于荧光粉中不同的发光中心。当 ZnS 晶格用 Cu(激活剂)和 Cl、I 和 Al(辅助激活剂)激活时,形成施主(辅助激活剂)-受主(激活剂)对。如前所述,EL 是由于在施主-受主(D-A)对位置的电子-空穴对的辐射复合。ZnS:Cu,Al 中 Cu 和 Al 的结合产生 550nm 的绿光发射。ZnS:Cu,Cl 中 Cu 和 Cl 的结合产生 460nm 的蓝光和绿光发射带,它们的相对强度取决于 Cu 对 Cl 的相对量。ZnS:Cu,I 发射蓝光。应该注意,没有辅助激活剂的 ZnS:Cu 发射红光。通过在 ZnS:Cu,Cl 荧光粉中进一步引入 $Mn^{2+}$ 离子,荧光粉发射 580nm 的黄光。

图 11.1.7 ACPEL 器件的发射光谱

## 11.1.6 ACPEL 器件的限制

在 20 世纪 50 年代和 60 年代,研究工作是致力于交流粉末荧光粉 EL,目标是制造高效照明面板。然而,低亮度和在运行时间短于 500h 内亮度显著的衰减成为使用粉末荧光粉器件的严重的问题。

**1. 寿命和亮度的衰减**

寿命和衰减是 ACPEL 应用的关键问题。图 11.1.8 显示了典型的光输出随时间下降的例子。运行条件:$U_{0-p}=230V$,$f=250Hz$,方波(宽度 25s,上升和下降时间都是 5s)。衰减率取决于驱动条件(如频率和亮度水平)和环境条件,特别是温度和湿度。亮度随时间的衰减通常是用 $L/L_0=(1+at)^{-1}$ 表示,其中 $a$ 是大约正比于驱动频率的常数。此外,对于 ACPEL 器件,同时具有长寿命和高亮度非常困难,因为它们对影响参数的要求是互相矛盾的。

根据 Fisher 的双极型场发射模式,亮度衰减与在电场帮助下铜扩散进入 ZnS 晶格有关。众所周知,I 族金属(Ag 和 Cu)在 II-VI 化合物中是快速扩散杂质。缺陷线在荧光粉区诱发局部高电场,在此高交流电场作用下,铜离子扩散或从相邻主体晶体吸引铜离子进入"装饰"在缺陷线上的硫化铜尖端,尖端将被钝化。随着运行时间的增加,硫化铜线变得更短,最终,变成不能产生足够的电场去激发发光。实验已证实,硫(S)缺位是 EL 加速恶化的一个因素,尽管恶化不增加 S 缺位密度,这表明 S 缺位协助铜扩散。

图 11.1.8　ACPEL 灯的亮度维持曲线

然而,后来 Warkentin 等使用扩展 X 射线吸收精细结构(EXAFS)技术对这个模型提出了挑战。他们辩称,在 1990 年 Onio 等使用的 XANES 不是分析结构的好探头,因为在 CuS 和 $Cu_2S$ 中 Cu 的 X 射线吸收边的能量基本上相同,因此需要用 EXAFS 识别这两个结构。根据他们的 EXAFS 结果,识别出 $Cu_xS$ 析出物是替代 $Cu_2S$ 的 CuS。这表明,本身不是电致发光的 CuS 析出物在器件的亮度衰减化期间是不变的。与此同时,孤立的铜离子在冷却相变期间与 CuS 集群一起形成,作为溶质存在 ZnS 晶格中,捕获电子,扮演高效复合中心的角色。因此,ACPEL 器件的亮度衰减被解释为孤立的具有 EL 性能的铜离子扩散进入 CuS 集群或 ZnS 颗粒表面,导致孤立的铜浓度减少,表现 EL 持续地退化。这个模型非常可能是对的,因为退化的粉末器件可以在相对低的温度的热处理中恢复过来,这是由于 CuS 的分解温度低(220℃,对于 ZnS 晶体中的小集群,由于化学压力,温度甚至可以更低)。恢复的亮度取决于热处理的温度和时间。

总之,ACPEL 退化的原因还远远没有完全清楚,仍然需要广泛的研究工作。不管哪种模式更接近真实,然而,它可以得出结论,铜扩散进入和到达 $Cu_2S$ 周围是 EL 亮度损失的主因。实验结果证明,EL 灯在高温环境下退化的速度比在较低温度下的快得多,这是 ACPEL 退化与扩散现象有关的最有启发性的证据。

**2. 亮度和相对高的运行电压**

ZnS ACPEL 器件的典型亮度值是 $3\sim10cd/m^2$,工作电压通常是高于 100V。如上所述,亮度和寿命是功率 EL 器件的一对矛盾参数。亮度已一直稳步提高到 $100cd/m^2$(在驱动频率 400Hz 和 200V 的电压情况下),如图 11.1.8 所示。

**3. 湿度和运行环境**

对 ACPEL 另一个严重挑战是对水分和运行环境非常敏感。如下面化学反应方程所示,在 ZnS 和水之间的反应产生 $SO_2$:

$$ZnS + 2H_2O \rightarrow SO_2 + Zn + 2H_2$$

通过这个反应,S 从 ZnS 荧光粉逃逸,在荧光粉中生成 S 空位和 Zn 空位。据报道,ZnS 荧光粉的亮度随着 S 空位数量的增加而恶化。因此,有两个防止退化的方法。一个方法是使用抗湿气薄膜(如氟碳膜)包装整个器件;另一个方法是用透明抗湿气薄膜覆盖荧光粉颗粒本身。

#### 4. ACPEL 的应用

ELD 的缺点:亮度低,使用寿命短,在正常房间光线下能见度低以及在高环境光的条件下不可见性。此外,高压控制电路是大障碍,在高于室温下运行时,会引起发射光的强度快速恶化。ELD 的优点:ACPEL 的特色包括低功耗、易实现大面积均匀发光以及可用简单容易的丝网印刷制造方法。然而,由于低亮度和寿命短,ACPEL 的应用主要局限于需要低亮度和低照度环境的背光和灯,如夜光与在便携式电子产品和家用电子产品中用作LCDs 和键盘的背光。另外,带塑料单元结构 ACPEL 对产品设计在质量、密实度和稳固性上提供了巨大的多功能性。柔性的 ACPEL 灯可以折叠,有皱纹和镂空,而保持完整的功能,是以前无法实现的设计概念。但 ACPELD 作为显示器没有成功的商业例子。

## 11.2 交流薄膜电致发光

### 11.2.1 背景

由于只讨论交流薄膜电致发光(ACTFEL),在下面的叙述中略去交流(AC)两字,略称薄膜电致发光(thin film ELD,TFEL)。

粉末 EL 和 TFEL 的材料和器件与二极管型器件的特征是不同的,在粉末 EL 和 TFEL 中使用的材料一般是无机多晶固体,而不是用于 LED 的单晶材料。因此,生产大面积 EL 器件的成本较低,并且在大面积上光发射高度均匀。这是小面积的强发光光源 LED 难以实现的。

这些 EL 粉末和薄膜材料的多晶性质是光射均匀性的关键原因。通常,观察者不能区分从材料每个颗粒发出的光,因为在单位面积上的光是许多颗粒或晶体发射的结果。由于这个原因,ELD 使用比单晶 LED 材料不太完美的多晶材料能够创建高度可复制的照明,不需要像 LED 器件那样进行分级。

LED 与粉末 EL 和 TFEL 材料的另一个关键区别是光发射过程。在 LED 中,通常发生带间复合。这意味着,导致在电子和空穴之间发生不需要的非辐射复合的陷阱和缺陷必须最小化,即只能使用高纯度低缺陷的材料。这基本上是由于电子和空穴在能带中的去局域化。因为电子和空穴传导是高效二极管型器件的必要条件,导带和价带运输是必要的。因此,载流子这种去局域化是喜忧参半的,它允许高电流密度载流子输运与提供相关的电子和空穴有效地复合。然而,它还允许载流子在其扩散长度内相对自由地进入任何陷阱。

在粉末 EL 和 TFEL 材料中,发光通常来自非移动电荷。它们被施主/受主型陷阱捕获(对于粉末 EL)或陷落在复合中心中(对于 TFEL)。毫不奇怪,这些是绝缘材料。现在电荷输运是靠带输运以外的一种机制。基于应用高电场,发生高场击穿(雪崩击穿),所以尽管 EL 材料是绝缘体,电荷也流动。

1967 年,Russ 和 Kennedy 演示了双绝缘层 EL 结构。图 11.2.1 显示了双绝缘层 TFEL 器件的结构。它的衬底通常是玻璃,在其上生长一系列薄膜层。有两个电极、两个介质层和一个荧光粉层。图 11.2.1(a)显示了各薄膜层在玻璃衬底上的沉积次序。典型的材料有:①玻璃衬底——康宁 1737 玻璃;②透明电极——铟锡氧化物(ITO),150nm;③介电层——钛酸铝,200nm;④荧光粉层——ZnS:Mn,500nm;⑤背电极——铝,100nm。图 11.2.1(b)是具有行和列的 TFEL 显示器结构示意。ITO 电极的方块电阻对矩阵寻址很重要,现在能达到 $10\Omega/\square$ 和 $80\%$ 的光透过率。

背电极
介质层2
荧光粉层
介质层1
透明电极
玻璃基板

(a)

背电极

荧光粉层

透明的前电极

玻璃基板

(b)

图 11.2.1　薄膜双绝缘层 ELD 的各层薄膜以及具有行和列的 TFEL 显示器结构示意

最近,开发了许多这种结构上的变种,用厚膜,甚至片材代替薄膜绝缘层。可以将这些结构都归入 TFEL 器件,因为发射光线的荧光粉层总是薄膜的。注意,有时只显示一个介质层。虽然 TFEL 器件在历史上是双绝缘层,但这不是必要的。在部分 EL 结构中,荧光粉层的两边是两个薄(如 10nm)界面层,也可以只有一个较厚的绝缘层。

还开发了许多其他重要的 TFEL 结构。这些结构对于某些应用提供特定优势。它们都依赖于相同的机制,这里将做简短的讨论。最近,由 iFire 公司开发的厚介质 EL(TDEL)提供高 EL 亮度和效率。在那里,薄膜介质层被单一的相对介电常数超过 1000 的厚膜介质替换,它们是钛酸钡或钛酸铅锆陶瓷。厚膜层可用丝网印刷沉积。随后将层整平,提供足够平滑的介质表面,以沉积高质量的荧光粉薄膜。也有 EL 基板使用独立的陶瓷片。典型的是通过烧结钛酸钡粉末形成致密陶瓷,并制作钛酸钡陶瓷片,至少抛光其一面以生成积光粉层。片的厚度通常约为 $200\mu m$。

## 11.2.2　薄膜电致发光的工作原理

最重要的电子过程发生在荧光粉层内和荧光粉的界面。为了有效地发射,荧光粉层必须满足大量的条件:

(1) 对发射光的波长必须是透明的。

(2) 它必须包含具有局域化量子态的杂质。

(3) 它必须是电绝缘体。

(4) 一旦达到临界电场,必须表现雪崩型击穿过程。临界电场是 $10^8\mathrm{V/m}$ 量级。对于 $1\mu m$ 的典型厚度,意味着在其上施加 100V 电压就可达到临界电场。

(5) 产生光发射的电子必须能够落入局域基态,哪怕在荧光粉层中存在高电场,也能引起光发射。

TFEL 器件的能带图如图 11.2.2 所示。在荧光粉/电介质界面上实心圆表示已捕获电子的陷阱,空心圆表示空的陷阱。显示激活剂的碰撞激励和再捕获。

图 11.2.2 TFEL 器件的能带图

当对 TFEL 器件的电极施加电压,在荧光粉层维持高电场时,光发射过程开始。这个电场允许图 11.2.2 左边陷落在界面层处界面态中的电子隧穿进入荧光粉层的导带。在导带传输过程中,这些电子变"热",拥有几个电子伏特的动能,可能碰撞激励杂质中心,导致在杂质中心基态的电子被激发。当这些被激发电子回到基态时,产生光发射。通过雪崩过程,导带电子也可能激发其他价带电子进入导带。这些电子进一步也会激发杂质中心。

最终,导带中电子到达右边的界面层的另一面,被那里的界面态捕获,激发停止。在电场发生极性逆转后,这些被捕获的电子回到左边界面层。在此过程中再次发生光发射。导带电子有一定比例将回到价带,让每次雪崩过程有电子重复穿过荧光粉层。

光发射是脉冲的,为了维持光发射过程,必须持续施加交流电压。这个电压通常由一系列峰值电压为 $U_p$,极性交替变化的电压脉冲组成。然而,任何交流电压,如正弦波,都将导致光发射,只要在荧光粉层中能达到临界电场。如果施加的是一系列单极性相同电压 $U_p$ 的脉冲电压,将不会发生光发射。

典型器件的光发射如图 11.2.3 所示。在这里,荧光粉材料是 ZnS:Mn。ZnS 是著名的半导体,具有价带和导带,禁带宽度约为 3.6eV。Mn 是众所周知的具有局域的电子基态和激发态。

注意,亮度在一个特定的阈值电压 $U_{th}$ 突然出现。这是雪崩过程所固有的,对于 TFEL 的显示应用是有用的。在无源矩阵平板 TFEL 显示器中,处于 OFF 态的像素上存在部分电压。如果低于阈值电压,这些部分电压不引起发光,这相当于有很陡峭的光-伏特性,使 TFEL 器件具有高对比度。

现在叙述 EL 器件中为什么要有介电绝缘层。当驱动电压低于阈值电压时,荧光粉层是绝缘体。然而对于更高的驱动电压,荧光粉层是雪崩状态,因此,在此层上的电压降被拑位。没有介质层,将有大电流流过,会损坏器件。介质层按关系式(11.2.1)限制流过荧光粉层的最大电流:

$$I = C\mathrm{d}U/\mathrm{d}t \qquad (11.2.1)$$

式中　$C$——单位面积上的有效矩阵电容;

　　　$U$——施加的电压,假设大于阈值电压。

图 11.2.3　在薄膜器件中测得的 ZnS:Mn EL 荧光粉的亮度-电压特性曲线

　　TFEL 器件的等效电路如图 11.2.4 所示。电容器 $C_p$ 与两个背靠背的齐纳二极管串联;$C_i$ 代表 TFEL 器件单位面积有效介质电容(若是双层绝缘体,则代表两个绝缘体电容的串联电容),背靠背齐纳二极管代表荧光粉层;$U_{th}$ 代表荧光粉击穿电压。

　　齐纳二极管电压代表荧光粉的阈值电压 $U_{th}$,决定于发生雪崩时施加在荧光粉层上的临界电场和荧光粉层的厚度。

图 11.2.4　TFEL 器件的等效电路

　　实验确定,EL 器件的亮度实质上与单位面积上的电荷量和脉冲频率成比例,在每次脉冲电压过程中,这些电荷量流过荧光粉层。只有当施加的电压超过 $U_{th}$ 时,电荷才流经荧光粉层,电荷量由下式决定:

$$Q = C_i(U - U_{th}) \qquad (11.2.2)$$

式中　$U_{th}$——阈值电压;

　　　$U$——外加电压。

　　显然,希望电容大,可使通过 EL 器件荧光粉的传输电荷,也就是它的亮度大。

　　大家知道,

$$C_i = \varepsilon_0 \varepsilon_d / d \qquad (11.2.3)$$

式中　$d$——介质厚度;

　　　$\varepsilon_d$——介质材料的相对介电常数。

　　据此,高介电常数的材料在高性能 EL 器件中发挥了重要作用。此外,绝缘层的厚度需要最小化,但要考虑材料的抗击穿能力,因此,高介电常数材料的厚度可能要大得多,但其通过的电容仍然大得多。例如，相对介电常数为 2000，$20\mu m$ 厚的钛酸钡层提供的电容值 $C_i$ 几乎比相对介电常数为 11 的 $0.4\mu m$ 厚的氧化铝层高 4 倍。所以使用高介电常数材料，$Q = C_i(U - U_{th})$ 将会更高，最大的 EL 亮度将增加。

### 11.2.3　薄膜电致发光的荧光粉

TFEL 器件使用的高性能荧光粉材料仍然是已被广泛研究的 $ZnS:Mn$。ZnS 是能隙为 3.6eV 的 Ⅱ-Ⅵ 半导体。有两个变异结构：立方相和六方形相。然而，这两个相只在最近邻上有些不同，它们都是优秀的 EL 荧光粉。不管哪一种相，每个 $Zn^{2+}$ 离子与 4 个 $S^{-2}$ 离子以四面体方式配位。ZnS 是一种相对稳定的硫化物，它可以存储在环境大气条件中而不退化。然而，在 EL 器件运行中，遭受高电场时，它的确需要防潮。这可能是由于水的场助离解，形成 $(OH)^-$ 离子，使 ZnS 材料与水化合。

EL 荧光粉 $ZnS:Mn$ 更正确的分子式是 $Mn_x Zn_{(1-x)} S$，x 的范围是 $0.005 \sim 0.02$。掺杂剂 Mn 提供观察到的黄色发光，$Mn^{2+}$ 离子能有效地替代 $Zn^{2+}$ 离子，这是由于 Zn 和 Mn 的 $2^+$ 离子有类似的离子半径（$Zn^{2+}$ 的半径为 0.74nm，$Mn^{2+}$ 的半径为 0.8nm），并且能够键合成四面体配置。Mn 是过渡金属，内电子层未填满或是三维壳，使其具有基态和激发态。

重要的是要注意，电子从激发态到基态的电子跃迁过程中，生成一个光子，但这并不影响 $Mn^{2+}$ 离子的电荷，在整个跃迁中，仍保持着 $2^+$。因此，发光过程不是电荷转移过程，而在其他知名的 ZnS 荧光粉（如 CRT 的 $ZnS:Cu$ 和 $ZnS:Ag$ 荧光粉）的发光是一个电荷转移过程，即电子是从较高的能量状态落到荧光粉，被 $Cu^{2+}$ 或 $Ag^{2+}$ 掺杂剂接受，结果形成 $Cu^{1+}$ 或 $Ag^{1+}$ 状态。所以引起发光是电子转移到金属离子，即陷阱辅助电子-空穴复合过程。然而，$Mn^{2+}$ 离子是无电荷转移的发光。这种区别是非常重要的，因为只有无电荷转移功能的发光中心一般表现出高效长寿命的良好的 EL 性能。

当高电场施加于 EL 荧光粉，雪崩过程发生，生成的热电子碰撞激励 Mn 中心。该碰撞激励过程可用碰撞激励截面表征，它描述热电子激励 $Mn^{2+}$ 离子的成功率。在 ZnS 中，Mn 有大的碰撞激励截面，外加电场不改变发生在 $Mn^{2+}$ 离子中的有效复合过程。

陷阱辅助电子-空穴发光过程对高电场 EL 无用，因为建立的电场导致雪崩，被加速的电子变"热"，自由载流子被一扫而空，它们之间来不及复合。因此，在 CRT 荧光粉（如 $ZnS:Cu$ 和 $ZnS:Ag$）中，复合和产生光子的电子如在 EL 驱动条件下，将会在荧光粉/绝缘界面之间来回被传输，并最终可能会在返回的路径通过无辐射捕获到达价带。为此，不用 $ZnS:Cu$ 和 $ZnS:Ag$ 作为 TFEL 荧光粉。

在其他 EL 荧光粉主体中，$Mn^{2+}$ 离子也可以生成绿色发光。有效的 $Zn_{2-x} Mn_x SiO_4$ 荧光粉依赖于与 $ZnS:Mn$ 中同样的壳内辐射跃迁。由于 $Mn^{2+}$ 离子周围晶体场的改变，发绿色光，而不是黄色光。

在硫化物和氧化物化合物中，也存在有效的 EL 发光中心。在以氮化物和氟化物为主体材料的荧光粉中，至今，没有发现成功的 EL 性能。在 $BaAl_2 S_4$ 荧光粉中，$Eu^{2+}$ 呈现优秀的蓝色发光。$Eu^{2+}$ 有 4 f-4d 过渡。在 SrS 荧光粉中，$Ce^{3+}$ 呈现明亮的蓝绿色发光，$Ce^{3+}$ 有 4f-4d 过渡。

修改主体材料，有大量的主体材料可用。例如，与峰值波长低于 580nm 的 $ZnS:Mn$ 材料相比，$Mg_x Zn_{1-x} S:Mn$ 荧光粉呈现蓝移。$SrGa_2 S_4:Eu$ 是绿色的 EL 荧光粉，与 $BaAl_2 S_4:Eu$

不一样,但相关。$Zn_2Si_{1-x}Ge_xO_4$:Mn 代表绿色氧化物荧光粉家族,与其他氧化物荧光粉(如 $Zn_2SiO_4$:Mn)相比,具有较高的亮度和效率以及相对较低的处理温度要求。

ZnS:Tb 也是明亮的绿色荧光粉,不寻常之处在于,由于 $Tb^{3+}$ 离子不适宜的大小和电荷,Tb 不易溶解在 ZnS 主体中。如 F 或 O 辅助激活剂能起电荷补偿作用,改善这些荧光粉的性能。

在 $Ga_2O_3$ 主体材料中,$Eu^{3+}$ 呈现鲜艳的橙红色发光。$Eu^{3+}$ 有 4f-4f 过渡。此荧光粉不寻常之处在于,它以非晶态相工作,这证明并不是所有 EL 荧光粉都要求晶化。在主机材料 $Ga_2O_3$ 中,$Eu^{3+}$ 与 Ga 阳离子尺寸上不配。

一些重要的 EL 荧光粉及其属性如表 11.2.1 所示。重要的硫化物和氧化物 EL 荧光粉显示它们的组合颜色、CIE 坐标和发光效率。注意,在许多情况下,只给出效率值的范围,因为它们与器件结构和制备条件有关。

表 11.2.1　一些重要的 EL 荧光粉及其属性

| 序号 | 荧光粉 | 颜色 | CIE 坐标 | 效率/(m/W) |
|---|---|---|---|---|
| 1 | ZnS:Mn | 黄 | 0.5,0.5 | 3~10 |
| 2 | ZnS:Tb | 绿 | 0.32,0.6 | 0.5~2 |
| 3 | SrS:Ce | 蓝-绿 | 0.19,0.38 | 0.5~1.5 |
| 4 | SrS:Ce,Eu | 白 | 0.41,0.39 | 0.4 |
| 5 | $BaAl_2S_4$:Eu | 蓝 | 0.135,0.1 | 0~1.5 |
| 6 | $SrGa_2S_4$:Eu | 绿 | 0.226,0.701 | 1~2 |
| 7 | $Zn_2SiO_4$:Mn | 绿 | 0.2,0.7 | 0.5~2 |
| 8 | $Zn_2Si_xGe_{1-x}O_4$:Mn | 绿 | 0.2,0.7 | 1~3 |
| 9 | $ZnGa_2O_4$:Mn | 绿 | 0.08,0.68 | 1~2 |
| 10 | $Ga_2O_3$:Eu | 红 | 0.64,0.36 | 0.5~1 |
| 11 | $Y_2O_3$:Mn | 黄 | 0.51,0.44 | 10 |
| 12 | $Y_xGa_yO_3$:Mn | 黄 | 0.54,0.46 | 10 |
| 13 | $Y_xGe_,O_3$:Mn | 黄 | 0.43,0.44 | 10 |

## 11.2.4　厚膜电致发光显示器

薄膜电致发光显示器(TFELD)在向彩色大屏幕显示器发展过程中遇到两个"瓶颈":绝缘层的厚度只有零点几微米,当工作面积增大时疵点数迅速上升,使成品率大幅度下降;彩色化后亮度、色均匀性和三基色不同步老化等问题使其彩色图像的质量不能与 CRT、LCD 和 PDP 相比,因此,TFELD 一直被排斥在彩色大屏幕市场之外。

加拿大的 Westaim 公司从 1991 年开始研制陶瓷厚膜介质 EL 器件,于 1996 年首批商品化平板显示器投入市场。1999 年 12 月,研制出 8.5in QVGA(320×240 像素)全彩色显示器,平均亮度达到 $150cd/m^2$。2000 年 2 月,Westaim 公司改名为 iFire 技术公司,于 2004 年在美国西雅图的 SID 展会上展示了 34in 分辨率为 1280×768 像素的全彩厚膜电致发光显示器(TDELD),一举克服了 TFELD 的上述缺点,为电致发光显示器进军彩色大屏幕电视机领域创造了可能性。

**1. 厚膜绝缘层**

图 11.2.5 所示为 TFELD 和 TDELD 的结构示意对比图。TDELD 是在玻璃基板上依

次形成金属行电极、厚膜介质、荧光粉发光层、ITO 电极和彩色转换层,组成 TDEL 显示屏,如图 11.2.5(b)所示。加上驱动和控制电路,即可构成完整的显示器。

图 11.2.5　TFELD 与 TDELD 的结构示意对比图

iFire 的厚膜介质层是厚度为 $10\sim20\mu m$ 的高介电常数的绝缘层,比 TFELD 中绝缘层厚了 $20\sim100$ 倍。采用厚膜介质层带来的好处如下:

(1) 采用普通的厚膜印刷工艺,大大节省大生产时的设备投资。

(2) 在高电压驱动下不易击穿,提高了器件的可靠性。

(3) 制备过程中空气中的小颗粒引起绝缘层在高电场下击穿的几率大大降低,即可以降低对制作场地洁净度的要求。

(4) 由于它是漫反射,可以增加表面光的出射率。

由于荧光粉层的厚度与 TFEL 中的类似,仍只有约 $0.2\mu m$,TDEL 中的介质层必须具有高达数千的介电常数,否则外加驱动电压将大部分被介质层电容分压。iFire 公司采用的介质材料的介电常数为几千。

**2. 开发了高效的发蓝光荧光粉**

iFire 公司的发光层采用单一的发蓝光荧光粉 $BaAl_2S_4:Eu$。目前达到的水平是在 240Hz 驱动电压作用下,$L_{60}=1400cd/m^2$,峰值波长为 464nm,流明效率可达 $1.6lm/W$。其 EL 发射光谱如图 11.2.6 所示。

图 11.2.6　蓝光荧光粉 $BaAl_2S_4$ 的 EL 发射光谱

为了适应大生产的需要,蓝光荧光粉 $BaAl_2S_4$ 的制造工艺做了重大改进:

(1) 将荧光粉成膜后的退火温度降到 700℃ 以下,使显示器基板可以不采用陶瓷或石英,而采用 PDP 器件中的专用玻璃,如美国 Corning 公司的 CS25 玻璃基板等。

(2) 将传统的 BaS 加 $Al_2S_3$ 靶用电子束轰击蒸发成膜法改变为对 $BaAl_2S_4:Eu$ 荧光粉直接进行射频和直流混合溅射。

EL 蓝荧光粉 $BaAl_2S_4$ 解决了常规 EL 蓝粉的潮解问题和寿命问题,并且在亮度和色度上符合彩色电视显示的要求,加上滤色膜后,其 CIE 坐标为(0.14,0.08)。

**3. 蓝光彩色化(colour by blue,CBB)技术**

iFire 公司的 TDELD 在彩色化过程中,首先采用白光彩色化技术(colour by white,CBW),即先混合发橙色光和蓝色光的荧光粉,得到发白光的 EL,再加上 R、G、B 滤色条便可以实现彩色显示,但在 5in CBW 原型屏上亮度只有 $50cd/m^2$,并且色饱和度也不很好。后来采用三色荧光粉实现彩色,在 8.5in 原型上实现了 $150cd/m^2$ 亮度,色饱和度也大有改善。但是有工艺过程复杂、寿命过程中白平衡会改变以及三色的驱动不易匹配等缺点。

CBB 技术采用单层发蓝光的 $BaAl_2S_4:Eu$ 荧光粉层,红光与绿光的获得采用光致发光材料,即用蓝光去激励不同的光致发光材料,使其发出红与绿基色光。大家知道,光致发光材料很多,有机的、无机的材料都可以采用。目前,最好的绿光转换材料是 $SrGa_2S_4:Eu$,最好的红光转换材料是 $SrS:Eu$。

CBB 技术不但克服了三基色方案存在的各种缺点,其中最重要之点是将光产生机构与色产生机构分开了,使获得均匀色光变得容易。其实在 CRT 与 LCD 中,这两种机构也是分开的。

## 11.3 结论

电致发光(EL)是人类第一个平板显示之梦,从 20 世纪 80 年代早期的单色 EL 显示器到 2006 年全彩 EL 显示器,薄膜 EL 领域一直活跃着。对薄膜 EL 材料,开发了陶瓷、玻璃、厚膜和薄膜以及广泛的制造流程和方法。薄膜电致发光(TFEL)曾经给平板显示器带来了一线希望,但由于种种原因未能走向成熟。

无机厚膜电致发光(TDEL)是无机薄膜电致发光的变种,由于在厚膜技术、兰源彩色技术、驱动技术等方面获得了突破性的进展,对于 2005 年亮相的 iFire 公司的 34in TDEL 平板电视样机,国内有位 EL 方面的教授曾这样评价:

"TDEL 是全固体、全彩色、高亮度、无辐射、无闪烁、高清晰度、色彩逼真、低功耗的平板显示器技术,其彩色能力已经超过了 TFT-LCD 和 CRT,这意味着 TDEL 可以提供更亮丽的色彩。作为平板电视,TDEL 主要技术指标已基本成熟。无论从亮度、对比度、彩色能力、厚度、寿命等性能指标上看,还是从规模生产上看,TDEL 并不逊色于当前技术、市场都已经相当成熟的 PDP 和 TFT-LCD,特别在使用寿命上 TDEL 显示器可以达到 10 万小时。"

2008 年 iFire 公司还与国内昆明市达成意向,国内准备投资几十亿元进行大生产。当时对 34in TDEL 平板电视机的市场价格估计约是 400 美元,而同尺寸的 TFT-LCD 的结构当时是 1000 美元,所以价格上是有优势的。很可惜,由于 TFT-LCD 的性价比逐年快速提升,没有给 TDEL 平板显示器进入娱乐市场的机会。

应该说,在某些方面 TFELD 和 TDELD 确实优于 TFT-LCD,前者可在 $-55\sim125℃$ 温度范围内工作,寿命大于 20 000h。据了解,在许多对工作温度范围要求很严,对抗震性能要求很苛刻的领域,TFT-LCD、PDP、CRT 都无法胜任,TDEL 却可以大显身手。例如,在航天、航海、军事装备、医疗设备等领域,由于 TFELD 和 TDELD 是不含液体、气体、全固体、主动发光式平板显示器,具有独特的优势,特别在军事领域是首选产品。美军的航天飞机、直升机、主战坦克等武器中都使用 TFELD 作为显示屏。

## 习题与思考

11.1　简述 AC 粉末 EL 器件的工作原理。

11.2　简述 AC 薄膜 EL 器件的工作原理。

11.3　比较高压场致发光与 LED 发光的物理过程的区别。

11.4　为什么无源 AC 粉末 EL 显示器的显示信息容量很有限,而无源薄膜 EL 显示器的显示信息容量可以很大?

11.5　为什么 AC 粉末和薄膜 EL 显示器都需要交流驱动? 如使用直流驱动会发生什么情况?

11.6　简述 AC 粉末和薄膜 EL 显示器在运行过程中亮度持续下降的物理原因。

11.7　为什么对于 ELD,亮度和寿命这两个参数不能兼顾?

11.8　深入分析 ELD 主要荧光粉 ZnS 的结构和性能及其各种激活剂的作用。

11.9　ELD 中的绝缘层起什么作用? 如果绝缘层的等效电容太小将会有什么影响?

11.10　TDELD 较之 TFELD 在结构上有什么特点? 在性能上有什么优点?

11.11　为什么说 ELD 特别适用于军事领域?

# 第 12 章

# 大屏幕投影显示

本章介绍大屏幕显示的特点和发展历史,现代三种有代表性的投影显示器(液晶投影显示器、DLP 投影显示器和 LCoS 投影显示器)的工作原理、组成和系统,未来最有希望的投影显示技术——激光投影显示技术以及投影系统的光源、照明系统和光学系统。

投影显示(project display)是指由图像信息控制光源,利用光学系统和投影空间把图像放大并在投影屏幕上显示的方法和装置。显示面积大于 $1m^2$ 时,称为大屏幕显示,其主要特点是临场感强,多用于观看大型体育比赛、军事指挥部显示战况全貌、需要逼真感的模拟训练、会议或教学中显示图文等场所。在大尺寸 LCD 和 PDP 电视出现之前,投影显示是唯一可获得高分辨率大屏幕显示的方法。即使现在已有了 100in 的 LCD 屏和 150in 的 PDP 屏,但其高昂的价格是无法推广的。LED 显示屏虽然可以显示高达百平方米量级的图像,但其每个像素尺寸大(为数毫米),只能远距离观看。

## 12.1 大屏幕显示的特点和发展历史

### 12.1.1 大屏幕显示的特点

观看大屏幕主要是为了增强临场感,为此要求:

(1) 观看大画面时有亲临、自然和宽广的感觉,这主要归功于从大视角接受信息,但画面的绝对尺寸也是一个重要的条件。根据心理学测定,对于相同的视角,从远处看,临场感强。开始产生临场感效果的视角为 $15°\sim20°$,并且随视角增大,临场感增强快。因此,当观看距离大于 3m 时,视角应大于 $20°$;当观看距离小于 2m 时,视角应大于 $30°$。

(2) 为了达到好的临场感,显示的图像还必须具有足够的亮度与对比度。全暗时,屏幕上的亮度应小于 $2cd/m^2$;如在暗室中观看,显示图像的最大亮度应不低于 $100cd/m^2$;在一般居室中,屏幕上照度约为 100lx,相当于屏幕上有约 $15cd/m^2$ 的背景亮度(取屏幕的反射率为 0.5),要求显示图像的最大亮度为 $750cd/m^2$;如在会议室,室内照度会更大,这时图像的最大亮度要求超过 $1000cd/m^2$。

(3) 高清晰度是好临场感的基本条件之一。人眼能看到扫描线的最小视角约为 $1'$,这相当于从 3.5m 远处观看 1mm 宽的扫描线。好的眼睛甚至在视角为 $0.5'$ 也看得见,因此,要求画面的分辨率足够高。例如,对于 40in 对角线的屏幕,屏幕高度取 600mm,则扫描线应在 1000 行以上。

## 12.1.2　大屏幕投影显示的历史

人们期望获得大屏幕显示已有百余年历史,在 CRT 电视成熟以前,只能采用机械扫描方法。CRT 电视出现以后投影显示进入电子调制、电子扫描阶段。1940—1992 年早期的投影显示系统包括 CRT 投影显示、油膜光阀和液晶光阀;1992—2014 年的现代投影显示系统包括 LCD 投影系统、DLP 投影系统和 LCoS 投影系统;未来的投影显示系统一致看好激光投影系统。

**1. 1940—1992 年早期的投影显示系统**

1) CRT 投影显示

普及型基本上以 CRT 投影显示为主流,即将小型高亮度 CRT 的图像放大投影在屏幕上,其工作原理如图 12.1.1 所示,采用了 Schmidt 型光学系统,为背投式。CRT 显示屏发出的光被反射器反射,经校正板校正后投到屏幕上。1973 年最初的产品是单管式,屏幕亮度很低,只有 7~20cd/m²。如果将发红光、绿光、蓝光的三只 CRT 投影管组合在一起,就是一直使用到 2008 年的彩色 CRT 投影系统,如图 12.1.2 所示。至 1977 年,屏幕亮度已提高到 100~200cd/m²。CRT 投影显示首先在美国开始普及,至 2005 年仍是主要的投影显示方式之一。从 2008 年起 CRT 投影显示开始退出投影显示市场。

图 12.1.1　采用 Schmidt 型光学系统的 CRT 投影系统

图 12.1.2　CRT 彩色投影系统

CRT 投影系统的缺点是由于电子束既作实时调制又作光源,所以投影显示的尺寸与亮度有限。利用 CRT 技术的另一条路径是将对光的实时调制与投影光源分开,使前者只起一个光阀的作用。当然在投影显示中,起光阀作用的元件除了电子束扫描之外还有很多,如液晶屏、电光晶体等。

　　在这阶段中曾有两种产品(油膜光阀和液晶光阀)起过重要作用,它们应用在高档投影显示系统中。

2) 油膜光阀

　　油膜光阀是变形介质膜光阀的一种,在液晶投影显示占领市场之前,是国际上唯一高质量投影显示产品,屏幕尺寸可达 $9 \times 12 m^2$,对比度为 300:1,显示质量与电影相仿。

　　(1) 油膜变形原理。在一块接正电位的 ITO 玻璃片上涂一层几十微米厚的油膜,当电子束扫描油膜时,电子将沉积在油膜上,使油膜表面电位下降,油膜与 ITO 膜之间产生电位差,静电力使膜变形。电荷沉积越多,油膜变形越大。用受图像信号调制的电子束扫描油膜,就会在油膜上形成一幅与原图像相对应的深浅不一的"浮雕"。如果选择合适电阻率的油膜,可使沉积在油膜上的电子在一帧时间内泄放掉,油膜在表面张力作用下恢复平衡,等待下一次的电子束扫描。

　　(2) 纹影光学系统(又称施里林光学 Schlieren 系统)。由于油膜很薄、透明,在静电作用下变形也不大,如果用光源直接投射到屏幕上,得不到高对比度的图像,必须采用纹影光学系统。纹影光学系统示意如图 12.1.3 所示,它由两个光栅和两个透镜组成。经过第一光栅的光线被纹影透镜恰好会聚在第二光栅的不透光条纹上。如果油膜是平的,入射光全部不能到达屏幕。当油膜的一部分有变形时,光线通过油膜时受到折射,便会有部分光线通过第二光栅被投射到屏幕上。由于通过的光线强度与油膜变形程度有关,于是在屏幕上便显示出与图像信号相对应的图像。

图 12.1.3　纹影光学系统示意

　　早期的油膜光阀投影系统的产品是一个动态真空系统,很复杂、笨重,称为艾多福(Eidophor),由瑞士 GRETAG 公式生产。后来美国通用公司对其进行了改进,制作成密封管,产品改名为 Taralia,用一把电子枪、一组纹影光学系统实现了彩色投影显示。三管式 Taralia 的分辨率可达 $1400 \times 1000$ 像素数,光通量可达 7000lm,主要为军用。Taralia 的生产继续到 1992 年。

3) 光电导式液晶光阀

　　图 12.1.4 所示为由美国休斯公司开发的液晶光阀的结构示意图。写入光是电视图像,投射在高灵敏度的 CdS 光电导层上。光电导层与液晶层串联,其两端的导电层作为电极,用于施加电压。无光处 CdS 电阻高,故在液晶上分电压低,接近零伏;有光处 CdS 电阻低,加在液晶上的电压就增大。这样,输入光图像通过光电导层转换成液晶面上的电压分布图像。若液晶为向列液晶,则液晶面间不同的电压就会调制偏振光的透过率。用强外光照射

液晶面,被介质镜反射后,又从液晶出去投射到屏幕上。结构中的挡光层是 CdTe,起隔离层作用,防止光源的光漏到光敏层上。该产品分辨率是 1000×1000 像素数,用 500W 氙灯作为光源时,投射的光通量可达 500lm。在当时,该类装置的售价曾高达 15 万美元。总的来说,液晶光阀投影系统体积较为庞大、系统复杂,因此在 20 世纪 90 年代中后期也只是作为高端产品被应用于指挥、调度中心等处的大屏幕显示。

图 12.1.4　光电导式液晶光阀的结构示意图

**2. 1992—2014 年的现代投影显示系统**

1992 年是投影显示技术发展史上的一个转折点,DLP、LCD 和 LCoS 技术的进步已威胁到油膜光阀和液晶光阀投影系统的生存,并且开始与 CRT 投影显示系统展开竞争。

## 12.2　现代投影显示系统

### 12.2.1　液晶投影显示

液晶投影显示的原理是把液晶元件作为光阀或光调制器,即将光源发出的光束照射在液晶元件上,再将经此元件形成的图像用投影光学系统放大投影到屏幕上。由于光源与信号源是分离的,所以液晶投影显示在设计上与 CRT 投影显示相比具有更大的自由度。

早期是用电子束或激光束将图像信息写入液晶元件,中间还出现过光电导材料与液晶组合成的光选址方式液晶投影仪。目前,液晶投影显示是采用电选址方式的 TFT-LCD。

液晶投影仪广泛用于各种演示、会议、家庭影院和电子影院。投影仪与笔记本电脑相结合,开创了无纸会议的时代。

液晶投影显示有两种:透射型液晶投影显示和 LCoS(反射型液晶投影仪)。这里只介绍透射型液晶投影仪。

透射型液晶投影仪已从第一、二代 VGA 分辨率,开口率只有 0.3～0.4 的非晶硅 TFT 驱动,发展到第三、四代 UXGA(1200×1600 像素)分辨率,开口率提高到 0.5 的高温多晶硅

TFT 驱动。而光量输出也从以前的 200lm 提高到 7000lm 以上。光学系统变得简单,能量转换效率也大为提高。高温多晶硅 TFT 的制造工艺中需经历 1000℃ 的高温,所以需制作在石英基板上,只适合制作成小尺寸光阀。同时由于高温多晶硅中电子的迁移率高($100 \sim 300cm^2 \cdot V^{-1} \cdot s^{-1}$),TFT 变小,使开口率上升,并且还可将驱动电路制作在图像显示矩阵周围,使液晶片的外引线大大减少,增加了液晶显示元件工作的可靠性。

现在装在投影仪上的液晶光阀主流规格如下:

SXGS/UXGA 级的为 1.8in,光量输出为 5000 ~ 7000lm; XGA/SXGA 级的为 1.3~1.8in,光量输出为 3200~5000lm; SVGA/VGA 级的为 0.7~0.9in,光量输出为 1000~1400lm。

三片式透射型液晶投影仪的基本构成如图 12.2.1 所示。照明光源的光线首先通过双排复眼透镜将光线均匀化,并经过偏振片将白光转变成偏振光;用三个分色镜将白光分解为 R、G、B 偏振的三基色光束,并照射到三片液晶光阀上,形成三幅三基色图像,再由投影透镜将这三幅图像投影到屏幕上,显示彩色图像。

图 12.2.1　三片式透射型液晶投影仪的基本构成

现在主流的 LCD 投影机都为三片机,采用红、绿、蓝三原色独立的 LCD 板。这就可以分别地调整每个彩色通道的亮度和对比度,投影效果非常好,能得到高度保真的色彩。LCD 的第二个优点是光效率高。LCD 投影机比用相同瓦数光源灯的 DLP 投影机有更高的 ANSI 流明光输出,在高亮度竞争中,LCD 依然占着优势。7kg 重量级左右的投影机中,能达到 3000 ANSI 流明以上亮度的,都是 LCD 投影机。ANSI 是屏幕上均匀分布九点亮度的平均值。

LCD 投影机的明显缺点是黑色层次表现太差,对比度不是很高。LCD 投影机表现的黑色,看起来总是灰蒙蒙的,阴影部分就显得昏暗而毫无细节。这一点非常不适合播放电影一类的视频,对于显示文字与 DLP 投影机差别不是很大。第二个缺点是 LCD 投影机打出的画面看得见像素结构,观众好像是经过窗格子在观看画面。SVGA(800×600)格式的 LCD 投影机,不管屏幕图像的尺寸大小如何,都能看得清楚像素格子,除非用分辨率更高的产品。

在 3LCD 技术中,显示芯片主要是日本的爱普生(Epson)和索尼公司提供,索尼的 3LCD 基本上是自己用。爱普生除了自己用外,是目前市场上唯一的 3LCD 显示芯片的供应商。

## 12.2.2 DLP 投影显示

DLP 是英文 digital light processing 的缩写,译文为数字光处理器,其核心器件数字微镜器件(digital micro-mirror device,DMD)是由美国德克萨斯仪器公司(TI)的科学家 Larry J. Hornbeck 在 1987 年发明的,是在单片半导体选址电路芯片上集成了能高速动作的反射型数字光开关矩阵,是一种把电子学、机械和光学功能集成在单片半导体上的微光学机电系统(micro-optical electromechanical system,MOEMS)。

**1. 数字微镜器件的结构**

一块 DMD 是由成千上万个微小的、可倾斜的铝合金镜片组成,图 12.2.2 所示是一个 DMD 上单独镜片的结构分解示意图。每个镜片被固定在隐藏的轭上,扭力铰链结构连接轭和支柱,扭力铰链结构允许镜片旋转±10°(新产品为±12°)。支柱连接下面的偏置/复位总线,偏置/复位总线连接起来使得偏置和复位电压能够提供给每个镜片。镜片、铰链结构及支柱都在互补金属氧化物半导体(CMOS)上,地址电路在一对地址电极上形成。图 12.2.3 所示是两个像素的 DMD 结构。

图 12.2.2　DMD 上单独镜片的结构分解示意图

图 12.2.3　两个像素的 DMD 结构

图 12.2.4 所示是一个 DMD 的表面上的镜片的特写镜头以及它的底层结构。图 12.2.4(a)演示九个镜片中的三个镜片倾斜＋10°到"开"位置；图 12.2.4(b)演示中央的镜片被移开以演示底部隐藏的铰链结构；图 12.2.4(c)给出镜片微观结构的特写。与镜片相连的支柱直接位于底部表面的中央。

(a)       (b)       (c)

图 12.2.4　DMD 的微反射镜及其底层结构的显微照片

### 2. DMD 的工作原理

每个微镜均采用双稳态工作。图 12.2.5 所示是 DMD 双稳态工作原理的侧视图。扭转片会以铰链为轴旋转，直到扭转片接触到着陆电极。扭转片的偏转角由扭转片与下面电极之间的间隙和扭转片从转轴到着陆点的长度决定。早期产品中的偏转角为±10°，新产品为±12°。偏转角在设计芯片时已确定，所以可用数字开关量来控制。扭转片的旋转方向由转轴下的一对选址电极上的选址电压 $\Psi_{地址}$ 和 $\overline{\Psi}_{地址}$ 决定，这一对选址电压波形由其下方的存储单元来控制。在扭转片上加有一个偏转电压，使扭转片具有双稳态特性，达到使用较低的选址电压来获得较大的转角。采用双稳态的优点是偏转角精确，不易受外界因素和使用时间的影响，并且选址电压更低，标准 MOS 晶体管 5V 电压即可工作。

图 12.2.5　DMD 双稳态工作原理的侧视图

DMD 光开关原理如图 12.2.6 所示。投射镜置于微镜处于未扭转平面位置法线的上方。通常入射光以相对未扭转平面法线 24°入射，当扭转片左端接触着陆电极，即逆时针转过 12°时，反射光在水平位置的法线方，即刚好能进入投射镜，相应像素显示明亮色，即微镜处于开通(ON)状态；当扭转片右端接触着陆电极，即顺时针转过－12°时，反射光相对水平位置的法线为 48°，反射光以 48°角偏离投射镜，被光吸收器吸收，相应像素为黑色，即微镜处于关闭(OFF)状态。微镜在脉冲电压作用下，起着快速光开关的作用。利用二进制权重脉冲宽度调变可以得到灰阶效果，如果使用固定式或旋转式彩色滤镜，再搭配一颗或三颗 DMD 芯片，即可得到彩色显示效果。

在 DMD 中有光学和机械的两种开关时间：光开关时间定义为从光入射在投射镜开始，到屏幕上的像素从黑变到 100%白所用的时间，约为 2μm。也就是从扭转片由水平位置逆时针旋转，光源发出的光开始进入投射镜，到旋转位置落地时像素的亮度达到最大强度。机械开关时间则定义为从微镜开始旋转动作、落地，经过锁存，机械稳定化后到指定下一次像素状态的存储器开始数据改写所用的时间，约为 $15\mu s$。

图 12.2.6　DMD 光开关原理

**3. DLP 投影系统是如何实现灰度的**

DMD 的每个单元是一个光开关，只能实现黑与白。用二进制权重脉冲宽度光调制技术可以实现 DLP 投影系统的灰度。例如，用脉冲宽度调制（PWM）技术将一帧 20ms 的图像时间按二进制分割。以 8bit PWM 为例，由位 0($2^0$)、位 1($2^1$)、位 2($2^2$)、…、位 7($2^7$)构成，按图像帧时间的 1/256、2/256、4/256、…、128/256 的时间权分割。127 的二进制 PWM 码(01111111)是在一帧图像时间的 49.6% 控制微镜为开通状态，即显示 49.6% 的亮度。由于 DMD 的机械开关时间为 $15\mu s$，因此，单片式 DLP 投影机可以实现 24bit 彩色显示或 8bit，即 256 个亮度等级的单色显示；三片式 DLP 投影机可以实现 10bit，即 1024 个亮度等级的单色显示。

由于 DLP 投影系统实现灰度的方法与 PDP 显示中所使用的方法一样，在显示动态图像时也会出现假轮廓现象，解决办法也与 PDP 显示中的一样。

**4. DLP 投影系统的主要参数**

1）光利用率

DMD 的光利用率定义为输出光与输入光之比。以开口率（91%）、实际 PWM 接通时间（92%）、微镜表面反射率（90%）及衍射效率（90%）之积来定义，光利用率可达 64% 以上。

2）对比度

DMD 的对比度受到微镜下端、下层基板，以及来自将微镜支撑在框内的孔的衍射光的影响。在设计时应考虑衍射效应，以提高对比度。市场要求 DMD 达到 500：1 的全通/全断对比度。如果使用降低像素下部漏光的设计，可达到 1000：1 的对比度，现在正在向 1500：1 的目标前进。

3) 清晰度

现在已开发了像素间距为 $17\mu m$ 和 $13.8\mu m$ 两种。当芯片尺寸为 0.55in、0.7in、0.8in、0.9in、1.1in 时,可获得 $848\times600$ 到 $1280\times1024$ 各种清晰度的投影显示。目前 TI 公司已经将显示分辨率提升到了 $2048\times1080$ 像素。

4) 亮度

DMD 在高光通量密度照射下,因吸收光,温度会上升,温度过分上升会影响 DMD 的长期可靠性。现在已开发出满足 DMD 所要求限定工作温度条件($<65℃$)的各种冷却结构。光输出分低输出($<2000lm$)、中高输出($2000\sim8000lm$)和超高输出($>8000lm$)三种。高亮度应用时,在 DMD 模块背面装散热片,冷却风扇或热电冷却器。对于输出 13 000lm 的影院用 DLP 系统的 DMD 模块则采用水冷。

5) 系统效率

在单片 DLP 光学系统中,开发出色滚动显示的图像重现方式,称为色顺序再利用(SCR)动态滤色,使系统效率比以往提高 40%,可与三片 LCD 投影仪的系统效率相匹敌。

6) 寿命

已确认 DMD 铰链寿命可达到 10 万小时以上,随机缺陷的平均故障间隔(mean time between failure,MTBF)达到 100 万小时以上。铰链的疲劳寿命达到 $2.7\times10^{12}$ 次(11.5 万小时),满足了民用可靠性要求。

**5. DLP 投影系统举例**

DLP 投影系统基于市场对光利用率、亮度、耗电量、光源技术、质量、体积和价格之间的平衡,分为三片、两片和单片投影机三类。三片式系统结构复杂,成本高,通常只应用于对亮度有非常高要求的场合。双片式用得较少。单片式系统结构简单,成本适当,且性能稳定,是目前应用最为广泛的 DLP 投影产品。

1) 单片式 DLP 投影机

单片式 DLP 投影机的光学系统如图 12.2.7 所示。DLP 投影系统通常采用具有椭球形反光碗的超高压水银灯(UHP)光源,出射光束为会聚光。会聚光通过 UV/IR 滤光片后,紫外线和红外线分别被吸收或反射,透过的是可见光。利用一个旋转的色轮将 R、G、B 三色光分时投射到 DMD 上,从而获得彩色图像的投影显示。基色光先进入方棒照明系统均光,方棒入射端位于椭球灯的焦点上,基色光经过在方棒内的多次反射后在方棒出射端上形成均匀的矩形分布,进而由照明透镜组将方棒出射端成像在 DMD 表面上,形成合适的照明光斑。在同步的电子信号配合下,基色光经 DMD 调制和反射后,经过投影物镜成像在屏幕上形成具有不同灰度信号即不同颜色的像,由于人眼的视觉暂留,看到的是彩色图像。

单片 DLP 系统组成轻型便携式投影机具有价格与性能优势,成为小型投影系统的理想之选。

2) 三片式 DLP 投影机

三片式 DLP 投影机的光学系统如图 12.2.8 所示。三片式 DLP 投影机的光源发出的光线会被棱镜分成红、绿、蓝三色,每种色光则分别被导向各自的 DMD 组件,红光、绿光和蓝光都各有一片 DMD 组件负责执行光调制。三片 DMD 提供的屏幕像素是三个微反射镜输出的组合/聚光结果。经 DMD 调制的三个基色光穿过全内反射棱镜(total internal reflection,TIR),由投影透镜投射到屏幕上。当 DMD 上各微镜转动时,可以将光线准确地

图 12.2.7 单片式 DLP 投影机的光学系统

射入或偏离投影透镜。三片式中 R、G、B 各个 DMD 同时工作,能得到最高的光利用率和图像质量,各基色是 10bit,即每种基色可显示 1024 级色调,可显示 $10^9$ 种颜色的彩色图像。

图 12.2.8 三片式 DLP 投影机的光学系统

三片 DLP 系统适用于对图像质量、高亮度及高分辨率特别关注的专业用户,可在剧场、影院和展览大厅中使用。

**6. DLP 投影系统的技术优势**

1) 高亮度和高对比度

CRT 背投依靠荧光粉主动发光,其亮度受荧光粉的限制,不可能太高;LCD 依靠偏振光工作,50% 的光被偏振片滤掉,光效率较低,亮度难以超过 10 000 ANSI 流明;DLP 采用铝镜反射技术,且开口率高,其综合光利用率大于 60%,并且在处理光源散热问题上相对容易,所以 DLP 投影系统允许使用很强的光源,而不会使系统过热。现在的 DLP 背投电视的亮度可达到 6000 ANSI 流明,对比度达到 3000:1。为满足数字影院的亮度要求,亮度可达到 12 000 ANSI 流明和 17 500 ANSI 流明的 DLP 投影机也已有产品。

2) 高清晰度

目前,单片 DMD 的像素数已经能够做到 2048×1152(2.25M),对于 1920×1080(2M)显示格式的 HDTV 已经足够了。

3）精确的灰度和彩色再现能力

DLP 能够产生数字化的灰度和彩色,假如基色由 8～10 位数字量表示,则 DLP 可以产生 $256^3$～$1024^3$ 种颜色。DLP 使数字视频信号具有更精确的灰度和色彩,使再现的视频图像更自然。

4）无缝的电影质量图像

LCD 和 PDP 显示屏上的每个像素周围都包围着一圈隔离物,像素之间是有缝隙的。DMD 器件中每个微镜的面积约为 $16\mu m \times 16\mu m$,微镜之间的间隙只有约 $1\mu m$,其填充系数高达 90%,被称为"无缝图像"。DMD 器件的高填充系数还可以提供更高的主观视觉分辨率,使人几乎看不到单个的像素。

5）全数字化显示使噪声和失真降至最低,灰度等级更高

CRT、LCD 和 PDP 器件都不具有直接显示数字信号的能力,在它们的输入端必须施加模拟信号,虽然目前在制作、编辑、广播和接收方面已经拥有了全数字能力,在终端还必须将数字信号转换成模拟信号,这使得任何数字系统最后都带有一个模拟的尾巴。当前,只有 DMD 具有直接显示数字信号的能力,从而大大降低了图像的噪声和附加失真。

6）DLP 图像具有较高的灰度等级

DMD 器件的微镜从 $+12°$ 翻转到 $-12°$ 所需的时间约为 $15\mu s$,以 10 位量化的数字信号驱动,每秒最多可以翻转 1024 次,即可以实现 1024 个灰度等级。

7）高可靠性和持久不变的亮度及对比度

LCD 投影系统普遍存在亮度和对比度随工作时间的延长而逐渐下降的缺点,而 DLP 投影系统却不存在这种缺陷。这是因为 DMD 的反射率是不随时间变化的。DMD 微镜扭转片的铰链翻转的有效次数可达 $10^9$ 次以上,这相当于可连续正常地工作 20 年。

8）环保健康、体积小、质量轻

DLP 系统无 X 射线辐射,无电磁波辐射,功率消耗少,稳定性好,质量轻。由于普通 DLP 投影机用一片 DMD 芯片,最明显的优点就是外形小巧,投影机可以做得很紧凑。现在市场上所有的 1.5kg 以下的迷你型投影机都是 DLP 式,大多数 LCD 投影机要超过 2.5kg。

DLP 投影机的图像流畅,反差大,这些视频优点使其成为家庭影院世界中的首选品种。现在,大多数 DLP 投影机的对比度可做到 600∶1～800∶1,低价位的也可达 450∶1。LCD 投影机对比度只在 400∶1 附近,而低价位的才 250∶1。画面的视感冲击强烈,没有像素结构感,形象自然。

**7. 与 LCD 投影仪优点相比较 DLP 投影机存在的问题**

1）DLP 投影系统的寿命不决定于核心元件数字微镜 DMD

DLP 投影机使用的核心元件是数字微镜 DMD 装置,测试表明,该芯片可以连续使用 20 年,影像品质也不易随着时间而变化。一般 LCD 投影机在经过 3000 多小时的使用后,就会出现明显的图像衰减,如投影图像偏蓝等,或出现大面积暗点、对比度降低等。若单纯比较投影机核心元件的寿命,DLP 的 DMD 芯片由于是用半导体制成,比起 LCD 显示面板的确占有优势。但对于消费者而言买的是整机,成千上万个元件任何一个环节出现问题都难以保持这个优势。大多数 DLP 投影机都需要依靠高速旋转的色轮来实现色彩分离,只要一开机便不停地高速转动,因此色轮马达的耗材寿命问题更需要消费者着重考虑。此外,因色轮分色的原因,当 3LCD 与单 DLP 两种投影机投射出来的亮度相同时,DLP 投影机所需

的灯泡瓦数相对较高。由于高亮度金属灯泡的温度非常高,散热效果的好坏将对灯泡寿命产生相当大的影响,维护稍有不慎,就可能带来不小的损失。

2) 垄断下的成本阴影

DLP 芯片的核心技术一直控制在美国德州仪器(TI)一家手中,处于绝对的垄断地位,也正是基于被垄断的顾虑,大多数投影机厂家并不买德州仪器的账,直接导致单位成本比较高,所以 DLP 机器的价格始终比同档次的 LCD 机器要高出一大截,市场占有率和认知度远不及 LCD 投影机。虽然目前的情况已大有改观,但是这个垄断的成本阴影始终存在。

3) 高亮度的优势不一定有用

在同样的亮度输出下,虽然 DLP 技术的投影机要配备功率更高的灯泡,但 DLP 投影机采用了 50 多万个细微镜片来反射图像,每个镜片中 90% 的光线都可直接反射投影到显示屏幕上,更为重要的是,基于 DLP 技术的投影机的亮度是随着输入图像分辨率的增加而不断增大的,比方说在 SXGA 等更高分辨率下工作时,细微镜片将会提供更多的反射面积。所以商家一直宣称无论在白天还是黑夜都能享受到 DLP 投影机给我们带来的明亮的投影效果。其实,对亮度的要求与环境光强弱关系极大。经验证明:在遮光条件非常好的小型歌舞厅、影视厅,100 ANSI 流明是入门级的亮度;家庭影院使用,300 ANSI 流明是基本的亮度;电教、办公或大型娱乐场合使用,800 ANSI 流明是可以接受的基本亮度。对于环境光干扰强烈的大型场所,要 3000 ANSI 流明以上。不过需要提及的是:目前在投影亮度输出方面,DLP 技术与 LCD 技术是平分秋色,水平相当。而且若投影视频图像或照片等内容,拥有完美的色彩还原效果的 LCD 投影机更适合,特别是在大型视频工程方面,专业人士大多使用专业级 LCD 投影机。

4) 昂贵的色彩代价

目前单片式 DLP 投影机与三片式 LCD 投影机在价格上处于同一档次上。几乎所有的投影机都支持 16~24 位的真彩色。所以要评价投影机的色彩还原度,不仅看颜色,还要看对比度。从市场产品来看,对比度高是 DLP 投影机最值得炫耀的卖点,但单片 DMD 投影机的色轮在同一时间内一次只能处理一种颜色,因此不但会带来部分亮度的损失,同时由于不同颜色光的光谱波长的固有特性存在着差别,会产生色彩还原的不同,画面色彩往往表现出红色不够鲜艳等弊端。而目前中低端家庭影院都采用的三片式 LCD 投影机,由于是三片式和 LCD 技术在色彩还原和画质方面的优势,在观看图片时,优质的色彩饱和度可以使画面展现自然效果,而这样的画面效果是同档次的单片式 DLP 投影机无法实现的。只有三片式 DLP 投影机才能向消费者展示真正的 DLP 数字影院效果。不过令人遗憾的是,该机的价格高达 20 万元。所以,事实上在家用市场,DLP 投影机虽然向消费者展示了 DLP 投影机强劲的色彩优势,但真正能让大众买得起的却依然是 LCD 投影机。

5) 不可回避的噪声

与传统的模拟产品相比,DLP 投影机使用的光学成像器件 DMD 的像素宽度只有 16$\mu$m,像素之间的间隔距离也不到 1$\mu$m,而且 DLP 投影机采用的是数字技术光学成像原理,不需要传统投影机那样多的中间处理环节,所以 DLP 投影机很自然地就可以把影机体积和质量做得更小了。

但内部结构紧凑、整机小巧轻盈也并非尽善尽美,主要的弊端就噪声大。LCD 投影机主要的噪声来源是散热风扇,而 DLP 投影机由于需要另一颗高速马达来转动色轮,因此开机后同时有两颗马达在机体内转动,噪声问题较仅有散热风扇马达的三片式 LCD 投影机大。另外,体形大的投影机因为易于散热,故风扇马达转速较低,透过其内部效果良好的隔音机制,相较于体积小巧的便携式投影机,更可达到安静的效果,所以为获得优质的视听环境,有时体形较大的产品更具优势。

投影机市场的竞争实际上是已占领市场份额 75% 以上的 LCD 投影机与后起之秀 LDP 投影机之间的竞争。DLP 投影机自出道以来便保持着高速的发展趋势,现在已发展到与 LCD 投影机各占 1/3。

## 12.2.3　LCoS 投影显示(反射型液晶投影仪)

LCoS(liquid crystal on silicon)技术是现行三种投影技术中的后起之秀,属于新型的反射式 micro LCD 投影技术,它采用单晶硅 CMOS 集成电路芯片作为反射式 LCD 的基片,用先进工艺磨平后镀上铝膜当作反射镜,形成 CMOS 基板,然后将 CMOS 基板与镀有透明导层的玻璃基板相贴合,再注入液晶封装而成,如图 12.2.9 所示。LCoS 将控制电路放置于显示液晶的后面,开口率可以大于 90%。

图 12.2.9　反射式液晶光阀(LCoS)元件的结构示意

LCoS 也可视为 LCD 的一种,传统的 LCD 是做在玻璃基板上,LCoS 则是做在单晶硅上。前者通常用穿透式投射的方式,光利用效率只有 3% 左右,分辨率不易提高;LCoS 则采用反射式投射,光利用效率可达 40% 以上,而且它的最大优势是可利用目前广泛使用的、便宜的 CMOS 制作技术来生产,无须额外的投资,并可随半导体制程快速的微细化,逐步提高分辨率。反观高温多晶硅 LCD 则需要单独投资设备,而且属于特殊制程,成本不易降低。LCoS 面板的结构有些类似 TFT LCD,同样是在上下两层基板中间用分布衬垫(spacer)加以隔开后,再填充液晶于基板间形成光阀,通过电路的开关以推动液晶分子的旋转,以决定画面的明与暗。LCoS 面板的上基板是镀有 ITO 的导电玻璃,下基板是镀有 Al 膜的单晶硅 CMOS 基板,LCoS 面板最大的特色在于下基板的材质是单晶硅,因此拥有良好的电子移动率,而且单晶硅可形成较细的线路,因此与现有的 LCD 及 DLP 投影面板相比较,LCoS 是一种很容易达到高分辨率的新型投影技术。单晶硅的电子迁移率高,可以将液晶驱动电路与控制电路一体化,减少了外围 IC 数目及封装成本,并使体积缩小。由于 LCoS 的尺寸一般为 0.7in,相关的光学尺寸也随之缩小,使 LCoS 背投的总成本可大幅度地下降,目前的国际价格是每台约 1000 美元。这是因为:

(1) 将背板转变为有源矩阵液晶光阀的成品率很低,只有 25%,这大大增加了制造成本。

(2) LCoS 在工作 500～1000h 以后,液晶受强光长时间照射会发黄,产生区域性的不均匀性。

(3) 背片像素的最小物理尺寸是 $8\mu m$,若小于这个尺寸,则由于液晶的边界效应,将使分辨率受损。

(4) LCoS 的光学系统成本低不下去。

LCoS 投影技术分为单片式和三片式两种。单片式采用了与 DLP 投影技术类似的时序成像方式,被称为彩色时序 LCoS(color sequence LCoS,CS-LCoS),其帧刷新频率为 480Hz。三片式是指使用红绿蓝三原色通过棱镜分离再汇聚的成像方式,被称为彩色滤色膜 LCoS(color filter LCoS,CF-LCoS)。这种方式的成像质量更高。目前的主流产品普遍采用了这种成像方式。

图 12.2.10 给出了用 R、G、B 三个 LED 作为三原色光源,CS-LCoS 投影机的光学系统。图中的两个分色镜都是透过绿光,反射红光和蓝光;准直透镜是一种消色差透镜,使入射光在微显示面上均匀化;PBS 将入射光偏振化,S 偏振光被反射到微显示面上(P 偏振光透过 PBS),被 TN 液晶旋转 45°,投射在背板铝层上被反射,再经过 TN 液晶,又被旋转 45°,变成 P 偏振光,透过 PBS,由投射镜成像在屏幕上。

图 12.2.10 LED 作为光源、CS-LCoS 投影机的光学系统

三片式的 LCoS 成像系统如图 12.2.11 所示。首先将投影机灯泡发出的白色光线,通过分光系统系统分成红绿蓝三基色的光线,然后,每个基色光线照射到一块反射式的 LCoS 芯片上,系统通过控制 LCoS 面板上液晶分子的状态来改变该块芯片每个像素点反射光线的强弱,最后经过 LCoS 反射的光线通过必要的光学折射汇聚成一束光线,经过投影机镜头投射到屏幕上,形成彩色的图像。

CF-LCoS 成像系统在光源光线参与成像的利用率上能够达到单片式成像系统的 1 倍左右,因此,同样的光源和电力消耗可以产生更加明亮的最终画面。同时,由于避免了单片式 DLP 时序成像的缺陷,三片式 LCoS 投影系统也能产生出更加饱和、丰满的色彩,并且不会出现困扰单片式 DLP 成像系统的彩虹画面问题。

图 12.2.11　CF-LCoS 投影机的光学系统

相比 LCD 技术，LCoS 具有色彩鲜艳、灰度优秀、黑色深沉、画面明亮、网格化情况较少和更加节能的特点。相比单片式 DLP 技术，三片式 LCoS 投影技术具有更高的光学利用效率、更加丰满的色彩表现，没有色彩断裂和观赏者眩晕现象等特点。在与三芯片 DLP 投影机的比较中，三片式 LCoS 投影机在分辨率上的优势更是 DLP 投影机无可比拟的。目前，LCoS 芯片的分辨率已经可以覆盖 2K、3K、4K、8K 等水平产品。而 DLP 技术由于其微电子机械学结构的原因导致其分辨率难以达到 2K 以上，这可以说是所有 DLP 投影产品和三片式 LCoS 投影产品对抗时候的致命弱点。

LCoS 显示曾被认为是有希望提供廉价的极高清晰度的图像显示，因为半导体已经达到 $0.065\mu m$ 的设计水平，而 LCoS 背板只需要 $0.25\sim0.35\mu m$ 的工艺。对任何分辨率背板，制造成本都不会相差太大，背板的低廉成本是 LCoS 最引人的动力；LCoS 光学引擎因为产品零件简单，因此具有低成本的优势；相较于透射型液晶投影仪的 LCD 面板只由 Epson、Sony 供货及 TI 独家供应的 DLP 面板，LCoS 具有成本的快速降低趋势。

虽然 LCoS 看起来简单，但要产品化还要有一个过程，并不是像想象的那样容易形成一个产业。由于制造工艺等方面原因，目前基于 LCoS 技术的产品还没有形成大规模量产，只有少数厂家开发出了应用于投影机的 LCoS 芯片和应用 LCoS 技术的投影机及背投电视机。

目前 LCoS 的发展业者集中在美英中三地。在中国的公司是南阳的河南南方辉煌图像信息技术有限公司（中美合资）。由于 LCoS 在开发中涉及整个元件的设计、制造到光学系统的整合，有较高的技术门槛。且每个业者所开发的 LCoS，各有专用的 ASIC、光学引擎等，零组件和生产隔裂开来，无法标准化，因此很难达到量产的经济规模，部分业者因无法提出全套的解决方案，致使产品无法顺利推出而面临财务危机。

虽然已经开发出了主要应用于大型数字高清影院的 1.7in 4K（3840×2048）超高分辨率显示芯片和具有 3000lm 亮度的 SXGA+级高分辨率投影机，但目前在市场上 LCoS 投影机仍只占少数，约为 $1\%\sim2\%$。

LCoS 技术本身，仍有许多技术问题有待克服，例如，将 CMOS 背板转变为有源矩阵液晶光阀的成品率很低，只有 $30\%$，黑白对比不佳、三片式 LCoS 光学引擎体积较大等。不过，主要问题在于量产技术尚未克服，零件供货上仍不稳定，因此 LCoS 仍需待以时日才能成长为投影机中的一枝。但是，近十多年来由于面临着 DLP 背投猛烈的竞争，留给 LCoS 的时间已不多了。

### 12.2.4　常见投影显示技术比较

投影显示的发展至今已有近六十年的历史,早在20世纪40年代的美国就开发了CRT投影系统、光阀投影和激光投影的原型,随着经济技术的发展,各种投影显示技术也逐步走向成熟和应用。到目前为止,根据成像原理的不同,还在使用的投影显示大致可分为CRT投影、LCD投影、DLP投影、LCoS投影、LV(光阀)投影五种技术,它们之间的对比如表12.2.1所示。

表 12.2.1　常见的五种投影显示技术的比较

| 投影技术 | 工 作 原 理 | 优　点 | 缺点和备注 |
|---|---|---|---|
| CRT | 通过红、绿、蓝三个阴极射线管的电子束轰击玻壳上涂的荧光物质发光成像,经光学透镜放大后,在投影屏或幕上会聚成一幅彩色图像 | 图像细腻、色彩还原性好、逼真自然、分辨率调整范围大、几何失真调整功能强 | 亮度低、亮度均匀性差、体积大、质量重、调整复杂、长时间显示静止画面会使管子产生灼伤(已退出市场) |
| LCD | 透射式LCD投影机将光源发出的光分解成红绿蓝三色后,射到一片液晶板的相应位置或各自对应的三片液晶板上,经信号调制后的透射光合成为彩色光,通过透镜成像并投射到屏幕上 | 体积小、质量轻、操作简单、成本低 | 光利用率低、像素感强(是市场上的主流产品) |
| DLP | 由微镜的转动(±12°)控制调制光的反射方向,即控制该点信号的通断,然后通过透镜成像并投射到屏幕上 | 光利用率高、色彩丰富、响应速度快、亮度和色均匀性好、体积小、质量轻 | 市场占有率已与LCD的相同 |
| LCoS | 将透射式电极换成反射膜,调制光经液晶反射后,通过透镜投射到屏幕上 | 控制电路不影响亮度、提高了光的利用率 | 量产技术有待解决 |
| LV(光阀) | 根据寻址技术、光阀及上述两者之间所用的转换介质的不同可以分成许多种类。目前市场上常见的是由CRT、转换器和液晶光阀组成的大型光阀投影机。它使用高清晰度CRT作像源,经转换后通过光阀成像 | 分辨率高、没有像素结构、亮度高,可用于光线明亮的环境和超大屏幕显示 | 成本高、体积大、质量重、维护困难(已被淘汰) |

## 12.3　激光投影显示

投影显示技术的未来是激光投影显示,即激光电视。所谓激光电视,是指利用激光代替普通的光源,实现发光。激光具有很高的色纯度,激光的亮度可达 $10^5\,\mathrm{cd/m^2}$,比UHP弧光灯的亮度高得多,因此如果选用适合的元件,将能得到色彩优异的画面。

目前国际上有德国LDT公司、韩国三星公司、日本索尼公司、日本松下公司和日本三菱公司开展了激光电视的研究,日本索尼公司开发的激光电视主要采用"线扫描"方式,德国LDT公司、韩国三星公司则采用"点扫描"方式。

我国对激光显示技术的关注也早已开始,20 世纪 80 年代末,激光全色显示技术就已进入我国"863 计划"。2002 年我国在该技术领域实现重大突破,推出全固态激光显示原理样机,2003 年研制出 60in 背投激光显示机,2006 年推出 200in 背投激光显示机。在激光全色显示技术领域,我国拥有完整的自主知识产权链,具备在该领域实现产业化重大突破的良好基础。

激光投影显示的分类:面阵空间光调制器的投影成像方式和扫描式的投影成像方式。

## 12.3.1 面阵空间光调制器的投影成像方式

采用 LCD、DMD、LCoS 等面阵空间光调制器对扩束准直的激光束进行调制,然后通过投影镜头将调制后的小面积图像放大成像透射到大屏幕上。图 12.3.1 所示是采用面阵空间光调制器的激光投影成像的工作原理示意图。红、绿、蓝三色激光分别经过扩束准直后入射到相对应的光调制器上,光调制器上加有图像调制信号,经调制后的三色激光由 X 立方棱镜合色后入射到投影镜头,最后投射到屏幕,得到激光显示图像。

图 12.3.1 采用面阵空间光调制器的激光投影成像的工作原理示意图

基于面阵空间光调制器的激光投影显示技术中,如何减小其至消除散斑对于面质的影响以及高性能激光器成本的降低是关键问题。

所谓散斑,是指激光入射到粗糙物体表面(如幕布)上时,由于激光是一种高度相干光,粗糙表面上各个小面积元反射的基元光波在空间相互干涉,形成振幅、强度和相位随机分布的呈颗粒状图样的斑纹,也称为激光散斑(speckle)。

屏幕上斑纹的出现严重影响了成像清晰度,使图像分辨率下降。现在已有许多消除散斑的方法,国内也有学者提出采用超声波衍射改变波前形状的方法,并取得了不错的效果。

## 12.3.2 基于扫描的激光投影显示

### 1. 工作原理

基于扫描的激光投影显示技术是凭借激光束准直性和方向性好的特点,利用扫描器件(转镜或振镜)将激光束高速扫描到屏幕的相应位置,利用人眼视觉暂留效应形成完整的画面。典型的激光扫描投影显示系统由激光光源、光调制器、光束扫描器件、激光合束装置以及控制器组成。图像信号加到光调制器上,控制激光束的强度,行、场同步信号加到光束扫描器件(光偏转器)上,使激光束按一定的规律在屏幕上扫描形成图像。图 12.3.2 所示是基于扫描的激光投影显示系统的结构示意图。红、绿、蓝三色激光器发出的激光分别经过聚焦透镜进入受视频或者图像信号控制的光调制器,经调制后的三色激光准直后经过二向色性反射镜反射和折射合为一束。这束合成光被光束扫描器件反射到屏幕上特定的位置,在投影屏幕上形成一幅完整的图像。

图 12.3.2 基于扫描的激光投影显示系统的结构示意图

**2. 扫描装置**

扫描装置是激光扫描系统中最重要的组件,也是实现技术难度最大的一个环节。主要方法有电光偏转、声光偏转、衍射偏转和机械偏转,而机械偏转是目前发展的主流。机械式扫描器件有多面转镜、检流计式振镜和微电-机系统(micro electro-mechanical system,MEMS)振镜等。

1) 多面棱转镜扫描系统

转镜扫描系统一般由行转镜与场转镜构成,如图 12.3.3 所示。行转镜与场转镜均为多面棱体,行转镜的转动速度要远高于场转镜,以保证当场转镜转过一个面时,行转镜正好转过图像的行数目镜面,即行转镜每转过一个镜面,屏幕上就出现一条水平亮线,而场转镜每转过一个镜面,屏幕上的光点轨迹将完成一次从上至下的垂直扫描。

图 12.3.3 行转镜、场转镜工作原理图

2) 振镜扫描系统

振镜扫描系统是一个小镜子固定在一个由磁场线圈驱动的转动轴上,从而实现小角度范围的来回绕轴转动。振镜的来回振动频率一般可达 25kHz,因此一般用于场扫描。这样由一个多面棱转镜作为行扫描和一个振镜作为行场扫描,就构成了激光扫描显示系统的扫描系统。

3）利用一维线性栅状光阀（grating light valve，GLV）

快速的行扫描由一维线性 GLV 完成，低速的帧或场扫描由转动的平面镜完成。一维线性 GLV 结构如图 12.3.4 所示，它有很高的分辨率，可达到 4k×5k 或 4k×8k，其工作原理类似于油膜光阀。阵列是一组类似于 DLP 中的微电子机械系统（MEMS），由一系列交替排列的固定微细条和可以借助电场力上下运动的微细条组成，它起着图 12.1.3 所示的纹影（schlirien）光学系统中的纹影透镜的作用。当可以运动的微细条处于"上"位时，

放大的表面像

图 12.3.4　一维线性栅状光阀的结构

阵列表现为如同一个平面镜，将激光束反射回纹影镜和光源；当可以运动的微细条处于"下"位时，交替排列的上、下位微细条表现为如同一个会改变入射光的方向的衍射光栅，被阵列改变方向的激光束射不中纹影镜，而进入投射镜，并且投射到屏幕上。由于阵列改变激光束方向的角度与波长有关，所以大部分线性阵列系统采用三个线性阵列，分别用于红、绿、蓝三种激光。

## 12.3.3　激光投影显示的优缺点

### 1. 激光投影显示的优点

（1）液晶背投在使用 1 万～2 万小时以后，其亮度就会降低一半。激光投影机（激光电视机）采用半导体激光器作为光源，其室温寿命一般可达 10 万小时，经高温老化试验推算出的室温寿命可达百万小时，所以激光投影机的寿命可高达 10 万小时。

（2）激光是 100% 单色光，红、绿、蓝三色激光可利用数字信号分别调制，因为色谱纯净，所以彩色效果非常理想。现有的电视技术其实只能显示出肉眼可见色彩中的 30%，而激光电视则能让你看到可见色彩中的 70%，如图 12.3.5 所示。

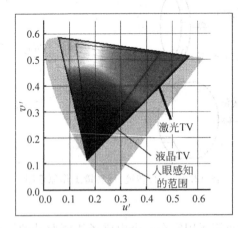

图 12.3.5　激光电视的色域

（3）与传统投影电视中的卤化物灯相比，激光是一种非常高效的光源。在传统投影电视中，卤化物灯只将光线能量的一小部分，即 2%～3% 进行转化，其余的都变成热量浪费了。而且卤化物灯价格高，易损耗，亮度衰减迅速，对振动非常敏感。激光投影显示系统的

机械部件很少,激光束可以通过镜面进行偏转,系统稳定性好。一般的激光 LCD 投影机的功耗只有传统 LCD 投影机的一半。

(4) 在光的传播方式上,激光光源与传统的白炽灯、卤化物灯有着本质上的不同:普通白炽灯、卤化物灯的光线向所有方向发射,而激光器将所有的光线都聚集在一个平行的光束中,所以激光投影系统中的光学系统小巧而简单。

(5) 激光投影系统发出的激光是绝对的平行光,即其景深为无穷大,所以投射到任何怪异几何结构的屏幕上,如一个拱形银幕,甚至一个圆形屏幕上,都不会产生模糊不清的现象。激光投影电视的这种特性为环形放映开创了一个美好的前景。

(6) 激光电视清晰度高、屏幕尺寸灵活。这种系统还可适应目前使用的所有电视和微机显示器的标准,即 PAL 制、NC 制、SECAM 制、VGA 等制式。激光电视可以发展成为特超大屏幕电视、电影和投影一体化多功能产品。它较等离子体和液晶电视机工艺简单,亮度比大屏幕液晶电视机亮,且不受视角的方向性影响。

**2. 激光投影显示的缺点**

(1) 激光电视是利用激光束投射成像,所以在大屏幕高亮度情况下,投射出大功率激光束,特别是流明数大于 200 的前投激光系统,如直接照射到观看者的眼睛,其安全性就不容忽视。所以在目前封闭式光路的背投激光电视是主要方向。

(2) 半导体激光器太贵了,必须开发出适用于微显示的低价的激光器。

## 12.4　投影系统的光源、照明系统和光学系统

光学系统在投影机中在一般人看来似乎没有什么值得深究的地方,只要光源亮度足够到在显示屏上成像就可以了,但是实际情况并不是这么简单的。在光学系统中有许多需要解决的问题,首先,是光的控制问题;其次,用于提供光源的灯泡或者灯管的寿命也是一个需要解决的问题;最后,亮度的均匀性也是一个令人头痛的问题。图 12.4.1 所示是投影显示器的框图。下面根据这个框图来介绍各个部分的功能。

图 12.4.1　投影显示系统框图(其中细线围的部分表示投影机的部分)

### 12.4.1　光源

投影系统用的光源(light source)有 4 种:超高压水银灯、金属卤化物灯、氙灯、卤素灯,但是后两种已不大使用,故下面只介绍前两种。

### 1. 超高压水银灯

超高压(UHP)水银灯,又称超高压(UHP)弧光灯,是由 Philips 首创的,在点亮稳定工作时,石英灯管中具有 150～250 个大气压的水银蒸汽压,弧长为 1～1.3mm 的短弧。当工作水银蒸汽压不够高时,连续光谱中红光成分不够,只有水银蒸汽压大于 150 个大气压时,光谱中的红光成分才够实际使用。

UHP 水银灯的功率一般在 100～300W 之间,效率是 60～70lm/W,寿命一般在 3000～6000h 之间,色温为 7500～10 000K,特别适于用作投影系统的光源。

### 2. 金属卤化物灯

随着投影机使用一段时间,光源输出量会随着电极(灯丝)形状的改变而改变。同时在电极之间的离子浓度在不停地变化之中,这样会在屏幕上得到一块比其他的地方亮或者暗的区域。其中的部分问题可以通过图 12.4.1 中的光学系统来矫正。Philips 已经开发了一套调整电压脉冲的技术来保证光源稳定输出。

金属卤化物灯在稳定点亮时,放电的水银蒸汽压为数十个大气压。将蒸汽压低的金属单体做成各种蒸汽压高的卤化物封入灯管中。为了使发光光谱中具有红、绿、蓝合适的成分,成为彩色再现性良好的光源,使用以镝(Dy)为中心的稀土类金属卤化物。封入灯管中的各种成分的作用如下:数十千帕的氩气是为了改善灯管的启动特性;水银蒸汽用来调整灯管内的气压;铟的卤化物(Inl、InBr)是为了抑制镝的转移,防止镝在电极上的凝缩;铯的卤化物(CsI、CsBr)是为了延长寿命和提高放电稳定性;为了修正发光光谱,提高发光效率还可封入稀土类金属 La、Nd、Ho 等。

供电方式有直流与矩形波交流两种。目前,金属卤化物灯的水平是交流型为 150W、弧长为 3mm 和 250W、弧长为 4mm;直流型为 150～330W,弧长为 1.5mm。

金属卤化物的效率与设计寿命为逆向关系,即设计寿命长,则效率低;还与弧长有关,当弧长为 5mm 时,效率可达到 80lm/W;3mm 时为 70lm/W;2mm 时,效率只有 65lm/W。当光通量为主要指标时,直流点燃型灯管的设计寿命为 1500～2000h;如果寿命为主要指标,则牺牲光通量,寿命也能设计成 5000h 以上。图 12.4.2 所示为将直流点燃型金属卤化物灯与反射镜组装在一起的构造。

图 12.4.2　装有反射镜的直流点燃型金属卤化物灯的构造

### 12.4.2　照明系统

在投影系统机中,照明系统是光线从光源到光阀(又称成像引擎)的通道,它可以进一步提高光源效率和稳定性。

照明系统的一个任务是将从光源发出并且经过椭球形凹面镜汇聚的光线进一步地集中到光阀中,另外一个任务是使光源亮度分布更加均匀,因为一般的情况下,大多数的"灯泡"发出的光都是中间的亮度高,越到边缘部分它的亮度就越暗。表现在矩形的显示屏上,就是边角的图像的亮度比中心的亮度低。

**1. 早期的照明系统**

早期的投影机用于放映幻灯片,采用柯勒(Kohler)照明系统,如图 12.4.3 所示。在该照明系统中,光源与投影透镜的入射孔在光学上是共轭的,作为光阀的幻灯片放在聚焦透镜和投影透镜之间。光源灯丝并不在光阀上成像,因此能在光阀上获得没有局部照明斑点的平滑照明。总的来说,是中间亮四周暗。对于幻灯片,人的视点在画面中央,虽然周围比中央稍暗,由于人眼对远程的亮度渐变不敏感,不会感知到屏中央的亮度比四周高。在微显示中,屏四角都有文字等信息,人的视点遍及四周的情况多起来,因此要求四角与中央的亮度基本上相同。这就需在照明系统中添加匀光器(light pipe)。

图 12.4.3　柯勒照明系统

**2. 现在常规的带有匀光器的照明系统**

现在常规的带有匀光器的照明系统如图 12.4.4 所示,它由集光区、照明区和投射区三部分组成。在集光区,光源(一般使用弧光放电的 UHP 水银灯)发出的光束被椭球形凹面镜会聚,经过前置平板玻璃到达匀光棒的入口,光束在匀光棒中经多次全反射匀化后从出口处出来;在照明区,从匀光棒出来的光束经照明透镜投射在微显示面上,并且被调制;在投射区,已被调制的光束经投射透镜投射在屏幕上。

在投影显示系统的整个光路中,集光区光的损失率最高,原因在于假定处于椭球反射面第一焦点的光源是点光源,这样从光源发出的所有光线都会会聚在第二焦点上(根据椭球面的几何特性,不会产生像差),即不会造成耦合损失,如图 12.4.5(a)所示。实际上,UHP 水银灯的发光区是极间的电弧,而电弧的长度等于极间距离,即光源是有尺寸的,这样从光源发出的光不会都会聚在第二焦点上,产生了像差,造成了耦合损失,如图 12.4.5(b)所示。也就是说,实际的光源是由无数个点光源组成,它们之中绝大多数都没有精确地位于凹面镜的第一焦点上而是仅仅在第一焦点的附近,这样大部分的点光源的反射光线将会会聚在第

图 12.4.4　常规的带有匀光器的照明系统

二焦点之外的地方。也就是说,当光源越大,在第二个焦点得到的光线的会聚性就越差,即越不像是一个点而是一个区域。

　　这样就会引起一系列的问题:这些发散的光线因为距离会聚区域相当的远,所以不可能被传送到成像引擎,这将导致屏幕亮度的降低和投影机本身发热量的增加。部分发散光线可能会经过一定的途径进入投影机的光学系统最后来到屏幕上,这样将会降低总体图像的对比度,如原来是黑色的背景,因为这些光线的存在而变成了灰色。最新的措施是将集光区的前置平板玻璃改变成一个经过精确设计的校正透镜,并且将反射面改变成非椭球面,基本上可以解决这个问题(如图 12.4.6 所示),还可使屏幕的亮度提高 10% 以上。

图 12.4.5　常规集光区引起耦合损失

图 12.4.6　加校正透镜和采用非椭球面反射镜可改善光束在第二焦点上的会聚状况

### 3. 匀光器

可以采用透镜矩阵或匀光棒将从光源出来的光束的亮度分布均匀化。

**1) 透镜矩阵方式**

透镜矩阵方式的照明系统如图12.4.7所示,经常与抛物面反射镜相配合。它由两个透镜矩阵加一个重叠透镜组成。靠近光源侧的第一矩阵透镜的形状与光阀开口形状相似,由按两维排列的多个透镜单元构成,将反射器的射出开口面进行分割。第一透镜矩阵上的每个透镜单元将收集的光聚焦到第二透镜矩阵各自对应的透镜单元上,现在第二透镜矩阵可等效为一个面光源,其上每个透镜单元发出的光被重叠透镜会聚在后者的聚焦平面上。根据聚焦平面的特性,所有平行光在聚焦平面上会聚于一点,该点的位置与平行光相对于透镜轴的夹角有关,角度越大,会聚点离轴越远。于是在光阀面上可获得较为均匀的照明。双透镜矩阵方式的工作原理,是将由反射器发出的以光轴为中心旋转对称分布的反射光束进行重新积分,从而获得均匀的强度分布。当然,透镜矩阵的分割数越多,强度分布就越均匀。在LCD投影仪中常使用透镜矩阵方式。

图 12.4.7 利用微透镜矩阵将光源发出的光均匀化

**2) 匀光棒方式**

匀光棒一般是矩形的经抛光的玻璃棒、石英棒或者内表面为高反射率的透明棒。光线进入匀光棒后,经过多次的反射会从一端达到另一端,而在另一端得到的光源就是亮度基本一致的矩形光源了。图12.4.8显示的是光线从光源中发出经过凹面反射镜的会聚,然后进入到矩形匀光棒,在其内经过数次的反射就可以在另一端得到亮度均匀的矩形光源了。进入匀光棒之前的光强分布接近于高斯分布,经过整理之后的就接近矩形分布了。

图 12.4.8 匀光棒将光束亮度均匀化原理

## 12.4.3 光学系统

制造色分离及色合成用的光学零件的基础技术是光学薄膜技术。在玻璃基板上将高折射率和低折射率透明介质薄膜,以光的 1/4 基准波长的光学膜厚为基准交互沉积,即可反射特定波长区域的光,而透过其余波长区域的光。光学薄膜的材料为 $TiO_2$、$SiO_2$、$MgF_2$、$ZnS$ 等。利用光学薄膜的这种性质可以制造各种光学零件。

### 1. PBS(polarization beam splitter,偏振分光)棱镜

PBS 棱镜是胶合棱镜组,能把自然光分为 P 偏振光和 S 偏振光,如图 12.4.9 所示。在胶合面处镀有偏振膜,自然光入射棱镜遇到偏振膜后,一部分反射,另一部分透射,它们都变成偏振光,其中反射光为 S 偏振光,透射光为 P 偏振光。偏振膜由多层膜组成,消光比可达 1000∶1。

### 2. 冷镜与冷滤光器

投影仪中的光源发射的光谱中还包含有紫外线和红外线。红外线会使光学系统发热,紫外线会使光学零件老化,都必须用冷镜除去。冷滤光器上镀的光学薄膜反射红外线和紫外线,透过可见光光谱;而冷镜(冷光镜)上镀的光学薄膜反射可见光,透过红外线和紫外线。

### 3. 分色镜

白光射向镀有特殊膜层的平面镜,能使特定波长区域的光反射,其余波长区域的光透过,形成两种色光,称这种平面镜为二向色分光镜(dichroic mirror,DM)。DM 在投影机的光学引擎中将白光分解成 R、G、B 三基色光,一般是两套配合使用,如图 12.4.10 所示。图中,白色光射入第一片分光镜,使 R 光透射而反射青色光,经第二片分光镜,将 G 光反射而透过 B 光,从而完成三基色分光过程。

图 12.4.9　PBS 棱镜结构示意图

图 12.4.10　二向色分光系统示意图

### 4. 立方合色棱

3 片 LCD 投影系统的光学引擎中使用 X 合色棱镜,3 片 LCD 芯片分置于立方棱镜周围,三基色图像经此立方棱镜进行合色,因此,称此立方棱镜为合色棱镜。合色棱镜由 4 块直角等腰棱镜胶合而成,外形是立方体,胶合面呈 X 形状,所以合色棱镜又称 X 合色棱镜(X-cube)。图 12.4.11 所示是立方合色棱镜原理和结构示意图。

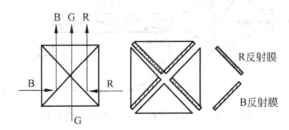

图 12.4.11　立方合色棱镜原理和结构示意图

### 5. TIR 棱镜

TIR(total internal reflection,内全反射)棱镜简称全反射棱镜,它是由两个棱镜胶合而

成的,如图 12.4.12(a)所示。在胶合面的周围点胶,将两块棱镜胶合在一起,中间形成一个空气隙,空气隙要等厚而且非常薄(一般不大于 $5\mu m$),如图 12.4.12(b)所示。空气隙是为了在玻璃界面产生全反射。

(a) DMD与TIR的空间光学　　　　(b) 空气隙放大图

图 12.4.12　TIR 全反射棱镜

TIR 棱镜多应用在 DLP 光学引擎中,用来把照明光路和成像光路分开,如图 12.4.13 所示。入射光经过第 1 棱镜,在内表面入射角大于全反射临界角时发生全反射,照明 DMD 微反射镜。反射回来的光线,再次经过第 1 棱镜的内表面时,入射角小于全反射临界角,然后经过空气隙,由第 2 棱镜射出。微反射镜处于亮态时,光线通过投影镜头成像在屏幕上;处于暗态时,光线偏离投影镜头而被吸光器件吸收。

亮态　　　　　　　　　暗态

图 12.4.13　TIR 棱镜中照明光和出射光的传播

## 习题与思考

12.1　根据亲身体会列举 4～5 种大屏幕投影显示的例子。

12.2　简述对大屏幕显示指标要求与临场感之间的关系。

12.3　为什么在 DLP 投影显示技术中灰度的实现必须采用 PDP 中采用的技术?

12.4　结合图 12.2.6 和图 12.4.13 简述 DLP 光开关的原理,你认为 TIR 棱镜应置放在图 12.2.6 光路中的什么位置?

12.5　为什么 LCoS 的开口率高、分辨率高?该投影技术为什么迟迟发展不起来?

12.6　激光投影显示的色域为什么特别大?为什么可以投射到任意曲面上?

12.7　上网查阅一两种解决激光散斑的方法。

12.8　列表写出 LCD、DLP 和 LCoS 三种投影显示技术的优缺点。

12.9　为什么对于超高压水银灯,用椭球面和均光棒的光利用率低?如何改进?

12.10　描述一两种你对未来(大屏幕)投影显示技术的设想。

# 第13章

**CHAPTER 13**

# 触 摸 屏

本章介绍各种触摸屏(如电阻式触摸屏、电容式触摸屏、光学触摸屏以及声学触摸屏)技术、触摸屏计算机界面、驱动传感器和目前触摸屏的发展趋势。

## 13.1　触摸屏或触摸系统简介

触摸屏(touch panel,TP)或触摸系统给用户提供了能取代或补充传统计算机输入设备,如键盘、鼠标或轨迹球等输入设备,是硬件和软件的结合。触摸屏使用的图形用户界面(graphical user interface,GUI)系统已经成为更有用、更容易、更直观的人机交互作用的手段。使用者只要用手指轻触计算机显示屏上的图符或文字就能实现对主机的操作。触摸屏已成为光电显示器件不可分割的一部分,广泛地用于手机、平板电脑以及公共场所(如电信局、银行、医院、城市街头等场所)的各种查询机等。

触摸屏的最大特点是绝对坐标系统,而鼠标是相对定位系统。要求触摸屏同一点的输出数据是稳定的,发生漂移是触摸屏的大忌。

触摸系统的主要部件有触摸传感器、控制器和软件驱动器。

(1)触摸传感器。传感器是一种物理传感器或具有接触反应表面或平面的传感器。理想情况下,传感器是透明的,并具有相对刚性的接触表面。传感器的工作原理可以是电子的、机械的、光学的或声学的。

(2)控制器。通常是微处理机控制的电子设备,能对触摸传感器提供激发或"驱动"信号,接收来自传感器的触摸响应信号,将接收到的信号转换成触摸位置的数字坐标以及将触摸坐标传送到主机。

(3)软件驱动器。虽然计算机系统能在应用软件层面直接处理触摸事件,但是通过驱动器应用操作系统和应用程序处理触摸事件是最有效和最合适的方式。驱动器接收所有从触摸屏控制器来的通信,管理界面器件(USB接口、串行端口等)的中断、缓冲触摸流、处理鼠标向上/向下的单击,最重要的是,将触摸事件转换成操作系统和应用程序可以读懂和行动的与鼠标兼容的光标控制命令。

## 13.2　模拟和数字电阻式触摸屏

最古老的触摸屏是电阻式的,在 20 世纪 70 年代中期就有了,一直销路最大,只是最近被投射式电容(projected capacitive,PCAP)触摸屏超过。

四线(4W)电阻触摸屏是模拟电阻触摸屏中最简单的类型,许多概念也适用于其他类型的电阻触摸屏。

## 13.2.1 四线电阻触摸屏

**1. 结构**

在四线(4W)产品中有两块透明导电基板作为导电平面,每块起一个正交坐标轴的作用。在工作时,轮流对两个导电平面施加电场,这两个电场是彼此正交的。从每个平面,与触摸位置成正比的电压传递到测量控制器。操作的细节解释如图 13.2.1 所示。

图 13.2.1 四线(4W)触摸屏的结构

在图 13.2.1 中,假设上基板平面是 $X$ 或水平轴,下基板平面是 $Y$ 或垂直轴。图中两平面之间的距离被夸大了,在实际触摸屏中,它们的间距是 0.2mm 或更少。

在上基板上,两条高导电性的驱动电极置于 $X$ 轴的两端,控制器施加在电极上的直流电压不大于 5V。每个导电平面通常是镀有透明导电(ITO)涂层的透明塑料或玻璃基板。涂层表面的方块电阻通常是 $150\sim800\Omega/\square$,电极的方块电阻通常小于 $50\text{m}\Omega/\square$。电极之间施加偏压后,横过基板的电流大体上是均匀的。电流的大小决定于 ITO 的方块电阻和基板的长宽比,对于典型的控制器和触摸屏,在微安到几个毫安范围内。在此导电平面上形成的电场现在可以表现沿电场方向的位置,因为位置正比于平面上任何点的电压。现在,这个平面是触摸屏一个轴的信息平面。对于一个理想的触摸屏,在此平面上所有同电位点的轨迹(即等位线)应该是平行于电极长轴的一条直线。不管哪一根轴,任何偏离直等位线都将产生触摸屏的准确性或线性误差。线性度也许是触摸屏最重要的参数,对零误差理想条件的最大偏离通常在产品说明书中以触摸屏对角线尺寸的百分比标出。4W 触摸屏的典型线性规格是 2%。

在实际的触摸屏中,触摸屏的两个导电表面是彼此面对面的。因为分隔距离很小,需要在两块导电表面的一块上加球状隔离点阵列以保持这两个基板不接触(故意触碰除外)。衬

垫高度为 $5\sim 10\mu m$，球状衬垫分布直径应小于 $50\mu m$。为实际操作，上平面必须有些可弯曲性。衬垫的大小和节距是触摸屏的感觉和灵敏度的一个关键因素。

### 2. 工作原理

电阻触摸屏的工作原理示意如图 13.2.2 所示。当用手或笔触摸屏上任一点 $P$ 时，使上、下两层的导电膜接触，控制器通过测控该点的 $X$ 和 $Y$ 方向的电压值，进行 A/D 变换，并计算出其坐标位置。

图 13.2.2　电阻触摸屏的工作原理示意

在 $X$ 方向和 $Y$ 方向的两个电极上交替地加上直流电压 $U_0$（约为 5V）。当对点 $P$ 施压时，点 $P$ 在 $X$ 方向的电压值 $U_{PX}$ 和 $Y$ 方向的电压值 $U_{PY}$ 分别为

$$U_{PX} = \frac{R_4}{R_3 + R_4}U_0, \quad U_{PY} = \frac{R_2}{R_1 + R_2}U_0 \tag{13.2.1}$$

通过对 $U_{PX}$ 和 $U_{PY}$ 值的运算可准确求出点 $P$ 在屏上的坐标。当上基片横向两侧加上电压 $U_0$ 时，下膜片竖向两侧不加电压，而作为触摸点 $P$ 处电位的引出极。若探测电路的输入阻抗很高，即在探测 $P$ 点电位时，无电流引出，则测控到的电位能真实反映 $P$ 点的电位，由此可获得 $P$ 点的 $X$ 坐标。当下膜片竖向两侧加上电压 $U_0$ 时，上基片横向两侧不加电压，而作为触摸 $P$ 处电位的引出极，由此测出 $P$ 点的 $Y$ 坐标。

这种测量方法的一个基本要求是沿 $X$ 方向和 $Y$ 方向的电压变化必须均匀，即电压值应随长度方向线性变化。这就要求 ITO 膜的电阻值，即其膜厚比较均匀。当 ITO 膜的厚度大，膜上电阻值分布比较均匀，但透光率降低。这是一对矛盾，只好折中处理。

值得注意的是，当使用合理的均匀导电基板时，简单的电极设计能产生良好的线性度，包括在非常接近电极边缘处，造成出色的触摸屏。这是 4W 触摸屏一个非常可取的特点。

### 3. 材料

4W 触摸屏的两块基板常用的导电涂层都是铟锡 ITO。ITO 可以涂在塑料（触摸屏中最常用的是聚对苯二甲酸乙二醇酯，PET）和各类玻璃上。ITO 也能镀在化学加强（chemically strengthened，CS）玻璃上。ITO 不能镀在钢化玻璃上，因为在镀 ITO 膜的过程中产生的热会将钢化玻璃退火了。随后与另一块基板层压在一起组装成触摸屏。对于双柔性薄膜层（通常称为薄膜-薄膜）结构的 4W 触摸屏可以选择玻璃或硬塑料作为层压背板。薄膜-薄膜结构通常用于非常小的 4W 触摸屏，但是大多数大型（对角线 10cm 和以上）4W 触摸屏的上基板是 PET，下基板是玻璃。

对于较小的触摸屏和薄膜-薄膜结构的层压背板，通常选择 CS 玻璃作为下基板，因为

CS过程适用于厚度厚达3mm的碱石灰浮法玻璃(或任何高氧化钠玻璃)。对于同样的厚度,CS玻璃基板的强度是退火碱石灰玻璃基板的5倍。从一块大面积CS玻璃基板切割成最后大小的方法对基板的强度有显著的影响。当用传统的划线-断裂时,由于微裂缝从划线处侧向传播,CS玻璃基板中距划线20～25mm内的区域的附加强度将基本失去。因此,基板是从较大CS玻璃切割得到的小触摸屏的强度与同样大小退火碱石灰玻璃的差不多。然而,当用激光技术划线时,靠玻璃的急热与急冷创造应力诱导裂开线,在断裂玻璃时,产生无碎片的垂直边缘。因为没有横向裂纹,玻璃的边缘强度保留。

薄膜-薄膜结构意味着制作每块基板的电极和任何连接电路的过程必须不破坏塑料基板或它的ITO涂层。因此,只能丝网印刷可用紫外线、可见光或低温热处理的导电油墨(几乎只用银)制造电极。下玻璃基板也使用与这些相同的银油墨,但通常选择高温烧制银电极。在早期的4W触摸屏产品中,印刷油墨的稳定性和耐久性是令人担心的,烧制银的性能显然比印刷的优越。后来银墨水的改进和在银上面广泛使用透明绝缘油墨(通常称为"电介质")将非烧制银的性能改善到对于4W触摸屏而言,烧制银的处理过程似乎不具有优势。烧制银处理的另一个问题是很难实现后ITO沉积过程。在烧制过程是在大气中进行时,会严重影响ITO的均匀性和电阻率,并且银本身也局部地影响ITO。

**4. 优缺点**

4W以及所有模拟电阻触摸屏都有下列几个有趣的特点:

(1) 能使上基板充分弯曲并与下基板接触的任何事物都可以激活触摸屏。因此,不仅仅是手指,任何类型的尖端都可用于4W。

(2) 触摸屏近似地反应触摸重心或质量中心。因此,几乎任何大小的手指或尖端能够相当准确地决定触摸屏上的一个特定点。然而正是这种特性精确地说明了,为什么标准模拟电阻触摸屏不能产生多个可区别的接触,而只是多个接触的平均。

4W触摸屏的优点:

可以用各类尖端物操作,成本低,设计简单,工作区外的边界小,有通用的结构,容易环境密封,对EMI相对不敏感,控制器成本低,在某些微处理器中可用"自由"嵌入式控制器,功耗低,供应商多。

4W触摸屏的缺点:

耐久性差,尤其是手写笔操作时;光学特性差;可见光透射率(visible light transmission,VLT)低70%～80%、高反射率,使它不适合户外使用;只能单点触控操作,不能多点操作。

## 13.2.2 八线电阻触摸屏

八线(8W)电阻触摸屏是4W触摸屏的增强型。图13.2.3说明了8W触摸屏的典型设计配置(只显示一块基板)。从控制器驱动电路到触摸屏的每个电极都有一根驱动(也称激发)供电连接线,由于这根连接线又细又长,其电阻不可忽略,并且在使用过程中还会变化。这样,即使控制器输出的电压是固定的,但施加在电极之间的电压在寿命过程中是在变化的。

八线(8W)电阻触摸屏是从连接线与电极的连接点再引出一根导线(称为遥感线)送回到控制器的测量电路输入处。这组额外电极提供纠正控制器驱动电压的参考,调节电源电压以补偿在电源和负载之间的引线电阻造成的电压降,使电极之间的电压保持不变。四根遥感线使 8W 电阻触摸屏具有自动校准功能。每个基板上的电极之间的电压固定后,触摸任何给定的位置时,坐标的输出电压是已知的,就可以将触摸屏输出坐标的校准常数一次性存在应用软件或系统校准文件中。在代码空间非常有限的嵌入系统中,此特性是有用的,因为不需要包括用户校准程序在内。它还简化了制造系统的检出,因为理论上在那里不需要执行校准。现在 8W 触摸屏几乎是传统设计产品唯一的替代品。4W 和 8W 之间的材料和结构无显著差别。

图 13.2.3　八线(8W)触摸屏的一块基板

由于 4W 和 8W 电阻触摸屏的有弹性上基板的 ITO 电阻层频繁受压,易造成裂损而使电阻层电压分布不均匀,致使触点位置计算不准而报废,一般寿命只有 $1×10^6$ 次。为了改进这个缺点,创造了五线电阻技术。

## 13.2.3　五线电阻触摸屏

五线电阻式触摸屏的特点是把上基板的内电阻层只用作触点电位的深测电极,即作为五线中的一线,该电阻层即使有裂损,只要不断裂开,对探测计算不受影响,这无疑大大增加了使用寿命,是四线电阻式使用寿命的 35 倍,单击寿命达到 3500 万次。同时对上基板的内电阻层的均匀性要求不严格,ITO 膜可以做得较薄。因此,也部分地解决了触摸屏的透光率问题。

存在许多不同五线(5W)触摸屏的设计。现在所有商业成功的设计是那些在接触表面产生正交的线性电场,并由一个适当的控制器驱动。从触摸屏接收到的模拟电压没有非线性变换。因此,与前面所讨论的 4W 触摸屏是一样的,生成的触摸坐标可以直接映射到笛卡儿坐标空间。然而,还有其他不依赖于正交的线性场的设计。这些设计需要将收到的非笛卡儿坐标接触电压,通过查询表(LUT)或某类映射算法,转换为显示器笛卡儿坐标空间。这些设计要求大幅提高控制器的计算能力,但也明显降低设计的复杂性和触摸基板与电极阵列制造业的精密度。尽管当今的微处理器技术进步很大,还没有厂家引进一种这类简化的触摸屏系统。下面只介绍产生正交电场接触表面的设计。

5W 触摸屏分享了 4W 触摸屏的包括基本的材料和制造技术在内的许多特征。两者之间的显著差异是提供接触位置信息的正交电场被制作在一块基板,即下基板上。通过操纵控制器驱动信号,正交电场顺序地施加在 5W 的下基板上,而上基板只用作采集层。

**1. 工作原理**

下面举两个例子。

**1）交叉指（又称梳形）电极**

交叉指电极如图13.2.4所示。电阻层被光刻成细密平行于 $x$ 轴的条纹，每条条纹的总电阻是 $R_0$。其左、右两侧电极为金属氧化物电阻条，左电极上形成正向压降，右电极上形成反向压降。设屏高为 $h$，屏宽为 $w$，并取左下角为原点，两侧金属氧化物上所加的电压为 $U_0$，则当两侧电极条上加同相电压 $U_0$ 时，触点处的电位 $U_1$ 为

图13.2.4　交叉指电极的5W电阻式触摸屏

$$U_1 = \frac{y}{h} U_0 \tag{13.2.2}$$

若左侧电极加 $U_0$，右侧电极加 $-U_0$ 时，则触点处电位 $U_2$ 为

$$U_2 = \frac{U_左 - U_右}{U_左 + U_右} \cdot R_左 \tag{13.2.3}$$

式中，$U_左 - U_右 = \frac{y}{h}U_0 - \left(1 - \frac{y}{h}\right)U_0 = \left(\frac{2y}{h} - 1\right)U_0$；$R_左 + R_右 = R_0$；$R_左 = \frac{x}{w}R_0$，代入式（13.2.3）得

$$U_2 = \left(\frac{2y}{h} - 1\right)\frac{x}{\omega}U_0 \tag{13.2.4}$$

由式（13.2.2）和式（13.2.4）得

$$y = h\frac{U_1}{U_0} \tag{13.2.5}$$

$$x = w\frac{U_2}{2U_1 - U_0} \tag{13.2.6}$$

所以在左侧电极上加恒定电压 $U_0$，而在右侧电极上交替地加 $+U_0$ 和 $-U_0$，分别测得 $U_1$ 和 $U_2$，由此可求出触点的坐标 $(x, y)$。

**2）电阻矩阵**

在5W下基板上，沿触摸屏的工作面积边缘排列着四组电阻性电极阵列，每边电极阵列的端部与相邻边缘阵列电连接在一起。典型阵列的等效电路如图13.2.5所示。施加在下基板上的控制器驱动信号如表13.2.1所示，由此在下基板上产生顺序的正交电场。上基板始终与控制器单一的测量输入口连接着。当发生触摸时，上基板的导电表面在与下基板接触的两个测量周期内，采集到与两根轴位置成正比的电压。

表 13.2.1  5W 触摸屏控制器的驱动信号

| 控制器驱动状态 | 触摸屏电极节点 | | | |
|---|---|---|---|---|
| | 上左 | 上右 | 下左 | 下右 |
| 等候触摸 | H | H | H | H |
| 水平($X$)驱动 | L | H | L | H |
| 垂直($Y$)驱动 | H | H | L | L |

注：H 为控制器高电平；L 为控制器低电平。

在实际的触摸屏中,电阻电极阵列由串联和(或)并联的电阻线组成,电阻线是细小的平行导电电极和在电极之间基板的 ITO 透明导电涂层。有选择性地切除围绕这些电阻的 ITO 涂层,调整电阻线的电阻值和与工作区域的连接。阵列沿两根轴的方向相对工作区域的中心线总是对称的。

图 13.2.5 显示的对应情况是"高"电位(以 H 表示)施加在阵列的左上方角和右上方角,"低"电位(以 L 表示)施加在阵列的左下方角和右下方角,即沿 Y 轴方向驱动,测出触摸点的电位,便可计算出触摸点的 $y$ 坐标。在这个例子中,电流将从上下两个顶角流过串联电阻 $R_S$,并经过各横向电阻 $R_B$ 流入工作区域,流过触摸屏的工作区域后,进入工作区域底部的横向电阻 $R_B$。在电流从两个顶角经过串联电阻 $R_S$ 向中间流动过程中,由于不断有电流从各横向电阻 $R_B$ 流入工作区域,如果所有 $R_B$ 的电阻值是相等的,必造成左边横向电阻 $R_B$ 右端的电位分布是由中间向两端升高,等位线将不直,而是呈弓状。所以各 $R_B$ 的电阻值

图 13.2.5  5W 触摸屏电极阵列的等效电路

应该是不相等的,大致的趋势是 $R_B$ 的电阻值由中间向两端升高。如果电阻阵列设计正确,从每个横向电阻流经工作区域的电流只进入右边另一组中正对着的横向电阻,这时等位线将是直线。由于横向电阻分布的离散性质,并且横向电阻器终端非常接近触摸屏工作区域时,沿电阻串 $R_s$ 的整个长度的宽阔的区域不能完美地发出或接收均匀的电流源。当物理空间留有余地时,一个提高边缘性能的策略是简单地把整个矩阵从工作区向四周后移。

电极设计的另一个方面是控制器的最终功耗。在 4W 触摸屏系统中,流过每个被驱动薄片的电流只决定于导电涂层的电阻率和基板的长宽比。在必要时,可以选择基板的电阻率限制电流。在 5W 触摸屏中,在控制器的每个驱动周期期间,电流主要流经横向电阻 $R_B$,电极设计时必须取合适的 $R_B$ 的电阻值,以控制电流。

由于可使用低成本的有限元分析(finite element analysis,FEA)计算机软件,近年来,5W 触摸屏电极的设计大大简化了。在几分钟内,可求出触摸屏上电阻矩阵各电阻的分布以及驱动状态的总功耗。

5W 触摸屏的上基板设计是非常简单的。若电压采样是连接到下基板,所有需要的只是提供上下基板之间的交叉接触。如果交叉不需要图案,那么,上基板可能只是一块涂有导电层的塑料薄膜。为了减少上基板电路电阻的大小和变化,可绕着周边加一个连续的导电环。若交叉区域长度不超过 2~3cm,与直接局部接触(设)相比较,添加导电环可以减少总电路电阻和上基板的电阻变化的 50% 甚至更多。

**2. 材料和结构**

用于生产 5W 触摸屏的材料和施工工艺与用于 4W 的是相同的。唯一的例外是放松了对上基板均匀性的要求。其原因是上基板(采集板)的电路电阻比控制器的测量电路的输入阻抗和非均匀衬底电阻的和小 1000 多倍,因此可以忽略其对控制器输入电压准确性的影响。实际上,通常是用于 4W 触摸屏基板的同一等级的材料,也可用于 5W 触摸屏的采集层。如同在 4W 触摸屏中那样,上基板在使用中一样会退化,但是 5W 触摸屏的功能不受影响,直到 ITO 在一个局部区域中完全损坏。5W 触摸屏的现场寿命一般是 4W 触摸屏的 10 倍以上。

在大量生产中,希望生产的所有下基板都具有完美的线性。由于下述的总多原因很难做到:

(1) 一般导电涂层各处的电阻率有变化。典型的磁控溅射过程在商业可接受的生产速度下,公差很少小于 ±10%。

(2) 玻璃缺陷和溅射过程的沾污等造成涂层电阻率的局部变化。

(3) 在 ITO 溅射期间完成图案。在 ITO 沉积过程中,掩膜板材料和沉积电极用的材料(通常是银)的引入会引起电阻值变化。

(4) 印刷银电极设计(非烧制的)可能引起银-ITO 玻璃界面电阻的变化。

(5) ITO 图案形成过程中的疵点。

有一种"二极管"或"三线"(3W)触摸屏可消除 5W 触摸屏中由于沿电阻电极阵列的电压降引起的大部分困难,也消除了在每个控制器的驱动状态期间,在两个非驱动边缘大电流消耗引起的问题。

在二极管触摸屏中,用小信号二极管像普通 5W 触摸屏那样控制下基板上电流的流动。用适当的间距和从触摸屏的工作区域的边缘后撤二极管基板终端,将在基板工作区域产生直线等位线。这正是线性触摸屏的必要条件。从图 13.2.6 中可以看到,在二极管的两个公共节点处电位的变化可以忽略不计,对于一个均匀导电基板,流经每个偏置二极管的电流将大致相等。因此,在基板上产生直的等位线的驱动条件用直流驱动就可以实现。

图 13.2.6　三线(3W)触摸屏的下基板和驱动电路

　　此外,参考表 13.2.1 可以看到,驱动二极管触摸屏所需的必要条件与驱动常规的 5W 触摸屏的相同。可以用只具有两个交替电位电路的 5W 触摸屏控制器驱动二极管触摸屏,而上基板电路与任何 5W 触摸屏的相同。因此,对于 3W 触摸屏,整个触摸屏只需要三个电路功能。在非驱动边缘,二极管驱动电路产生的电场畸变很少,因此,触摸屏的边缘线性度很好。在非驱动边缘,没有功率损失,因此,电力需求类似于 4W 的,由下基板的电阻率和触摸屏的长宽比决定。

　　与 4W 电阻触摸屏比较,5W 大大地改善了耐久性和部分地改善了 VLT,其他优缺点与 4W 相同。从理论上讲,将 4W 电阻触摸屏的上下基板的 ITO 层改为电阻条正交矩阵,形成数字电阻触摸屏,可以实现电阻式多点接触,但由于投射式电容触摸屏的兴起,未能形成商品。

## 13.3　电容式触摸屏

　　电容式触摸屏技术有两种:

　　(1) 表面电容(surface capacitive,SCAP)式是一个模拟装置,其本质上是一个没有上基板的用 10kHz 或更高频率的交流信号驱动的 5W 电阻触摸屏。用户的手指或导电笔提供驱动信号的返回电路。

　　(2) 投射电容式(projected capacitive,PCAP)是一个离散电极的矩阵,在结构上类似于数字电阻触摸屏,触摸信号大小取决于每个电极电容的摄动,或用于位置检测的交叉电极之间的相互电容。

### 13.3.1　表面电容式的触摸屏

　　表面电容触摸屏(SCAP)由于没有像电阻触摸屏中易损坏或磨损的塑料上基板,所以比电阻触摸屏更加耐用。在美国,SCAP 触摸屏首先与各州的彩票业同步发展,SCAP 触摸屏变成许多彩票系统的输入设备。随着这种成功,SCAP 一时成为主流的触摸技术。

**1. 结构**

电容式触摸屏的结构如图 13.3.1 所示,它是一块四层复合玻璃层。玻璃层内表面镀有

图 13.3.1 典型 SCAP 触摸屏的结构

ITO 膜,作屏蔽层用,通过屏蔽环与控制器的接地线相连;玻璃层的外表面(即夹层,也是工作面)也镀有 ITO 膜,并在其四角镀上导电电极,在导电层中形成一个均匀的低压高频交流电场。最外层是 $SiO_2$、溶胶凝胶介质层或约 $15\mu m$ 厚的透明氧化铁保护层。当用户触摸电容屏时,用户手指和工作面形成一个耦合电容,有部分高频电流从手指流向人体,破坏了从四角电极流出的高频电流的对称性。由于从四角电极流入手指的高频电流与手指触点到四角电极的距离成反比,所以可以从四电极流出电极的变化量的比值计算出触摸点的坐标值。电容触摸屏的等效电路如图 13.3.2 所示。由图可知,若在四角电极上加以相同的高频电压,且屏上无触摸点,则由四角串联电阻 $R$ 上检测得到的电压 $U$ 是相同的。当屏上有触摸点时,触摸点与四角的距离不同,四角 $R$ 上检测得到的电压 $U$ 便会有不同的变化。电极形状和加电方式有多种,下面以连续薄膜电容式触摸屏为例,对其工作原理做进一步介绍。其基本思路是在工作面交替地形成 $X$ 和 $Y$ 方向均匀低压高频场,从触摸点引出的耦合电流值必然与电极的距离成反比,由此可交替地测出触摸点的 $(x,y)$ 坐标值。在左、右两侧加电压时,上、下两侧电极悬空。为了在靠近上、下电极处也保持为均匀场,上、下电极不能是一条导线,必须由多个互相分离的电极点组成。同理可知,左、右电极也必须由多个互相分离的电极点组成。当然,电极点的个数与电极点本身长度对电场均匀性会有影响。从原则上讲电极点数多,且电极点间间距小,则电场均匀。但是点数多了引出线条数增加,会增大工艺难度;电极点过短,要在屏中形成一定场强则需较高的电压。

图 13.3.2 四角电极型电容触摸屏等效电路图

## 2. 工作原理

若将采样电阻 $R$ 用变压器代替(如图 13.3.3 所示),当在 $X$ 方向加电压时,由触摸点 $T$ 处的电流连续性原理可知

$$I_1 = I_{tx} + I_2$$

而由变压器中心抽头 $O$ 点的电流连续性可知

图 13.3.3　将触摸电流转换为变压器中心抽头电流原理图

$$I_1 = I_中 + I_2$$

所以可知

$$I_中 = I_{tx}$$

即从变压器中心抽头流出的电流 $I_中$ 与触摸电流 $I_{tx}$ 相同,只要将 $I_中$ 送到电流处理电路进行模/数转换,再送微处理器计算,便可得到触摸点的位置坐标。

　　$X$ 方向的触摸电流 $I_{tx}$ 的一维近似等效电路如图 13.3.4 所示。设屏中心处 $X=0$,左、右电极端的坐标分别为 $X=-1$ 和 $X=+1$;触点处坐标是 $X$;左、右端的外加电压分别为 $-U$ 和 $+U$。

图 13.3.4　$X$ 方向触摸电流 $I_{tx}$ 的一维近似等效电路

　　由图 13.3.4 可知

$$I_{tx} = \frac{-U - I_{tx} \cdot R_t}{(1+X)R/2} + \frac{U - I_{tx} \cdot R_t}{(1-X)R/2}$$

可以解得

$$I_{tx} = \frac{4UX}{R(1-X^2) + 4R_t} \tag{13.3.1}$$

当 $X$ 方向左、右端电极均为同一电位 $U$ 时,此时的触摸电流显然为

$$I'_{tx} = \frac{4U}{R(1-X^2) + 4R_t} \tag{13.3.2}$$

由式(13.3.1)和式(13.3.2)可得

$$\frac{I_{tx}}{I'_{tx}} = X$$

可见,只要在 $X$ 方向分别加以 $\pm U$ 且都施加 $U$,测出这两种情况下的触摸电流之比,其比值即为 $X$ 的坐标值。仿之可测出 $Y$ 的坐标值。

　　由上面讨论可知,只要是触摸同一位置,触摸轻重虽会引起 $I_{tx}$ 和 $I'_{tx}$ 大小的变化,但 $I_{tx}/I'_{tx}$ 的比值不变,即触摸屏传输给计算机的坐标位置只和触点位置有关,而和什么物体触摸,以及触摸轻重无关。上述推导过程要求工作面像在电阻式触摸屏中那样,是一个线性化的触摸表面。

　　由于存在介质前表面,直流驱动信号不会耦合到用户的手指或导电笔上。因此,SCAP

控制器驱动是频率为10kHz或更高的交流信号。为了提高对EMI的抑制,可以调整驱动频率,一些先进的控制器有自动频率选择。

在好的设计和最佳条件下,SCAP触摸屏有极好的灵敏度,只需轻触介质涂层便产生触摸响应。这个特点使得SCAP是需要快速响应和滑动接触的娱乐游戏的经常选择。然而,当用干燥的手指或非常小的手指(小孩)触摸时,SCAP触摸屏的灵敏度有明显的下降,因为这些用户可能没有传递给出触摸读数所需的足够的信号。与此相关的问题是对戴着手套的手指缺乏良好的响应。只有薄的塑料或橡胶手套能给SCAP良好的激活。接地返回路径不良也是导致触摸灵敏度差的另一个问题。因此,SCAP往往不能用于便携式系统。例如,接地路径变化引起的接触电流强度的变化不应导致触摸位置变化明显,但是在一些电容触摸系统中也观察到这个问题。触摸位置的这种“漂移”,导致有时需要在现场频繁地校准触摸屏,历史上这曾是SCAP触摸屏的最棘手的问题之一。虽然,电容式触摸屏有上述缺点,但价格相对较低,可用于一些要求不高的场合。

**3. 材料**

SCAP触摸屏的基板导电涂层不像在电阻触摸屏中那样通常使用ITO;相反地,宁可牺牲一些VLT,使用更硬的涂料,如锡-锑氧化物和热解的氧化锡(TO)等物。即使使用了更硬的涂料,仍然要加溶胶凝胶或溅射的$SiO_2$绝缘覆盖层。背面的EMI滤波器涂料可以是溅射在热解TO基板上,而不改变TO基板的电阻率。

**4. 表面电容触摸屏的优缺点**

SCAP触摸屏的优点:较之电阻触摸屏耐久性大大提高;与大部分电阻触摸屏相比较,VLT高;很好的触摸灵敏度和拖动的特点,没有像在电阻触摸屏上那样从隔离点上跳过的感觉;容易环境密封,尽管导电液体可能会造成困难。

SCAP触摸屏的缺点:有限非手指输入;除了薄的塑料或橡胶手套外,其他手套不工作。对于任何现实的手写笔操作几乎都需要专用的导电笔;在便携式应用中,存在EMI和触摸灵敏度问题;只能单触摸;在系统微处理器中没有可用的嵌入式控制器;总成本高于典型电阻式解决方案。

**5. 小结**

较之电阻式触摸屏,SCAP有几个优点,也有一些市场,尤其是广泛应用于娱乐和赌博,并使用很好。然而,它相对较高的成本促使游戏市场寻找更便宜的解决方案,这个客户群正在缩减中。但其成本高、缺乏输入灵活性和EMI问题这些SCAP的重大缺点,以及缺乏多点触控能力限制其发展。

## 13.3.2  投射电容式的触摸屏

**1. 工作原理**

投射电容式的触摸屏(PCAP)由一组透明的正交导电电极阵列构成,如图13.3.5所示。正交电极的每个交叉处都形成一个非常小的约100pF量级的标称电容(相互电容)。被手指触及的交叉处,电容会发生微小的变化(约1pF量级),但对相邻电极的影响可能小于0.1pF。

PCAP的工作方式与PM-LCD的类似,依次扫描每根X方向的导电条,读出各Y方向导电条与该条相交叉处的电容量,得到的电容量矩阵作为背景矩阵。有触摸时,触摸点的电

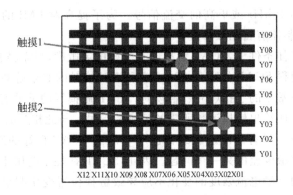

图 13.3.5 典型投射电容的双层结构

容发生变化,与原来的背景值相比较,如果变化量超过预先设定的阈值,则控制器认定是一次触摸事件。

显然,PCAP 触摸屏是可以实现多点触摸的,根据控制器采集到的同时触摸各点的运动轨迹,通过软件处理,便可识别出使用者对画面处理的要求,如放大/缩小、平移、旋转以及菜单切换等,这也是在玩智能手机时经常发生的事。

大多数系统的设计表明,在多个触摸之间最小可分辨的间距大约是每个基板中相邻电极之间距离。

通过连续扫描无触摸发生情况下的静态电容阵列,控制器可以有效地"知道"背景电容,提高触摸屏灵敏度的一致性,以及改善系统对 EMI 的抑制。

一些 PCAP 系统有足够的敏感性,可以通过很厚的前保护玻璃或距离触摸屏系统某个距离通过空气感觉到触摸。然而,大多数系统被调整在最适应用手指触摸保护玻璃表面的状态。在这种情况下,大多数 PCAP 系统对戴着手套的手指的触摸将不反应,除非是薄的橡胶或塑料手套材料。

触摸屏 PCAP 的基板可以是玻璃或塑料或它们的组合。近年来,在移动电话市场,PCAP 触摸屏是最受欢迎的,最流行的基板材料是 CS 玻璃。

PCAP 阵列通常由透明导体(如 ITO)窄条纹或小的标准线组成,用 1mm 或更细的介质隔离。

狭窄电极条纹的高电阻与极小电容这两个因素限制了 PCAP 触摸屏的规模,适用于手机屏,不适合用于大尺寸屏。另一个问题是可用于电极 I/O 线的端口数量,后者必定随触摸屏的尺寸增加而膨胀。克服这两个问题的方法是使用多个连在一起的从属控制器。每个处理器控制触摸屏的一部分。

**2. 材料和结构**

因为 PCAP 工作需要两个电极阵列,阵列的形成是很重要的。形成透明导体阵列的可能方法是选择性除去和选择性沉积物质。如果其中一个电极阵列基板是塑料,在大规模生产中,选择性沉积是形成阵列的有效方式。然而,每个基板上在相邻的已涂敷材料条和未涂敷材料条之间会发生光学干涉,减少此效应的技术是保留隔离条面积上的导电层,并将其"悬浮"起来,从而有效地消除相邻电极之间的未涂敷面积。实现的方法是在电极和相邻"悬浮"面积之间加一条非常细(0.1mm 或更少)的删除线。在选择性沉积过程中,实现这么细小尺寸是困难的,首选的方法是有选择性地删除腐蚀或剥离。

阵列中的每个电极必须连接到从系统微处理器来的 I/O 线上。处理器和电极之间的连接线细长,邻近的细线之间有串扰。针对这些问题,可采用两个结构技术:在相邻连接细线之间添加接地细线以及将处理器芯片放置在触摸屏的尾部。这种结构的另外好处是:如果控制器也具有自适应背景测量能力,则经常不需要背面 EMI 屏蔽。然而,这种结构的相关成本高。

两个电极阵列之间的介电常数必须稳定,才能使性能始终如一。这就要求在不同基板上的阵列应该层压在一起。在玻璃和塑料基板之间用压敏胶(pressure-sensitive adhesive,PSA)片 PCAP 性能的可靠性不理想,而使用干膜、湿-硅树脂或环氧树脂的成本是一个问题。所以支持使用在一块基板玻璃,在其两边直接形成电极阵列,并且经常在顶部层压一块保护玻璃或 PET 层,起保护和增加耐用性的作用,如图 13.3.6 所示。

图 13.3.6 单块玻璃 PCAP 触摸屏的典型结构

### 3. 电容的测量方法

在 PCAP 触摸屏中,快速而准确地测量出每个交叉处的电容是最重要的。有两种常用的测量方法:使用电容传感方法(capacitive sensing method,CSM)的张弛振荡器方法和充电时间测量单位(charge time measure units,CTMU)方法。

1) 电容传感方法(CSM)

CSM 是基于张弛振荡器方法测量电容。CSM 产生振荡电压信号用于测量,其频率决定于连接到模块的目标的电容。其基本概念如下:

(1) CSM 的频率振荡决定于被连接传感电极的电容。

(2) 当触摸接近传感电极时,触摸改变了原有的电极电容,CSM 频率发生变化。

(3) CSM 频率变化用作发生触摸的指示。

图 13.3.7 所示是 CSM 到传感器界面的简化框图。

2) 充电时间测量单位(CTMU)方法

CTMU 是一个具有专利的硅基微芯片模块,具有执行电容测量能力以及其他先进的测量功能。确定电容可用以下的相互关系:

$$i = C \frac{\mathrm{d}v}{\mathrm{d}t} = C \frac{\Delta V}{\Delta t}$$

充电时间 X 后测量电压的方法:

(1) 电容负载与充电电压或电流连接。

(2) 启动计时器。

(3) 等待一个固定的延迟时间。

(4) 测量电容性负载被充电的电压。

图 13.3.7　CSM 到传感器界面的简化框图

测量充电到电压 $X$ 所需时间方法：

（1）电容负载与充电电压或电流连接。

（2）启动计时器。

（3）测量被充电电容负载上的电压。

（4）如果测量电压没有超过一个定义值，则重复步骤（3）。

停止计时器，它指出用多长时间将电容性负载充电到所需的电压。CTMU 模块的框图如图 13.3.8 所示。

图 13.3.8　CTMU 模型的框图

**4. PCAP 触摸屏的优缺点**

PCAP 触摸屏的优点：用裸露手指触摸有出色的灵敏度，多点触控功能，带前玻璃设计的具有优异的耐久性，不受大多数污染影响，基于触摸屏和控制器供应商的迅速增加成本降低，优秀的 VLT 以及相对简单的集成。

PCAP 触摸屏的缺点：承受笔尖能力有限，控制器昂贵且复杂，对 EMI 有些敏感，取决于所使用的控制器芯片，尺寸可能是有限制以及控制器/触摸屏互操作性有潜在的问题。

**5. 小结**

现代微处理器能力的改善在很大程度上促使这个古老而大部分已被放弃的技术复活成为可能。电子行业已经热情地接受了这种"新"技术，基于 PCAP 的产品的数量迅速增长，在触摸屏的市场上,现在 PCAP 已完全成熟,已安装在数亿部手机中。显然,苹果手机是使其成功复活的主要因素。

## 13.4　光学触摸屏

光学触摸屏也许包括最古老的触摸技术——扫描红外(scanning infrared,SI)。这种技术曾被开发成为一个非常早期(1960 年)的计算机输入设备。扫描红外触摸屏的概念是基于通过中断一系列光束中的一个或多个,被光束照明光电晶体管的激发中断,从而确定位置。

### 13.4.1　扫描红外触摸屏

#### 1. 工作原理和结构

经典扫描红外系统的基础单元是一对红外发光二极管(IR LED)和光电晶体管(接收器),通过在离屏玻璃一个近距离的空间平面发射水平和垂直两排红外线束形成栅网来工作,如图 13.4.1 所示。LED 在触摸屏一个轴的一侧,对应的接收器在另一侧。LED 的光束和接收器的接收角被设计得一束光实质上只能照明一个接收器。LED 和接收器的排列构成正交轴。相邻束轴的间隔是 3~6mm,其极限决定于元件的物理尺寸以及LED 的束宽和准直度,也是触摸屏尺寸的函数。1.5m 对角线尺寸的触摸屏是在这种技术的能力之内。

图 13.4.1　红外线触摸屏结构示意

在操作中,一个轴中的每个 LED 按顺序进入 ON 态,相应的接收器被 LED 光束照亮。被阻断的束改变了接收器的状态,给系统发出可能发生一个触摸事件的信号。当触摸屏的一个轴的每一对完成扫描时,在另一个正交轴上同样进行扫描。如果在第二轴检测到一个有效的束阻断事件,便生成一对有效的坐标,提供系统处理。扫描操作是连续进行的,随触摸屏的尺寸不同,每秒扫描 20~50 次。红外线(infrared radiation,IR)系统的分辨率决定于光束元件对的节距。现在的分辨率已达 1000×700。

扫描 IR 结构有两种格式。一种结构是围着触摸屏工作区的一块印制电路板(PCB),板上包含除了束元件以外的系统所有的电子产品;另一种是将大部分电子产品转移出束PCB。选择哪一种结构几乎完全取决于显示器四周可用的空间。但是"只有束元件"的 PCB可以更容易地被修改,从而改变束元件阵列的长度,因而产品设计更简单。

#### 2. 扫描 IR 的优缺点

扫描 IR 的优点:红外(IR)灯和信号接收器件安排在框架内部,只有显示器的保护镜面减少透明度;触摸元件隐藏在框架内,非常耐用。采用耐用的显示器/玻璃,IR 可以在高低不平的户外公共场所使用;具有拖动/运动检测的能力;初始视觉对齐后,没有必要再校准;可扩展到非常大的规模;与笔型无关;也可以用透明硬质塑料作为保护面。

扫描 IR 的缺点:工程设计成本高;红外组件数量很高,因此成本随屏的尺寸而大大的增加；直射日光影响红外光；分辨率不适于画细腻的图片；小虫、灰尘等可作为触摸被检测到，而这些是虚假的触摸信号以及表面阻塞和悬停很容易引起错误的触摸。

### 3. 小结

扫描 IR 触摸屏非常适合无人值守亭和类似的公共访问，其耐用性足够应付高事务率的产品，如销售点等。校准的绝对稳定、与触针形式和材料无关、良好的环境密封以及高抗蓄意破坏的装置使 IR 成为大量产品的很好选择。现在扫描 IR 触摸屏边框可做到的最大尺寸是长 8m，宽 2～3m。多点红外触摸屏框由于实现触摸的发生简单，成为目前最常见的一种大屏触控实现方式，是教学演示、工作汇报、军事演练、远程教育、电子商务等各领域的主要互动交流工具。

## 13.4.2 基于摄像机的光学触摸屏

### 1. 工作原理

基于摄像机的光学触摸屏是一个相对现代、才开发的触摸屏技术。该系统最常见的设计由两个或两个以上的图像传感器（相机）组成。后者沿屏的边缘（通常在左上角和右上角）安置。IR-LED 照亮触摸屏，但没有 IR 光直接进入通常被安置在触摸屏边中部上方的相机。从 IR 源来的光照在用户的手指或手写笔上，相机检测到被反射的光。摄像头有很出色的角分辨率，可以准确地报告光的角度。系统电子设备用适当的算法计算出实际的接触位置。相机系统由于其可伸缩性、多功能性和不是那么贵（特别是对于较大的触摸屏），正在增长流行。

### 2. 摄像机光学触摸屏的优缺点

摄像机光学触摸屏的优点：优异的耐久性，相机总是嵌在边框内；能拖动/移动触摸；快速的触摸处理，具有良好的分辨率，可以在屏幕上画画；有多点触控能力；可伸缩性到大尺寸以及可以认出目标的大小。

摄像机光学触摸屏的缺点：当安装传感器件时，初始校准可能困难，或可能需要调整；直射日光影响红外光；显示器污染可能导致错误的触动；当多点触控时，阴影可能是一个问题，但附加一个摄像头可以减少阴影问题；在屏幕表面上，需要轮廓高度且必须有防护镜片。

### 3. 小结

相对于扫描 IR，这项技术的明显优势是显而易见的。较好的触摸处理速度、较低成本的规模扩大能力和较少的设计复杂性使得此技术在通常应用光学触摸屏是正确选择的应用领域具有优势。此技术有取代红外 IR 的潜力。

## 13.5 声学触摸屏

声学触摸屏包括表面声波（surface acoustic wave，SAW）、导向声波（guided acoustic wave，GAW）以及双弯曲波（two bending wave）技术——声脉冲识别（acoustic pulse recognition，APR）和离散信号技术。在某些方面，这些技术都依赖于在表面上或通过高 Q 透明基板实体（即玻璃）传播的机械波，以及捕获和分析这些波来确定触摸位置。

### 13.5.1 表面声波

**1. 表面声波是什么**

在一个弹性固体中声波分纵波（L 波）和横波（即体切变波或 SV 波）。对于半无限大介质表面，由于边界条件的限制，在介质表面附近的 L 波和 SV 波发生耦合，形成瑞利波。它具有下列特性：

（1）瑞利波速度与频率无关，即瑞利波是非色散波。

（2）瑞利波的振幅随深度很快衰减，因此，瑞利波能量（93%）集中在约一个波长的表面层，形成表面声波。

（3）瑞利波速度比横波要慢，约为横波速度的 90%。

声波在普通玻璃中的横波速度约为 2400m/s，使用频率约为 5MHz 的声波波长约为 0.5mm，一般表面声波屏是 3mm 的厚玻璃，远大于一个波长，符合半无穷厚介质条件。所以在其表面激励出 5MHz 声波，便可形成瑞利波，即最常用的表面声波（SAW）。

所以表面声波是超声波，是在介质表面进行浅层传播的机械能量波。实际使用的频率为 5.53MHz，这个频率是早期 8251 微处理器家族生成合适的串行通信波特率的微处理器的时钟频率，所以有些随意性，实际上，在 4～10MHz 的范围内，触摸屏都能圆满工作。

**2. 工作原理**

表面声波性能稳定，易于分析，并且在横波传递过程中具有非常尖锐的频率特性。SAW 触摸屏是一块钢化玻璃，可以是平面或其他形状，上面没有任何贴膜或覆盖层，因此有较好的透光率（92%）。

SAW 触摸屏的结构如图 13.5.1 所示。玻璃屏的左上角和右下角各固定了竖直和水平方向的超声换能器，能将石英振荡器产生的高频电脉冲转换成高频声波脉冲。左上角的换能器垂直向下发射 SAW，右下角的换能器水平向左发射 SAW。玻璃屏的四周边刻有 45°角由疏到密间隔非常精密的反射条纹。在屏的右上角分别固定着 X 轴和 Y 轴的换能接收器。

图 13.5.1　表面声波触摸屏结构示意

SAW 在屏表面是这样传播的：以 Y 轴为例，由左上角换能器向下传播的 SAW，被底边的 45°反射条纹反射向上，接着又被上面的反射条纹向下反射。在上、下反射过程中 SAW 逐渐右移，直至 SAW 被右上角的 Y 轴换能接收器所接收；同理，由右下角换能器向左传播的 SAW，被左、右周边上 45°反射条纹左、右反射，并逐渐上移，直至被右上角的 X 轴换能接收器所接收。这样便在触摸屏表面形成相互垂直的动态超声波矩阵波面。

当工作面上无触摸点时，两个接收器上接收到的超声波脉冲包络是平整的。当工作面上有触摸点时，则在触点处使 SAW 能量发生衰减，于是接收到的脉冲包络出现一个缺口。由于声波在玻璃中传播速度为常数，根据脉冲包络起点到缺口间的时间长度，就可以准确地测定触摸点的坐标。

控制器不断地"重新学习"接收到波列的包络波形，映射出大多数形式的污染，针对环境条件的变化进行调整,并在必要时改变其噪声阈值。

触摸时按得越重,脉冲包络跌落得越深,所以 SAW 触摸屏不但能测出触摸点的坐标,还能通过接收信号衰减处的衰减量计算出用户触摸压力的大小值,即有第三轴的响应。这个自由度可用于特殊控制,如医用三维立体断层扫描仪中对连续深层图像的浏览和选择等。

**3. 材料与结构**

SAW 触摸屏采用的标准玻璃是普通浮法碱石灰玻璃,虽然对于更大触摸屏,也可用更高 Q 玻璃,如硼硅玻璃,但信号衰减也更大。大多数 SAW 触摸屏玻璃基板的厚度是 2～3mm。较厚玻璃,特别是对于较大的触摸屏,可以改善信号强度。

所有反射器阵列中相邻条纹之间的间距是在玻璃表面传播的声波波长的整数倍。当波列中反射器阵列行进和被阵列部分反射时,这个条件在很大程度上防止了波列间破坏性的相消干涉。

如前所述,厚度是 3mm 的浮法碱石灰玻璃是 SAW 触摸屏的标准基板,需要经过抛光和防炫处理。反射镜是由低温玻璃粉制成。丝网印刷玻璃粉胶,然后焙烧。在调整期间,换能器和相关的电缆被临时性地固定在玻璃上,然后粘在玻璃上。在固定好换能器后,通过观察被接收波列特征的变化,调整反射镜阵列。

更新的换能器设计采用压电传感器,后者被粘在玻璃的背面,直接在顶部安装时的名义位置之下。传感器以体波形式发出传输脉冲信号。在玻璃顶部表面,波遇到模式转换反射器阵列,转换为表面波。模式转换反射镜可以与波引导的部分反射镜同时丝网印刷,因此可以完全对准。结果,压电换能器的对齐很少需要或根本不用调整。

**4. SAW 的优缺点**

SAW 的优点:可用手指和软笔激活;在基板上没有导电涂料,VLT 高;为进一步增加的耐用性,可采用 CS 和热增强玻璃;灵敏度出色;良好的拖拉性能;良好的分辨率;不用触摸屏增强,仍具有出色的 EMI 抑制以及在新设计中已实现多点触控功能。

SAW 的缺点:不易环境密封;污染有时会引起问题,并且触摸屏不防水;制造后不可能对光学或有关环境前表面做改进以及 0.7m 对角接近最大舒适的尺寸。

**5. 小结**

对于许多应用,SAW 是优秀的技术。良好的清晰度和 VLT,没有导电涂料添加反射,在不受控制的照明条件下,它的表现很好。除非接触大量的液体,SAW 能够适应并抵制在触摸屏玻璃上大多数形式的污染,并且无人值守运行很好。采用适当的诊断软件,一些 SAW 系统可以远程监控和故障排除。

## 13.5.2　导向声波

导向声波(GAW)是 SAW 的变种,它利用在玻璃内层传播的兰姆波,而不是剪切波。这项技术比 GAW 好的一个重要方面是几乎不受表面污染的影响,对环境密封容易得多。经过多年的有限的商业上的成功后,唯一制造商(Carroll Touch)中断了 GAW。

## 13.5.3　离散信号技术和声脉冲识别

离散信号技术(dispersive signal technology,DST)和声脉冲识别(acoustic pulse recognition,APR)是非常相似的技术。产生在玻璃基板中的体声波被安装在玻璃背面上的边缘附近的几个压电传感器感觉到。接收到的声波标记与查询表条目匹配,并存储在系统内存或与操作系统驱动器相关的外部文件中。简单的设计、廉价的材料(玻璃)以及容易扩大尺寸使这些系统对于大型格式触摸屏系统有吸引力。主要问题是需要通过轻敲触摸屏的每个主要接触位置,并把每一个触摸位置映射到查询表中(当然也可以做一些插值)以及不能不断地认识和记忆背景噪声。

**1. APR 和 DST 的优缺点**

APR 和 DST 的优点:非常简单的环能器(平面玻璃+4 个压电传感器);适用于手指,手写笔,或任何其他物体激活;非常耐用,VLT 高;耐表面污染与划痕;除了漫长的校准过程(生成查询表)外,缩放尺度的大小很容易。

APR 和 DST 的缺点:不能记忆背景噪声,没有多点触控;边框中的安装过程很临界。

**2. 小结**

这些产品具有低制造成本(生成查询表除外)、相对容易扩大尺寸、优良的光学和人体工程学的吸引力和全玻璃结构的耐久性,对于 POS(销售终端)、互动多媒体以及互动的数字标记是优越的技术。

## 13.6 在单元内

"在单元内(in cell)触摸"一词通常是指在 LCD 盒内实现触摸传感器(虽然也提出了在 PDP、电泳和 OLED 技术中实现 in cell)。目前 LCD in cell 触摸存在三种形式,只有其中一个是物理上在 LCD 单元内。三种形式如下:

(1) in cell(在单元内)。触摸感应器物理上在 LCD 单元的内部。触摸传感器可以是感光元件、微型开关或电容电极形式。

(2) on cell(在单元上)。触摸传感器是一个 X-Y 电容电极阵列,后者沉积在彩色滤色膜基板的顶部、底部表面。严格地说,当电极在基板的底部表面上,它们物理上在 LCD 单元内,但由于是电极的形式,一般仍称为 on cell。这个实例很好地说明 in cell 触摸仍然是一个在发展的术语。

(3) out-cell(在单元外)。这是新术语,2009 年由 AU Optronics Corp 创造。其结构为在模块生产过程中,将标准的触摸屏(通常只是电阻式或投射电容式)直接层压在 LCD 的顶部。不同于其他两种,这种配置通常需要一块额外的玻璃——尽管在这种情况下,技术上可以使用膜-膜电阻触摸屏。

因为这些术语和描述它们的技术相当新,在它们的使用技术和营销文档中还有相当的变化。阅读相关材料时一定要小心谨慎,常常用 on cell 来描述的东西实际上是 out-cell;反之亦然。

目前有三种不同的触摸技术被用于 in cell 和 on cell 触摸:

(1) 光传感(in cell)。这项技术也被称为"光学的",将光电晶体管加入到 LCD 的部分或全部的像素中。可以用手指、笔、光笔或激光棒触摸屏幕。触摸敏感阵列也可以用作扫描器。可以用保护玻璃保护 LCD 的表面。

(2) 电压传感(in cell)。这项技术也被称为"开关感应",用加入微型开关使 X 和 Y 坐标进入每个像素或每组像素中。在 LCD 表面不受损的条件下,屏幕可以用手指或手写笔触摸。不能用保护玻璃保护 LCD 的表面。

（3）电荷传感（in cell/on cell）。这项技术也被称为"加压力电容"，在每个像素或一组像素中，使用可变的电容器电极。在 LCD 表面不受损害限制下，可以用手指或手写笔触摸屏幕。不能用保护玻璃保护 LCD 的表面。电荷感应也被用于 on cell 解决方案，被称为电容式感应。这基本上和今天的投射式电容一样，但电容感应电极的 X-Y 阵列是在彩色滤色膜基板的顶部表面上。只可以用一个手指触摸屏幕。可以用保护玻璃保护 LCD 的表面。

in cell 解决方案都是有吸引力的，它们改变制造业供应链，使用最少的材料和生产成本，具有显著提高触摸性能的机会。但是它们需要从根本上更改 LCD 设计。为添加 in cell 触摸，由于需要增加多次光刻，修改一个简单 LCD 的底板或前板的成本超过 100 万美元，所以它是一项昂贵的起始过渡。大多数 LCD 制造商已经努力工作在一个或多个 in cell 和 on cell 形式触摸解决方案。

现在大多数的 LCD 制造商的 in cell 触摸工作重点放在手机，因为已证明尺寸大于 26cm 实现 in cell 触摸是非常困难的。

## 13.7　手机触摸屏概况

目前智能手机采用多点式触控投射电容式触控面板。

### 1. 双层触摸屏方案

双层触摸屏方案属 out cell，主要技术分为薄膜式（film type）及玻璃式（glass type）两种，触摸屏厚度一般为 1.4mm。苹果阵营采用玻璃投射式电容，而非苹果阵营则以薄膜投射式电容为主。目前主流的薄膜式结构是将 ITO 通过光刻或印刷制作在 PET 薄膜上，外层为保护玻璃，被称为 GFF（glass-film-film）结构；而主流的玻璃式结构是将触控传感器做在 ITO 玻璃上，外层加上一片保护玻璃，被称为 GG（glass-glass）结构，如苹果的 iPhone3。前者受限于高档 ITO 薄膜材料掌握在少数日商手中，后者 GG 贴合良率普遍偏低，都造成投射电容触控模块成本居高不下。

### 2. 单片玻璃解决方案（one glass solution，OGS）

为了有效降低触控模块成本，同时满足终端消费性电子产品轻薄化市场趋势，发展了 OGS 技术。OGS 技术是将 ITO 玻璃与保护玻璃集成一片玻璃，将触控感测器直接制作在保护玻璃的内侧，不仅可减少一片玻璃，也节省一道贴合制程，约较两片式 GG 产品减薄 0.4mm 厚度，估计可节省约五成成本。

然而，单片玻璃在强度上相对显得脆弱，需要增加化学强化工序来提升整体硬度。因此，相较于过去双层玻璃电容方案，单片玻璃制程所需要的工序也越来越多，平均看来，各家单片玻璃解决方案工序都在 10 道以上。

工序多，也意味着良率的耗损将较过去来得大。过去，双层玻璃的重点在于贴合，只要贴合工序良率高，整体良率就可维持在损平点之上，然而，现在的单片玻璃的解决方案不仅要考虑前段化学强化制程的良品率，还要考虑后段制程的良品率，多道关卡下来，良品率不断耗损。

应用了 OGS 技术的屏幕，消费者在其身上获得最直观的感受就是：屏幕透光度更好，色彩通透，画面更是具有一种悬浮感，显得尤为生动，机身可以做得更加轻薄，而且屏幕与全黑面板也能很好地融合到一起,整体看上去不会再像以前的手机屏幕那样与外边框有着明显"内灰外黑"的区别。

**3. 内嵌式触摸屏方案**

内嵌式触摸屏方案分 in cell 和 on cell 两种。in cell 触摸屏解决方案是将触控感应线路制作于液晶面板两层基板玻璃间的液晶区域(通常位于 TFT 阵列基板之上),而 on cell 触摸屏解决方案则是将感应线路制作于彩色滤光片玻璃基板的表层或底层(采用 AM-OLED 屏的显示面板则需制作于其封装玻璃之上)。

就目前的市场来看,in cell 触摸屏技术主要以苹果作为支撑,三星则力挺 on cell 触摸屏技术。

近几年各类触摸屏方案的应用状况如表 13.7.1 所示。

**表 13.7.1 近几年各类触摸屏方案的应用状况**

| 技 术 模 式 | 市场占有率 | | | |
|---|---|---|---|---|
| | 2012 年 | 2013 年 | 2014 年 | 2015 年 |
| 超声 | 0.1% | 0.1% | 0.0% | 0.0% |
| 梳子 | 0.1% | 0.1% | 0.1% | 0.1% |
| 数字转换器 | 2.0% | 2.4% | 2.4% | 2.4% |
| in cell | 5.9% | 10.8% | 10.2% | 11.3% |
| 红外线 | 0.1% | 0.1% | 0.1% | 0.1% |
| on cell | 8.9% | 12.5% | 14.7% | 14.9% |
| 光学成像 | 0.1% | 0.1% | 0.1% | 0.1% |
| 投射电容 | 62.8% | 58.2% | 59.2% | 60.2% |
| 电阻 | 20.1% | 15.9% | 13.1% | 11.0% |
| 表面电容 | 0.0% | 0.0% | 0.0% | 0.0% |
| 波导 | 0.0% | 0.0% | 0.0% | 0.0% |
| 总数 | 100.0% | 100.0% | 100.0% | 100.0% |

## 13.8 触摸屏计算机界面:电子芯片

### 13.8.1 引言

过去 30 年的大部分触摸解决方案一直专注于非移动的单一的触摸应用。在操纵静态菜单按钮或在工业应用中更改设置时,只需要静悄悄的一个触摸点。2006 年,iPhone 引入能够多点触控、高级手势以及直觉的图形用户界面(GUI)被认为是触摸行业提升性能期望的关键性的进化步骤。现在多点触控功能、高级手势和直观的 GUI 迅速成为接口标准。

### 13.8.2 触摸屏电子芯片的趋势

在过去 10 年里,随着触摸屏成为"必备"的配件,触摸传感已成为不同产品非常流行的要素。消费品,如手机、MP3 播放器和其他大容量应用对触摸电子芯片造成显著的价格和性能的压力。

由于系统(主机)的主处理器的处理能力已经增加,已经发生了将处理过程从触摸电子芯片转移到主机。这样,触摸电子芯片可更简单和更便宜,而主机端的驱动器成为计算更加密集型。对于许多大功率器件,这一趋势将持续,然而,为了性能的可靠性,还是经常采用分立的触摸电子芯片,因为可省了卸载处理时间和主机的功率。

随着处理能力增加,额外的触摸技术也变得可以实现。先进的视频处理和高速的电子技术现在是实施多点触控系统的基础。

随着消费市场继续推出新的和令人兴奋的电子芯片,将继续创新和改进触摸感应技术。触摸行业面临的许多的挑战之一是一些新发展缺乏标准。近年来先进的步伐导致大多数触摸供应商按用户定制进行创造性的设计,相比之下,在 10 年前普遍只使用现成的解决方案。

## 13.8.3　作为触摸系统一部分的电子芯片

典型的触摸系统包括三个主要组件:传感器、驱动电子芯片和解释触摸的软件,后者通常的形式是驱动器或操作系统。取决于触摸系统,每个主要元素可以有不同的成本或复杂性水平,并且经常要权衡软件驱动器或电子技术的水平。

在所有触摸系统中,触屏电子芯片发挥核心作用。传感器连接到电子芯片,通过通信协议,电子芯片将触摸数据交给在主机中的软件。图 13.8.1 所示为通用电阻式触摸屏控制器的一种微芯片。

图 13.8.1　AR1000 微芯片(通用电阻式触摸屏控制器)的框图

触摸电子芯片有几个可能的功能:驱动传感器、解读从传感器来的数据(如图 13.8.1 中的触摸解码)、过滤数据以及校准数据。触摸电子芯片的首要功能是驱动传感器。从传感器产生的数据可以加工成触摸信息。有些触摸控制器只是传递这种原始触摸数据,送到主机进行处理。更先进的触摸控制器能够执行所有其他的步骤,如解释、过滤以及校准触摸数据。根据系统需求,有时从主机下载操作是首选。

**1. 驱动传感器**

触摸传感器电子芯片的主要目的是驱动传感器以生成可以解释为触摸信息的数据。每个触摸传感技术要求用不同的方法驱动传感器并在每个技术中可以有进一步的变化。

**2. 翻译数据**

如果在传感器上存在触摸事件,解释数据是确定的初始过程。这一步的成熟性和复杂性是在竞争的触摸电子芯片解决方案之间的关键性区别。要把真正的有意义的触摸从外部的影响,如水、温度、传导或辐射噪声以及用户无意的碰撞中区分出来,必须创建并确定合适的阈值(应该是保密的)。这个功能可能出现在接触电子芯片本身中或被做成是应用程序软件的一部分。

**3. 过滤数据**

在生成电位数据的同时,总会生成一些无效的数据。添加一个过滤层,是解决这个问题的典型的解决方案。可以采用平均过滤器、不寻常事件过滤器或其他的能从数据流中除去明显的异常值的过滤器实现这个功能。

像定时器那样生成修改状态的先进的或专用的过滤器通常是特定的应用程序和起因于与 IC 供应商合作支持设计。这些元素的存在和复杂性可以表明供应商在支持触摸设计中的悠久历史。过滤器有时作为可配置寄存器内置在触摸电子芯片中。对于先进的触摸电子芯片,这是常见的。更多的时候,它们作为样品代码被提供给用户,由主机在触摸数据的后处理步骤中实施。

**4. 校准数据**

一些触摸技术具有固有的位置信息。其他存在着从传感器到传感器或甚至随着环境变化而改变的数据范围。校准是修正触摸数据值到预期范围值内的过程。

最基本的例子是校准触摸屏坐标使其沿着显示屏的方向,因为触摸屏自己与在其下面被显示的内容没有交往,不知道其上、下、左、右的方位。对服务于多个市场和多种需求的成品解决方案,校准是重要的。触摸电子芯片供应商经常以软件形式交付。

## 13.8.4 手势

手势在现代触摸应用中变得越来越受欢迎。几乎任何的支持运动检测的触摸技术都可被用于生成姿态信息。单点触摸技术将局限于单一的触控手势,如单击和滚动运动,而多点触控技术能生成的数据可被解释为许多不同的手势。

## 13.8.5 触摸屏电子芯片的选项

在选择触摸屏电子芯片时,有相当多的选项要在价格、性能和开发时间之间权衡。一般的范围是独立的控制器、包括触摸支持的多功能器件以及带触摸的主机 CPU。

一些触摸传感器制造商已经开发出与传感器结构和技术一起工作的控制器,并和传感器捆绑销售。其他的解决方案集中在发展通用触摸控制器,不管传感器的制造商是谁,结构如何都能与之一起工作,对变化的传感器和显示器,具有更大的供应链灵活性。完整的驱动器支持所有主流操作系统都具有的一组要达到的特性,如支持多个显示器、单击计时功能以及其他专有功能,通常对这些功能是免费的。

作为进一步集成电子芯片的选项,许多单片机公司提供软件栈或软件库,把触摸屏驱动集成进入单片机,甚至通用的 CPU 中。这使设计灵活,并可以移植到许多通用设备中。

通过利用主机内置的 A/D 功能,嵌入式设计的核心处理器也可以提供基本的四线电阻屏解码。如果主机可以处理负载,并且路线有空闲的,对于某些设计,这可以成为一个有吸引力的选择。

在确定哪些传感器电子产品适合应用时,评估一些变量,如性能、开发时间、防静电放电保护、射频干扰/电磁场保护、额外所需的组件、供应链的灵活性以及支持水平、过去的单独成本是很重要的。

### 13.8.6 触摸电子产品的通信

所有触摸电子产品都是通过通信协议将它们的数据传给软件或其他电子产品。根据不同的控制器,基础通信标准可能是 $I^2C$、SPI、UART、PS/2、USB 或任何其他。用于嵌入式环境的控制器通常用 $I^2C$、SPI 或 UART 通信,而旨在融入完整计算机系统的控制器通常利用 UART 或者 USB。由于 PS/2 规范一些额外的挑战,PS/2 的普遍性已明显地减少了。

**1. 数据包中的信息**

触摸控制器生成可以包含许多不同的信息片段的数据包。如果它是一个简单的"控制器",它可能只是一个 A/D 测量流。更聪明的控制器通常至少会输出触摸状态(触摸笔提起/压下)、X 触摸坐标以及 Y 触摸坐标。

在数据包中,可以包含有许多其他数据元素,包括手势(如果被检测/被辨认)、"信赖度"、附加的按钮(右击)、触摸 ID(识别)(如果是多点触控)、Z 轴("压力")、触摸宽度、触摸高度以及倾斜。

表 13.8.1 所示为微芯片 AR1000 数据包的例子。

表 13.8.1 微芯片 AR1000 数据包的例子

| 字节号 | bit7 | bit6 | bit5 | bit4 | bit3 | bit2 | bit1 | bit0 |
|---|---|---|---|---|---|---|---|---|
| 1 | 1 | R | R | R | R | R | R | P |
| 2 | 0 | X6 | X5 | X4 | X3 | X2 | X1 | X0 |
| 3 | 0 | 0 | 0 | X11 | X10 | X9 | X8 | X7 |
| 4 | 0 | Y6 | Y5 | Y4 | Y3 | Y2 | Y1 | Y0 |
| 5 | 0 | 0 | 0 | Y11 | Y10 | Y9 | Y8 | Y7 |

表 13.8.1 中,P:0——触摸笔抬起,1——触摸笔落下;R:保留;X11~X0:X 轴坐标;Y11~Y0:Y 轴坐标。

**注意**:AR1000 数据包包含了触摸(笔)状态以及 X 和 Y 坐标的典型数据值。最少量的信息允许以快速响应率快速数据包传输。此外,位 7 是"同步位",使软件可以轻松地识别数据包的开始。

**2. 一些典型的命令**

至少,大部分触摸控制器将支持如使能(启用)和禁用这类基本命令。此外,很多控制器将具有高度发达的命令集,如允许配置序列号、记录校准、按习惯用法访问包含的 EEPROM(电可擦可编程只读存储器)。

例如,AR1000 控制器支持以下命令:允许接触、禁止触摸、校准模式、寄存器读、寄存器写、注册地址请求开始、EEPROM 读、EEPROM 写以及 $E^2PROM$ 写入寄存器。

这组简单的命令使触摸控制器具有高级功能,特别是访问和修改芯片中配置寄存器。

## 习题与思考

13.1 比较四线、五线和八线电阻式触摸屏的优缺点。

13.2 为什么从一般电阻式触摸屏不能提取多点触摸信号?

13.3 比较两种电容式触摸屏的工作原理。

13.4 表面电容式的触摸屏(SCAP)为什么容易发生漂移?

13.5 声学触摸屏的最大优点是什么?

13.6 何谓 in cell、on cell 和 out cell 触摸屏?

13.7 当在手机屏上做一个图像放大动作时,设想图像放大的编程原理。

# 缩 略 语

ACFs(anisotropically conductive films)　各向异性导电胶

ACPELD(AC power ELD)　交流粉末 ELD

ACTFELD(AC thin film ELD)　交流薄膜 ELD

ADS(address display separation)　寻址显示分离

AM-LCDs(active matrix LCDs)　有源矩阵液晶显示器

AOS(amorphous oxide semiconductors)　非晶态氧化物半导体

APCVD(atmospheric pressure CVD)　常压化学气相沉积

APR(acoustic pulse recognition)　声脉冲识别

BCE(back channel etched)　背沟道刻蚀型

BFR(beam forming region)　束形成区

BM(black matrix)　黑矩阵

BOE(buffered oxide etch)　缓冲氧化物腐蚀

BSD(ballistic electron surface-emitting displays)　弹道电子表面发射显示器

CCFL(cold cathode fluorescent lamp)　冷阴极荧光灯

CCT(correlated color temperature)　相关色温

CF(color film)　彩色滤色膜

CFF(critical fusion frequency)　临界闪烁频率或闪光融合频率

CIE(commission internationale de l'eclairage)　国际照明协会

CNTs(carbon nano tubes)　碳纳米管

COF(chip on film)　芯片在胶片上

COF(chip on flex)　柔性板上贴装芯片

COG(chip on glass)　显示屏上贴装芯片

CR(contrast ratio)　对比度

CRIs(color-rendering indices)　显色指数

CRT(cathode ray tube)　阴极射线管

CSF(contrast sensitivity function)　对比敏感度函数

CSM(capacitive sensing method)　电容传感方法

CTMU(charge time measure units)　充电时间测量单位

DB(dangling bond)　悬挂键

DLP(digital light processing)　数字光处理器

DM(drive margin)　驱动裕度

DMLA(distributed MLA)　分布式多路寻址

DOS(density of states)　态密度

DRAM(dynamic random access memory)　动态随机存储器

DST(dispersive signal technology)　离散信号技术

EA(error amplifier)　误差放大器

EBL(electron blocking layer)　电子阻挡层

ECC(error correction code)　误差修正代码

ECL(emitter-coupled logic)　发射极耦合逻辑

ECO(electrochemical oxidation)　电化学氧化

ECR CVD(electron cyclotron resonance CVD)　电子回旋共振化学气相沉积

EIL(electron injection layers)　电子注入层

ELA(excimer laser annealing)　准分子激光退火

EML(emissive layer)　发射层

ETL(electron transport layer)　电子传输层

FEAs(field emission arrays)　场致发射阵列

ELD(electroluminescent display)　电致发光显示

EMI(electromagnetic interferences)　电磁干扰

ES(etch-stop)　刻蚀阻挡型

ESD(electrostatic damage)　静电损害

FED(field emission display)　场致发射显示

FEED(field-electron energy distribution)　场-电子能量分布

FFS(fringe field switching)　边缘场开关

FPC(flexible printed circuit)　柔性印刷电路板

FSTN(film-compensated STN)　薄膜补偿 STN

FRC(frame rate control)　帧率控制

GAW(guided acoustic wave)　导向声波

GBs(grain boundaries)　晶界

HBL(hole blocking layer)　空穴阻挡层

HIL(hole Injection layers)　空穴注入层

HOMO(highest occupied molecular orbital)　最高已被占据分子轨道

HTL(hole transport layer)　空穴传输层

IA&P(improve alt and pleshko)　改良的 Alt 和 Pleshko

LC(liquid crystal)　液晶

LCD(liquid crystal display)　液晶显示器

LCoS(liquid crystal on silicon)　硅片上的液晶

LDD(lightly doped drain)　轻掺杂漏极

LED(light emitting diode display)　发光二极管显示

LTPS(low temperature polycrystalline silicon)　低温多晶硅

LUMO(lowest unoccupied molecular orbital)　最低空置(未被占据)分子轨道

LVDS(low voltage differential signalling)　低电压差分信号传递

LUT(look-up table)　查询表

HAN(hybrid-aligned nematic)　混合定向的向列液晶

MCU(micro controller unit)　微控制器单元

MIC(metal induced crystallization)　金属诱导晶化

MIS(metal-insulator-semiconductor)　金属-绝缘体-半导体

MLA(multiple line addressing)　多路寻址

MLS(multiple line selection)　多路选择

MOEMS(micro-optical electromechanical system)　微光学机电系统

MOSFET(metal-oxide-semiconductor field effect transistor)　金属-氧化物-半导体场
效应晶体管

MVA(multi-domain vertical alignment)　多畴垂直定向

NBIS(negative bias illumination stress)　负偏压光照应力

NBTI(negative bias-temperature instability)　负偏压-温度不稳定

NPS(nanocrystalline porous silicon)　纳米晶体多孔硅

NSA(non-self aligned)　非自对准

OCB(optically compensated bend)　光学补偿弯曲

OD(over drive)　过驱动

OEL(organic eletro luminescence)　有机电致发光

OGS(one glass solution)　单片玻璃解决方案

OLED(organic light emitting diode display)　有机电致发光显示

OTP(one time programmable)　一次性可编程

PBEW(perceived blurred edge width)　边界模糊的宽度

PPS(porous polycrystalline silicon)　多孔多晶硅

PCAP(projected capacitive)　投射式电容

PCB(printed-circuit board)　印制电路板

PECVD(plasma enhanced chemical vapour deposition)　等离子体增强化学气相淀积

PLED(polymer light emitting device)　聚合物发光器件

PLL(phase locked loop circuit)　锁相环电路

PDP(plasma display panel)　等离子体显示

PM-LCDs(passive matrix LCDs)　无源矩阵液晶显示器

PSA(polymer sustained alignment)　聚合物稳定定向

PVA(patterned vertical alignment)　图案化的垂直定向

PWM(pulse width modulation)　脉冲宽度调制

$r$(bias ratio)　偏置率

RPCVD(reduced pressure CVD)　减压化学气相沉积

RT(response time)　响应时间

RTA(rapid thermal annealing)　快速热退火

SA(self-aligned)　自对准

SAW(surface acoustic wave)　表面声波

SCAP(surface capacitive)　表面电容

SD(spatial dithering)　空间抖动

SED(surface conduction electron-emitter displays)　表面传导电子发射显示器

SFC(sub-field control)　子场控制法

SI(scanning infrared)　扫描红外

SLA(single line addressing)　单线寻址

SLG(super lateral growth)　超侧向生长

SMC(silicide-mediated crystallisation)　硅化物中介晶化

SOP(system on panel)　系统在屏上

SPC(solid phase crystallization)　固相晶化

SPI(serial peripheral interface)　串行外设接口

STN(super twisted nematic)　超扭曲向列

TAB(tape automated bonding)　带状自动黏合

TCP(tape carrier package)　芯片带载封装

TEOS(tetraethylorthosilicate)　正硅酸四乙酯

TFT(thin film transistor)　薄膜晶体管

TIR(total internal reflection)　内全反射

TLC(trap-limited conduction)　陷阱限制导电

TN(twisted nematic)　扭曲向列

TP(touch panel)　触摸屏

TSTN(triple super twisted nematic)　三层 STN

VAN(vertically aligned nematic)　垂直定向

VCO(voltage controlled oscillator)　压控振荡器

VFD(vacuum fluorescent display)　真空荧光管显示

VHR(voltage holding ratio)　电压保持率

VUV(vacuum utra-violet)　真空紫外线

WBs(weak bond)　弱键

# 参 考 文 献

[1]  应根裕,等.平板显示应用技术手册.北京:电子工业出版社,2007.

[2]  应根裕,等.平板显示技术.北京:人民邮电出版社,2002.

[3]  应根裕.平板3D电视与人眼生理.现代显示,2012(10):5-12.

[4]  Peter A. Keller. Electronic Display Measurement JOHN WILEY SONS,ING. ,1997.

[5]  Jang Chen. Handbook of Visual Display Technology. Springer Berlin Heidelberg,2012.

[6]  J. R. Cristaldi. Liquid Crystal Display Drivers. Springer Science+Business Media B. V. ,2009.

[7]  S. Brother. Introduction to TFT Physics and Technology of TFT. Springer International Publishing Switzerland,2013.

[8]  Toshio Kamiya et al. Electronic Structure,Carrier Transport,Defects and Impurities in Amorphous Oxide Semiconductor. SID 2013 DIGEST:11-13.

[9]  Sungsik Lee etc. Amorphous Oxide TFTs:Progress and Issues. SID 2012 DIGEST:1-4.

[10]  申智源.TFT-LCD技术:结构、原理及制造技术.北京:电子工业出版社,2012.

[11]  刘永智,等.液晶显示技术.成都:电子科技大学出版社,2000.

[12]  高鸿锦,等.液晶与平板显示技术.北京:北京邮电大学出版社,2007.

[13]  周志敏.LCD背光源驱动电路设计与应用实例.北京:人民邮电出版社,2009.

[14]  柴天恩.平板显示器件原理及应用.北京:机械工业出版社,1996.

[15]  田民波,叶锋.TFT LCD面板设计与构装技术.北京:科学出版社,2010.

[16]  Sungsik Lee. Modeling Current-Voltage Behaviour in Oxide TFTs Combining Trap-limited Conduction with Percolation. SID DIGEST,4. 4:23-25.

[17]  顾筠筠,李荣玉,邱永亮.TFT-LCD的过驱动技术及其发展.现代显示,2008(90):33-36.

[18]  Daming Xu et al. A Nematic LCD with Submillisecond Gray-to-gray Response Time. SID DIGEST,2013,34. 2:435-438.

[19]  Osuke Iwata. Novel Super-Fast-Response,Ultra-Wide Temperature Range VA-LCD. SID DIGEST,2013,34. 1:431-434.

[20]  徐康兴.电视图像运动响应特性的参数选择及其测量.现代显示,2008(88):25-30.

[21]  应根裕.LCD过驱动技术和运动内插技术的新进展.现代显示,2008(93):8-15.

[22]  田民波.电子显示.北京:清华大学出版社,2013.

[23]  Adrian Kitai. Luminescent Material and Application. John Wiley&Sons,Ltd. ,2008:223-267.

[24]  赵坚勇.等离子体显示.北京:国防工业出版社,2013.

[25]  周志敏,纪爱华.背光照明技术与应用电路.北京:中国电力出版社,2010.

[26]  杨冲,等.提高外量子效率的研究进展.现代显示,2012(05):31-34.

[27]  陈传虞,等.LED驱动芯片工作原理与电路设计.北京:人民邮电出版社,2011.

[28]  黄维,等.有机电子学.北京:科学出版社,2011.

[29]  赵坚勇.有机发光二极管(OLED)显示技术.北京:国防工业出版社,2012.

[30]  Takatoshi and Tsujimura. OLED Display Fundamentals and Applications. Hoboken:John Wiley & Sons,2012.

[31]  S. -T. W. Jiun-Haw Lee,David N. Liu. Introduction to Flat Panel Displays. Wiltshire:WILEY,2008:

177-233.

[32] Sarah Schols. Device Architecture and Materials for Organic Light-Emitting Devices. Springer, 2011.

[33] C. W. Tang and S. A. Vanslyke. Orgnatic Electroliuminescent Diodes. Appl. Phys. Lett. , 1987, vol. 51, No. 12: 913-915.

[34] K. et al. Burroughes, J H; Bradley, D D C; Brown, A R; Marks, R N; Mackay. Light-Emitting Diodes Based on Conjugated Polymers. Nature, 1990: 539.

[35] Y. et al Baldo, MA; O'Brien, DF; You. Highly efficient phosphorescent emission from organic electroluminescent devices. Nature, 1998, vol. 395, no. 6698: 151-154.

[36] D. Braun and A. J. Heeger. Visible light emission from semiconducting polymer diodes. Appl. Phys. Lett. , May 1991, vol. 58, no. 18: 1982.

[37] G. He, M. Pfeiffer, et al. High-efficiency and low-voltage p-i-n electrophosphorescent organic light-emitting diodes with double-emission layers. Appl. Phys. Lett. , Oct. 2004, vol. 85, no. 17: 3911.

[38] J. et al Matsumoto, T. , Nakada, T. , Endo. Multiphoton organic EL device having charge generation layer. SID Tech. Dig. , 2003: 979.

[39] C. C. Wu, C. I. Wu, J. C. Sturm, and A. Kahn. Surface modification of indium tin oxide by plasma treatment: An effective method to improve the efficiency, brightness, and reliability of organic light emitting devices. Appl. Phys. Lett. , Mar. 1997, vol. 70, no. 11: 1348.

[40] L. S. Hung, C. W. Tang, and M. G. Mason. Enhanced electron injection in organic electroluminescence devices using an Al/LiF electrode. Appl. Phys. Lett. , 1997, vol. 70, no. 2: 152.

[41] J. Endo, J; Matsumoto, T; Kido. Organic electroluminescent devices with a vacuum-deposited Lewis-acid-doped hole-injecting layer. JAPANESE J. Appl. Phys. PART 2-LETTERS, 2002, vol. 41, no. 3B: L358-L360.

[42] X. Zhou, M. Pfeiffer, et al. Very-low-operating-voltage organic light-emitting diodes using a p-doped amorphous hole injection layer. Appl. Phys. Lett. , 2001, vol. 78, no. 4: 410-412.

[43] B. W. D'Andrade, et al. White Light Emission Using Triplet Excimers in Electrophosphorescent Organic Light-Emitting Devices. Adv. Mater. Aug. 2002, vol. 14, no. 15: 1032.

[44] J. Shi and C. W. Tang. Doped organic electroluminescent devices with improved stability. Appl. Phys. Lett. , Mar. 1997, vol. 70, no. 13: 1665.

[45] C. Hosokawa, H. Higashi, H. Nakamura, and T. Kusumoto. Highly efficient blue electroluminescence from a distyrylarylene emitting layer with a new dopant. Appl. Phys. Lett. , 1995, vol. 67, no. 26: 3853.

[46] M. A. Baldo, M. E. Thompson, and S. R. Forrest. Excitonic singlet-triplet ratio in a semiconducting organic thin film. Phys. Rev. B, 1999, vol. 60, no. 20: 422-428.

[47] D. F. O'Brien, M. A. Baldo, M. E. Thompson, and S. R. Forrest. Improved energy transfer in electrophosphorescent devices. Appl. Phys. Lett. , Jan. 1999, vol. 74, no. 3: 442.

[48] J. S. Park, W. -J. Maeng, H. -S. Kim, and J. -S. Park. Review of recent developments in amorphous oxide semiconductor thin-film transistor devices. Thin Solid Films, Jan. 2012, vol. 520, No. 6: 1679-1693.

[49] 刘旭,李海峰. 现代投影显示技术. 杭州: 浙江大学出版社, 2009.

[50] 赵坚勇. 投影显示技术. 北京: 国防工业出版社, 2014.